中药大品种二次开发研究丛书

张伯礼 刘昌孝 总主编

六经头痛片二次开发研究

张铁军 王 磊 主编

科学出版社

北京

内 容 简 介

中药大品种二次开发研究是中药创新研究的重要内容,是继承和发展中医药理论,突破中药产业发展瓶颈的重要路径。本书以六经头痛片为研究对象,进行了系统的二次开发研究,通过药材、成品以及口服入血成分的辨识和表征,阐释了六经头痛片的化学物质组,通过 G-蛋白偶联受体结合实验以及网络药理学分析,筛选和明确了主要药效物质基础;通过与头痛相关的动物模型、离体器官、细胞、受体等的研究,阐释了六经头痛片的作用机理;通过拆方研究,并与同类中药、化药比较,阐释了该药的组方特点和配伍规律;通过各药材化学物质组的辨识与指认、多指标成分的含量测定、指纹图谱共有模式的建立等方面的研究,建立了六经头痛片药材与成品的质量控制体系,对原有的质量标准进行了全面的提升。研究成果为该品种的临床推广与合理用药提供了重要的理论和实验依据,并为其他中药大品种的二次开发研究提供了可参考的思路与模式。

本书可作为中药科学研究、生产和教学的重要参考书。

图书在版编目(CIP)数据

六经头痛片二次开发研究 / 张铁军,王磊主编. —北京:科学出版社,2017.9
(中药大品种二次开发研究丛书/张伯礼,刘昌孝总主编)

ISBN 978-7-03-054340-0

Ⅰ. ①六⋯ Ⅱ. ①张⋯ ②王⋯ Ⅲ. ①中成药–产品–开发 Ⅳ. ①TQ461

中国版本图书馆 CIP 数据核字(2017)第 215813 号

责任编辑:鲍 燕 刘思渺 / 责任校对:郭瑞芝
责任印制:肖 兴 / 封面设计:陈 敬

科 学 出 版 社 出版
北京东黄城根北街 16 号
邮政编码:100717
http://www.sciencep.com

北京通州皇家印刷厂 印刷
科学出版社发行 各地新华书店经销
*
2017 年 9 月第 一 版 开本:787×1092 1/16
2017 年 9 月第一次印刷 印张:32
字数:759 000

定价:198.00 元
(如有印装质量问题,我社负责调换)

《六经头痛片二次开发研究》编委会

序

中药应用历史悠久，相传起源于神农氏，现存最早的药学著作《神农本草经》于东汉时期集结整理成书，是中药第一次系统总结。中成药历史也同样久远，马王堆出土的帛书、武威汉简都有记载。作为中央政府正式颁发的中成药法典当推北宋《太平惠民和剂局方》，局方是第一部由官方主持编撰的成药标准，是中药制药及药剂学的典范，影响至今，很多老字号的堂馆仍尊古法制药。

现代中药工业起步于上世纪50年代，发祥于天津隆顺榕，研发了第一代中药片剂、酊剂等现代中成药剂型，推动了中药工业发展。虽然在工艺上多是水煮醇沉、打粉入药，但已开始采用现代制剂技术，一大批中药片剂、胶囊剂、滴丸剂、注射剂相继问世，中药制药从前店后厂的作坊式生产，进入了机械化、自动化制药时代，中成药临床应用更加广泛，市场份额不断增长。

几十年来，中成药发展也存在许多瓶颈，如临床定位宽泛、药效物质不明、作用机制不清、制剂工艺粗放、质控水平低等共性问题，制约了中成药品种和企业的发展壮大。在中药现代化启动前，全国数千个上市中成药企业年销售额过亿元的品种只有四十余个。借鉴国际药品市场经验，上市药品不在多、在精，不在量、在质。跨国集团注重培育"重磅炸弹"式品种，占据全球市场。如何将中药确有疗效的好品种做大做强，培育中药大品种，就成为非常急迫的任务了。

在天津市委市政府支持下，我们在2004年就提出培育中药大品种战略，2006年得到天津市科委立项支持，率先启动了30个名优中成药品种的二次开发研究。该研究取得了突出成效，大品种培育研究方向也于2008年列入国家重大新药创制科技专项予以支持，开拓了中药研究的新途径，培育了中药大品种群。至今，上市中成药过亿元品种近600个，过5亿元品种近100个，过10亿元品种也有50余个。这些大品种临床定位较为清晰，制剂工艺优化，质控水平提高，科技基础也较扎实，销售额已占了市场份额的1/3，有力地保障了人民健康，推动了中药产业技术升级和企业的科技进步。

张铁军教授是第一批承担中药大品种二次开发项目的科研骨干，承担了牛黄降压丸、清咽滴丸等近十个中药品种二次开发研究，积累了丰富的经验，并出版了《中药大品种质量标准提升研究》著作。他善于学习、勇于开拓，大胆将现代技术为我所用，形成了较为系统的研究模式，为多个企业中药品种二次开发研究提供服务，做出了突出成绩，成为本领域的著名专家。

张铁军教授以六经头痛片的二次开发研究为例，系统介绍了研究经验，编著专书。书中较详细介绍了六经头痛片的药材及成品的质量标准研究，分析其化学物质，特别是对血中移行成分、网络药理学进行研究，阐述该药作用途径，深化对其特点的认识，为临床合理使用提高科学依据。该书以一个品种为例，以点带面，有针对性地诠释大品种二次开发的模式和经验，具有重要应用价值和学术意义，值得借鉴和推广。当然，针对不同品种还要"辨品种问题而论证，有针对性开发施研"也是自然的事。

书将付梓，先睹为快。敬于铁军教授的敬业精神和工作效率，特书以上感言为序。

天津中医药大学 校长
中国中医科学院 院长
中 国 工 程 院 院 士
2017 年 8 月

前　言

　　中药大品种的二次开发研究是中药现代化的重要内容，以确有疗效的中药大品种为载体进行系统研究，是继承和发展中医药理论，突破制约中医药理论和中药产业发展瓶颈的重要路径。早在 2006 年，张伯礼院士依据我国中药产业发展的实际情况，结合国际医药产业发展的新趋势，针对中药品种做大做强的共性问题，率先提出了对名优中药二次开发的理念和策略，并在天津开展了名优中药的二次开发研究。国家科技部、国家发改委、国家中医药管理局等对中药大品种的二次开发给予高度重视，并列入国家重要科技规划和专项之中，中药大品种二次开发研究将是当前以至今后一个时期中药创新研究的重要任务。通过中药大品种的二次开发研究，以现代化学生物学模型方法和客观指标，阐释中医药针对疾病的治法原理、配伍理论和方剂的配伍规律，发展和完善中医药理论；以现代科学方法、客观指标和实验证据阐明中药复杂体系的药效物质基础和作用机理；发现和提炼中药大品种的作用特点和比较优势，挖掘其临床核心价值，指导临床实践，提高临床疗效；并建立科学、有效的质量控制方法，保证药品的质量均一、稳定、可控。

　　本书作者长期从事中药大品种二次开发研究，自 2006 年起，承担天津市"十一五"大品种二次开发的重大专项以及企业委托二次开发研究项目多项，对"麻仁软胶囊"、"清咽滴丸"、"牛黄降压丸"、"疏风解毒胶囊"、"元胡止痛滴丸"和"强肝胶囊"进行大品种二次开发研究，并出版了第一部关于"中药大品种质量标准提升研究"的专著——《中药大品种质量标准提升研究》，通过这些课题的系统研究，形成了较为成熟的研究思路和模式。

　　六经头痛片是天津中新药业集团股份有限公司隆顺榕制药厂生产的国家二级中药保护品种，由白芷、辛夷、藁本、川芎、葛根、细辛、女贞子、苍耳子、荆芥穗油等组成，具有疏风活络，止痛利窍的功效。用于全头痛、偏头痛及局部头痛。临床疗效确切，市场需求量大。但其基础研究较为薄弱，如药效物质基础不清楚，作用机理不明确；作用特点和比较优势尚未进行科学阐释；质量标准简单，不能体现中药多组分整体功效的特点，不能有效控制产品质量，这些问题在一定程度上影响了其临床的推广应用。

　　本书针对六经头痛片存在的问题，对其开展了系统的二次开发研究，总结并撰写成单品种二次开发研究专著。全书九章，绪论部分总结了偏头痛以及六经头痛片的品种概况及现代研究进展，分析了存在问题并提出二次开发研究的必要性。上篇为药效物质基础及作用机理研究，分为五章论述，通过药材、成品以及口服入血成分的辨识和表征，阐释了六经头痛片的化学物质组，进一步通过 G-蛋白偶联受体结合实验以及网络药理学分析,筛选和明确了主要药效物质基础;通过与头痛相关的整体动物模型、离体器官、细胞、相关功能受体以及网络药理学研究,阐释了六经头痛片的作用机理。中篇为作用特点和比较优势研究,通过拆方研究并与同类中药以及化药比较,阐释了该药的组方特点和配伍规律,提炼和发现了其作用特点、比较优势和临床核心价值。下篇为质量标准提升研究,通过各原料药材的化学物质组的辨识与指认、成品质量信息的各原料药材的来源与归属、多指标成分的含量测定、指纹图谱共有模式的建立以及多批样品测定等方面进行系统研究,建立六经头痛片的药材与成品的质量控制体系,对原有的质量标准进行了全面的提升,保证了产品的质量均一、稳定、可控。最后对本项研究进行了概括和总结。

本书是一部中药大品种二次开发研究的单品种专著,研究成果为该品种的临床推广应用和指导临床实践提供了重要的理论和实验依据,并为其他中药大品种的二次开发研究提供了可参考的思路与模式。适合从事中药研究、教学、生产和临床工作者使用。

编　者

2017 年 4 月

目　　录

绪　论

第一章 | 六经头痛片品种概况及研究背景

第一节　品种概况及现代研究进展

一、偏头痛研究进展

偏头痛是一种常见的发作性神经血管疾病,为神经科的常见病、多发病,其特征是发作性、多为偏侧的、中重度、搏动性头痛,一般持续 4~72h,可伴有恶心、呕吐、畏光、畏声,活动可加重头痛,安静环境中休息则可缓解头痛。

（一）偏头痛的分类及偏头痛的诊断

1. 偏头痛的分类

1988 年,由国际头痛协会（IHS）制定了偏头痛诊断的分类标准,从而促使各国更加规范化的诊治预防该疾病。IHS 于 2004 年又进行了第二次的修订,重新修订了先兆偏头痛,眼肌麻痹型偏头痛被归入为颅神经痛和中枢性面痛,并增加了"慢性偏头痛"这一新的诊断和"很可能的偏头痛"这一亚型。故偏头痛（migraine）总分为六个亚型[1],分别为无先兆偏头痛、先兆偏头痛、可能为偏头痛前驱或偏头痛有关的儿童周期性综合征、视网膜偏头痛、偏头痛并发症、可能偏头痛。《实用内科学》（第 12 版）指出偏头痛是一类有家族发病倾向的周期性发作疾病,临床表现为阵发性的偏侧搏动性头痛,伴恶心、呕吐及畏光,经过一段间隙期后可再次发病。《实用神经病学》（第 4 版）将头痛分为血管性头痛等十类,其中血管性头痛又分偏头痛类、脑血管性疾病类的头痛和高血压性头痛。《现代临床疾病诊断学》指出,血管性头痛可以分为一般性血管性头痛（非偏头痛类）和偏头痛类,其中偏头痛类分类复杂,但常见类型有先兆症状和无先兆症状的偏头痛及特殊类型的偏头痛（眼型、基底动脉型）之分。紧张性头痛较偏头痛更为常见,是由精神因素等导致的自主神经功能紊乱,使血管收缩、组织缺血、代谢异常、致痛物质释放等各种原因导致的肌肉收缩所致。本型头痛的主要特点是疼痛呈持续性发作,时轻时重,常无缓解,性质为钝痛,或患者诉头部有重压、紧箍感,部位多在顶、颞或（和）枕、顶部,常伴有睡眠障碍、精神衰退、焦虑、易疲倦等症状。应用抗抑郁药和镇静药,常能减轻头痛。

2. 偏头痛的诊断标准

无先兆偏头痛和有先兆偏头痛是目前偏头痛中最常见的两种亚型,其诊断标准见表 1-1。有研究表明[2],64%的偏头痛患者属于无先兆偏头痛,18%的偏头痛患者伴有先兆反应,13%的偏头痛患者具有上述两种表现,即在某些情况下,31%的患者伴有先兆反应。先兆偏头痛的先兆反应以视觉症状最常见,如畏光、眼前闪光或复杂视幻觉,继而出现视野缺损、暗点、偏盲或短暂失明。少数病人可出现偏身麻木,轻度偏瘫或语言障碍。所以先兆偏头痛又称为偏麻、偏瘫或失语偏头痛。

表 1-1　无先兆偏头痛和先兆偏头痛的诊断标准

无先兆偏头痛	先兆偏头痛
a. 至少有 5 次发作符合 b~d 项标准。	a. 至少有 2 次发作符合 b 项发作。
b. 头痛发作持续时间 4~72h（未经治疗或治疗无效者）。	b. 至少具有下列特点中的 3 项：
c. 头痛至少具有下列特点中的 2 项：	（1）有 1 种或多种完全可逆的先兆症状，表现为局灶性大脑皮层和/或脑干的功能障碍；
（1）单侧	（2）至少有 1 种先兆症状逐渐发生，持续时间超过 4min，或者有 2 种以上先兆症状连续发生；
（2）搏动性	
（3）程度为中度或重度	（3）先兆症状持续时间不超过 60min，如果先兆症状超过 1 种，症状持续时间则相应增加；
（4）日常活动（如走路或爬楼梯）会加重头痛或头痛时避免此类活动	（4）头痛发生在先兆之后，间隔时间少于 60min（头痛可以在先兆之前或与先兆症状同时发生）。
d. 头痛过程中至少伴随下列中的一项：	
（1）恶心和（或）呕吐	
（2）畏光和畏声	
e. 至少具有下列各项中的 1 项：	c. 至少具有下列各项中的 1 项：
（1）病史、体检和神经系统检查不提示症状性头痛；	（1）病史、体检和神经系统检查不提示症状性头痛；
（2）病史和（或）体检和（或）神经系统检查提示症状性头痛，但可被适当的检查排除；	（2）病史、体检和（或）神经系统检查提示症状性头痛，但可被适当的检查排除；
（3）有症状性头痛的表现，但偏头痛首次发作与症状性头痛在时间上无明确关系。	（3）有症状性头痛的表现，但偏头痛首次发作与症状性头痛在时间上无明确关系。

偏头痛发作间期神经系统检查无异常，其诊断主要依靠病史。并应通过相应的辅助检查如 CTA、MRA、DSA、CT、MRI 腰穿脑脊液检查等排除颅内动脉瘤、脑血管畸形、颅内占位性病变和痛性眼肌麻痹等。

（二）偏头痛的流行病学研究

流行病学资料有助于说明偏头痛带来的负担以及其分布范围。而通过对偏头痛社会人口统计及遗传和环境危险因素的了解，有助于明确偏头痛的高危人群，发现可能的疾病预防策略，并可为疾病的发病机制提供线索。

由于发病时疼痛剧烈又不易痊愈，偏头痛是最令人困扰的一种原发性头痛，约占头痛门诊的半数之多。偏头痛多发于儿童期、青春期及成年人早期，但中年以后发作减少。偏头痛一般虽不造成死亡或永久性严重伤残，但给病人带来很大痛苦，并且在临床实践中一直存在诊断率和治愈率过低的问题。我国对偏头痛的诊治研究，在 70 年代前比较薄弱，80 年代后在卫生部门的领导下，各级医院和研究中心从流行病学和中西医临床方面相继积极开展研究，获得了丰硕成果。尤其在 1984~1985 年全国 22 省市农村及少数民族地区神经系统疾病的流行病学调查中，将偏头痛列为 5 种疾病之一。此后，又对该病进行了专项的全国性调查，使偏头痛的研究开创了全面规划和防治结合的新局面。

头痛的严重程度对患者的躯体功能、社会功能影响较明显，在躯体不适感、进食功能、工作与学习、婚姻与家庭方面尤为突出，而女性生活质量较男性更差，突出表现在躯体不适感、认知功能和工作与学习方面[3]。

偏头痛对社会有巨大影响。已有研究报道了偏头痛的间接和直接花费[4-6]。间接花费包括偏头痛对工作能力、对家务和其他任务的综合影响，其最大的组成部分是由于旷工和工作期间生产能力下降导致的生产力下降。来自欧洲的一项研究估计，每年每个工人或学生偏头痛患者要减少 5.7 个工作日[7]。偏头痛对医疗保健资源利用的影响也非常引人注目。1976~1977 年进行的国家流动医疗保健调查（National Ambulatory Medical Care Survey，NAMCS）[8]发现，在所有就诊患者中有 4% 是因为头痛就诊（每年有超过 1 000 万人就诊）。偏头痛也是使用急救室和紧急救护中心的主要原因[9]。美国 1983 年和 1989 年的全国性调查估计因该病造成的工作日损失及医药费用分别为 9 千万美元和 14 亿美元。

WHO 在 2000 年进行的一项调查显示，重度偏头痛与四肢瘫痪（quadriplegia）、重度精神病（major psychosis）、痴呆（dementia）均成为最常见的使人丧失工作能力的疾病[10]。2001 年的世界健康报告中，以减少正常生活和工作年限、缩短相对寿命为标准，偏头痛排在疾病的第 19 位。在偏头痛患者中 85% 的女性和 82% 以上的男性在偏头痛发作时工作能力丧失，1/3 的患者需卧床休息，51% 的女性和 38% 的男性每年至少有 6 天不能工作，全年因此而造成的经济损失可高达 130 亿美元[11]。偏头痛由于可以导致患者失去工作能力，在欧洲同样被认为是治疗费用花费最多的神经障碍疾病[12]。在美国偏头痛研究中，92% 的女性和 89% 的男性严重偏头痛患者存在因头痛无法正常工作[13]，约一半工作受到严重影响或需卧床休息。

由于任何时间的头痛发作都会干扰其工作、照顾家庭或履行社会义务的能力，因此许多偏头痛患者都生活在恐惧之中。偏头痛不仅导致巨大的经济损失和社会负担，而且严重影响患者的生活质量。大量证据表明，偏头痛降低了健康相关生活质量。偏头痛的影响可延伸到配偶和其他家庭成员。在最近的一项研究中，有半数受试者认为，所患偏头痛使他们更易与配偶（50%）和孩子（52%）发生争吵，大多数（53%～73%）报告了偏头痛对他们与配偶和孩子的关系及在工作上的其他不利影响，与非偏头痛患者在工作表现方面进行比较时，偏头痛患者对本身所承担工作的不满意程度明显增高[14]。

1. 偏头痛的患病率

全球约 10% 成年人患偏头痛[15]，男性偏头痛患病率为 8%，女性为 12%～15%[16]。美国科学家[17]收集了代表美国人群的 15 000 个家庭的信息，女性偏头痛的患病率为 17.6%，男性为 6%。10 年后的随访研究[18, 19]用相同的方法得出了非常相似的患病率。在法国，Henry 等[20]报告偏头痛的患病率女性为 11.9%，男性为 4%。在荷兰，女性偏头痛的终生患病率为 33%（1 年期患病率为 25%），男性为 13.3%（1 年期患病率为 7.5%）；在过去几年里有过偏头痛的患者中，63.9% 为无先兆型偏头痛，17.9% 为有先兆型偏头痛，13.1% 为两者都发生过；偏头痛患者每年发作次数的中位数为 12 次，25% 的患者每月至少发作 2 次[2]。在英格兰的一项研究表明，7.6% 的男性和 18.3% 的女性在过去 1 年内有过先兆型或无先兆型偏头痛发作[11]。我国 29 省市偏头痛的调查，10 岁以下儿童患病率仅 4.26/10 000，20～49 岁的 30 岁区间，患病率高达 130/10 000，男性峰值在 25～29 岁，女性峰值在 30～34 岁。偏头痛的患病率随年龄而变化，在青年时上升，50 岁左右时下降。女性与男性偏头痛患病率之间的比率也随年龄变化[21]，与月经有关的激素水平变化可能是产生这种差异的原因[22]。在青春期前，男孩的偏头痛患病率高于女孩，在接近青春期时，女孩的偏头痛发病率和患病率的增长比男孩要快的多[23, 24]。偏头痛的患病率也因种族和地理区域的不同而存在差异。在美国，白人的患病率最高，黑人居中，亚洲人最低[17]。偏头痛在南北美洲和欧洲最常见，在非洲较低，在亚洲最低。

2. 偏头痛的发病率

我国 1986 年全国 29 省市对偏头痛的专项调查显示该病的发病率，男性 3.5/10 000/年，女性 12.45/10 000/年，平均发病率为 7.9/10 000/年[25]。2010 年，由世界卫生组织发起、中国项目组组织的"减轻头痛治疗负担全球战略"——偏头痛流行病学调查将我国分为六大区域，以 18～65 岁人口全国性随机抽样。结果表明，各区域发病率为：东北 8.37%，北部 19.62%，西北 19.94%，中部 19.86%，东部 18.35%，南部 13.87%。其中，原发性头痛发病率为 23.8%，紧张性头痛为 10.77%，偏头痛为 9.3%。女性比例高于男性。男女发病率均以 30～40 岁为最高。偏头痛患者人均治疗费用为 728 元/年，给患者和社会带来严重的危害和沉重的负担。Breslau 等[26]对年轻人（21～30 岁）的随机样本进行了研究，发现男性偏头痛的发病率为 5.0/1 000/年，而女性为 22.0/1 000/年。一项利用互联网病历系统进行的研究[15]显示偏头痛的年平均发病率为 3.4/1 000 人/年，男性 1.9/1 000/年，女性 4.8/1 000/年，女性年龄两端的发病率较低，10～49 岁的发病率较高，20～29 岁为高峰期。一项对丹麦人（25～64 岁）偏头痛发病率的研究[16]表明，偏头痛的年平均发病率为 8.0/1 000/年，女性 3.0/1 000/年，男性 15/1 000/年，年轻女性的患病率为 20.0/1 000/年。Stewart 等[27]利用一项患病率研究报道的发病年龄来估计偏头痛的发病率，女性有先兆型偏头痛的发病高峰在 12～13 岁（14.1/1 000/年），无先兆型偏头痛的发病高峰在 14～17 岁（18.9/1 000/年）。男性有先兆型偏头痛的发病高峰比女性约早 5 年左右（6.6/1 000/年），无先兆型偏头痛的发病高峰在 10～11 岁（10.0/1 000/年）。男性 20 几岁时的偏头痛新发病例较为少见。这一研究得出结论：男性偏头痛的发病年龄早于女性，且有先兆型偏头痛发病早于无先兆型偏头痛。

3. 影响偏头痛发病的因素

（1）遗传因素

偏头痛发病有强烈的遗传因素，世界神经病学联合会早在 1969 年就指出"偏头痛具有家族性疾患的特征"，其遗传比例大约是 40%～50%[28]。我国的研究调查发现，偏头痛患者中多达 25.6%～51.3%的人有遗传家族史。国外的研究证明偏头痛病人一级亲属患有该病的占 30%。芬兰对 8 167 个成年孪生子的偏头痛研究，采用多基因、多因子分析模型，得出大约有一半（40%～50%）的偏头痛归因于遗传因素。我国西北五省区对偏头痛的 12 个调查点研究表明，阳性家族史有显著意义（$P<0.01$），其中女性的危险性更明显高于男性（7.1∶3.5），对遗传的父母系比较则发现：母亲项＞双亲项＞父亲项。瑞典比较男女性的偏头痛遗传学效应，也得出女性（49%～58%）偏头痛遗传性比男性（39%～44%）更强[24]。Joutel[29]等发现，家族偏瘫性偏头痛（familial hemiplegic migraine，FHM）的致病基因位于 19 号染色体短臂（chl9p13）。Ophoff 等[30]发现 ch19p13 上脑特异性电压门控 P/Q 型钙通道 α_{1A} 亚单位基因（CACNL1A）错义突变是 FHM 的原因。这些通道和多种神经递质（如降钙素基因相关肽、P 物质、谷氨酸、乙酰胆碱、单胺等）有关[31]，标志偏头痛的遗传基础研究取得重大突破。

（2）血小板及血液流变

许多研究证实偏头痛与血小板功能异常有密切关系。宋玉强等[32]研究显示，偏头痛患者急性发作期血浆血小板 a 颗粒膜蛋白 140（granule membrane protein 140，GMP140）及血栓烷 A_2（thromboxan A_2，TXA_2）的代谢产物 TXB_2 均显著高于缓解期和对照组。GMP140 存在于血小板 a 颗粒膜上，具有介导活化血小板和内皮细胞与中性粒细胞黏附的作用，能促进血小板的聚集和释放，造成内皮细胞的损伤，内皮下胶原的暴露又可进一步激活血小板，促使 TXA_2、5-羟色胺（5-hydroxytryptamine，5-HT）、Ca^{2+} 等因子的释放，加重血管收缩功能的紊乱。GMP140 随血小板的活化和破坏，在血小板质膜表面表达并释放入血，成为血小板活化的特异性标志物。陈宝田等[33]报道偏头痛发作期及缓解期的血小板 P-选择素（P-selectin，CD6p）表达显著高于正常人，表明偏头痛发生过程中存在着血小板的高度激活和释放反应。邓初树等[34]发现，偏头痛患者发作期外周血血小板 CD6p 及血小板纤维蛋白原（fibrinogen，Fg）含量显著高于正常人，显示偏头痛患者血小板活化程度增加，血小板聚集性增强，这可能在偏头痛发作中发挥重要作用。该研究同时还发现偏头痛患者 5-HT_{2A} 受体 mRNA 的表达水平与血小板中 $CD62_P$ 呈高度正相关，这提示 5-HT_{2A} 受体的高表达引起血小板活化，使之聚集性增加。因此认为偏头痛患者血小板活化是其发病的重要标志之一。血小板功能的异常，还可导致血液流变学的改变。张晓霞等人[35]的研究发现，偏头痛患者血液流变学异常者占 91.67%，主要为血浆黏度、体外血栓形成和黏附率显著增长。李宝莉等人[36]观察偏头痛患者的血液流变学变化发现，风寒型偏头痛患者的血小板聚集明显，血液呈高黏、高凝状态；肝旺型偏头痛患者的红细胞变形能力下降，聚集性增加，进而血液黏度增高；痰湿型偏头痛患者的红细胞变形性降低明显；瘀血型偏头痛血液流变性明显异常，红细胞变形性降低，红细胞、血小板的聚集性增加，血液呈明显的高黏、高凝状态且高、低切变率下的全血黏度较风寒型偏头痛有明显异常提示偏头痛患者血液处于高黏及高凝状态，有易形成血栓的趋势。

（3）精神因素

偏头痛与抑郁症、焦虑症之间存在着密切关系[37]，三者在发病方面具有相似的生化基础，例如 5-HT 水平的变化等。余新良[38]对 58 例偏头痛患者进行心理学测试并进行脑电图检查，结果发现，偏头痛患者伴随焦虑、抑郁情绪总发生率 55%，患者的焦虑抑郁情绪与年龄、病程、发作频率呈正相关，即随着年龄的增长，病程越长，发作越频繁，其抑郁、焦虑的比例亦有所增加，在伴随焦虑、抑郁情绪病人中脑电图的异常率明显增加。雷革胜等人[39]应用艾克森个性问卷（EPQ）、抑郁自评量表（SDS）、焦虑自评量表（SAS）对 30 例偏头痛患者治疗前后分别评分，并以 30 例健康志愿者作为对照，结果偏头痛患者的情感特点与个性特征密切相关，并提示个性特征及情绪障碍有可能是导致偏头痛发作的原因之一，而非继发症状。

（4）内分泌功能改变

部分女性病人的偏头痛发作与月经周期有关，怀孕期间不发作，更年期后减轻或消失。有研究表明，雌激素在偏头痛的发病中起着很重要的作用，Berman 等人[40]利用发情期雌鼠作为研究卵巢激素变化与偏头痛发作关系的模型，发现三叉神经节（trigeminal ganglion，TG）中神经肽 Y 和促生长激素神经肽随着雌激素水平的变化而变化，由于神经肽 Y 和促生长激素神经肽可以阻止三叉神经中降钙素基因相关肽（CGRP）的释放，因此这两者随雌激素下降所导致的 CGRP 异常释放可能与月经期偏头痛发作有关。Colson 等人[41]通过研究定位在染色体 6q25.1 的雌激素受体 I（estrogen receptor I，ESR I）基因，发现 ESR I G594A 多态性是导致偏头痛易感的因素之一。

此外，偏头痛的发作还可因某些食物而诱发，含酪胺食物（奶制品）、含苯乙胺的食物（巧克力）、食品添加剂（味精）、含亚硝酸盐防腐剂的肉类（熏肉）等。而睡眠障碍、紧张、过度劳累、强光等也可诱发偏头痛。总之，偏头痛与多种因素密切相关，是一种受多因素影响的疾病。

4. 偏头痛的并存病

"并存病"指同一个体同时并存 2 种或 2 种以上相关的疾病，偏头痛与几种疾病存在并存现象，包括癫痫、抑郁、焦虑、卒中、震颤、特异反应性疾病、雷诺病、遗传性出血性毛细血管扩张病、红斑狼疮、斯特季–韦勃综合征[42]。最近的一项人群研究表明，与非偏头痛患者相比，偏头痛患者患有哮喘或慢性肌肉骨骼痛者更多[17]。从多方面来看了解偏头痛的并存病十分重要[12]。首先，并存病可提示诊断，偏头痛与几种并存病在症状方面有所重叠，如偏头痛和癫痫都能引起一过性意识水平改变和头痛；其次，当两种疾病共存时，偏头痛的存在可提高对另一怀疑疾病的指数；再次，并存病可能使治疗受到限制，但也可能创造治疗机会，如抗抑郁药可能是治疗偏头痛和抑郁的首选;最后,并存病的存在也可能导致对疾病的负担估计过高,偏头痛患者可能不仅仅是因为偏头痛而就诊,更可能是因为并存抑郁而就诊。

(三)偏头痛的动物模型

偏头痛的发病机制较为复杂,且影响偏头痛发病的因素较多,因此给偏头痛的研究带来了很多困难。目前针对偏头痛的发病机制已提出多种假说,但每一种假说都只能部分解释其临床表现和实验观察的现象。尽管如此,人们为探讨其防治方法,针对偏头痛的发病机制,已设计出多种偏头痛动物模型,这些模型在某种程度上可以模拟偏头痛发生、发展的病理生理过程,但每种模型都有其不完善性,并不能全部模拟临床发病过程,与临床发病机制存在一定差异。

现有的偏头痛动物模型主要有以下 5 种[43-47]。

1. 基于三叉神经血管学说的动物模型

基于三叉神经血管学说的动物模型有电刺激诱发法和物质诱导法两种,前者包括电刺激大鼠三叉神经和猫上矢状窦区所致的神经炎性偏头痛模型,后者为 SP 诱导性的偏头痛模型,该造模方法对手术的要求相对较高,但电刺激引起的神经源性炎症明显,且此模型与目前较为完善的偏头痛发病机制学说——三叉神经血管反射学说所反映的病机相似,故得到了国内外学者的一致肯定。

三叉神经是偏头痛患者头痛及其他症状出现的解剖基础。偏头痛患者三叉神经系统处于高敏感状态,患者的主要症状如痛觉过敏、皮肤敏感等,与三叉神经痛觉系统的改变密切相关。三叉颈复合体(trigeminocervical complex,TCC)是三叉神经通路的二级神经元,它包括三叉神经尾核(trigeminal nucleus caudalis,TNC)及 C1、C2 节段脊髓后角。该处神经元对疼痛传导的易化,是偏头痛患者高敏感状态产生的原因之一。脑血管周围的三叉神经末梢含有血管活性肽类物质,如 P 物质、CGRP、神经激肽等,当内外环境改变,机体受到各种信息刺激时,神经末梢可以释放多种活性物质,引起血管扩张,渗透性增加,脑膜产生神经源性炎症[48]。脑膜血管扩张及脑膜周围神经元炎症刺激硬脑膜血管周围的多觉痛型感受器,信息可由三叉神经节中直径较小的眼支中的 A 与 C 类纤维(多觉痛型感受器的传入纤维)传入并兴奋三叉神经二级神经元,信息沿脑干、丘脑传向皮层,最终产生头痛。

因此可以用电刺激或化学刺激三叉神经节等方法建立偏头痛的动物模型。实验动物常选用大鼠、豚鼠和猫,不同种属的动物所采用的刺激部位、时间等参数有所不同。以大鼠为例,将实验动物麻醉后固定于立体定位仪上,头正中部去毛,皮肤消毒,逐层切开皮肤、肌肉,于脑矢状缝中部开口暴露颅盖骨,前囟后部 3.2mm 靠近矢状缝,左右外侧 2.5mm 处各凿直径为 2mm 的小孔以备放置电极。游离左股静脉,自左股静脉注射 ^{125}I 标记的牛血清白蛋白(^{125}I-BSA)50μl/kg(生理盐水稀释),术后持续麻醉,室温保持 25℃左右,夜间注意保温。根据钳夹动物前爪是否有回缩,每 4h 注射戊巴比妥钠 15 mg/kg 追加麻醉;每 6 h 补充 5% 葡萄糖和生理盐水各 5 ml。所有操作均在无菌条件下进行。向两侧三叉神经节处插入电极(颅盖骨下 9.2 mm),电刺激(1.2 mA,5Hz,5 ms)右侧三叉神经节无髓鞘神经纤维,刺激 5 min[49]。

目前该模型主要应用于国内外对偏头痛发生的病理机制及药物(主要是西药)治疗作用的研究之中。

硬脑膜(cerebral dura mater)是颅骨与脑组织最外面的一层膜,为一厚而坚韧的双层膜。其外层相当于颅骨内面的骨膜,仅疏松地附于颅盖,易于分离;内层较外层厚而坚韧,与颅底部颅骨结合紧密,与硬脊膜在枕骨大孔处续连。硬脑膜的内层与外层分离处折叠成板状,突入到脑的裂隙处，伸入左、右大脑半球之间的突起，呈矢状位，行如镰刀，称为大脑镰。硬脑膜内外两层分离处的间隙，称为硬脑膜窦（dural sinuses），其中位于大脑镰上缘内的硬脑膜窦即为上矢状窦（SSS）。硬脑膜在偏头痛的病理生理机制中起重要作用。有研究认为，偏头痛是起源于硬脑膜，通过活化脑干的三叉神经元形成的一种伤害性疼痛过程。硬脑膜是颅内主要的伤害感受组织，由三叉神经眼支的 A 类和 C 类纤维支配。偏头痛发作时，脑膜血管扩张及脑膜周围神经源性炎症可兴奋三叉神经元，信息沿脑干、丘脑传向皮层而产生头痛。电刺激硬脑膜可以模拟脑膜伤害信息传入及脑膜血管扩张，兴奋三叉神经血管系统二级神经元。电刺激 SSS 硬脑膜导致的大脑血流改变和神经肽的改变与人类偏头痛发作时的相应改变很类似。

电刺激动物 SSS 硬脑膜可以复制实验性偏头痛模型，实验动物常选用猫或大鼠。以大鼠为例，动物麻醉后固定于立体定位仪上。头正中部剪掉毛发，皮肤消毒，逐层切开皮肤、肌肉，暴露颅骨。以颅中线冠状缝交叉点前 5 mm 为前界，交叉点后 8 mm 为后界，用台式牙钻钻开两个相距 1 cm，直径为 3 mm 的圆洞，暴露 SSS，缝合头皮，休息 24 h 后（排除手术创伤的影响）再次将动物麻醉后暴露颅骨，将电极一前一后固定于硬脑膜上。用液体石蜡浸过的纱布覆盖颅顶，以防失水。以单刺激电压 100 V，脉宽 250 μs，电流 1.5 mA 的方波刺激 2 h，频率为 3 Hz。以上所有操作均在无菌条件下进行，整个操作过程保持轻柔、安静，避免强光，室温保持 25℃左右[50]。

电刺激 SSS 硬脑膜作为偏头痛的模型，代表三叉神经的伤害性疼痛向中枢的传递过程。刺激 SSS 硬脑膜引起的疼痛传导更具有选择性，可以通过目前所知的痛觉传入途径，特异性激活伤害性感觉的传导，并能降低其他感觉的影响。但是，该模型由于直接刺激 SSS 硬脑膜，故在实验中应注意避免硬脑膜损害导致的蛛网膜下腔出血和颅内压下降，减少实验过程的损害。同时应避免由于颅骨骨窗刺激电极触及软脑膜而导致皮层兴奋引发的癫痫发作。

国外学者于 20 世纪 90 年代初开始应用该模型探讨偏头痛的发病机制及药物（西药）的治疗作用，到目前为止，该模型已经在国内外逐渐被推广应用。

2. 基于神经源学说的偏头痛模型

基于神经源学说的偏头痛模型包括 KCl 诱导的皮层传播抑制（cortical spreading depression，CSD）大鼠模型和电/机械针刺诱导的 CSD 大鼠模型两种，此模型与神经学说所反映的偏头痛发病机制基本相似，造模方法较硬脑膜神经炎症模型方便，手术创伤小，模型症状表现相似，重复性好，可用于有先兆偏头痛动物模型的建立。

CSD 是偏头痛发生的机制之一，在 CSD 发生时，神经元首先去极化，钙通道异常，细胞外钾离子浓度迅速升高，可使血管平滑肌收缩，血管痉挛，局部缺血，皮质神经元活动抑制，并诱发扩散性抑制，导致偏头痛的发作。去极化的钙离子内流还可激活 c-fos 快速表达所需的环腺苷酸和蛋白激酶 C，或激活 CGRP，由 CGRP 调节 c-fos 的表达。

KCl 诱导的 CSD 大鼠偏头痛模型是通过给予外源性的高钾离子，引起细胞内钙离子的变化，引起偏头痛。陈磊等人[51]选用雄性大鼠，麻醉后俯卧位固定于手术板上，维持正常体温。在距前囟 6.2 mm，中线左侧 1.5 mm 处打一孔（穿透硬脑膜，不得伤害脑组织），直径约 1.2 mm，向孔内滴入 5 μl 1 mol/L KCl，30 秒后，用脱脂棉吸出多余 KCl 的方法复制 CSD 大鼠偏头痛模型。

李鹏程等[52]用机械刺激诱导大鼠 CSD 大鼠模型，在大鼠麻醉后，实施股动脉插管手术，股动脉插管连接压力传感器用以监测实验中大鼠的平均动脉血压，加热垫控制其体温。实验过程中大鼠股动脉血压、心率、直肠温度由 PClab 生物信号采集系统及相应的传感器连续监测，保证实验过程中各参数处于正常范围。将大鼠固定于大鼠脑立体定位仪,用生理盐水冷却的牙科钻磨薄大鼠一侧顶骨,直至产生约 7 mm×6 mm 大小的透明颅窗,窗中心位于前囟后 3.5 mm 处。在进行针刺诱导 CSD 前静置 1 h,以保证动物处于一个比较稳定的生理状态。在颅窗中心采用尖端直径 0.1 mm、锥度 10.5 的钢针刺入 1 mm 深度,进行机械刺激诱导 CSD,持续时间 1～2 s,针刺时避开有较粗脑血管的位置。

CSD 与神经源学说所反映的偏头痛发病机制基本相似,该模型造模方法较方便,手术创伤小,与偏头痛先兆发作时表现症状相似。目前该模型也应用于国内外对偏头痛发生的病理机理及药物治疗作用的研究之中。

3. 基于血管源学说的偏头痛模型

基于血管源学说的偏头痛模型是皮下注射硝酸甘油所致的血管性偏头痛模型,该模型症状表现及病理变化与人类偏头痛发作时的表现及变化有一定的相似性,病理及生化数据稳定,故这种造模方法具有易于获得、经济、简便、相似性好、适用性强等特点。硝酸甘油是脂溶性分子,易通过生物膜,包括血脑屏障。硝酸甘油的生物学作用主要是通过生成 NO 表现出来的,但是由于 NO 生成后很快失活,本身难以用于实验研究,所以用硝酸甘油来代替。动物实验研究表明,硝酸甘油可以通过多途径诱发偏头痛发作。硝酸甘油在体内生成 NO,NO 通过强烈的扩张脑血管效应,造成无菌性炎症;另一方面 NO 具有神经毒性作用,可激发三叉神经血管反射,诱发实验性偏头痛。疼痛刺激进一步可激活神经元第二信使,如 Ca^{2+} 等,诱导中枢神经系统内 c-fos、c-jun 基因表达异常增强,提示其该部位神经元功能对外部刺激敏感;大脑皮层神经细胞凋亡增多,血中 5-HT、NE 水平降低而 CGRP、His 水平升高,表明硝酸甘油诱导动物的异常病理变化,与人类偏头痛的发生存在一定的相似性。麦角胺咖啡因能减轻或消除硝酸甘油所致偏头痛动物模型的异常行为表现,显著抑制其脑内增强的 c-fos、c-jun 基因表达,升高其脑内 NE、DA 水平,减少其大脑皮层神经细胞凋亡数目,升高血中 5-HT 及 NE 含量,降低其血中 CGRP、His 含量,也反证了模型的成立。

常用的造模方法是采用硝酸甘油注射剂皮下注射(10 mg/kg)或静脉注射(2 μg/kg·min)。不同种属的大鼠给予硝酸甘油后,动物的表现不完全一致,故有人对硝酸甘油造模用量、观察指标等方面进行了相关研究。周永红等[46]按体重 9.50 mg/kg 给 Wistar 大鼠皮下注射硝酸甘油注射液,大鼠在短时间内即可以出现一系列典型的、有规律的头痛等行为症状。付先军等[53]对硝酸甘油实验性偏头痛大鼠模型行为症状学进行了具体评价,研究表明,给 SD 大鼠皮下注射硝酸甘油注射液 10 mg/kg,造模 3 min 左右出现耳红症状,比其他实验记载时间提前,3 h 左右消失;3 min 左右开始频繁出现挠头动作,30～60 min 挠头次数呈上升趋势,90 min 达一高峰,90～120 min 出现低谷期,150 min 又出现一个小高峰,3 h 左右消失;爬笼次数及减少出现的时间及次数结果与挠头次数结果类似;耳红症状可作为模型动物头痛缓解的象征性标志,但不能反映药物起效时间、作用过程和程度,必须与挠头、爬笼次数同时观察。

硝酸甘油型偏头痛动物模型作为一种成熟的、简便的、适用性广泛的实验性偏头痛动物模型,已经广泛应用于国内外对偏头痛发生的病理机理及药物治疗作用的研究之中。

4. 基于生化源学说的偏头痛模型

基于生化源学说的偏头痛模型造模方法是先采用利舍平耗竭动物脑中 5-HT 后,再在动物皮层注射血凝块造成偏头痛模型,这种造模方法周期较长,操作较繁琐,但造模后动物凝血时间明显缩短，痛阈降低，全血及脑内 5-HT 含量明显下降，这些基本反映了偏头痛的特点。

偏头痛与 5-HT 在体内的代谢密切相关，疼痛发作前，5-HT 一过性升高，而发作时血中 5-HT 降低，尿中 5-HT 的代谢产物 5-羟吲哚乙酸增多，已知 5-HT 是缩血管物质，因此，头痛持续时脑膜血管扩张与血清中 5-HT 下降有关。临床研究发现，偏头痛患者外周血 5-HT 发病先兆期升高，引起颅内血管收缩；发病高峰时降低，随着 5-HT 耗竭使颅外动脉扩张而引发头痛。

利舍平是肾上腺素能神经元阻断性抗高血压药。一方面可使脑、心和其他器官中的儿茶酚胺和 5-HT 贮存耗竭，而使心率减慢、心排血量减少，产生降压作用。另一方面也可使周围交感神经末端去甲肾上腺素贮存耗竭，使交感神经冲动的传导受阻，从而扩张血管、降低周围血管阻力发挥降压作用。即为利舍平头痛常见的精神神经系统不良反应。单胺类神经递质耗竭剂利舍平能够诱发偏头痛，局部注射凝血块可以诱发脑血管痉挛。已知偏头痛发作期因局部小血管收缩而造成脑内代谢产物堆积，炎性物质如 PG、HT 等增多，从而刺激神经加重头痛。将上述两种方法结合起来就形成了利舍平化低 5-HT 伴局部脑血管痉挛的小鼠或大鼠偏头痛模型。

常用的造模方法是小鼠皮下注射利舍平注射液 10 mg/kg，共 14 天。于第 14 天麻醉小鼠后，大脑皮层注射鼠血凝块 2 μl/只[54]。这种造模方法周期较长，操作较繁琐，但造模后小鼠凝血时间明显缩短，痛阈降低，全血及脑内 5-HT 含量明显下降，这些基本反映了偏头痛的特点，并支持血管学说。皮下注射利舍平剂量过大，小鼠容易死亡，过小则脑内神经递质含量变化在统计学上差异无显著性。为此，邓凤君等[55]对实验性偏头痛小鼠造模方法进行了探讨，研究发现，皮下注射利舍平 0.7 mg/kg 组脑内神经递质荧光检测结果有统计意义，但行为学观察小鼠几近无生命力，恐造模后再用药效果不明显；0.15 mg/kg 组行为形态较好，但神经递质荧光检测结果大多在统计学上无意义；0.4 mg/kg 组第 4 天时行为学好于 0.7 mg/kg 组，神经递质荧光检测结果在统计学上有意义。所以用利舍平注射液复制偏头痛小鼠模型时，建议采用 0.4 mg/kg 皮下注射，造模时间为 4 天。

目前该模型主要在国内应用于中药复方防治偏头痛的实验研究之中。

5. 基于血管舒缩功能异常的偏头痛动物模型

基于血管舒缩功能异常的偏头痛动物模型主要是借用脑血管痉挛模型，造模方法为枕大池穿刺，抽取脑脊液，然后缓慢注入自体动脉血。

6. 其他模型

其他模型主要有 Janssens 电刺激离体猪基底动脉标本引起对河鲀毒素敏感的神经介导的血管舒张模型；Saxena 开发的用放射活性微球测量动脉或静脉吻合支血流的脑膜动静脉分流模型；5-HT$_{1D}$ 受体结合模型；离体人脑膜动脉模型；脑动脉平滑肌细胞培养模型；c-fos 基因表达模型等。

（四）偏头痛的预防与治疗药物

1. 偏头痛的化学治疗原则

根据欧洲神经病学学会联盟（European Federation of Neurological Societies，EFNS）制定的推荐意见分级方案，推荐口服非甾体消炎药（nonsteroidal anti-inflammatory drug，NSAID）和曲坦类药物用于偏头痛发作的急性期治疗。用药方案应遵循分层治疗观念。在口服 NSAID

和曲坦类药物之前，推荐口服甲氧氯普胺或多潘立酮。在极重度偏头痛发作时，首选静脉注射乙酸水杨酸或皮下注射舒马曲坦。偏头痛持续状态可用类固醇治疗，虽然并非总是有效；也可用二氢麦角胺治疗。β-受体阻滞药（普萘洛尔和美托洛尔）、氟桂利嗪、丙戊酸和托吡酯可作为偏头痛预防性治疗的首选用药，其次可选用阿米替林、萘普生、蜂斗菜烯碱和比索洛尔。

2. 偏头痛急性发作的治疗

镇痛药是治疗轻中度偏头痛发作的首选药物。主要有乙酰水杨酸（acetylsalicylic acid，ASA）、布洛芬（ibuprofen）、双氯芬酸（diclofenac）、安替比林（phenazone）、安乃近（metamizone）、托芬那酸（tolfenamic acid）和对乙酰氨基酚（paracetamol）等。此外，选择性环氧合酶（cyclooxygenase，COX）-2 抑制剂，如伐地考昔（valdecoxib）、罗非考昔（rofecoxib）对偏头痛急性期治疗有效。

（1）5-HT$_{1B/1D}$受体激动剂

5-HT$_{1B/1D}$受体激动剂是治疗偏头痛的有效药物，对 5-HT$_1$受体选择性强。5-HT$_{1B/1D}$受体激动剂治疗偏头痛的优势在于：①5-HT$_{1B/1D}$受体激动剂对偏头痛的对应性强，刺激大脑血管壁的后接点 5-HT$_{1B}$受体使血管收缩，血管通透性下降；②可刺激神经前突触 5-HT$_{1D}$受体，调节神经递质的释放，抑制三叉神经的血管活性，抑制硬膜的神经源性炎症反应和血浆外渗，阻止血管活性肽的释放，使血管口径正常化，避免由此引起的血管舒张和硬膜神经源性炎症，通过收缩颅内血管并抑制神经源性炎症来发挥抗偏头痛效应；③刺激脑干 5-HT$_{1B/1D}$受体，抑制三叉神经兴奋；④减少颈动脉血流；⑤亲脂性强，可通过血脑屏障（BBB），增加脑血流量；⑥相对安全，就发生显著不良反应而言，比非甾体抗炎药安全，对心率几乎无影响[56]。

本类药物包括第一代曲坦类药物和第二代曲坦类药物。

舒马曲坦（sumatriptan）于 1991 年 2 月在荷兰、丹麦首先上市，现已在 30 多个国家上市，有口服、皮下、鼻内和直肠 4 种给药剂型，起效快，对于有或无先兆的偏头痛均有效。它通过收缩大脑中大血管，增加血流速度，抑制三叉神经系统中 CGRP 的释放和阻断血浆蛋白外渗，达到治疗目的。但心血管疾病患者慎用，也不宜与单胺氧化酶抑制剂（monoamine oxidase inhibitor，MAOI）和麦角类药物同用[57]。

目前上市的第二代曲坦类药物共有 6 种，包括：佐米曲坦（zolmitriptan）、那拉曲坦（naratriptan）、利扎曲坦（rizatriptan）、氟伐曲坦（frovatriptan）、依立曲坦（eletriptan）、阿莫曲坦（almotriptan）等。与舒马曲坦相比它们具有更强的作用效果和更小的不良反应，同时还可以缓解畏光、恐声、恶心等偏头痛的伴发症状。像抗抑郁药和抗生素一样，不同的个体对不同的曲坦类药物敏感性不同，因此选择越多意味着患者的希望越大。

佐米曲坦 1996 年上市。具有外周和中枢作用，并作用于脑干中的三叉神经核，其作用比舒马曲坦更强，起效更快，用法更简单。佐米曲坦不仅能在 45 min 内迅速地缓解头痛，还能缓解畏光，畏声，恶心等伴发症。患者长期服用耐受性好，对持续性或多次发作的偏头痛患者，重复给药同样有效，治疗后病人生活质量明显改善[58]。

那拉曲坦 1997 年在英国首次上市。可减轻急性偏头痛的发作，通过直接刺激颅内脉管系统的 5-HT$_1$受体，使脑膜异常膨胀的血管收缩，还可作用于脑干内的三叉神经细胞核尾侧部以及外周三叉神经的突触，抑制炎性神经递质的释放。用于有或无先兆的急性偏头痛的治疗。试验表明，那拉曲坦 2.5 mg、5 mg、7.5 mg、10 mg 在 24 h 的有效率比舒马曲坦要大，且各剂量组的复发率较低[59]。

利扎曲坦 1998 年上市。药理作用与其他曲坦类药物相似，抑制 CGRP 的释放，对脑膜中动脉的收缩作用比舒马曲坦强，而对冠状动脉的收缩作用比舒马曲坦弱，其比舒马曲坦有更高的颅脑血管选择性。特点是：①起效快，用药 30 min 头痛缓解率为 13%～28%；②疗效好，口服 2 h 后缓解率为 70%，症状消失为 33%，有助于减轻偏头痛的伴随症状和加快病人的功能恢复，头痛复发后重复给药仍然有效；③剂量低，其 5 mg 剂量头痛缓解率较舒马曲坦 100 mg 高；④不良反应小；⑤应用范围广，可用于高血压和轻度肝功能不全患者的偏头痛治疗，可与抗抑郁药帕罗西丁合用，对经期性偏头痛的治疗仍然有效[60]，但肾功能不全者慎用[47]。

依立曲坦是一种高选择性的 $5-HT_{1B/1D}$ 受体激动药，为亲脂性药物，口服后吸收快，1 h 达到最大血药浓度，依立曲坦有效率达 84%，24 h 缓解率高于其他曲坦类。依立曲坦的生物利用度比舒马曲坦高 3 倍，血浆半衰期较长，约为 4 h。其主要不良反应为无力、感觉异常、头晕、恶心、嗜睡、胸痛等，发生率为 2%～7%。应注意口服 80 mg 依立曲坦发生不良反应的几率高于低剂量口服依立曲坦或其他曲坦类药物[61]。

氟伐曲坦不是单胺氧化酶（monoamine oxidase，MAO）的底物，因此其和麦角胺、普萘洛尔和吗氯贝胺一起应用时不影响其他药物的作用。对脑动脉的作用比冠状动脉强，其副作用较小，发生率与剂量有关，2.5 mg 对治疗急性偏头痛在效价和耐受性方面都最佳[62]。研究发现氟伐曲坦对女性月经期偏头痛有效，24 h 内头痛的缓解率为 84%。Adelman 等观察发现，患者对氟伐曲坦的耐受性高于舒马曲坦[51]。总之，氟伐曲坦可用于偏头痛发作持续时间长，复发次数多，月经期偏头痛和不能耐受其他曲坦类药物的患者。

阿莫曲坦是曲坦类药物中最新、效果最好的一种，特点是：①口服生物利用度高（70%～80%），起效快（<30 min），效能高（12.5 mg 即显效，有效率>75%），维持时间长（>24 h）；②复发率低（24 h 复发率 18%～27%）；③效果与年龄、性别、胃内容物无关；④与其他药物无交叉反应；⑤不良反应发生率极低（<1%），但对于有严重肾功能不全者，阿莫曲坦 24 h 用量不能超过 12.5 mg。因此，不久的将来阿莫曲坦有望成为抗偏头痛的一线药物[63]。

本类药物常见的不良反应主要是继发于其对血管的收缩作用，包括：使人难过但无生命危险的曲坦感觉，如咽喉或胸部紧压、嗜睡、感觉异常或兴奋；以及反应严重且与心、脑血管有关的症状，如心悸、心动过速、心律失常、高血压、胸痛等。因此，对于缺血性心脏病患者（如休息状态下心绞痛、或劳累性心绞痛和心肌梗死、心律失常等）、难于控制的高血压患者、存在危险因素的群体（如高胆固醇血症、糖尿病、绝经期妇女、肥胖者等）禁用。

（2）麦角胺制剂

该类药物为肾上腺素 α-受体阻断药，同时有抗 5-HT、收缩脑血管的作用，而脑动脉扩张是偏头痛的主要病因，因此该类药物是治疗偏头痛的有效药物，包括酒石酸麦角胺和二氢麦角胺。对伴有体位性低血压的偏头痛特别有效。注意频繁用药可诱发头痛及头痛反弹，应限制应用。同时应尽早在每次发作即给药，服药半小时无效不主张重复给药[64]。直肠给药优于口服或注射，禁用于冠心病。

服用麦角胺治疗偏头痛要在头痛达到高限之前，最好在刚出现先兆时服药，并使药物尽快进入血液，注射是疗效最好的用药方法。麦角胺可以单独服用，也有混合剂型的麦角胺药片，如混有咖啡因、长效巴比妥或非那西汀的麦角胺药片，可以增加综合疗效。但麦角胺副作用也会使心血管病人病情恶化，子宫收缩引起早产等等。如果服用麦角胺仍无效时，就得使用强镇痛剂了。医生会使用吗啡或哌替啶，强镇痛剂会上瘾，故不宜长期服用[65]。双氢麦角胺的副作用比麦角胺少，尤其较少引起外周动脉收缩、恶心和呕吐。

但是，因为本类制剂都具有收缩血管的作用，因此患者有外周血管疾病或冠状动脉疾病时不能使用。

（3）氟哌利多

氟哌利多（droperidol）是一种丁酰苯类的中枢神经镇静药，具有弱的多巴胺受体激动作用，临床用于诱导麻醉和治疗呕吐。最近许多的试验表明氟哌利多对偏头痛急性发作有效。一项大型随机对照临床试验[66]显示，肌肉注射 275 mg 氟哌利多，2 h 的有效率达 87%，持续性头痛缓解率为 49%，均高于曲坦类药物。氟哌利多还能够减轻偏头痛的伴随症状，特别是恶心。氟哌利多的不良反应大多比较轻微，最常见为静坐不能、睡眠增多和焦虑，发生率分别为31%、20%、16%。此项试验并未报道心血管系统的不良反应，心电图检查也没有出现 QT 间期的延长。另一项试验[67]表明，在偏头痛的急性发作阶段，肌肉注射氟哌利多 275 mg 的止痛效果和注射盐酸哌替啶相似。虽然氟哌利多能够有效控制偏头痛的急性发作，但目前仍不提倡把它作为治疗偏头痛的一线药物，因为其神经系统的不良反应发生率相对较高，而且曾有心电图 QT 间期延长的报道。在使用氟哌利多之前，应常规检查心电图、血钙和血钾的浓度。

（4）非甾体抗炎药

非甾体抗炎药是传统的控制偏头痛急性发作的一线用药。本类药物主要有阿司匹林、酮洛芬、布洛芬、甲氯芬那酸钠、托芬那酸、吲哚布芬、氟比洛芬、非诺洛芬等。非甾体类抗炎药可用于有或无先兆性偏头痛急性期治疗，或用于其他疗法无反应或月经期偏头痛的患者，但老年患者应慎用。近年来，由于选择性 5-HT 受体激动剂的出现，非甾体抗炎药的应用不如原来广泛。但由于此类药物的副作用相对较小，因此仍用于某些轻、中度发作的偏头痛。Lange等[68]进行的大规模多中心随机双盲临床试验显示，阿司匹林泡腾片 1000 mg，服用 2 h 后，55%的患者头痛减轻，29%的患者头痛缓解，与安慰剂组比较差异明显，且绝大多数已缓解的患者24 h 内不会复发。Kellstein 等[69]的研究表明，布洛芬 600 mg 可有效控制偏头痛急性发作，并缓解头痛伴随症状。

此外，在偏头痛急性发作期，推荐应用止吐药治疗恶心和可能发生的呕吐，主要用甲氧氯普胺、多潘立酮。

3. 偏头痛发作间歇期的预防治疗

偏头痛的复发是治疗中的棘手问题，对偏头痛患者进行预防性治疗，可以减少头痛发作频率，减轻疼痛强度，改善偏头痛发作时对治疗的反应性，减少致残损伤。对于以下情况可进行用药预防：①每月发作 3 次或 3 次以上；②发作时间大于 48 h；③发作时，头痛程度极其严重；④急性发作后头痛未充分缓解；⑤发作前的先兆期较长；⑥急性发作治疗导致严重副作用。

（1）选择性 5-HT 再摄取抑制剂

本类药物包括苯噻啶、赛庚啶、甲基麦角酸丁醇酰胺、米安色林等，其中苯噻啶为成人首次预防性治疗的首选药物，其作用较赛庚啶强，不良反应轻，能减少偏头痛的发生频率和发病程度，常用量为每次 0.5~1 mg，3 次/天，15~20 天显效。甲基麦角酸丁醇酰胺为竞争性 5-HT抑制剂，还能加强去甲肾上腺素对血管的收缩作用，有助于头皮动脉维持收缩状态，因而能预防发作。Amato 等[70]用氟西汀（fluoxetine）20 mg/天口服治疗偏头痛患者，观察 6 个月，发现偏头痛的发作频率逐月下降，这种下降的趋势在用药 3 个月后更为明显，与安慰剂组比较有极显著差异，证实氟西汀可预防偏头痛的发作。Adelman 等[71]的回顾性研究表明，缓释文拉法辛（extended release venlafaxine）可有效预防偏头痛的发作且副作用罕见。本类药物常见的不良反应是嗜睡、头昏、口干等。长期服用，应注意血象变化。驾驶员、高空或危险作业者慎用。青光眼、前列腺肥大患者及孕妇忌用。

（2）β-肾上腺素受体阻断剂

能够预防偏头痛的 β-受体阻断剂有普萘洛尔（inderal）、阿替洛尔（atenolol）、噻吗洛尔（timolol）、纳多洛尔（nadolol）、美托洛尔（metoprolol）、比索洛尔（bisoprolol）等[55]。资料表明，普萘洛尔[72]可减少偏头痛发作的次数，抑制 β-受体介导的血管扩张，制止偏头痛早期的脑皮质表面小动脉痉挛，解除血管内血小板聚集，尤其适用于偏头痛伴发高血压或症状性二尖瓣脱垂的病人。但普萘洛尔可增加选择性 $5-HT_{1B/1D}$ 受体激动剂的血药浓度，故两药合用时后者应减低剂量。其他种类的 β 受体阻滞剂则无此现象。本类药物常见的不良反应是恶心、呕吐、轻度腹泻、急性心力衰竭、诱发支气管哮喘等。心功能不全、重度房室传导阻滞、心衰、支气管哮喘、糖尿病患者禁用。

（3）钙通道拮抗剂

Ca^{2+}拮抗剂可选择性地阻断 Ca^{2+}慢通道，抑制 Ca^{2+}内流，扩张偏头痛初期处于收缩状态的血管，因此可预防其发作。有多种 Ca^{2+}通道阻滞剂曾试用于预防偏头痛。吴祖舜等用氟桂利嗪治疗偏头痛，在控制头痛发作频率，头痛持续时间上效果显著[73]。张望等用维拉帕米治疗 38 例患者，总有效率为 86.9%，治疗后头痛频率和程度均明显减少，优于一般药物[74]。另有报道认为氟桂利嗪加复方丹参片治疗效果更好。但是这类药物的不良反应发生率也较高，如便秘、低血压、体液潴留、心痛和恶心等，且禁用于充血性心力衰竭、低血压、心脏传导阻滞和某些心力衰竭的患者。本类药物常见的不良反应是头昏、头胀、恶心呕吐、失眠、皮肤过敏等。

（4）三环类抗抑郁剂

阿米替林（amitriptyline）防止偏头痛发作已被许多临床资料所证实，其效果似与其抗抑郁作用无关。此药常用于有偏头痛和肌肉收缩性头痛症状的混合型头痛。阿米替林的不良反应与剂量相关，因此，开始治疗使用小剂量，然后加量，但须使用 6～12 周后才能确定该药是否有效[75]。不良反应：口干、嗜睡、加重心室传导阻滞、排尿困难等。

（5）抗血小板聚集药

该类药通过抑制红细胞和血小板凝集，防止凝集的血小板及其释放的血管活性物质成为偏头痛的促发因素。如阿司匹林隔日服 1 次，每次 100 mg，可预防发作，与巴比妥（barbital），可待因（codeine）合用时疗效更好，且副作用也明显减少[76]。

（6）血管紧张素受体拮抗剂

Tronvik 等研究证明用血管紧张素转换酶抑制剂治疗偏头痛是有效的。血管紧张素在中枢神经系统可调节 DA 和 5-HT 在脑内的代谢，还可以增强 NO 的作用。坎地沙坦（candesartan）是长效的血管紧张素 Ⅱ 型受体拮抗剂，患者通过口服坎地沙坦治疗 12 周后，治疗组患者每月头痛发作的次数明显减少（治疗前每日 12.6 次，治疗后每日发作 9 次），头痛程度减轻，无症状的时间明显延长，治疗有效率为 40.4%；不良反应少，与安慰组比较差异无显著性[61]。

（7）抗癫痫药

丙戊酸钠（sodium valproate）是目前 FDA 指定的偏头痛预防用药。在临床研究中，该药在减少偏头痛发作方面疗效显著，病人对该药的治疗量一般可耐受，不存在剂量递增的过程，但对有肝病史或肝功能异常的病人应慎用；该药有潜在的致畸性，孕妇禁用。

加巴喷丁（gabapentin）是新一代抗癫痫药，它可增加脑内 γ-氨基丁酸（gamma-aminobutyric acid，GABA）的水平。GABA 是抑制性氨基酸，其主要功能是抑制性调控作用。脑内 GABA 的增加可加强吗啡的镇痛效用。Mathew 等[77]用加巴喷丁治疗伴有或不伴有先兆的偏头痛，剂量从 300 mg/天起始，渐增至 2400 mg/天，与安慰剂组对照，12 周后观察疗效，发现治疗组患者无论在发作频率、每次的发作程度还是每次发作的持续时间方面均明显轻于对照组。虽有部分患者有头晕等副作用，但一般均能耐受。此外，传统的抗癫痫药，如丙戊酸（valproic acid）等对于预防偏头痛发作也有一定作用。

托吡酯[51]是一种新的抗癫痫药，通过多种机制来控制癫痫发作，这些机制也在治疗偏头痛中发挥作用。有研究发现平均每日口服 87.5 mg 托吡酯，持续 8.4 个月，可使慢性偏头痛患者的头痛频率降低 2.6 次/月，发作性偏头痛患者的头痛频率降低 3.9 次/月，两组患者头痛发生的程度都有明显减轻。还有研究表明，使用每日 100 mg 托吡酯可有效预防偏头痛发作，且不良反应少，特别是认知功能障碍的发生率相对较低。

（8）肉毒杆菌毒素 A

肉毒杆菌毒素 A（botulinum toxin A）是一种神经毒素，具有剂量依赖性的肌肉松弛作用，近年来在临床上用于止痛和治疗头痛综合征，其止痛作用不仅仅是通过肌松作用实现，还可以抑制三叉神经释放 SP。许多研究表明肉毒杆菌素 A 预防偏头痛发作是有效、安全的，可以被患者接受，具有别的药物所不具备的优点，如不出现系统性不良反应、疗效持续时间长等，对于不愿意每天口服药物的患者尤其合适。但治疗中存在一些问题须注意：①如何选择患者；②如何确定合适的剂量；③怎样选择注射的部位；④是否有一种适用于所有患者的标准治疗方法[51]。

（9）单胺氧化酶抑制剂

单胺氧化酶抑制剂能阻止 5-HT 和其他血管活性胺的氧化脱胺而导致胺在体内的蓄积，维持或增加血浆中内源性 5-HT 的含量，阻止头颅血管扩张，达到防止偏头痛发作的效果。常用药物为苯乙肼 15 mg，口服，3 次/天，可连用 1～2 年。该药在应用时，应禁食富含单胺的食物和饮料，如干酪、菠菜、腊肉、蚕豆等，否则可因酪胺大量吸收造成血压急剧上升，并应避免使用哌替啶、吗啡、利舍平或其他降压药。

（10）其他

研究发现[78]，口服大剂量维生素 B_2（核黄素，1 日 400 mg）可减少偏头痛发生的频率和持续时间。临床应用表明，大剂量服用维生素 B_2 效果好于盐酸氟桂嗪，而且副作用小，费用低。可能因为维生素 B_2 有提高细胞线粒体磷酸化能的作用。用维生素 B_2 来预防偏头痛时，对一个月内只出现几次偏头痛的中度患者效果最好，大多数用药 3 个月后可收到最佳疗效。

（五）偏头痛发病机制的三种学说

有关偏头痛发病机制的研究近年来取得了较大进展，但至今仍未完全定论。通常认为偏头痛是复杂的神经体液因素引起颅内外血管及神经功能失调而导致。发病可能与遗传、内分泌、血管神经因素、神经递质、免疫因素、脑兴奋性增加、离子通道异常、皮质扩散抑制、中枢疼痛调节机制障碍等有关。目前主要有三种学说，即血管源学说、神经源学说、三叉神经血管学说。偏头痛的血管学说与神经学说之争已有百余年。血管学说认为，偏头痛是原发性血管功能紊乱，神经学说认为，偏头痛是原发性神经系统功能障碍，血管变化是继发的。随着高科技的发展，推动了血管学说与神经学说的结合，提出神经血管学说，即三叉神经血管学说。目前该学说，在众多的学说中，处主导地位。

1. 血管源学说

Wolff 等[79]首先提出血管源学说，认为偏头痛发作开始时 5-HT 从血小板释放，引起颅内血管收缩，先兆出现，继之 5-HT 血浆浓度下降，血管周围组织产生血管活性物质引起颅外血管过度扩张，导致无菌性炎症而诱发偏头痛。此假说可用下列现象作为佐证：第一，先兆时如果应用血管扩张剂可终止先兆或使其暂时消失；第二，头痛是搏动性的，与脉搏一致；第三，在颈动脉和颞浅动脉施加压力后，头痛可缓解；第四，血管收缩剂麦角胺对头痛有效。该学说历经数十年不衰，但自20世纪80年代起，随着先进的检查仪器和检测手段的出现（TCD、MRA），人们发现偏头痛可以在无动脉扩张情况下发作，血管源学说不能完全解释偏头痛的发病机制。一些学者对先兆型和无先兆型偏头痛患者在间歇期和发作期分别进行TCD检查发现，发作期，无先兆型偏头痛在血流下降的同时，波幅增大，血管杂音消失；而先兆型偏头痛血流速度加快，出现更明显或新的血管杂音。他们进而指出两型偏头痛可能是血管变化基础上的两种不同综合征。无先兆型偏头痛发作时血管扩张，而先兆型偏头痛发作时血管收缩[6, 19]。在先兆型偏头痛，先兆期出现局灶性神经系统症状时，虽局部脑血流量（rCBF）降低，出现低灌注区，但当先兆症状消失后，在头痛期低灌注区仍持续扩展5~6 h，可达24 h，然后出现过度灌注。fMRI研究发现低灌注区细胞内无代谢率变化。PET研究发现低灌注区无pH值变化。

1990年Olsen进一步发展了血管源学说，他提出先兆型和无先兆型偏头痛是血管痉挛程度不同的同一疾病。各种神经元对缺血的敏感性不同，先兆症状的渐进出现是由于血流量降低后，越来越多的神经元功能受到影响。视觉皮层的神经元对缺血最敏感，因此视觉先兆最先出现，然后再逐渐出现手指发麻等其他症状。一些学者发现部分无先兆型患者行颅内血管内介入操作后出现了先兆型偏头痛[82]；而偏瘫性偏头痛患者行头颅MRI检查时发现患者大脑半球表面呈异常强化信号，行SPECT检查结果表明偏头痛患者发病时有大脑半球的高灌注状态存在，再一次证实了血管源学说[17]。

血管学说认为5-HT在偏头痛的发生中起着重要的作用。伴随着偏头痛的发作，5-HT有一个明显的变化过程。偏头痛发作前5-HT从血小板中释放出来，直接导致颅内血管收缩，产生皮层缺血，引起先兆症状，继之5-HT血浆浓度下降，尿内5-HT及5-HIAA水平增加，5-HT收缩血管作用逐渐减弱或消失，颅外血管扩张，牵引血管壁神经末梢上的伤害性感受器，引发头痛，血管周围组织产生血管活性物质导致无菌性炎症而加剧头痛。

2. 神经源学说

偏头痛是神经性功能紊乱的学说并不是一个新论，100多年前就已由Living提出，并得到Gowers的支持[80, 81, 83]。随着CSD学说的提出，神经源性炎症（其特点为血管扩张）不断得到证实，血管学说在偏头痛发病中的地位饱受争议。更多学者认为偏头痛的血管变化不是头痛的原因，而是继发于神经细胞功能紊乱。硬脑膜属疼痛敏感组织，其分布的神经来自三叉神经节。当血管周围的三叉神经末梢受刺激后可释放血管活性肽，如P物质、CGRP、神经激肽A（NKA）、NOS、垂体腺苷酸环化酶激活肽等，引起血管舒张和血浆蛋白外渗，导致神经源性炎症。该学说认为偏头痛发作时神经功能的变化是首要的，血流量的变化是继发的。其根据是：①偏头痛患者的情绪、食欲及睡眠改变等前驱症状提示下丘脑功能有轻度障碍；②其先兆可始于手指，逐渐扩展至上肢，以后到下肢，这种缓慢扩散难以用血管源机制来解释；③偏头痛患者易出现寒冷刺激性头痛、刀割样头痛，说明偏头痛患者的疼痛控制系统有缺陷；④偏头痛发作时伴随一些神经介质的代谢紊乱；⑤皮层扩布性抑制，Leao[84]在动物实验中首先观察到皮质受到有害刺激后出现局部脑电活动低落，并以大约3 mm/min的速度向前扩布，随后许多学者应用皮层扩布性抑制解释偏头痛的先兆，因为偏头痛患者中先兆的进展方式与CSD极其相似。在典型偏头痛发作中闪光暗点常从视野中央开始，随后以大约3 mm/min的速度逐渐变大并向周围颞部蔓延；许多躯体先兆症状也有类似缓慢进展的特征性表现[85]。在偏头痛发作初期测定

rCBF，发现大脑枕部 rCBF 首先降低，随后这种低血流区在 30～60 min 内以 2～3 mm/min 的速度向顶、颞叶扩布，即出现扩布性局部低血流量[86]，其进展方式类似于 CSD。Barkley[87]用脑磁图（MEG）描述了在偏头痛发作时记录的特征性信号。这些信号包括三方面：①自发皮层活动的抑制；②长时间的场变化；③持续数秒的高振幅波，其中高振幅波在发作间歇期也存在。这三个特征性变化表现了 CSD 现象的不同方面，自发皮层活动的抑制同实验动物中 CSD 的发现相一致；长时间的场变化与以前在动物实验中由化学因素激发的 CSD 的移动很相似；持续数秒的高振幅波可能代表局部自发的去极化。该研究支持了 CSD 现象可能是偏头痛先兆或神经功能障碍发生的基础。此外，偏头痛患者先兆发生时先有 rCBF 及氧供增加，随后 rCBF 轻至中度降低（平均降低 20%～25%），并可持续至头痛期或头痛消失后 48 h，只在小范围皮质区发生缺血，说明其神经症状与 rCBF 降低所致缺血无关，极有可能是大脑神经功能障碍或 CSD 所致[88]。有关专家为基底动脉型偏头痛患者伴交替性上肢偏瘫行脑电图检查时发现在枕部区域缓慢的 α 波、θ 波、δ 波同时在左右顶部交替出现。这些证据支持基底动脉型偏头痛的产生可能与 CSD 有关[89]。

3. 三叉神经血管学说

该学说始于 1984 年，Moskowitz[80, 90]发现电刺激三叉神经节后能导致脑部血管舒张和水肿，并使猫额叶和顶叶局部脑血流量增加。三叉神经血管学说指出偏头痛属于原发性神经血管疾病，这是近年来偏头痛研究领域的重大成就。该学说认为偏头痛是由于三叉神经血管系统（由 5-HT$_{1B/1D}$ 受体调节）和中枢神经系统内源性镇痛系统功能缺陷（与遗传有关），加之过多的内外刺激引起。当三叉神经血管系统及内源性镇痛系统功能正常时，即便有过多的刺激也会被抑制，不会出现偏头痛发作。反之，由于不能调制血管变化、神经源性炎症及抑制疼痛刺激向上传导，则会出现偏头痛发作。偏头痛的疼痛主要源于三叉神经支配的硬脑膜、蛛网膜和软脑膜。脑膜血管具有与其他血管相同的解剖和生理特点，刺激脑膜血管可产生搏动性头痛。

4. 与偏头痛发病相关的因素

（1）颅内疼痛敏感组织[81, 92, 93]

大的脑血管、硬脑膜、软脑膜血管、静脉窦，其血管周围的神经纤维源自三叉神经节的三叉神经眼支，后颅凹者源自 C1、C2 后根。脑膜血管是疼痛之源，刺激脑膜血管可产生搏动性头痛。硬脑膜是疼痛敏感组织，含有 C 纤维和血管神经肽类物质。由于某种原因激活了脑血管周围的三叉神经末梢，三叉神经周围血管纤维释放血管活性肽，使脑膜血管过度扩张，血浆蛋白渗出，肥大细胞释放组胺，引起脑膜和其他三叉神经分布组织发生神经源性炎症，这种伤害性刺激沿着三叉神经传入纤维传至三叉神经脊束核，冲动达到延脑化学感受区，引起恶心、呕吐；传入下丘脑，出现畏光症状；传入大脑皮质产生痛觉。

脑干中缝核（以 5-HT 为神经介质）接受到过多的内外刺激，可被激活。过多的刺激可来自皮层（如情绪、过度紧张等）、丘脑（如过多的传入冲动、噪声、强光、恶臭等）或下丘脑（如内环境变化、生物钟改变等）。当中缝核被激活后，它通过上下行纤维做出应答，向上通过前脑内侧束，分布至下丘脑、背丘脑以及弥散性地投射至大脑皮层抑制它们的发放；向下通过间接通道与面神经的副交感神经连接，经岩大浅神经、蝶腭神经节及耳神经节（烟碱样受体调节）释出血管活性肠肽（VIP），使颈外动脉扩张，还可通过间接通道使颈内动脉扩张。而颅内外血管的扩张又可以刺激供应血管壁上的三叉神经纤维引起疼痛以及血管活性肽类物质的释放，从而形成恶性循环。Raskin 发现一组非偏头痛患者在中脑导水管周围灰质（PAG）区植入刺激电极后出现偏头痛样头痛发作，指出人类偏头痛的疼痛来自中枢，临床上发现 PAG 区的多发性硬化斑块导致偏头痛样头痛也证实了脑干在偏头痛中起到关键作用。

当过多的内外刺激激活脑干中缝核时，同时也启动了脑干内源性镇痛系统，这系统源自 PAG，从 PAG 发出纤维至中缝核，通过中缝核调控脑干三叉神经二级神经元（三叉神经脊束核尾侧部），抑制三叉神经传入冲动的发放。当三叉神经血管系统及内源性镇痛系统功能正常时，过多的刺激不会引起偏头痛发作，当该系统功能不正常时，即使在正常人看来不属过多的刺激，也可诱发偏头痛发作。

（2）c-fos 与偏头痛

1）c-fos 在细胞内外信息传递的作用与 c-fos 技术：原癌基因 c-fos 是一种存在于正常神经元细胞核内的即刻早期基因（immediate early gene，IEG），耦联细胞外信息与细胞内靶基因的转录，被称为核内"第三信使"（third messenger）[94]。细胞外刺激信号可通过 IP_3 Ca^{2+}或 cGMP 等第二信使激活转录因子，诱导 c-fos 转录，并在细胞浆内合成 Fos 蛋白。Fos 蛋白再转移到细胞核内与 c-jun 基因的产物 Jun 蛋白通过"亮氨酸拉链"形成异源二聚体复合物。该复合物通过 N 端碱性氨基酸残基与活化蛋白-1(activation protein-1, AP-1)的 DNA 结合位点 TGACTA 结合，调节靶基因的转录与表达[95]。正常情况下，细胞内 c-fos 很少表达，各种伤害性刺激（包括疼痛、创伤、缺氧、光线刺激、机械刺激、精神心理因素等）均可诱导中枢神经系统（CNS）中 c-fos 基因的表达[96]。一定程度上，c-fos 基因表达的数量和时程随刺激强度、时间及性质而异，伤害性的机械、化学、温度、电、病理刺激，甚至一些生理刺激等均可导致中枢神经系统不同区域出现不同数量的表达[97]。大量研究表明，c-fos 基因参与细胞的正常生长、分化过程，调节细胞内信息的传递过程，而且其在 CNS 内的表达与痛觉调控密切相关[98]。利用 c-fos 起着核内"第三信使"作用的这一特点，初步解决了神经系统研究中如何将结构和功能结合起来的难题，这就是 c-fos 技术。而所谓 c-fos 技术，就是利用神经元受体兴奋性刺激时，c-fos 基因的表达急剧增加和 Fos 蛋白迅速堆积于细胞核内的特点，用原位杂交法或免疫组化法在神经组织切片上染出兴奋神经元，从而对神经元功能活动进行细胞水平定位的新型形态学方法。利用该方法获得的直接证据，可以将受刺激的某一功能系统中多级神经元依次显示出来[99]。这种技术已被广泛应用于追踪各种刺激尤其是疼痛刺激的传导通路，确认参与反应的多级神经元的定位研究。各种伤害性刺激可诱导 c-fos 在 CNS 多级神经元表达，尽管表达部位、时程、数量有所差异，但其表达多出现在痛相关区域，这无疑为 c-fos 基因参与痛觉调控提供了神经解剖学基础。

2）c-fos 与痛觉调控：1987 年英国的 Hunt[100]等首次将 c-fos 应用于痛觉的研究，他们证实伤害性刺激引起的 c-fos 免疫阳性神经元主要集中于后角 Aδ、C 类神经纤维终止的 Ⅰ、Ⅱ 和 Ⅴ 层。在对疼痛机制的研究中发现 c-fos 不但是刺激到达脊髓的标志，而且介导了其后的一系列反应，同时可能激活了神经生长因子（NGF）而构成疼痛时伴随情绪变化及至全身激醒反应、CNS 疼痛记忆的基础，这种效应认为是 Fos 蛋白的作用机理：疼痛刺激后神经递质释放与细胞膜上的相应受体结合，在第二信使作用下，c-fos mRNA 基因表达，在细胞核翻译合成 Fos 蛋白，Fos 蛋白是一种由核磷蛋白与转录激活因子 AP-1 形成的复合物，AP-1 进一步与其他基因结合，调控其他靶基因或目的基因的表达，从而产生对机体长时程的生理效应[101]。c-fos 表达是神经元兴奋性长时程变化的第一步，是痛觉过敏状态发展的反映，它将外界刺激引起的第二信使介导的短时程信号在基因表达上转换成长时程信号，在痛觉引起的突触可塑性变化中起重要作用[102]。目前认为，伤害性刺激引起 c-fos 表达可能是通过启动脊髓内源性抑制系统以此对抗过度的刺激，在痛觉调控中发挥重要作用的阿片肽基因可能是 c-fos 的靶基因之一[94, 95]，c-fos 作为第三信使在阿片肽基因表达上参与细胞信号与基因表型改变的耦联过程。阿片肽前体增强子区含有 AP-1 结合序列[103]，Fos 和 Jun 蛋白形成的二聚体通过与阿片肽前体基因 AP-1 结合位点相结合，可加速阿片肽前体基因的切割和转录，调节阿片肽基因的表达[104]。伤害性刺激后脊髓内 c-fos mRNA 和前脑啡肽 mRNA 表达时呈密切相关，免疫组化双重染色法发现强啡肽、脑啡肽和 c-fos 阳性神经元均显著增多，而且存在 c-fos 和脑啡肽共存现象，提示在解剖学上 c-fos 与阿片肽基因密切相关。研究表明，阿片肽受体激动剂吗啡等可抑制急性热刺激和炎症伤害性刺激诱导 c-fos 基因在脊髓表达[105]，其原因可能是这些受体激动剂完全抑制了某些神经元的放电活动。

（3）一氧化氮与偏头痛

NO 是体内发现的第一个气体性信息分子，既是血管内皮舒张因子，又是重要的神经递质。近年来发现在偏头痛和其他头痛产生中是一个十分关键的因子，也是原因因子，不但激发偏头痛，而且可保持偏头痛状态。现在随着对 NO 研究的不断深入，由 NO 引起偏头痛的研究也逐渐受到重视。

1）一氧化氮引发偏头痛的研究背景及假说的提出：人们对 NO 引发偏头痛的认识是始于运用 NTG 的，对 NTG 摄入体内引发偏头痛的记载已有 150 多年的历史。在 Ascanio Sobrero 合成了 NTG 后的不久，他发现当一定量的 NTG 在舌上放几分钟，就会产生剧烈的头痛，并持续几个小时[106]。NTG 被用作抗心绞痛药，然而有人报道，心绞痛患者应用 0.3～0.4 mg NTG 时，50%以上的患者产生一种剧烈的头痛，头痛通常在两额或两颞侧，呈搏动性，过劳使其加重，偶尔在头痛之前有短暂的单眼或双眼黑矇。在应用 NTG 后出现头痛的患者中有些头痛消失后出现视觉丧失，有些头痛发作后尿中 5-HT 的代谢产物 5-HIAA 增加。应用麦角胺可使 40% 的非偏头痛患者避免 NTG 诱发的头痛[93]。舒马普坦能有效缓解 NTG 诱发的即发性疼痛和迟发性疼痛[107]。在临床实验中发现，由 NTG 诱发的头痛是可反复诱导的，并有安全性、耐受性、可控性等特点[108]。由于 NTG 是一个脂溶性分子，容易通过生物膜（包括血脑屏障），NTG 的生物学作用是通过生成 NO 表现出来的，被认为是 NO 的前药[109]，因此由 NTG 引发的偏头痛最终是通过 NO 起作用的。近几年研究表明，NO 在体内可起扩血管和神经递质的作用，在偏头痛的发生中起很重要的作用，为引发头痛发生的一系列级联反应的始动因子。Olesen 等[110] 提出 NO 为偏头痛发生的关键因子，他们提出以下观点来支持他们的假说：①一氧化氮-环磷酸鸟苷（NO-cGMP）通路的激活引起偏头痛患者头痛的发生。②用来治疗偏头痛或其他血管性头痛的有效非镇痛药，其主要作用是抑制 NO-cGMP 通路上的一个或多个环节来发挥作用的。③引起偏头痛或其他血管性头痛发生的物质，确能激活 NO-cGMP 通路上的一个或多个环节。苯噻啶、美西麦角、β 受体阻滞剂（如普萘洛尔）为 $5-HT_2$ 型受体拮抗剂，它们可通过阻断 $5-HT_{2C}$ 受体，减少 eNOS 的产生，进一步减少 NO 的生成，防止偏头痛的发生[111]。

2）一氧化氮致头痛发生的临床研究：NTG 滴注可引起健康人头痛，引起剂量依赖性的反复发作性头痛，停止给药，头痛很快消失，且机体其他任何部位无疼痛。随着头痛的发生，桡动脉和颞浅动脉出现剂量依赖性扩张，但是头痛消失快于血管扩张。当 NTG 剂量超过 0.5 μg/kg/min 时，头痛和血管扩张作用不再加重。头痛的加剧作用与颞浅动脉的扩张反应呈正比，而与桡动脉的扩张无关。NTG 使脑的大动脉血管扩张，但不影响脑血流量，这和无先兆偏头痛患者的脑动脉扩张而脑血流量保持不变的现象相似[112]。给偏头痛病人静脉滴注 NTG 可引起头痛发作伴发恶心、呕吐、畏光恐声[113]，发作程度比健康受试者和紧张性头痛患者剧烈，滴注药物结束后健康受试者头痛很快消失，而偏头痛患者或不减轻，或开始减轻而后继发性加重[114]，提前给予 H1 受体拮抗剂（美吡拉敏）不能阻止或减少偏头痛的即时发生和继发发作[115, 116]，而舒马普坦可以减少偏头痛的即时发生和继发发作[117]。偏头痛患者发作期与间歇组、对照组相比，颈静脉血浆及脑脊液中 NO 含量明显升高，间歇期颈静脉血、脑脊液中 NO 含量也比正常人高。而偏头痛患者肘静脉血浆中 NO 含量在发作期、间歇期并无明显变化。说明 NO 与偏头痛发作有密切关系，并与中枢神经系统（CNS）有高度相关特异性[118]。偏头痛患者发作期血清中 NO 和 cGMP 的含量明显高于间歇期和对照组，间歇期血清中 NO、cGMP 的含量下降，但仍高于对照组[119]。脑膜炎和脑炎患者，细胞活素的形成增加，细胞活素刺激巨噬细胞产生 iNOS，随即产生 NO，引起严重的头痛[120]。缺氧引起头痛，偏头痛在高原地区发病率比较高，缺氧提高血管内的 NO 浓度，而高氧会引起 NO 的快速失活，缩短和减少其作用效果[121]。静脉滴注 NO 合成抑制剂（L-NG- methylarginine 546C88）可终止偏头痛患者的自发性急性发作。但 546C88 并不引起动脉收缩，提示 NO 可能具有中枢作用[115]。

3）一氧化氮在偏头痛发病中的可能机制：综上所述，偏头痛患者比非偏头痛患者对 NTG 敏感，且头痛患者机体 NO、cGMP 含量显著升高，所有防治偏头痛有效的药物都可减少 NO 的生成，说明 NO 在偏头痛的发生中起重要作用，为引发偏头痛患者机体级联反应的始动因子。它不仅扩张血管，还可介导机体内信号的传导，从而放大其生物学作用；它是一种小分子的有机物，广泛分布于人体的各组织、器官，在过量的情况下又可能介导严重的神经毒性及细胞毒性而造成组织损伤；它是一种不稳定且高度弥散的自由基，主要通过大量化学反应而发挥其生物效应。其机制可能为：①在 CNS 中起神经元间信使物质作用，同时介导谷氨酸（glut）等兴奋性氨基酸细胞毒性作用，舒张脑血管，产生疼痛；②NO 使 CGRP 从周围血管神经末梢中释放出来，并在神经源性炎症反应中起作用；③NO 与活化的鸟苷酸环化酶（GC）的铁离子结合，诱导 cGMP 增加，cGMP 作为第二信使和神经递质激活三叉神经节，使局部神经肽 CGRP 反复释放；④NO 通过激活平滑肌细胞内可溶性鸟苷酸环化酶（sGC），提高 cGMP 水平，从而松弛血管平滑肌，产生血管舒张作用，引起血管扩张性头痛；⑤激活脑血管周围三叉神经末梢，使血管周围组织产生血管活性多肽，导致无菌性炎症；⑥NO 直接影响血管旁感觉神经，从而直接激活痛觉神经纤维；⑦NO 可直接通过前列腺素调节机制使伤害性感觉神经元的活动增加。

（4）降钙素基因相关肽与偏头痛

1）降钙素基因相关肽的分布及其作用：降钙素基因相关肽 1983 年由 Rosenfeld 等发现的一种由 37 个氨基酸（AA）组成的生物活性多肽，在人类 CGRP 有 α 与 β 两种基因，分别表达出 α-CGRP 和 β-CGRP，均定位于第 11 号染色体短臂上，它们之间有 3 个 AA 不同。CGRP 肽链 C 端与受体识别有关，而肽链 N 端双硫键与生物活性有关。CGRP 是迄今为止体内最强的舒血管活性物质，在疼痛感觉调控中发挥重要作用。它主要分布于中枢和外周神经、血管外膜之间的区域。在神经系统中，以脊髓含量最高，特别是背侧角、背根神经节及三叉神经节。此外，三叉神经核和脑垂体中也含有丰富的 CGRP，而小脑和大脑皮层含量较低。支配脑血管的 CGRP 能神经纤维主要起源于三叉神经节与脊髓背根神经节，CGRP 能神经纤维由血管壁外膜与中膜交界处进入肌层[122]，并与其他血管活性物质如 P 物质、血管活性肠肽（VIP）及神经肽 Y（NPY）共存于脑血管壁。CGRP 样免疫活性物质在大动脉和大静脉含量最高，动脉壁高于静脉壁。在人类的大脑动脉、脑膜中动脉与颞动脉均富含 SP 与 CGRP 的神经末梢分布，虽然这些纤维是多来源的，但在 Willis 环及其前后分支处 CGRP 能神经纤维主要来自三叉神经节[123]。研究发现 α-CGRP 主要分布于中枢神经系统，特别是脊髓背侧角和脑血管外周神经网。CGRP 受体拮抗剂选择性地作用于 α-CGRP，而不影响 β-CGRP。而 β-CGRP 主要位于外周，且多在感觉神经末梢，它可使人脑动脉中 cAMP 合成增加[124]。

至今 CGRP 已发现有三种类型，主要是 CGRP1 和 CGRP2 两种亚型。它们均可通过 CGRP 受体作用于颅内血管内膜和中膜，引起 Ca^{2+}、三磷酸鸟苷（GTP）依赖 G 蛋白的改变，从而强烈舒张脑血管，刺激三叉神经，引起头痛发作[125]。在下丘脑、中脑、脑桥、脊髓均发现有 CGRP 特异性结合位点，脑膜血管平滑肌、内皮细胞膜上均存在 CGRP 受体，体内 CGRP 与受体结合后，激活腺苷酸环化酶（Ac），使细胞内 cAMP 升高，通过第二信使 cAMP 的中介作用而发挥生物活性。其可能的生化途径为 CGRP 与平滑肌受体结合，激活 Ac，使细胞内 cAMP 浓度升高，进而作为第二信使，促进 Ca^{2+} 从胞浆摄入至细胞内的膜结构中，阻断 Ca^{2+} 向细胞内流动，引起细胞内 Ca^{2+} 浓度下降，最终导致钙调蛋白（CaM）形成肌球蛋白轻链激酶，使肌动球蛋白的 ATP 酶激活发生障碍，产生扩血管效应；另一方面，通过 cAMP 依赖的蛋白激酶作用，使肌球蛋白的轻链激酶失活，引起扩血管效应[126]。

CGRP 舒血管作用的机制目前已有两种较明确的解释[127]。CGRP 作用于内皮细胞上的受体，通过 cAMP 途径增加细胞内 Ca^{2+} 浓度，上调 NOS 产生 NO。内皮细胞产生的 NO 直接穿过细胞膜，活化平滑肌内 sGC，通过 cGMP 通路活化蛋白激酶 G（PKG），后者作用于 Ca^{2+}-ATP 酶，使细胞内游离钙离子减少从而舒张平滑肌。在另一方面，CGRP 也可能通过前列环素（PGI_2），活化 cAMP/蛋白激酶 A（PKA）途径发挥舒血管作用。CGRP 也可不经过内皮直接作用于血管平滑肌细胞（vascular smooth muscle cell，VSMC）上的受体，通过 cAMP 活化 PKA 或通过活化三磷酸腺苷（ATP）敏感的 K^+ ATP 通道（K^+ ATP channel），促进 K^+ 外流抑制 Ca^{2+} 内流，最终减少细胞内游离 Ca^{2+} 浓度产生血管舒张效应。

2）降钙素基因相关肽在偏头痛发病中的研究：偏头痛发作时，测定颈外静脉内神经肽含量发现三叉神经释放的 CGRP 显著增高，提示三叉神经活性增加。血管周围的三叉神经末梢受刺激后，环绕血管周围的神经末梢释放血管活性肽，其中最重要的是 CGRP，它们作用于血管壁引起神经性的炎症、脑膜血管扩张、血浆蛋白外渗、血小板活化、肥大细胞脱颗粒，由此刺激三叉神经颈复合体，然后，上述信息传至丘脑和皮质产生疼痛感觉[128]。

连亚军等[129]采用放免法检测 53 例偏头痛患者，发现偏头痛发作时颈静脉血中 CGRP 含量显著升高，肘静脉血中 CGRP 含量无明显升高。Ashina 等[130]对 20 例病人及 20 名对照者的肘静脉血研究显示，间歇期病人的 CGRP 水平明显高于对照组；女性病人 CGRP 水平明显高于对照组。Goadsby 等[131]发现，偏头痛发作时颈静脉血 CGRP 含量显著增高，但周围静脉血 CGRP 含量无变化，故认为是脑血管壁三叉神经末梢 CGRP 释放的结果。沈君等[132]采用放免法检测 31 例偏头痛颈外静脉、肘静脉血及脑脊液中 CGRP 含量，结果显示偏头痛组肘静脉血、颈外静脉血、脑脊液中 CGRP 含量明显高于对照组，其中颈外静脉血中含量大于肘静脉血中的含量，典型偏头痛较非典型偏头痛增高更显著。余海等[133]研究发现发作组颈静脉血 CGRP 水平显著高于间歇期及对照组，同时亦观察到其他血管活性肽含量的变化，提示偏头痛发作还涉及多种神经肽参与，这些神经肽的异常是脑血管舒缩功能不稳定的物质基础，也是导致偏头痛发作的神经因素与血管因素的重要联系。

血管周围传入神经纤维兴奋也导致大鼠血浆 CGRP 和 SP 水平增高，与偏头痛发作期的结果一致。在动物实验中，Ebersberger 等[134]顺/逆向电刺激鼠硬脑膜，发现在 5 min 刺激期间，CGRP 释放增加，但 SP 不增加，在刺激后采样期间 CGRP 恢复至基线水平。王玉浔等[135]以皮下注射 NTG 为偏头痛动物模型，发现模型组颈静脉血中 CGRP 显著高于空白对照组。在神经源性炎症动物模型中也发现刺激大鼠和猫三叉神经节和矢状静脉窦后，颈静脉血中 CGRP 水平增高[136]。李炜等[137]以电刺激上矢状窦为偏头痛动物模型，发现电刺激后模型组颈静脉血中 CGRP 水平增高。在一种新的离体神经源性炎症模型中已证实 CGRP 能调节脑血流并介导硬脑膜的神经源性炎症，从而在偏头痛的病理生理中起关键作用[134]。CGRP 释放和由此产生的神经性炎症被认为是偏头痛疼痛的病理生理基础。

大量临床研究结果证实，偏头痛病人颈静脉血中 CGRP 的变化规律与动物实验结果大致相同。推测 CGRP 释放增加的可能机制为，发作期三叉神经节的激活及颅脑血管传入神经通路的活动增强，导致神经肽局部释放增加，此反应包括逆行三叉神经的激活（20%）和顺行性面/岩浅大神经血管扩张系统的激活（80%）。

（5）β-内啡肽与偏头痛

1）内源性阿片肽与疼痛：内源性阿片肽（endogenous opioid peptide，EOP）类神经递质广泛分布于 CNS，其生物学作用以其强大的镇痛作用最为突出。自 1975 年发现阿片受体的内源性配体——脑啡肽以来，EOP 与疼痛类疾病的关系就一直受到注意。实验研究表明，EOP 在影响疼痛感受阈值和高级脑功能方面有明显的调节作用[138]。内源性阿片系统由脑啡肽、β-内啡肽（β-EP）和强啡肽三大家族组成，β-EP 是体内主要的内阿片肽之一，具有很强的镇痛效应。β-EP 主要集中在下丘脑垂体轴中，循环中的 β-EP 主要由垂体产生[139]。平时，β-EP 以前阿黑皮素的前体形式贮存于垂体中，仅少量释放入血，在疼痛、感染、中毒、发热、休克等应激状态下释放增加，血浆中 β-EP 亦相应增加[138, 140]。

β-EP 的镇痛机制主要在脊髓以上水平起着调整镇痛的作用，即通过激动第三脑室及中脑导水管周围灰质，再兴奋中缝大核的 5-HT 能神经元，经脊髓背外侧索的下行抑制系统，调节脊髓背角和三叉神经脊束核相应部位感觉神经元对伤害性刺激的感受程度[141]。脑室内注射 β-EP 可产生相当于吗啡 21 倍的镇痛效果。CNS 中，β-EP 主要作用于 μ 受体。同时也作用于 δ 受体。其中 μ 受体的激动与镇痛机理密切相关，该受体不但分布广泛，且分布特点也与痛觉及感觉运动的整合作用通路相平行。因此体内 β-EP 低下（无论是其合成、释放减少，还是消耗代谢的增加）均可能导致患者疼痛阈值的降低。

2）β-内啡肽在偏头痛发病中的研究：偏头痛的发病机理目前尚不清楚，近年研究发现，偏头痛与 EOP 系统的功能障碍密切相关，特别是与 β-EP 系统功能紊乱，导致痛觉传入调节障碍相关。学者们提出，与偏头痛有关的痛觉过敏（hyperalgesia）至少部分起因于这些病人的"阿片系统"（opiate system）对疼痛缺乏"正常的"调节反应[142]。研究表明，慢性每日头痛（chronic daily headache，CDH）、普通偏头痛、特别是演化为有发作间歇期头痛的偏头痛（migraine with interparoxysmal headache，MIH）病人，血浆 β-EP 水平明显降低[143-145]，且 β-EP 水平的进行性降低与头痛症状的进行性恶化相平行[144]。Genazzani 等[146]认为，偏头痛的渐进性演化与脑脊液 β-EP 水平的减少是同步的，神经元对脑脊液 β-EP 含量反应减弱是非器质性中枢疼痛的重要原因。Nappi 等[144]认为，原发性头痛是一类由遗传性或获得性阿片系统功能障碍引起的"疼痛疾病"（pain disease）：β-EP 水平的降低是这类头痛区别于其他心因性头痛的生物学特征。Ustdal 等[147]将鲑降钙素（salmon calcitonin，SCT）用于治疗偏头痛，并观察其对血浆 β-EP、促肾上腺皮质激素（ACTH）和皮质醇水平的影响，发现应用 SCT 后，三种激素水平均增加，尤以 β-EP 水平的增加为甚，于是提出 SCT 通过增加血浆 β-EP 水平而产生镇痛作用。Spiering[148]指出，在 CNS 存在着调整疼痛信号传递的机制，β-EP 是对疼痛通路进行调节的抑制性递质，它通过突触前抑制影响中枢疼痛通路的传递，β-内啡肽水平的降低可造成这种抑制作用的减弱。Fattes 等[149]

认为，内源性阿片肽缺乏，可造成头痛病人中枢阿片受体数目和结合活性的改变。如果阿片缺乏造成内源性阿片系统敏感性增加，那么在头痛发作开始时，内源性阿片肽的轻度升高就能引起神经症状，随着缺血和反应性充血的发生，临床表现为搏动性头痛。吴宣富等[143]认为，β-EP能神经功能低下，既可通过激活蓝斑等一系列病理生理过程引起脑血管痉挛，又可通过引起儿茶酚胺、5-HT 骤降和 cAMP 升高，随后引起脑血管扩张。这些观点表明，β-EP 与血管舒缩功能之间有密切的关系。

偏头痛的不同类型（典型偏头痛与普通偏头痛）、不同时期（发作期与间歇期），血浆与脑脊液 β-EP 均低于正常水平，提示 β-EP 系统功能低下可能是偏头痛发作的因素之一。内啡肽物质在疼痛感受、应激和高级脑功能方面起着重要作用，偏头痛患者由于原发性或获得性内啡肽系统障碍，垂体前叶对机体反应性下降，使 β-EP 释放减少，神经系统的稳态不能维持，神经系统适应能力调节减弱，对外界刺激过于敏感，而引起头痛发作[142, 145]。而当 β-EP 减少时，对脑干蓝斑的抑制减弱，从而使多种血管活性物质释放，导致偏头痛发作时脑血管舒缩功能紊乱[151]。

（6）5-羟色胺与偏头痛

1）5-羟色胺在体内的分布及其与痛觉调制的作用[81, 152, 153]：5-羟色胺又名血清素，在身体广泛分布，其中 90%存在于胃肠道的嗜酸细胞中，其余分布在血小板（8%）和中枢（1%～2%）。血液中的 5-HT 几乎全部位于血小板致密体中，在血小板活化时释出，血浆中游离的 5-HT 很少。它作用于各种平滑肌、胶原组织和神经，是中枢神经系统中一个重要的神经递质。循环性 5-HT 对血管可起收缩和扩张双重作用，这主要取决于血管在静息时的张力和 5-HT 的浓度。通常 5-H 使大的动脉收缩，小的动脉和毛细血管扩张，是脑循环中最强烈的血管收缩胺。5-HT 对颈内和颈外动脉起收缩作用，但人体内 5-HT 浓度需超过正常游离血浆 5-HT 浓度很大时才能发挥作用。

中枢内 5-HT 神经元分布广泛，主要集中在脑干中缝核。上行部分的神经元位于中缝核上部，向上投射至纹状体、丘脑、下丘脑边缘前脑和大脑皮层的其他区域；下行部分神经元位于中缝核下部，其纤维下达脊髓胶状质区侧角和前角。尤其从中缝至脊髓后角的 5-HT 神经通路，系参与下行性痛觉调制系统的组成部分。

大量的实验揭示了 5-HT 在痛调制过程中的作用。Tenen[154]报告，利用对氯苯丙氨酸（para-chlorphenglalanine，PCPA，一种能选择性抑制 5-HT 合成的阻断剂）可使大鼠产生痛过敏，而这种效应又可被 5-HT 的前体 5-羟色胺酸所取消，以此证明，脑内 5-HT 浓度降低可导致吗啡或其他阿片类药物镇痛效应减弱。Wang[156]报道与上述结果一致，他将 100～200 µg 的 5-HT 注入大鼠的脊髓颈腰段的蛛网膜下腔，可导致持续 40 min 的深度镇痛。崔存德等[157]刺激大鼠室旁核（PVN）引起痛阈增高，当刺激延髓外侧至脊髓的 5-HT 神经元时，能明显提高疼痛的阈值，而损毁其上、下行通路可引起电针镇痛效应的显著降低。近年来发现 5-HT 的部分上行神经元也参与疼痛的调节。

5-HT 可加强吗啡镇痛作用。刺激中缝背核可提高脊髓 5-HT 的更新率。在注射阈下剂量的吗啡时，也能引起镇痛。应用 PCPA 以降低中枢神经系统的 5-HT 功能，结果发现，实验动物的基础痛阈降低，吗啡的镇痛效减弱。损毁大鼠中缝核，降低前脑 5-HT 含量，吗啡镇痛效果即降低，电刺激大鼠中缝核，前脑 5-HT 更新率增高。切断前脑内侧束后，前脑 5-HT 含量降低，吗啡镇痛效果也降低，提示 5-HT 能上行系统与吗啡镇痛有关；损毁 5-HT 能下行系统后，脊髓 5-HT 含量降低，吗啡镇痛效果也降低。多数动物脊髓的 5-HT 含量降低的程度和吗啡镇痛效果降低的程度相关，故此，5-HT 能上下行通路可协同吗啡的镇痛作用。

2）5-羟色胺与偏头痛发病的关系：21 世纪 60 年代，研究人员发现某些偏头痛病人在其头痛发作时血中 5-HT 减少，尿中 5-HT 的代谢产物 5-HIAA 增加，因而推测 5-HT 在偏头痛的发病中可能起着重要作用。之后的研究发现，大约 85% 的偏头痛病人在头痛发作期血小板 5-HT 水平降低，尿中 5-HT 水平增加，少数病人尿中 5-HIAA 水平增加，进一步证实了 5-HT 在偏头痛发病中所起的作用[144]。

现在 5-HT 在偏头痛中的重要作用已经逐渐得到公认，偏头痛发作前，血浆中 5-HT 增加，除其本身可使血管收缩外，还可增加去甲肾上腺素（NA）的血管收缩作用。这些可看作是先兆期血管痉挛的因素，能解释先兆期所出现的视觉障碍等神经症状。在头痛期，5-HT 迅速转变为 5-HIAA 而从尿中排出。血中 5-HT 浓度可比原来减少 40%。因 5-HT 减少不能维持血管收缩，故引起头皮血管扩张，同时 5-HT 减少也使丘脑的痛阈降低。两者的共同作用，导致发作期的血管扩张性头痛。

近年来分子生物学的研究发现 5-HT 受体分为 7 大亚型（5-HT$_1$、5-HT$_2$、5-HT$_3$、5-HT$_4$、5-HT$_5$、5-HT$_6$、5-HT$_7$），其中 5-HT$_1$ 受体是最大的亚型，又进一步分为 5-HT$_{1A}$、5-HT$_{1B}$、5-HT$_{1C}$、5-HT$_{1D}$、5-HT$_{1E}$、5-HT$_{1F}$ 受体。在中枢三叉神经细胞、三叉神经血管系统的突触前神经纤维上及突触后血管壁上均有 5-HT$_1$ 受体[158]。5-HT$_{1A}$ 受体属脑部的抑制性受体，与血压调节有关；5-HT$_{1B}$ 受体与 5-HT$_{1C}$ 受体的意义未明；5-HT$_{1D}$ 受体主要分布于大脑脉络丛血管，调节大脑血流，并与精神活动有关。王宝祥等[159]采用 RT-PCR 和地高辛标记探针在偏头痛患者外周血淋巴细胞中证实了 5-HT$_{1D}$ 受体表达阳性，明显高于对照组，差异具有显著性（$P<0.01$），并推测 5-HT$_{1D}$ 受体基因表达可能是偏头痛发病的重要因素。现已证明，5-HT$_{1D}$ 受体属于鸟嘌呤单核苷酸 G 蛋白受体；头痛发作期 5-HT 含量低，5-HT$_{1D}$ 受体兴奋，使血管扩张，头痛发作间歇期 5-HT 含量增高。最近发现多种 5-HT$_{1D}$、5-HT$_{1F}$ 受体激动剂对大部分偏头痛发作患者有效，既支持血管学说，也支持三叉神经血管学说。近年研究认为，血小板释放 5-HT 增强了血管受体敏感性，对疼痛产生起重要作用。因此，5-HT 含量异常是偏头痛的患病基础，5-HT$_{1D}$ 受体可能是头痛发作的重要参与者。

（7）多巴胺与偏头痛

学者 Giovanni Andrea 等[160]前期研究表明偏头痛患者中存在酪氨酸代谢异常。为了探究酪氨酸代谢异常是否在非先兆性偏头痛患者向慢性头痛转化过程中扮演重要角色。选取了 73 例慢性头痛患者及 37 例健康人作为对照组测试血液中的多巴胺、去甲肾上腺素和示踪胺（包括酪胺和章鱼胺）。研究结果显示慢性偏头痛患者体内血清中多巴胺、去甲肾上腺素和示踪胺（包括酪胺和章鱼胺）是对照组数倍高，随着慢性偏头痛的进展，这些递质及激素水平持续增高[161]。

1）多巴胺受体在体内的分布及功能：多巴胺是中枢神经系统中含量最多的儿茶酚胺类神经递质，主要分布于哺乳动物的中脑黑质、纹状体，少量分布于脊髓。现代认为，多巴胺在大脑内发挥效应主要有以下 4 条通路：黑质纹状体通路、中脑皮质束、中脑边缘束和结节漏斗束。根据受体对配体的结合力不同可将多巴胺受体分为两大类：D1 样受体包括 D1 和 D5 受体；D2 样受体包括 D2、D3 和 D4 受体。多巴胺受体属于 G 蛋白偶联受体家族，在信号转导系统中，D1、D4 和 D5 为 Gs 蛋白偶联受体，D1 和 D5 激活可导致 G 蛋白偶联的腺苷酸环化酶通路活性增高；D2 为 Gi 蛋白偶联受体，D3 则未知，D2 样受体则会抑制腺苷酸环化酶通路[162]，多巴胺 D2 受体参与疼痛调控的缝隙连接、下行抑制和 cAMP-PKA 通路。多巴 D2 受体基因位于 11q22.2～22.3 染色体上，编码一种七次跨膜受体蛋白，这种蛋白表达于整个大脑，尤其是新纹状体和黑质致密部，皮层中的多巴胺 D2 受体主要分布于海马结构及颞叶内侧脑区。多巴胺 D3 受体主要分布于端脑、伏隔核、Calleja 岛及其他边缘系统，可能参与认知与情感功能。多巴胺 D4 受体位于 11p15.5 染色体上，其结构类似于 D2 受体，它通过激活位于中枢神经系统，特别是视网膜、额叶皮层、海马、杏仁核、下丘脑处的多元三聚体 Gi/o 蛋白质来介导信号转导[163]。多巴胺 D5 受体的 mRNA 仅在海马、外侧乳头体核和下丘脑束旁核表达。

2）多巴胺受体在偏头痛发病中的研究：偏头痛发作前或发作中呈现出的恶心和打哈欠等临床表现与多巴胺受体之间存在正相关[164]。Barbanti P 等[161]研究表明偏头痛由于慢性多巴胺不足，发作时可由多巴胺受体高敏感性释放少量多巴胺。增加的多巴胺水平虽然不足以拮抗三叉神经血管的激活，但可以刺激突触后受体导致恶心、呕吐和低血压，最后多巴胺水平缓慢回到基线水平，产生嗜睡和疲乏无力。而持续升高的多巴胺可能会诱导突触后症状，如：精神欢快和多尿症。偏头痛发作时多巴胺受体存在高敏感性，其可能是机体在偏头痛发作时产生的一种保护因素。偏头痛患者外周血中淋巴细胞内多巴胺 D4 受体[165]浓度升高，且 DRD4 基因[166]在偏头痛（非先兆性偏头痛与先兆性偏头痛）患者和对照组间存在明显差异，在非先兆性偏头痛患者中 DRD4 最短的和最长的 VNTR 等位基因出现的频率都较低，其研究表明 DRD4 的 VNTR 七次重复等位基因是非先兆性偏头痛的一个保护因素。既往对 DRD2 受体研究较多，但是其与偏头痛是否存在相关性及其对偏头痛亚型的影响有较大争议。增加的多巴胺 D2 受体与机体的炎症疼痛相关联，其增强表达可能是机体对体内炎症刺激的保护性反应。Perautka 等[167]发现相较于非先兆性偏头痛和非头痛患者，DRD2 对先兆性偏头痛患者易感性存在较大影响。Del Zompo[168]用传递不平衡测试法研究了撒丁岛人，发现 DRD2 对非先兆性偏头痛发病、先兆现象、头痛发作频率、伴随症状、心理特征和偏头痛患者生活质量之间无显著影响。Ghosh J 等[169]研究北印度人表明 DRD2 在偏头痛和对照组无明显差异。Todt U 等[170]选取了先兆性偏头痛的德国人群做病例对照研究了 DRD2，但并没有证实先兆性偏头痛 DRD2 有密切联系。同年，Coromines R 等[171]研究西班牙人群，并未发现 DRD1、DRD2、DRD3、DRD5 与偏头痛遗传倾向存在明显联系。A Graeme 等[172]研究结果进一步支持 DRD1、DRD3 和 DRD5 与偏头痛可能不存在关联。

3）多巴胺羟化酶在偏头痛发病中的研究：偏头痛的发病和缓解与多巴胺羟化酶（dopamine-beta-hydroxylase，DBH）活性的降低和升高[173]密切相关。多巴胺羟化酶位于去甲肾上腺素和肾上腺素神经元及神经内分泌细胞的细胞膜内面，是催化多巴胺转化为去甲肾上腺素的酶，因此，在多巴胺能和去甲肾上腺素能神经传递中发挥重要作用。2000 年，RA Lea 等[174]研究高加索人群中偏头痛患者和健康者发现，DBH 内二核苷酸多态性在偏头痛和对照组之间等位基因的分布有所不同。猜测 DBH 在偏头痛的病因学上发挥重要作用。随后，A Graeme 等[175]在先兆性偏头痛、非先兆性偏头痛和紧张性头痛均检测到血清中低水平的 DBH 活性，所有的头痛组的 DBH 活性相似，并且每组都明显低于对照组。Ghosh J 等[176]研究向作者表明 DBH 在偏头痛患者和对照组间存在明显差异，在女性中差异更显著。与偏头痛流行病学中女性较男性发病率高情况相一致。更有学者从基因层面研究证实多巴胺羟化酶与偏头痛发病的密切关系。Fernandez F 等[177]选取白种人中偏头痛患者和健康者对比，研究两个不同的 DBH 多态性基因，即一个功能性插入/剔除促成性基因和一个编码单核苷酸 A444G 多态性基因，结果显示单核苷酸多态性基因与偏头痛无明显联系，而插入/剔除多态性基因和偏头痛特别是先兆性偏头痛相对于对照组而言存在显著相关性；进公认的两个功能性单核苷酸多态性位点，即：启动子（-1021C-T）和外显子 11 上的 SNP（+1603C-T），结果显示等位基因和基因型的频率分布在 DBH 标记和偏头痛间存在重要联系。在这项研究中，DBH 启动子标记已被证明影响血清多达 52% 的 DBH 活性。DBH 的功能性启动子在偏头痛症可能起到了重要的作用。

4）儿茶酚胺氧位甲基转移酶在偏头痛发病中的研究：儿茶酚胺氧位甲基转移酶（catechol-o-methyltransferase，COMT）是在多巴胺代谢中起重要作用的一种酶，在机体的组织器官中存在极为广泛，如：肝、肾、肺、脑等，它可以使儿茶酚胺类或含有儿茶酚胺的药物失去生物活性并降解外周系统中的 DA[178]。编码 COMT 的基因位于 22q11 染色体上，它的遗传多态性与酶活性变化相关。COMT 与疼痛存在密切关系。由于 COMT 热稳定性比较差，酶活性下降导致多巴胺等化学物质减少，多巴胺系统长期异常活跃，可使 P 物质、谷氨酸等递质增加，痛觉冲动传入数目增多，最终导致人体对疼痛的耐受能力下降而敏感性升高[176]。但 COMT 与偏头痛的关系则尚不明确。Jeong Wook Park 等[179]对非先兆性偏头痛患者和健康人群，用聚合酶联反应法检测了他们体内的 COMT 多态性等位基因。他们将非先兆性偏头痛患者按照有无 L 型 COMT 等位基因分为两类，结果显示 COMT 基因型频率和等位基因的分布在非先兆性偏头痛患者和健康对照组间无明显差异；在偏头痛发作期间，有 L 型 COMT 的偏头痛患者相较于无 L 型 COMT 的偏头痛患者来说，头痛的发作更密集，头痛的伴随症状恶心呕吐也更频繁；一定程度上表明了尽管 COMT 多态性对非先兆性偏头痛患者易感性无明显差异，但对非先兆性偏头痛发病有一定影响。

（8）核转录因子 κB（NF-κB）与偏头痛

1）NF-κB 及炎症调节：NF-κB 是一种广泛存在于真核细胞内，介导细胞内信号传递的重要基因多向性信号快反应转录因子，能够调节免疫及炎症基因表达，参与神经系统的多种生理及病理过程[180]。因能与免疫球蛋 κ 链基因的增强子 κB 序列（GGGACTTCC）特异性结合而命名。其由 NF-κB 家族及其抑制蛋白（inhibitory-kappa B，I-κB）家族共同组成。NF-κB 是由两类亚基形成的同源或异源二聚体。其中，最常见构成形式为 p65/p50 二聚体。未被激活时，NF-κB 与 I-κB 形成复合物以非活性状态存在于胞浆内[181]。炎症因子、生长因子、趋化因子等可激活 NF-κB，当这些刺激因素存在时，I-κB 被磷酸化，随之被降解；二者解聚后，NF-κB 的核定位序列暴露，随之被转运至细胞核内并活化[182]，促进 NF-κB 依赖靶基因的转录及细胞因子释放[183]。其诱导产生的基因产物，进一步参与炎症、免疫和疼痛反应等，在机体中发挥着重要功能[184]。NF-κB 可介导免疫反应，并在调节多种炎性物质的转录中起着关键作用[185]，其通过调控细胞因子、免疫相关因子等多种基因的表达参与炎症过程[184]，且在炎症部位高度表达。目前已发现 NF-κB 调节着 100 多种靶基因的表达，释放的细胞因子有进一步活化 NF-κB，形成正反馈调节，使炎症放大；同时合成蛋白 I-κB，而起着负反馈调节作用。在炎症反应中能观察到 NF-κB 活性的增强，抑制 NF-κB 的活性则可抑制炎症的病理反应，在炎症的不同时期，有不同亚单位的 NF-κB 参与。近年研究证实，NF-κB 信号通路在偏头痛的发作中起着重要的作用，与偏头痛的发生发展密切相关[186]。

2）NF-κB 与偏头痛发作的关系：三叉神经血管反射学说认为偏头痛的主要病理改变是炎症反应和脑膜血管的扩张，从而激活感觉传入纤维并将痛觉信息传递到三叉神经脊束核。该学说提示我们，诸多炎性细胞因子的异常与偏头痛有关，如白细胞介素-1（IL-1）、IL-2、IL-6、IL-8、IL-10 等及肿瘤坏死因子-α（TNF-α），趋化因子，生长因子等[184]。其中，TNF-α 具有多种效应功能，其生物作用与感染、炎症、自身免疫及恶性病变中的免疫介导有关，在 CNS 内由小胶质细胞和星形胶质细胞合成和释放，主要作用是参与炎症反应的级联过程，促使更多的细胞因子和炎性细胞参与炎症反应，形成正反馈环路，引起血管通透性增加、白细胞浸润、组织损伤等作用。Covery 等[187]的研究发现，TNF-α 在 CNS 中对神经源性疼痛的发生和维持起着重要作用。Rozen 等[188]研究表明，偏头痛患者的脑脊液中 TNF-α 明显升高。有研究发现，偏头痛患者急性发作期，血浆中 TNF-α、IL-1β 水平较缓解期显著增高[189]。偏头痛发作时，NOS 的活性升高，生成较多 NO，促使硬脑膜分泌 IL-1β，引发伤害性刺激传入神经而致敏，从而加重头痛的感觉[190]。偏头痛发作时激活三叉神经内星形胶质细胞合成释放 TNF-α、IL-1β，促进中枢痛觉调制、外周痛觉传入纤维敏感化。在外周，由激活的单核/巨噬细胞产生的 TNF-α 是自发性疼痛和痛觉超敏的潜在性因素，参与了神经源性头痛的发生[191]，而 IL-17 通过上调炎性因子的表达、促进具有神经毒性作用的 NO 释放增加，从而参与偏头痛的发生与发展[192]。越来越多的研究证明，上述炎性因子在介导和维持神经源性疼痛中起到一定的作用，显示出其在偏头痛发病过程中发挥重要作用。梅海云等[193]通过细胞培养的方法观察到偏头痛患者发作期可能存在 NF-κB 导致的炎性细胞因子如 TNF-α、IL-17 分泌增加，且 NF-κB 调控着它们相互之间的作用。有研究发现，在 NTG 诱导的偏头痛大鼠模型中，NF-κB 在三叉神经脊束核以及三叉神经分布的硬脑膜处表达明显增强，血浆蛋白渗出，炎症细胞因子趋化，表明 NF-κB 在偏头痛神经源性炎症的产生中起着关键性作用[194]。Greco 等[195]研究证实，硝酸甘油通过激活 NF-κB 信号通路引发脑膜组织血管周围炎性反应，导致神经血管紊乱，是诱发偏头痛发作的病理生理学重要机制之一，并通过免疫组化技术和 Western 印迹分析检测到在大脑区域的 NF-kB 激活的一项指标 p65 核免疫染色显著增加。Reuter 等[196]的研究同样证明，硝酸甘油可以激活 NF-κB 信号通路，在脑膜组织内促进炎性蛋白的表达，诱导炎性反应，从而引起偏头痛发作，由此提示 NF-κB 可以作为偏头痛临床治疗的分子靶点之一。国内研究在硝酸甘油诱导的偏头痛的大鼠模型中发现，脑膜 NF-κB 核呈阳性反应，脑膜 NF-κB 蛋白表达量增加；另有研究显示，电刺激大鼠上矢状窦区硬脑膜引发硬脑膜神经源性炎症后，在中脑导水管周围灰质区（periaqueductal gray，PAG）出现了 NF-κB 信号通路的激活，说明 NF-κB 在偏头痛的发生及发展中起到一定作用，而钙通道阻滞剂氟桂利嗪通过抑制 NF-κB 蛋白的表达从而达到治疗偏头痛的目的[197]。最新有研究提出，硝酸甘油诱导的脑干三叉神经脊束核（又称尾核）NF-κB 激活被认为参与偏头痛的发病机理；且给大鼠注射硝酸甘油后在三叉神经核中检测到核 p65 含量显著增加，其代表 NF-κB 活化的指标，并已证明阿托伐他汀降低偏头痛的大鼠模型脑干三叉神经脊束核 NF-κB 的活性，降低 NF-κB p65 表达，从而减轻硝酸甘油诱导的大鼠偏头痛，且呈剂量依赖性，从而成为偏头痛的一种新颖的和有前景的候选治疗或预防方法[192]。

（六）中医对偏头痛的认识

1. 偏头痛病名的历史沿革及现代定义、诊断标准

在祖国医学中偏头痛归属头痛的范畴，在历代记载中，根据其发病的病因病机、疼痛的性质、特点、部位、伴发症状等对本病的命名有以下："头风""偏头痛""偏正头风""半边头痛""风头痛""偏头风""头偏痛"。在以下的 45 本医书中记载"头风"的有 22 本，记载"偏头痛"的有 7 本，记载"偏正头风"的有 6 本，记载"半边头痛"的有 5 本，记载"风头痛"的有 4 本，记载"偏头风"的有 3 本，记载"头偏痛"的有 3 本。总之，"头风"这一病名为历代医家所认可，直到现在在国家行业标准《中医病症诊断疗效标准》、国家标准《中医临床诊疗术语》、《中医病证分类与代码》、《中医常见病证诊疗常规》里仍以"头风"作为偏头痛的病名标准。历代关于偏头痛的命名归纳如下（表 1-2）。

表 1-2 偏头痛在历代医书中的命名

朝代	医书	作者	命名
战国	《黄帝内经》		首风、真头痛、脑风
战国	《难经》	秦越人	厥头痛
秦汉	《神农本草经》	神农氏	头风
汉	《中藏经》	华佗	脑痛、头目碎痛
晋	《脉经》	王叔和	风头痛
晋	《甲乙经》	皇甫谧	偏头痛、厥头痛、风眩头痛
晋	《肘后备急方》	葛洪	头风痛、偏头痛、偏正头痛
隋	《诸病源候论》	巢元方	头风、头风脑眩、膈痰风厥头痛、目眩头痛
唐	《千金翼方》	孙思邈	头风 头眩痛、风头痛、风头眩、风眩头痛
唐	《备急千金要方》	孙思邈	风眩偏头痛、头半寒痛、头偏痛
宋	《仁斋直指方》	杨士瀛	头风
宋	《王氏集验方》	王东野	头风
宋	《太平圣惠方》	王怀隐	真头痛、风头痛（疼）、头偏痛、
宋	《察病指南》	施发	风痰头痛
金	《东垣十书》	李东垣	偏头痛、头半边痛
金	《儒门事亲》	张子和	偏头痛
金	《世传神效诸方》	张子和	头风
元	《丹溪心法》	朱丹溪	偏头风
元	《世医得效方》	危亦林	风证头痛
元	《脉因证治》	朱震亨	半边偏痛、脑痛
明	《赤水玄珠全集》	孙一奎	头风、偏正头风
明	《奇效良方》	方贤	风头眩
明	《古今医统大全》	徐春普	头风、风头痛
明	《医宗必读》	李中梓	头风、半边头痛、偏正头风、夹脑风 偏头痛、偏正头痛、偏正头疼
明	《普济方》	朱橚	头偏痛、头风、偏头风
明	《证治准绳》	王肯堂	头风、偏正头风
明	《医方考》	吴昆	头目偏痛
明	《医学纲目》	楼英	偏正头风、头风
明	《证因脉治》	秦景明	头痛
明	《针灸大成》	杨继洲	头风
明	《简明医彀》	孙志宏	头风
清	《证治汇补》	李用粹	头风、半边头痛
清	《类证治裁》	林佩琴	偏头痛
清	《医彻杂证头风》	怀抱奇	头风
清	《金匮翼》	尤在泾	痰厥头痛
清	《杂病源流犀烛》	沈金鳌	头风
清	《张氏医通》	张璐	偏头风、脑风、头风、偏正头风
清	《评琴书屋医略》	潘名熊	偏头风
清	《证治百问》	刘默	头风
清	《秘传奇方》	佚名氏	偏头风
清	《古今图书集成医部全录》	陈梦雷	偏正头痛
清	《回生录》	陈杰	偏正头风、头风
清	《医学从众录》	陈修园	半边头痛
清	《古今名医汇粹》	罗美	头风
清	《杂病证治》	徐大椿	头风

《素问·风论》曰"新沐中风，则为首风""风气循风府而上，则为脑风"。晋·皇甫谧在《针灸甲乙经》中首先提出"偏头痛"的病名和偏头痛的症状、病因病机，并指出其取穴的治法"目眩无所见，偏头痛，引目外眦而急，颔厌主之。……热病偏头痛，引目外眦，悬厘主之"。晋·葛洪在《肘后备急方》引《博济方》中提到"偏头痛"的病名，并提到用中药搐鼻法治疗偏头痛的方法："治偏头痛，至灵散：雄黄、细辛等份，研令细，每用一字以下，左边疼吹右鼻，右边疼吹入左鼻，立效。"《诸病源候论·头面风论》"新沐头未干，不可以卧，使头重身热，反得风，而致烦闷……饱食仰卧，久成气病头风"指出外感之病因。唐·孙思邈在《备急千金要方》中也提到"偏头痛"的病名和偏头痛的症状，并提到治疗偏头痛的针灸取穴法："前顶、后顶、颔厌主风眩偏头痛。"《太平惠民和剂局方》记载"久患偏头疼，牵引两眼，渐觉细小，昏涩隐痛，并暴赤肿痛"。《圣济总录》则将偏头痛单独列项，"偏头痛之状，由风邪客于阳经，其经偏虚者，邪气凑于一边，痛连额角，故谓之偏头痛也"，描述其表现为"脑风头痛，连眼目紧急"。金·李东垣在《东垣十书》中明确指出偏头痛的病证名称："如头半边痛者，此偏头痛也。"《普济方》亦记载"夫偏头痛之状，由风邪客于阳经，其经偏虚者，邪气凑于一边，痛连额角，故谓之偏头痛也"。金·张子和在《儒门事亲》中指出偏头痛发生的部位"病额角上，耳上痛，俗呼为偏头痛"。其后宋·杨士瀛在《仁斋直指方》中对头风痛的病证名称和临床表现进行了较为系统的阐述，指出："头风为病，不必须有偏正头痛之证，但自颈以上，耳、目、口、鼻、眉棱之间，或有一处不若吾之体焉，有头疼，有头运，有头皮顽厚，不自觉之，有口舌不仁，莫之滋味，或耳聋，或头汗，或目痛，或眉棱上下掣痛，或鼻中闻香极香，闻臭极臭，或口呵欠而作冒眩之状，凡此皆头风证也。"这与偏头痛的头痛暴作，或左或右，同时兼见头皮顽厚，头部汗出，甚则出现耳聋目痛，视物不清，口舌麻木等临床表现是相一致的。明·王肯堂在《证治准绳》中指出偏头痛的顽固复发的特点："浅而近者名头痛，其痛卒然而至，易于解散速安也。深而远者为头风，其痛作止不常，愈后遇触复发也。皆当验其邪所从来而治之。"清·张璐在《张氏医通·诸痛门》中也指出偏头痛的病因病机和症状，"偏头风者，其人平素先有湿痰，加以邪风袭之，久而郁热为火，总属少阳厥阴二经。有左痛忽移于右，右痛忽移于左者，风火击动其痰湿之气，所以互换也"。对于偏头痛的认识，人们常在概念上产生误解，认为只有偏侧头痛并具有戏剧性缓解者才是偏头痛。但事实上，虽然相当一部分偏头痛的确痛在一侧，但绝非全部如此，有些偏头痛病人可以表现两侧的。据统计[198]，偏侧性头痛只占偏头痛的 60%，其他则表现为双侧头痛或全头痛，其中一半病人每次头痛部位都可变化，另一半病人头痛固定在一侧，而且许多病人头痛并非突然停止，在偏侧性头痛中其发作次数呈左右交替，即使头痛从一侧开始，在头痛的极期发展为两侧者也不少见。由于偏头痛发作多样，在历史上对于偏头痛的认识，经历了一个漫长的由浅入深不断完善的过程。

自 1988 年国际头痛学会制定标准以来，我国在 1992 年由国家中医药管理局全国脑病急症协作组讨论制定了偏头痛标准[199]，1994 年颁布了《中医病证诊断疗效标准》[200]，1997 年国家中医药管理局脑病急症科研协作组制定《头风病证候诊断标准》[201]，使我们对偏头痛的诊断和治疗在中医药方面规范化。在概念上定义偏头痛的病发特点为：临床上反复发作的血管搏动性剧烈头痛，常伴恶心、呕吐、头痛发作前常有视觉症状及短暂的神经功能缺失先兆。并对诊断与疗效判定进行了标准化的定义：病名定为"头风"；规定了头风病之风、火热、痰湿、血瘀、郁、气虚、血虚、阴虚、阳虚的证候诊断标准；《中医头风诊断疗效》[202]建议的判定标准为：治愈，头痛及其他症状体征消失，3 个月内无复发；好转，头痛及其他症状减轻；未愈，头痛等症状无改善。

2. 偏头痛的病因病机

根据《中药新药临床研究指导原则》，偏头痛（内伤头痛）有5个证候，肝阳上亢头痛证、痰浊头痛证、肾虚头痛证、瘀血头痛证、气血亏虚证。现代学者通过细致的临床观察，认为病机主要集中在以下几方面：一为外邪遏制清阳，"新沐中风，则为首风"；二为内外合邪；三为内伤，虚实夹杂，痰瘀互结。

（1）外感致病

对外感致头痛，早在《黄帝内经》中就有所认识，《素问·奇病论》曰："人有病头痛以数岁不已……当有所犯大寒，内至骨髓，髓者以脑为主，脑逆故令头痛"。头位居高巅，"巅高之上，惟风可到"，《素问·太阴阳明论》亦言"伤于风者，上先受之"，故外感头痛多以风邪侵袭为主，亦如《诸病源候论·头面风候》所言"头面风者，是体虚诸阳经脉为风所乘也"。从临床上看，偏头痛常表现为反复发作，或左或右，遇风触发或加重，这正是风邪为阳邪，性善开泄，易袭阳位，善行数变的致病特征。《太平圣惠方》记载"夫头偏痛者。由人气血俱虚，客风入于诸阳之经，偏伤于脑中故也。又有新沐之后，露卧当风，或读学用心，牵劳细视，经络虚损，风邪入于肝，而引目系急，故令头偏痛也"。《圣济总录》亦言"五脏六腑之精华，皆见于目，上注于头，风邪鼓于上，脑转而目系急，使真气不能上达"。《金匮翼·风头痛》记载"风气客于诸阳，诸阳之脉，皆上于头，风气随经上入，或偏或正，或入脑中，稽而不行，与真气相击则痛"。风为百病之长，六淫之首，多挟寒、热、湿诸邪而侵犯人体。

风寒头痛 风挟寒者，寒凝血滞，清阳受阻，脉络不畅，失养挛急可致头痛。《难经》言"手三阳之脉，受风寒伏留而不去，则病厥头痛"。

风热头痛 风挟热者，风热上炎，犯及清窍，气血逆乱可致头痛。

风湿头痛 风挟湿者，湿困清阳，清阳不升，浊阴不降，蒙蔽清窍亦可致头痛。

暑湿头痛 外感头痛除因风挟寒、热、湿诸邪侵犯人体之外，尚有暑湿头痛。夏秋之季，气温升高，烈日暴晒，湿气上蒸，多致伤暑，暑湿阻滞经脉，清阳不升，亦可导致头痛发生。

胡燕灵[203]认为"风邪袭于经脉，上犯于头，清阳之气受阻，气血不畅，阻遏络道，不通则痛"。赵建欣等[204]认为从外感论治，"六淫之邪外袭，上犯巅顶，清阳之气受阻，气血不畅，阻遏络道，又风为百病之长多夹时气而发头痛；若挟寒邪，寒凝血滞，络道被阻；若挟热邪，风热上炎，侵扰清空；若挟湿邪，湿蒙清空，清阳不展而致头痛"。

（2）内伤致病

明·秦景明在《症因脉治·内伤头痛》中云："头痛之因，或元气虚寒，遇劳即发，或血分不足，阴火攻冲，或积热不得外泄，或积痰留饮，或食滞中焦，或七情恼怒、肝胆火郁，皆能上冲头角而内伤头痛之证也。"明·徐春甫在《古今医统》明确指出"若夫年久偏正头风者，多因内夹痰涎，风火郁遏经络，气血瘀滞之证。"由此可见，七情五志失调，饮食劳倦失常，脏腑功能紊乱，均可导致头痛的发生，即内伤头痛。吴绪祥等人[205]认为内伤致偏头痛的基本病机为，久病顽痛，病多属瘀；风火头痛，病多在肝；痰湿头痛，多责于脾。

肝郁气滞 头痛的发生与肝密切相关，肝主疏泄，喜条达，可以调畅气机，若内伤七情致肝失疏泄，导致气机不畅，肝气郁结，肝气循经上逆巅顶，引起经络闭阻而致头痛。明·王肯堂的《证治准绳》中云"怒气伤肝及肝气不顺，上冲于脑，令人头痛"。明·李梴在《医学入门》中提及"偏头痛年久，大便燥，目赤眩晕者。此肺乘肝，气郁血壅而然"。《辨证奇闻》中说："此病得之郁气不宣，又加邪风袭之于少阳之经，遂致半边头痛也。"顾锡镇教授[206]认为"情志失调，郁火上扰，忧郁恼怒太过，肝失条达，肝气郁结，气逆上犯于头而致；又有肝肾阴虚，水不涵木，肝阳偏亢，上扰清空而致偏头痛发生"。胡穗发等[207]指出"情志不遂，气机不畅，肝气郁结，肝失疏泄，则肝失柔和、气机逆乱，故发偏头痛；若肝气条达、脉络通利，必无头痛之虞"；正如《素灵微蕴》所谓："木气无郁，故上下冲和，痛胀不生。"

肝火上炎　气有余便是火，肝失疏泄，气机郁滞，日久化火，火性上炎，易伤阳位和阳经，肝胆风火上扰清窍，则头痛暴作。《素问·至真要大论》云："少阳司天，火淫所胜，则温气流行，金政不平。民病头痛，……诸逆冲上，皆属于火。"清·叶天士的《临证指南医案》也认为"头痛一证，皆由清阳不升，火风乘虚上入所致"。《症因脉治》云"七情恼怒，肝胆火郁，上冲头痛"。明·孙志宏在《简明医彀》中指出火热与风邪共同致偏头痛发病的原因："又头风之证，偏正皆属风热伏留，男子迎风露宿，妇人头不包裹者多患此。"明·张介宾在《景岳全书》中指出火热头痛的兼有症状，并指出火热上攻为内伤头痛的常见证型："凡火盛于内为头痛者，必有内应之证，或在喉口，或在耳目，别无身热恶寒在表等候者，此热盛于上，病在里也。""凡头痛属里者，多因于火，此其常也。"胡志强等人[208]认为，本病多因情志刺激，精神紧张，劳累失眠而诱发。病机多为肝阴不足，肝阳上亢，水不涵木，风阳上扰或脾不健运，痰浊内生。

阳亢化风　肝为风木之脏，肝郁而化火，耗损肝阴，阴不制阳，或由肾水不足，水不涵木，肝阴不足，肝阳升发太过。肝阳亢盛无制，气血随风阳上逆，上扰清窍亦可导致头痛。唐宗海《血证论》记载"风者，肝阳之所生也"。王肯堂在《证治准绳》中曰："病疼痛，凡此皆脏腑经络之气逆上，乱于头之清道，致其不得运行，壅遏经髓而痛者也。"认为头痛产生的内因由"内风者，虚风是也"，即肝风内动。李中梓亦在《医宗必读》中论及"头风必害眼者，经所谓东风生于春，病在肝。目者，肝之窍。肝风动则邪害空窍也"。林佩琴在《类证治裁》中指出"凡上升之气，皆从肝出"，若肝阳升而无制，肝阳化风，风阳上扰则可致脑络痉挛而痛。《素问·方盛衰论篇》曰"气上不下，头痛巅疾"。

痰浊上蒙　脾主运化，升清降浊。若素体肥胖或嗜酒肥甘，饮食不节，则可伤及脾胃，脾失健运，痰湿内生，痰浊上壅，蒙蔽清窍而致头痛。朱丹溪强调"头痛多主于痰"。《医宗必读》记载"脾土虚弱，清者难升，浊者难降，留中滞隔，瘀而成痰"。清·尤在泾《金匮翼》亦言："痰厥头痛……积而为痰，上攻头脑而作痛。"邸玉鹏等[209]认为偏头痛属痰浊内生，血滞不畅，痰瘀互结，即痰瘀证是偏头痛发生发展的重要因素。

风痰上犯　痰为浊阴之邪，可借风力走窜上行之力上犯巅顶，蒙蔽清窍。如《脉因证治》论头目痛"有风、有痰者，多风痰结滞"，巢元方《诸病源候论》所言"痰在于胸膈之上，……上与风痰相结，上冲于头，即令头痛，或数岁不已，久连头痛"。《张氏医通》亦载"有偏头风者，其人平素先有痰湿，加以邪风袭之，久而郁热为火……有左痛忽移于右，右痛忽移于左者，风火击动其痰湿之气，所以换也"。此外，肝阳亢胜，阳化风动，脾土受伐，化生痰浊，肝风挟痰横窜经络，上扰清窍，亦可导致头痛。曹杰等[210]认为风痰瘀滞络脉，造成络脉失和则是本病的主要病机。

瘀血阻络　清·王清任大倡瘀血之说，在《医林改错》中指出"头痛有外感，必有发热恶寒之表症，发散可愈；有积热，必舌干、口渴，用承气可愈；有气虚，必似痛非痛，用参芪可愈。……血府逐瘀汤所治之病……查患头痛者，无表症、无里症、无气虚、痰饮等症，忽犯忽好，百方不效，用此方一剂而愈"。偏头痛作为一种反复发作的慢性疾病，病程较长，病久入络致瘀，瘀血阻于脑窍，闭塞脑脉，络道不通，"通则不痛，不通则痛"，则可导致头痛。《素问·调经论》就曾指出"病久入深，营卫之行涩，经络失疏故不通"，叶天士亦倡"久病入络"之学说，认为"大凡经主气，络主血，久病入络、久痛入络、久病必瘀"。此外，因外伤跌仆亦可导致脉络瘀阻而致头痛，如《灵枢·厥病》"头痛不可取于腧者，有多击堕，恶血在其内"。唐妙[211]则认为偏头痛多因外伤、内伤情志或外邪侵入，失治或误治，病邪久留等致血行不畅，凝聚停滞，阻塞脑络而致，瘀血则贯穿在偏头痛发生发展之中；杨悦娅等人[212]通过对70例偏头痛患者的辨证分析，结果显示血瘀是偏头痛的主要病机之一。

气血不足　《普济方》认为"今人之体气虚弱者，或为风寒之气所侵，邪正相搏，伏留不散，发为偏头疼"。故素体气血亏虚，或长期忧愁思虑，或劳作过度，耗伤气血，气血不足，清窍失养亦可导致头痛的发生。

脑髓空虚　脑为髓海，肾主藏精，生髓。《素问·五脏生成》云："诸髓者，皆属于脑。"因禀赋不足，肾精亏虚，或房劳过度，耗损阴精，均可使脑髓空虚，脉络失养而致头痛眩晕，如《灵枢·海论》云"髓海有余，则轻劲多力，自过其度；髓海不足，则脑转耳鸣，胫酸眩冒，目无所见，懈怠安卧"。

肝为风木之脏，体阴而用阳，本性喜升散。偏头痛发病以肝为中心，气机失调为始动因素。学者路玉良等[213]研究，"患者偏头痛为伏邪作祟，强调宿疾为病之根，偏头痛是反复发作性的疼痛疾患，属宿疾，为伏邪作祟，其发病是由于脑的气血逆乱、络脉失和所致，病因多为外感寒邪"。正如沈金鳌《杂病源流犀烛》所云："风病既愈，而根株未能悉拔，隔一二年或数年，必再发。"是故伏邪为患是偏头痛发作的基本病理因素，内有伏邪，外邪诱发为偏头痛病机之一。综上所述，外邪侵袭，内外合邪，与肝失疏泄、气机逆乱，痰瘀互结，气亏虚是偏头痛的病因病机，故治疗偏头痛，宜立足于肝，着眼祛风，以内化风火、外散风邪，辨证治以涤痰化瘀或益气补血为法。

3. 偏头痛的中医治疗

中医学认为偏头痛主要是由于内伤、外邪或两者合而致病。风邪侵袭、肝阳上扰、瘀血阻滞是常见病机特点。治疗方法常是数法联用，以祛风止痛、平肝熄风、搜风通络法、活血祛瘀为主。疏散外风药、平熄内风药、活血化瘀药等是治疗偏头痛的常用药物。

薛立斋云："偏正头风，久而不愈，乃挟痰涎风火，郁遏经络，气血壅滞，甚则目昏紧小，二便秘涩，宜砭其血以开郁解表，逍遥散。偏左，加黄芩、葱、豉，偏右，加石膏、葱、豉；郁甚，合越鞠；兼湿，瓜蒂散搐鼻。兼风火而发，选奇汤加石膏、葱、豉、芽茶；夜甚，加酒白芍，或川芎茶调散加细辛、石膏、甘菊。凡怒则太阳作痛者，先用小柴胡汤加茯苓、山栀，后用六味丸，常服以滋肾降火，永不再发。凡头痛必吐清水，不拘冬夏，食姜即止者，是中气虚寒，六君汤加当归、黄芪、木香、炮姜。烦劳则头痛，阳虚不能上升，补中益气加蔓荆子。头风宜热药者多，间有挟热而不胜热剂者，消风散，或川芎茶调散加酒黄芩；轻者只用姜汁收入，陈茶叶内煎服，汗出即愈。此屡验者，凡风热头痛，并宜用之，与选奇汤不殊。头风多汗，当先风一日则痛甚，至其风日则病少愈者，半夏苍术汤。湿热头风，遇风即发，选奇汤加川芎、柴胡、黄连，名清空膏，不拘偏正并用，偏正头风作痛，痛连鱼尾，常如牵引之状，发则目不可开，眩晕不能抬举，芎辛汤，每服加全蝎五个；觉上膈有热，川芎茶调散加片芩。有痰湿头痛，其人呕吐痰多，发作无时，停痰上攻所致，导痰汤加减，或合芎辛汤尤妙；寒痰厥逆头痛，三因芎辛汤。一切偏正头风攻注，属虚寒者，大追风散。肾气厥逆头痛，四肢逆冷，胸膈痞闷多痰者，玉真丸。"清·徐大椿在《杂病证治》以痰湿论治偏头痛曰："头风属风痰者，二陈汤加胆星、全蝎、天麻。头风属湿痰者，半夏白术天麻汤。头风厥逆痰鸣，星香散加生附子。热厥头痛稍就温暖便发，选奇汤加川芎、柴胡、黄连、生地、当归、黄柏、知母、荆芥、细茶。风热伏于血分，遇寒侧热不得泄而痛剧热甚，宝鉴石膏散。头风湿热内甚，二陈二术汤加芩、连、羌、防。"

然而偏头痛多以风邪为患，历代治疗亦多用风药，如金·李杲在《兰室秘藏》中指出"凡头痛皆以风药治之者，总其大体而言之也。高巅之上，惟风可到，故味之薄者，阴中之阳，乃自地升天者也"。明清医家系统阐明了风药在头痛中的应用原理：明·李中梓在《医宗必读》中指出"头痛自有多因，而古方每用风药，何也？高巅之上，惟风可到；味之薄者，阴中之阳，自地升天者也。在风寒湿者，固为正用，即虚与热者，亦假引经"。明·孙一奎在《赤水玄珠全集》中指出"头痛者木也，最高之分，惟风可到，风则温也，治以辛凉，秋克春之意，故头痛皆以风药治之者，总其体之常也。然各有三阴三阳之异焉"。清·何梦瑶在《医碥》中指出"用风药者，由风木虚，不能升散，土寡于畏，得以壅塞而痛，故用风药以散之，若疏散太过，风药反甚，宜补气实表，顺气和中汤"。《素问·风论》指出："风为百病之长，至其变化乃为它病……"。在外感风寒暑湿燥火六淫中，风为之长，其他邪气都依附于风而令人发病。同时风为阳邪，其性轻扬，《素问·太阴阳明论》谓"伤于风者，上先受之""高巅之上，惟风可到"，而头为诸阳之会，位居高巅，三阳六府清阳之气皆会于此，三阴五脏精华之血亦皆注于此。因此风邪易袭而致头痛。然邪不能独伤人，如《灵枢·百病始生》言："邪不能独伤人，此必因虚邪之风，与其身形，两虚相得，乃客其形。"风邪为患，必中人之虚络。《外台秘要》指出"头痛是因，体验阳经脉为风所乘"。宋代对偏头痛与风的关系论述更为详细，如《太平圣惠方》有"夫偏头痛者，由人气血俱虚，客风入于诸阳之经，偏伤于脑中故也"的论述；《圣济总录》亦有"偏头痛之状，由风邪客于阳经，其经偏虚者，邪气凑于一边，痛连额角"的论述。元·朱丹溪在《脉因证治》中指出"伤风头痛或半边偏痛皆因冷风所吹，遇风冷则发，脉寸浮者是也"。明·秦景明在《症因脉治》中指出："伤风头痛或半边偏痛，皆因风冷所吹，遇风冷则发。"明·朱棣在《普济方》中论述了头痛的病因："夫偏头痛者，由人气血俱虚，客风入于诸阳之经，偏伤于脑中故也。又有因新沐之后，卧露当风，或读书用心，目劳细视，经络虚损，风邪入于肝，而引目系急，故令头偏痛也。""今人之体气虚弱者，或为风寒之气所侵，邪正相搏，伏留不散，发为偏正头疼，其脉多浮紧者是也。""盖头居其上，当风寒之冲。一有间隙，则若项若脑，若耳若鼻，风邪乘气，皆得而入之矣。况复栉沐取凉，饱食仰卧之不谨乎。"

在风邪致病中外风与内风常常相互为患、互为因果，如清代医家王旭高言："凡人必先有内风而后招致外风，亦有外风引动内风者。"如此出现内外风挟杂的证候。风为百病之长，头为至高之处，风性轻扬上浮，故偏头痛大多与风有关；偏头痛的临床见症以遇风诱发或加重，病位或左或右，时发时止，反复发作为特点，其与风邪善行而数变的特性十分吻合。外风侵袭阻络及阳亢化风上扰清窍是偏头痛发作的主要病机，且外风与内风常相互影响，相兼发病。故疏散外风药与平熄内风是治疗偏头痛的常用药物，两者统称为风药。

风药根据自身的多种特性与功效，针对偏头痛的病机特点，可以多途径，多环节地发挥治疗偏头痛地作用：①发散外邪，祛风止痛：风药味薄气厚，有升发、行散、宣透的特点，可祛散外袭之风邪，通络止痛。此外，风药性善上行，可直达病所。如李东垣所言"头痛自有多因，而古方每用风药者何也？高巅之上，惟风可到，味之薄者，阴中之阳，自地升天者也"。②搜除风邪，通络止痛：虫类风药如全蝎、蜈蚣、僵蚕等，既能搜剔外风又善疏通经络瘀滞，针对风瘀阻滞、久病入络、反复发作的偏头痛有很强治疗作用。正如叶天士所言"病久则邪正混处其间，草木不能见效，当以虫蚁疏逐，以搜剔络中混处之邪"。③潜降肝阳，平熄内风：肝为风木之脏，《素问·阴阳应象大论》中有"风气通于肝"的记载。肝阳升发，阳亢化风，清窍不利则可导致头痛。风药多归肝经，具有潜降肝阳，平息内风之效，可以使内风得息，阳亢得平，清窍得利，而达止头痛的作用。④行气通达，活血化瘀：风药非独能治风，尚能治血。风药气味辛香，有行气走窜之效，具有开发郁结，宣畅气机的作用，气行则血行，利于血脉通调。此外某些风类药还直接具有活血化瘀之效，如川芎行气活血，白芷破宿血等。现代药理研究亦证实风药具有改善微循环、抑制血小板聚集、抗血栓形成等作用。

风类药物在临证治疗偏头痛时，也要进行相应的配伍才易取效。如风药与活血药配伍，祛风以活血；与滋阴药物配伍，滋阴以潜阳；与白芍、生地等配伍，可养阴柔肝，刚柔相济；与牛膝等配伍，升降并用。此外，风药性燥，宜配养血滋阴药以制其燥。

明·孙志宏在《简明医彀》指出治疗偏头痛宜疏风散邪，清火养血："宜疏风散邪，兼清火养血，此其大略也。尤当分别六经及气血寒热、湿痰新久为要。"明·汪石山在《医学原理》提出治头痛大法："治头痛大法：凡头痛之症，多属风木，治法大要，宜用辛凉之剂，故古方悉以辛凉风药为主，然亦详其所挟而疗。"清·陈士铎在《石室秘录》提出治疗偏头痛大量用风药的方法和后期处理方法："此等治法，世人不知，亦不敢用，今为开导之。头痛至终年累月，其邪深入于脑，可知一二钱之散药，安能上至巅顶，而深入于脑中，必多用细辛川芎白芷以大散之也。或疑散药太多，必损真气，恐头痛未除而真气先行散尽，谁知风邪在头，非多用风药必难成功！有病则病受之何畏哉？一醉而愈，此方信而不必疑者。惟是既愈之后必须用熟地芍药当归各五钱，川芎一钱，山茱萸麦门冬各三钱，水煎服四剂为妙。"

因而，治疗偏头痛当以首先治风，疏风散邪，搜除内风。川芎"上行头目，下行血海，行血中之气，祛血中之风，走而不守"应为治疗偏头痛的第一要药。

4. 《伤寒论》之六经头痛[214]

《黄帝内经》中对头痛从生理、病理方面进行了系统的论述，并从经络方面指出其经脉所生病而出现头痛的病理生理基础，这些对后世医学关于头痛疾病的论治产生深远的影响。《伤寒论》在总结前人经验的基础上，对头痛的病因、病机、证治进行了系统论述，按六经循行部位及特点进行论治，将头痛分为太阳头痛、阳明头痛、少阳头痛、少阴头痛、厥阴头痛、及太阳少阳并病头痛，并描述其具体症状及治疗方药，现总结如下：

太阳头痛

太阳中风证：第13条"太阳病，头痛，发热，汗出，恶风者，桂枝汤主之"，本证为外感风寒，太阳受邪，营卫不和，卫强营弱，腠理不固，风寒束表，卫气外泄，营阴不得内守，致营卫不调，发为头痛，发热，恶风，汗出，鼻鸣干呕，不渴，舌苔白，脉浮缓或虚弱等症。治疗上以解肌散邪，调和营卫为原则，应用桂枝汤治疗。

太阳中风兼水饮证：第28条"服桂枝汤，或下之，仍头项强痛，翕翕发热，无汗，心下满微痛，小便不利者，桂枝去桂加茯苓白术汤主之"，本证为水气内停，太阳经气不利所致，既有头项强痛，翕翕发热无汗等太阳经气郁而不宣的外证，又有心下满微痛，小便不利的水郁气结的内证，从其内、外证综合分析，产生气结阳郁的根源在于小便不利，因小便不利，则水不行而气必结，气结则阳必郁，以上诸证便可发生。治疗上采用健脾利水，宣通气化之原则，应用桂枝去桂加茯苓白术汤治疗。

太阳伤寒证：第35条"太阳病，头痛发热，身疼腰痛，骨节疼痛，恶风无汗而喘者，麻黄汤主之"，本证为太阳受风寒外袭，毛窍闭塞，卫闭营郁，太阳经气运行不畅，发为头痛，发热，恶风畏寒，腰痛身疼，无汗而喘，口不渴，舌苔薄白，脉浮紧等症。治疗上以发汗解表，宣肺平喘为原则，应用麻黄汤治疗。

太阳伤寒兼里热证：第38条"太阳中风，脉浮紧，发热恶寒，身疼痛，不汗出而烦躁者，大青龙汤主之"，本证为风寒束表，卫阳被遏，营阴郁滞，兼有内热，常见头身疼痛，发热畏寒，烦躁，无汗恶风，脉浮紧等症。治疗以发汗解表，兼清里热为原则，药用大青龙汤治疗。由麻黄汤麻黄剂量加倍，减杏仁剂量，加石膏、姜、枣而成。

阳明头痛

阳明腑实头痛：第56条"伤寒不大便六七日，头痛有热与承气汤"，本证头痛为阳明肠腑邪热燥结，燥屎结于肠道，腑气不通，浊邪熏蒸清阳所致，临床上头痛以前额为甚，痛连目珠，伴有腹胀满不大便，身热汗出等里热炽盛、腑气不通的症状。治疗以通腑泄热法为原则，方用大承气汤或小承气汤。

阳明中寒证：第197条"阳明病，反无汗而小便不利，二三日呕而咳，手足厥者，必苦头痛"，本证为寒邪侵袭阳明，胃中浊气不得通降而上逆于头，清阳失展所致。临床上见头痛，无汗而呕，手足厥冷，咳嗽，小便不利，脉浮紧等症。治疗以温阳散寒，通经达气为原则，方药应用理中汤或桂枝人参汤。

少阳头痛

胆气郁热头痛：第265条"伤寒，脉弦细，头痛，发热者，属少阳"，本证为外邪侵犯少阳，并从少阳之气化热形成，致使少阳枢机不利，临床上见头痛发热，胸胁痞满，默默不欲食，心烦喜呕，脉弦细等症。治疗以和解少阳为原则，应用小柴胡汤治疗。

少阴头痛

虚阳上升头痛：第92条"病发热头痛，脉反沉，若不差，身体疼痛，当救其里，宜四逆汤"，本证为少阴虚阳，表里证不解，临床常见头痛剧烈，遇寒加剧，四肢厥冷，呕吐不渴，身体疼痛，神疲乏力，舌质淡，舌苔薄白或白滑，脉沉细无力。治疗上以回阳救逆，散寒止痛为原则，应用四逆汤。

厥阴头痛

肝寒气逆头痛：第378条"干呕，吐涎沫，头痛者，吴茱萸汤主之"，本证为肝寒犯胃，浊阴上逆。临床上见头痛阵作，以巅顶痛为甚，遇寒痛剧，呕吐清水，手足逆冷，舌质淡，苔白，脉沉紧等症。治疗上以温散寒邪，降逆止呕为治疗原则，方药应用吴茱萸汤。

太阳与少阳并病头痛

太少并病头痛：第142条"太阳与少阳并病，头项强痛，或眩冒，时如结胸，心下痞硬者，当刺大椎第一间、肺俞、肝俞，慎不可发汗，发汗则谵语，脉弦，五日谵语不止，当刺期门"，本证为太阳受邪营卫失和，经气为邪所虐，少阳胆气为邪所客而不利。临床上症见头项强痛，发热，头晕目眩，胃院部堵塞满闷不适，四肢关节烦疼等。治疗以和解少阳，兼以解表为原则，方药应用柴胡桂枝汤治疗。

参 考 文 献

[1] International Headache Society. International classification of headache disorders[J]. Cephalalgia，2004，24：1-60.

[2] Launer，L.J，Terwindt，et al. The prevalence and characteristics of migraine in a population-based cohort：the GEM study[J]. Neurology，1999，53（3）：537-542.

[3] 赵永俊. 偏头痛患者生活质量的调查研究[D].山东大学，2009.

[4] Hu XH，Markson LE，Lipton RB，et al. Burden of migraine in the United States：disability and economic costs[J]. Arch Intern Med，1999，159（8）：813.

[5] Osterhaus JT，Gutterman DL，Plachetka JR. Healthcare resources and lost labor costs of migraine headaches in the US[J]. Pharmacoeconomics，1992，2（1）：67.

[6] Holmes WF，Mac Gregor EA，Dodick D. Migraine-related disability：impact and implications for sufferers'lives and clinical issues[J]. Neurology，2001，56：S13.

[7] Steiner TJ，Scher AI，Stewart WF，et al. The prevalence and disability burden of adult migraine in England and their relationships to age，gender and ethnicity[J]. Cephalalgia，2003，23（7）：519.

[8] Celentano DD，Stewart WF，Lipton RB，et al. Medication use and disability among migraineurs：a national probability sample[J]. Headache，1992，32（5）：223.

[9] Fry J，Birkin JA，Lowe JS，et al. Profiles of Disease[M]. Edinburgh：Livingstone，1996.

[10] Menken M，Munsat T.L，Toole J.F. The global burden of disease study：implications for neurology[J]. Arch. Neurol，2000，57（3）：418-420.

[11] 曹克刚. 脑痛立停分散片治疗偏头痛的作用与机理研究[D]. 北京中医药大学，2005.

[12] Andlin-Sobocki，P. Cost of disorders of the brain in Europe[J]. Eur. J. Neurol，2005，12（Suppl 1）：1-27.

[13] Lipton RB，Stewart WF，Diamond S，et al. Prevalence and burden of migraine in the United States：data from the American Migraine Study II[J]. Headache，2001，41（7）：646.

[14] Lipton RB，Bigal ME，Kolodner K，et al. The family impact of migraine：population-based studies in the USA and UK[J]. Cephalalgia，2003，23（6）：429.

[15] Mark Obermann，Zaza Katsarava. Epidemiology of unilateral headaches[J]. Journal Expert Review of Neurotherapeutics，2008，8（9）：1313-1320.

[16] Diener HC，Katsarava Z，Limmroth V. Current diagnosis and treatment of migraine[J]. Schmerz. 2008，22（Suppl 1）：51-58.

[17] Lipton RB，Stewart WP，Simon D. Medical consultation for migraine：results from the American Migraine Study[J]. Headache，1998，38（2）：87.

[18] Stang PE，Yanagihara T，Swanson JW，et al. Incidence of migraine headaches：a population-based study in Olmsted County，Minnesota[J]. Neurology，1992，42（9）：1657.

[19] Lyngberg AC，Rasmussen BK，Jorgensen T，et al. Incidence of primary headache：a Danish epidemiologic follow-up study[J]. Am J Epidemiol，2005，161（11）：1066.

[20] Henry P，Michel P，Brochet B，et al. A nation wide survey of migraine in France：prevalence and clinical features in adults[J]. Cephalalgia，1992，12（4）：229.

[21] Scher AI，Stewart WF，Lipton RB. Migraine and headache：a meta-analytic approach Epidemiology of Pain[M]. Seattle，WA：I ASP Press，1999：159.

[22] Silberstein SD，Merriam GR.Sex hormones and headache. In：Goadsby P，Silberstein SD，eds. Blue Books of Practical Neurology：Headache[M].Boston：Butterworth Heinemann，1997：143.

[23] Bille B. Migraine in children：prevalence，clinical features，and a 30-year follow-up. In：Ferrari MD，Lataste X，eds. Migraine and Other Headaches[M]. New Jersey：Parthenon，1989.

[24] Sillanpaa M. Prevalence of headache in prepuberty[J]. Headache，1983，23（1）：10.

[25] 李世绰、程学铭、王文志.神经系统疾病流行病学[M]. 北京：人民卫生出版社，2000：157.

[26] Breslau N，Davis GC，Schultz LR，et al. Joint 1994 Wolff Award Presentation. Migraine and major depression：a longitudinal study[J]. Headache，1994，34（7）：387.

[27] Stewart WF，Linet MS，Celentano DD，et al. Age-and sex-specific incidence rates of migraine with and without visual aura[J]. Am J Epidemiol，1991，134（10）：1111.

[28] Stewart WF，Bigal ME，Kolodner K，et al. Familial risk of migraine：variation by proband age at onset and headache severity[J]. Neurology，2006，66（3）：344-348.

[29] Joutel A1，Bousser MG，Biousse V，et al. A gene for familial hemiplegic migraine maps to chromosome 19. Nat Genet. 1993，5（1）：40-45.

[30] Ophoff RA，Terwindt GM，Vergouwe MN，et al. Familial hemiplegic migraine and episodic ataxia type-2 are caused by mutations in the Ca^{2+} channel gene CACNL1A4[J]. Cell，1996，87（3）：543-552.

[31] Maurizio De Fusco，Roberto Marconi，Laura Silvestri，et al. Haploinsufficiency of ATP1A2 encoding the Na^+/K^+ pump α2 subunit associated with familial hemiplegic migraine type 2 [J]. Nat Genet. 2003，33（2）：192-196.

[32] 宋玉强，韩仲岩，马淑芹. 偏头痛与血小板功能关系的研究[J]. 中风与神经疾病杂志，1998，15（2）：114-115.

[33] 陈宝田，朱成全，谢炜. 偏头痛患者血小板黏附分子表达的变化及 L-精氨酸、环磷酸鸟苷体外作用的影响[J]. 中华神经科杂志，2001，34（3）：190-191.

[34] 邓初树，朱成全.偏头痛血小板 5-HT2A 受体 mRNA 和黏附分子表达的改变[J]. 海军医学杂志，2002，23（2）：102-105.

[35] 张晓霞，李德光. 偏头痛的血液流变学观察[J]. 中风与神经疾病杂志，1994，11（1）：45-46.

[36] 李宝莉，王廷慧，刘烨，等. 偏头痛中医分型与血液流变性的变化[J]. 微循环学杂志，2001，11（3）：29-30.

[37] Hung CI，Liu CY，Juang YY，et al. The impact of migraine on patients with major depressive disorder[J]. Headache，2006，46（3）：469-477.

[38] 余新良.偏头痛发作与焦虑抑郁的相关因素研究[J]. 河南实用神经疾病杂志，2004，7（2）：54.

[39] 雷革胜，王者晋. 偏头痛患者的个性特征及情绪障碍[J]. 中国临床康复，2002，6（14）：2112-2113.

[40] Berman N，Puri V，Cui L，et al. Trigeminal ganglion neuropeptides cycle with ovarian steroids in a model of menstrual migraine[J]. Headache，2002，42：438.

[41] Colson NJ，Lea RA，Quinlan S，et al. The estrogen receptor1 G594A polymorphism is associated with migraine susceptibility in two independent case/control groups[J]. Neurogenetics，2004，5（2）：129-133.

[42] Lipton RB，Silberstein SD. Why study the comorbidity of migraine? [J]. Neurology，1994，44：S4.

[43] 徐世军，沈映君，郭际，秦旭华.偏头痛动物模型述评[J].四川生理科学杂志，2005，27（1）：40.

[44] 龙军，方泰惠.实验性偏头痛动物模型研究进展[J].中风与神经疾病杂志，2003，20（2）：187.

[45] 许明，陈永平，王素云，等. 实验性偏头痛动物模型研究进展[J]. 时珍国医国药，2002，13（4）：235.

[46] 周永红，王新陆，胡怀强，等. 硝酸甘油型实验性偏头痛大鼠模型建立与评价[J]. 中国神经免疫学和神经病学杂志，2005，12（2）：113-114.

[47] 郭琳，洪治平. 硝酸甘油型实验性偏头痛模型原理与研究现状[J]. 中国疼痛医学杂志，2004，10，（6）：357.

[48] Welch K，Michael MD，Cutrer F，et al. Migraine pathogenesis：Neural and vascular mechanisms[J]. Neurology，2003，60（7）：9-14.

[49] Moskowitz MA.Neurogenic inflammation in the pathophysiology and treatment of migraine[J]. Neurology，1993，43（3）：16.

[50] 刘若卓，于生元. 颈交感神经对血管源性头痛痛觉传导的影响[J]. 中华神经医学杂志，2006，5（2）：155-157.

[51] 陈磊，王怀良，邢军，等. 植物药生物碱 94-95-10L 对大鼠 CSD 模型脑内 c-fos 基因表达的影响[J]. 中国医科大学学报，2000，29（3）：172-174.

[52] 李鹏程，陈尚宾，骆卫华，等. 大鼠皮层扩散性抑制过程中在体内源光信号与脑血管形态变化的相关性[J]. 自然科学通报，2003，13（12）：1320-1324.

[53] 付先军，宋旭霞，周永红，等. 硝酸甘油实验性偏头痛大鼠模型行为症状学评价[J]. 中华神经医学杂志，2005，4（5）：449-451.

[54] 杜力军，孙虹，李敏，等. 精制吴茱萸胶囊对偏头痛小鼠的作用[J]. 中药药理与临床，1999，15（3）：3-5.

[55] 邓凤君，陈锡林. 实验性偏头痛小鼠造模方法探讨[J]. 中华现代临床医杂志，2005，3（8）：708-710.

[56] 张石革，马国辉. 偏头痛治疗曙光初现 5-HT1B/1D 受体激动剂的临床应用[J]. 中国处方药，2004，23（2）：54.

[57] 冷静，苏华. 偏头痛的药物防治与治疗研究进展[J]. 广东药学院学报，2003，19（4）：360.

[58] Teall J，Tuchman M，Cutler N，et al. Rizatriptan（MAXALT）for the acute treatment of migraine and migraine recurrence.A placebo-controlled，outpatient study.Rizatriptan 022 Study Group[J]. Headache，1998，38（4）：281.

[59] Anon. Naratriptan Antimigraine 5-HT1D agoinst [J]. Drugs Future，1998，23（5）：554.

[60] Silberstein SD，Massiou H，Mc Carroll KA，et al. Further evaluation of rizatriptan in menstrual migraine：retrospective analysis of long-term data[J]. Headache，2002，42（9）：917.

[61] 马爱梅，赵永波. 偏头痛的新药治疗[J]. 临床神经学杂志，2005，18（2）：159.

[62] Graul A. Antimigraine 5-HT1B/1D receptor agonist[J]. Drugs Future，1997，22（7）：725.

[63] Gendolla. Clinical profile and practice experience of almotriptan[J]. Cephalalgia，2004，24 Suppl 2：16.

[64] 俞志鹏，王文敏. 偏头痛的研究进展[J]. 国外医学神经病学神经外科学分册，2001，28（4）：247.

[65] 董立春.治疗和预防偏头痛的实用指南[J]. 国外医学药学分册，1999，26（4）：233.

[66] Silberstein SD，Young WB，Mendizabal JE，et al. Acute migraine treatment with droperidol：A randomized，double-blind，placebo-controlled trial[J]. Neurology，2003，60（2）：315.

[67] Richman PB，Reischel U，Ostrow A，et al. Droperidol for acute migraine headache[J]. Am J Emerg Med，1999，17（4）：398.

[68] Lange R，Schwarz J A，Hohn M. Acetylsalicylic acid effervescent 1 000mg in acute migraine attacks：a multicentre，randomized，double-blind，single dose，placebo-controlled parallel group study[J]. Cephalalgia，2000，20（3）：663.

[69] Kellstein DE，Lipton RB，Geetha R，et al. Evaluation of a novel solubilized formulation of ibuprofen in the treatment of migraine headache：arandomized，double-blind，placebo-controlled，dose-ranging study[J]. Cephalalgia，2000，20（1）：233.

[70] Amato CC，Pizza V，Marmolo T，et al. Fluoxetine fox migraine prophylaxis：a double-blind trial[J]. Headache，1999，39（3）：716.

[71] Adelman LC，Adelman JU，Von Seggern R，et al. Venlafaxine extended release for the prophylaxis of migraine and tension-type headache：A retrospective study in a clinical setting[J]. Headache，2000，40（2）：572.

[72] 孙大宝，马延. 临床治疗偏头痛的药物和方法[J]. 药学进展，2002，26（3）：170.

[73] 刘钧，李国强. 偏头痛的发病机制及治疗进展[J]. 临床荟萃，2000，15（12）：567.

[74] 张望，薛荣汉. 维拉帕米治疗偏头痛的临床观察[J]. 临床神经学杂志，2000，13（3）：180.

[75] 中华医学会. 神经性头痛的研究进展（六）：偏头痛的鉴别诊断及最新药物治疗进展[J]. 中华医学信息导报，2002，6：22.

[76] 于天杰，赵国景，冀建明. 偏头痛的发病及药物防治进展[J]. 药学实践杂志，1997，15（1）：10.

[77] Mathew NT，Rapoport A，Saper J，et al. Efficacy of gabapentin in migraine prophylaxis[J]. Headache，2001，41（1）：119-128.

[78] 徐金刚译. 偏头痛研究新进展[J]. 中国疼痛医学杂志，2002，8（2）：128.

[79] Wolff HG. Headache and other head pain[M]. New York：Oxford University Press，1963.

[80] 姚明辉. 基础与临床药理学[M]. 北京：人民卫生出版社，2002：150.

[81] 章翔. 头痛的诊断与治疗[M]. 北京：人民军医出版社，2002：34.

[82] Lipton RB，Amatniek JC，Ferrari MD，et al. Migraine.identifying and removing barriers to care[J]. Neurology，1994，44：S63.

[83] 布朗沃德等. 哈里森内科学[M]. 北京：人民卫生出版社，2003：89.

[84] Leao AA.The slow voltage variation of cortical spreading depression of activity[J]. Electroencephalogr Clin Neurophysiol，1951，3（3）：315.

[85] Russell MB，Olesen J. A nosographic analysis of the migraine aura in a general population[J]. Brain，1996，119：355.

[86] Olesen J，Friberg L，Olsen TS，et al. Timing and topography of cerebral blood flow，aura，and headache during migraine attacks[J]. Ann Neurol，1990，28（6）：791.

[87] Barkley GL，Tepley N，agel-Leiby S，et al. Magnetoencephalographic studies of migraine [J]. Headache，1990，30（7）：428.

[88] Parsons AA. Recent advances in mechanisms of spreading depression[J]. Curr Opin Neurol，1998，11（3）：227.

[89] Hirata K，Kubo J，Arai M，et al. Alternate numbness in the upper extremities as the initial symptom of basilar migraine：an electrophysiological evaluation using EEG power topography[J]. Intern Med，2000，39（10）：852.

[90] Moskowitz MA. Basic mechanisms in vascular headache[J]. Neurol Clin，1990，8（4）：801.

[91] Williamson DJ，Hargreaves RJ，Hill RG，et al. Intravital microscope studies on the effects of neurokinin agonists and calcitonin gene

related peptide on dural vessel diameter in the anaesthetized rat[J]. Cephalalgia，1997，17（4）：518.

[92] 匡培根. 偏头痛[J]. 中国疼痛医学杂志，2002，8，（2）：111.

[93] 阎海. 偏头痛诊治大成[M]. 北京：学苑出版社，1996.

[94] 马加海，徐礼鲜. c-fos 原癌基因与痛觉调控[J]. 国外医学：麻醉学与复苏分册，2000，21（3）：141.

[95] 王成夭，刘颖涛，万德宁，等. 电针和福尔马林诱发大鼠脑 c-fos 基因表达研究[J]. 湖北医科大学学报，1999，20（2）：135.

[96] 杨明会，张海燕，刘毅. 天元克痛方对福尔马林模型大鼠痛行为和脊髓背角 c-fos 表达及 P 物质含量的影响[J]. 中国中西医结合杂志，2004，24（11）：992.

[97] 方向义，胡海涛. 中枢神经系统 FOS 蛋白的表达与外周伤害性刺激 [J]. 神经解剖学杂志，1996，12（3）：281.

[98] 尹柏双，王秋竹，付连军，等. C-fos 基因功能及与麻醉关系的研究进展 [J].中国兽医杂志，2014，50（10）：59.

[99] 余奕军. c-fos 技术在全麻机制研究中的应用[J]. 国外医学：麻醉与复苏分册，1998，19（6）：321.

[100] Hunt SP，Pini A，Evan G. Induction of c-fos-like protein in spinal cord neurons following sensory stimulation[J]. Nature，1987，328（6131）：632.

[101] Sharp FR，Griffith J. Gonzalez MF，et al. Trigeminal nerve incduces Fos-like immunoreactivity（FLI）in brainstem and decreases FLI in sensory cortex[J]. Brain Res Mol Brain Res，1989，6：217.

[102] 宋雪松，李国华，佟丹梅，等. 鞘内注射 U0126 对神经痛大鼠脊髓背角内原癌基因 c-fos 表达的影响[J]. 中华麻醉学杂志，2005，31（5）：346.

[103] Hunter JC，Woodburn VL，Durieux C，et al. c-fos antisense oligodeoxynucleotide increases formalin-induced nociception and regulates preprodynorphin expression[J]. Neuroscience，1995，65（2）：485.

[104] Lucas JJ，Mellstrom B，Colado MI，et al. Molecular mechanisms of pain：serotonin1A receptor agonists trigger transactivation by c-fos of the prodynorphin gene in spinal cord neurons[J]. Neuron，1993，10（4）：599.

[105] Hammond DL，Presley R，Gogas KR，et al. Morphine or U-50，488 suppresses Fos protein-like immunoreactivity in the spinal cord and nucleus tractus solitarii evoked by a noxious visceral stimulus in the rat[J]. J Comp Neurol，1992，315（2）：244.

[106] Marsh N，Marsh A. A short history of nitroglycerin and nitric oxide in pharmacology and physiology[J]. Clin Exp Pharmacol Physiol，2000，27（4）：313.

[107] Iversen HK，Olesen J. Headache induced by a nitric oxide donor（nitroglycerin）responds to sumatriptan. A human model for development of migraine drugs[J]. Cephalalgia，1996，16（6）：412.

[108] Iversen HK，Olesen J，Tfelt-Hansen P. Intravenous nitroglycerin as an experimental model of vascular headache Basic characteristics[J]. Pain，1989，38（1）：17.

[109] Van der Kuy PH，Lohman JJ. The role of nitric oxide in vascular headache[J]. Pharm World Sci，2003，25（4）：146.

[110] Olesen J，Thomsen LL，Lassen LH，et al. The nitric oxide hypothesis of migraine and other vascular headaches[J]. Cephalalgia，1995，15（2）：94.

[111] Glusa E，Richter M. Endothelium-dependent relaxation of porcine pulmonary arteries via 5-HT1C-like receptors[J]. Naunyn Schmiedebergs Arch Pharmacol，1993，347（5）：471.

[112] OlesenJ，杨爱珍. 一氧化氮对偏头痛和其他血管性头痛是一个关键性分子[J]. 国外医学：药学分册，1995，22（1）：24.

[113] Thomsen LL，Iversen HK，Brinck TA，et al. Arterial supersensitivity to nitric oxide（nitroglycerin）in migraine sufferers[J]. Cephalalgia，1993，13（6）：395.

[114] Olesen J，Iversen HK，Thomsen LL. Nitric oxide supersensitivity：a possible molecular mechanism of migraine pain[J]. Neuroreport，1993，4（8）：1027.

[115] Lassen LH，Thomsen LL，Kruuse C，et al. Histamine-1 receptor blockade does not prevent nitroglycerin induced migraine. Support for the NO-hypothesis of migraine[J]. Eur J Clin Pharmacol，1996，49（5）：335.

[116] Lassen LH，Ashina M，Christiansen I，et al. Nitric oxide synthase inhibition in migraine[J]. Lancet，1997，349（9049）：401.

[117] Iversen HK，Olesen J. Headache induced by a nitric oxide donor（nitroglycerin）responds to sumatriptan. A human model for development of migraine drugs[J]. Cephalalgia，1996，16（6）：412.

[118] 陈新华，谢随民，朱明，等. 偏头痛患者血浆与脑脊液中 NO 含量变化的临床意义[J]. 中国全科医学，2002，5（1）：24.

[119] 张洪，胡元元，方瑗，等. 偏头痛患者血清一氧化氮测定的临床意义[J]. 中国疼痛医学杂志，2001，7（1）：72.

[120] Hibbs JB Jr，Taintor RR，Vavrin Z，et al. Nitric oxide：a cytotoxic activated macrophage effector molecule[J]. Biochem Biophys Res Commun，1988，157（1）：87.

[121] Arregui A，Cabrera J，Leon-Velarde F，et al. High prevalence of migraine in a high-altitude population[J]. Neurology，1991，41（10）：1668.

[122] Gibson SJ，Polak JM，Bloom SR，et al. Calcitonin gene-related peptide immunoreactivity in the spinal cord of man and of eight other species[J]. J Neurosci，1984，4（12）：3101.

[123] 张志坚. 偏头痛病人血中神经肽含量的观察[J]. 临床神经病学杂志，2001，14（2）：67-70.

[124] 匡培根. 有关偏头痛发病机制的研究进展[J]. 新医学，1998，29（6）：283.

[125] Edvinsson L，Mulder H，Goadsby PJ，et al. Calcitonin gene-related peptide and nitric oxide in the trigeminal ganglion：cerebral vasodilatation from trigeminal nerve stimulation involves mainly calcitonin gene-related peptide[J]. J Auton Nerv Syst，1998，70：15.

[126] 陈道文. CGRP 与脑血管病[J]. 国外医学：脑血管病分册，1996，4（4）：206.

[127] Wimalawansa SJ. Calcitonin gene-related peptide and its receptors：molecular gengetics，physiology，pathophysiology，and thereapeutic potentials[J]. Endoer Rev，1996，17（5）：533.

[128] 王玉洁，付峻，蔺慕慧，等. 偏头痛[J]. 国外医学：脑血管疾病分册，2004，12（1）：19.

[129] 连亚军，滕军放，王左生，等. 偏头痛患者血浆一氧化氮和降钙素基因相关肽含量测定及发病机制探讨[J]. 中华神经科杂志，1999，32（2）：94.

[130] Ashina M，Bendtsen L，Jensen R，et al.Evidence for increased plasma levels of CGRP in migraine outside of attacks[J]. Pain，2000，86：133.

[131] Goadsby PJ，Edvinsson L. Neuropeptide changes in a case of chronic paroxysmal hemicrania-evidence for trigemino-parasympathetic activation[J]. Cephalalgia，1996，16（6）：448.

[132] 沈君，傅萱，喻学红，等. 降钙素基因相关肽与偏头痛关系的研究[J]. 临床神经病学杂志，1999，12（5）：300.

[133] 余海，冯大刚，赵云涛，等. 偏头痛与血浆 CGRP、ANF 和 AII 含量的研究[J]. 中风与神经疾病杂志，1997，14（1）：14.

[134] Ebersberger A，Averbeck B，Messlinger K，et al. Release of substance P，calcitonin gene-related peptide and prostaglandin E2 from rat dura mater encephali following electrical and chemical stimulation in vitro[J]. Neuroscience，1999，89（3）：901.

[135] 王玉浔，洪治平.头痛平颗粒剂对偏头痛大鼠血中 CGRP 含量影响的研究[J].中医药学刊，2005，23（1）：139.

[136] Durham P，Russo A. New insights into the molecular actions of serotonergic antimigraine drugs[J]. Pharmacol Ther，2002，94：77.

[137] 李炜，王素娥，钟广伟，等. 针刺对偏头痛大鼠血浆神经肽的影响[J]. 中国临床康复，2004，8（13）：2494.

[138] Nappi G，Facchinetti F，Martignoni E，et al. Endorphin patterns within the headache spectrum disorders[J]. Cephalagia，1985，5（Suppl 2）：201.

[139] Millan MJ. Multiple opioid systems and pain[J]. Pain，1986，27（3）：303.

[140] 孙立平. 内阿片肽与内源性阿片镇痛系统的研究进展.西安医科大学学报，1990，（11）：381.

[141] Herman BH，Goldstein A. Antinociception and paralysis induced by intrathecal dynorphin A[J]. J Pharmacol Exp Ther，1985，232（1）：27.

[142] Mosnaim AD，Diamond S，Wolf ME，et al. Endogenous opioid-like peptides in headache. An overview[J]. Headache，1989，29（6）：368.

[143] Facchinetti F，Martignoni E，Gallai V，et al. Neuroendocrine evaluation of central opiate activity in primary headache disorders[J]. Pain，1988，34（1）：29.

[144] 吴宣富，田时雨，田新良. 偏头痛患者 β-内啡肽含量测定及其意义的探讨[J]. 临床神经病学杂志，1991，2：77.

[145] Nappi G，Facchinetti F，Martignoni E，et al. Plasma and CSF endorphin levels in primary and symptomatic headaches[J]. Headache，1985，25（3）：141.

[146] Genazzani AR，Nappi G，Facchinetti F，et al. Progressive impairment of CSF β-EP levels in migraine sufferers[J]. Pain，1984，18（2）：127.

[147] Ustdal M，Dogan P，Soyuer A，et al. Treatment of migraine with salmon calcitonin：effects on plasma beta-endorphin，ACTH and cortisol levels[J]. Biomed Pharmacother，1989，43（9）：687.

[148] Spierings EL. Recent advances in the understanding of migraine[J]. Headache，1988，28（10）：655.

[149] Fettes I，Gawel M，Kuzniak S，et al. Endorphin levels in headache syndromes.Headache，1985，25（1）：37.

[150] 王湘平，查红，郭海，等. 偏头痛患者血浆和脑脊液 β-内啡肽含量的变化 [J].中国疼痛医学杂志，1999，5（4），203.

[151] Lance JW，Lambert GA，Goadsby PJ，et al. Brainstem influences on the cephalic circulation：experimental data from cat and monkey of relevance to the mechanism of migraine[J]. Headache，1983，23（6）：258.

[152] 杨明山，方思羽，阮旭中.神经科急症诊断治疗学[M]. 武汉：湖北科学技术出版社，1995，555.

[153] 高艳.海马结构与 5-羟色胺参与痛觉调制的关系[J]. 河南医学研究，2002，11（2）：188.

[154] Tenen SS. The effects of p-chlorophenylalanine，a serotonin depletor，on avoidance acquisition，pain sensitivity and related behavior in the rat[J]. Psychopharmacologia，1967，10（3）：204-219.

[155] Tenen SS. Antagonism of the analgesic effect of morphine and other drugs by p-chlorophenylalanine，a serotonin depletor[J]. Psychopharmacologia，1968，12（4）：278-285.

[156] Wang JK.Antinociceptive effect of intrathecally administered serotonin[J]. Anesthesiology，1977，47（3）：269-271.

[157] 崔存德，亢国英，杜功梁，等.刺激大鼠 PVN 影响痛感受下行途径的研究[J].滨州医学院学报，1997.

[158] Edvinsson L，Uddman R. Neurobiology in primary headaches[J]. Brain Res Brain Res Rev，2005，48（3）：438.

[159] 王宝祥，陈宝田，刘毅，等. 偏头痛患者外周血淋巴细胞 5-羟色胺 1D 受体基因表达的研究[J].中华神经科杂志，1997，30（5）：294.

[160] D'AndreaG1，NorderaGP，PeriniF，et al. Biochemistry of neuromodulation in primary headaches：focus on anomalies of tyrosine metabolism[J]. Neurol Sci，2007，28：S94-96.

[161] D'Andrea G，D'Amico D，Bussone G，et al. The role of tyrosine metabolism in the pathogenesis of chronic migraine[J]. Cephalalgia：an international journal of headache，2013，33：932 -937.

[162] Barbanti P，Fofi L，Aurilia C，et al. Dopaminergic symptoms in migraine[J]. Neurological sciences：official journal of the Italian Neurological Society and of the Italian Society of Clinical Neurophysiology. 2013，34：S67 -S70.

[163] Aoki Y，Nishizawa D，Kasai S，et al. Association between the variable number of tandem repeat polymorphism in the third exon of the dopamine D4 receptor gene and sensitivity to analgesics and pain in patients undergoing painful cosmetic surgery[J]. Neuroscience letters，2013，542：1-4.

[164] Del Zompo M，Cherchi A，Palmas MA，et al. Association between dopamine receptor genes and migraine without aura in a Sardinian sample[J]. Neurology，1998，51（3）：781-786.

[165] Barbanti P，Fabbrini G，Ricci A，et al. Migraine patients show an increased density of dopamine D3 and D4 receptors on lymphocytes[J]. Cephalalgia：an international journal of headache，2000，20：15-19.

[166] De Soua SC，Karwautz A，Wober C，et al. A dopamine D4 receptor exon 3 VNTR allele protecting against migraine without aura[J]. Annals of neurology，2007，61：574-578.

[167] Peroutka SJ1，Wilhoit T，Jones K. Clinical susceptibility to migraine with aura is modified by dopamine D2 receptor（DRD2）NcoI alleles[J]. Neurology，1997，49（1）：201-206.

[168] Del Zompo M，Cherchi A，Palmas MA，et al. Association between dopamine receptor genes and migraine without aura in a Sardinian sample[J]. Neurology，1998，51（3）：781-786

[169] Ghosh J1，Joshi G，Pradhan S，et al. Potential role of aromatase over estrogen receptor gene polymorphisms in migraine susceptibility：a case control study from North India[J]. PLoS One，2012，7（4）：e34828.

[170] Todt U，Netzer C，Toliat M，et al. New genetic evidence for involvement of the dopamine system in migraine with aura[J]. Human genetics，2009，125：265 -279.

[171] Corominas R，Ribases M，Camina M，et al. Two-stage case-control association study of dopamine-related genes and migraine[J]. BMC medical genetics，2009，10：95.

[172] A Graeme Shepherd，Rod A Lea，Colin Hutchins，et al. Dopamine Receptor Genes and Migraine With and Without Aura：An Association Study[J]. headache，2002，42：346 -351.

[173] Gotoh F，Kanda T，Sakai F，et al. Serum dopamine-betahydroxylase activity in migraine[J]. Archives of neurology，1976，33：656-657.

[174] RA Lea，A Dohy，K Jordan，et al. Evidence for allelic association of the dopamine b -hydroxylase gene（DBH）with susceptibility to typical migraine[J]. Neurogenetics，2000，3：35-40.

[175] A Graeme Shepherd，Rod A Lea，Colin Hutchins，et al. Dopamine Receptor Genes and Migraine With andWithout Aura：An Association Study[J]. headache，2002，42：346-351.

[176] Ghosh J，Pradhan S，Mittal B. Role of dopaminergic gene polymorphisms（DBH 19 bp indel and DRD2 NcoI）in genetic susceptibility to migraine in North Indian population[J]. Pain Med，2011，12：1109-1111.

[177] Fernandez F，Lea RA，Colson NJ，et al. Association between a 19 bp deletion polymorphism at the dopamine beta-hydroxylase（DBH）locus and migraine with aura[J]. Journal of the neurological sciences，2006，251：118-123.

[178] Zubieta JK，Heitzeg MM，Smith YR，et al. COMT val158met genotype affects mu-opioid neurotransmitter responses to a pain stressor[J]. Science，2003，299：1240-1243.

[179] Park JW1，Lee KS，Kim JS，et al. Genetic Contribution of Catechol-O-methyltransferase Polymorphism in Patients with Migraine without Aura[J]. J Clin Neurol. 2007，3（1）：24-30.

[180] Pozniak PD，White MK，Khalili K. TNF-alpha/NF-kappaB signaling in the CNS：possible connection to EPHB2[J]. J Neuroimm Pharmacol，2014，9（2）：133-141.

[181] Ghosh S，Hayden MS. Celebrating 25 years of NF-κB research[J]. Immunol Rev，2012，246（1）：5-13.

[182] Oeckinghaus A，Hayden MS，Ghosh S. Crosstalk in NF-κB signaling pathways[J]. Nat Immunol，2011，12：695-708.

[183] Lee HJ，Seo HS，Kim GJ. Houttuynia cordata thunb inhibits the production of pro-inflammatory cytokines through inhibition of the NFκB signaling pathway in HMC-1 human mast cells[J]. Mol Med Rep，2013，8（3）：731-736.

[184] Ben-Neriah Y，Karin M. Inflammation meets cancer，with NF-κB as the matchmaker[J]. Nat Immunol，2011，12：715-723.

[185] Rozen T，Swidan SZ. Elevation of CSF tumor necrosis factor alpha levels in new daily headache and treatment refractory chronic migraine[J]. Headache，2007，47（7）：1050-1055.

[186] Capuano A，DE Corto A，Lisi L，et al. Proinflammatory activated trigeminal satellite cells promote neuronal sensitization：relevance for migraine pathology[J]. Mol Pain，2009，5（8）：43.

[187] Covey WC，Ignatowski TA，Renauld AE，et al. Expression of neuronassociated tumor necrosis factor alpha in the brain is increased during persistent pain[J]. Reg Aneth Pain Med，2002，27（4）：357-366.

[188] Rozen T，Swidan SZ. Elevation of CSF tumor necrosis factor alpha levels in new daily headache and treatment refractory chronic migraine[J]. Headache，2007，47（7）：1050-1055.

[189] Perini F，Dandrea G，Galloni E，et al. Plasma cytokine levels in migraineurs and controls[J]. Headache，2005，45（7）：926-931.

[190] Capuano A，DE Corto A，Lisi L，et al. Proinflammatory activated trigeminal satellite cells promote neuronal sensitization：relevance for migraine pathology[J]. Mol Pain，2009，5（8）：43.

[191] Uceyler N，Rogausch JP，Toyka KV，et al. Differential expression of cytokines in painful and painless neuropathies[J]. Neurology，2007，69（1）：42-49.

[192] Lee HJ，Seo HS，Kim GJ. Houttuynia cordata thunb inhibits the production of pro-inflammatory cytokines through inhibition of the NFκB signaling pathway in HMC-1 human mast cells[J]. Mol Med Rep，2013，8（3）：731-736.

[193] 梅海云，杨晓苏.核因子-κB 抑制剂对偏头痛患者血清培养正常人单核细胞株表达的血清促炎细胞因子的影响[J].国际神经病学神经外科学杂志，2010，37（3）：215-217.

[194] Yin Z，Fang Y，Ren L，et al. Atorvastatin attenuates NF-κappaB activation in trigeminal nucleus caudalis in a rat model of migraine[J]. Neurosci Lett，2009，465（1）：61-65.

[195] Greco R，Tassorelli C，Cappelletti D，et al. Activation of the transcription factor NF-kappaB in the nucleus trigeminalis caudalis in an animal model of migraine[J]. Neurotoxicology，2005，26（5）：795-800.

[196] Reuter U，Chiarugi A，Bolay H，et al. Nuclear factor-kappaB as a molecular target for migraine therapy[J]. Ann Neurol，2002，51

（4）：507-516.

[197] 王蓉飞，于生元.氟桂利嗪对偏头痛模型大鼠中脑导水管周围灰质区 NF-κB 蛋白表达的影响[J]. 中国疼痛医学杂志，2011，17（2）：107-110.
[198] 赵永烈. 芎芷地龙汤对偏头痛模型动物镇痛镇静作用及机制研究[D]. 北京中医药大学，2006.
[199] 李月华，张大方，魏振林. 偏头痛的中西医诊断与治疗[M].北京：中国中医药出版社，1999：1.
[200] 国家中医药管理局. 中医病证诊断疗效标准[M]. 南京：南京大学出版社，1994：22.
[201] 国家中医药管理局脑病急症科研协作组.头风病证候诊断标准[J].北京中医药大学学报，1997，20（4）：48.
[202] 国家中医药管理局全国脑病急症协作组.头风诊断与疗效评定标准[J].北京中医学院学报，1993，16（3）：69.
[203] 胡燕灵. 血府逐瘀汤治疗偏头痛临床观察[J].光明中医，2009，（2）：268.
[204] 赵建欣，刘雪景.偏头痛的病因病机及辨证治疗[J].中国民间疗法，2010，（10）：67.
[205] 吴绪祥，冯雷，钟洪. 内伤头痛的中医辨证及用药体会[J].湖北中医杂志，2006，28（4）：46-48.
[206] 马越，顾锡镇.偏头痛的中医分证论治及用药[J].长春中医药大学学报，2010，（2）：204-205.
[207] 胡穗发，王威，罗艳霞.柔肝活血法防治偏头痛反复发作临床体会[J].实用中西医结合临床，2016，（12）：53-54.
[208] 胡志强，宋立公，梅彤.舒天宁冲剂治疗偏头痛的临床与实验研究[J].中国中西医结合杂志，2002，22（8）：581-583.
[209] 邸玉鹏，王发渭.偏头痛痰瘀证的机制与治疗初探[J].中华中医药杂志，2007，（2）：81-83.
[210] 曹杰，邱祖萍. 难治性偏头痛辨治方略之我见[J]. 中医杂志，2010，（S1）：47-48.
[211] 唐妙. 偏头痛从瘀论治[J]. 河北中医，2007，（12）：1088-1089.
[212] 杨悦娅，杨雨田，武俊青，等. 血瘀在偏头痛发生中的机理探讨[J]. 中医文献杂志，2001，（3）：26-27.
[213] 路玉良，丁元庆. 偏头痛的中医证候、病机与治疗现状分析[J]. 河南中医，2010，（1）：101-103.
[214] 赵永烈，王玉来，王谦. 《伤寒论》辨治六经头痛分析[J]. 中医文献杂志，2012，（5）：30-32.

二、六经头痛片品种概述

六经头痛片收载于《中华人民共和国卫生部药品标准》中药成方制剂第二十册（标准号 WS3-B-3775-98），由白芷、辛夷、藁本、川芎、葛根、细辛、女贞子、芫蔚子、荆芥穗油 9 味药材加工而成的纯中药复方制剂，为国家中药保护品种。具有疏风活络、止痛利窍的功效，常用于全头痛、偏头痛及局部头痛。

三、六经头痛片及原料药材现代研究进展

目前尚无关于六经头痛片的系统化学成分研究的公开报道，仅有一些单味药材的化学成分研究报道：白芷主要含有香豆素类及挥发油类，如欧前胡素、异欧前胡素等。葛根主要含有异黄酮类成分，如葛根素、大豆苷等。女贞子主要含有环烯醚萜类和苯乙醇苷类成分，如特女贞苷、松果菊苷等。川芎、藁本主要含有挥发油（苯酞及其二聚体）和酚酸类成分，如藁本内酯、阿魏酸等。辛夷主要含有挥发油和木脂素类成分，如木兰脂素等。芫蔚子主要含有生物碱和脂肪油类成分，如盐酸水苏碱等。细辛主要含有挥发油成分。并且未见关于六经头痛片相关的药理作用及作用机理方面的公开研究报道。在质量控制方面，原标准只有性状和片剂检查项的控制，没有鉴别和含量测定项的质量控制内容。文献报道也只有欧前胡素、葛根素或胡薄荷酮的单指标成分的 HPLC 含量测定研究。

（一）辛夷药材研究进展

辛夷为木兰科植物望春花 *Magnolia biondii* Pamp.、玉兰 *Magnolia denudata* Desr.或武当玉兰 *Magnolia sprengeri* Pamp.的干燥花蕾[1]。冬末春初花未开放时采收，除去枝梗，阴干。辛夷性温味辛，归肺、胃经，具有散风寒，通鼻窍的功效，用于治疗风寒头痛、鼻塞流涕、鼻鼽、鼻渊等症。

1. 化学成分研究

邱琴等[2]用水蒸气蒸馏法从辛夷中提取挥发油并进行 GC-MS 分析，结果共鉴定了 80 个成

分, 齐天等[3]通过加速溶剂萃取和水蒸气蒸馏法提取辛夷中挥发性成分, 并进行 GC-MS 分析, 传统水蒸气蒸馏指认化学成分 44 种, ASE 法优化萃取辛夷挥发油成分 77 种, 两方法共同组分 37 种, 均以 1, 8-桉叶素质量分数最高. 罗会俊等[4]采用正己烷超声提取辛夷中挥发性成分, 从辛夷正己烷萃取物中分别鉴定出了 40 种化合物. 王琦等[5]采用固相微萃取气质联用的方法测定辛夷挥发性成分, 共检测出 87 种成分, 鉴定出 79 种, 其中中等极性化合物较多, 张坤等用超临界流体萃取辛夷精油得 69 种成分, 鉴定出 56 种化合物, 辛夷的主要化学成分可分为烯类、醇类、酯类、黄酮试类、木脂素类[6], 桉叶油素, 丁香烯氧化物, 甲基庚烯酮, 甲基丁香油酚, 芳樟醇氧化物等类物质, 化学成分归纳总结见表 1-3.

表 1-3 辛夷的主要化学成分

化学成分	分子式	分子量	相对含量（%）	化学成分	分子式	分子量	相对含量（%）
α-蒎烯	$C_{10}H_{16}$	136	5.64	α-萜品烯	$C_{10}H_{16}$	136	
莰烯	$C_{10}H_{16}$	136	1.22	萜品油烯	$C_{10}H_{16}$	136	
β-水芹烯	$C_{10}H_{16}$	136		2-甲基-5-（1-甲基乙基）-双环[3.1.0]-六碳-2-烯[@2]	$C_{10}H_{16}$	136	0.29
β-蒎烯	$C_{10}H_{16}$	136	10.21	β-月桂烯	$C_{10}H_{16}$	136	0.86
4-蒈烯	$C_{10}H_{16}$	136		（+）-4-蒈烯（+）	$C_{10}H_{16}$	136	0.74
1-甲基-4-异丙基苯	$C_{10}H_{16}$	136		1-甲基-2-（1-甲基乙基）-苯	$C_{10}H_{14}$	134	0.69
1, 8-桉叶素（含量最高）	$C_{10}H_{18}O$	154		δ-柠檬油精	$C_{10}H_{16}$	136	3.39
γ-松油烯	$C_{10}H_{16}$	136		桉油精	$C_{10}H_{18}O$	154	27.70
顺-β-松油醇	$C_{10}H_{18}O$	154		顺式-3, 7-二甲-1, 3, 6-辛三烯	$C_{10}H_{16}$	136	
芳樟醇	$C_{10}H_{18}O$	154		1-甲基-4-（甲基乙基）-1, 4-环己二烯	$C_{10}H_{16}$	136	1.34
樟脑	$C_{10}H_{16}O$	152		顺式-B-松油醇	$C_{10}H_{18}O$	154	0.29
α-松油醇	$C_{10}H_{18}O$	154		1-甲基-4-（1-甲基乙基）-环己烯	$C_{10}H_{16}$	136	0.70
乙酸龙脑酯	$C_{10}H_{20}O_2$	196		反式-B-松油醇	$C_{10}H_{18}O$	154	
石竹烯	$C_{15}H_{24}$	204		3, 7-二甲-1, 6-辛二烯-3-醇	$C_{10}H_{18}O$	154	2.54
α-石竹烯	$C_{15}H_{24}$	204		R-4-甲基-1-（甲基乙基）-3-环己烯-1-醇	$C_{10}H_{18}O$	154	2.23
β-红没药烯	$C_{15}H_{24}$	204		3, 7-二甲基-6-辛烯-1-醇	$C_{10}H_{20}O$	156	
金合欢醇	$C_{15}H_{26}O$	222		3, 7-二甲基-2, 6-辛二烯-1-醇	$C_{10}H_{18}O$	154	0.23
蒎烯	$C_{10}H_{16}$	136	4.15	醋酸冰片酯	$C_{12}H_{20}O_2$	156	0.86
桉叶油醇	$C_{10}H_{16}O$	152	18.11	4-乙烯基-4-甲基-3-（1-甲基乙烯基）-1-（1-甲基乙基）-环己烯	$C_{12}H_{20}$	164	
石竹烯	$C_{15}H_{24}$	204	0.43	A-荜澄茄油烯	$C_{15}H_{24}$	204	0.13
α-石竹烯	$C_{15}H_{24}$	204	4.23	咕巴	$C_{15}H_{24}$	204	0.34
（E）-β-金合欢烯	$C_{15}H_{24}$	204	2.34	石竹烯	$C_{15}H_{24}$	204	2.27
香叶烯	$C_{10}H_{16}$	136		γ-榄香烯	$C_{15}H_{24}$	204	
α-衣兰油烯	$C_{15}H_{24}$	204	0.25	反式-α-香柠檬烯	$C_{15}H_{24}$	204	
（-）-4-萜品醇	$C_{10}H_{18}O$	154		反式-7, 11-二甲基-3-亚甲基-1, 6, 10-十二碳三烯	$C_{15}H_{24}$	204	0.87
（R）-（+）-β-香茅醇	$C_{10}H_{20}O$	156	2.01	香橙烯	$C_{15}H_{24}$	204	
玫瑰醚	$C_{10}H_{18}O$	154		1, 2, 3, 4a, 5, 6, 8a-八氢-7-甲基-4-亚甲基-1-（1.α, 4a.α, 8a.α）-萘	$C_{15}H_{24}$	204	0.37
环丙烷甲酸	$C_4H_6O_2$	84		s-（E, E）-1-甲基-5-亚甲基-8-（甲基乙基）-1, 6-环癸二烯	$C_{15}H_{24}$	204	2.28

续表

化学成分	分子式	分子量	相对含量（%）	化学成分	分子式	分子量	相对含量（%）
2，6-二甲基-6（4-甲基-3-戊烯基）-双环[3.1.1]-七碳-2-烯	$C_{15}H_{24}$	204	0.49	（E，E）-3，7，11-三甲基-乙酸-2，6，10-十二碳三烯-1-醇	$C_{17}H_{28}O_2$	264	
双环大根香叶烯	$C_{15}H_{24}$	204		9，12-十碳二烯酸乙酯	$C_{20}H_{36}O_2$	384	
1，2，4a，5，6，8a-六氢-4，7-二甲基-1-（1-甲基乙基）-（1.A，4a.A，8a.A）-萘	$C_{15}H_{24}$	204	0.53	桉树脑（主要成分）	$C_{10}H_{18}O$	154	34.81
α-金合欢烯	$C_{15}H_{24}$	204		3，7-二甲基-1，3，7-辛三烯			0.1
1，2，3，5，6，8a-六氢-4，7-二甲基-1-（1-甲基乙基）-（1S-顺式）-萘	$C_{15}H_{24}$	204	2.26	γ-萜品烯	$C_{10}H_{16}$	136	2.66
白菖油枯化氧化物	$C_{15}H_{24}O$	220		顺-a，a，5-三甲基-5-乙烯基四氢化-2-呋喃甲醇	$C_{10}H_{18}O_2$	200	0.06
3，7，11-三甲基-1，6，10-十二碳三烯-3-醇	$C_{15}H_{26}O$	222	0.81	4-松油醇	$C_{10}H_{18}O$	154	2.05
1a，2，3，5，6，7，7a，7b-八氢-1，1，7，7a-四甲基-[1aR-（1a.A，7.A，7a.A，7b.A）]-1H-环丙烷基[a]萘	$C_{15}H_{26}$	206		香叶醇	$C_{10}H_{18}O$	154	1.48
1-羟基-1，7-二甲基-4-异丙基-2，7-环癸二烯	$C_{15}H_{26}O$	222	0.44	9-β-石竹烯	$C_{15}H_{24}$	204	0.68
（-）-斯巴醇（-）	$C_{15}H_{24}O$	220		顺-γ-杜松烯	$C_{15}H_{24}$	204	1.24
石竹烯氧化物	$C_{15}H_{24}O$	220	0.26	δ-杜松烯	$C_{15}H_{24}$	204	1.36
τ-杜松醇	$C_{15}H_{26}O$	222	0.86	顺，反-法尼醇	$C_{15}H_{26}O$	222	0.28
α-杜松醇	$C_{15}H_{26}O$	222	0.83	反，反-法尼醇	$C_{15}H_{26}O$	222	8.46
3，7，11-三甲基-2，6，10-十二碳三烯-1-醇	$C_{15}H_{26}O$	222		二十二碳烷	$C_{22}H_{46}$	310	0.16

2. 药理作用

（1）局部收敛作用

辛夷治疗鼻炎时能产生收敛作用而保护黏膜表面，并由于微血管扩张，局部血液循环改善，促进分泌物的吸收，以致炎症减退，鼻畅通，症状缓解或消除[7, 8]。

（2）抑菌、消炎作用

辛夷油对炎症组织的毛细血管通透性有降低作用，能明显减轻充血、水肿、坏死和炎症细胞浸润等炎性反应，有较强的抑菌消炎效果[7]。生物碱与消炎、抗菌作用关系密切[9]，韩双红、宋万志等[10]对四川与河南产的辛夷的水浸膏及醇浸膏的药理作用进行比较，证明二者药理作用相似，对金葡萄菌、肺炎双球菌、绿脓杆菌、福氏志贺菌、大肠杆菌均有不同程度的抑菌作用。刘琨琨等[11]通过动物体外实验证明，辛夷挥发油体外可抑制大鼠胸腔白细胞花生四烯酸代谢酶 5-脂氧合酶（5-lipoxygenase，5-LOX）的活性，降低白细胞的 5-LOX 代谢产物白三烯B4（LTB4）和 5-羟基二十碳四烯酸（5-HETE）合成水平，说明辛夷油的抗炎作用可能与抑制5-LOX 活性、减少致炎代谢产物的生成有关，而并不依赖于肾上腺的存在。辛夷挥发油能抑制活化的人内皮细胞与中性粒细胞黏附，从而发挥抗炎与抗黏附效应[12]。辛夷中三种木脂素成分还具有抗血小板活化因子（PAF）活性作用[10]。

（3）镇痛作用

辛夷醇浸膏能够提高痛阈值，有明显的镇痛作用[10]。

（4）免疫、抗病毒、降压作用

辛夷的水或醇提物，采取肌肉注射或腹腔注射时，有明显的降压作用，其降压作用通过直接抑制心脏，特别是扩张血管以及阻断神经节而来[13, 14]。木脂素与免疫、抗毒、降压等药理作用。从辛夷干蕾中提取出木脂素与新木脂素等有效成分。这些成分起消炎、镇痛等作用，并对引起发热、哮喘及心血管紊乱的 PAF 有拮抗作用[9]。

（5）对横纹肌的作用

从中药材辛夷中得到的酚性生物碱，对腹直肌及坐骨神经缝匠肌标本上呈现箭毒样作用[15]。

（6）对子宫及肠道平滑肌的作用

辛夷煎剂和流浸膏有兴奋子宫的作用，在合适的剂量作用下，静脉注射或灌胃给药，均呈现出这种作用[16]。张洪平等[17]采用大鼠离体血管功能实验装置，描记血管张力变化，研究辛夷二氯甲烷提取物（CEF）的舒张血管作用以及其作用机制。结果辛夷 CEF 对离体大鼠胸主动脉环有浓度依赖性舒张作用，该作用有可能与抑制外钙内流和胞质内钙释放干扰胞质内钙离子平衡有关，但其详细机制还不完全明确。

（7）抗过敏作用

杨健等用蒸馏法提取挥发油，用 GC/MS-GC 的方法作定性定量分析，发现在 12 种辛夷及 4 个不同产地的同一辛夷中能鉴定出 200 多种化学成分，其中 A-蒎烯、莰烯、β-蒎烯、柠檬烯、1，8-桉叶素、芳樟醇、A-松油醇等 7 种化合物为其共存。周大兴等研究，辛夷挥发油对 SRS-A、组胺（HA）、乙酰胆碱（Ach）所致豚鼠离体回肠收缩的拮抗作用明显[18]。

（8）抗氧化作用

以辛夷为主要药物的复方制剂干预哮喘豚鼠后，豚鼠血清中 MDA 含量显著降低，SOD 活性明显增高；对人胚肺细胞培养观察也表明其能够明显提高 SOD 水平，表明其平喘作用机制可能与抗氧化作用有关[19]。

3. 质量标准

何娟等[20]通过 GC-MS 法建立了辛夷挥发油的指纹图谱，比较不同产地、不同采收期辛夷相似性以及差异，结果表明不同批次药材成分及含量有一定的差别，不同产地以及不同采收期样品间有较大差异。郑平[21]等通过 GC 法建立了不同产地辛夷挥发油的指纹图谱，共标定了 23 个共有峰。黄从善等[22]建立了辛夷挥发油成分气相色谱-质谱（GC-MS）指纹图谱，标定了 19 个共有指纹特征峰。

（二）藁本药材研究进展

藁本为伞形科植物藁本 *Ligusticum sinense* Oliv.或辽藁本 *Ligusticum jeholense* Nakai et Kitag. 的干燥根茎和根，其性温，味辛，归膀胱经，具有祛风散寒、除湿止痛之功效，也常用于治疗太阳经头痛及巅顶痛，始载于《神农本草经》。

1. 化学成分研究（表 1-4）

表 1-4 藁本的主要化学成分

名称	分子式	分子量	名称	分子式	分子量
水芹醛	$C_7H_{14}O$	114	桧烯	$C_{10}H_{16}$	136
α-侧柏烯	$C_{10}H_{16}$	136	β-蒎烯	$C_{10}H_{16}$	136
α-蒎烯	$C_{10}H_{16}$	136	月桂烯	$C_{10}H_{16}$	136

名称	分子式	分子量	名称	分子式	分子量
辛醛	$C_8H_{16}O$	128	α-芹子烯	$C_{15}H_{24}$	204
α-水芹烯	$C_{10}H_{16}$	136	异丁香酚甲醚	$C_{11}H_{14}O_2$	178
(+)-3-蒈烯	$C_{10}H_{16}$	136	香树烯	$C_{15}H_{24}$	204
α-松油烯	$C_{10}H_{16}$	136	榄香烯	$C_{15}H_{28}$	208
对伞花烃	$C_{10}H_{14}$	134	α-法尼烯	$C_{15}H_{24}$	204
β-水芹烯	$C_{10}H_{16}$	136	β-甜没药烯	$C_{15}H_{24}$	204
反式-β-罗勒烯	$C_{10}H_{16}$	136	花侧柏烯	$C_{15}H_{22}$	202
苯乙醛	C_8H_8O	120	肉豆蔻醚	$C_{11}H_{12}O_3$	192
罗勒烯异构体混合物	$C_{10}H_{16}$	136	β-荜澄茄烯	$C_{15}H_{24}$	204
γ-松油烯	$C_{10}H_{16}$	136	长叶蒎烯	$C_{15}H_{24}$	204
对甲苯酚	C_7H_8O	108	α-石竹烯	$C_{15}H_{24}$	204
萜品油烯	$C_{10}H_{16}$	136	α-葎草烯	$C_{15}H_{24}$	204
6-莰烯酮	$C_{10}H_{14}O$	150	榄香素	$C_{12}H_{16}O_3$	208
异戊酸异戊酯	$C_{10}H_{20}O_2$	172	(+)-匙叶桉油烯醇	$C_{15}H_{24}O$	220
2,5-二甲基苯甲醚	$C_9H_{12}O$	136	白菖烯	$C_{15}H_{24}$	204
3,4,4-三甲基-2-环戊烯-1-酮	$C_8H_{12}O$	124	2-乙酰基-5-甲基硫代苯	C_7H_8OS	140
异硫氰酸乙酯	C_3H_5NS	87	乙酸月桂酯	$C_{14}H_{28}O_2$	228
别罗勒烯	$C_{10}H_{16}$	136	水合桧烯	$C_{10}H_{18}O$	154
3-乙基-2-戊酮	$C_7H_{14}O$	114	β-石竹烯	$C_{15}H_{24}$	204
2'-羟基-4',5'-二甲苯乙酮	$C_{10}H_{12}O_2$	164	间硝基苯酚	$C_6H_5NO_3$	139
6-丁基-1,4-环庚二稀	$C_{11}H_{18}$	150	对乙基苯乙酮	$C_{10}H_{12}O_2$	164
2-乙酰基-5-甲基硫代苯	C_7H_8OS	140	吲哚乙酸酯	$C_{10}H_9NO_2$	175
4-萜品醇	$C_{10}H_{18}O$	154	β-金合欢烯	$C_{15}H_{24}$	204
α,α-4-三甲基苯甲醇	$C_{10}H_{14}O$	150	3-正丁烯基苯酞	$C_{12}H_{12}O_2$	188
α-松油醇	$C_{10}H_{18}O$	154	乙酰苯肼	$C_8H_{10}N_2$	134
2,4-二甲基苯甲醚	$C_9H_{12}O$	136	α-红没药醇	$C_{15}H_{26}O$	222
乙酸小茴香酯	$C_{12}H_{20}O_2$	196	2-乙酰吡咯	C_6H_7NO	109
水芹醛	$C_{10}H_{16}O$	152	(±)–dictyopterene A	$C_{11}H_{18}$	150
4'-羟基-2'-甲基苯乙酮	$C_9H_{10}O_2$	150	4-N-庚基苯酚	$C_{13}H_{20}O$	192
间甲氧基苯乙酮	$C_9H_{10}O_2$	150	2-氨基-4-甲基吡啶	$C_6H_8N_2$	104
胡椒酮	$C_{10}H_{14}O$	150	藁本内酯	$C_{12}H_{14}O_2$	190
2-蒈烯	$C_{10}H_{16}$	136	丁基苯酞	$C_{12}H_{14}O_2$	190
乙酸松油酯	$C_{12}H_{20}O_2$	196	柠檬烯	$C_{12}H_{18}O_2$	194
苯戊酮	$C_{11}H_{14}O$	162	蛇床内酯	$C_{10}H_{16}$	136
乙烯基环己烷	C_8H_{14}	110	4-松油醇	$C_{12}H_{18}O_2$	194
6-十一烷醇	$C_{11}H_{24}O$	172	α-柏木烯	$C_{16}H_{32}O_2$	256
甲基丁香酚	$C_{11}H_{14}O_2$	178	香桧烯	$C_7H_{14}O$	114
β-石竹烯	$C_{15}H_{24}$	204	β-罗勒烯-Y	$C_{10}H_{16}$	136
环己基乙烷	C_8H_{16}	112	异戊酸-3-甲基丁基酯	$C_{10}H_{16}$	136
β-法尼烯	$C_{15}H_{24}$	204	雪松烯	$C_{15}H_{24}$	204
月桂硫醇	$C_{12}H_{26}S$	202	γ-荜澄茄烯	$C_{15}H_{24}$	204
α-柏木烯	$C_{15}H_{24}$	204	9,10十八碳二烯酸	$C_{11}H_{12}O_3$	192

续表

名称	分子式	分子量	名称	分子式	分子量
对聚伞花素	$C_{10}H_{16}$	136	β-谷甾醇	$C_{29}H_{50}O$	414
异松油烯,1-氧基-4-甲基苯	$C_{10}H_{14}$	134	香豆素类		
樟脑	$C_{10}H_{16}O$	152	佛手柑内脂	$C_{12}H_8O_4$	216
戊苯	$C_{10}H_{16}O$	152	酚酸类		
4-松油醇	$C_{11}H_{16}$	148	阿魏酸	$C_{10}H_{10}O_4$	194
桃金娘醇	$C_{10}H_{18}O$	154	香草酸	$C_8H_8O_4$	168
马革命鞭草烯酮	$C_{10}H_{16}O$	152	黄酮类		
橙花醛	$C_{10}H_{18}O$	154	川陈皮素	$C_{27}H_{32}O_{14}$	580
牻牛儿醇	$C_{10}H_{16}O$	152	其他		
牻牛儿醛	$C_{10}H_{18}O$	154	细辛醚	$C_{21}H_{32}O_2$	316
乙酸龙脑酯	$C_{10}H_{16}O$	152	蔗糖	$C_{12}H_{16}O_3$	208
乙酸-4-松油醇酯香荆芥酚	$C_{12}H_{20}O_2$	196	棕榈酸甘油酯	$C_{12}H_{22}O_{11}$	342
香橙烯	$C_{15}H_{24}$	204	异香草醛	$C_{19}H_{38}O_4$	330
α-葎草烯	$C_{15}H_{24}$	204	咖啡酸甲酯	$C_8H_8O_3$	152
α-姜黄烯	$C_{15}H_{24}$	204	莨菪亭	$C_{10}H_{10}O_4$	194
γ-衣兰油烯	$C_{15}H_{22}$	202	胡萝卜苷	$C_{35}H_{60}O_6$	576
3-亚丁基苯酞	$C_{12}H_{16}O_3$	208			

2. 药理作用

（1）抗炎作用

将藁本75%乙醇提取物以5g生药/kg和15g生药/kg对小鼠灌胃，结果表明其能明显对抗二甲苯所致小鼠耳肿胀，4h平均抑制率分别为26.9%和32.4%[23]，也明显抑制乙酸提高小鼠腹腔毛细血管通透性[24]。此外，藁本和辽藁本乙醇提取物对小鼠的角叉菜胶性足跖肿胀也有显著抑制作用[24, 25]。

藁本中性油是其有效部位，其1/10 LD_{50}剂量（相当于7g生药/kg）和1/5 LD_{50}剂量都显著对抗正常大鼠和摘除双侧肾上腺大鼠的角叉菜胶性足跖肿胀，也抑制小鼠的二甲苯性耳肿胀、乙酸提高的小鼠腹腔毛细血管通透性和组胺提高的大鼠皮肤毛细血管通透性，但不抑制塑料环致的大鼠慢性肉芽增生，也不延长摘除肾上腺大鼠的生存时间。提示藁本中性油对炎症早期的毛细血管通透性增高、炎性渗出和水肿有明显抑制作用，其抑制作用与垂体-肾上腺系统无关。但藁本中性油没有皮质激素样作用[26]。丁基苯酞（3-n-butylphthalide）是其抗炎活性成分之一，丁基苯酞可以抑制炎症区域的中性粒细胞浸润、髓过氧化物酶活性以及细胞间黏附分子和肿瘤坏死因子的表达，抑制缺血后组织释放花生四烯酸和磷脂酶A2基因的表达[27]。

（2）解热镇痛作用

藁本水提液以9.4g生药/kg对大鼠灌胃同样也有解热作用，其中辽藁本的解热作用强于其他产地藁本。藁本内酯（ligustilide）是其降低体温的活性成分之一，其降低体温的机理可能与氯丙嗪相似[28]。

将藁本酒精提取物以5g生药/kg和15g生药/kg对小鼠灌胃，结果表明其能显著减少乙酸引起的小鼠扭体反应次数，延长小鼠热痛刺激甩尾反应潜伏期，藁本酒精提取物同样能提高兔因K^+透入的痛阈值，即提高刺激电流强度[29]。

将藁本中性油以7g生药/kg和14g生药/kg对小鼠灌胃能明显减少酒石酸锑钾引起的小鼠

扭体反应次数，延长热板法致小鼠出现舔后足反应潜伏期达 2.5h 以上[26]。

将藁本水提物以 7g 生药/kg 对小鼠灌胃也明显抑制乙酸性疼痛反应，其中，辽藁本的镇痛作用强于其他产地藁本，提示藁本中存在脂溶性和水溶性的镇痛成分。

（3）中枢抑制作用

将藁本或辽藁本乙醇提取物以 7g 生药/kg 对小鼠灌胃，结果表明其能明显促进戊巴比妥钠使小鼠进入睡眠状态[25]。藁本中性油（7g 生药/kg 和 14g 生药/kg）灌胃对小鼠无催眠作用，但能加强硫喷妥钠对小鼠的催眠作用，并能减少小鼠自发活动和对抗苯丙胺的中枢兴奋作用，明显减少苯丙胺增加小鼠活动的次数[26]。藁本水提液（7g 生药/kg）灌胃的镇静作用强于辽藁本。可是，腹腔注射藁本水提液（4.25g/kg）不抑制小鼠自发活动。藁本内酯可能是其中枢抑制活性成分之一[28]。

（4）抗血栓作用

将藁本酒精提取物以 3g 生药/kg 和 10g 生药/kg 对大鼠灌胃，结果表明其能明显延长电刺激大鼠颈动脉血栓形成，延长率分别为 22.3% 和 47.1%，但不延长凝血时间、凝血酶原时间和部分凝血活酶时间[30]。体外实验发现，藁本水提液在浓度 0.04g 生药/ml 时显著延长凝血酶凝聚人血纤维蛋白原时间[31]。丁基苯酞是藁本抗大鼠血栓形成的活性成分，作用机理可能与其抑制血小板 5-HT 释放、升高血小板内 c-AMP 水平，从而抑制血小板聚集功能有关[32]。

（5）对心、脑和血管的作用

藁本中性油能明显延长 $NaNO_2$ 和 KCN 中毒小鼠存活时间。还能抑制脑垂体后叶素引起大鼠冠脉痉挛致心肌缺血时的心电图 s 点压低，显示其有抗心、脑缺氧作用[33]。藁本水或乙醇提取物可延长正常小鼠常压状态下缺氧存活时间，并降低死亡时瓶内氧气残存量。丁基苯酞、丁烯基苯酞是藁本扩张血管、改善脑部微循环[34]、抗心肌缺血缺氧的活性成分[35, 36]。

（6）胃肠道作用

藁本乙醇提取物可对抗小鼠实验性胃溃疡的形成，且对抗盐酸性胃溃疡形成的效果优于吲哚美辛-乙醇性胃溃疡[37]。藁本中性油可明显减少番泻叶和蓖麻油引起的小鼠腹泻次数，但作用持续时间较短。藁本乙醇提取物可明显促进 SD 大鼠的胆汁分泌，具有良好的利胆作用[38]。

3. 小结

中医学理论认为：藁本为辛温之品，传统上常用于风寒感冒、风湿痹痛、巅顶头痛等，具有较好的发表散寒、祛风除湿、止痛之功效。近年来，对藁本的现代研究发现：藁本具有抗炎、解热、镇痛、中枢抑制、抗血栓等药理作用，对心、脑血管、胃肠道也具有药理活性。

（三）川芎药材研究进展

川芎为伞形科植物川芎 Ligusticum chuanxiong Hort.的干燥根茎，所含化学成分具有多种药理活性，是中医临床常用中药之一。

1. 化学成分研究（见表 1-5）

表 1-5　川芎的主要化学成分

名称	分子式	分子量	名称	分子式	分子量
挥发油			乙酸丁酯	$C_6H_{12}O_2$	116
丙酸乙酯	$C_5H_{10}O_2$	102	糠醛	$C_5H_4O_2$	96
己醛	$C_6H_{12}O$	100	1R-α-蒎烯	$C_{10}H_{16}$	136

续表

名称	分子式	分子量	名称	分子式	分子量
β-水芹烯	$C_{10}H_{16}$	136	1-苯基-1-戊酮	$C_{11}H_{14}O$	162
β-月桂烯	$C_{10}H_{16}$	136	2-肼吡啶	$C_5H_7N_3$	109
环己烯	C_6H_{10}	82	伞花烃	$C_{10}H_{14}$	134
己醛	$C_6H_{12}O$	100	柠檬烯环氧化物	$C_{10}H_{16}O$	152
α-侧柏烯	$C_{10}H_{16}$	136	α-氯氰菊酯	$C_{22}H_{19}Cl_2NO_3$	416
香桧烯	$C_{10}H_{16}$	136	9-十八碳烯酸	$C_{18}H_{34}O_2$	282
α-水芹烯	$C_{10}H_{16}$	136	γ-新丁子香烯	$C_{15}H_{24}$	204
α-松油烯	$C_{10}H_{16}$	136	长马鞭草烯酮	$C_{15}H_{22}O$	218
对-聚伞花素	$C_{10}H_{14}$	134	石竹烯氧化物	$C_{15}H_{24}O$	220
柠檬烯	$C_{10}H_{16}$	136	丁烯基酞内酯	$C_{12}H_{12}O_2$	188
异松油烯	$C_{10}H_{16}$	136	斯巴醇	$C_{15}H_{24}O$	220
γ-松油烯	$C_{10}H_{16}$	136	β-恰米烯	$C_{15}H_{24}$	204
松油醇	$C_{10}H_{18}O$	154	β-桉叶烯	$C_{15}H_{24}$	204
α-松油醇	$C_{10}H_{18}O$	154	酚酸类成分		
δ-榄香烯	$C_{16}H_{26}$	218	阿魏酸	$C_{10}H_{10}O_4$	194
匙叶桉油烯醇	$C_{15}H_{24}O$	220	琥珀酸	$C_4H_6O_4$	118
丁苯基甲酮	$C_{11}H_{14}O$	162	咖啡酸	$C_9H_8O_4$	180
丁基苯酞	$C_{12}H_{14}O_2$	190	芥子酸	$C_{11}H_{12}O_5$	224
丁烯基苯酞	$C_{12}H_{12}O_2$	188	棕榈酸	$C_{16}H_{32}O_2$	256
蛇床内酯	$C_{12}H_{18}O_2$	194	大黄酚	$C_{15}H_{10}O_4$	254
新蛇床内酯	$C_{12}H_{18}O_2$	194	香草酸	$C_8H_8O_4$	168
藁本内酯异构体	$C_{12}H_{14}O_2$	190	原儿茶酸	$C_7H_6O_4$	154
藁本内酯	$C_{12}H_{14}O_2$	190	生物碱		
棕榈酸	$C_{16}H_{32}O_2$	256	川芎嗪	$C_8H_{12}N_2$	136
棕榈酸乙酯	$C_{18}H_{36}O_2$	284	三甲胺	C_3H_9N	59
亚油酸乙酯	$C_{20}H_{36}O_2$	308	其他		
油酸乙酯	$C_{20}H_{38}O_2$	310	胡萝卜苷	$C_{35}H_{60}O_6$	576
甲基丁香酚	$C_{11}H_{14}O_2$	178	孕烯醇酮	$C_{35}H_{60}O_6$	576
橙花醇乙酯	$C_{12}H_{20}O_2$	196	香草醛	$C_{21}H_{32}O_2$	316
黄樟醚	$C_{10}H_{10}O_2$	162	瑟丹酮酸	$C_8H_8O_3$	152
香叶烯	$C_{10}H_{16}$	136	川芎三萜	$C_{13}H_{10}N_2O$	210
1-甲基-2-1-甲基乙基-苯	$C_{10}H_{14}$	134	芹菜素	$C_{12}H_{22}O_{11}$	342
苯乙醛	C_8H_8O	120	二亚油酸棕榈酸甘油酯	$C_{15}H_{10}O_5$	270
2-甲氧基-4-乙烯基苯酚	$C_9H_{10}O_2$	150	β-谷甾醇	$C_{29}H_{50}O$	414
莰烯	$C_{10}H_{16}$	136			

2. 川芎药理作用

川芎既能活血化瘀，又能行气止痛，为"血中之气药"。广泛用于血瘀气滞所致的胸、胁、腹诸痛证。川芎的主治病证与心脑血管疾病、血栓形成和疼痛等病变密切相关，如冠心病、血栓闭塞性脉管炎、缺血性脑病、高黏血症等。有关川芎的水提物、苯酞类成分、藁本内酯、川芎内酯 A、总生物碱、川芎嗪及其注射液等化学部位/成分的药理研究文献报道甚多，主要涉及心脑血管系统、神经系统、呼吸系统以及肝、肾功能等方面。

（1）对心脑血管系统的作用

1）抗脑缺血作用：川芎为活血化瘀药类中的"活血止痛药"，其活血行气止痛的功效与抗脑缺血、抗血栓等药理作用密切相关。川芎嗪易透过血脑屏障，对多种实验性局灶性或全脑缺血-再灌注损伤具有保护作用。研究发现，川芎嗪可促进整体大鼠局灶性脑缺血后皮质和纹状体缺血半暗带神经细胞增殖，从而修复、替代损伤的神经细胞，对脑功能自身恢复发挥重要作用[39]；并对心脏骤停复苏后脑缺血-再灌注的损伤有一定保护作用；川芎嗪能减少脑梗死体积，减轻脑缺血区组织结构的损伤，明显改善神经症状[40]；静脉注射川芎嗪也能减轻大鼠心脏骤停复苏后脑组织损伤，改善脑功能[41]。同时，临床也发现脑出血病人早期应用川芎素（阿魏酸钠片）治疗，能有效减轻脑水肿，促进血肿的吸收，改善血肿周围的低灌注血供，改善患者的神经功能[42]。川芎嗪抗脑缺血的机制与抑制神经元凋亡、抗氧自由基有关。研究表明，脑缺血再灌注后 BaxmRNA 表达增强，川芎嗪能够下调 CIR 海马神经元 BaxmRNA 表达从而抑制神经元凋亡[43]。对心脏骤停复苏后脑缺血-再灌注损伤，川芎嗪也可通过上调 Bcl-2 的表达来减轻脑组织损伤[44]。张景秋等人发现川芎嗪具有抗氧自由基作用，可修复脑缺血再灌注损伤。此外，川芎生物碱具有抗氧化作用，能降低一氧化氮、丙二醛的含量和一氧化氮合酶活性，提高超氧化物歧化酶活性，减少大鼠神经功能和脑组织的损害[45]。

2）保护心脏作用：①抗心肌缺血：川芎嗪注射液可以改善冠状动脉的血液循环，减轻缺血引起的心肌细胞损伤，抑制血清肌酸磷酸激酶和乳酸脱氢酶的溢出，减小实验性心肌缺血的范围，促进纤维蛋白的降解，对抗体外血浆凝血，从而治疗冠心病心绞痛。川芎嗪注射液也能保护心脏，减轻心肌缺血再灌注引发的损伤，能减少心肌梗死面积，减轻心肌病变程度，其作用机制可能与增加缺血再灌注心肌组织一氧化氮合酶、超氧化物歧化酶的活性，减少脂质过氧化物丙二醛的含量和血清肌酸磷酸激酶的活性有关[46]。研究发现川芎嗪注射液对促心肌梗死后大鼠缺血心肌血管新生的作用[47]，亦是其抗心肌缺血作用机制之一。此外，川芎嗪对心肌细胞线粒体具有保护作用；研究发现川芎嗪预处理，能使体外循环心脏手术患者心肌酶漏出减少，心肌超微结构损害减轻，认为其在体外循环心脏手术中有良好的心肌保护作用[48]。张浩等人的研究表明川芎嗪能减轻缺血后缺血性室性心律失常时心外膜单相动作电位改变的程度，具有抗缺血性室性心律失常的作用，其机制可能与其抑制折返形成有关[49]。②抗心肌炎与心肌肥厚：川芎嗪对病毒性心肌炎有保护作用，能抑制大鼠压力超负荷所致心肌肥厚。川芎嗪可通过下调病毒性心肌炎小鼠心肌细胞 Fas/FasL 蛋白表达，减少心肌细胞凋亡和心肌损伤[50]。川芎嗪能抑制大鼠压力超负荷所致的心肌肥厚，作用机制可能与抑制有丝分裂原激活蛋白激酶信号通路中（ERK-1）mRNA 的表达有关[51]。③抗动脉粥样硬化：川芎嗪能通过抑制或阻断动脉粥硬化危险因素氧化型低密度脂蛋白、氧化型极低密度脂蛋白和血管紧张素Ⅱ（AngⅡ）诱导的核因子 κB 出活化及核内移位，抑制血管壁细胞血管细胞黏附分子 1 和单核细胞趋化蛋白 1 表达，抑制单核细胞粘附于内皮，而发挥其抗脉粥样硬化作用[52]。研究表明，川芎总苯酞也具有抗动脉粥样硬化作用[53]。

3）保护血管内皮细胞、抗增殖作用：川芎水提液及川芎嗪均能保护血管内皮细胞。研究表明，川芎药液（传统方法制备）能抑制高糖诱导的血管内皮细胞凋亡，Bcl-2 和 Caspase-3 基因的表达而影响 Caspase 凋亡信号传导系统有关[54]。川芎嗪亦可抑制血管内皮因子诱导的细胞增殖[55]。川芎内酯 A 预处理对大鼠离体心脏停灌再灌注损伤所致的血管内皮细胞损伤具有保护作用[56]。川芎嗪对 AngⅡ诱导的 VSMC 增殖有显著抑制作用，其机制与抑制血小板源生长因子-B（PDGF-B）表达有关，并且在相同培养时间内，随着川芎嗪浓度增加，细胞增殖活度及 PDGF-B 表达水平逐渐降低，提示川芎嗪的抑制作用具有量效关系[57]。

（2）对神经系统的作用

1）镇静、镇痛作用：川芎辛温升散，性善疏通，能"上行头目"，祛风止痛，为治头痛之要药。川芎水煎剂能抑制小鼠中枢神经系统的兴奋性，有镇静催眠作用[58]。川芎水提取物能明显减轻受损神经根的水肿变性、髓鞘脱失等损伤，减轻模型大鼠的颈神经根性疼痛[59]。川芎嗪有钙离子拮抗作用，能舒张血管，发挥抗血管痉挛作用，较好地改善机体的缺氧状态，降低毛细血管通透性，抑制血小板聚集，降低血液黏度，并促进前列腺素 I2 和血栓素 A2 的平衡，从而改善脑部微循环，联合半夏白术天麻汤有效治疗血管性头疼[61]。

2）保护视神经作用：川芎嗪能明显缓解过氧化氢对视网膜神经元细胞及神经胶质细胞等的氧化应激损伤，并上调与细胞生存密切相关的神经体微管蛋白-2 和神经保护肽的表达水平[62]。郑新国等研究表明，川芎嗪能降低视网膜色素变性小鼠视网膜光感受器细胞环磷酸鸟苷（cGMP）的水平，进一步引起钙离子内流受限，导致光感受器细胞钙离子浓度降低，并直接增加视网膜 Bcl-2 的表达，从而抑制模型小鼠光感受器细胞的凋亡；此外，川芎嗪通过抗自由基、抗氧化等作用亦可减少模型小鼠光感受器细胞的凋亡[63]。

（3）对呼吸系统的作用

1）平喘作用：川芎嗪能迅速纠正心力衰竭、呼吸衰竭及改善通换气功能，能抑制哮喘气道炎症，防治儿童哮喘。研究发现，川芎嗪能通过上调儿童哮喘患者 T-bet mRNA 的表达强度，降低 GA-TA-3 mRNA 表达水平，从而逆转 Thl/Th2 功能失衡，有效防治儿童哮喘[64]。川芎嗪能通过降低白细胞介素-4 和白细胞介素-13 的水平而抑制哮喘气道炎症[65]。

2）治疗慢性阻塞性肺疾病（COPD）：临床研究通过观察川芎嗪对 COPD 患者血气分析与血浆纤维蛋白原的影响，发现川芎嗪可能通过降低 COPD 加重期患者血流黏滞度，升高血氧分压水平，降低二氧化碳分压水平，发挥治疗效果[66]。

（4）对肝、肾功能的作用

1）保肝作用：川芎嗪对肝缺血再灌注损伤和肝纤维化有保护作用。川芎嗪可改善急性肝损伤性脂肪肝中脂肪的堆积，从而保护肝脏。川芎嗪能使急性肝损伤小鼠肝脏中游离脂肪酸、甘油三酯、丙二醛含量均降低，肝脂酶和超氧化物歧化酶活性升高，肝脏脂肪变性明显减轻，保肝机制可能与降低甘油三酯，促进游离脂肪酸氧化，抗脂质过氧化作用有关[67]。

2）保护肾脏：川芎嗪能抑制肾细胞凋亡，可通过降低糖尿病大鼠肾皮质糖基化终末产物（AGEs）含量调节凋亡相关蛋白 Bcl-2 和 Bax 的表达，抑制肾脏细胞凋亡[68]。川芎嗪可诱导肾小管上皮细胞中 Sno N 蛋白表达，且可能在阻断转化生长因子-β1 诱导的 Sno N 蛋白降解方面，与肝细胞生长因子具有协同作用[69]。

（5）其他药理作用

1）保护骨髓作用：川芎嗪能减轻放射损伤后小鼠骨髓细胞的凋亡；亦可调节多种骨髓细胞蛋白质的表达，促进辐射致血虚证小鼠骨髓造血细胞增殖。川芎嗪能通过增加骨髓基质细胞的表达水平而促进骨髓微环境的修复，加速骨髓移植后造血重建[70]。川芎嗪体外能使小鼠骨髓间充质干细胞（BMSCs）定向分化为神经元样细胞，细胞内、外 Ca^{2+} 的减少可促进川芎嗪诱导 BMSCs 向神经细胞的分化。

2）改善学习记忆能力：川芎嗪有改善学习记忆的功能。研究表明，川芎嗪对慢性低氧高二氧化碳所致的大鼠空间学习记忆障碍有一定的防治作用[71]。川芎嗪还能改善痴呆模型小鼠的学习记忆能力[72]。

3）抗肿瘤作用：川芎嗪对卵巢癌、肺癌及胰腺癌具有一定的抑制作用。研究发现，川芎嗪对卵巢癌顺铂耐药细胞株 COC1/DDP 的顺铂耐药性有逆转作用，其机制可能与干预 COC1/DDP 细胞内 GSH/GST 解毒系统，增加细胞内顺铂的含量有关[73]。川芎嗪能抑制低氧时肺癌 A549 细胞的增殖，作用机制可能与下调 A549 细胞 HIF-let mRNA 和蛋白的表达等有关。川芎提取物对胰腺癌 HS 766T 的侵袭和黏附行为有抑制作用。

3. 川芎的临床应用[74]

1）临床主要用于治疗心脑血管、呼吸、泌尿系统及妇科方面的疾病。治疗各种头痛。由川芎、天麻等药味组成的大川芎方临床用于治疗偏头痛，现代药理研究表明大川芎方对神经细胞缺血性损伤有保护作用。

2）治疗肾炎复方川芎胶囊（川芎、当归）对增殖性肾炎患者的肾功能有一定的保护作用。在非胰岛素依赖型糖尿病患者中早期应用黄芪、川芎进行干预治疗，能减少微量蛋白尿转变为显性糖尿病肾病进而演化为肾功能不全的进程。

3）治疗呼吸系统疾病川芎嗪静脉滴注可治疗哮喘急性发作。

4）川芎嗪现研究发现还能降低血清转氨酶，维持和提高肝组织中 SOD 活性，清除自由基，减少其毒性，具有良好的抗脂质氧化损伤、抗肝纤维化作用。

5）降压作用：川芎注射液对骨内高压具有显著的降压作用，其作用可能是改善了骨内高压下血液流变学和骨内微循环及造血组织的病理状态。

6）治疗骨科疾病：山东省威海市文登中心医院用川芎醋调后治疗跟骨骨刺效果满意，临床用于治疗跌扑肿痛、风热头痛、风湿痹痛疮疡肿痛。江西中医学院附属医院针灸科用针刺绝骨穴加用川芎醋浸液热敷患部的方法治疗跟骨骨刺症患者 50 例，收到满意疗效。

7）川芎还能通过扩张头部毛细血管，促进血液循环而增加头发营养。用于洗发液等可使头发柔顺和不易变脆，还可以提高头发的抗拉强度和延伸性，防止脱发，亦能延缓白发生长，并减轻头痛。

（四）葛根药材研究进展

本品为豆科植物野葛 *Pueraria lobata*（Willd.）Ohwi 的干燥根。习称野葛。秋、冬二季采挖，趁鲜切成厚片或小块；干燥。主产于河南、湖南、浙江、四川等地。味甘、辛凉、归脾、胃经，具有解肌、退热、生津、透疹和升阳止泻等功效[75]，临床多用于治疗外感发热头痛、项强、口渴、消渴、麻疹不透、热痢和泄泻等症。

1. 化学成分研究

葛根的主要化学成分为异黄酮类、黄酮类、葛根苷、三萜皂苷及其他类等成分，近年来研究较多的主要是异黄酮类化合物[76-78]。

（1）异黄酮类

野葛根含黄酮类物质，总量可达 12%，其中主要包括：葛根素（puerarin）、大豆苷（daidzin）、大豆苷元（daidzein）、3′-羟基葛根素（3′-hydroxyl-puerarin）、3′-甲氧基葛根素（3′-methoxy-puerarin）、大豆苷元 7，4′-二葡萄糖苷（daidzein4′，7-diglucoside）、葛根素芹菜糖（mirificin）、染料木苷（genistin）、芒柄花苷（ononin）、染料木素（genistein）、大豆苷元 4′-葡萄糖苷（daidzein-4′-glucoside）、鹰嘴豆素 A（biochaninA）、芒柄花素（formononetin）、鸢

尾苷（tectoridi）、染料木素 8-C-葡萄糖苷（genistein8-C-glucoside）、葛花苷（kakkalide）、尼泊尔鸢尾异黄酮（irisolidone）、印度黄檀苷（sissotrin）、葛根素-木糖苷（puerarin-xyloside）、葛根素 4′-O-葡萄糖苷（puerarin4′-O-glucoside）、染料木素 8-C-芹菜糖基-（1-6）葡萄糖（genistein8-C-apiosyl-（1-6）glucoside）、尼泊尔鸢尾素 7-O-β-D-葡萄糖苷（irisolidone-7-O-β-D-glucopyranoside）、大豆苷元 8-C-芹菜糖基-（1-6）葡萄糖（daidzein8-C-apiosy-（1-6）glucoside）、6，7-二甲氧基-3′，4′-次甲二氧基异黄酮（6，7-dimethoxy-3′，4′-methylenedioxyflavone）等。

（2）黄酮类

葛根除了大量的异黄酮类化合物外，还存在少量的黄酮类化合物,包括槲皮素（quercetin）、刺槐苷（robinin）、芦丁（rutin）、烟花苷（nicotiflorin）和异甘草亭（isoliquiritigenin）等。

（3）葛根苷类

本类包括：葛根苷 A（pueroside A）、葛根 B（pueroside B）和葛根苷 C（pueroside C）这些被认为是二氢查耳酮的衍生。

（4）三萜皂苷

三萜类和皂苷类化合物是葛根中另一类重要的化学成分，三萜类和化合物主要为齐墩果烷型，主要有：黄酮皂苷元 A，B（soyasapogenol A，B）、葛根皂苷元 A，B，C（kudzusapogenol A，B，C），葛根皂苷大部分是以这些苷元形成的，主要的皂苷有：大豆皂苷 A3（soyasaponin A3）、kudzusaponin A1～A5，SA1～SA3、22-O-methylsophoradiol、槐二醇（sophoradiol）等。

（5）其他成分

葛根中还有 6，7-二甲基香豆素、葛根香豆素、β-谷甾醇、β-胡萝卜苷、羽扇豆酮、尿囊素、二十烷酸、十六烷酸、二十八烷酸、二十四酸-α-甘油酯、二十四烷酸-α-甘油酯和二十五烷酸甘油酯等成分。化学成分归纳总结见表 1-6。

表 1-6 葛根的主要化学成分

中文名	英文名/CAS 号	分子式/分子量	结构式
1. 异黄酮类：			
葛根素	puerarin	$C_{21}H_{20}O_{10}$ 432.38	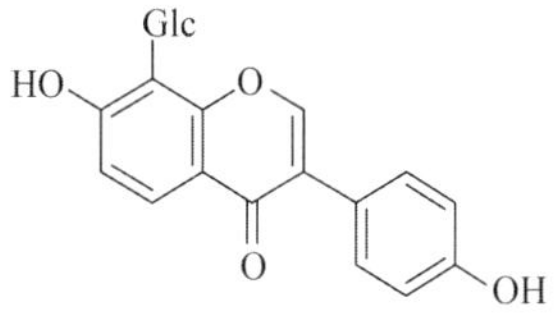
大豆苷元	daidzein	$C_{15}H_{10}O_4$ 254.24	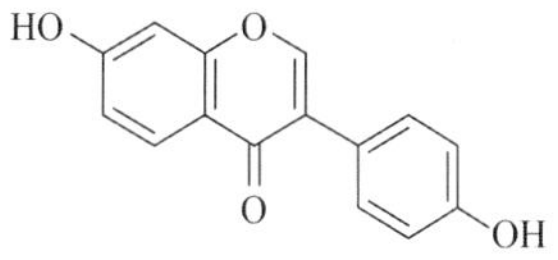
大豆苷	daidzin	$C_{21}H_{20}O_9$ 416.38	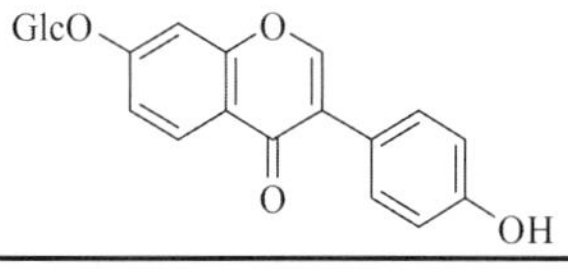

续表

中文名	英文名/CAS 号	分子式/分子量	结构式
大豆黄素	glycitein	$C_{16}H_{12}O_5$ 284	
3'-甲氧基大豆苷	3'-methoxydaidzin	$C_{22}H_{22}O_{10}$ 447.129 1	
3'-甲氧基大豆苷元-4'-葡萄糖苷	3'-methoxydaidzin-4'-O-glucoside	$C_{28}H_{32}O_{15}$ 608	
3'-甲氧基大豆苷元	3'-methoxydaidzein	$C_{16}H_{12}O_5$ 284.26	
3'-羟基大豆苷元	3'-hydroxydaidzein	$C_{15}H_{10}O_5$ 270.24	
3'-羟基-4'-甲氧基大豆苷元	3'-hydroxyl-4'-methyldaidzin	$C_{22}H_{22}O_{10}$ 446	
大豆苷元-4'-葡萄糖苷	daidzein 4'-O-glucoside	$C_{21}H_{20}O_9$ 416	
大豆苷元-7，4'-二葡萄糖苷	daidzein-7，4'-diglucoside	$C_{27}H_{30}O_{14}$ 578.5187	
8-C-芹菜糖（1→6）葡萄糖大豆苷元	8-C-apiosyl（1→6） glucoside of daidzein	$C_{26}H_{28}O_{14}$ 564	
丙二酸酰大豆苷	6″-O-malonyldaidzin	$C_{24}H_{22}O_{12}$ 502	
6″-O-乙酰基大豆苷	6″-O-acetyldaidzin	$C_{23}H_{22}O_{10}$ 458	

中文名	英文名/CAS 号	分子式/分子量	结构式
3'-羟基葛根素	3'-hydroxypuerarin	$C_{21}H_{20}O_{10}$ 433.113 5	
3'-甲氧基葛根素-4'-葡萄糖苷	3'-hydroxy-4'-O-β-D-glucosylpurerarin	$C_{27}H_{30}O_{15}$ 594	
3'-甲氧基葛根素	3'-methoxy puerarin	$C_{22}H_{22}O_{10}$ 446.26	
4'-甲氧基葛根素	4'-methoxypuerarin	$C_{22}H_{22}O_9$ 430	
葛根素-7-葡萄糖苷	puerarin-7-O-glucoside	$C_{27}H_{30}O_{14}$ 578	
葛根素-7-木糖苷	7-xylosepuerarin	$C_{25}H_{26}O_{14}$ 548	
葛根素-木糖苷	puerarinxyloside	$C_{26}H_{28}O_{13}$ 548	
葛根素-4'-O-β-D-葡萄糖苷	puerarin-4'-O-β-D-glucopyranoside	$C_{27}H_{30}O_{14}$ 578	
3'-甲氧基葛根素葡萄糖苷	3'-methoxypuerarin 4'-O-β-D-glucopyranoside	$C_{28}H_{32}O_{15}$ 608	

续表

中文名	英文名/CAS 号	分子式/分子量	结构式
3′-甲氧基葛根素木糖苷	3′-methoxy-6″-O-xylosylpuerarin	$C_{27}H_{30}O_{14}$ 578	
3′-氢化葛根素木糖苷	3′-hydroxy-6″-O-xylosylpuerarin	$C_{26}H_{28}O_{14}$ 564	
芹糖葛根素苷	mirificin	$C_{26}H_{28}O_{13}$ 548	
芹糖葛根素 4′-O-葡萄糖苷	mirificin 4′-O-glucoside	$C_{32}H_{38}O_{18}$ 710	
葛花苷	kakkalide	$C_{28}H_{32}O_{15}$ 608.546	
染料木素	genistein	$C_{15}H_{10}O_5$ 270.24	
染料木苷	genistin	$C_{21}H_{20}O_{10}$ 432.38	
染料木素 -8-C- 芹菜糖基 （1→6）葡萄糖苷	genistein-8-apiosyl-（1→6）glucoside	$C_{26}H_{28}O_{14}$ 564	
染料木素-8-C-葡萄糖苷	genistein 8-C-glucoside	$C_{22}H_{22}O_{10}$ 446	

续表

中文名	英文名/CAS 号	分子式/分子量	结构式
鸢尾黄素	tectorigenin	$C_{16}H_{12}O_6$ 300.26	
尼泊尔鸢尾素	irisolidone	$C_{17}H_{14}O_6$ 315.086 9	
鸢尾苷	tectoridin （或 irisolidone-7-O-glucoside）	$C_{22}H_{22}O_{11}$ 462.405	
刺芒柄花素	formononetin	$C_{16}H_{12}O_4$ 268.27	
	formononetin 8-C-[β-D-apiofuranosyl-（1→6）]-β-D-glucopyranoside	$C_{27}H_{30}O_{13}$ 562	
	formononetin 8-C-[β-D-xylopyranosyl-（1→6）]-β-D-glucopyranoside	$C_{27}H_{30}O_{13}$ 562	
芒柄花苷	ononin	$C_{22}H_{22}O_9$ 431.134 2	
8-甲氧基芒柄花苷	8-methoxy ononin	$C_{23}H_{24}O_{10}$ 460	
5-羟基芒柄花苷	5-hydroxyl ononin	$C_{22}H_{22}O_{10}$ 446	
鹰嘴豆芽素 A	biochanin A	$C_{16}H_{12}O_5$ 284.26	

续表

中文名	英文名/CAS 号	分子式/分子量	结构式
	4，6-dimethoxyisoflavone-7-O-glucoside	C$_{23}$H$_{24}$O$_{10}$ 460	
	4′，7-dihydroxy-3′-methoxyisoflavone 8-C-[β-D-glucopyranosyl-（1→6）]-β-D-glucopyranoside	C$_{28}$H$_{32}$O$_{15}$ 608	
	4′，7-dihydroxy-3′-methoxyisoflavone 8-C-[β-D-apiofuranosyl-（1→6）]-β-D-glucopyranoside	C$_{27}$H$_{30}$O$_{14}$ 578	
2. 黄酮类：			
槲皮素	quercetin	C$_{15}$H$_{10}$O$_{7}$ 302.24	
芦丁	rutin	C$_{27}$H$_{30}$O$_{16}$ 610.52	
刺槐苷	robinin	C$_{27}$H$_{30}$O$_{15}$ 594.51	
3. 葛根苷类：			
葛根苷 A	pueroside A	C$_{29}$H$_{34}$O$_{14}$ 606	
葛根苷 B	pueroside B	C$_{30}$H$_{36}$O$_{15}$ 636	

续表

中文名	英文名/CAS 号	分子式/分子量	结构式
葛根苷 C	pueroside C	$C_{24}H_{26}O_{10}$ 474	
葛根苷 D	pueroside D	$C_{24}H_{26}O_{10}$ 474	
	kuzubutenolide A	$C_{23}H_{24}O_{10}$ 460	
	puerol A	$C_{17}H_{14}O_5$ 298	
	puerol B	$C_{18}H_{16}O_5$ 312	
4. 香豆素类：			
	puerarol	$C_{25}H_{24}O_5$ 404	
	sophoracoumestan A	$C_{20}H_{14}O_5$ 334	
	coumestrol	$C_{15}H_8O_5$ 268	
	6，7-dimethoxycoumarin	$C_{11}H_{10}O_4$ 206	

续表

中文名	英文名/CAS 号	分子式/分子量	结构式
5. 其他类:			
没食子酸	gallic acid	$C_7H_6O_5$ 170.12	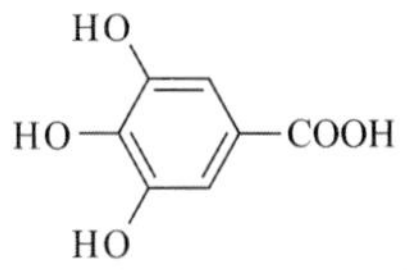
4-羟基-3-甲氧基肉桂酸	4-hydroxy-3-methoxy cinnamic acid	$C_{10}H_{10}O_4$ 194.18	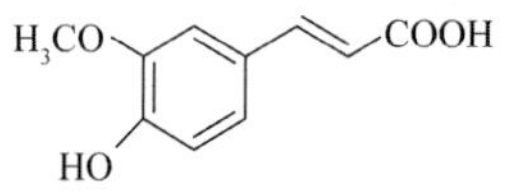
β-谷甾醇	β-sitosterol	$C_{29}H_{50}O$ 414.71	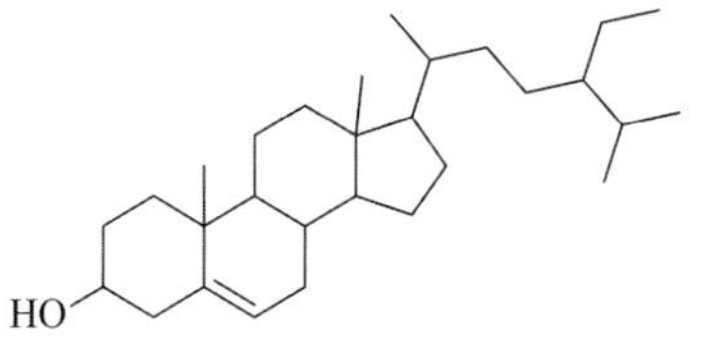
胡萝卜苷	daucosterol	558	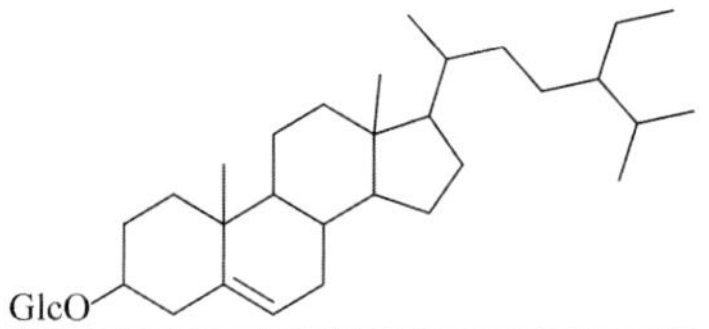

2. 药理作用研究

现代药理研究表明，葛根黄酮可调整血管平滑肌的伸缩，扩张冠状血管、改善微循环，从而具有降低血压、减慢心率、延缓动脉硬化、改善心脑循环等作用。葛根黄酮还能有效清除机体内自由基，从而具有良好的抗诱变、抗氧化、延缓衰老、降低血糖和血脂、抑制肿瘤生长的功能，在骨质疏松、酒精中毒及经前期综合征等疾患的治疗中也取得了一定进展。

（1）改善心脑血液循环

葛根总黄酮和葛根素主要用于心脑血管疾病方面的治疗[79]，能改善心肌的氧代谢，降低耗氧量，增强心肌收缩力，保护心肌细胞，减慢心率；改善微循环障碍，改善血流变指标；增强机体免疫功能，对脑缺血有保护作用，故可用防治心肌缺血、心肌梗死、心律失常、高血压、动脉硬化等。葛根素对缺血心肌及缺血再灌注心肌有保护作用，可减少心肌乳酸生成，降低耗氧量和肌酸激酶释放量，保护心肌超微结构，改善微循环障碍，减少 TXA2 生成[80]。禹志领等[81]研究葛根总黄酮对反复性脑缺血大鼠脑组织生化指标及小鼠急性断头后呼吸持续时间的影响，以探讨其对脑缺血的保护作用，研究结果表明葛根总黄酮对脑缺血具有保护作用。葛根黄酮还可以扩张脑血管，解除脑血管痉挛，改善脑循环，增加脑血流量，降低脑内过氧化脂质，从而防止血栓病的发生。

（2）降糖降脂

葛根异黄酮具有降血脂、降血糖、抗氧化作用，葛根素能降低糖尿病大鼠的甘油三酯、血清胆固醇、低密度脂蛋白、糖化血红蛋白和糖化低密度脂蛋白，升高高密度脂蛋白，降低主动脉基膜粘连蛋白 BimRNA 表达，具有确切的主动脉保护作用[82]。葛根所含异黄酮类如大豆苷元和芒柄花素能降低血清胆固醇，染料木素能降低三酰甘油，大豆苷也有降血脂作用[83]。葛根素或葛根素加阿司匹林灌服，对四氧嘧啶性糖尿病小鼠，可明显降低血清胆固醇和血糖。王氏等[84]研究葛根有效成分异黄酮和黄连有效成分总生物碱单用及配比后降糖降脂作用。结果葛根异黄酮与黄连总生物碱单用及合用均能明显降低四氧嘧啶致高血糖大鼠血糖,改善血清甘油三酯和胆固醇、高密度脂蛋白胆固醇、低密度脂蛋白胆固醇水平,且葛根异黄酮与黄连总生物碱合用降糖降脂效果优于其有效成分单用,结果说明葛根有效成分异黄酮和黄连有效成分合用具有较好的降糖降脂作用。

（3）抗肿瘤作用

葛根有明显的抗癌作用,在食管癌高发地区进行的人群干预试验,结果证明葛根异黄酮对基底细胞增生的患者确有明显的阻断基底细胞癌变的作用。给 Wistar 大鼠灌喂葛根总黄酮,其细胞色素 P450 的活性明显增强,表明葛根总黄酮可明显诱导 P450 的作用,对解释本品抗致突变、抗致畸、抗致癌作用的部分机制提供了可能的依据。杜德极等[85]的实验表明,以 10g/kg（以原生药量计）剂量的葛根提取物给小鼠灌胃数日,对 ECS 癌、S180 肉瘤及 Lewis 肺癌有一定抑制作用,与环磷酰胺或 OK432 作用,对肿瘤生长的抑制有相加作用,能使小鼠肺中 Lewis 转移癌组织减少,瘤细胞内炎性细胞与瘤细胞比例增多。袁怀波等[86]研究表明葛根黄酮提取物有较强抑制 HL-60 细胞生长和增殖能力,处理 3 天可出现明显的凋亡特征,凋亡率可达 38.3%,葛根素和大豆苷元的诱导凋亡能力弱,但大豆苷元具有较强的诱导 HL-60 细胞分化的能力,葛根黄酮提取物有体内诱导凋亡抗肿瘤能力。葛根黄酮提取物可通过诱导细胞凋亡抵抗人白血病 HL-60 细胞的生长。

（4）解酒作用

葛根能有效对抗酒精引起的肝组织脂质过氧化的损害,能分解乙醛毒性,阻止酒精对大脑抑制功能的减弱[87]。抑制胃肠对酒精的吸收,促进血液中酒精的代谢。葛根异黄酮可用于酒精中毒及酒精中毒导致的肝损伤的治疗。酒精的一些药理作用是通过脑细胞苯二氮卓受体发挥的,有人发现葛根素和黄豆苷元在体外是苯二氮卓受体的拮抗剂。王庆端等[88]的实验表明葛根总黄酮可以对抗啤酒所致小鼠中枢的抑制作用,缩短小鼠大剂量酒精中毒时翻正反射消失的时间,并缩短睡眠潜伏期,降低血中酒精含量。

（5）其他作用

孙琦等[89]发现葛根异黄酮（2mg/只）可抑制小鼠耳廓消肿,具有一定的抗炎作用。郑高利等[90]的研究表明,葛根素和葛根总异黄酮具有雌激素受体部分激动剂的特性,能明显增加去卵巢大鼠阴道涂片中角化细胞数量,部分恢复去卵巢大鼠的性周期;使去卵巢大鼠和幼年小鼠子宫重量明显增加,这种作用呈明显的剂量依赖性。葛根的醇提取物及总黄酮对东莨菪碱和乙醇引起的记忆障碍有对抗作用[91]。王金萍等[92]通过建立大鼠创伤应激模型,检测大鼠血浆皮质醇和促肾上腺皮质激素含量,发现葛根制剂可以有效地改善创伤应激大鼠的抑郁表现,对内分泌有调节作用。

3. 小结

葛根是药食同源的一种中药,葛根现代药理及临床应用广泛,疗效确切,值得大力开发,其化学成分复杂,但目前对其成分的研究还远远不够,而且作用机理的研究尚不够深入。因此,应进一步深入研究葛根的活性成分,阐明作用机理,将成为今后研究的重点。

（五）细辛药材研究进展

细辛为马兜铃科植物北细辛 *Asarum heterotropoides* Fr. Schmidt var. *mandshuricum*（Maxim.）Kitag.、汉城细辛 *Asarum sieboldii* Miq. var. *seoulense* Nakai 或华细辛 *Asarum sieboldii* Miq.的干燥根和根茎[1]。前二种习称"辽细辛"。夏季果熟期或初秋采挖,除净地上部分和泥

沙，阴干。细辛性温味辛。归心、肺、肾经。具有解表散寒，祛风止痛，通窍，温肺化饮等功效，用于治疗于风寒感冒、头痛、牙痛、鼻塞流涕、鼻衄、鼻渊、风湿痹痛、痰饮喘咳等症。

1. 化学成分研究

梁刚利用气流吹扫微注射器萃取法与气相质谱法联用的方法分析北细辛 GC 指纹图谱[93]，建立 10 批北细辛指纹图谱，共确定 37 个共有峰；张峰等收集不同产地细辛[94]，对其进行指纹图谱研究，研究了北细辛与华细辛指纹图谱，发现不同来源细辛的指纹图谱有一定差异，化学成分含量也有差异，但主要药效成分在指纹图谱中却都能体现出来。中山犀学院实验证明细辛含多种挥发油，主要有甲基丁香酚、左旋细辛素、优香芹酮、中性结晶物[95]。林民咖报导细辛挥发油中，主要成份为丁香油酚甲醚约 60%，茴香酮约 13%，黄樟醚 8%，按油精 9%，细辛酮 6%，细辛醚约 2% 等[96]。

蔡少青等对北细辛根和根茎的化学成分进行提取分离得到卡枯醇甲醚（kakuolmonomethyl ether）、卡枯醇（kakuol）、左旋细辛脂素（l-asarinin）、左旋芝麻脂素（l-sesamin）、硬脂酸（stearicacid）、B-谷甾醇（B-sitosterol）、十四碳烷（tetradecane）和胡萝卜苷（daucosterol）8 个化合物[97]；其中卡枯醇、左旋细辛脂素、左旋芝麻脂素为细辛中含量较高的非挥发性成分[98]。

宋庆武等对细辛中挥发性成分进行 GC-MS 指认[99]，共检测并指认得出 35 个化学成分，陈建伟等对北细辛进行超临界萃取[100]，并对提取后成分进行 GC-MS 分析，共检测并指认得出 16 个化学成分，主要成分甲基丁香酚。细辛中化学成分归纳总结见表 1-7。

表 1-7　细辛的主要化学成分

化学成分	分子式	分子量	相对含量（%）	化学成分	分子式	分子量	相对含量（%）
2，6，6-三甲基-2，4-环庚二烯-1-酮（#）	$C_{10}H_{14}O$	150	7.62	7-八氢-1，4-二甲基-7-（1-甲基乙基）薁	$C_{15}H_{24}$	204	0.51
1-甲氧基-4-（2-丙烯基）苯	$C_{10}H_{12}O$	148	1.22	广藿香醇	$C_{15}H_{26}O$	222	0.24
3，5-二甲氧基甲苯	$C_9H_{12}O_2$	152	7.78	α-杜松醇	$C_{15}H_{26}O$	222	0.28
甲基丁香酚	$C_{11}H_{14}O_2$	178	43.02	1，4-二甲基-7-（1-甲基乙基）薁	$C_{15}H_{18}$	198	0.18
1，2，3-三甲氧基-5-甲基苯	$C_{10}H_{14}O_3$	182	6.98	（1R）-（+）-α 蒎烯	$C_{10}H_{16}$	136	1.71
1a，2，3，5，6，7，7a，7b-八氢-1，1，7，7a-四甲基-1H-环丙烷［a］萘	$C_{15}H_{24}$	204	0.99	莰烯	$C_{10}H_{16}$	136	1.06
1，2，3，4，5，6，7，8-八氢-1，4-二甲基-7-（1-甲基亚乙基）薁	$C_{15}H_{24}$	204	1.06	3-丁烯酸甲酯	$C_5H_8O_2$	100	
雪松-2，4-二烯	$C_{15}H_{24}$	204	0.43	2-己醇	$C_6H_{12}O$	116	
4-甲氧基-6-（2-丙烯基）-1，3-苯并间二氧杂环戊烯	$C_{11}H_{12}O_3$	192	2.12	β-蒎烯	$C_{10}H_{16}$	136	0.29
3，4-亚甲二氧基苯丙酮	$C_{10}H_{10}O_3$	178	0.99	4-萜烯醇	$C_{10}H_{18}O$	152	2.03
1，2，3-三甲氧基-5-（2-丙烯基）苯	$C_{12}H_{16}O_3$	208	0.53	邻异丙基甲苯	$C_{10}H_{14}$	134	9.09
（E）-3，7，11-三甲基-1，6，10-十二碳三烯-3-醇	$C_{15}H_{26}O$	222	0.35	右旋萜二烯	$C_{10}H_{16}$	136	74.22
1，2，3，5，6，7，8，8a-八氢-1，8a-二甲基-7-（1-甲基乙基）萘	$C_{15}H_{24}$	204	0.22	桉叶油醇	$C_{10}H_{18}O$	154	2.03

续表

化学成分	分子式	分子量	相对含量(%)	化学成分	分子式	分子量	相对含量(%)
α-水芹烯	$C_{10}H_{16}$	136	1.07	2-呋喃甲醇	$C_4H_4O_2$	84	1.54
萜品油烯	$C_{10}H_{16}$	136	3.72	2-甲基-3，5二羟基-吡喃-4-酮	$C_6H_8O_4$	144	1.41
1，3-环庚二烯	C_7H_{10}	94		双环氧丁烷	$C_4H_6O_2$	62	0.98
（R）-氧化柠檬烯	$C_{10}H_{16}O$	152	1.23	羟甲基呋喃酮	$C_6H_6O_3$	126	1.32
1，3-二甲基-4-乙基苯	$C_{10}H_{14}$	134		4-环戊烯-1，3-二酮	$C_5H_4O_2$	96	1.01
3，3，6-三甲基-1，5-庚二烯-4-酮	$C_{10}H_{16}O$	152		甲酸-2-丙烯酯	$C_4H_6O_2$	86	0.98
3，4-二甲基-1-戊炔-3-醇	$C_7H_{12}O$	112		2，6-二甲氧基甲苯	$C_9H_{12}O_2$	152	0.96
2-（4-甲基苯基）丙-2-醇	$C_{10}H_{14}O$	150		N-乙基-N-亚硝基-乙胺	$C_4H_{10}N_2O$	102	0.85
1，1-二环戊烯	$C_{10}H_{14}$	134		5-甲基-2（3H）-呋喃酮	$C_5H_6O_2$	98	0.81
α-松油烯	$C_{10}H_{16}$	136		2，5-二甲基-4羟基-3（2H）-呋喃酮	$C_6H_8O_3$	128	0.66
3-甲基-2-丁烯醛	C_5H_8O	84		2，5-糠醛	$C_6H_4O_3$	124	0.56
α-松油醇	$C_{10}H_{18}O$	154	0.25	2-甲氧基-3-（2-丙烯基）酚	$C_{10}H_{12}O_2$	164	0.54
L-香芹醇	$C_{10}H_{16}O$	152		γ-丁内酯	$C_4H_8O_3$	104	0.51
左旋香芹酮	$C_{10}H_{14}O$	150	0.24	a-亚甲基-3-甲基-2-甲酰基环戊烷乙醛	$C_{11}H_{16}O_2$	196	0.43
3，5-二甲基-2-环己烯-1-酮	$C_8H_{12}O$	114		2H-吡喃-2，6（3H）-二酮	$C_5H_4O_3$	112	0.38
右旋香芹酮	$C_{10}H_{16}O$	152		N-亚硝基二甲胺	$C_2H_6N_2O$	74	0.34
（S）-顺马鞭草烯醇	$C_{10}H_{16}$	136		1，7-二旋氧杂[5.5]十一烷	$C_8H_{14}O$	126	0.31
3，7，11-三甲基-2，6，10-十二烷三烯-1-醇	$C_{15}H_{26}O$	222		2,4-二羟基2,5二甲基3（2H）-呋喃3-酮	$C_6H_8O_4$	144	0.29
叶绿醇	$C_{20}H_{40}O$	296	0.24	十六碳醛	$C_{18}H_{36}O$	228	0.25
（R）-氧化柠檬烯	$C_{10}H_{16}O$	152		3-（2-羟苯基）二丙烯酸	$C_{10}H_8O_3$	176	0.21
小茴香酮	$C_{10}H_{16}O$	152		丙酸	$C_3H_6O_2$	74	0.14
石竹烯	$C_{15}H_{24}$	204		优葛缕酮	$C_{10}H_{14}O$	150	3.16
百秋李醇	$C_{15}H_{26}O$	222		龙脑	$C_{10}H_{18}O$	154	3.13
5-甲基-1，2，3-三甲氧基苯	$C_{10}H_{14}O_3$	182	23	草薅脑	$C_{10}H_{12}O$	148	1.84
2-甲氧基-4-乙烯苯酚	$C_9H_{10}O_2$	150	10.54	环苜蓿烯	$C_{15}H_{24}$	204	0.49
6-甲基-3，5-二羟基-2，3-二氢-吡喃-4-酮	$C_6H_8O_4$	144	9.55	肉豆蔻醚	$C_{11}H_{12}O_3$	192	1.36
糠醛	$C_5H_4O_2$	96	8.44	十五烷	$C_{15}H_{32}$	212	5.67
1，2-二甲氧基-4-（2-丙烯基）苯	$C_{11}H_{14}O_2$	178	6.47	榄香素	$C_{12}H_{16}O_3$	208	2.19
5-甲基-2-呋喃甲醛	$C_6H_6O_2$	110	4.23	卡枯醇	$C_{10}H_{10}O_4$	194	3.56
乙基肼	$C_2H_8N_2$	60	3.85	十七烷	$C_{17}H_{36}$	240	0.47
2，3-二氢-呋喃酚	C_8H_8O	120	3.63	贝壳杉烯	$C_{20}H_{32}$	272	0.08
3，4-亚甲二氧苯基-2-丙酮	$C_{10}H_{10}O_3$	178	2.86	6-十八烯酸	$C_{18}H_{34}O_2$	282	0.14
丙三醇	$C_3H_8O_3$	92	2.62	1-甲基-4-（1-甲乙基）苯	$C_{10}H_{12}$	132	0.07

2. 药理作用

（1）解热、镇痛作用

何氏报导动物实验表明，细辛入煎剂用量应较大，大剂量有良好的止痛作用，止痛的有效成分可能与非挥发性的成分有关。曲氏等实验证明,细辛油对电刺激引起的疼痛[101],有显著的镇痛作用;对皮下注射啤酒、酵母引起人工发热的大白鼠有明显的解热作用,并且有降低正常大鼠体温的作用。研究发现,细辛挥发油口服或灌肠对正常性和实验性发热均有显著的解热作用[102]。其挥发油经兔灌胃对温刺法及伤寒/副伤寒混合疫苗所导致的人工性发热有明显的解热作用,对啤酒酵母所引起的大鼠发热也有明显的解热效果。细辛挥发油与巴比妥有相似的中枢抑制作用[103],通过腹腔注射细辛挥发油 0.06 ml/kg,可明显减少小鼠自主活动次数,翻正反射消失,如将剂量增加,中枢抑制作用也相应增强。

（2）抗炎、抗病毒作用

细辛对组胺和蛋清所致家兔关节炎症有明显的抑制作用[104],尤其是对组胺致炎效果更强。细辛醋酸乙酯提取物 1.6 g/kg 对二甲苯所致小鼠耳部炎性肿胀以及对醋酸所致毛细血管通透性亢进实验表明细辛有明显的抗炎作用,且去除马兜铃酸后的提取物同样具有可靠的抗炎镇痛的效果。左旋芝麻脂素具有抗病毒、抗气管炎作用[105]。研究发现细辛挥发油、醇浸剂对多种真菌、杆菌和革兰阳性菌均表现出良好的抑菌作用[106],其抗菌主要有效成分为黄樟醚,甲基丁香酚可能也是细辛中起抑菌作用的成分,由于细辛挥发油中含有多种单体成分,抑菌作用可能是多种成分协同作用的结果。细辛的水提取液对人乳头病毒有明显的破坏作用[107],最低浓度为 0.4g/ml,细辛醚有抑制呼吸道合胞病毒增殖的作用。

（3）止咳、降脂作用

卡枯醇具有镇咳、降血脂作用[98];β-谷甾醇有降血胆固醇、止咳、抗癌、抗炎作用。细辛挥发油中的 β-细辛醚能松弛组胺、乙酰胆碱所致豚鼠离体气管平滑肌的痉挛,且呈量效关系,对整体哮喘模型,β-细辛醚能明显延长豚鼠哮喘发作的潜伏时间和发作后跌倒的潜伏时间,减轻症状发作的严重程度。其挥发油中的甲基丁香油酚对豚鼠离体气管亦有显著松弛作用。细辛的抗炎、镇静作用也与其祛痰平喘作用有关,细辛挥发油对大鼠离体子宫呈抑制作用;对家兔的离体子宫、肠管,在低浓度时使张力先增加后降低,振幅增加,高浓度时则呈抑制;对组胺、乙酰胆碱以及氯化钡引起的离体豚鼠回肠痉挛有松弛作用[102]。

（4）对心血管的作用

细辛醇提取物可使心源性体克狗心脏左心室泵血功能和心肌收缩力明显改善,北细辛醇提取物对离体兔和豚鼠心脏,均有明显兴奋效果,可使离体心脏冠脉血流量增加、心率加快、心肌收缩力增强。细辛挥发油 25 mL/kg 静注可减弱兔脑垂体后叶素所致的急性心肌缺血程度,并能增加小鼠对减压缺氧的耐受力。细辛水煎液可通过增加心率而使体外培养乳鼠心肌细胞的搏动频率显著增加,但对心肌细胞搏动强度则无明显影响,同时细辛对心肌细胞 Na^+ 通道电流有增强作用。细辛对血压具有双向调节作用,即可使血压升高者降低,血压降低者升高[102]。对于用去甲肾上腺素作用的家兔,细辛水溶性物质可使其血压升高,所含挥发油物质可使其血压下降。细辛中所含成分 β-细辛醚能降低血小板的活性,抑制血小板的聚集和黏附[107]。因而细辛在脑血栓方面表现出一定的预防治疗作用。细辛中所含成分 β-细辛醚能降低高脂血症大鼠脑组织中内皮素（endothelin,ET）及 NPY 含量[108],升高脑 CGRP 浓度,舒张血管,改善组织血液供应。

（5）抗惊厥作用

细辛挥发油小剂量可使动物安静、驯服、自主活动减少,大剂量可使动物进入睡眠[109],有显著抗惊厥作用,细辛挥发油可对抗电惊厥,显著延长戊四氮惊厥潜伏期及死亡时间,故可用于癫痫发作的临床治疗。

（6）抗衰老作用

细辛可通过提高机体 NOS 活性,降低 MDA 含量,清除自由基,增加 NO 含量,并且能减少氢化可的松造模型小鼠组织过氧化脂质含量，减轻氧自由基对细胞脂质的破坏程度，同时还能提高 SOD 活性，增强机体对自由基的清除能力[110]，减少自由基对机体的损伤，细辛还能显著提高老龄小鼠心、肝组织中谷胱肽过氧化物酶的活性，抑制自由基反应，因而，细辛具有抗氧化作用，从而起到抗衰老作用。

（7）提高机体代谢功能

从细辛中分离的消旋去甲乌药碱为散寒药效的重要物质基础之一，其具有受体激动剂样的广泛药理效应，有强心、扩血管、松弛平滑肌、增强脂质代谢和升高血糖等作用[111]。

（8）抗变态及免疫抑制作用

细辛水或醇提取物均能使速发型变态反应总过敏介质释放量减少 40% 以上[112]，表明其具有抗变态反应作用。

（9）局麻作用

细辛挥发油在兔角膜反射实验中表现出较好的表面麻醉作用，在豚鼠的皮丘实验中表现出较强的浸润效力，可见细辛挥发油有一定的表面麻醉和浸润麻醉作用[98]。煎剂效果较差。

3. 质量标准

张峰等通过对 11 种不同来源的细辛样品进行的指纹图谱研究表明用指纹图谱控制细辛内在质量是可行的[94]，但对细辛指纹图谱的制定尚需进行大量样本分析及药效关联研究。张峰等报道 N-异丁基-2，4，8，10-十二碳四烯酰胺（N-isobutyl-2，4，8，10-dodecate-tranamide）目前在中药中仅在细辛中发现，因此是细辛的特征指纹信息。

周长征等用内标法对国产 24 个细辛样品挥发油中甲基丁香酚和黄樟醚的含量进行了普查[113]，结果表明，正品细辛挥发油中甲基丁香酚和黄樟醚的平均含量分别为 33.180% 和 11.180%。3 种正品细辛全草挥发油中甲基丁香酚的平均含量分别是：华细辛 19.161%、北细辛 37.122%、汉城细辛 47.115%；黄樟醚的平均含量分别是：华细辛 19.172%、北细辛 9.185%、汉城细辛 6.134%。其高低顺序与前人所得结果基本一致，其中汉城细辛中甲基丁香酚的含量最高，黄樟醚的含量最低；华细辛中甲基丁香酚的含量最低，黄樟醚的含量最高。因此，可以认为汉城细辛质量最好，北细辛次之，华细辛最次。3 种正品细辛的挥发油含量分别是：汉城细辛 21.92%、北细辛 21.76%、华细辛 21.68%。综上所述，商品辽细辛（北细辛和汉城细辛习称辽细辛）的质量优于华细辛，说明本草记载最早使用的正品细辛是华细辛，而辽细辛后来居上，成为药用细辛之佳品是有道理的。吴艳蓉等[114]报道甲基丁香酚为辽细辛的主要有效成分，药用辽细辛中该成分的含量对药材质量有很大影响，建议应将挥发油含量和甲基丁香酚含量作为评价辽细辛药材质量的合理依据。

（六）女贞子药材研究进展

本品为木犀科植物女贞 Ligustrum lucidum Ait. 的干燥成熟果实。冬季果实成熟时采收，除去枝叶，稍蒸或置沸水中略烫后，干燥；或直接干燥。女贞子药材资源分布广泛，主产于江苏、河南、山西、甘肃、湖南、浙江和四川盆地。其性凉，味甘、苦，归肝、肾经。具有滋补肝肾、明目乌发的功效，用于肝肾阴虚，眩晕耳鸣，腰膝酸软，须发早白，目暗不明，内热消渴，骨蒸潮热[115]。

1. 化学成分研究

女贞子的主要化学成分为萜类、黄酮类、苯醇类、挥发油以及多糖、氨基酸、脂肪酸、色素、矿物质等多种化合物[116-118]。

（1）萜类

1）三萜类成分：女贞子中三萜类化合物的含量约为 5% 左右，以齐墩果烷型、乌索烷型、羽扇豆烷型、达玛烷型为主要骨架，主要为齐墩果酸，熊果酸以及这两种物质的衍生物 α-乌索酸甲酯、委陵菜酸、2α-羟基齐墩果酸、乙酰齐墩果酸、羽扇豆醇、3β-反式对羟基肉桂酰氧基-2α-羟基齐墩果酸。此外还含有四环三萜类化合物：达玛-24-烯-3β-乙酰氧基-20s-醇、达玛-25-烯-3β，20δ，24δ-三醇。

2）环烯醚萜类：从女贞子中分离到的环烯醚萜类化合物主要是裂环环烯醚萜类，包括女贞子苷、女贞苷、女贞酸、特女贞苷、新女贞苷、异女贞苷、10-羟基女贞苷、女贞苷酸、橄榄苦苷、橄榄苦苷酸、lucidumoside A、B、C、D 等。

（2）黄酮类

黄酮类化合物是女贞属植物中常见的化学成分，是女贞子降脂作用的主要成分，从女贞子中分离得到的黄酮类化合物包括木犀草素、芦丁、芹菜素、大波斯菊苷、槲皮素、芹菜素-7-O-β-D-吡喃葡萄糖苷、芹菜素-7-O-乙酰-β-D-葡萄糖苷和木樨草素-7-O-β-D-葡萄糖苷等。

（3）苯醇类

女贞子中的苯乙醇大多以苷类存在，主要有红景天苷、松果菊苷、北升麻宁、毛蕊花苷、对羟基苯乙醇、3，4-二羟基苯乙醇等、3，4-二羟基苯乙醇-β-D-葡萄糖苷、2-（3，4-二羟基苯基）乙基-O-β-D-吡喃葡萄糖苷。

（4）挥发油

吕金顺采用 GC-MS 法分析测定女贞子挥发油，分离出 57 种成分，鉴定出 50 种化合物，其中主要有桉油精、苯甲醇、乙酸龙脑酯、丙硫酮、α-丁基苯甲醇等成分，与一般植物挥发油不同，女贞子挥发油中通常为酯类、醇类、醚类、烃类成分，不含萜烃类成分。

（5）其他成分

女贞子中含磷脂约 0.39%，分别为磷酸酯胆碱、磷酸酰甘油、磷脂酸、磷酸酰肌醇等。女贞子多糖也是女贞子的主要成分，主要由鼠李糖、阿拉伯糖、葡萄糖及岩藻糖 4 种糖组成。

化学成分归纳总结见表 1-8。

表 1-8　女贞子的主要化学成分

中文名	英文名/CAS 号	分子式/ 分子量	结构式
1. 醚萜类			
橄榄苦苷	oleuropei	$C_{25}H_{32}O_{13}$ 540.51	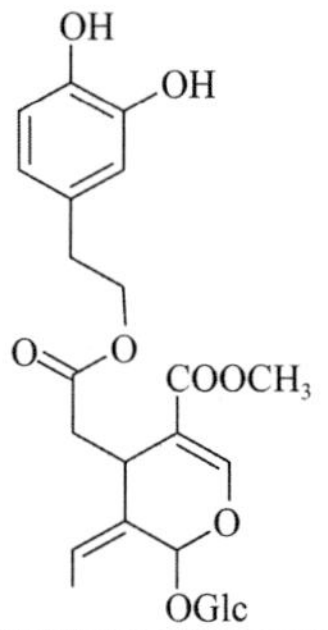

续表

中文名	英文名/CAS 号	分子式/分子量	结构式
10-羟基橄榄苦苷	10-hydroxyoleuropein	$C_{25}H_{32}O_{14}$ 556.51	
女贞苷	ligustroside	$C_{33}H_{40}O_{18}$ 724.659	
女贞苷	ligustroside	$C_{25}H_{32}O_{12}$ 524.5144	
10-羟基女贞苷	10-hydroxyligustroside	$C_{25}H_{32}O_{13}$ 540.514	
新女贞苷	neonuezhenide	$C_{31}H_{42}O_{18}$ 702.654	

中文名	英文名/CAS 号	分子式/ 分子量	结构式
橄榄苦苷酸	oleuropeinic acid	$C_{25}H_{30}O_{15}$ 570.49	
女贞苷酸	ligustrosidicacid	$C_{25}H_{29}O_{14}$ 554	
女贞酸	nuezhenidic acid	$C_{17}H_{26}O_{14}$ 454.38	
女贞苦苷	nuezhengalaside	$C_{18}H_{28}O_9$ 388.41	
女贞子苷	nuezhenide	$C_{31}H_{42}O_{17}$ 686.655	
特女贞苷	specnuezhenide	$C_{31}H_{42}O_{17}$ 686.655	

续表

中文名	英文名/CAS 号	分子式/分子量	结构式
异女贞子苷	isonuezhenide	$C_{31}H_{42}O_{17}$ 686.655	
女贞苷 G13	G13	$C_{48}H_{64}O_{27}$ 1072	
	oleonuezhenide	$C_{48}H_{64}O_{27}$ 1072	
	ligustaloside A	$C_{25}H_{31}O_{14}$ 555.5052	
	ligustaloside B	$C_{25}H_{31}O_{13}$ 539.5038	

续表

中文名	英文名/CAS 号	分子式/分子量	结构式
	methyl glucooleoside	C$_{15}$H$_{20}$O$_{10}$ 360.1056	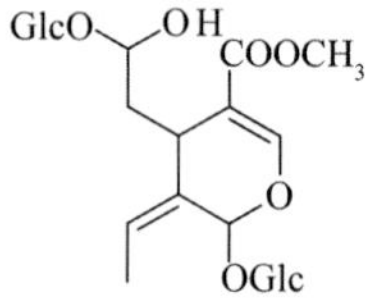
	oleoside 7- methylester	C$_{14}$H$_{18}$O$_8$ 314.1002	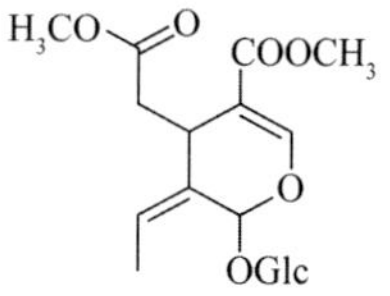
	10-hydroxyoleoside-7-methylester	C$_{15}$H$_{20}$O$_9$ 344.1107	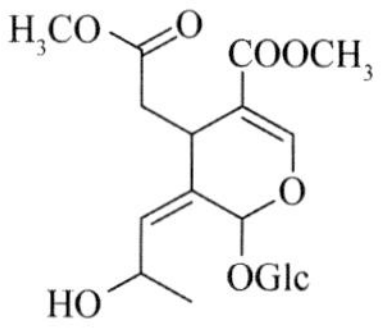

2. 苯乙醇化合物

对羟基苯乙醇	p-hydroxyphenethyl alcohol	C$_8$H$_{10}$O$_2$ 138.16	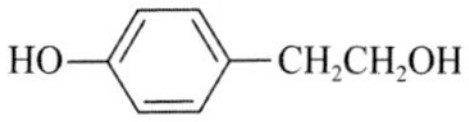
对羟基苯乙醇-β-D-葡萄糖苷	p-hydroxyphenethyl-β-D-glucoside	C$_{14}$H$_{20}$O$_7$ 300.3044	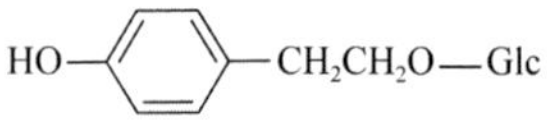
红景天苷	salidroside	C$_{14}$H$_{20}$O$_7$ 300.3	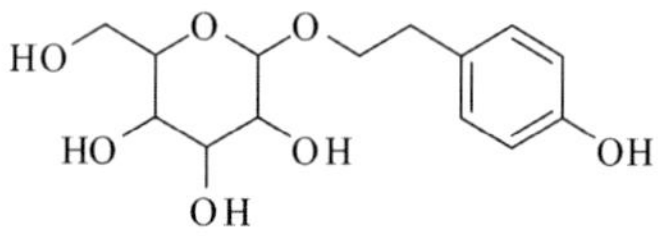
毛蕊花苷	acteoside	C$_{29}$H$_{36}$O$_{15}$ 624	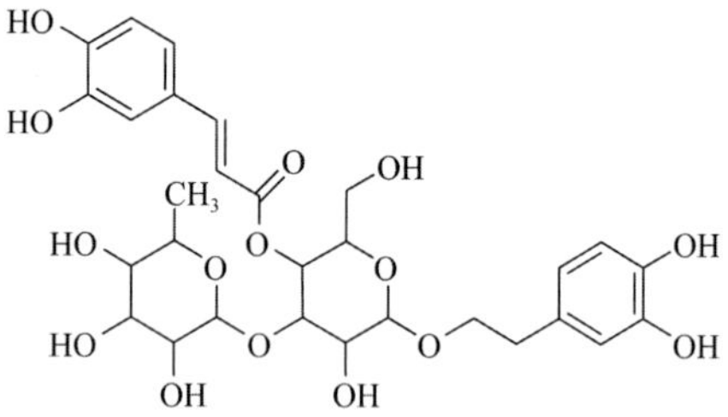
松果菊苷	echinacoside	C$_{35}$H$_{46}$O$_{20}$ 786.73	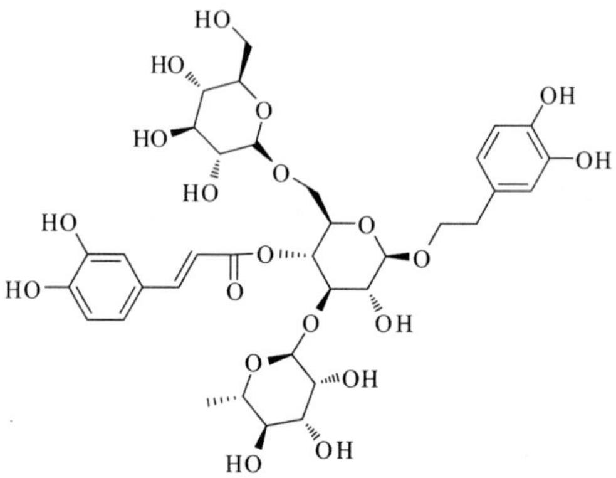

续表

中文名	英文名/CAS 号	分子式/分子量	结构式
3. 黄酮类			
槲皮素	quercetin	$C_{15}H_{10}O_7$ 302.24	
芦丁	rutin	$C_{27}H_{30}O_{16}$ 610.51	
芹菜素	apigenin	$C_{15}H_{10}O_5$ 270.24	
木樨草素	luteolin	$C_{15}H_{10}O_6$ 286.24	
木樨草素-7-*O*-β-D-葡萄糖苷	luteodin-7-glucoside	$C_{21}H_{20}O_{11}$ 448.38	
木犀草苷	cynaroside	$C_{21}H_{20}O_{11}$ 448.38	
芹菜素-7-*O*-乙酰-β-D-葡萄糖苷		$C_{23}H_{22}O_{11}$ 474.41	
	eriodictyol	$C_{15}H_{12}O_6$ 288.25	

续表

中文名	英文名/CAS号	分子式/分子量	结构式
	taxifolin	C₁₅H₁₂O₇ 304.25	
	cosmossin	C₂₁H₂₄O₁₀ 436.4093	
	kaempteritrin		
	kaempterol	C₁₅H₁₀O₆ 286.0477	
4. 三萜类			
齐墩果酸	oleanic acid	C₃₀H₄₈O₃ 456.71	
熊果酸	ursolic acid	C₃₀H₄₈O₃ 456.7	
β-香树素	β-anyrin	C₃₀H₅₀O 426.72	
5. 其他			
酪醇	tyrosol	C₈H₁₀O₂ 138.164	

续表

中文名	英文名/CAS 号	分子式/分子量	结构式
3-O-顺式-香豆酰-委陵菜酸		$C_{39}H_{54}O_7$ 634.84	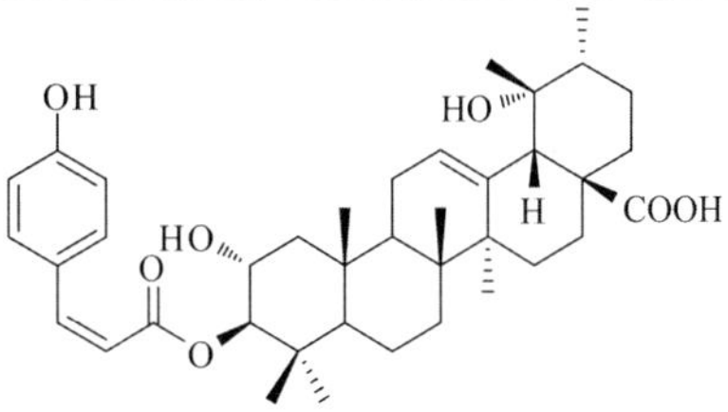
2α-羟基齐墩果酸		$C_{30}H_{48}O_4$ 472.6997	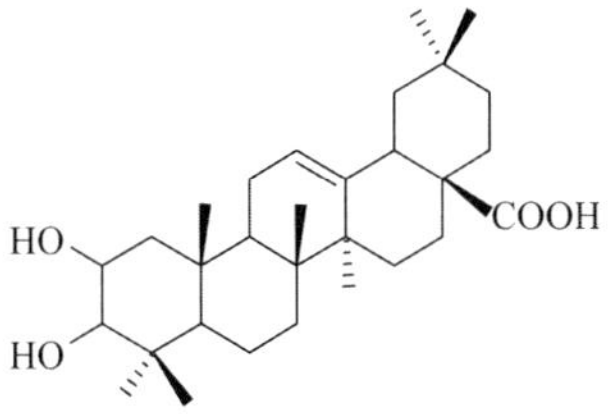
委陵菜酸		$C_{30}H_{48}O_5$ 488.65	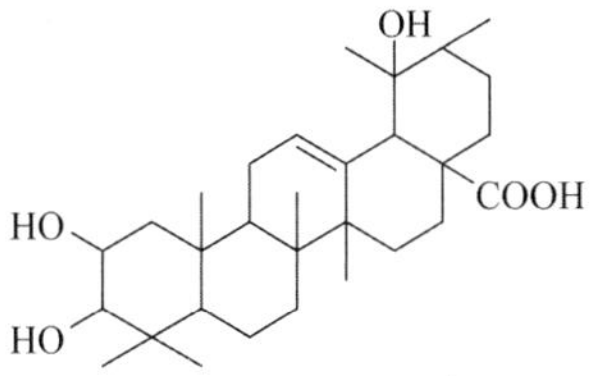
19-α-羟基-3-乙酰乌索酸		$C_{32}H_{50}O_5$	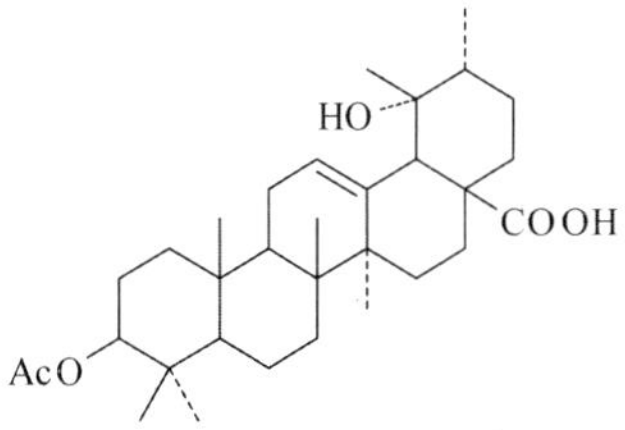
乙酰齐墩果酸		$C_{32}H_{48}O_3$ 480.72	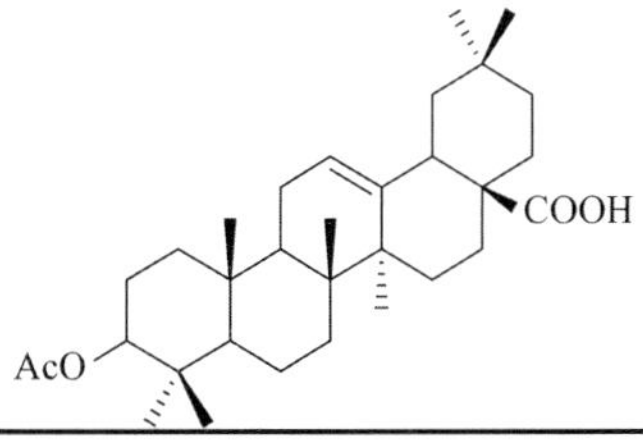

2. 药理作用研究

现代药理研究表明，女贞子具有降血糖、性激素样作用、提高免疫、延缓衰老、降血脂、抗肿瘤、抗炎等药理作用。

（1）保肝作用

女贞子中五环三萜类化合物齐墩果酸、熊果酸和苯乙醇苷类成分红景天苷具有保肝活性。齐墩果酸对于 CCl_4 从诱导的肝损伤有保护作用，能显著降低谷丙转氨酶和谷草转氨酶的活性，对多种肝毒物都有抵抗作用，可以显著减少乙酰氨基苯酚对肝脏的毒害及氟诱导的肝损伤[119]。熊果酸在体内和体外试验结果均显示抑制人肝癌细胞生长，并对血管内皮生长因子（VEGF）、肿瘤坏死因子-α（TGF-α）表达有明显的抑制作用[120]。红景天苷可显著降低肝损伤所致血清 ALT、NO 的升高，降低损伤肝组织 MDA、TG 的含量，提示红景天苷具有明显的肝脏保护作用，其对肝脏的保护作用可能是清除氧自由基所致[121]。

（2）免疫调节作用

女贞子中多种化学成分可增强免疫功能，对特异性和非特异性免疫均有免疫调节作用，齐墩果酸和女贞子多糖是调节机体免疫功能的两种活性成分，齐墩果酸能显著升高外周白细胞数目，女贞子多糖在一定浓度范围内能直接刺激小鼠脾 T 淋巴细胞的增殖或协同刺激有丝分裂原 PHA 或 ConA 促进小鼠脾 T 淋巴细胞的增殖，还可以通过增强细胞表面受体活性来促进 T 细胞的活性，并能促进细胞内受体迅速分泌到细胞表面而增强表面受体的结合能力，且不影响受体的合成速度[122]。阴健等研究表明，女贞子的 70%乙醇提取液可促进淋巴细胞对植物血凝素（PHA）的应答，并对 T 淋巴细胞具有促进作用。资料表明，女贞子能消除恶性肿瘤患者抑制性 T 细胞的活性，从而使正常人和病人的淋巴细胞混合培养对 ConA 或 PHA 的增殖反应得到恢复[123]。

（3）强心作用

女贞子中齐墩果酸有强心利尿的作用，女贞子水煎浸液能使离体兔心冠脉血流量增加，且同时抑制心肌收缩力，但是对心率影响并不明显[124]。王晓松等的研究发现水溶性苯乙醇苷类代表活性成分红景天苷能够降低心脏前后负荷的左室舒张末压、股动脉平均压指标，在某些病理情况下会有利于心衰症状的改善，恢复心脏功能[125]。女贞子提取物可提高心肌组织中 SOD 和 GSH-Px 抗氧化系统的活性，抑制心肌组织 CAT 活性的降低，提高心肌组织 T-AOC 水平，使 GSH 含量上升，降低血清 AST 活性，使 MDA 含量下降。快速清除运动过程中机体产生的自由基，减轻心肌脂质过氧化的损伤，从而保证机体心肌的正常生理结构和功能，达到强心的作用[126]。

（4）抗氧化防衰老作用

女贞子多糖有助于提高抗氧化酶活力和清除自由基的作用，故能有效的抗氧化防衰老。马莉等[127]发现女贞子中苯乙醇苷类成分红景天苷可使肝脏中的 SOD 和 GSH-Px 的抗氧化酶活性升高，使 MDA 含量降低，提高了机体的抗氧化酶活性，能明显减少自由基的产生，降低其氧化能力。裂环环烯醚萜苷成分女贞苷和女贞苷 G13 亦有很好地清除自由基的作用，起到抗氧化的作用[128]。女贞子提取物齐墩果酸能清除氧自由基，提高机体对自由基的防御力。齐墩果酸对延缓衰老具有积极意义，其机制是通过影响小鼠脑、MDA 的含量及肝 SOD 活性实现的。

（5）降糖、降脂作用

女贞子具有防治动脉粥样硬化的作用，高大威等[129]研究表明齐墩果酸可使肝肾中 MDA 的含量显著下降，使 SOD 以及 GSH-Px 的活性显著提高。齐墩果酸还具有抗自由基损伤的作用，并且能增强机体的抗氧化防御功能，还能抑制肝糖原的流失和分解。多糖对 α-葡萄糖苷酶有抑制作用，通过抑制 α-葡萄糖苷酶的活性来减少糖类的水解，延缓糖类的吸收，降低血糖浓度峰值[130]。女贞子提取物总三萜能有效降低三酰甘油的含量，对血脂有一定的调节作用[131]。曹兰秀等[132]研究表明女贞子总黄酮对高脂模型大鼠脂质代谢紊乱具有较好的调节作用，可能是通过对 PPAR-α-LPL 通路以及 HMGCR 表达的调控来实现其降脂作用，女贞子还有改善老龄小鼠脑和肝脏脂质代谢的作用[133]。

（6）抗炎、抑菌作用

女贞子能促进皮质激素的释放，抑制 PGE 的合成或释放，从而达到抗炎的作用。孟玮等[134]和骆蓉芳等[135]用 K-B 纸片扩散法，检测出了含有女贞子浸出液的滤纸片对金黄色葡萄球菌、白色葡萄球菌、绿脓杆菌、变形杆菌、大肠杆菌、甲型链球菌、乙型链球菌、枯草芽孢杆菌均有抑菌作用。研究证明女贞子中齐墩果酸、熊果酸、红景天苷、酪醇以及羟基酪醇是女贞子的抗炎活性成分[136]。女贞子对巴豆油或二甲苯引起的小鼠耳廓肿胀、乙酸引起的小鼠腹腔毛细血管通透性增高、组胺引起的大鼠皮肤毛细血管通透性增高、角叉菜胶、蛋清、甲醛性大鼠足趾肿胀、棉球致大鼠肉芽组织增生等急慢性炎症均有抑制作用，并且能增加大鼠的肾上腺质量，降低大鼠炎性组织 PEG 的含量[137]。

（7）其他药理作用

女贞子有升高白细胞和抗动脉粥样硬化的作用，有效成分甘露醇可以降低颅内压和眼内压，能促进红系造血祖细胞（CFU-E）的生长，对红细胞造血有促进作用，还有抗 HPD 光氧化作用和激素双向调节功能。女贞子及其成分齐墩果酸对环磷酰胺和乌拉坦引起的染色体损伤亦有保护作用。

3. 小结

女贞子属于补益类中药中的上品，它不但资源丰富，价格低廉，而且药效明确，毒性很小，目前已有多种剂型广泛用于临床，齐墩果酸作为女贞子的脂溶性代表活性成分，其药理作用毋庸置疑。近年来水溶性成分女贞苷、特女贞苷、红景天苷的药理作用研究越来越成熟，因此对于含女贞子的复方制剂进行质量控制需要同时兼顾具有代表性的水溶性成分和脂溶性成分。传统的中药服药方式多采取水煎服，即使现代中药的生产过程也多采取水提取的方式，这极大影响女贞子中脂溶性成分含量。因此建议在使用女贞子药材时应考虑增加脂溶性溶剂，改进提取工艺，以期更好的发挥药效。此外，化学成分研究显示女贞子中含有大量的不饱和油脂、磷脂、多糖、氨基酸以及微量元素，药理研究显示女贞子具有降血糖、降血脂、抗衰老等作用，这些都显示了女贞子是极具开发前景的药食同源药材，并为今后将女贞子开发成益于糖尿病、高血脂症、延缓衰老等方面的保健品提供了理论依据。

（七）荆芥穗油研究进展

荆芥穗油为唇形科荆芥属植物荆芥 *Schizonepeta tenuisfolia* Briq. 的干燥花穗经过水蒸气蒸馏提取得挥发油。荆芥穗具有解表、清热解毒之功效，是常用解表药的原料药，其主要有效成分为胡薄荷酮等薄荷烷型单萜类化合物，且质量分数超过 50%[138]。

1. 化学成分研究

于萍等利用 GC-MS 法对山东荆芥穗挥发油化学成分进行分析[139]，鉴定出 47 个化学成分，占总挥发油成分的 87%；段松冷等利用 GC-MS 法对薄荷–荆芥穗药对挥发油成分进行成分分析[140]，从荆芥穗油中鉴定出化合物 27 个；臧友维等从多裂荆芥穗挥发油中分离组分 56 个[141]，鉴定出 17 种化学成分，其中主要成分为薄荷酮（27.67%），胡薄荷酮（41.93%）。化学成分总结见表1-9。

表1-9　荆芥穗油的主要化学成分

化学成分	分子式	分子量	相对含量（%）	化学成分	分子式	分子量	相对含量（%）
环己酮	$C_6H_{10}O$	98	0.29	环丁二环戊烯	$C_{15}H_{24}$	204	0.99
8-methyl 3-甲基-环己酮	$C_7H_{12}O$	112	0.28	5-二甲酸基-2,4-二羟基-6-甲基苯甲酸	$C_{10}H_{18}O_6$	234	1.604
L-辛烯-3-醇	$C_{10}H_{16}O$	152	0.459	丁香烯	$C_{15}H_{24}$	204	0.914
醋酸辛烯-1-醋	$C_{10}H_{18}O_2$	170	1.636	4,5-二乙基-3,5辛二烯	$C_{12}H_{22}$	166	1.24
薄荷酮	$C_{10}H_{18}O$	154	27.67	1-甲基八氢萘酮	$C_{11}H_{15}O$	163	0.646
胡薄荷酮	$C_{10}H_{16}O$	152	41.63	环辛烯酮	$C_8H_{12}O_2$	176	1.168
甲基异丙基氢萘酮	$C_{15}H_{26}O$	222	2.745	3-乙基-2-甲基-1,3-庚二烯	$C_{10}H_{18}$	138	0.78
辣薄荷酮	$C_{10}H_{16}O$	152	0.945	香芹醇	$C_{10}H_{16}O$	152	0.35
马鞭烯酮	$C_{10}H_{14}O$	150	1.42	3-茴烯-2-醇	$C_{10}H_{16}O$	152	0.49

续表

化学成分	分子式	分子量	相对含量（%）	化学成分	分子式	分子量	相对含量（%）
柠檬烯	$C_{10}H_{16}$	136	1.64	亚油酸氯化物	$C_{18}H_{31}ClO$	298	8.25
1，3，8-薄荷三烯	$C_{10}H_{14}$	134	0.36	十八酸	$C_{18}H_{36}O_2$	284	0.71
薄荷呋喃	$C_{10}H_{14}O$	150	0.45	二十一烷	$C_{21}H_{44}$	296	0.29
二氢黄蒿萜	$C_{10}H_{16}O$	152	1.62	二十四烷	$C_{24}H_{50}$	338	0.91
异胡薄荷醇	$C_{10}H_{18}O$	154	0.59	9-辛基-二十六烷	$C_{34}H_{70}$	478	0.53
（+）长叶薄荷酮	$C_{10}H_{16}O$	152	26.27	法尼基乙酸酯	$C_{17}H_{28}O_2$	264	0.43
（－）长叶薄荷酮	$C_{10}H_{16}O$	152	3.00	二十六碳烷	$C_{26}H_{54}$	366	4.28
茨非啶	$C_{10}H_{19}N$	153	0.84	二十七碳烷	$C_{27}H_{56}$	380	0.53
2-十一碳烯醛	$C_{11}H_{20}O$	168	0.10	二十八碳烷	$C_{28}H_{58}$	394	0.25
B-异黄樟脑	$C_{10}H_{10}O_2$	162	0.27	三十四碳烷	$C_{34}H_{70}$	478	1.62
三甲基环己烯醇	$C_9H_{16}O$	140	0.33	四十烷	$C_{40}H_{82}$	562	
三环辛烷-10-醇	$C_{10}H_{16}O$	152	2.88	3-甲基环己酮	$C_7H_{12}O$	562	0.67
4，5-环氧长松针烷	$C_{10}H_{16}O$	152	1.52	松茸醇	$C_8H_{16}O$	128	0.05
瓜菊醇酮	$C_{10}H_{14}O$	150	0.33	β-月桂烯	$C_{10}H_{16}$	136	0.05
三环辛烷	$C_{12}H_{20}$	165	0.14	3-蒈烯-2-醇	$C_{10}H_{16}O$	152	0.33
除虫菊醇酮	$C_{11}H_{14}O_2$	178	1.23	长叶薄荷酮	$C_{10}H_{16}O$	152	39.24
丁香醛	$C_9H_{10}O_4$	182	0.26	紫苏醇	$C_{10}H_{16}O$	152	0.10
丁香酚甲基醚	$C_{11}H_{14}O_2$	178	0.12	三环辛烷-10-醇	$C_{10}H_{16}O$	152	0.18
香荚乙酮	$C_9H_{10}O_3$	166	0.22	4，5-环氧长松针烷	$C_{10}H_{16}O$	152	0.30
石竹烯	$C_{15}H_{24}$	204	0.72	瓜菊醇酮	$C_{10}H_{14}O$	150	3.50
薄荷呋喃酮	$C_{10}H_{14}O_2$	166	4.58	二氢黄蒿萜醇	$C_{10}H_{18}O$	154	0.22
长叶烯	$C_{15}H_{24}$	204	0.24	除虫菊醇酮	$C_{11}H_{14}O_2$	178	0.11
松油二醇	$C_{10}H_{20}O_2$	172	1.50	丁香酚甲基醚	$C_{11}H_{14}O_2$	178	2.78
反-橙花叔醇	$C_{15}H_{26}O$	222	0.18	肉豆蔻醚	$C_{11}H_{12}O_3$	192	0.34
石竹烯氧化物	$C_{15}H_{24}O$	220	0.95	δ-杜松烯	$C_{15}H_{26}$	204	0.22
雪松烯醇	$C_{15}H_{24}O$	220	0.55	β-细辛脑	$C_{12}H_{16}O_3$	208	0.35
A-布黎烯	$C_{15}H_{24}$	204	0.30	α-布黎烯	$C_{15}H_{26}$	204	0.90
二甲氧基杜烯	$C_{12}H_{18}O_2$	194	0.20	二甲氧基杜烯	$C_{11}H_{14}O_3$	194	0.11
刺柏樟脑	$C_{15}H_{26}O$	222	0.14	枯烯	C_9H_{12}	120	0.10
异长叶烯-5-酮	$C_{15}H_{22}O$	218	3.43	苯甲醛	C_6H_5CHO	106	0.12
十四酸	$C_{14}H_{28}O_2$	228	0.22	α-水芹烯	$C_{10}H_{16}$	136	0.02
蓝桉醇	$C_{15}H_{26}O$	222	0.22	2，5-二甲基庚烷	C_9H_{20}	128	0.03
邻苯二甲酸丁酯	$C_{12}H_{14}O_4$	222	0.29	3，5-二甲基-2-环己烯-1-酮	C_8H_{12}	124	5.06
喇叭烯氧化物	$C_{15}H_{24}O$	220	0.14	茨尼酮	$C_8H_{14}O$	138	0.09
十六烷酮	$C_{16}H_{32}O$	240	0.18	3-辛酮	$C_8H_{16}O$	128	0.11
十六碳烯氧化物	$C_{16}H_{32}O$	240	0.32	艾蒿醚	$C_{10}H_{16}O$	152	0.23
苹波烯	$C_{19}H_{36}$	264	0.33	异薄荷酮	$C_{10}H_{18}O$	154	32.26
1，4-二十碳二烯	$C_{20}H_{38}$	278	0.79	5-甲基-2-（1-甲乙基）-环己酮	$C_{10}H_{18}O$	154	1.44
棕榈酸	$C_{16}H_{32}O_2$	256	3.33	I-薄荷酮	$C_{10}H_{18}O$	154	1.33
叶绿醇	$C_{20}H_{40}O$	296	0.07	β-崖柏酮	$C_{10}H_{16}O$	152	1.10

化学成分	分子式	分子量	相对含量（%）	化学成分	分子式	分子量	相对含量（%）
1-十二烯	$C_{12}H_{24}$	168	0.34	α-杜松烯	$C_{15}H_{24}$	204	0.17
顺水合桧烯	$C_{10}H_{18}O$	154	0.09	香橙烯	$C_{15}H_{24}$	204	0.03
百里酚	$C_{10}H_{14}O$	150	0.14	α-檀香萜	$C_{15}H_{24}$	204	0.10
二氢丁子香酚	$C_{10}H_{14}O$	150	0.32	匙叶桉油烯醇	$C_{15}H_{24}O$	220	0.02
丁子香酚	$C_{10}H_{12}O_2$	164	0.09	α-菖蒲二烯	$C_{15}H_{24}$	204	0.65
水杨酸甲酯	$C_8H_8O_3$	152	0.09	α-细辛脑	$C_{12}H_{16}O_3$	208	0.28
百里醌	$C_{10}H_{12}O_2$	164	0.26	葎草烯氧化物	$C_{15}H_{24}O$	220	0.04
反-肉桂酸甲酯	$C_{10}H_{10}O_2$	162	0.11	α-花柏烯	$C_{16}H_{26}$	204	0.05
别香橙烯	$C_{15}H_{24}$	204	0.13	γ-杜松烯	$C_{15}H_{26}$	204	0.04
β-波旁烯	$C_{15}H_{24}$	204	0.03	α-古芭烯	$C_{15}H_{24}$	204	0.13
长蒎烯酮	$C_{15}H_{26}$	206	0.14	客素醇	$C_{15}H_{24}O$	220	0.09
β-红没药烯	$C_{15}H_{24}$	204	0.44	库贝醇	$C_{15}H_{26}O$	222	0.04
β-雪松烯	$C_{15}H_{24}$	204	0.03	十八烷	$CH_3(CH_2)_{16}CH_3$	254	0.10
顺-γ-红没药烯	$C_{15}H_{24}$	204	0.04	正十四酸乙酯	$C_{16}H_{32}O_2$	256	0.05

2. 药理作用研究

曾南等[142]通过建立大鼠急性胸膜炎炎症模型，酶联免疫吸附剂测定（ELISA）和反相高效液相层析（RP-HPLC）法测定大鼠血清中由于加入的外源性花生四烯酸而形成的白细胞二烯 B4 含量，以荆芥挥发油给药 7 天，结果证明：挥发油仅 0.1 ml/kg 能明显降低模型大鼠血清 LTB4 含量，并能显著减少花生四烯酸代谢产物 LTB4 和 LTC4 的生成。赵璐等[143]探讨荆芥挥发油对 5-脂氧合酶（5-LO）活性的影响，结果发现荆芥挥发油在体外可剂量依赖性地抑制大鼠胸腔白细胞花生四烯酸代谢酶 5-LO 的活性，更加深入解释了荆芥挥发油干预花生四烯酸代谢的抗炎机制。

（八）茺蔚子药材研究进展

本品为唇形科植物益母草 *Leonurus japonicus* Houtt. 的干燥成熟果实。秋季果实成熟时采割地上部分，晒干，打下果实，除去杂质。性微寒，味辛、苦，归心包、肝经，具有活血调经，清肝明目的功效。临床用于月经不调，经闭痛经，目赤翳障，头晕胀痛等症[144]。

1. 化学成分研究

茺蔚子的主要化学成分为生物碱、二萜类、甾醇、黄酮类、有机酸、多种微量元素及脂肪酸等化合物[145-147]。

（1）脂肪油

茺蔚子中含有丰富的脂肪油，其脂肪油经 GC、GC-MS 联合分析技术测定，含有丰富的不饱和脂肪酸类成分，且其含量高达 91.14%。其主要成分为：油酸、棕榈酸、硬脂酸等。另有报道，从其全草及种子中检测出延胡索酸、月桂酸、花生酸等人体所需的不饱和脂肪酸。

（2）生物碱类

茺蔚子中总生物碱含量约为 0.27%，主要含有益母草碱、水苏碱、益母草定、益母草宁、环型多肽益母草宁等。

（3）黄酮类

黄酮类成分是茺蔚子中含量较高的成分。文献报道，茺蔚子中含有 5，7，3，4，5-五甲氧基黄酮、汉黄芩素、大豆素、洋芹素及苷、芫花素及苷、槲皮素及苷等物质。

（4）苯丙醇苷类

包括薰衣草叶苷、毛蕊花苷、益母草苷 A、B 等。

（5）二萜类

包括前益母草素、前益母草乙素；益母草素、益母草乙素环型多肽。

（6）挥发油类

茺蔚子中含有少量的挥发油类成分，经现代技术研究鉴定有 α-松油醇、1-辛烯-三醇、反式石竹烯、樟脑萜、环己酮、柏木脑、2-丁基-1-辛醇、2-（4-甲基-3-环己烯）-丙醇、2，4，4，6-四甲基庚烯、3，3-二甲基-环己醇及壬醛等成分。此外，还鉴定出二十四烷、二十烷等脂肪烷烃类成分。

（7）其他成分

茺蔚子中含有微量的胡萝卜苷、β-谷甾醇、益母草酰胺，此外还含有 17 种氨基酸和 24 种矿质元素，其种子含有大量的氨基酸和矿质元素，如 Zn、Ca、Mn、Fe、Ni、Pb、As、Se、Ge、Rb 等，其中 Fe、Mn、Zn、Rb 含量较高。

2. 药理作用研究进展

现代药理研究表明，茺蔚子提取物收缩子宫、降血压、调节血脂和抗氧化作用明显，该药材饮片在高血压、妇科、眼科及面部疾病治疗方面应用广泛。茺蔚子还可用于治疗面部肌肉痉挛、偏头痛、眩晕（高血压）、鼻渊（慢性鼻旁窦炎）、突发性耳聋等。

（1）收缩子宫

茺蔚子总碱和水苏碱对离体子宫均有兴奋作用，表现为张力增高，收缩力增加，频率加快。但高浓度的茺蔚子总碱对离体小鼠子宫的兴奋作用减弱。这种现象是否由于高浓度的茺蔚子总碱对离体子宫的毒性作用，或因为该总碱中除含有兴奋子宫的单体外，还含有抑制子宫作用的单体[148]，在低浓度下以兴奋子宫作用的单体表现为主，而高浓度下抑制性单体可以部分的拮抗兴奋性单体对子宫的兴奋作用，从而使高浓度的茺蔚子总碱兴奋离体子宫的作用减弱，这些原因仍有待研究。水苏碱兴奋子宫的作用，是否能说明该生物碱就是益母草或益母草碱对子宫作用的有效成分或唯一的有效成分；茺蔚子总碱中是否也含有水苏碱；茺蔚子总碱兴奋子宫的作用是否就是其中的水苏碱单体所致，这些也有待进一步探讨。

（2）降血压

针对茺蔚子的降压作用，贡济宇等[149]进行了药理学研究。实验中采用正常大鼠在给药前后血压变化的情况，观察茺蔚子的降压作用。阳性对照组给予硝苯吡啶 0.003g/kg；实验组给予茺蔚子醇提取液的乙醚、乙酸乙酯、正丁醇和水萃取物，灌胃给药，连续 10 天，采用颈动脉插管法观察血压变化。结果显示，茺蔚子水层对正常大鼠有明显降压作用，正丁醇层、乙酸乙酯层、乙醚层均可使正常大鼠收缩压降低，对舒张压无明显影响，但有一定降低趋势。最终的结论是茺蔚子水溶性成分对正常大鼠降压作用明显，水层中主要含生物碱类成分，生物碱可能是茺蔚子降压作用的主要化学成分。高文义[150]等对茺蔚子药材的降血压活性成分进行研究筛选，研究结果表明茺蔚子生物碱类成分是其降血压的主要活性成分。

（3）调节血脂

给高血脂模型小鼠灌胃不同剂量的茺蔚子黄酮（100、200、400 mg/kg）21 天，测定血清中 TC、TG、HDL、LDL、ApoA-1、ApoB。结果表明，茺蔚子黄酮具有降低 LDL、TG 而升高 HDL 的作用，并具有减少 LDL 颗粒体积和防止 LDL 过度氧化的作用，可减少 LDL 颗粒在冠状动脉壁上的沉积，从而降低粥样硬化的发生率。

参 考 文 献

[1] 国家药典委员会.《中国药典》Ⅰ部[S].化学工业出版社，2015：182.

[2] 邱琴，刘廷礼，崔兆杰，等.GC-MS法测定辛夷挥发油成分[J].中药材，2001，（4）：269-270.

[3] 齐天，杨光，胡志妍，等.加速溶剂萃取/气相色谱-质谱法分析辛夷中挥发油成分[J].广东药学院学报，2014，（2）：184-189.

[4] 罗会俊，程庚金，彭金年.辛夷正己烷萃取物的GC-MS分析[J].赣南医学院学报，2012，（4）：497-498.

[5] 王琦，齐美玲，傅若农.固相微萃取气质联用测定中药辛夷挥发性成分[J].世界科学技术-中医药现代化，2009，（1）：168-172.

[6] 刘星，单杨.辛夷提取、应用及其品质评价研究进展[J].食品工业科技，2011，（11）：506-510.

[7] 陈成.辛夷指纹图谱的研究[D].湖北中医药大学，2011.

[8] 赵文斌，郭兆刚，张立群，等.复方辛夷滴鼻液主要药效学初步研究[J].中国实验方剂学杂志，2002，04（16）：44-45.

[9] 杨玉燕.望春花蕾木脂素类化学成分和含量测定方法研究[D].山东中医药大学，2012.

[10] 韩双红，张听新，李萌，等.两种辛夷药理作用比较[J].中药材，1990，（9）：33-35.

[11] 刘琨琨，曾南，汤奇，等.辛夷挥发油体外干预大鼠胸腔炎性白细胞5-LO活性的研究[J].中药药理与临床，2011，（01）：52-53.

[12] 陈志东，王锋，汪年松，等.辛夷挥发油对内皮细胞与中性粒细胞黏附的抑制作用[J].陕西中医，2005，（10）：1119-1120.

[13] 沙莎.辛夷脂素对两肾一夹高血压大鼠降压作用及其作用机制的研究[D].山西医科大学，2016.

[14] 王文魁，沈映君，齐云，等.望春花油的抗炎机理[J].中国兽医学报，2005，25（3）：301-303.

[15] 于培明，田智勇，许启泰，等.辛夷研究的新进展[J].时珍国医国药，2005，16（7）：17-19.

[16] 朱雄伟，杨晋凯，胡道伟.辛夷成分及其药理应用研究综述[J].海峡药学，2002，（5）：3-5.

[17] 张洪平，李亚朋，章丹丹，等.辛夷二氯甲烷提取物对离体大鼠胸主动脉环的舒张作用及其机制[J].中国病理生理杂志，2010，（9）：1689-1694.

[18] 傅大立.辛夷植物研究进展[J].经济林研究，2000，（3）：61-64.

[19] 王永慧，叶方，张秀华.辛夷药理作用和临床应用研究进展[J].中国医药导报，2012，（16）：12-14.

[20] 何娟，杨柳，李艳福，等.中药材辛夷挥发油GC-MS指纹图谱的建立[J].分析测试学报，2008，（4）：423-425.

[21] 郑平，陈晓辉，毕开顺.辛夷挥发油的GC指纹图谱[J].沈阳药科大学学报，2009，（4）：303-306.

[22] 黄从善.辛夷挥发油类成分气相色谱-质谱仪指纹图谱研究[J].湖北中医学院学报，2008，（3）：51-52.

[23] 张明发，沈雅琴.藁本的药理与归经探讨[J].上海医药，2006，27（9）：415-418.

[24] 张明发，沈雅琴，朱自平，等.辛温（热）合归脾胃经中药药性研究（Ⅴ）抗腹泻作用[J].中药药理与临床，1997（5）：2-5.

[25] 张金兰，周志华，陈若芸，等.藁本药材化学成分、质量控制及药效学研究[J].中国药学杂志，2002，37（9）：654-657.

[26] 沈雅琴，陈光娟，马树德.藁本中性油的镇静、镇痛、解热和抗炎作用[J].中国中西医结合杂志，1987（12）：738-740.

[27] 种兆忠，冯亦璞.丁基苯酞对大脑中动脉阻断后皮层组织中花生四烯酸释放及磷脂酶A2基因表达的影响[J].药学学报，2000，35（8）：561-565.

[28] 谢发祥，陶静仪.当归成分藁本内酯的中枢抑制作用[J].陕西医学杂志，1985，14（8）：59-62.

[29] 张明发，沈雅琴，朱自平，等.辛温（热）合归脾胃经中药药性研究Ⅳ.镇痛作用[J].中药药理与临床，1996，12（4）：1-4.

[30] 张明发，沈雅琴.辛温（热）合归脾胃经中药药性研究-抗血栓形成和抗凝作用[J].中国中药杂志，1997，22（11）：691-693.

[31] 欧兴长，丁家欣，张玲.100多味中药和复方抗凝血酶作用的实验观察[J].中国中西医结合杂志，1988（2）：102-102.

[32] 徐皓亮，冯亦璞.丁基苯酞对大鼠血栓形成及血小板功能的影响[J].药学学报，2001，36（5）：329-333.

[33] 汤臣康，许青媛.藁本中性油对耐缺氧的影响[J].中国中药杂志，1992，17（12）：745-746.

[34] 徐皓亮，冯亦璞.丁基苯酞对局灶性脑缺血大鼠软脑膜微循环障碍的影响[J].药学学报，1999，34（3）：172-175.

[35] 冯亦璞，胡盾.丁基苯酞对小鼠全脑缺血的保护作用[J].药学学报，1995（10）：741-744.

[36] 刘小光，冯亦璞.丁基苯酞对局部脑缺血大鼠行为和病理改变的保护作用[J].药学学报，1995（12）：896-903.

[37] 张明发，沈雅琴，朱自平，等.辛温（热）合归脾胃经中药药性研究（Ⅲ）抗溃疡作用[J].中药药理与临床，1997（4）：1-5.

[38] 张明发，朱自发.辛温（热）合归脾胃经中药药性研究（Ⅰ）利胆作用[J].中国中医基础医学杂志，1998（8）：16-19.

[39] 邱芬，刘勇，张蓬勃，等.川芎对成体大鼠局灶性脑缺血后皮质和纹状体半暗带细胞增殖的作用[J].中药材，2006，29（11）：1196-1200.

[40] 李庚华，杨迎春，任占川.川芎嗪对大鼠脑缺血再灌注损伤后大脑皮质Bcl-2表达的影响[J].解剖学杂志，2010，33（1）：82-85.

[41] 张慧利，余为治，黄亮.川芎嗪对心脏骤停鼠脑复苏的作用[J].南昌大学学报医学版，2006，46（6）：32-34.

[42] 孙余明，楼建涛，黄光强.川芎素在脑出血早期应用的临床研究[J].中国中药杂志，2008，33（21）：2545-2548.

[43] 赵秋振，刘玉利，张辉，等.川芎嗪对大鼠脑缺血再灌注海马神经元Bax mRNA表达的影响[J].时珍国医国药，2011，22（2）：435-436.

[44] 张景秋，赵喜庆，吉训明，等.川芎对大鼠脑缺血再灌注损伤的作用[J].临床误诊误治，2011，24（2）：41-43.

[45] 纪云峰，刘慧霞.川芎生物碱对大鼠脑组织中SOD活性、NO、NOS、MDA含量的影响[J].中国中医药现代远程教育，2011，09（2）：212-213.

[46] 李萍，李洪，贺冬林，等.川芎嗪注射液对小鼠缺血再灌注心肌的保护作用[J].中国医院药学杂志，2006，26（1）：32-34.

[47] 王振涛，韩丽华，朱明军，等.川芎嗪注射液促心梗后大鼠缺血心肌血管新生作用及对相关生长因子影响的研究[J].辽宁中医杂志，2006，33（7）：888-890.

[48] 马玉清，冷玉芳，周丕均. 川芎嗪预处理在体外循环中对血清心肌酶和组织超微结构的影响[J]. 兰州大学学报医学版，2006，32（4）：17-19.

[49] 张洁，李想，沈宇玲，等. 川芎嗪对兔室性心律失常心外膜单相动作电位的影响[J]. 西部医学，2011，23（3）：408-410.

[50] 黎帆，余克花. 川芎嗪对 CVB3 感染小鼠心肌细胞凋亡的影响[J]. 南昌大学学报医学版，2010，50（4）：14-16.

[51] 邓江，吴芹，黄燮南. 川芎嗪对大鼠压力超负荷心肌细胞膜外信号调节激酶 1mRNA 表达的抑制作用[J]. 中国药理学与毒理学杂志，2008，22（5）：336-340.

[52] 阮秋蓉，瞿智玲，朱敏，等. 川芎嗪对血管壁细胞血管细胞黏附分子 1 和单核细胞趋化蛋白 1 表达的作用及可能机制[J]. 中国动脉硬化杂志，2006，14（7）：560-564.

[53] 刘俊，石兴明，程大军，等. 川芎总苯酞对家兔动脉粥样硬化的影响[J]. 中国药物应用与监测，2002，17（5）：10-11.

[54] 接传红，高健生，柴立民. 川芎对血管内皮细胞 Bcl-2、Caspase-3 基因表达的影响[J]. 中国中医眼科杂志，2007，17（2）：90-92.

[55] Yang LR，Xu XY. Effect of rat serum containing different concentration of tramethylpyrazine on proliferation of vascular endothelial cells in vitro [J]. Chi-Clin Rehab，2005，9（27）：223.

[56] 高伟，梁日欣，肖永庆，等. 川芎内酯 A 预处理对大鼠离体心脏缺血再灌注所致血管内皮细胞损伤的保护作用[J]. 中国中药杂志，2005，30（18）：1448-1451.

[57] 孙银平，郭勇，王省，等. 川芎嗪对血管紧张素 II 诱导血管平滑肌细胞表达血小板源生长因子的影响[J]. 时珍国医国药，2009，20（6）：1400-1401.

[58] 阮琴. 川芎水煎剂对小鼠神经功能的影响[J]. 浙江中医杂志，2008，43（12）：723-725.

[59] 谢炜，赵伟宏，于林，等. 川芎提取物对神经根型颈椎病模型大鼠根性疼痛的保护作用研究[J]. 广东药学院学报，2008，24（5）：496-499.

[60] 朱文峰. 川芎嗪联合半夏白术天麻汤治疗血管性头痛[J]. 现代中西医结合杂志，2009，18（36）：4512-4513.

[61] Yang Z，Zhang Q，Ge J，et al. Protective effects of tetramethylpyrazinc on rat retinal cell cultures [J]. Neurochemistry International，2008，52：1176.

[62] 邓新国，胡世兴，梁小玲，等. 川芎嗪对视网膜色素变性小鼠干预作用的机制[J]. 中华眼底病杂志，2007，23（5）：344-347.

[63] 严鸿，方红. 川芎嗪对儿童哮喘中转录因子 T-bet/GATA-3 表达失衡干预作用的研究[J]. 时珍国医国药，2011，22（2）：503-505.

[64] 金蕊，杨莉，陈径，等. 川芎嗪对哮喘大鼠 Th2 型细胞因子作用的研究[J]. 现代医学，2006，34（5）：327-329.

[65] 李之茂. 川芎嗪对慢性阻塞性肺疾病患者血气分析与血浆纤维蛋白原的影响[J]. 湘南学院学报（医学版），2007，9（2）：24-25.

[66] 孙玉芹，高天芸，周娟，等. 川芎嗪对小鼠急性肝损伤性脂肪肝保护作用的研究[J]. 中国临床药理学与治疗学，2007，12（5）：540-543.

[67] 明义，逄力男，刘海霞，等. 川芎嗪、氨基胍对糖尿病大鼠肾脏组织非酶糖化和细胞凋亡的影响[J]. 中国现代药物应用，2010，04（15）：144-145.

[68] 陆敏，张悦，陆海英，等. 川芎嗪对人肾小管上皮细胞 SnoN 蛋白表达的影响[J]. 中国中医药科技，2011，18（5）：411-413.

[69] 吴宁，孙汉英，刘文励. 川芎嗪对急性放射损伤小鼠骨髓碱性成纤维细胞生长因子及其受体表达水平的影响[J]. 中国中西医结合杂志，2004，24（5）：439-441.

[70] 刘云云，赵兴绪，赵红斌，等. Ca^{2+} 信号介导川芎嗪诱导小鼠骨髓间充质干细胞向神经细胞的定向分化[J]. 甘肃农业大学学报，2010，45（2）：1-5.

[71] 叶小军，陈松芳，王小同，等. 川芎嗪对慢性低 O_2 高 CO_2 大鼠空间学习记忆的影响[J]. 温州医科大学学报，2007，37（2）：145-146.

[72] 袁树民，曹兴水，高翔，等. 川芎嗪对痴呆小鼠模型学习记忆能力的影响[J]. 中国比较医学杂志，2010，20（5）：46-49.

[73] 刘明华，任美萍，李蓉，等. 川芎嗪对人卵巢癌顺铂耐药细胞株 COC1/DDP 的逆转作用研究[J]. 重庆医学，2011，40（20）：1982-1984.

[74] 贾绿琴，孙秀英. 中药川芎的研究进展[J]. 黑龙江科技信息，2009（11）：146-147.

[75] 国家药典委员会.《中国药典》I 部[S].化学工业出版社，2015：333.

[76] 邢军，李友广，谢丽琼. 黄酮类化合物-植物异黄酮的研究进展与展望[J]. 新疆大学学报（自然科学版），2006，23（2）：207-210.

[77] 迟霥菲. 葛根化学成分和质量控制方法研究[D]. 沈阳药科大学，2006.

[78] 左春旭，丁杏苞.葛根的非黄酮成分[J].中草药，1987，18（11）：10-12

[79] 狄灵，于燕，杨海侠，等. 葛根素对心血管作用机制的研究进展[J]. 中西医结合心脑血管病杂志，2009，7（3）：371-381.

[80] 蔡琳，孟宪生，包永睿，等. 基于体外心肌细胞活力的葛根提取工艺优选[J]. 中国实验方剂学杂志，2012，18（18）：17-19.

[81] 禹志领，张广钦，张红旗.葛根总黄酮对脑缺血的保护作用[J].中国药科大学学报，1997，28（11）：310-312

[82] Hwang YP，Jeong HG. Mehanismof mech of phytoestrogen puerarinmediated cytoprotection following oxidative injury：estro-gen. receptor-dependent up-regulation of p13k/Akt and Ho-1[J].Toxicol Appl Pharmacol，2008，233（3）：371-381.

[83] 陈发春.天然降血脂化合物的研究进展[J].中草药，1989，20（4）：3-741.

[84] 王霜，赵兴冉，章雷，等. 葛根黄连有效成分降糖作用对比及其血清化学研究[J]. 中药药理与临床，2015（1）：165-168.

[85] 杜德极，石小枫，冉长清，等.葛根的抗肿瘤作用研究[J].中药药理与临床，1994，10（2）：16-20.

[86] 袁怀波，糜漫天，陈谞道，等. 葛根黄酮提取物对 HL-60 细胞增殖和凋亡的影响[J]. 肿瘤防治研究，2007，34（9）：671-673.

[87] 张会香，杨世军.葛根解酒保健饮料的研究[J]. 饮料工业，2006，9（1）：31-35.

[88] 王庆端，江金花，孙文欣，等. 葛根总黄酮的抗啤酒中枢抑制作用[J]. 河南医科大学学报，1998，33（3）：117-119.

[89] 孙琦，汤仁仙，范兴丽，等. 葛根素对炎症反应综合征大鼠的治疗作用[J].中华急诊医学杂志，2008，17（2）：158-161.

[90] 郑高利，郑东升，张信岳，等. 葛根素和葛根总异黄酮的雌激素样活性[J]. 中药材，2002，25（8）：566-568.

[91] 禹志岭，张广钦，赵红旗，等．葛根总黄酮对小鼠记忆行为的影响[J]．中国药科大学学报，1997，28（6）：350-353．

[92] 王金萍，曾明，边佳明，等．葛根复方对创伤应激大鼠神经内分泌的调整作用[J]．中国实验方剂学杂志，2007，13（3）：50-52．

[93] 梁刚．北细辛指纹图谱研究以及血清药物化学初步研究[D]．延边大学，2013．

[94] 张峰．基源复杂中药的表征及质量控制方法研究[D]．中国科学院研究生院（大连化学物理研究所），2005．

[95] 李日升．细辛素及其衍生物的合成与生物活性研究[D]．西北农林科技大学，2007．

[96] 何敏．细辛的临床应用及其研究进展[J]．中医药信息，1989，（05）：34-37．

[97] 贾超，刘凤云，赵怀清．细辛的研究进展[J]．中南药学，2009，（05）：366-368．

[98] 韩俊艳，孙川力，纪明山．中药细辛的研究进展[J]．中国农学通报，2011，（09）：46-50．

[99] 宋庆武，范开田，林静，侯召华．分子蒸馏技术拆分细辛油及GC-MS分析[J]．安徽农业大学学报，2015，（04）：586-590．

[100] 陈建伟，武露凌，李祥，周红燕，吴天舟．北细辛超临界萃取物挥发性成分的GC-MS分析[J]．天然产物研究与开发，2012，（02）：195-198．

[101] 曲淑岩，毋英杰，王一华．细辛对中枢神经系统的抑制作用[J]．中医杂志，1982，（06）：72-74．

[102] 梁学清，李丹丹．细辛药理作用研究进展[J]．河南科技大学学报（医学版），2011，（04）：318-320．

[103] 谢伟，陆满文．细辛挥发油的化学与药理作用[J]．宁夏医学杂志，1995，（02）：121-124．

[104] 黄世佐，明海霞，李军，刘家骏．单叶细辛镇痛及抗炎效应的实验研究[J]．甘肃中医，2009，（12）：63-65．

[105] 黄鲛．细辛毒/效成分的含量测定及炮制对毒/效成分影响的研究[D]．成都中医药大学，2013．

[106] 朱顺英．多种植物挥发油成分分析和抗菌活性及岩白菜素的研究[D]．武汉大学，2005．

[107] 宋娜丽，照日格图，却翎，等．细辛的化学成分和生物活性研究概况[J]．中国民族民间医药，2008，（04）：50-52．

[108] 李晶．GC-MS法对石菖蒲挥发油的质量分析及β-细辛醚、α-细辛醚的药动学研究[D]．黑龙江中医药大学，2014．

[109] 韩俊艳．细辛杀螨活性物质及作用机理研究[D]．沈阳农业大学，2011．

[110] 栗坤，刘明远，魏晓东，等．细辛、仕仲及其合剂对D-半乳糖所致衰老小鼠模型抗氧化系统影响的实验研究[J]．中药材，2000，（03）：161-163．

[111] 石含秀．细辛配伍附子含药血清对大鼠心肌细胞钠离子通道电流的影响[D]．成都中医药大学，2009．

[112] 蔡芳燕．麻黄附子细辛汤组方药材活性部位及成分抗过敏性鼻炎机制的研究[D]．南方医科大学，2014．

[113] 周长征，杨祯禄，李银，等．细辛道地药材的系统研究与细辛药材GAP生产关系的探讨[J]．中国中药杂志，2001，（05）：55-57.Z

[114] 吴艳蓉．辽细辛药材的质量标准研究[D]．沈阳药科大学，2006．

[115] 国家药典委员会．《中国药典》Ⅰ部[S]．化学工业出版社，2015：46．

[116] Liu HX, Shi YH, Wang DX, et al. MECC determination of oleanolic acid and ursolic acid isomers in Ligustrum lucidum Ait[J]. Pharm Biomed Anal，2003，32：479-485．

[117] 曹兰秀，周永学，顿宝生，等．女贞子总黄酮对高脂模型大鼠脂代谢的影响[J]．第四军医大学学报，2009，30（20）：2129-2132．

[118] 吕金顺．甘肃产女贞子挥发油化学成分研究[J]．中国药学杂志，2005，40（3）：178-180．

[119] 田丽婷，马龙，堵年生．齐墩果酸的药理作用研究概况[J]．中国中药杂志，2002，27（12）：884．

[120] 周剑宁，欧阳明安．药用女贞属植物化学成分的研究进展[J]．天然产物研究与开发，2003，15（1）：77-86．

[121] 王晓东，刘永忠，刘永刚．红景天苷体外抗肝纤维化的实验研究[J]．时珍国医国药，2004：15（3）：138．

[122] 车德亚，陈林．女贞子化学成分及其药理研究进展[J]．现代临床医学，2009，35（5）：323-325．

[123] 阴健．中药现代研究与临床应用（2）[M]．北京：中医古籍出版社，1993，32．

[124] 车德亚，陈林．女贞子化学成分及其药理研究进展[J]．现代临床医学，2009，35（5）：323-325．

[125] 李阳，孙文基．女贞子的药理作用研究[J]．陕西中医学院学报，2006，29（5）：58-60．

[126] 戚世媛，熊正英．女贞子提取物对大鼠心肌的保护作用及对运动能力的影响[J]．山东体育学院学报，2011，27（1）：53-57．

[127] 马莉，蔡东联，黎怀星，等．红景天苷对疲劳小鼠氧化损伤的保护作用[J]．结合医学学报（英文），2009，7（3）：237-241．

[128] 李阳，左燕，孙文基．女贞子中2种主要裂环环烯醚萜苷成分的分离鉴定及其抗氧化活性研究[J]．中药材，2007，30（5）：543-546．

[129] 高大威，李青旺，刘志伟．女贞子中齐墩果酸抗糖尿病效果研究[J]．中成药，2009，31（10）：1619-1621．

[130] 张捷平，黄玲，施红．女贞子多糖对α-葡萄糖苷酶的抑制作用[J]．福建中医药大学学报，2009，19（1）：35-37．

[131] 洪晓华，于魏林，李艳荣，等．女贞子提取物总三萜酸降血糖作用的实验研究[J]．中国中西医结合杂志，2003（s1）．

[132] 曹兰秀，周永学，顿宝生，等．女贞子总黄酮对高脂模型大鼠脂代谢的影响[J]．医学争鸣，2009（20）：2129-2132．

[133] 戚世媛，熊正英．女贞子提取物对大鼠心肌的保护作用及对运动能力的影响[J]．山东体育学院学报，2011，27（1）：53-57．

[134] 孟玮，李波清，乔媛媛，等．女贞子的体外抑菌作用研究[J]．时珍国医国药，2007，18（11）：2734．

[135] 骆蓉芳，高昂，巩江，等．女贞子抑菌活性研究[J]．安徽农业科学，2011，39（11）：6386-6387．

[136] 王芳，邬树伟．羟基酪醇的作用机制及研究进展[J]．食品工业科技，2010，31（8）：358．

[137] 张明发，沈雅琴．女贞子抗炎、抗肿瘤和免疫调节作用的研究进展[J]．现代药物与临床，2012，27（5）：536．

[138] 张丽，曹丽涎，孔铭，等．荆芥穗挥发油的质量标准研究[J]．中草药，2006，（2）：216-217．

[139] 于萍，邱琴，崔兆杰，等．GC/MS法分析山东荆芥穗挥发油化学成分[J]．中成药，2002，（12）：57-60．

[140] 段松冷，曾蔚欣，孙路路．薄荷-荆芥穗药对挥发油成分的GC-MS分析[J]．中国实验方剂学杂志，2015，（11）：50-54．

[141] 臧友维，马冰如．多裂叶荆芥穗化学成分的研究[J]．中国中药杂志，1989，（9）：32-33．

[142] 曾南，李军晖，付田，等．荆芥挥发油对二烯拮抗活性的实验研究[J]．中医药学刊，2006，24（6）：1033．

[143] 赵璐，曾南，唐永鑫，等．荆芥挥发油对大鼠胸腔白细胞5-脂氧酶活性的影响[J]．中国中药杂志，2008，33（17）：2154．

[144] 国家药典委员会．《中国药典》Ⅰ部[S]．化学工业出版社，2015：241．

[145] 邓仙梅. 茺蔚子及炒茺蔚子质量标准的研究[D]. 广东药科大学，2016.
[146] 常影. 茺蔚子水溶性化学成分研究[D]. 长春中医药大学，2008.
[147] 张莲珠，王会弟. 茺蔚子研究进展[J]. 长春中医药大学学报，2012，28（5）：920-921.
[148] Hon P M, et al. phytochemistry.1991，30（1）：35
[149] 周世玉，徐智明. 薄层扫描法测定益母草膏中盐酸水苏碱的含量[J]. 华西药学杂志，1999，14（6）：395-396.
[150] 高文义，李银清，蔡广知，等. 茺蔚子降血压活性成分筛选的实验研究[J]. 长春中医药大学学报，2008，24（2）：142-143.

第二节　存在问题及二次开发必要性

一、存 在 问 题

1. 药效物质基础不清楚

六经头痛片是一个由 9 味药材组成的中药复方制剂，其化学物质基础复杂，但目前尚无该品种的化学物质基础研究，仅见单一药材化学成分研究报道，不能针对性的阐明六经头痛片的药效物质基础。

2. 作用机理不明确

虽然六经头痛片的临床疗效确切，但未见对其药效评价及作用机理研究，其有效性的现代科学阐释不足，特别是没有开展过整体动物、离体器官、细胞及分子水平的作用机理研究，未能系统地阐释其作用机理，不能对该药的临床推广与合理使用提供足够的证据支持。

3. 配伍合理性、临床作用特点、比较优势

六经头痛片处方由 9 味中药组成，共同起到疏风活络、止痛利窍的功效。用于全头痛、偏头痛及局部头痛。组方严谨，配伍精当，临床疗效突出。但其配伍原理的现代化学生物学规律尚未得到科学阐释，不能凸显中医药对于疾病的多组分、多靶点、多途径协同作用的优势，为广大的临床医生特别是西医医生所理解，指导临床合理运用。六经头痛片治疗多种头痛，适应面广，但也缺乏临床特点的深入挖掘，特别是基于适应症的病因病机、从患者获益的角度、与同类中药和西药比较、对六经头痛片的临床作用特点和比较优势的挖掘还有相当大的空间。

4. 质量标准简单

六经头痛片原质量标准较为粗泛，只有性状和片剂检查项的控制，没有鉴别和含量测定项的质量控制内容，与其有效性的关联性不强，不能体现中药多组分整体功效的特点，不能实现对其质量的有效控制。

二、二次开发研究的必要性及意义

六经头痛片为中药保护品种，临床疗效确切。其适应证广，市场需求量大，目前市场总容量大约 300 亿元左右。六经头痛片具有巨大的上升空间，目前的基础研究薄弱是制约其市场拓展的主要因素。为了进一步发掘六经头痛片的临床价值，系统阐释该药的作用特点、临床优势以及组方配伍的科学内涵，全面提升该产品的科技含量，扩大市场占有率，有必要对该产品进行系统研究，增强其与同类品种的竞争力，为市场营销、临床医生用药以及患者消费提供理论依据和实验证据，为产品取得更大的经济效益提供强有力的技术支撑，并构建中药大品种的核

心价值品牌。

1. 科学价值

1）阐释中医针对疾病的治法原理：中药大品种是中医理论的载体，是中医临床治疗疾病的主要施用手段和形式。因此，六经头痛片的二次开发，阐释了中医针对头痛的治法原理，对中医理论及中药的临床运用原理进一步丰富和完善。

2）阐释中医理论的配伍原理：中药大品种多为中药复方制剂，而中药复方的配伍原理是中医理论的精髓。以六经头痛片为研究的模型药物，通过研究配伍规律，用现代科学方法手段和实验证据，阐释中医药配伍理论。

3）阐明药效物质基础、提升质量控制水平：六经头痛片是经过多年临床实践，并通过大量临床样本检验证实的有效药物，但其药效物质基础和作用机理尚不完全清楚。通过二次开发研究，以现代科学方法、客观指标和实验证据阐明其药效物质基础和作用机理，在此基础上建立科学的质量控制方法，并指导临床实践。

2. 技术价值

中药大品种核心技术价值主要反映以下 4 个方面：

1）基于中医理论和多组分药物评价技术：目前，中药复杂体系的物质基础、有效性评价、作用机理等方面的研究仍处于探索阶段，中药大品种二次开发研究整合现代分析技术、化学生物学、系统生物学、网络药理学、生物信息学等技术方法，在阐释中药大品种作用机理方面发挥重要作用。通过六经头痛片的二次开发研究，为中药复杂体系疗效特点、作用机理及配伍和理性研究提供可行研究路径，并建立系统的评价方法和技术手段。

2）制药工艺技术：中药大品种二次开发研究的重要内容之一就是对制药过程的改造、优化和技术升级。通过对六经头痛片的二次开发，建立质量溯源的工艺体系，实现工艺参数优化、在线监测等技术升级。

3）中药现代制剂和释药技术：制剂处方、工艺优化和剂型改进也是中药大品种二次开发的重要内容。其中，引进和应用适宜的释药技术和新型制剂技术，并应用与中药复方的复杂体系，对于推动中药现代制剂和释药技术的发展具有重要的意义。

4）质量控制技术：质量标准提升研究是中药大品种二次开发研究的重要内容，通过对六经头痛片的质量标准提升研究，建立可溯源的、与疗效高度关联的全程质量控制系统和质量标准，为中药质量控制提供可参照的模式和研究范例。

3. 临床价值

主要体现在 4 个方面：①通过二次研究，进一步评价、发现其临床特点，聚焦和明确临床定位。②基于中医理论，应用现代研究手段，阐明药物干预原理，为临床应用提供明确的理论和实验依据。③进一步明确患者获益。④指导临床实践、实现更加精准用药，提高临床疗效。

4. 经济价值

六经头痛片的二次开发研究，可促进形成产品品牌，为市场推广和临床应用提供重要的理论和实验证据，扩大市场占有率，并带动全产业链的发展，从而创造出重大的经济效益和社会效益。

最后，通过二次开发研究，构建六经头痛片品种核心价值品牌。见图 1-1。

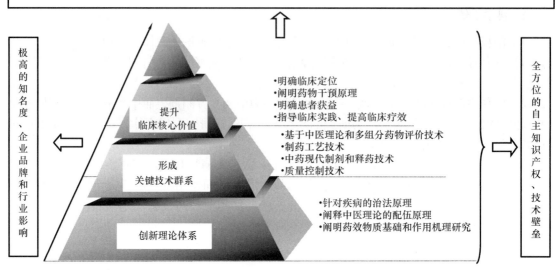

图 1-1　六经头痛片价值品牌构建

上篇 药效物质基础及作用机理研究

第二章 六经头痛片化学物质组研究

六经头痛片由白芷、葛根、女贞子、川芎、藁本、细辛、辛夷、茺蔚子和荆芥穗油9味药组成，其中葛根的主要成分为异黄酮和黄酮类，女贞子的主要成分为醚萜类和苯乙醇苷类，白芷的主要成分为香豆素类和挥发油类，川芎、藁本的主要成分为挥发油（苯酞及其二聚体）和酚酸类，辛夷主要成分为挥发油和木脂素类，茺蔚子的主要成分为生物碱和脂肪油类，细辛主要成分为挥发油。从制备工艺分析，除了荆芥穗油、细辛和辛夷采用水蒸气提油以外，其他药材如葛根、女贞子、白芷、川芎、藁本、茺蔚子及细辛和辛夷提油后的残渣均采用水提工艺，结合化学成分性质及在处方中所占比例，推测六经头痛片非油部分能检测到的化学物质基础主要是异黄酮类成分、香豆素类、苯乙醇苷类、醚萜类及苯酞类等成分。

本部分首先采用HPLC及GC法对六经头痛片以及各味原料药材所含主要化学成分进行表征。在此基础上，进一步采用HPLC-MS/MS和GC-MS方法，对六经头痛片以及各味原料药材主要化学成分进行辨识。采用HPLC-MS/MS从六经头痛片非挥发性部分共得到134个组分，辨识出96个化学成分；采用GC-MS从六经头痛片挥发油部分共得到137个组分，辨识出102个化学成分；共从六经头痛片中辨识198个成分，基本阐明了六经头痛片的主要化学物质组。

第一节　六经头痛片非挥发性化学成分表征与辨识

本部分实验采用高效液相色谱–四级杆/飞行时间质谱（HPLC-Q/TOF MS）鉴别六经头痛片及其药材中非挥发性化学物质组，阐明六经头痛片化学物质基础，为进一步阐明其药效物质基础提供研究基础。

一、仪器与材料

1. 仪器

高效液相色谱仪（Agilent1260）	美国 Agilent 公司
Q-TOF 质谱仪	美国 Bruker 公司
UltimateC$_{18}$（4.6mm×250mm，5μm）色谱柱	美国 Welch 公司
AB204-N 电子天平	德国 METELER 公司
Sartorius 天平（BT25S）	德国 Sartorius 公司
超声仪	宁波新芝生物科技公司

2. 试剂与试药

六经头痛片（DK12444）	天津中新药业隆顺榕制药厂
白芷药材（Y1511383）	天津中新药业隆顺榕制药厂

葛根药材（Y1505198）	天津中新药业隆顺榕制药厂
女贞子药材（Y1506238）	天津中新药业隆顺榕制药厂
川芎药材（Y1503091）	天津中新药业隆顺榕制药厂
藁本药材（Y1506253）	天津中新药业隆顺榕制药厂
茺蔚子药材（Y1506240）	天津中新药业隆顺榕制药厂
细辛药材（Y1411470）	天津中新药业隆顺榕制药厂
辛夷药材（Y1505206）	天津中新药业隆顺榕制药厂
乙腈（色谱纯）	美国 Merck 公司
乙酸铵	美国 SIGMA 公司
冰乙酸（分析纯）	天津市康科德科技有限公司
纯净水	屈臣氏

白芷、葛根、女贞子、川芎、藁本、茺蔚子、细辛、辛夷药材均经天津药物研究院张铁军研究员鉴定，符合《中华人民共和国药典》（2015 年版）（以下简称《中国药典》2015 年版）要求。

二、实 验 方 法

1. HPLC 色谱条件优化

液相色谱柱：Diamonsil C$_{18}$（4.6 mm×250 mm，5 μm）；流动相：①A 相：0.1%甲酸水溶液；②B 相：乙腈；柱温 30℃；进样量 10 μl；检测波长 250nm；流速：1 ml/min。

实验采用梯度洗脱模式，洗脱表见表 2-1。

表 2-1　流动相梯度洗脱程序表

时间（min）	流速（ml/min）	A（%）	B（%）
0	1	98	2
15	1	89	11
30	1	89	11
45	1	86	14
80	1	65	35
100	1	0	100

2. Q-TOF/MS 实验条件

本实验使用 Bruker 质谱仪，正、负两种模式扫描测定，仪器参数如下：

采用电喷雾离子源；V 模式；毛细管电压正模式 3.0 kV，负模式 2.5 kV；锥孔电压 30 V；离子源温度 110 ℃；脱溶剂气温度 350 ℃；脱溶剂氮气流量 600 L/h；锥孔气流量 50 L/h；检测器电压正模式 1900 V，负模式 2000 V；采样频率 0.1 s，间隔 0.02 s；质量数检测范围 50～1500 Da；柱后分流，分流比为 1∶5；内参校准液采用甲酸。

3. 供试品溶液的制备

六经头痛片溶液的制备：取本品 10 片，研细，取 1.0g，精密称定，置具塞锥形瓶中，精密加入 60%甲醇 10 ml，称定质量，超声处理 30 min，放冷，称定质量，加 60%甲醇补足减失的质量，摇匀，用 0.45 μm 微孔滤膜滤过，取续滤液，即得六经头痛片供试品溶液。

药材溶液的制备：分别准确称取与成品同等生药量的处方中各味药材，葛根 0.9g、女贞子 0.9g、藁本 0.9g、茺蔚子 0.9g、白芷 0.45g、辛夷 0.45g、川芎 0.3g、细辛 0.15g，分别置于 8 个 25ml 具塞锥形瓶中，均精密加入 60%甲醇 10 ml，称定质量，超声处理 30 min，放至室温，再次称定质量，加 60%甲醇补足减失的质量，摇匀，用 0.45 μm 微孔滤膜滤过，取续滤液，即得各药材溶液。

三、实 验 结 果

1. 六经头痛片 HPLC-Q/TOF MS 表征实验结果

本部分实验首先对六经头痛片样品的液相及质谱实验条件进行了全面优化，确立了样品的最佳液相质谱条件，其正负模式总离子流图见图 2-1。

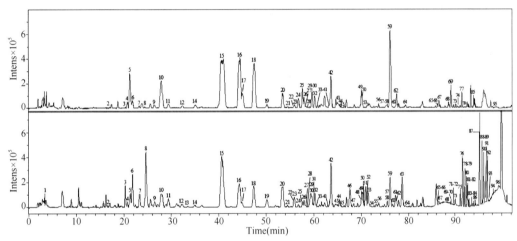

图 2-1　六经头痛片负离子（上）和正离子（下）模式总离子流图

2. 六经头痛片 HPLC-Q/TOF MS/MS 辨识结果

在对六经头痛片全方中化学物质进行一级质谱测定后，可以得到物质准分子离子峰（$[M+Na]^+$、$[M+H]^+$ 或 $[M-H]^-$）的相关信息。在此基础上，以准分子离子为母离子在相应的模式下进行二级碎片的测定，根据二级质谱结构信息以及结合相关文献的报道，对六经头痛片全方的化学物质组进行了鉴定分析，共分析得到 134 个组分，共鉴定出 96 个化合物，其中包括 31 个异黄酮类成分，16 个香豆素类成分，13 个苯酞类成分，13 个环烯醚萜类成分，6 个木脂素类成分，4 个苯乙醇类成分，3 个黄酮类成分，3 个葛根苷类成分，2 个有机酚酸类成分，2 个三萜类成分，2 个生物碱类成分，1 个甾醇类成分。具体鉴定结果参见表 2-2，结构式见图 2-2。

表 2-2　六经头痛片化学物质组鉴定信息表

Peak No.	T(min)	$[M-H]^-$	$[M+H]^+$	$[M+Na]^+$	MS/MS（+/−）	Identification	Formula	Source
1	3.31		144.1089		135，115，102，99，84	盐酸水苏碱	$C_7H_{13}NO_2 \cdot HCl$	G
2	16.61	315.1125		339.1106	287，135，108/296，227，160	北升麻宁	$C_{14}H_{20}O_8$	B
3	20.25	299.122		323.1204	214，199，118，48/200，141，119	红景天苷	$C_{14}H_{20}O_7$	B

续表

Peak No.	T(min)	[M-H]⁻	[M+H]⁺	[M+Na]⁺	MS/MS (+/-)	Identification	Formula	Source
4	20.54	593.1688	595.1781	617.1662	676, 310, 282/488, 313, 340	3'-羟基葛根素 4'-葡萄糖苷	$C_{27}H_{30}O_{15}$	A
5	21.38	577.419	579.1855	601.7319	457, 429, 294, 266/381, 363, 297, 267	葛根素-4'-O-β-D-葡萄糖苷	$C_{27}H_{30}O_{14}$	A
6	21.87	433.1133	435.0843	457.103	401, 389, 271, 221, 179/273, 255, 223	10-hydroxyloeosidedimethylester	$C_{17}H_{22}O_{13}$	B
7	23.24	607.1854	609.152	631.117	487, 324, 213, 174/469, 417, 379, 218	3'-甲氧基葛根素-4'-葡萄糖苷	$C_{28}H_{32}O_{15}$	A
8	24.68	340.1604	342.4286		342, 297, 265, 282, 222, 191	木兰花碱	$C_{20}H_{24}NO_4^+$	F
9	26.38	577.176	579.1826	601.1679	415, 295, 253/417, 255	大豆苷元-7, 4'-二葡萄糖苷	$C_{27}H_{30}O_{14}$	A
10	27.78	431.4399	433.4247		311, 283, 255, 227, 211/313, 283, 256, 179	3'-羟基葛根素	$C_{21}H_{20}O_{10}$	A
11	29.29	353.0984		377.0915	191, 179, 161, 135/, 272, 163, 137	绿原酸	$C_{16}H_{18}O_9$	C, D, E
12	31.93	563.1452	565.1249	587.1464	609, 433, 311, 283/433, 163	3'-hydroxypuerarin-6''-O-apioside	$C_{26}H_{28}O_{14}$	A
13	33.45	403.1213	427.1289		807, 403, 371, 223/405, 225, 151	oleoside-11-methyl ester	$C_{17}H_{23}O_{11}$	B
14	35.04	563.1601	565.125	587.1465	311, 283, 255/433, 415, 366	3'-羟基葛根素木糖苷	$C_{26}H_{28}O_{14}$	A
15	40.52	415.1214	417.13	439.1086	831, 295, 267, 253/399, 297, 267, 195	葛根素	$C_{21}H_{20}O_9$	A
16	44.47	445.1322	447.1396		325, 310, 282, 254/429, 327, 297, 267	3'-甲氧基葛根素	$C_{22}H_{22}O_{10}$	A
17	44.99	547.4444	549.1694	571.5093	547, 295, 267/549, 417, 351	6''-O-xylosylpuerarin	$C_{26}H_{28}O_{13}$	A
18	47.44	547.7165	549.5583	571.5206	295, 267/381, 351, 321, 297	葛根素芹菜糖苷	$C_{26}H_{28}O_{13}$	A
19	49.71	577.4943		601.1612	325, 282, 191, 179/429, 391, 349, 245	3'-methoxypuerarin-6''-O-β-apionoside	$C_{27}H_{30}O_{14}$	A
20	53.43	253.0585	255.0713		253, 195, 133/255, 227, 199, 137	大豆苷	$C_{21}H_{20}O_9$	A
21	54.46	785.2721		809.26	623, 461, 315, 161/439, 325, 163	松果菊苷	$C_{35}H_{46}O_{20}$	B
22	55.66	563.1642	565.1327	587.1466	433, 311, 283, 165/392, 316, 275	染料木素-7-O-木糖-8-C-葡萄糖苷	$C_{26}H_{28}O_{14}$	A
23	55.7	445.1274	447.1342	469.0939	491, 283, 310, 267/285, 270, 253	3'-甲氧基大豆苷	$C_{22}H_{22}O_{10}$	A
24	56.7	431.1135	433.1201	455.0768	311, 283, 239/415, 313, 283	染料木素-8-C-葡萄糖苷	$C_{22}H_{20}O_{10}$	A
25	57.6	563.1626	565.1631	587.1164	341, 311, 283/397, 367, 337, 313, 283	genistein-8-C-(6''-O-apioside)-glucoside	$C_{26}H_{28}O_{14}$	A
26	57.99	605.63	607.1684	629.1946	297, 253, 119/483, 411, 321, 167	葛根苷A	$C_{29}H_{34}O_{14}$	A
27	58.04	193.0558			193, 167, 134/177, 135	阿魏酸	$C_{10}H_{10}O_4$	D, E
28	58.51	593.1720	595.1787	617.1550	301, 299, 284, 255/301, 285	鸢尾黄素-7-O-木糖葡萄糖苷	$C_{27}H_{30}O_{15}$	A
29	59.27	415.1189	417.1242	439.0826	267, 252/297, 255, 199, 181	daidzein-4'-O-glucoside	$C_{21}H_{20}O_9$	A
30	59.47	701.2509		725.2401	469, 315, 135/685, 541, 339, 265	新女贞苷	$C_{31}H_{42}O_{18}$	B
31	59.74		249.1141		227, 216, 191, 153	川芎内酯J	$C_{12}H_{18}O_4$	D
32	60.23	569.1715	571.1343	593.1597	525, 389, 209/431, 377, 355, 273	橄榄苦苷酸	$C_{25}H_{30}O_{15}$	B
33	61.07	609.1639		633.1508	609, 555/579, 303, 237, 137	芦丁	$C_{27}H_{30}O_{16}$	B, F
34	61.1	555.1903		579.1764	537, 395, 343/417, 385, 239	10-羟基橄榄苦苷	$C_{25}H_{31}O_{14}$	B
35	61.51	635.2193	637.1788	659.2048	681, 473, 269, 237/497, 313, 185	葛根苷B	$C_{30}H_{36}O_{15}$	A

续表

Peak No.	T(min)	[M-H]⁻	[M+H]⁺	[M+Na]⁺	MS/MS（+/−）	Identification	Formula	Source
36	61.68	685.2557		709.2431	473，396，311/515，427，369，225	女贞子苷	$C_{31}H_{42}O_{17}$	B
37	61.86		431.1364	431	431，271，255	紫花前胡苷	$C_{20}H_{24}O_{9}$	C
38	61.95	623.2174		647.2026	623，461，352/501，321，253	毛蕊花苷	$C_{29}H_{36}O_{15}$	B
39	61.98	563.1613	565.1225	587.1471	519，269，253/433，293，175	染料木素-8-C-葡萄糖-木糖苷	$C_{26}H_{28}O_{14}$	A
40	62.23	561.1794	563.1836		452，309，282/395，311，281	formononetin-8-C-glucoside-oxyloside	$C_{27}H_{30}O_{13}$	A
41	63.09	431.1124	433.1191	455.1017	477，269，225/267，253，153	染料木苷	$C_{21}H_{20}O_{10}$	A
42	63.38	685.6296		709.5475	685，523，309，223/547，525，387	特女贞苷	$C_{31}H_{42}O_{17}$	B
43	64.91	685.2564		709.2409	411，295，223/547，515，323，275	异女贞子苷	$C_{31}H_{42}O_{17}$	B
44	65.31	553.1757		577.1623	315，245，177/393，255，174	ligstrosidic acid	$C_{25}H_{30}O_{14}$	B
45	65.56	501	503.1261	525.1075	295，253/503，255，137	丙二酰基大豆苷	$C_{23}H_{22}O_{10}$	A
46	67.57		247.1046	247	247，223，207，189，145/	洋川芎内酯 I	$C_{12}H_{16}O_{4}$	D，E
47	68.21		415.1772		326，285，199，164	β-谷甾醇	$C_{29}H_{50}O$	F
48	69.95	539.61		563.1803	507，315，224，139/401，369，265，137	橄榄苦苷	$C_{25}H_{32}O_{13}$	B
49	70.05	473.1606	475.1646	497.4292	311，296，252，173/497，313，107	葛根苷 D	$C_{24}H_{26}O_{10}$	A
50	70.38	247.0979			247，207，164，119	洋川芎内酯 H	$C_{12}H_{16}O_{4}$	D，E
51	70.82			427.1809	427，382，369，231，158	rel-（7s，8s，8's）-3，4，3'，4'-teltame-thoxy-9，7'-dihy-droxy-8.8'，7.0.9'-lignan	$C_{22}H_{28}O_{7}$	F
52	71.05	577.1751		601.1594	355，325，297，282/417，379，275	daidzein-6-C-（6″-glu co-syl）glucoside	$C_{22}H_{20}O_{10}$	A
53	71.26		431.1376	453.1238	431，269，237，213	芒柄花苷	$C_{22}H_{22}O_{9}$	A
54	71.83		519.1524	541.0756	357，254，271，153	genistein-4'-O-（6″-malonyl）glucoside	$C_{24}H_{22}O_{13}$	A
55	72.89		305.1104	327.0893	263，252，207，192，169，148	heraclenol	$C_{16}H_{16}O_{6}$	C
56	73.51	1071.3896		1096.0299	1117，685，523，223/771，547，339，165	女贞苷 G13	$C_{48}H_{64}O_{27}$	B
57	75.22	523.1995		547.179	361，291，241，193/389，363，293	ligustroside	$C_{25}H_{32}O_{12}$	B
58	75.35	1071.384		1095.3595	685/875，593，369，225	oleonuezhenide	$C_{48}H_{64}O_{27}$	B
59	76.01	253.1827	255.2834		223，195，132/237，227，199，137	大豆苷元	$C_{15}H_{10}O_{4}$	A
60	76.53	577.1756	579.1486	601.1561	482，341，283，179/479，307，285	6-甲氧基-7-木糖基-染料木苷	$C_{27}H_{30}O_{14}$	A
61	76.99		305.1026	327.0857	305，203，175，147	水和氧化前胡素	$C_{16}H_{16}O_{6}$	C
62	77.41	283.2222	285.0769	307.0593	268，239，211，195/269，241，197，137	鹰嘴豆芽素 A	$C_{16}H_{12}O_{5}$	A
63	78.61		357.3315	357	357，238，162	白当归素	$C_{17}H_{18}O_{7}$	C
64	79.28	593.6802		617.1288	389，284，255，227，/617，308	望春花黄酮醇苷	$C_{30}H_{26}O_{13}$	F
65	86.2	269.0547	271.0617		225，182，149，132/271，197	染料木素	$C_{15}H_{10}O_{5}$	A
66	86.26	269.0547	271.0617		225，159，133/253，243，215，153	芹菜素	$C_{15}H_{10}O_{5}$	B
67	86.52	329.2454		353.2305	283，215，186，/308，270，171，127	E-5-（2-methyl-2-buty-lalkenyl acid-4-oxy）-8-methoxy psoralen	$C_{17}H_{14}O_{7}$	C
68	88.38	205.0932		229.0904	205，173，130	川芎酚	$C_{12}H_{14}O_{3}$	D

续表

Peak No.	T(min)	[M-H]⁻	[M+H]⁺	[M+Na]⁺	MS/MS (+/-)	Identification	Formula	Source
69	89.04	267.0764	269.2691		252, 223, 195, 167/253, 118	芒柄花素	$C_{16}H_{12}O_4$	A
70	89.22		217.0505	239.0319	239, 202, 174, 146, 118	佛手苷内酯	$C_{12}H_8O_4$	C, E
71	89.43		247.0612	269.0448	247, 217, 189, 161	异茴芹内酯	$C_{13}H_{10}O_5$	C
72	89.77		287.0939	309.0739	275, 202, 173, 147	栓翅芹烯醇	$C_{16}H_{14}O_5$	C
73	89.97	205.0936		229.0895	205, 186, 161	洋川芎内酯 F	$C_{12}H_{14}O_3$	D, E
74	90.37	229.0937	231.0862		229, 173, 145, 117	osthenol	$C_{14}H_{14}O_3$	C
75	90.9			409.1655	409, 355, 279, 174, 165	松脂素二甲醚	$C_{22}H_{26}O_6$	F
76	91.26		417.1800	439.1759	439, 385, 254, 151, 108	木兰脂素	$C_{23}H_{28}O_7$	F
77	91.35	203.0797	205.1053		203, 173, 145, 132, 117	洋川芎内酯 B	$C_{12}H_{12}O_3$	D, E
78	91.79		469.1854		469, 294, 273, 220, 181	里立脂素 B 二甲醚	$C_{24}H_{30}O_8$	F
79	92.41	203.0872			203, 173, 159, 145, 117	洋川芎内酯C	$C_{12}H_{12}O_3$	D, E
80	92.4			339.0885	254, 233, 218, 191	白当归脑	$C_{17}H_{16}O_6$	C
81	92.47		287.093	309.0885	287, 202, 174, 146, 118	氧化前胡素	$C_{16}H_{14}O_5$	C
82	92.53		439.1776		439, 344, 321, 196	表木兰脂素 A	$C_{23}H_{28}O_7$	F
83	93.16		193.1329	215.1064	175, 147, 137, 119/	洋川芎内酯 A	$C_{12}H_{16}O_2$	D, E
84	93.25		191.0666	215.0366	173, 156, 145, 117	正丁基苯酞	$C_{12}H_{14}O_2$	D
85	93.6	487.3586		511.3415	471, 425, 391, 316, 167	委陵菜酸	$C_{30}H_{48}O_5$	B
86	94.07		393.1338		393, 285, 237, 136	望春玉兰酮 C	$C_{21}H_{22}O_6$	F
87	95.08		271.0997	293.0862	271, 203, 175, 147, 129	欧前胡素	$C_{16}H_{14}O_4$	C
88	95.14		191.0858		173, 145, 127, 117	E-藁本内酯	$C_{12}H_{14}O_2$	E
89	95.6		191.1084	213	213, 173, 145, 115	Z-藁本内酯	$C_{12}H_{14}O_2$	D, E
90	95.98		301.2906	323.8497	233, 218, 173, 134	8-甲氧基异欧前胡内酯	$C_{17}H_{16}O_5$	C
91	96.47			323.1018	323, 301, 254, 233	珊瑚菜内酯	$C_{17}H_{16}O_5$	C
92	96.79		271.099	293.0852	203, 159, 147, 131, 119	异欧前胡素	$C_{16}H_{14}O_4$	
93	97.13		245.2169	267.2457	187, 131, 115	蛇床子素	$C_{15}H_{16}O_3$	C
94	98.2			403.1913	332, 297, 213, 191	riligustilide	$C_{24}H_{28}O_4$	C
95	98.97	471.3611			325, 293, 248, 180	2α-羟基熊果酸/2α-羟基齐墩果酸	$C_{30}H_{48}O_4$	D, E
96	99.48		383.2061		215, 191, 173, 145	洋川芎内酯 P	$C_{24}H_{30}O_4$	B

*A：葛根；B：女贞子；C：白芷；D：川芎；E：藁本；F：辛夷；G：苍耳子

1

2

3

4

5

6

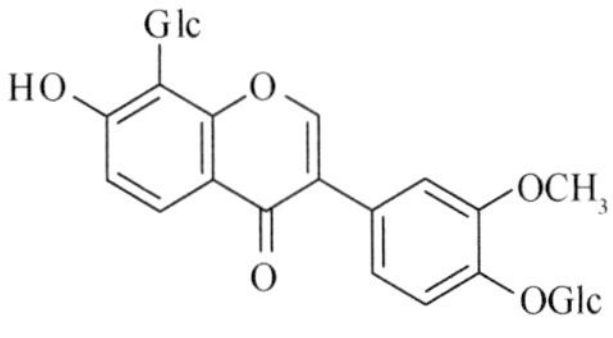

7

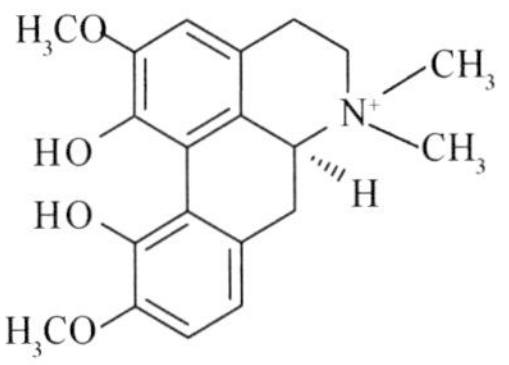

8

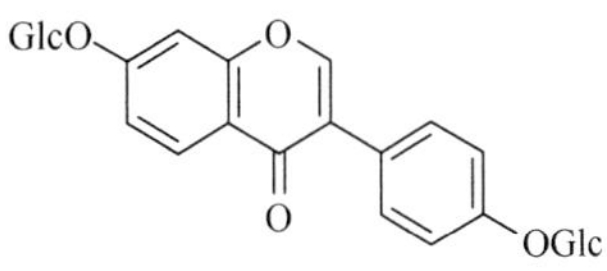

9

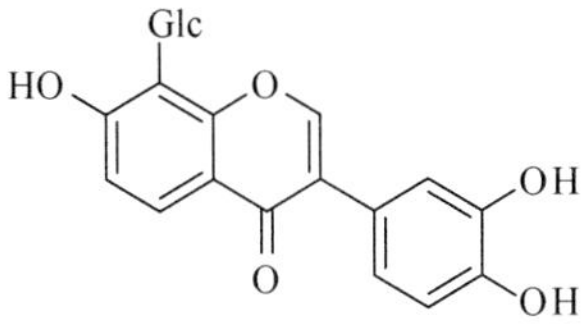

10

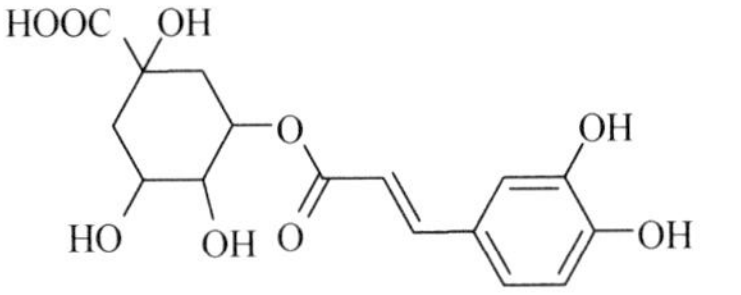

11

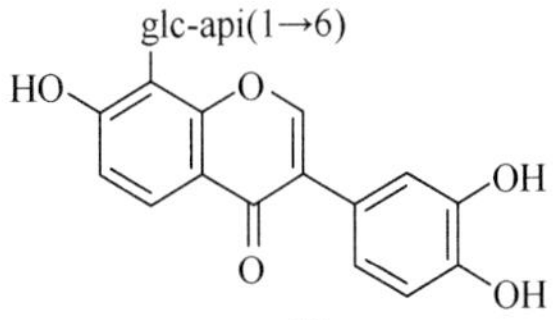

12

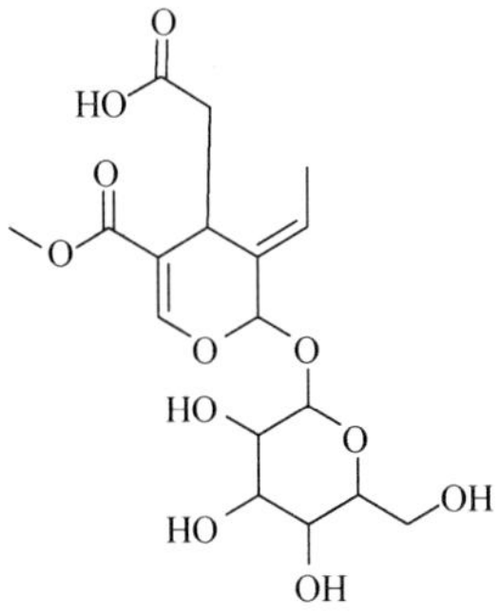

13

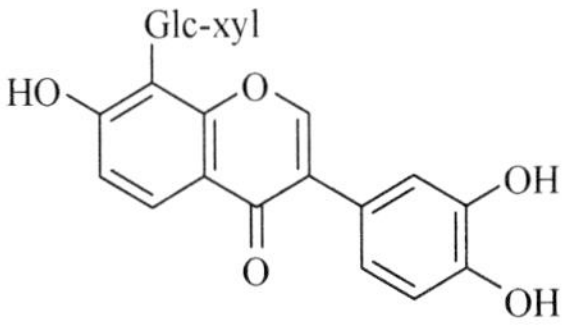

14

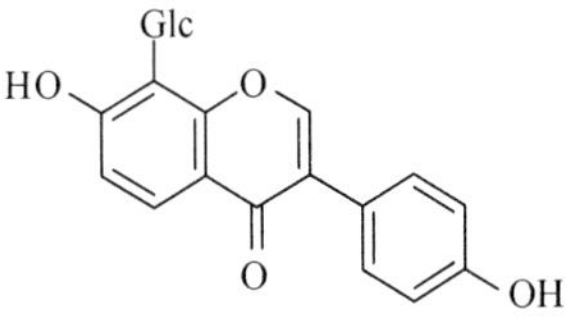

15

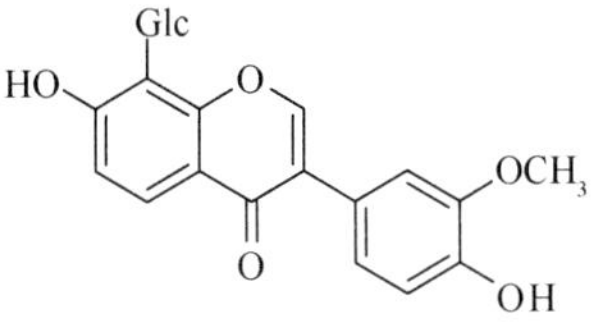

16

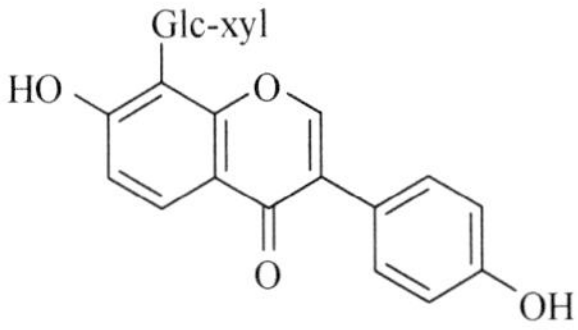

17

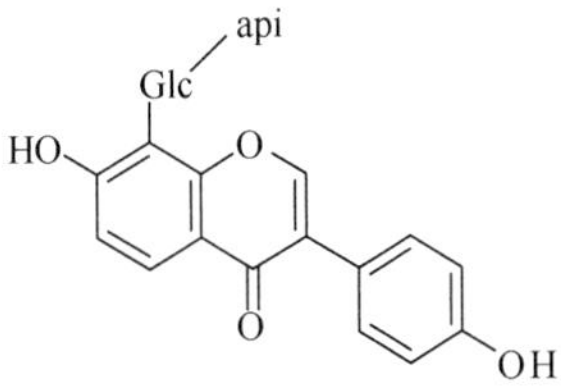

18

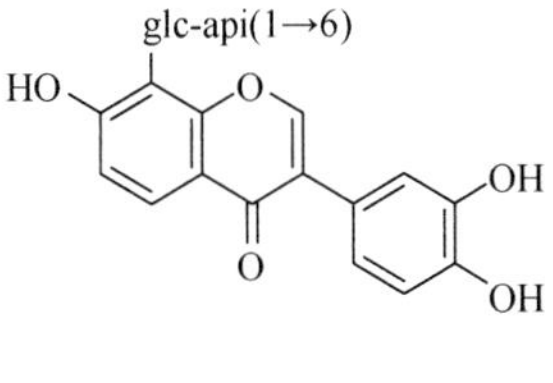

19

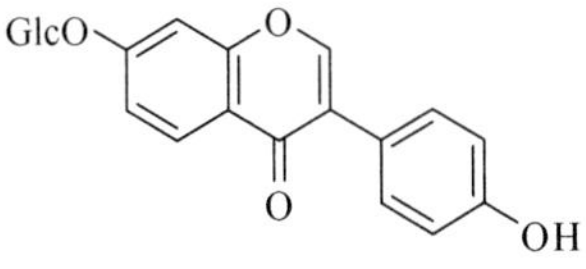

20

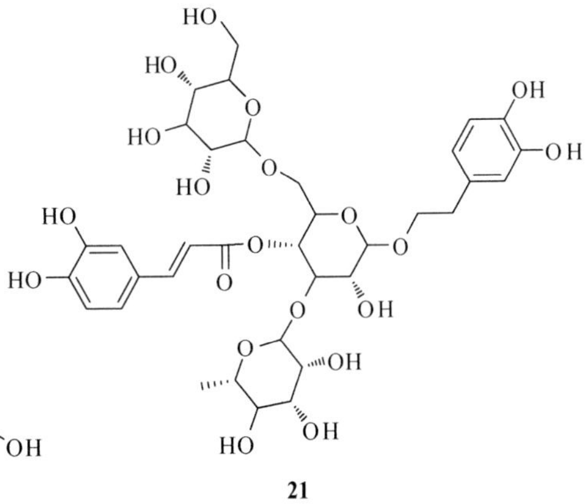

21

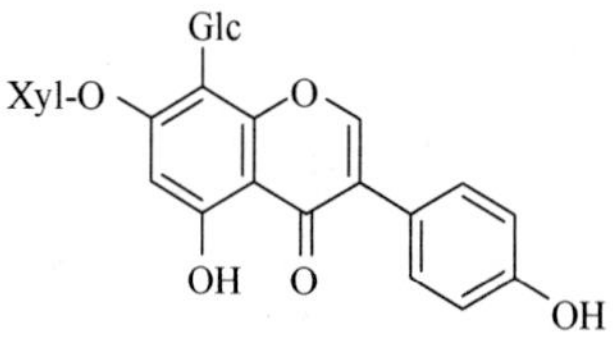

22

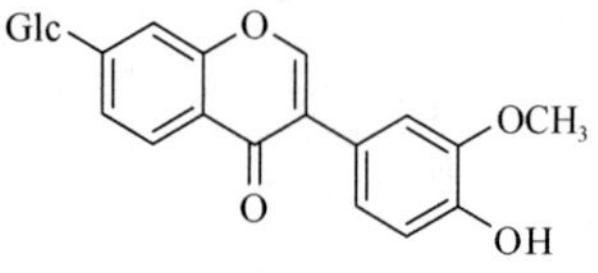

23

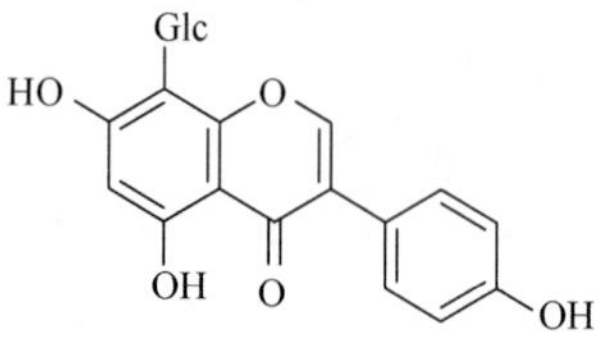

24

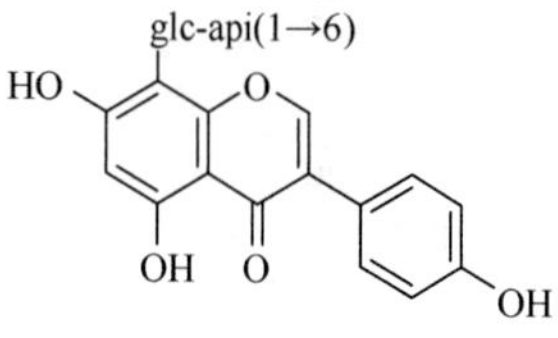

25

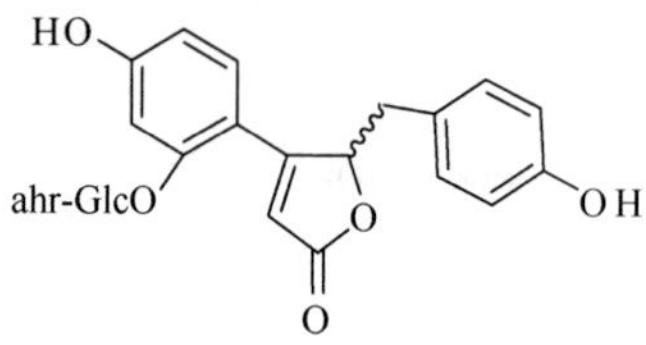

26

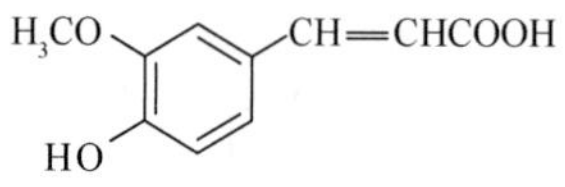

27

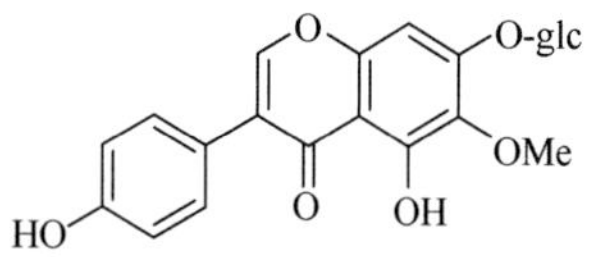

28

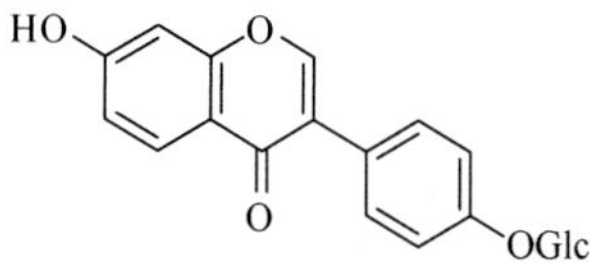

29

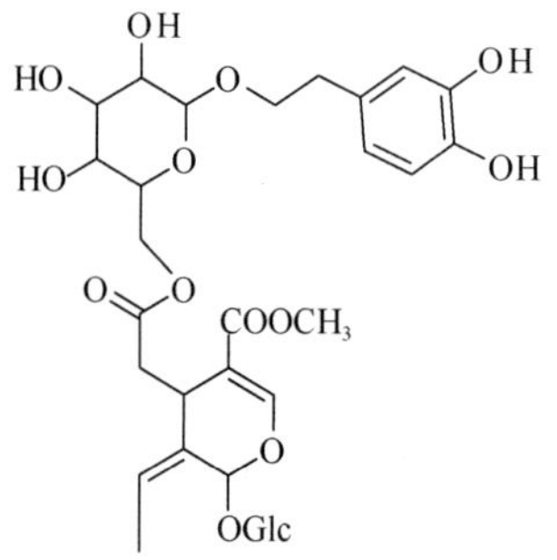

30

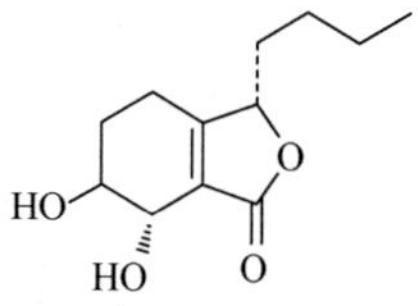

31

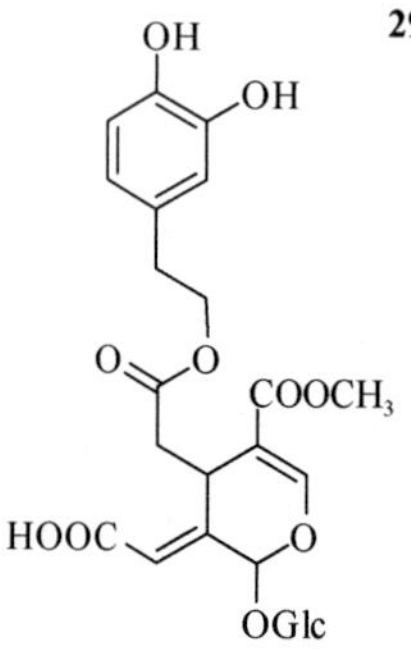

32

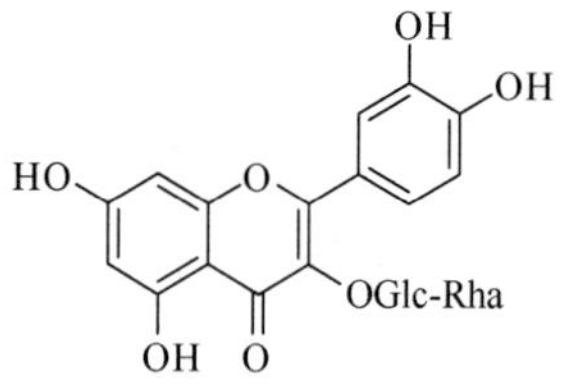

33

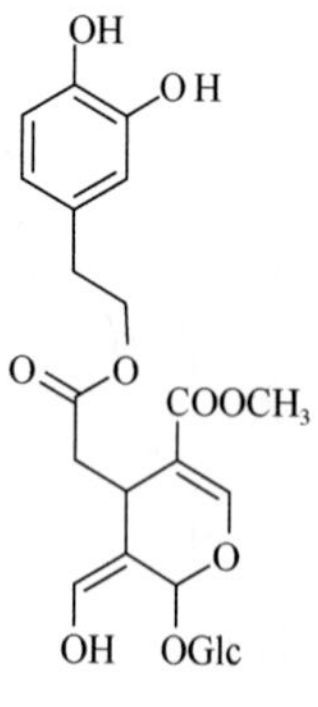

34

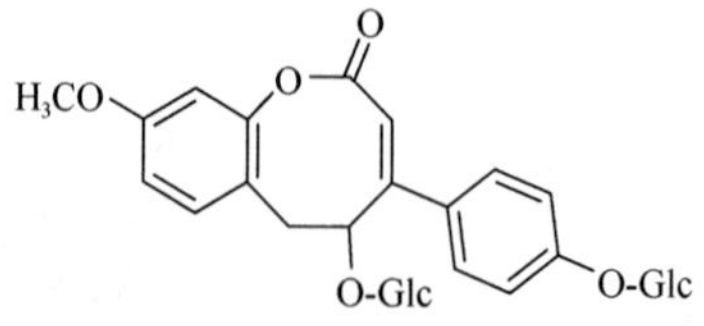

35

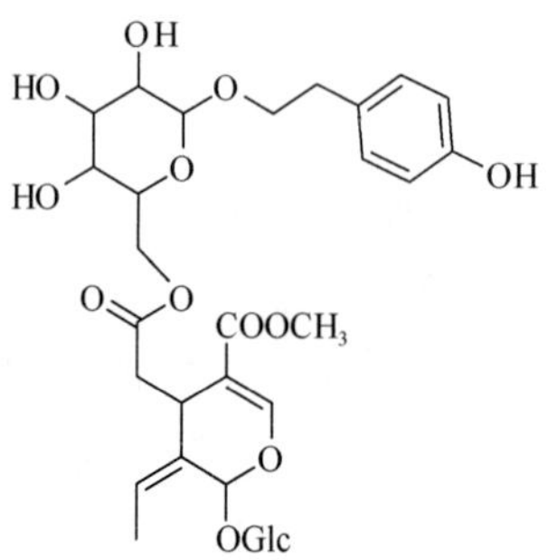

36

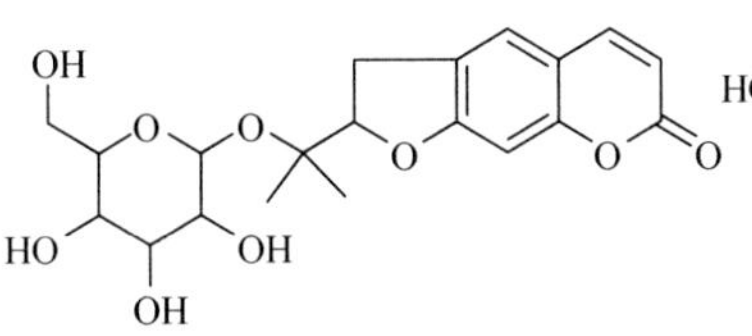

37 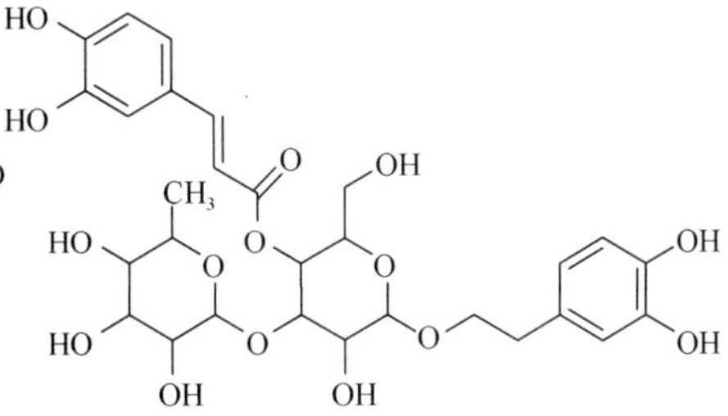　　　**38** 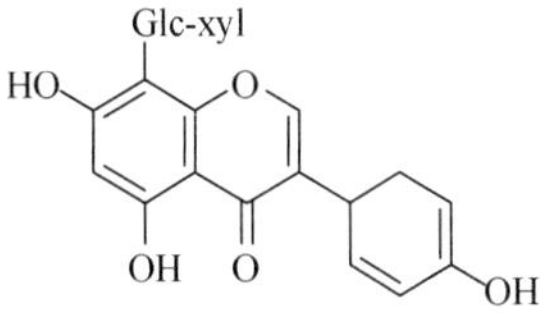　　　**39**

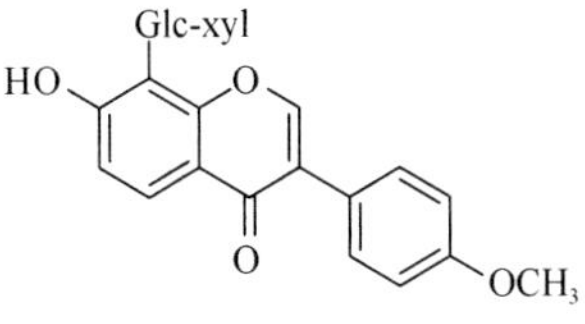

40 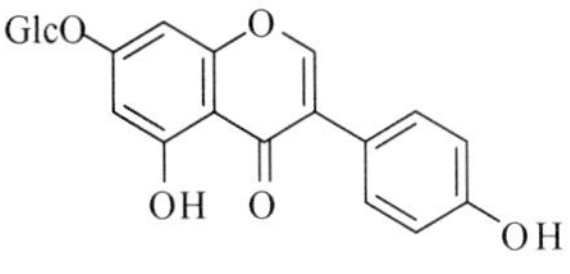　　　**41** 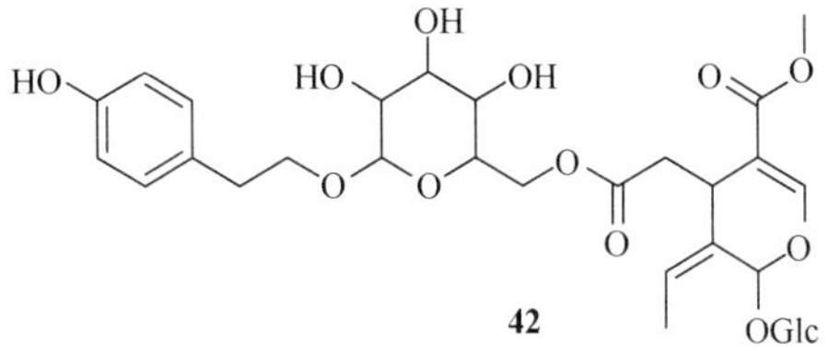　　　**42**

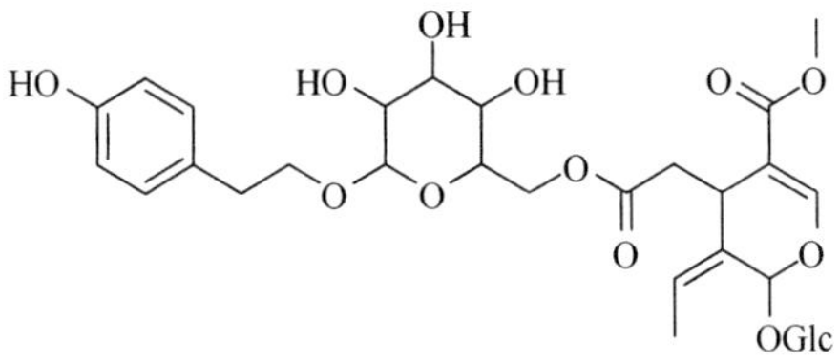

43 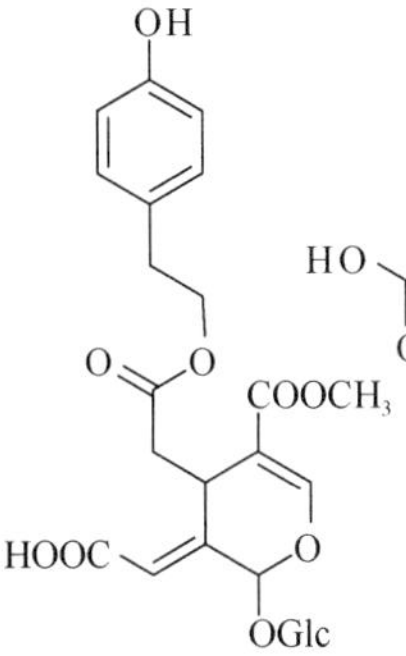　　　**44** 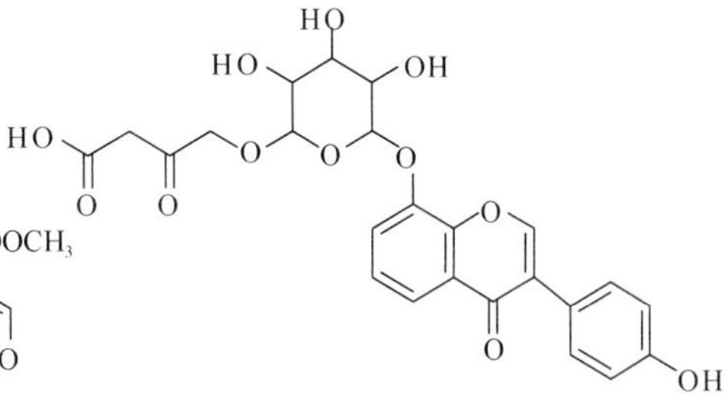　　　**45**

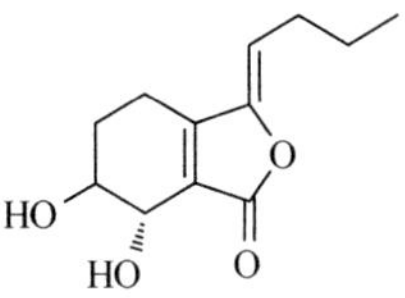

46 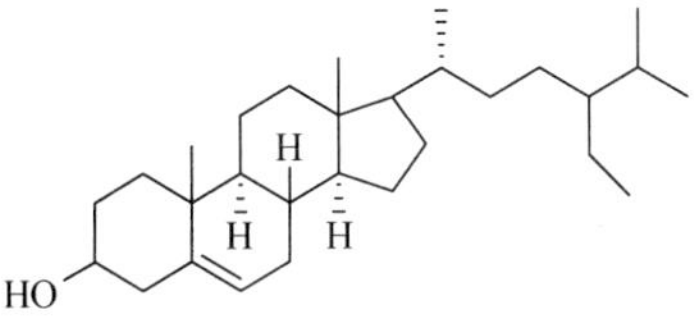　　　**47** 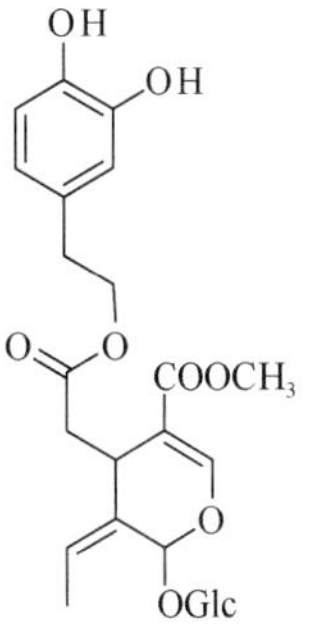　　　**48**

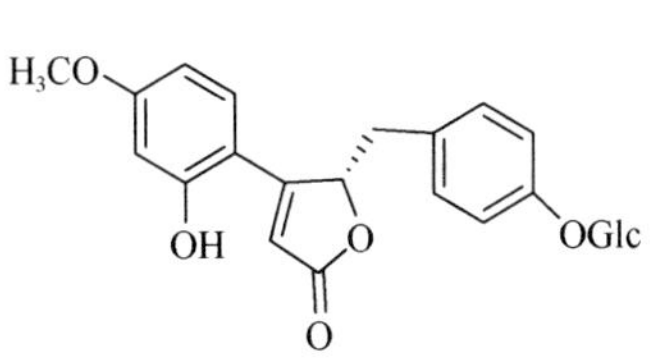

49 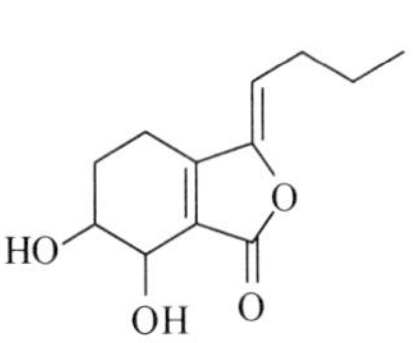　　　**50** 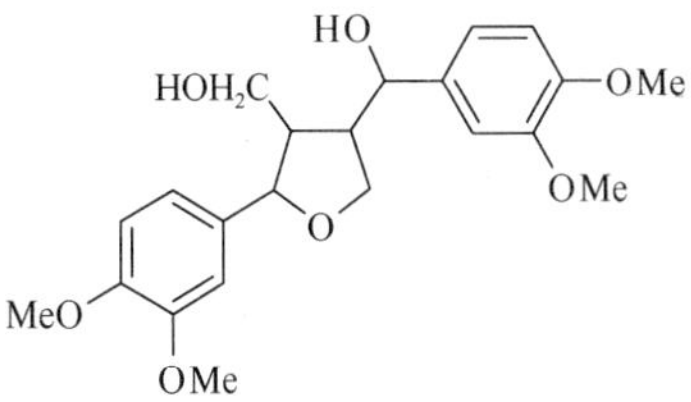　　　**51**

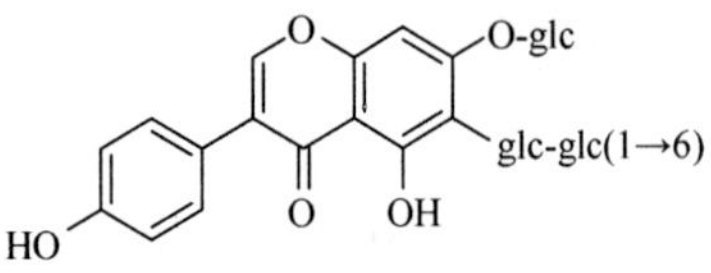

52

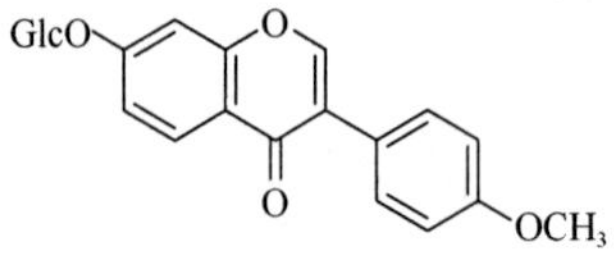

53

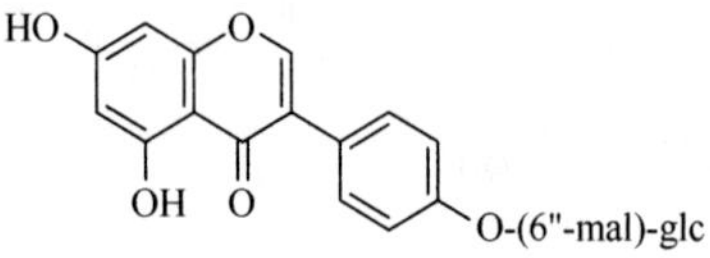

54

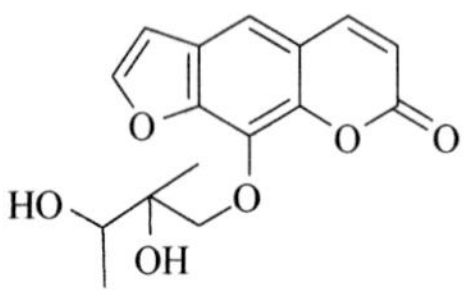

55

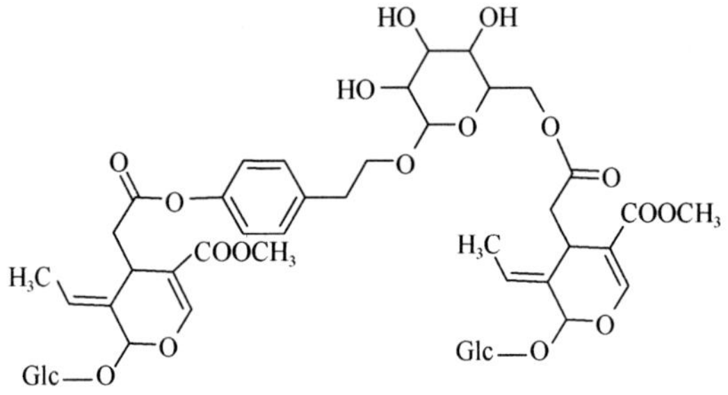

56

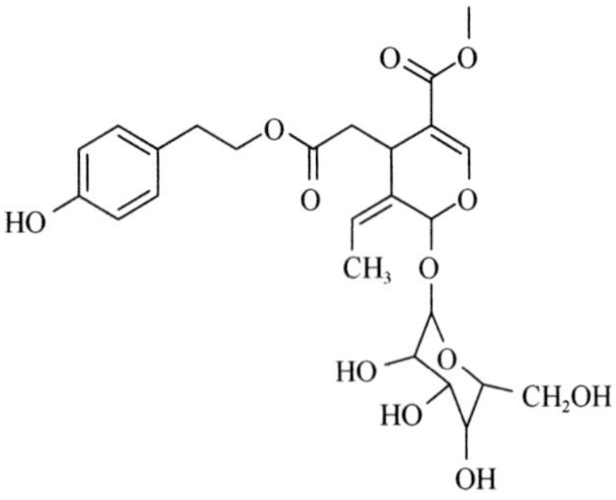

57

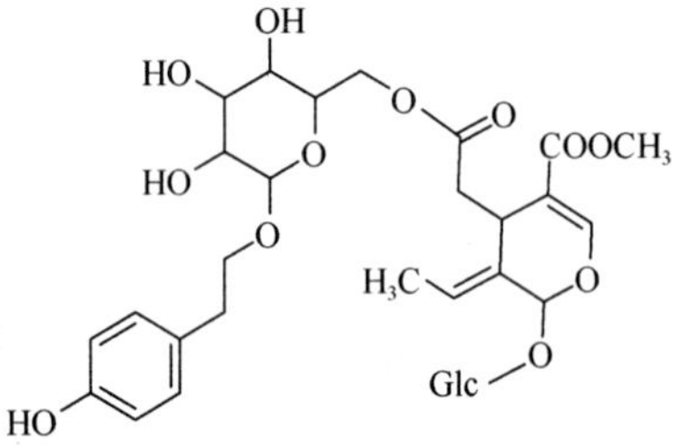

58

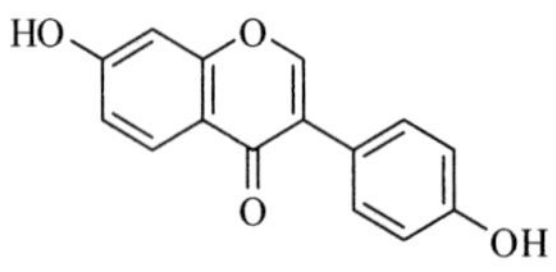

59

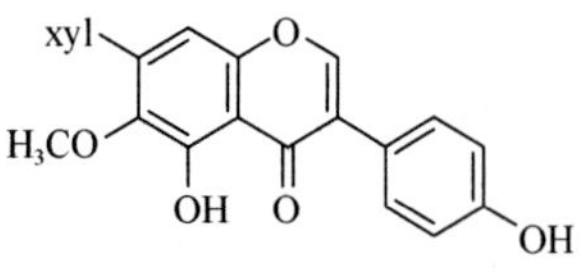

60

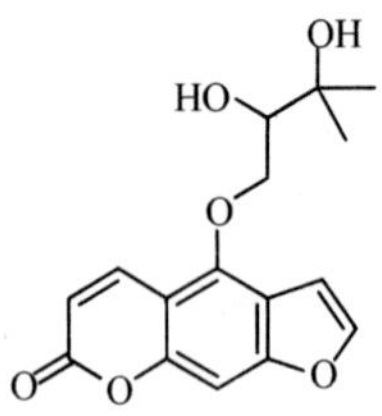

61

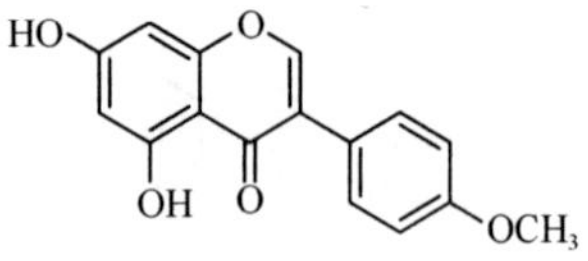

62

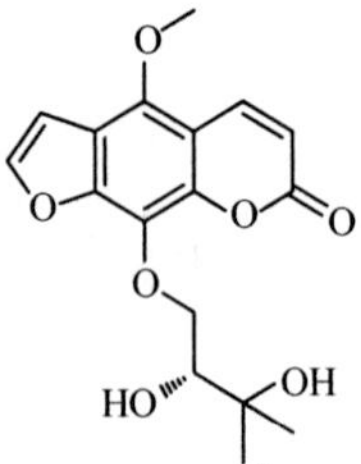

63

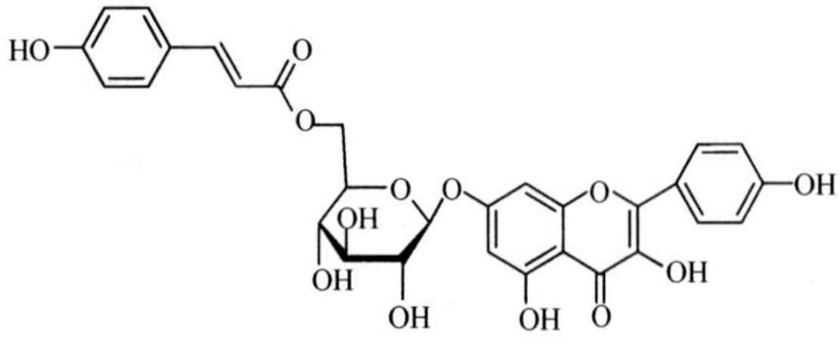

64

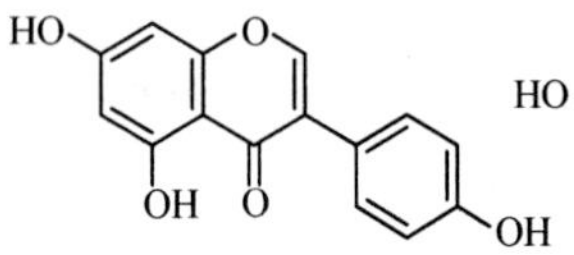

65

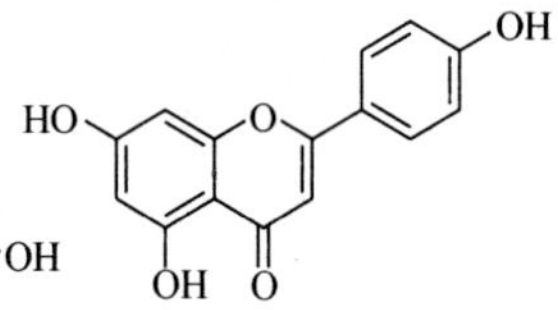

66

67

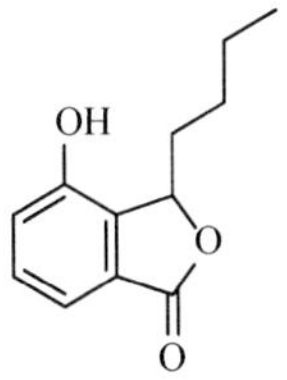

68

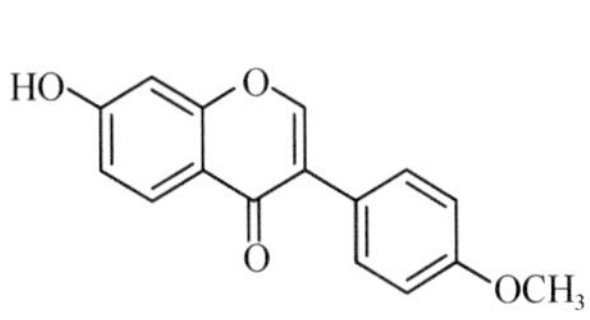

69

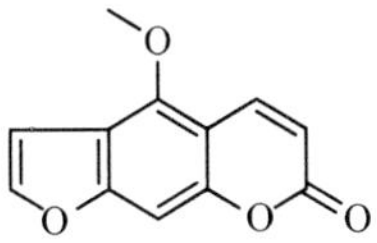

70

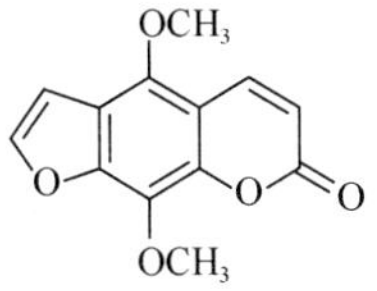

71

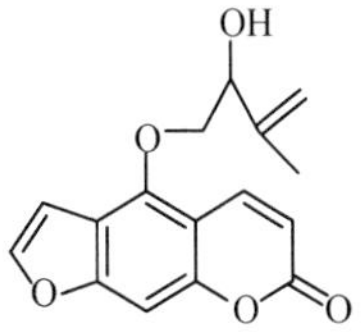

72

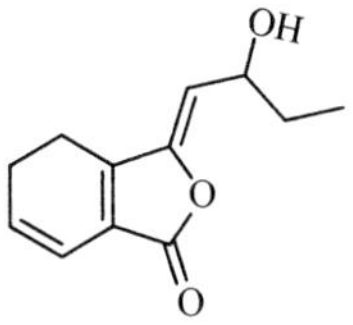

73

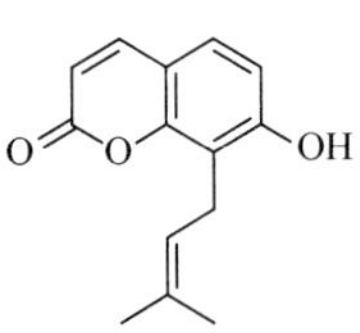

74

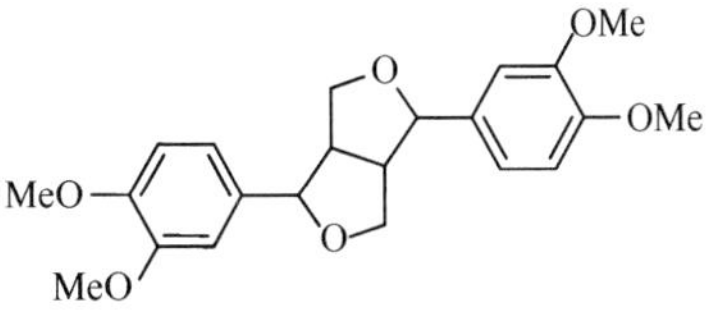

75

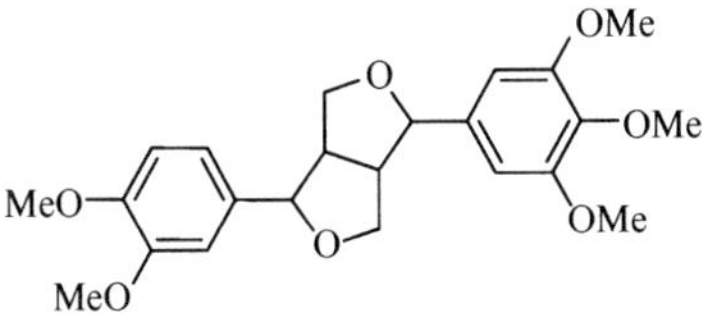

76

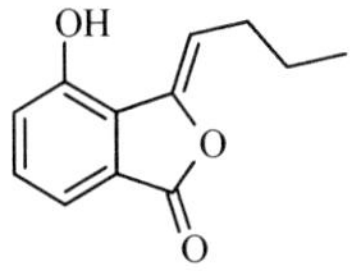

77

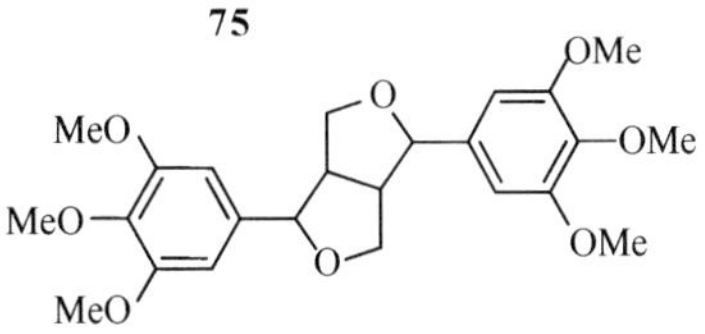

78

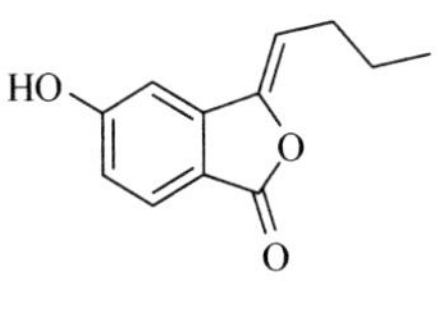

79

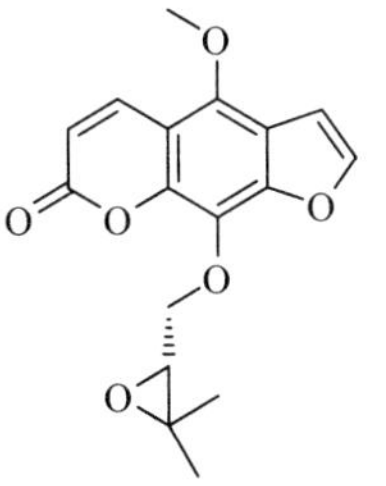

80

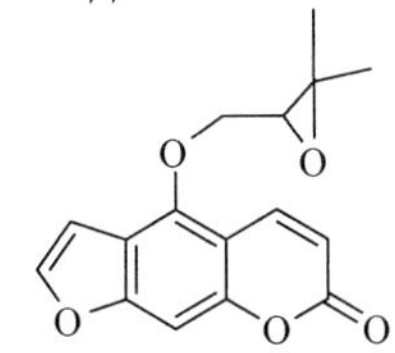

81

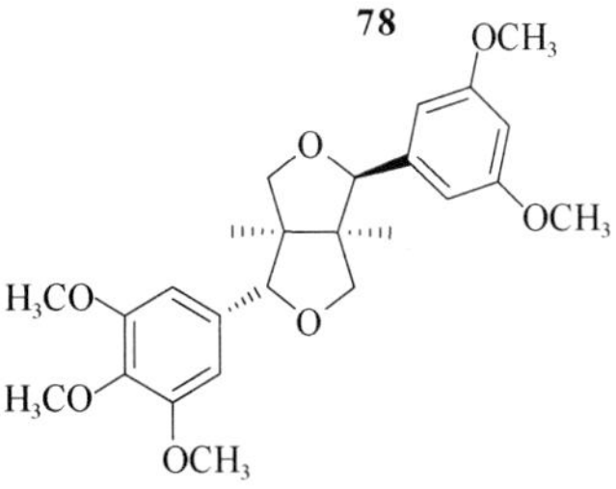

82

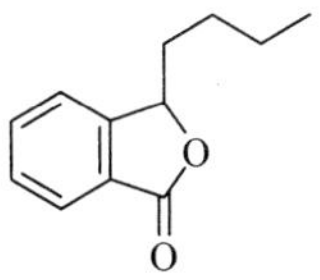

83

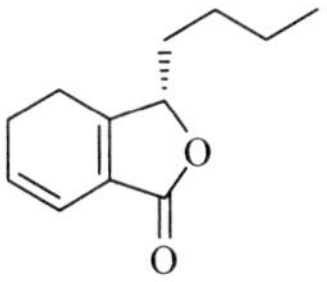

84

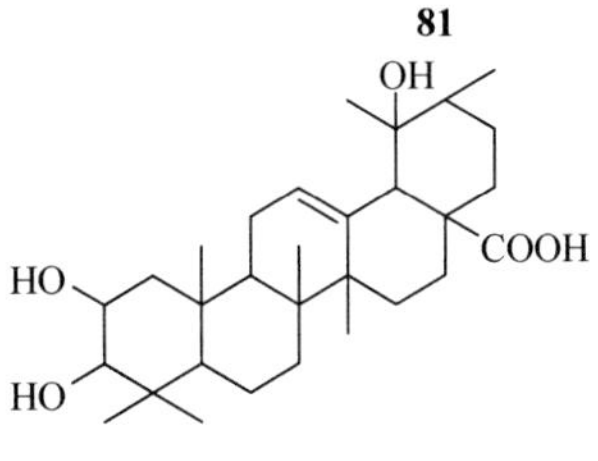

85

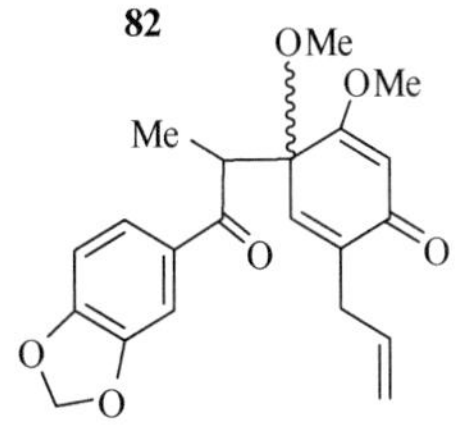

86

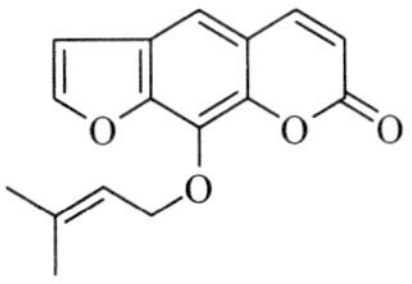

87

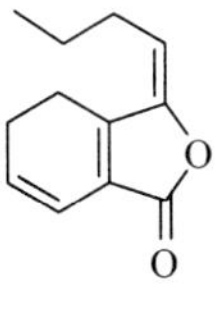

88

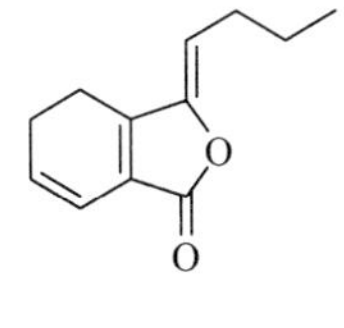

89

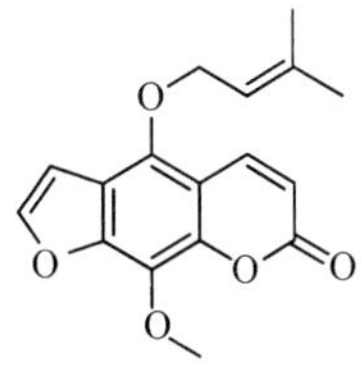

90

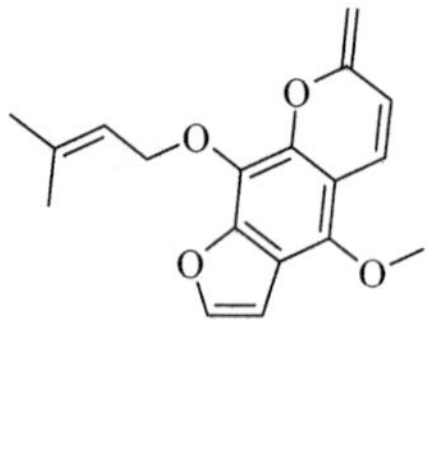

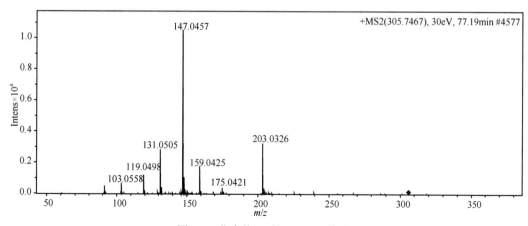

91 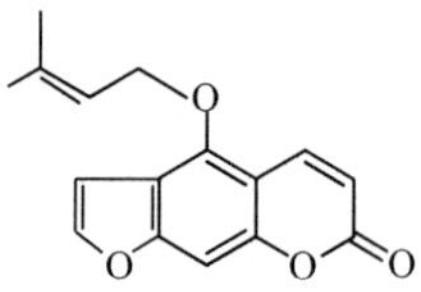　　　　　　　**92** 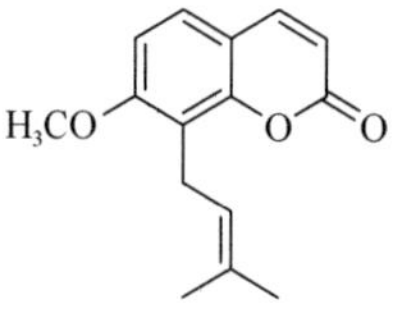　　　　　　　**93**

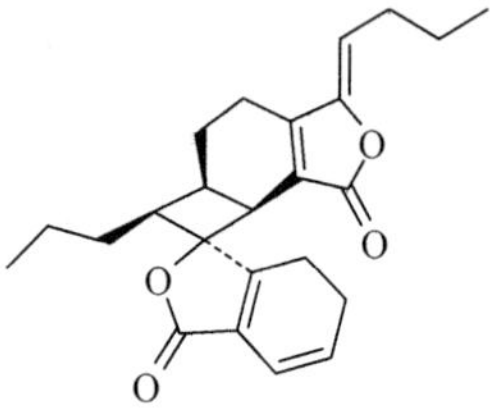

94 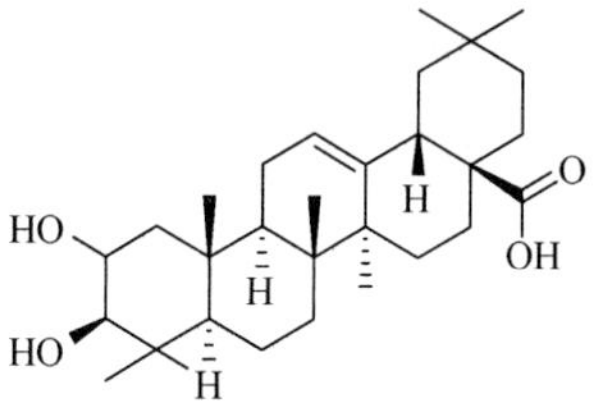　　　　　　　**95** 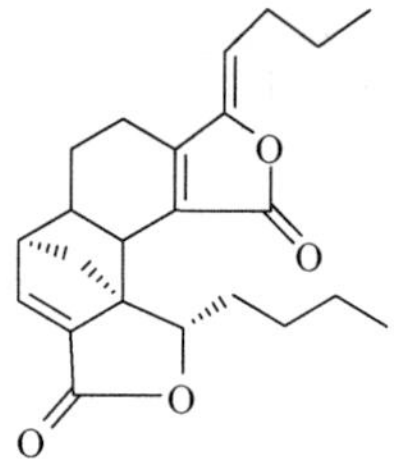　　　　　　　**96**

图 2-2　六经头痛片化学物质组结构式

（1）香豆素类化合物鉴定分析举例

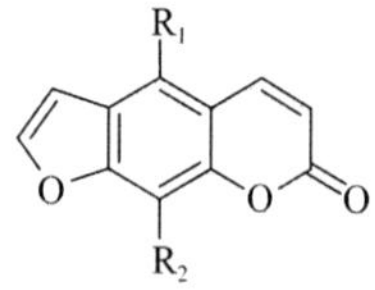

通过对香豆素的母核结构（见图 2-3）的质谱裂解研究发现，其主要裂解规律为连续失去一系列 CO 基团，再失去氢和乙炔，其裂解途径是：M-CO-CO-H-C_2H_2。内酯结构使其较容易失去质量为 44 的 CO_2 分子。香豆素类化合物主要有两种碎裂形式失去羰基，由环上的羰基（5、8 位）碎裂、酯键上

图 2-3　香豆素类化合物母核结构图

的羰基碎裂。对其失去的先后顺序进行了如下推测：酯键上的羰基失去后形成的结构仍是杂环，不如 5、8 位的羰基断裂后形成的结构稳定，故 5 位及 8 位羰基最容易失去。

化合物 60 显示的准分子离子峰为 305（见图 2-4），C_5H_9O 从准分子离子上丢失，就产生了 m/z 为 203 的碎片离子。m/z203 碎片离子失去一个羧基和一个羰基产生丰度最大的碎片离子 m/z147，同时 m/z203 碎片离子失去两个羰基产生碎片离子 m/z131，将该化合物的碎片信息与文献中查找的碎片信息进行比对，可鉴定出化合物 60 为水合氧化前胡素，裂解规律见图 2-5。

图 2-4　化合物 60 的 MS/MS 谱图

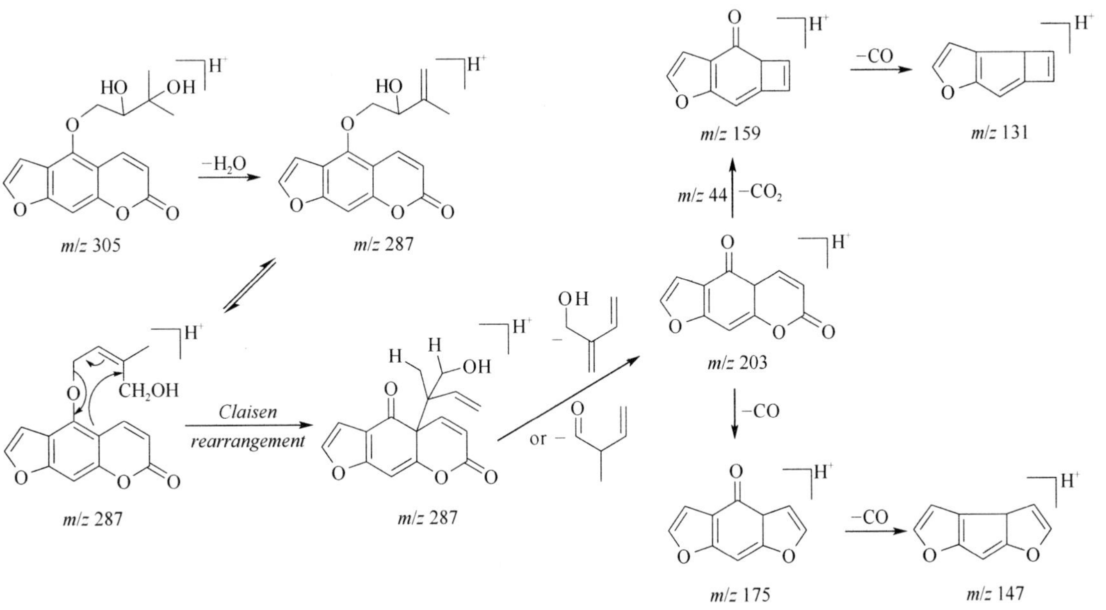

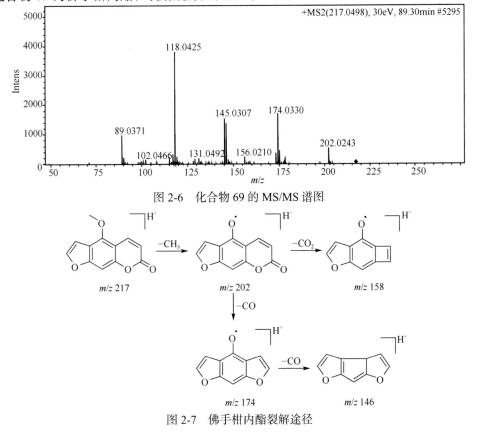

图 2-5 水和氧化前胡素裂解途径

化合物 69 显示的准分子离子峰为 217（见图 2-6），准分子离子丢失一个 CH$_3$ 基团就产生了 m/z 为 202 的碎片离子。m/z202 碎片离子失去一个羰基产生碎片离子 m/z174，再失去一个羰基产生碎片离子 m/z146，将该化合物的碎片信息与文献中查找的碎片信息进行比对，可鉴定出化合物 69 为佛手柑内酯，裂解规律见图 2-7。

图 2-6 化合物 69 的 MS/MS 谱图

图 2-7 佛手柑内酯裂解途径

化合物 80 显示的准分子离子峰为 287（见图 2-8），由于 C_5H_9O 从准分子离子上丢失，就产生了 m/z 为 203 的碎片离子。m/z203 碎片离子失去两个羰基产生碎片离子 m/z147，将该化合物的碎片信息与文献中查找的碎片信息进行比对，可鉴定出化合物 80 为氧化前胡素，裂解规律见图 2-9。

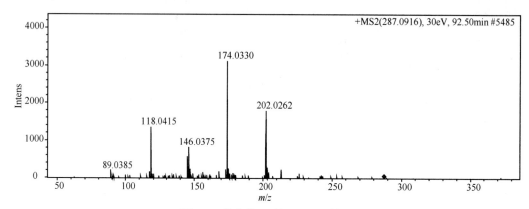

图 2-8　化合物 80 的 MS/MS 谱图

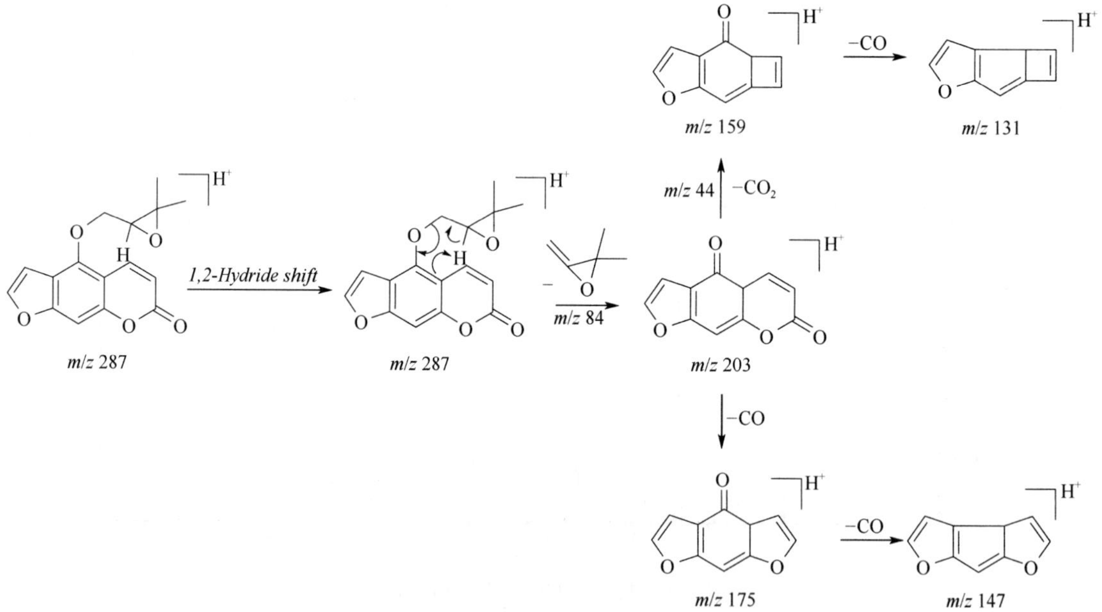

图 2-9　氧化前胡素裂解途径

化合物 87 和化合物 92 显示的准分子离子峰均为 271（见图 2-10 和 2-11），而且有共有的离子碎片 m/z203、147、131，通过一系列信息可知化合物 87 与化合物 92 为同分异构体。共有的离子碎片 m/z203 是准分子离子丢失 C_5H_8 产生，m/z147 的碎片离子是 m/z203 碎片离子丢失两个羰基形成的，而 m/z131 碎片又是在 m/z147 的碎片离子基础上丢失 CH_4 基团形成。除此以外，化合物 87 还有 m/z175 的离子碎片，是 m/z203 的离子碎片失去一个羰基形成；而化合物 92 有 m/z159 的离子碎片，是 m/z203 的失去 CO_2 基团产生。由这两个特有的离子碎片推断，并参照文献中碎片信息以及标品质谱图比对，可鉴定化合物 87 为欧前胡素，化合物 92 为欧前胡素的同分异构体，即异欧前胡素，裂解途径见图 2-12 和图 2-13。

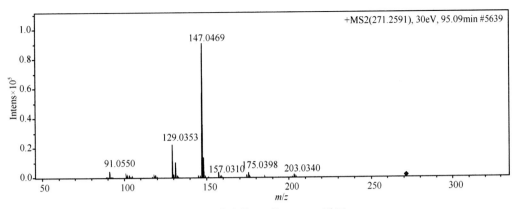

图 2-10 化合物 87 的 MS/MS 谱图

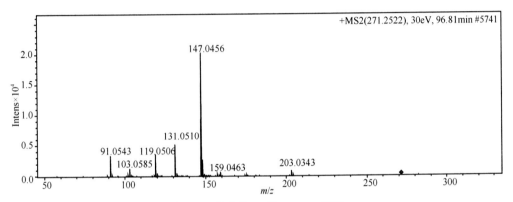

图 2-11 化合物 92 的 MS/MS 谱图

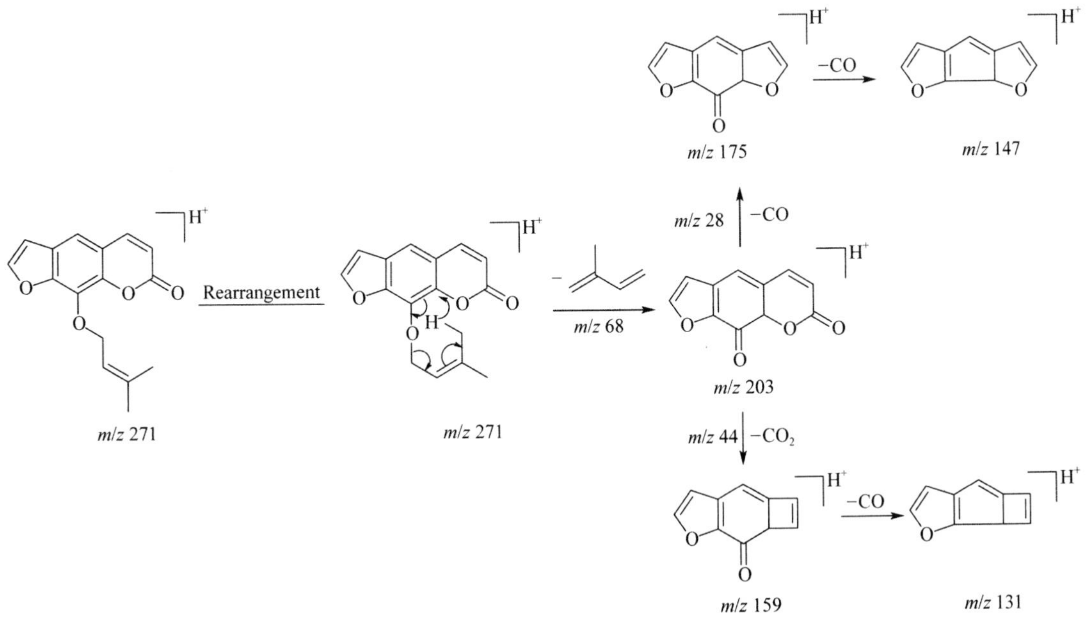

图 2-12 欧前胡素裂解途径

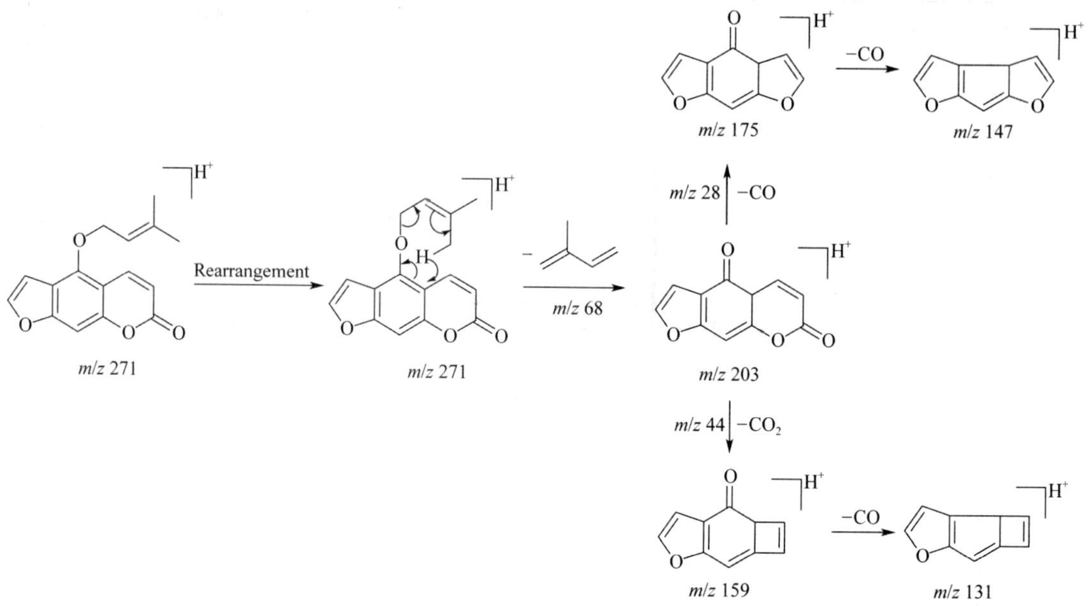

图 2-13　异欧前胡素裂解途径

（2）异黄酮类化合物鉴定分析举例

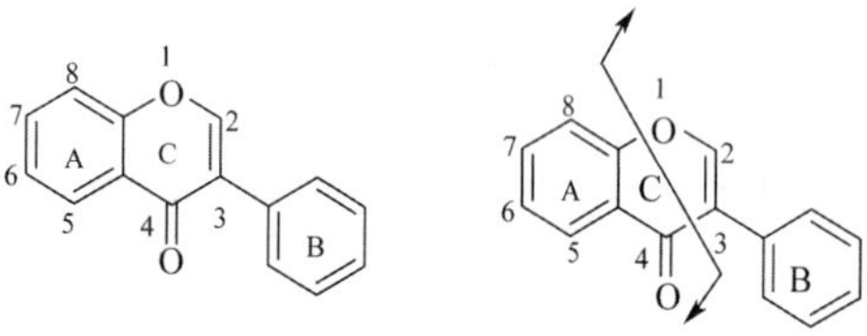

从六经头痛片中共鉴别了 31 个异黄酮类成分，均源于药材葛根，该类成分成分是葛根药材中的特征性成分。异黄酮的母核结构见图 2-14，因母核中多有酚羟基取代，在负模式下响应更好，易与流动相中甲酸分子生成加和离子峰[M +HCOO]⁻。经研究发现异黄酮的裂解方式主要是通过断裂糖苷键和 C_4 位羰基

图 2-14　异黄酮类化合物母核结构图

中性丢失 CO 发生 RDA 裂解，而 C 环经过 RDA 裂解后形成包含着 A 环或 B 环的碎片离子 $A^{0,3+}$ 和 $B^{0,3+}$，它们会继续发生中性丢失，A 环上有相邻羟基存在时，易中性丢失 CO 或 H_2O；B 环有甲氧基取代时，易中性丢失 CH_4 或 CH_3OH，但 A 环与 B 环有单独羟基时也偶见中性丢失 CO。

化合物 14 显示的准分子离子峰为 415（见图 2-15），经裂解后生成 m/z 253 的碎片（[M-H-162]⁻），说明脱去一分子葡萄糖，碎片 m/z 295 对应的是以 C-C 连接的碳苷的碎裂中性

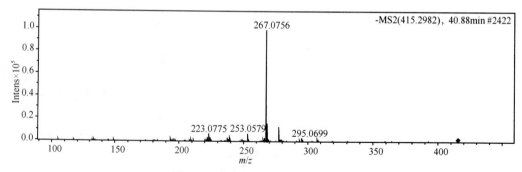

图 2-15　化合物 14 的 MS/MS 谱图

丢失 120Da 生成，该碎片进一步丢失 CO 和 H_2O 产生 m/z 267 和 m/z 277 碎片，并且通过与葛根素标准品谱图和 UV 吸收光谱比对发现信息一致，因此鉴定化合物 14 为葛根素，裂解途径见图 2-16。

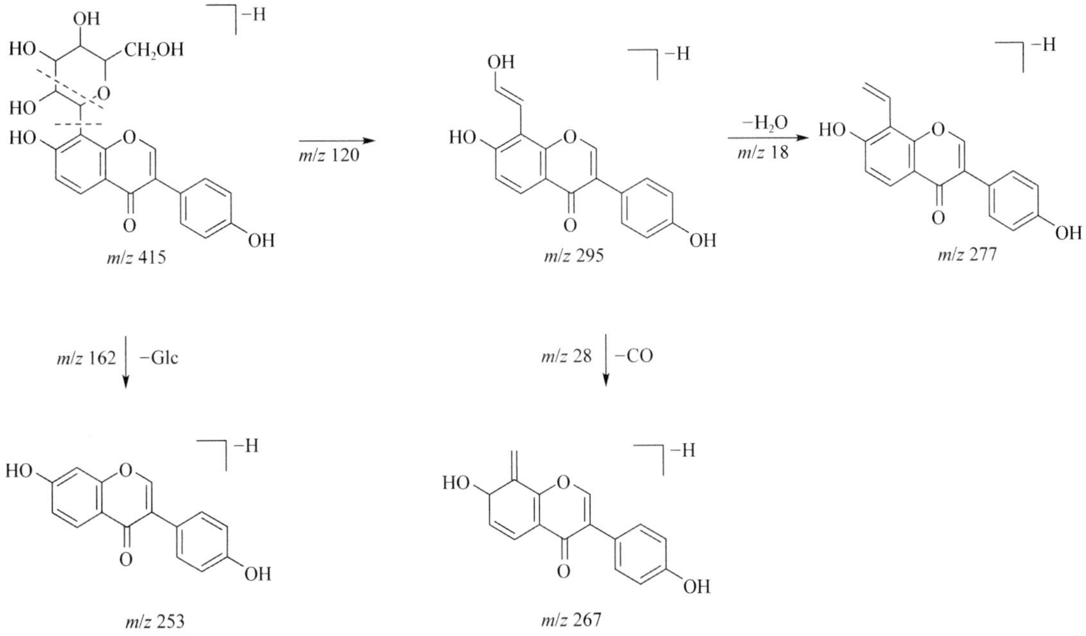

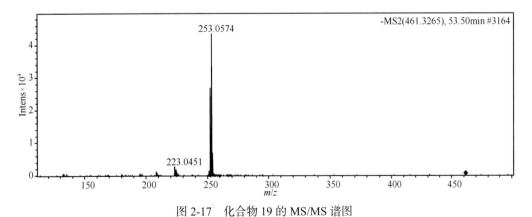

图 2-16　葛根素的裂解途径

化合物 19 在负模式下产生的准分子离子峰为 m/z 461[M+HCOO]$^-$，（见图 2-17），从准分子离子峰上丢失酸根离子和脱去一分子葡萄糖产生丰度最大的碎片离子 m/z 253，m/z 253 继续中性丢失 CO 和 CO_2 生成 m/z 225 和 m/z 209 的碎片。m/z 253 碎片离子连续失去两个 CO 产生碎片离子 m/z 197，进一步通过与标准品谱图和 UV 吸收光谱比对，鉴定化合物 19 为大豆苷，裂解途径见图 2-18。

图 2-17　化合物 19 的 MS/MS 谱图

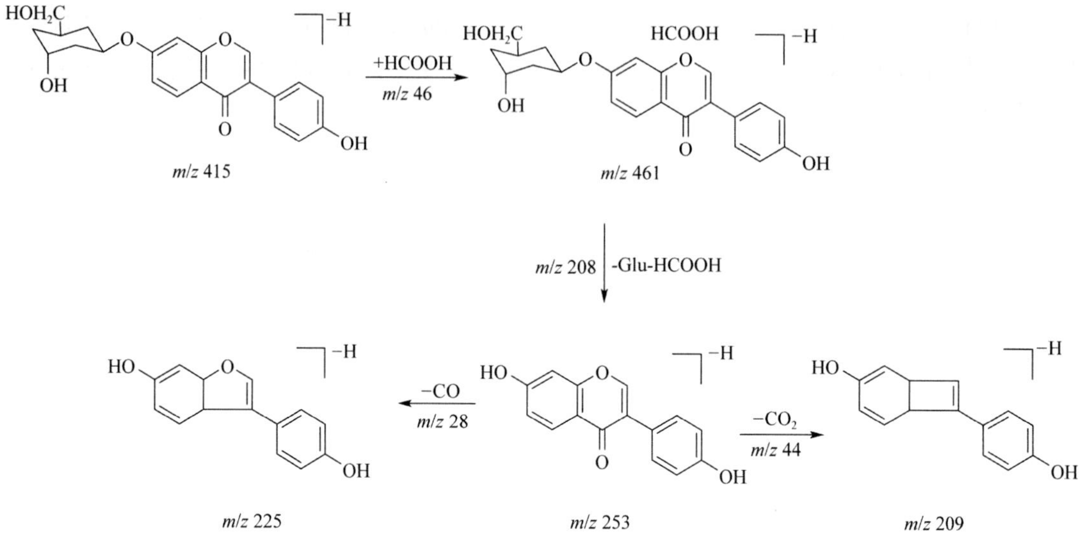

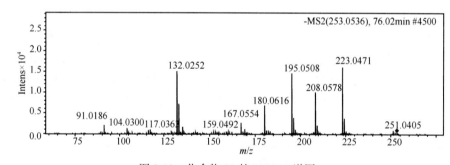

图 2-18　大豆苷的裂解途径

化合物 58 显示的准分子离子峰为 415（见图 2-19），分子离子峰接连失去中性小分子 CHO 和 CO 则得到 m/z 224 和 m/z 196 的碎片离子。另外，m/z 253 还可以直接中性丢失 CO_2 产生碎片 m/z 209，同时准分子离子峰 m/z 253 的 C 环发生 RDA 裂解生成 m/z133 的碎片，并参照文献中碎片信息以及标品质谱图和 UV 吸收光谱比对，鉴定化合物 58 为大豆苷元，裂解途径见图 2-20。

图 2-19　化合物 58 的 MS/MS 谱图

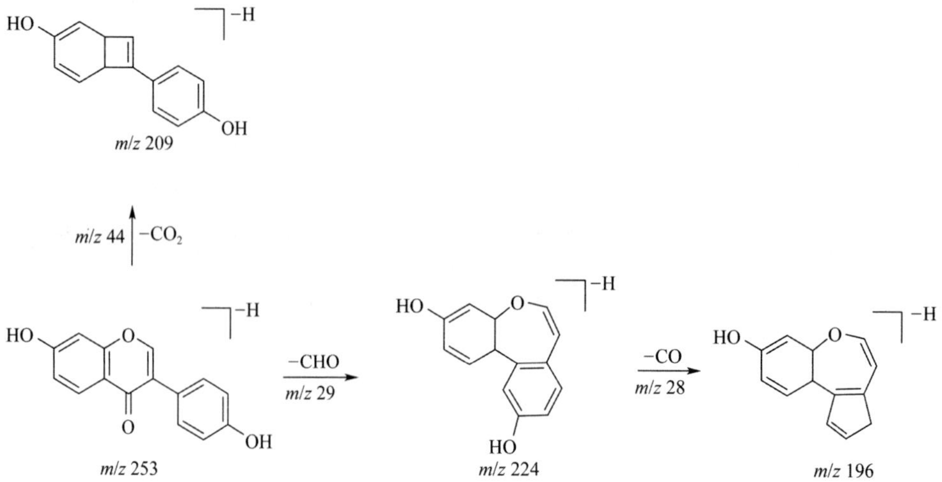

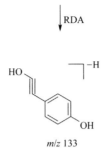

图 2-20　大豆苷元的裂解途径

（3）环烯醚萜类化合物鉴定分析举例

从六经头痛片中共鉴别了 13 个环烯醚萜类成分，均来源于药材女贞子，该类成分是女贞子药材中的特征性成分。环烯醚萜是单萜类化合物，其最基本的母核是环烯醚萜醇，具有环状烯醚及醇羟基，由于醇羟基属于半缩醛羟基，性质活泼，故该类化合物多以苷类的形式存在，从分子结构看，环烯醚萜苷主要结构特征是的二氢吡喃环上顺式连接有 1 个环戊烷类的基团（见图 2-21）。在 ESI+模式下，通常检测到其加氢准分子离子峰或加钠的加合分子离子峰，当流动相中有甲酸时，若 C_4 位是酯基或甲氧基，则产生加合离子 [M+HCOO]⁻；若 C_4 位是羧基，则产生去质子化分子离子

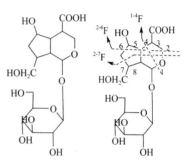

图 2-21　环烯醚萜苷母核结构图

[M-H]⁻。环烯醚萜苷主要的裂解途径是脱去母环上的功能基团，如丢失 H_2O，CO_2，CH_3OH，CH_3COOH 和糖单元部分等，其次是母核环的断裂，环烯醚萜苷母核环上半缩醛结构的异构化造成二氢吡喃环的断裂，但是未发现与负离子模式相同的苷元部分其他的断裂。

化合物 41 显示的准分子离子峰为 709，是[M+Na]⁺离子峰（见图 2-22），该碎片裂解脱去一分子葡萄糖产生 m/z 525 的碎片离子，再失去中性分子 OH 生成碎片 m/z507，m/z 387 是 m/z 525 断裂失去 138Da 的中性分子产生，m/z 387 碎片离子失去一个 H_2O 产生碎片离子 m/z369，再连续失去 144Da 和 60Da 的中性分子，产生碎片离子 m/z 225 和 m/z165，并参照文献中碎片信息以及标品质谱图和 UV 吸收光谱比对，鉴定化合物 41 为特女贞苷，裂解途径见图 2-23。

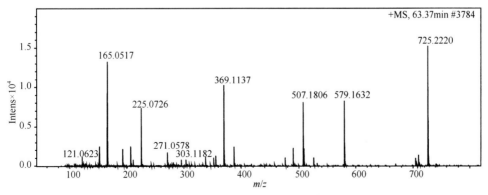

图 2-22　化合物 41 的 MS/MS 谱图

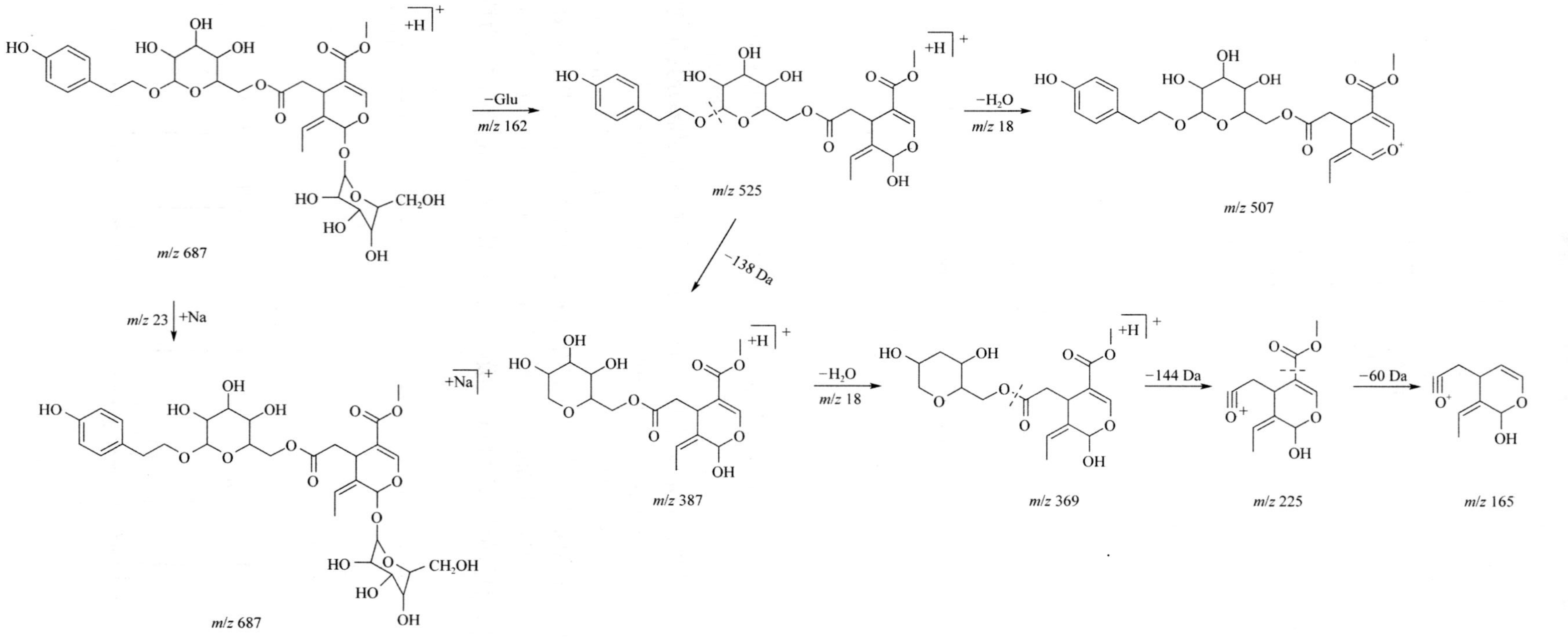

图 2-23 特女贞苷裂解途径

化合物 31 显示的准分子离子峰为 593，是[M +Na]⁺离子峰（见图 2-24），该碎片裂解脱去一分子葡萄糖产生 m/z 409 的碎片离子，再失去中性分子 OH 生成碎片 m/z391，该碎片失去 118Da 的中性分子生成 m/z 273 的碎片离子，接着中性丢失一分子 OH 生成 m/z 255 的碎片，碎片离子 m/z409 失去 33Da 后形成了碎片离子 m/z377，推测应该是失去了 CH_3OH，m/z 137 是 m/z 571 断裂失去 434Da 的中性分子产生的，通过与文献中碎片信息进行比对，推测该化合物为橄榄苦苷酸，裂解途径见图 2-25。

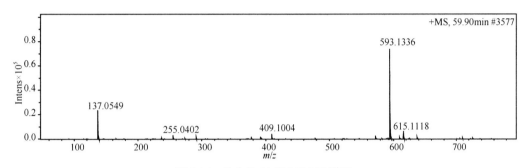

图 2-24　化合物 31 的 MS/MS 谱图

（4）苯酞类化合物鉴定分析举例

从六经头痛片中共鉴别了 13 个苯酞类成分，来源于药材川芎和藁本，据此获得了苯酞类化合物的特征碎片离子和其可能的质谱裂解规律：在正模式下，大多数该化合物不仅存在[M+H]⁺准分子离子峰，还存在[M +Na]⁺离子峰，在质谱图上，其裂解途径有两种，一种为侧链断裂脱烯（C_nH_{2n}），产生[M-C₂H₄+H]⁺、[M-C₃H₆+H]⁺、[M-C₄H₈+H]⁺等碎片离子，另一种表现为开环脱水再脱羰，产生[M-H₂O+H]⁺其通常丰度较高、[M-H₂O-CO+H]⁺等碎片。

化合物 83 质谱图中显示分子离子峰为 m/z193（见图 2-26），同时还产生一个[M +Na]⁺为 215 离子峰，m/z193 经侧链断裂脱烯（-C₄H₈）生成 m/z137 的碎片，另一裂解途径为 m/z193 开环脱水产生 m/z175 碎片离子，进一步脱去 CO 得到碎片离子 m/z147，m/z147 又可中性丢失 C₃H₆ 形成 m/z105 碎片离子。通过与文献中碎片信息进行比对，推测该化合物为洋川芎内酯 A，裂解途径见图 2-27。

化合物 88 和化合物 89 质谱图中显示分子离子峰均为 m/z191（见图 2-28，图 2-29），同时还产生一个[M+Na]⁺均为 213 离子峰，而且存在共同的碎片离子 m/z173、163、145、117 和 105 等碎片离子，提示化合物 88 和化合物 89 为同分异构体，共同碎片的裂解途径相同。m/z191 经侧链断裂脱烯-C₂H₄、-C₃H₆、-C₄H₈分别生成 m/z163、m/z149、m/z135 的碎片，另一裂解途径为 m/z193 开环脱水产生 m/z173 碎片离子，进一步脱去 CO 得到碎片离子 m/z145，m/z147 又可中性丢失 C₂H₄ 或 C₃H₄ 形成 m/z117 或 m/z105 碎片离子，结合文献报道这两个化合物在反相 C₁₈ 柱上的相对出峰时间顺序，推测该化合物 88 为 E-藁本内酯，化合物 89 为 Z-藁本内酯，二者的裂解途径见图 2-30。

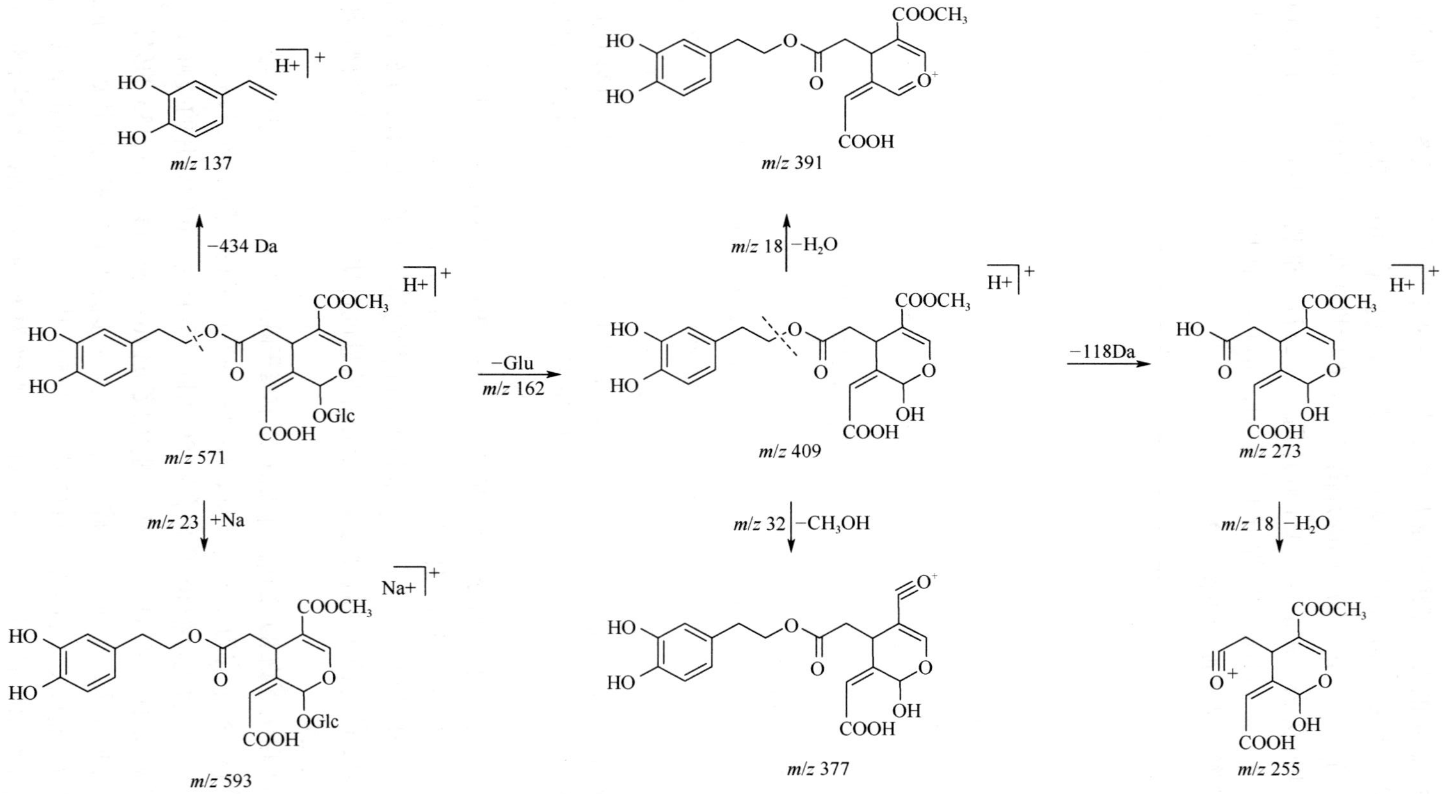

图 2-25　橄榄苦苷酸裂解途径

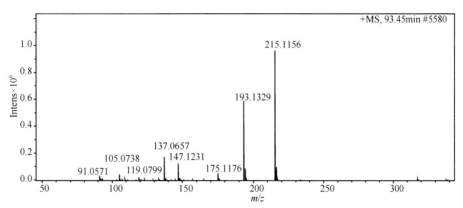

图 2-26 化合物 83MS/MS 谱图

图 2-27 洋川芎内酯 A 裂解途径

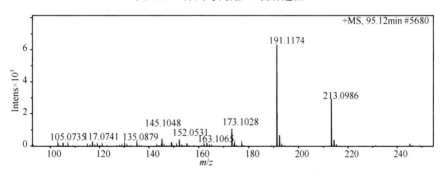

图 2-28 化合物 88 E-藁本内酯 MS/MS 谱图

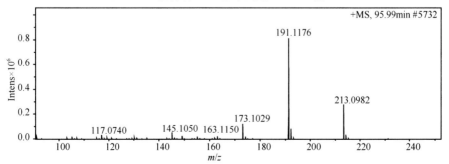

图 2-29 化合物 89 Z-藁本内酯 MS/MS 谱图

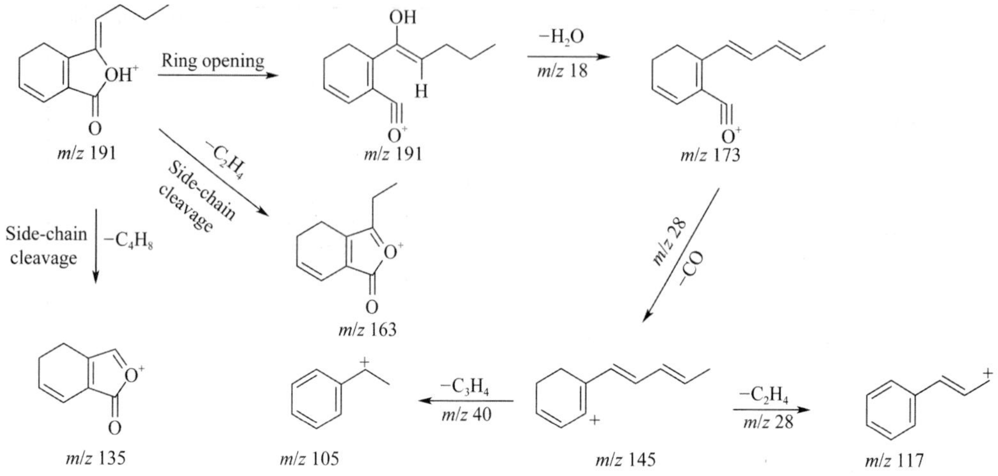

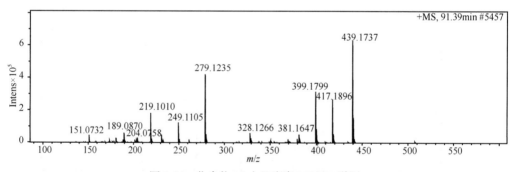

图 2-30　Z-藁本内酯裂解途径

（5）木脂素类化合物鉴定分析举例

从六经头痛片中共鉴别了 6 个木脂素类成分，均来源于药材辛夷，这 6 个化合物中有 4 个母核为骈双四氢呋喃型木脂素，结构相对比较稳定，正模式下易产生加合离子$[M+Na]^+$，其碎裂规律主要表现为一些特征的中性碎片的丢失，产生$[M+H-H_2O]^+$、$[M-Glu]^+$等峰。

化合物 75 质谱图中显示分子离子峰均为 m/z417（见图 2-31），同时还产生一个$[M+Na]^+$均为 439 离子峰，m/z417 中性丢失一分子 CH_3 产生 m/z 399，连续丢失两分子 CH_3 产生 m/z381，与标准品谱图比对发现其与木兰脂素的质谱图一致，故化合物 75 可以鉴定为木兰脂素。

图 2-31　化合物 21 木兰脂素 MS/MS 谱图

（6）苯乙醇苷化合物鉴定分析举例

苯乙醇苷的碎裂规律主要为一些特征中性碎片的丢失，如丢失咖啡酰基（162 u）、端基六碳糖基（162 u）、脱氧六碳糖基（146 u）以及脱水峰（18 u）的产生等。

化合物 2 在正模式下显示的准分子离子峰为其加合离子峰 m/z 301$[M+Na]^+$（见图 2-32），且$[M+Na]^+$峰一般比较稳定，碎片离子主要存在为两种形式，第一种表现为脱去 H_2O 分子，出现 m/z 291$[M+Na-2H_2O]^+$、m/z272 $[M+Na-3H_2O]^+$碎片离子，另一种是糖苷键的断裂，出现 m/z121$[M-Glu-H_2O]^+$的碎片，并参照文献中碎片信息以及标品质谱图和 UV 吸收光谱比对，鉴定化合物 2 为红景天苷，裂解途径见图 2-33。

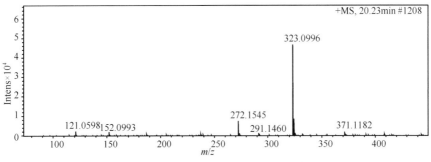

图 2-32　化合物 2 红景天苷 MS/MS 谱图

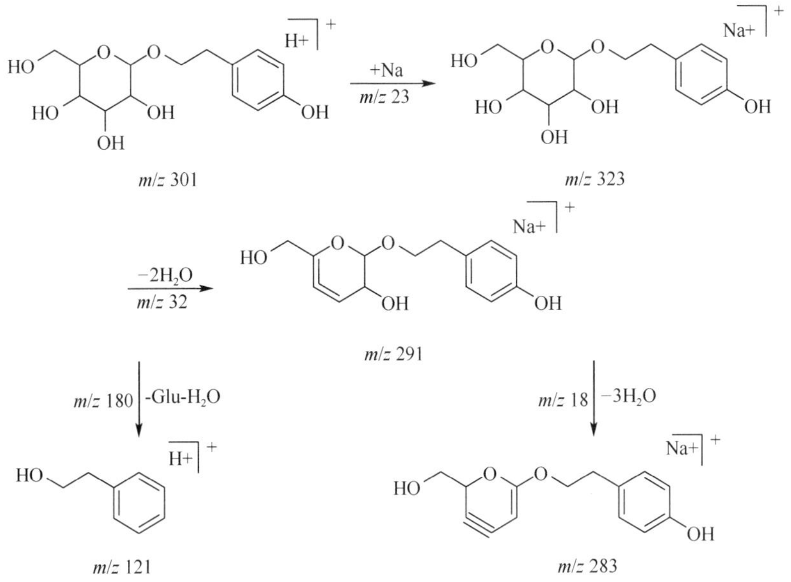

图 2-33　红景天苷碱裂解途径

　　化合物 20 在负模式下，显示的准分子离子峰为 m/z785[M-H]⁻（见图 2-34），该碎片失去中性碎片 162 Da 产生碎片 m/z 623，推测是准分子离子失去一个咖啡酰基或一个六碳糖基（端基糖）形成的，由 m/z623 竞争丢失一个咖啡酰基（162Da）或脱氧六碳糖基（146Da）生成 m/z461 和 m/z477，m/z477 进一步碎裂失去 162Da 的中性碎片生成 m/z315 的离子，m/z461 离子碎裂产生 m/z161 和 m/z135。并参照文献中碎片信息，鉴定化合物 20 为松果菊苷，裂解途径见图 2-35。

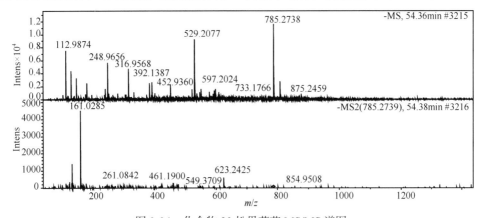

图 2-34　化合物 20 松果菊苷 MS/MS 谱图

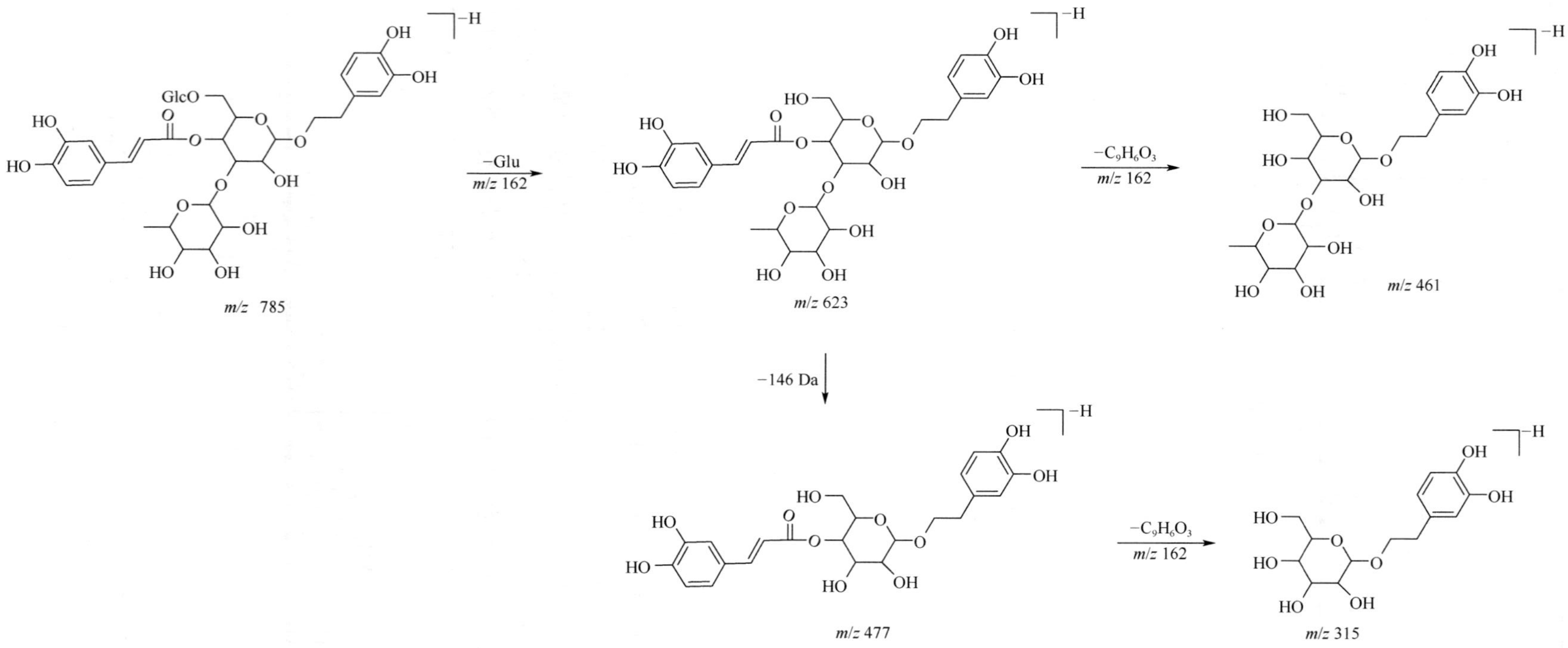

图 2-35　松果菊苷裂解途径

3. 六经头痛片非挥发性成分与各原料药材归属研究

对六经头痛片中的 96 个非挥发性化学成分进行药材归属研究,结果表明其中 34 个化学成分来源于葛根药材,20 个化学成分来源于女贞子药材,17 个化学成分来源于白芷药材,14 个化学成分来源于川芎药材,12 个化学成分来源于藁本药材,10 个化学成分来源于辛夷药材,1 个化学成分来源于苍蔚子药材。统计结果见表 2-3 和图 2-36～图 2-41 所示。

表 2-3　六经头痛片非挥发性成分色谱峰药材来源归属统计表

药材来源	复方中可识别的化合物的峰号	总计数目	成分类型
葛根	4、5、7、9、10、12、14、15、16、17、18、19、20、22、23、24、25、26、28、29、35、39、40、41、45、49、52、53、54、59、60、62、65、69	34	异黄酮、葛根苷
女贞子	2、3、6、13、21、30、32、33、34、36、38、42、43、44、48、56、57、58、66、85、95	20	环烯醚萜、苯乙醇、黄酮、三萜类
白芷	11、37、55、61、63、67、70、71、72、74、80、81、87、90、91、92、93	17	香豆素、有机酸类
川芎	11、27、31、46、50、68、73、77、79、83、84、89、94、96	14	苯酞类、有机酸类
藁本	11、27、31、46、50、70、83、84、88、89、94、96	12	苯酞类、有机酸类
辛夷	8、33、47、51、64、75、76、78、82、86	10	木脂素、生物碱、黄酮类、甾醇类
苍蔚子	1	1	生物碱

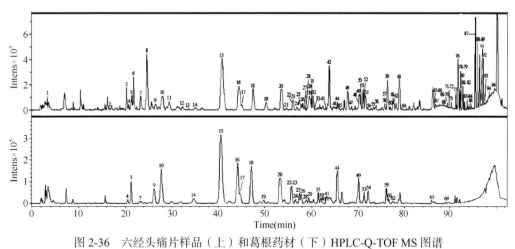

图 2-36　六经头痛片样品（上）和葛根药材（下）HPLC-Q-TOF MS 图谱

峰 4、5、7、9、10、12、14、15、16、17、18、19、20、22、23、24、25、28、29、39、40、41、45、52、53、54、59、60、62、65、69 为 31 个异黄酮类成分；峰 26、35、49 为 3 个葛根苷类成分

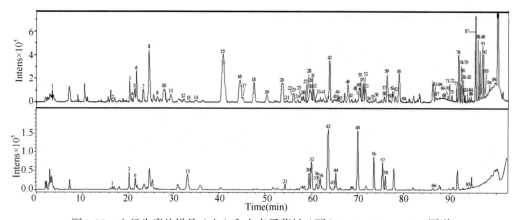

图 2-37　六经头痛片样品（上）和女贞子药材（下）HPLC-Q-TOF MS 图谱

峰 6，13，30，32，34，36，42，43，44，48，56，57，58 为 13 个环烯醚萜类成分；峰 2，3，21，38 为 4 个苯乙醇类成分；峰 33，36 为 2 个黄酮类成分；峰 85，95 为 2 个三萜类成分

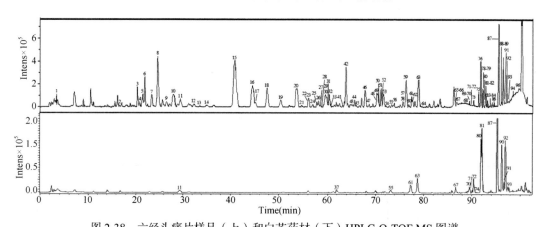

图 2-38　六经头痛片样品（上）和白芷药材（下）HPLC-Q-TOF MS 图谱

峰 37，55，61，63，67，70，71，72，74，80，81，87，90，91，92，93 为 16 个香豆素类成分；峰 11 为 1 个有机酸类成分

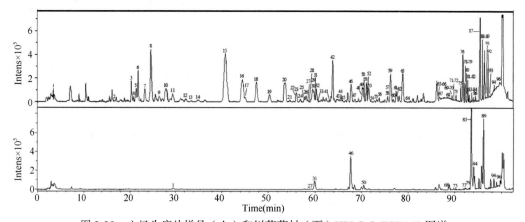

图 2-39　六经头痛片样品（上）和川芎药材（下）HPLC-Q-TOF MS 图谱

峰 31，46，50，68，73，77，79，83，84，89，94，96 为 12 个苯酞类成分；峰 11，27 为 2 个有机酸类成分

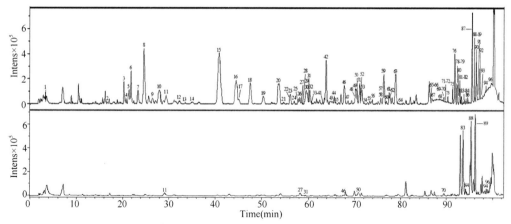

图 2-40 六经头痛片样品（上）和藁本药材（下）HPLC-Q-TOF MS 图谱

峰 31，46，50，70，83，84，88，89，94，96 为 10 个苯酞类成分；峰 11，27 为 2 个有机酸类成分

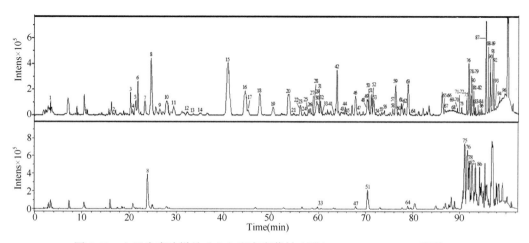

图 2-41 六经头痛片样品（上）和辛夷药材（下）HPLC-Q-TOF MS 图谱

峰 51，75，76，78，82，86 为 6 个木脂素类成分；峰 33，64 为 2 个黄酮类成分；峰 8 为 1 个生物碱类成分；峰 47 为 1 个甾醇类
成分

四、讨 论

面对复杂的中药化学成分，建立高选择、有效的分析方法测定其分子结构是其中关键一环。液–质联用技术（LC-MS）是近几年出现的最有效的分离和鉴定化学组分的方法之一，把高效分离和高灵敏检测结合起来，快速获取分子结构信息和定量分析，在没有对照品确证的条件下能够给出结构信息，从而推断未知化合物的结构，是探索中药复杂体系物质基础的重要检测工具。

Q-TOF（quadrupole-time of flight）MS-MS 是四极杆质谱和飞行时间质谱的串联。Q-TOF 作为一种新型的质量分析检测器，除了可以测定待分析物的色谱保留时间和精确分子量外，对于选择的分析物母离子可以通过进一步活化碰撞，测定母离子和碎片离子的精确分子量，从而达到明确其结构的目的。

本部分研究采用 HPLC/Q-TOF MS 技术，对六经头痛片的整体化学物质基础进行研究，分析鉴定了全方中含有的 96 个化学成分，其中 34 个来源于葛根药材，多为异黄酮类成分且含量相对较高，21 个来源于女贞子药材，多为环烯醚萜类成分，17 个来源于白芷药材，主要为香豆素类成分，14 个来源于川芎药材，多为苯酞类成分，12 个来源于藁本药材，也多为苯酞类成分，9 个来源于辛夷药材，主要为木脂素类成分，1 个来源于茺蔚子药材。本实验解析了六经头痛片的化学物质组，为进一步明确其药效物质基础和质量控制提供了实验依据。

第二节　六经头痛片挥发性化学成分表征与辨识

本实验采用 GC-MS 鉴别六经头痛片中挥发性化学物质组，并对其化学成分进行成分指认及色谱峰来源药材归属，阐明六经头痛片挥发性成分的化学物质基础，为进一步阐明其药效物质基础提供实验依据。

一、仪器与材料

1. 仪器

Agilent 7890B 型气相色谱仪	美国 Agilent 公司
Agilent 7890A-5975C 连用仪 GC-MS	美国 Agilent 公司
FID 检测器 7890B（G3440B）	美国 Agilent 公司
色谱专用空气发生器 Air-Model -5L	天津市色谱科学技术公司
色谱专用氢气发生器 HG-Model 300A	天津市色谱科学技术公司
HP-5 气相色谱柱（30M×320μm×0.25μm）	美国 Agilent 公司
AB204-N 电子天平（十万分之一）	德国 METELER 公司
BT25S 电子天平（万分之一）	德国 Sartorius 公司
超声波清洗仪	宁波新芝生物科技公司

2. 试剂与试药

六经头痛片（DK12444）	天津中新药业隆顺榕制药厂
白芷药材（Y1511383）	天津中新药业隆顺榕制药厂
川芎药材（Y1503091）	天津中新药业隆顺榕制药厂
藁本药材（Y1506253）	天津中新药业隆顺榕制药厂
细辛药材（Y1411470）	天津中新药业隆顺榕制药厂
辛夷药材（Y1505206）	天津中新药业隆顺榕制药厂
荆芥穗油（20151228）	天津中新药业隆顺榕制药厂
高纯氦气（99.99%）	天津东方气体工程技术有限公司
乙醚（AR）	天津市康科德科技有限公司

六经头痛片（批号 DK12444），细辛，辛夷，白芷，藁本，川芎，荆芥穗油等片剂和药材均由天津隆顺榕发展制药有限公司提供，药材经天津药物研究院张铁军研究员鉴定，细辛为马兜铃科植物华细辛 *Asarwm sieboldii* Miq.的干燥根和根茎，辛夷为木兰科植物望春花 *Magnolia biondii* Pamp. 的干燥花蕾，白芷为伞形科植物白芷 *Angelica dahurica*（Fisch. ex Hoffm.）Benth. et Hook. f. 的干燥根，藁本为伞形科植物藁本 *Ligusticum sinmse* Oliv. 的干燥根和根茎，川芎

为伞形科植物川芎 *Ligusticum chuanxiong* Hort. 的干燥根茎。

二、实　验　方　法

1. GC 色谱条件优化

（1）GC 程序升温基本条件摸索

实验采用柱程序升温模式，经过多次试验考察，确定程序升温基本条件。其中条件 1 为优化过程之一，条件 2 为程序升温基本条件。

条件 1　气化室和检测器温度均为 270 ℃；进样量 0.5 μl，分流比 5：1；柱流速：1.0 ml/min。柱升温程序如下：初温 50 ℃（保持 8 min），以 5 ℃/min 的速度上升至 250 ℃（保持 30 min）。

条件 2　起始温度 50 ℃（保持 5min），以 3 ℃/min 升至 80 ℃（保持 5min），以 0.8 ℃/min 升至 90 ℃（保持 5min），以 3 ℃/min 升至 125 ℃（保持 10min），以 4 ℃/min 升至 135 ℃（保持 2min），以 3 ℃/min 升至 150 ℃（0min），以 15 ℃/min 升至 230 ℃（0min），以 25 ℃/min 升至 250 ℃（保持 5min）。其余同条件 1。见色谱图 2-42。

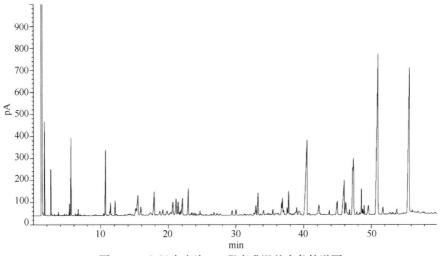

图 2-42　六经头痛片 GC 程序升温基本条件谱图

（2）GC 溶剂考察条件优化

在程序升温基本条件的基础上，考察了 GC 中挥发油常用溶剂——乙酸乙酯、正己烷、环己烷、乙醚在该 GC 条件下的出峰时间及峰形。见谱图 2-43～图 2-46。结果表明，从图 2-43～图 2-46 可以看出，乙醚峰窄，且出峰时间靠前，对样品影响最小，故选择乙醚为物质组群辨识的最佳溶剂。

（3）GC 起始温度考察优化

在程序升温基本条件的基础上，对 GC 起始温度进行考察优化试验。起始温度分别考察 30℃、40℃、50℃、60℃、70℃、80℃、90℃，具体考察条件如下：

条件 1　起始温度 30℃（保持 5min），4℃/min 升至 250℃（保持 5min）；

条件 2　起始温度 40℃（保持 5min），4℃/min 升至 250℃（保持 5min）；

条件 3　起始温度 50℃（保持 5min），4℃/min 升至 250℃（保持 5min）；

条件 4　起始温度 60℃（保持 5min），4℃/min 升至 250℃（保持 5min）；

条件 5　起始温度 70℃（保持 5min），4℃/min 升至 250℃（保持 5min）；

条件 6　起始温度 80℃（保持 5min），4℃/min 升至 250℃（保持 5min）；

条件 7　起始温度 90℃（保持 5min），4℃/min 升至 250℃（保持 5min）；

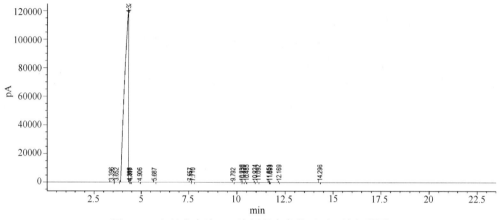

图 2-43　六经头痛片 GC 溶剂考察条件（环己烷）谱图

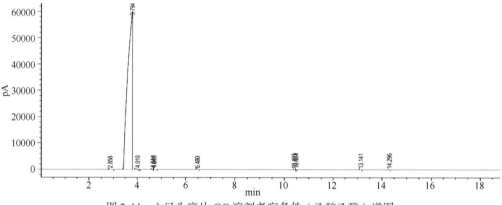

图 2-44　六经头痛片 GC 溶剂考察条件（乙酸乙酯）谱图

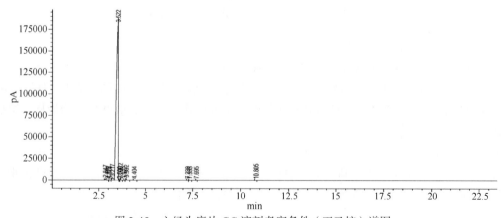

图 2-45　六经头痛片 GC 溶剂考察条件（正己烷）谱图

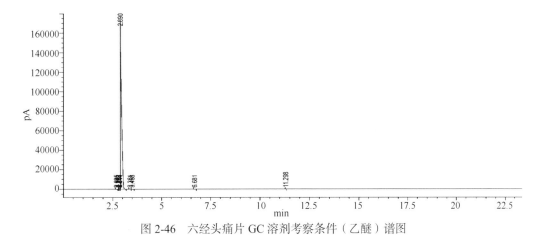

图 2-46 六经头痛片 GC 溶剂考察条件（乙醚）谱图

以起始温度为横坐标，总峰数（除去最大溶剂峰）为纵坐标作柱形图，见图 2-47。以起始温度为横坐标，总峰面积（除去最大溶剂峰）为纵坐标作柱形图，见图 2-48。

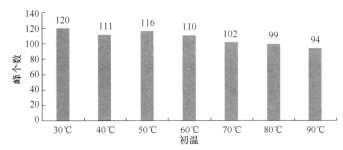

图 2-47 GC 起始温度与六经头痛片总峰数的关系（除去最大溶剂峰）谱图

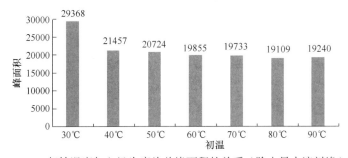

图 2-48 GC 起始温度与六经头痛片总峰面积的关系（除去最大溶剂峰）谱图

结果显示，起始温度考察的 7 个条件中，图 2-47 表明，总峰数（除去最大溶剂峰）30℃和 50℃最好；图 2-48 表明，总峰面积（除去最大溶剂峰）30℃和 40℃最好；综合考虑峰个数与峰面积，优选出最佳初温为 30℃。

（4）终止温度的优化

在程序升温基本条件的基础上，对 GC 终止温度进行考察优化试验。终止温度分别考察 170℃、190℃、210℃、230℃、250℃、270℃，具体考察条件如下：

条件 1 起始温度 50℃（保持 5min），4℃/min 升至 170℃（保持 5min）；

条件 2 起始温度 50℃（保持 5min），4℃/min 升至 190℃（保持 5min）；

条件 3 起始温度 50℃（保持 5min），4℃/min 升至 210℃（保持 5min）；

条件4　起始温度50℃（保持5min），4℃/min升至230℃（保持5min）；

条件5　起始温度50℃（保持5min），4℃/min升至250℃（保持5min）；

条件6　起始温度50℃（保持5min），4℃/min升至270℃（保持5min）；

以终止温度为横坐标，总峰数（除去最大溶剂峰）为纵坐标作柱形图，见图2-49；以终止温度为横坐标，总峰面积（除去最大溶剂峰）为纵坐标作柱形图，见图2-50。

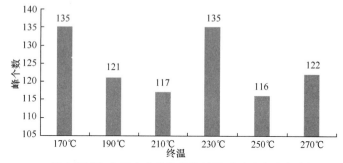

图2-49　GC终止温度与六经头痛片总峰数的关系（除去最大溶剂峰）谱图

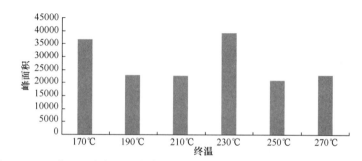

图2-50　GC终止温度与六经头痛片总峰面积的关系（除去最大溶剂峰）谱图

结果显示，终止温度考察的6个条件中，图2-49表明，总峰数（除去最大溶剂峰）170℃和230℃最好；图2-50表明，总峰面积（除去最大溶剂峰）230℃和170℃最好。综合考虑峰个数与峰面积，优选出最佳终止温度为230℃。

（5）GC色谱条件的确定

经过上述GC条件优化，以及试验过程中分流比、进样量的考察，拟定六经头痛片及其处方药味物质组群GC色谱条件确定如下：

Aglient HP-5（30 m×320 μm×0.25 μm）气相色谱柱，柱流量1.0ml/min，气化室和检测器温度270℃，分流5∶1。柱升温程序：起始温度30℃（保持1min），以20℃/min升至70℃（保持5min），以2℃/min升至80℃（保持2min），以0.8℃/min升至90℃（0min），以4℃/min升至115℃（保持10min），以0.8℃/min升至125℃（保持5min），以3℃/min升至135℃（保持2min），以3℃/min升至150℃（保持3min），以15℃/min升至230℃（保持5min）。六经头痛片挥发性成分乙醚供试品溶液，进样量0.5 μl；荆芥穗油乙醚供试品溶液，进样量1 μl；细辛挥发性成分乙醚供试品溶液，进样量1 μl；辛夷挥发性成分乙醚供试品溶液，进样量1 μl；白芷挥发性成分乙醚供试品溶液，进样量0.5 μl；川芎挥发性成分乙醚供试品溶液，进样量0.5 μl；藁本挥发性成分乙醚供试品溶液，进样量0.5 μl；混合对准品乙醚溶液，进样量0.5 μl。谱图见图2-51～图2-58。

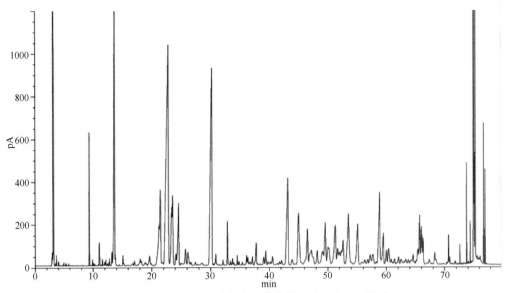

图 2-51　六经头痛片挥发性成分供试品溶液 GC 谱图

在该色谱条件下，共检出六经头痛片挥发性成分色谱峰 137 个，总峰面积（除去最大溶剂峰）为 17922，其中对总峰面积贡献相对较大色谱峰有 99 个，该类色谱峰面积约为 100 以上，数量占总峰个数的 72.3%，峰面积占总峰面积的 99.3%以上；对总峰面积贡献较大的色谱峰有 33 个，该类色谱峰面积约为 1000 以上，数量占总峰个数的 24%，峰面积占总峰面积的 77.3% 以上。

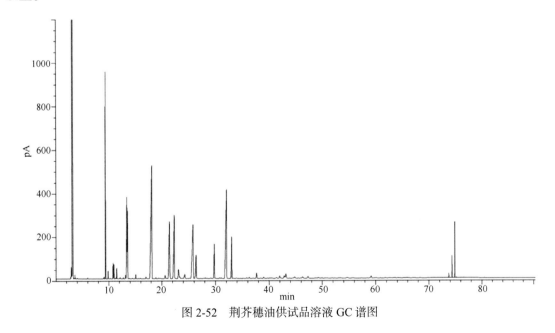

图 2-52　荆芥穗油供试品溶液 GC 谱图

在该色谱条件下，共检出荆芥穗油色谱峰 61 个，总峰面积（除去最大溶剂峰）为 8440，其中峰面积大于 100 的色谱峰个数为 35 个，占总色谱峰个数的 57%以上，占总色谱峰面积的 98.9%，峰面积大于 1000 的色谱峰个数为 13 个，占总峰个数的 21%以上，峰面积占总峰面积的91.0%。

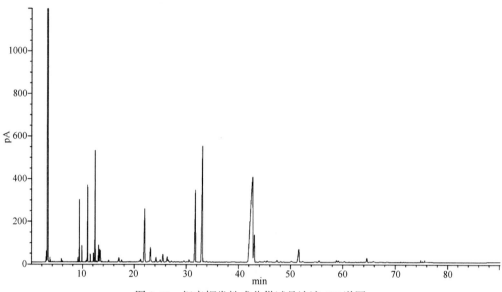

图 2-53　细辛挥发性成分供试品溶液 GC 谱图

结果分析：在该色谱条件下，共检出细辛挥发性成分色谱峰 70 个，总峰面积（除去最大溶剂峰）为 7963，其中峰面积大于 100 的色谱峰个数为 39 个，占总色谱峰个数的 55.7% 以上，占总色谱峰面积的 99.0%，峰面积大于 1000 的色谱峰个数为 10 个，占总峰个数的 14% 以上，峰面积占总峰面积的 87.0%。

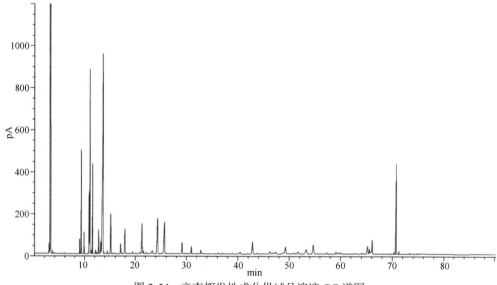

图 2-54　辛夷挥发性成分供试品溶液 GC 谱图

在该色谱条件下，共检出辛夷挥发性成分色谱峰 75 个，总峰面积（除去最大溶剂峰）为 8005，其中峰面积大于 100 的色谱峰个数为 45 个，占总色谱峰个数的 60% 以上，占总色谱峰面积的 99.1%，峰面积大于 1000 的色谱峰个数为 18 个，占总峰个数的 24% 以上，峰面积占总峰面积的 88.5%。

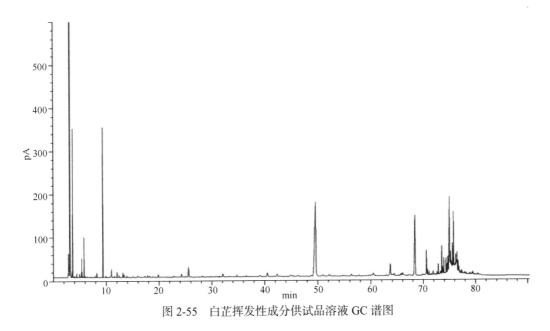

图 2-55 白芷挥发性成分供试品溶液 GC 谱图

在该色谱条件下，共检出白芷挥发性成分色谱峰 86 个，色谱峰多集中于 60～80min，总峰面积（除去最大溶剂峰）为 1210，其中峰面积大于 100 的色谱峰个数为 18 个，占总色谱峰个数的 21%以上，占总色谱峰面积的 86.1%，峰面积大于 1000 的色谱峰个数为 4 个，占总峰个数的 4.6%以上，峰面积占总峰面积的 57.25%。

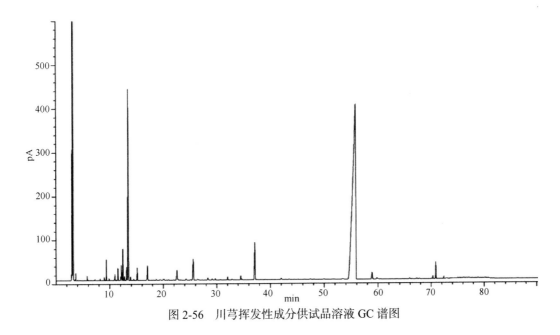

图 2-56 川芎挥发性成分供试品溶液 GC 谱图

在该色谱条件下，共检出川芎挥发性成分色谱峰 44 个，色谱峰多集中于 65～75min，总峰面积（除去最大溶剂峰）为 2322，其中峰面积大于 100 的色谱峰个数为 16 个，占总色谱峰个数的 36.3%以上，占总色谱峰面积的 95.6%，峰面积大于 1000 的色谱峰个数为 3 个，占总峰个数的 6.8%以上，峰面积占总峰面积的 76.1%。

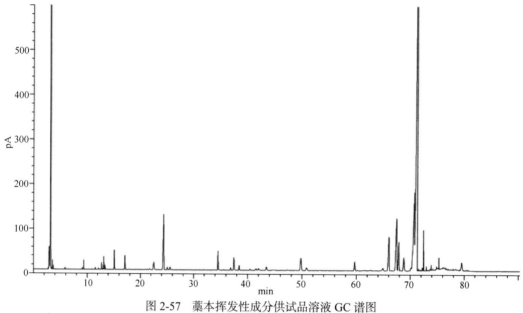

图 2-57　藁本挥发性成分供试品溶液 GC 谱图

在该色谱条件下，共检出川芎挥发性成分色谱峰 34 个，总峰面积（除去最大溶剂峰）为 2343，其中峰面积大于 100 的色谱峰个数为 15 个，占总色谱峰个数的 44.1%以上，占总色谱峰面积的 97.7%，峰面积大于 1000 的色谱峰个数为 3 个，占总峰个数的 8.8%以上，峰面积占总峰面积的 84.7%。

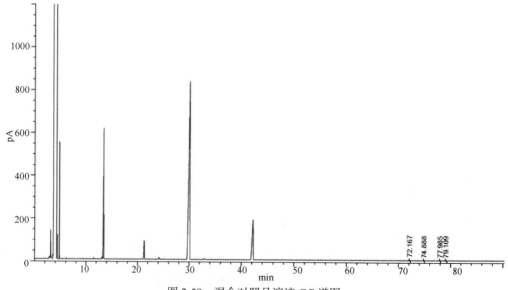

图 2-58　混合对照品溶液 GC 谱图

按照保留时间从前往后出峰顺序依次为柠檬烯、左旋樟脑、胡薄荷酮、甲基丁香酚

对谱图中六经头痛片及其处方药味挥发性物质组群的 GC 色谱峰峰数进行统计，见表 2-4。

表 2-4 六经头痛片及其处方药味挥发性物质组群 GC 色谱峰峰数统计表

六经头痛片及其处方药味 样品名称	总峰数（个）	峰个数 峰面积>100	峰个数 峰面积>1000	总峰面积 （除去溶剂峰）
六经头痛片	137	99	33	179225
辛夷	75	45	18	8005
细辛	70	39	10	7963
荆芥穗油	61	35	13	8440
白芷	86	18	4	1210
川芎	44	16	3	2322
藁本	34	15	3	2343

2. GC-MS 实验条件

通过对 GC-MS 连用相关条件的实验，并与上述 GC 谱图分析对照，发现 GC/GC-MS 色谱峰分离效果差异较小，各峰峰形良好，表明仪器差异较小，本实验室 GC 色谱条件可作为 GC-MS 化学成分辨识的色谱条件。

质谱条件采用 Agilent 7890A-5975C 连用仪，仪器参数如下：EI 电离源；电子能量 70 eV；四极杆温度 150 ℃；离子源温度 230 ℃；倍增器电压 1412 V；溶剂延迟 2.30 min；SCAN 扫描范围 10～700 amu。

3. 供试品溶液的制备

（1）六经头痛片供试品溶液的制备

取六经头痛片 250 g，粉碎，精密称定，置圆底烧瓶中，加入 10 倍量水（V/W）与玻璃珠数粒，按照《中国药典》2015 年版挥发油检查项下方法加热回流提取挥发油，至挥发油提取器中滴下的馏出液不再浑浊，共提取 3 h，得挥发油约 1.0 ml，备用。分取挥发油层，另用少量乙醚萃取水层，与挥发油层一并转移至 10 ml 棕色量瓶中，稀释至刻度，混匀。取适量无水硫酸钠加入量瓶中脱水，过 0.45 μm 滤膜，即得。

（2）荆芥穗油供试品溶液的制备

精密移取 0.5 ml 荆芥穗油置 25 ml 棕色容量瓶中，加入乙醚稀释至刻度，混匀。取适量无水硫酸钠加入量瓶中脱水，过 0.45 μm 滤膜，即得。

（3）细辛供试品溶液的制备

取适量细辛药材，粉碎，称取 900 g 药材置圆底烧瓶中，加入 10 倍量（V/W）水，浸泡 1.5 h，按照《中国药典》2015 年版挥发油检查项下方法加热回流提取挥发油，至挥发油提取器中滴下的馏出液不再浑浊，共提取 7 h，得黄绿色挥发油 7.8 ml，备用。精密移取 0.5 ml 细辛挥发油置 25 ml 棕色量瓶中，加入乙醚稀释至刻度，混匀。取适量无水硫酸钠加入量瓶中脱水，过 0.45 μm 滤膜，即得。

（4）辛夷供试品溶液的制备

取适量辛夷药材，粉碎，称取 800 g 药材置圆底烧瓶中，加入 10 倍量（V/W）水，浸泡 1.5 h，按照《中国药典》2015 年版挥发油检查项下方法加热回流提取挥发油，至挥发油提取器中滴下的馏出液不再浑浊，共提取 10 h，得无色挥发油 10.5 ml，备用。精密移取 0.5 ml 辛夷挥发油置 25 ml 棕色量瓶中，加入乙醚稀释至刻度，混匀。取适量无水硫酸钠加入量瓶中脱水，过 0.45 μm 滤膜，即得。

（5）川芎供试品溶液的制备

取适量川芎药材，粉碎，称取 600g 药材置圆底烧瓶中，加入 10 倍量（V/W）水，浸泡 1.5 h，按照《中国药典》2015 年版挥发油检查项下方法加热回流提取挥发油，至挥发油提取器中滴下的馏出液不再浑浊，共提取 10 h，得挥发油 7.5 ml，备用。精密移取川芎挥发油 0.5 ml 置 25 ml 棕色量瓶中，加入乙醚稀释至刻度，混匀。取适量无水硫酸钠加入量瓶中脱水，过 0.45 μm 滤膜，即得。

（6）白芷供试品溶液的制备

取适量白芷药材，粉碎，称取 900g 药材置圆底烧瓶中，加入 10 倍量（V/W）水，浸泡 1.5 h，按照《中国药典》2015 年版挥发油检查项下方法加热回流提取挥发油，至挥发油提取器中滴下的馏出液不再浑浊，共提取 10 h，得挥发油 1 ml，备用。精密移取白芷挥发油 0.5 ml 置 25 ml 棕色量瓶中，加入乙醚稀释至刻度，混匀。取适量无水硫酸钠加入量瓶中脱水，过 0.45 μm 滤膜，即得。

（7）藁本供试品溶液的制备

取适量藁本药材，粉碎，称取 600 g 药材置圆底烧瓶中，加入 10 倍量（V/W）水，浸泡 1.5 h，按照《中国药典》2015 年版挥发油检查项下方法加热回流提取挥发油，至挥发油提取器中滴下的馏出液不再浑浊，共提取 8 h，得挥发油 6 ml，备用。精密移取藁本挥发油 0.5 ml 置 25 ml 棕色量瓶中，加入乙醚稀释至刻度，混匀。取适量无水硫酸钠加入量瓶中脱水，过 0.45 μm 滤膜，即得。

4. 混合对照品溶液的制备

精密称取胡薄荷酮对照品、柠檬烯对照品、甲基丁香酚对照品、左旋樟脑对照品适量，加乙醚分别制成每 1 ml 含胡薄荷酮 2967.68 μg、柠檬烯 824.64 μg、甲基丁香酚 788.8 μg、左旋樟脑 160.32 μg 的溶液。

三、实 验 结 果

1. 六经头痛片挥发性成分 GC-MS 表征实验结果

在上述优化的实验条件下，对六经头痛片挥发性成分进行了 GC-MS 分析，得到样品质谱图（见图 2-59）。

2. 六经头痛片挥发性成分辨识实验结果

在对六经头痛片化学物质进行质谱测定后，可以得到物质 TIC 图及相关信息。在此基础上，以 NIST 08 谱库检索及保留时间、相关文献结合，对六经头痛片中化学物质组进行了鉴定分析，共分析得到 137 个化合物，鉴定出 102 个化合物，其中主要为萜烯类、萜醇类、酯类成分。具体鉴定结果参见表 2-5，化合物结构式见图 2-60。

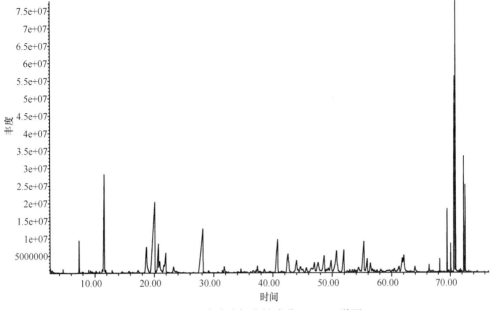

图 2-59 六经头痛片挥发性成分 GC-MS 谱图

以归一化法计算，六经头痛片主要成分为双环单萜类如 1R-α-蒎烯（1.27%）、β-蒎烯（0.45%）、左旋樟脑（3.016%）、单环单萜类如薄荷酮（11.887%），胡薄荷酮（7.372%）、异薄荷酮（2.181%）、桉叶油素（5.991%），酯类如邻苯二甲酸二丁酯（11.236%），棕榈酸乙酯（6.488%），乙酸龙脑酯（0.78%），无环倍半萜如（Z，Z）-α-金合欢烯（2.601%），双环倍半萜如 δ-杜松烯（2.053%）等成分。

表 2-5 六经头痛片挥发性成分化学物质组鉴定信息表

Peak No.	RT(min)	Identification	Formula weight	Formula	Source	Percent（%）
1	7.343	1R-α-蒎烯	136	$C_{10}H_{16}$	A、B、C、E、F	0.920
2	7.858	莰烯	136	$C_{10}H_{16}$	A、B、C、E	0.039
3	8.874	β-水芹烯	136	$C_{10}H_{16}$	A、B	0.037
4	8.943	β-蒎烯	136	$C_{10}H_{16}$	A、B、C、E	0.099
5	9.259	1-辛烯-3-醇	128	$C_8H_{16}O$	C	0.153
6	9.574	β-月桂烯	136	$C_{10}H_{16}$	A、B、C、E、D	0.082
7	10.190	α-水芹烯	136	$C_{10}H_{16}$	A、B、C、E、F	0.142
8	10.421	3-蒈烯	136	$C_{10}H_{16}$	B、A、F、E	0.024
9	10.775	（+）-4-蒈烯	136	$C_{10}H_{16}$	A、B、C、E、F	0.069
10	11.244	邻-异丙基苯	134	$C_{10}H_{14}$	A、B、C、E、F	0.195
11	11.381	柠檬烯	136	$C_{10}H_{16}$	A、B、C	0.067
12	11.598	桉叶油素	154	$C_{10}H_{18}O$	A、B、C	5.911
13	12.391	罗勒烯	136	$C_{10}H_{16}$	A、B、C、E	0.016
14	12.914	Γ-松油烯	136	$C_{10}H_{16}$	A、B、C、E、F	0.105

续表

Peak No.	RT(min)	Identification	Formula weight	Formula	Source	Percent （%）
15	14.607	萜品油烯	136	$C_{10}H_{16}$	A、B、C、E、F	0.019
16	14.86	4-异丙烯基甲苯	132	$C_{10}H_{12}$	A	0.062
17	15.068	6-莰烯酮	150	$C_{10}H_{14}O$	D	0.033
18	15.784	芳樟醇	154	$C_{10}H_{18}O$	C、B	0.162
19	18.708	左旋樟脑	152	$C_{10}H_{16}O$	A、B、C	3.016
20	20.109	薄荷酮	154	$C_{10}H_{18}O$	C	11.877
21	20.401	松香芹酮	150	$C_{10}H_{14}O$	A	0.025
22	20.709	异薄荷酮	154	$C_{10}H_{18}O$	C	2.181
23	20.909	龙脑	154	$C_{10}H_{18}O$	B、C	1.232
24	21.601	反式-5-甲基-2-（1-异丙烯基）-环己酮	152	$C_{10}H_{16}O$	C	0.528
25	21.955	4-萜品醇	154	$C_{10}H_{18}O$	A、B、C、E、F	1.633
26	23.348	α-萜品醇	154	$C_{10}H_{18}O$	B、A	0.647
27	23.718	桃金娘烯醇	152	$C_{10}H_{16}O$	A	0.174
28	24.926	顺式-3-甲基-6-（1-甲乙基）-2-环己烯-1-醇	154	$C_{10}H_{18}O$	B	0.02
29	26.565	顺式-2-甲基-5-（1-甲乙基）-2-环己烯-1-醇	152	$C_{10}H_{16}O$	—	0.049
30	28.188	胡薄荷酮	152	$C_{10}H_{16}O$	C	7.372
31	28.642	5-甲基-2-（1-甲基乙烯基）-环己酮	152	$C_{10}H_{16}O$	C	0.055
32	29.12	2-异丙基-5-甲基-3-环己烯-1-酮	152	$C_{10}H_{16}O$	C	0.177
33	30.705	水芹醛	152	$C_{10}H_{16}O$	E	0.073
34	31.467	乙酸龙脑酯	196	$C_{12}H_{20}O_2$	A、B、E	0.12
35	31.797	茴香脑	148	$C_{10}H_{12}O$	A	0.496
36	32.490	乙酸桃金娘烯酯	194	$C_{12}H_{18}O_2$	—	0.062
37	34.260	2，5-二乙基苯酚	150	$C_{10}H_{14}O$	A、E	0.046
38	34.591	1，5，5-三甲基-6-亚甲基-环己烯	136	$C_{10}H_{16}$	B	0.195
39	35.129	胡椒烯酮	150	$C_{10}H_{14}O$	C	0.120
40	35.245	2-亚乙基-6-甲基-3，5-二烯醛	150	$C_{10}H_{14}O$	—	0.201
41	35.406	α-荜澄茄烯	204	$C_{15}H_{24}$	B、C	0.009
42	35.606	2-莰烯	136	$C_{10}H_{16}$	B、E	0.070
43	36.253	苯戊酮	162	$C_{11}H_{14}O$	E	0.087
44	36.668	2-（1-丙烯基）-苯酚	164	$C_{10}H_{12}O_2$	C	0.306
45	37.176	古巴烯	204	$C_{15}H_{24}$	B、C、D	0.168
46	37.399	B-广藿香烯	204	$C_{15}H_{24}$	A	0.455
47	37.792	β-波旁烯	204	$C_{15}H_{24}$	C	0.164
48	38.554	β-榄香烯	204	$C_{15}H_{24}$	B、C	0.331
49	39.215	长叶烯	204	$C_{15}H_{24}$	C	0.024
50	39.6	（-）-异丁香烯	204	$C_{15}H_{24}$	D	0.086
51	40.824	（Z）-石竹烯	204	$C_{15}H_{24}$	B、C、E	0.158
52	41.578	荜澄茄油萜	204	$C_{15}H_{24}$	B	0.076
53	41.878	佛树烯	204	$C_{15}H_{24}$	—	2.601
54	42.432	塞瑟尔烯	204	$C_{15}H_{24}$	B	0.090
55	42.678	α-愈创木烯	204	$C_{15}H_{24}$	A	0.160

续表

Peak No.	RT(min)	Identification	Formula weight	Formula	Source	Percent (%)
56	42.974	大根香叶烯	204	$C_{15}H_{24}$	A	0.066
57	43.986	α-石竹烯	204	$C_{15}H_{24}$	B、C	1.455
58	44.24	(＋)-a-榄香烯	204	$C_{15}H_{24}$	—	0.230
59	44.648	香树烯	204	$C_{15}H_{24}$	B	0.723
60	45.033	(E)-β-金合欢烯	204	$C_{15}H_{24}$	B	0.304
61	46.464	γ-芹子烯	204	$C_{15}H_{24}$	B	0.337
62	46.987	大根香叶烯 D	204	$C_{15}H_{24}$	B、C	0.909
63	47.464	(-)-α-塞瑟尔烯	204	$C_{15}H_{24}$	F	0.18
64	47.626	(＋)香橙烯	140	$C_{10}H_{20}$	D	1.176
65	48.08	β-马榄烯	204	$C_{15}H_{24}$	—	0.016
66	48.657	β-荜澄茄烯	204	$C_{15}H_{24}$	—	1.703
67	48.996	(-)-α-古芸烯	204	$C_{15}H_{24}$	—	0.171
68	49.357	α-衣兰油烯	204	$C_{15}H_{24}$	B	1.196
69	49.827	A-布藜烯	204	$C_{15}H_{24}$	—	3.355
70	50.735	B-甜没药烯	204	$C_{15}H_{24}$	B	2.053
71	51.951	δ-杜松烯	204	$C_{15}H_{24}$	B、A、C	0.146
72	52.512	1，2，3，4，4a，7-六氢-1，6-二甲基-4-(1-甲基乙基)-萘	204	$C_{15}H_{24}$	B	0.19
73	52.92	(－)-a-杜松烯	204	$C_{15}H_{24}$	B	0.187
74	53.367	a-白菖考烯	200	$C_{15}H_{20}$	B、D	0.169
75	53.697	顺式-α-红没药烯	204	$C_{15}H_{24}$	—	0.018
76	55.298	1-Methyl-7，11-dithiaspiro [5，5] undecane	202	$C_{10}H_{18}S_2$	—	55.302
77	55.844	橙花叔醇	222	$C_{15}H_{26}O$	B、C	1.226
78	56.398	(－)-匙叶桉油烯醇	220	$C_{15}H_{24}O$	E、F、B	0.863
79	56.522	石竹烯氧化物	220	$C_{15}H_{24}O$	B、D	0.101
80	56.752	(＋)-γ-古芸烯	204	$C_{15}H_{24}$	B	0.278
81	59.176	beta.-vatirenene	204	$C_{15}H_{24}$	—	0.146
82	60.107	1，2，3，4，4a，7-六氢-1，6-二甲基-4-(1-甲基乙基)-萘	204	$C_{15}H_{24}$	C	0.122
83	60.461	γ-桉叶油醇	222	$C_{15}H_{26}O$	B	0.217
84	61.254	T-杜松醇	222	$C_{15}H_{26}O$	B	0.54
85	61.8	百秋李醇	222	$C_{15}H_{26}O$	A	1.333
86	62.07	A-荜橙茄醇	222	$C_{15}H_{26}O$	B	1.77
87	63.955	环十二烷	204	$C_{12}H_{24}$	D	0.51
88	66.402	金合欢醇	222	$C_{15}H_{26}O$	B	0.402
89	68.249	十四酸乙酯	256	$C_{16}H_{32}O_2$	—	0.264
90	69.488	邻苯二甲酸二异丁酯	278	$C_{16}H_{22}O_4$	C	1.395
91	69.765	十五酸乙酯	270	$C_{17}H_{24}O_2$	D	0.034
92	70.073	邻苯二甲酸丁基酯 2-乙基己酯	278	$C_{17}H_{34}O_2$	C	0.576
93	70.149	邻苯二甲酸-1-丁酯-2-异丁酯	278	$C_{17}H_{34}O_2$	C	0.039
94	70.765	邻苯二甲酸二丁酯	278	$C_{16}H_{22}O_4$	C、D	11.236
95	70.934	棕榈酸乙酯	284	$C_{18}H_{36}O_2$	D	6.488

续表

Peak No.	RT(min)	Identification	Formula weight	Formula	Source	Percent （%）
96	71.735	亚油酸甲酯	294	$C_{19}H_{34}O_2$	D	0.061
97	72.312	亚油酸乙酯	308	$C_{20}H_{36}O_2$	D	2.339
98	72.335	油酸乙酯	310	$C_{20}H_{38}O_2$	—	0.027
99	72.558	硬脂酸乙酯	312	$C_{20}H_{40}O_2$	—	1.344
100	73.474	二十烷	282	$C_{20}H_{42}$	A、C	0.01
101	74.543	二十四烷	338	$C_{24}H_{50}$	A、D	0.016
102	75.859	二十五烷	352	$C_{25}H_{52}$	A、C、D	0.012

*来源药材描述为：A：细辛；B：辛夷；C：荆芥穗油；D：白芷；E：藁本；F：川芎

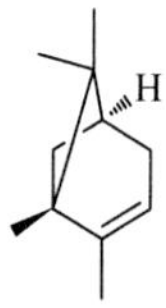

1 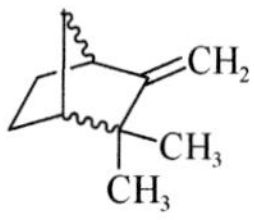　2 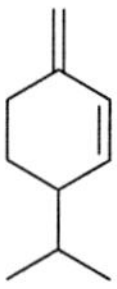　3 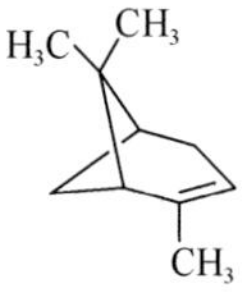　4 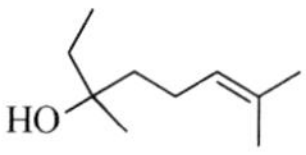　5

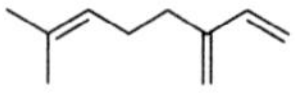

6 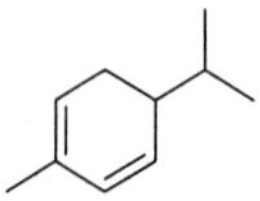　7 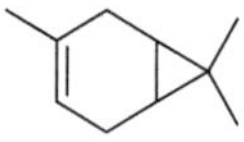　8 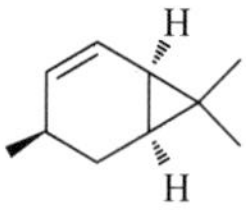　9 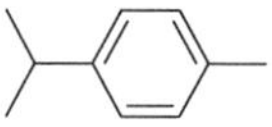　10

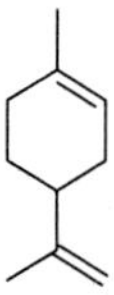

11 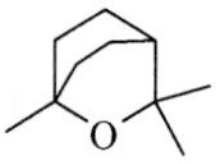　12 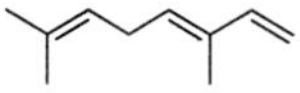　13 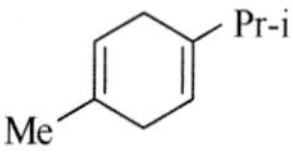　14 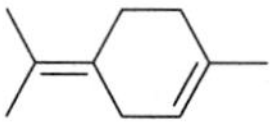　15

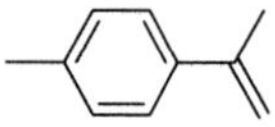

16 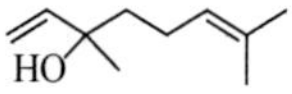　18 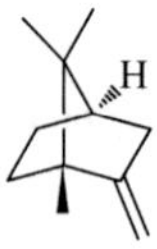　19 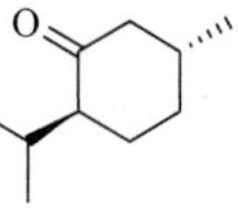　20 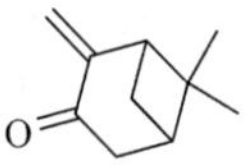　21

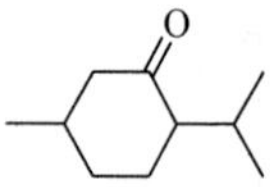

22 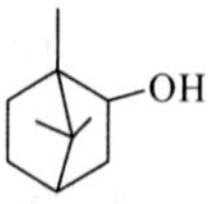　23 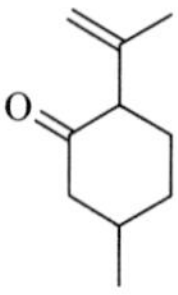　24 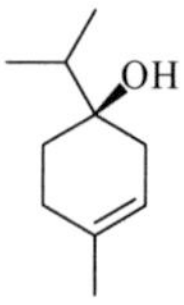　25 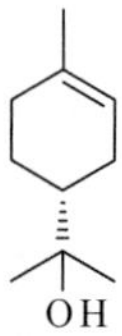　26

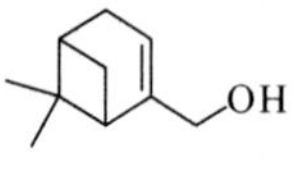

27 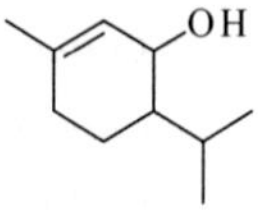　28 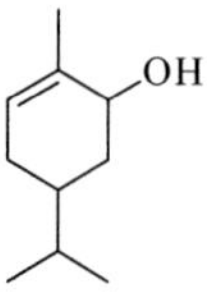　29 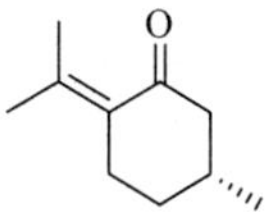　30 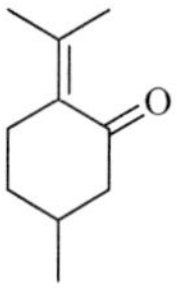　31

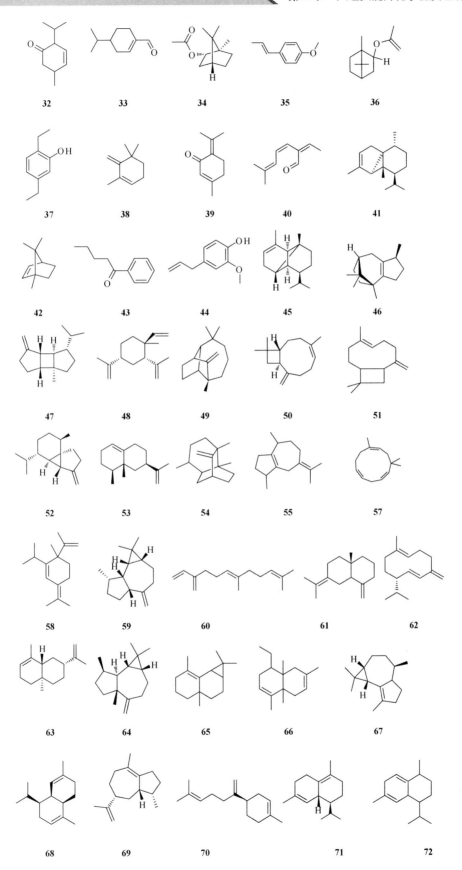

32   33   34   35   36

37   38   39   40   41

42   43   44   45   46

47   48   49   50   51

52   53   54   55   57

58   59   60   61   62

63   64   65   66   67

68   69   70   71   72

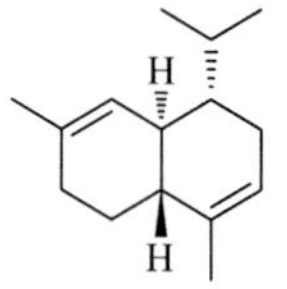

73

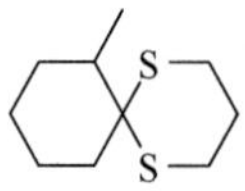

76

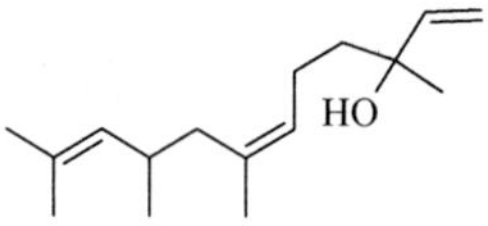

77

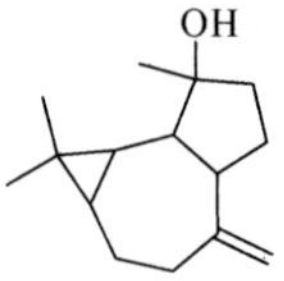

78

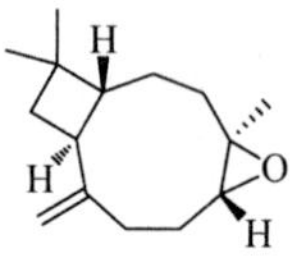

79

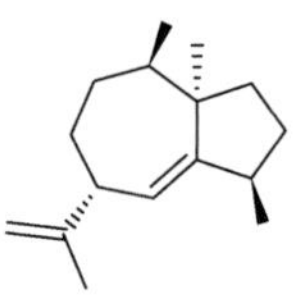

80

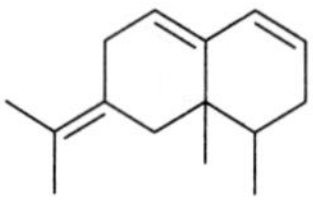

81

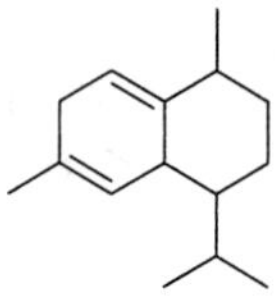

82

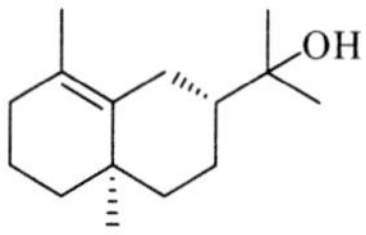

83

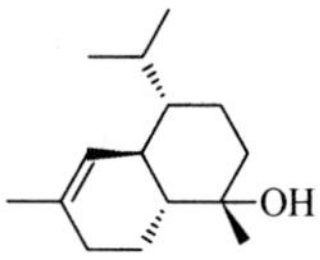

84

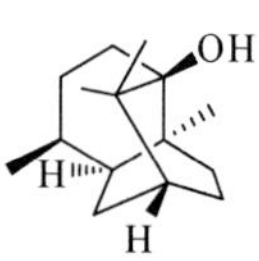

85

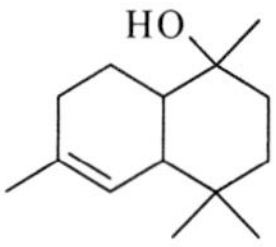

86

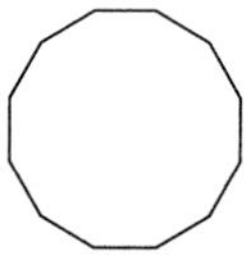

87

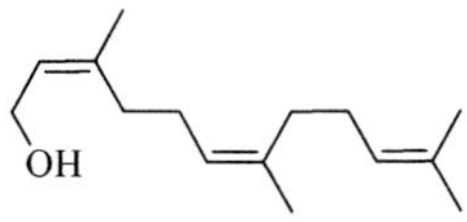

88

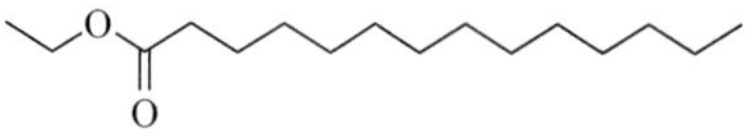

89

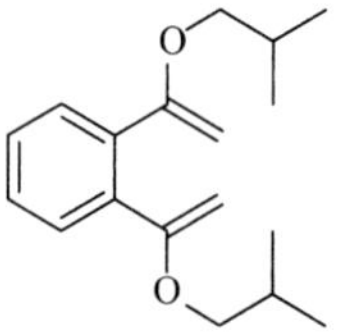

90

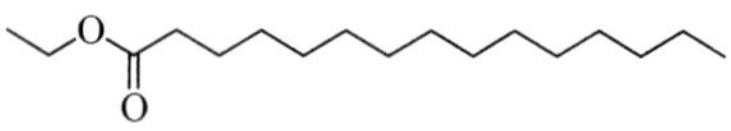

91

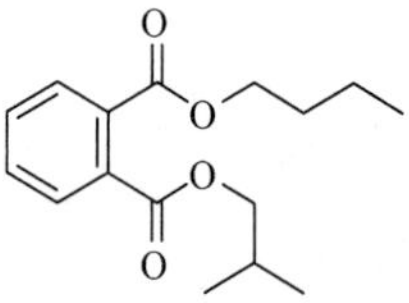

92

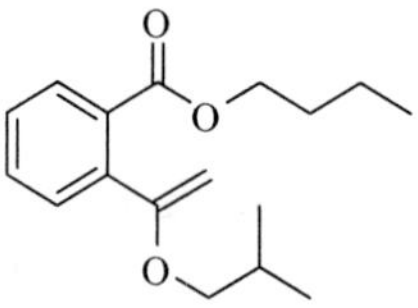

93

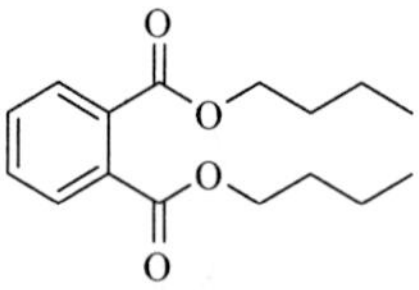

94

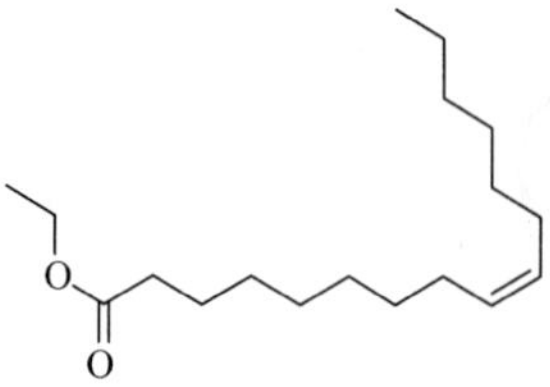

95

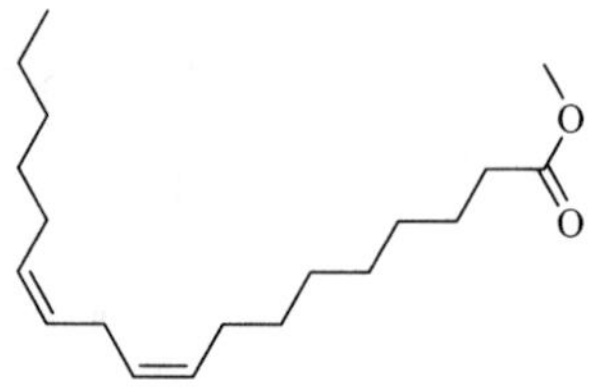

96

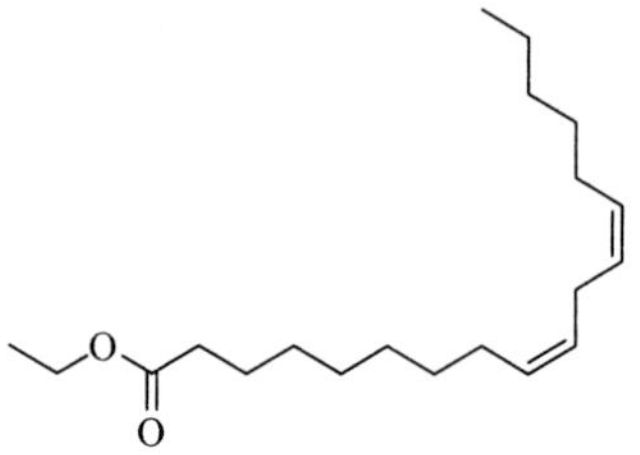

97

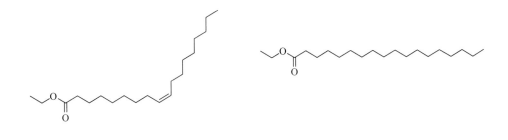

图 2-60　六经头痛片挥发性化学物质组结构式

3. 六经头痛片挥发性成分与各药材相关性归属研究

对六经头痛片中的 102 个挥发性化学成分进行药材归属研究，其中 32 个化学成分来源于细辛药材，48 个化学成分来源于辛夷药材，40 个化学成分来源于荆芥穗油，9 个化学成分来源于川芎药材，19 个化学成分来源于藁本药材，16 个化学成分来源于白芷药材。统计结果见表 2-6 和图 2-61～图 2-66 所示。

表 2-6　六经头痛片挥发性成分与各药材归属结果汇总

药材来源	复方中可辨识的化学成分峰号	数目	成分类型
细辛	1、2、3、4、6、7、8、9、10、11、12、13、14、15、16、19、21、25、26、27、34、35、37、44、45、55、56、71、85、100、101、102	32	萜类、苯丙素
辛夷	1、2、3、4、6、7、8、9、10、11、12、13、14、15、18、19、23、25、26、28、34、38、41、42、45、48、51、52、54、56、57、59、60、61、62、68、70、71、72、73、74、77、79、80、83、84、86、88	48	萜类
荆芥穗油	1、2、4、5、6、7、9、10、11、12、13、14、15、18、19、20、22、23、24、25、30、31、32、39、41、45、47、49、51、57、62、71、77、90、92、93、94、100、101、102	40	萜类、酯类
川芎	1、7、9、10、14、15、25、63、78	9	萜类
藁本	1、2、4、6、7、8、9、10、13、14、15、25、33、34、37、42、43、51、78	19	萜类及苯丙素类
白芷	6、17、45、50、64、74、79、82、87、91、94、95、96、97、101、102	16	萜类、酯类

（1）与细辛药材挥发性成分的相关性

六经头痛片挥发性成分与细辛挥发性成分 GC-MS 对应谱图见图 2-61。六经头痛片有 31 个成分来源于细辛药材，主要为萜类、苯丙素及简单化合物类，主要相关成分为 1R-α-蒎烯、β-蒎烯、优葛缕酮、甲基丁香酚、α-松油醇、3，5-二甲氧基甲苯、3，4，5-三甲氧基甲苯等。同时表明，以归一化法计算，细辛药材挥发性成分主要为双环单萜如 1R-α-蒎烯（2.43%）、β-蒎烯（3.25%）、优葛缕酮（5.83%）、3-蒈烯（5.86%），单环单萜类如 α-松油醇（0.87%），简单化合物如 3，5-二甲氧基甲苯（9.83%）、黄樟素（17.27%）、3，4，5-三甲氧基甲苯（4.48%），苯丙素类如甲基丁香酚（39.04%）。

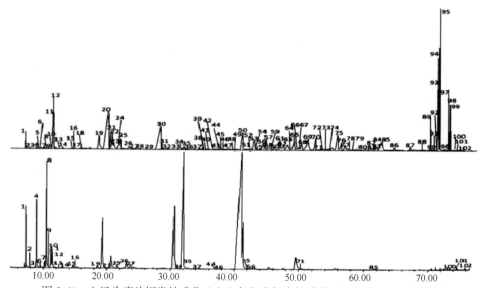

图 2-61　六经头痛片挥发性成分（上）与细辛挥发性成分（下）GC-MS 对应谱图

峰 1、2、4、8、9、12、19、21、27、3、6、13、7、10、11、14、15、25、16、26、37 为单萜，34 为酯类，35、44 为苯丙素，55、85、45、71 为倍半萜

（2）与辛夷药材挥发性成分的相关性

六经头痛片挥发性成分与辛夷挥发性成分 GC-MS 对应谱图见图 2-62。六经头痛片有 49 个成分来源于辛夷药材，主要为萜类类，主要相关成分为 1R-α-蒎烯、β-蒎烯、β-月桂烯、左旋樟脑、柠檬烯、桉叶油素、α-松油醇、芳樟醇（2.135%），金合欢醇。

同时表明，以归一化法计算，辛夷药材挥发性成分主要为双环单萜类如 1R-α-蒎烯（5.06%）、β-蒎烯（10.86%）、β-月桂烯（4.79%）、左旋樟脑（5.04%），单环单萜类如柠檬烯（12.38%）、桉叶油素（14.50%）、α-松油醇（4.75%），链状萜烯醇类如芳樟醇（2.135%），无环倍半萜如金合欢醇（6.153%）等。

图 2-62　六经头痛片挥发性成分（上）与辛夷挥发性成分（下）GC-MS 对应谱图

峰 1、2、4、8、9、12、19、23、42、3、6、13、18、7、10、11、14、15、25、26、28、38 为单萜，34 为酯类，41、45、48、51、52、59、60、77、88、61、62、70、68、71、72、73、79、80、83、84、86 为倍半萜类

（3）与荆芥穗油化学物质组的相关性

六经头痛片挥发性成分与荆芥穗油 GC-MS 对应谱图见图 2-63。六经头痛片有 41 个成分来源于荆芥穗油，主要为单环单萜类、酯类，主要相关成分为薄荷酮、胡薄荷酮、异薄荷酮、桉叶油素、邻苯二甲酸二丁酯、α 松油醇等。同时表明，以归一化法计算，荆芥穗油成分主要为 1R-α-蒎烯（9.646%）、β-蒎烯（0.55%），单环单萜类如薄荷酮（8.52%）、胡薄荷酮（3.20%）、异薄荷酮（1.19%）、柠檬烯（7.69%）、桉叶油素（2.11%）、α-松油醇（10.02%），链状萜烯醇类如芳樟醇（18.388%），酯类如邻苯二甲酸二丁酯（2.09%），双环倍半萜如 δ-杜松烯（2.053%）等。

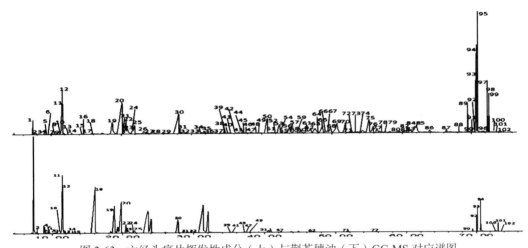

图 2-63　六经头痛片挥发性成分（上）与荆芥穗油（下）GC-MS 对应谱图

峰 1、2、4、9、12、19、23、5、6、13、18、7、10、11、14、15、20、22、24、25、30、31、32、39 为单萜，41、45、47、49、51、62、71、77 为倍半萜类，90、92、93 为酯类

（4）与川芎药材挥发性成分的相关性

六经头痛片挥发性成分与川芎挥发性成分 GC-MS 对应谱图见图 2-64。六经头痛片有 10 个成分来源于川芎药材，主要为单环单萜类、双环单萜类，主要相关成分为（-）-4-萜品醇、1R-α-蒎烯等。同时表明，以归一化法计算，川芎药材挥发性成分主要为单环单萜类如（-）-4-萜品醇（2.91%），双环单萜如 1R-α-蒎烯（0.33%）等。

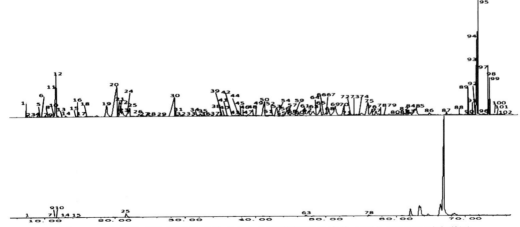

图 2-64　六经头痛片挥发性成分（上）与川芎挥发性成分（下）GC-MS 对应谱图

峰 1、9、7、10、14、15、25 为单萜，63、78 为倍半萜

（5）与藁本药材挥发性成分的相关性

六经头痛片挥发性成分与藁本挥发性成分 GC-MS 对应谱图见图 2-65。六经头痛片有 19 个成分来源于藁本药材，主要为单环单萜类、双环单萜类及苯丙素类，主要相关成分为 1R-α-蒎烯、3-蒈烯、β-水芹烯、（＋）-4-蒈烯、左旋樟脑（0.48%）、α-松油醇等。同时表明，以归一化法计算，藁本药材挥发性成分主要为双环单萜类如 1R-α-蒎烯（0.65%）、3-蒈烯（0.69%）、β-水芹烯（1.29%）、（＋）-4-蒈烯（0.97）、桧烯（11.47%），单环单萜类如左旋樟脑（0.48%）、α-松油醇（1.56%）、2-莰烯（1.27%），苯丙素类如肉豆蔻醚（12.45%）等。

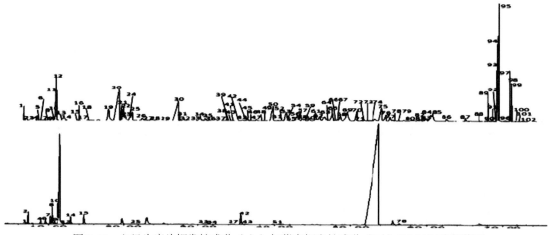

图 2-65　六经头痛片挥发性成分（上）与藁本挥发性成分（下）GC-MS 对应谱图
峰 1、2、4、8、9、42、6、13、7、10、14、15、25、33、37 为单萜，51、78 为倍半萜

（6）与白芷药材挥发性成分的相关性

六经头痛片挥发性成分与白芷挥发性成分 GC-MS 对应谱图见图 2-66。六经头痛片有 15 个成分来源于白芷药材，主要为双环单萜类、酯类、简单化合物类，主要相关成分为 1R-α-蒎烯、环十二烷、棕榈酸乙酯等。同时表明，以归一化法计算，白芷药材挥发性成分主要为双环单萜如 1R-α-蒎烯（3.09%），单环单萜类如 α-松油醇（1.69%），简单化合物如正癸烯（30.05%）、环十二烷（19.95%）、油醇（5.31%），酯类如肉豆蔻醇乙酸酯（3.86%）、棕榈酸乙酯（2.475%）。

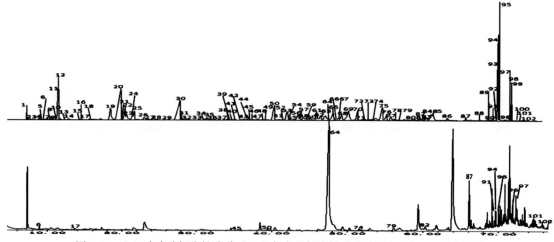

图 2-66　六经头痛片挥发性成分（上）与白芷挥发性成分（下）GC-MS 对应谱图
峰 6 为单萜，45、50、79、82 为倍半萜，91、94、95、96、97 为酯类

四、讨 论

1）在六经头痛片挥发性成分与药材相关性 GC 实验中，将处方中 9 个药味的 GC 图谱与六经头痛片的 GC 图谱一一进行了比对，结果显示，荆芥穗油、细辛、辛夷、白芷、藁本和川芎均含有挥发性成分，故列入六经头痛片挥发性成分 GC-MS 指认药材。而茺蔚子、葛根和女贞子基本不含有挥发性成分，在该 GC 色谱条件下基本无峰，故在本报告中未列入 GC-MS 指认药材。

2）采用 GC-MS 方法，从六经头痛片中辨识出 102 个挥发性化学成分，其中 32 个化学成分来源于细辛药材，48 个化学成分来源于辛夷药材，40 个化学成分来源于荆芥穗油，9 个化学成分来源于川芎药材，19 个化学成分来源于藁本药材，16 个化学成分来源于白芷药材。

第三章 六经头痛片主要化学成分分离制备

在六经头痛片化学物质组辨识的基础上，进一步采用有机溶剂萃取技术、硅胶柱色谱、FLASH 色谱和制备型 HPLC 技术，对六经头痛片主要化学成分进行分离制备。考虑到本品制备工艺（白芷药材部分打粉，荆芥穗油、细辛和辛夷采用水蒸气提取挥发油，其他药材葛根、女贞子、部分白芷、川芎、藁本、茺蔚子及细辛和辛夷提油后的残渣均采用水提取）结合化学成分性质及在处方中所占比例，六经头痛片含量较大的化学成分主要是异黄酮类成分和香豆素类成分。因此，本部分以白芷和葛根药材为原料，对六经头痛片主要化学成分进行分离制备，分离得到 27 个化学成分。运用 UV、MS、^{1}H-NMR、^{13}C-NMR 等现代波谱技术，对获得的各单体成分进行结构鉴定，确定了 20 个化学成分的结构，确定为 8-甲氧基异欧前胡素（cnidilin，1）、花椒毒酚（xanthotoxol，2）、伞形花内酯（umbelliferone，3）、异欧前胡素（isoimperatorin，4）、欧前胡素（imperatorin，5）、东莨菪素（scopoletin，6）、白当归素（byakangelicin，7）、白当归脑（byakangelicol，8）、佛手柑内酯（bergapten，9）、异补骨脂素（isopsoralen，10）、氧化前胡素（oxypeucedanin，11）、花椒毒素（xanthotoxin，12）、葛根素（puerarin，13）、大豆苷（daidzin，14）、葛根素-8-C-芹菜糖基葡萄糖苷（puerarin 8-C-apiosy-glucoside，15）、染料木苷（16，genistin）、3′-甲氧基葛根素（3′-methoxy puerarin，17）、葛根素-4′-O-葡萄糖苷（puerarin 4′-O-glucoside，18）、大豆苷元-7，4′-O-二葡萄糖苷（daidzein 7，4′-O-diglucoside，19）、3′-羟基葛根素（3′-hydroxy puerarin，20）。

一、仪器与材料

1. 仪器

高效液相色谱仪	兰博公司/戴安公司
创新通恒制备液相系统	天津市正通科技有限公司
高效液相色谱仪（Agilent1260）	美国 Agilent 公司
Q-TOF 质谱仪	美国 Bruker 公司
AB204-N 电子分析天平	METTLER TOLEDO
核磁共振仪	Bruker AV400，Bruker
全自动 FLASH 柱层析系统	LISUI 公司
超声清洗仪	奥特宝恩斯仪器有限公司
加热套	无锡市海信化机设备有限公司
旋转蒸发仪	无锡市星海王生化设备有限公司
玻璃层析柱	天大玻璃仪器厂
薄层色谱展开槽	北京新恒能分析仪器有限公司

2. 试剂与试药

200～300 目硅胶	青岛海洋化工分厂

160～200 目硅胶	青岛海洋化工分厂
TLC 商品板（GF254 硅胶板）	青岛海洋化工分厂
ODS 填料（100～200 目）	北京欧亚新技术公司
石油醚	分析纯，天津市科锐思精细化工有限公司
乙酸乙酯	分析纯，天津市科锐思精细化工有限公司
二氯甲烷	分析纯，天津市科锐思精细化工有限公司
乙醇	分析纯，天津市科锐思精细化工有限公司
甲醇	分析纯，天津市康科德科技有限公司
甲醇	色谱纯，天津市康科德科技有限公司
乙腈	色谱纯，天津市康科德科技有限公司
纯净水	娃哈哈有限公司

白芷药材（批号 Y1511383）由天津中新药业隆顺榕制药厂提供，经天津药物研究院张铁军研究员鉴定为伞形科植物白芷 *Angelica dahurica*（Fisch.ex Hoffm.）Benth.et Hook.f.的干燥根。葛根药材（批号 Y1505198）由天津中新药业隆顺榕制药厂提供，经天津药物研究院张铁军研究员鉴定为豆科植物野葛 *Pueraria lobata*（Willd.）Ohwi 的干燥根。

二、提　取　分　离

1. 六经头痛片中香豆素类化合物制备

取白芷 2kg，粉碎成粗粉，加 10 倍量 80%乙醇回流提取两次，每次2h，滤过，药渣弃去，合并两次滤液，减压浓缩至无醇味。取浓缩水液置分液漏斗中，加乙酸乙酯充分萃取，减压回收乙酸乙酯，得提取物 41g。

取上述提取物 40g，用硅胶柱色谱进行分离，用石油醚–乙酸乙酯为洗脱剂进行梯度洗脱，比例依次为 100∶1、100∶3、100∶5、100∶7、100∶10、100∶15、100∶20、100∶25、100∶30、100∶50，每个梯度洗脱 3～5 个柱体积（每个柱体积约为 1000ml）；流分收集之后采用薄层色谱法及 HPLC 法进行分析，合并成分相似的流分，得到 6 个流分。各流分经 Flash 柱色谱、制备高效液相及重结晶等方法分离纯化后分别得到 BZ-1（26mg），BZ-2（44mg），BZ-3（7mg），BZ-4（5mg），BZ-5（33mg），BZ-6（100mg），BZ-7（178mg），BZ-8（5mg），BZ-9（18mg），BZ-10（2mg），BZ-11（16mg），BZ-12（17mg），BZ-13（35mg），BZ-14（20mg），BZ-15（2mg），BZ-16（34mg），BZ-17（20mg）。分离纯化过程详见图 3-1。

2. 六经头痛片中黄酮类化合物制备

取葛根 2kg，粉碎成粗粉，加 10 倍量 80%乙醇回流提取两次，每次 2h，滤过，合并滤液，收集乙醇，并浓缩成相当于 0.2g 生药/ml 浓度的溶液。以 1BV/h 速度通过 HPD-300 树脂，用水洗脱 6BV（洗脱速度 1BV/h），再用 30%乙醇溶液洗脱 3BV（洗脱速度 2BV/h），收集 30%乙醇溶液，减压浓缩并干燥，得干浸膏 122.5g。

取上述干浸膏 100g，用硅胶柱色谱进行分离，使用二氯甲烷-甲醇系统洗脱，比例依次为 10∶1、7∶1、5∶1、3∶1、2∶1、1∶1、1∶2，每个梯度洗脱 3～5 个柱体积（每个柱体积约为 2000ml）；流份收集之后采用薄层色谱法及 HPLC 法进行分析，合并成分相似的流分，得到 5 个流分。各流分经 ODS 柱色谱、LH-20 柱色谱及重结晶等方法分离纯化后分别得到 GG-1（1.7g），GG-2（100mg），GG-3（23mg），GG-4（20mg），GG-5（17mg），GG-6（25mg），GG-7

（19mg），GG-8（16mg），GG-9（7mg），GG-10（9mg）。分离纯化过程详见图 3-2。

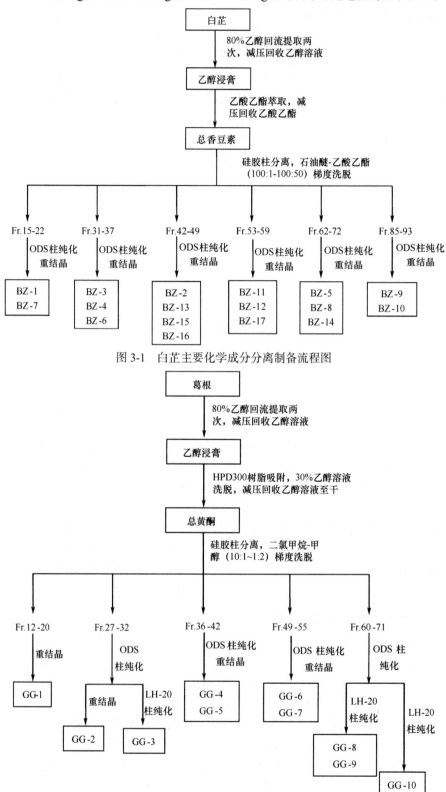

图 3-1 白芷主要化学成分分离制备流程图

图 3-2 葛根主要化学成分分离制备流程图

三、结 构 鉴 定

1. 化合物名称和结构式

分离得到化合物后分别运用 UV、ESI-MS、NMR 等对其进行鉴定并与现有文献相对照，最终确定了它们的结构（见表 3-1）。

表 3-1　化合物名称和结构式

编号	中文名（英文名）	结构式
BZ-1	8-甲氧基异欧前胡素 （cnidilin）	
BZ-2	花椒毒酚 （xanthotoxol）	
BZ-5	伞形花内酯 （umbelliferone）	
BZ-6	异欧前胡素 （isoimperatorin）	
BZ-7	欧前胡素 （imperatorin）	
BZ-9	东莨菪素 （scopoletin）	
BZ-11	白当归素 （byakangelicin）	

续表

编号	中文名（英文名）	结构式
BZ-12	白当归脑 （byakangelicol）	
BZ-13	佛手柑内酯 （bergapten）	
BZ-14	异补骨脂素 （isopsoralen）	
BZ-16	氧化前胡素 （oxypeucedanin）	
BZ-17	花椒毒素 （xanthotoxin）	
GG-1	葛根素 （puerarin）	
GG-2	大豆苷 （daidzin）	
GG-3	葛根素-8-C-芹菜糖基葡萄糖苷 （puerarin 8-C-apiosyl（1→6）glucoside）	

续表

编号	中文名（英文名）	结构式
GG-4	染料木苷（genistin）	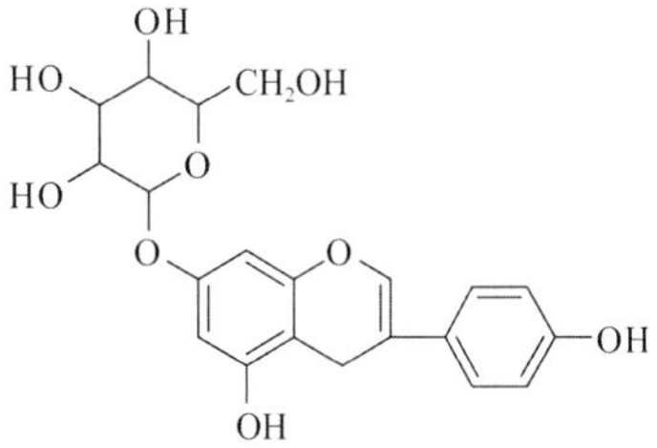
GG-5	3′-甲氧基葛根素（3′-methoxy puerarin）	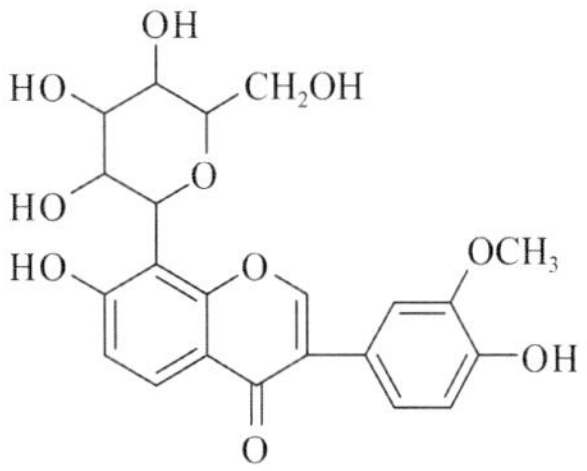
GG-6	葛根素-4′-O-葡萄糖苷（puerarin 4′-O-glucoside）	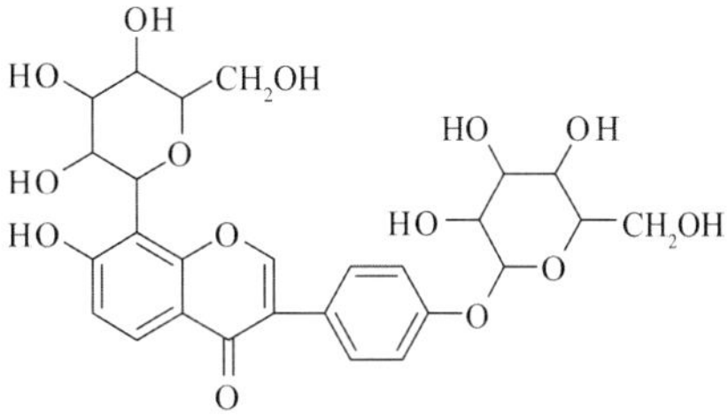
GG-7	大豆苷元-7，4′-O-二葡萄糖苷（daidzein 7，4′-O-diglucoside）	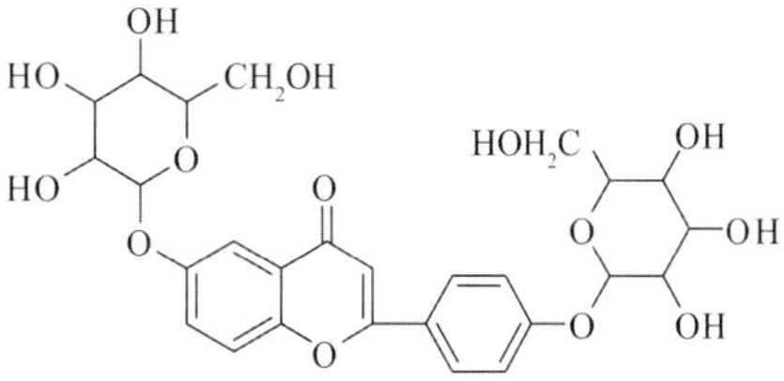
GG-8	3′-羟基葛根素（3′-hydroxy puerarin）	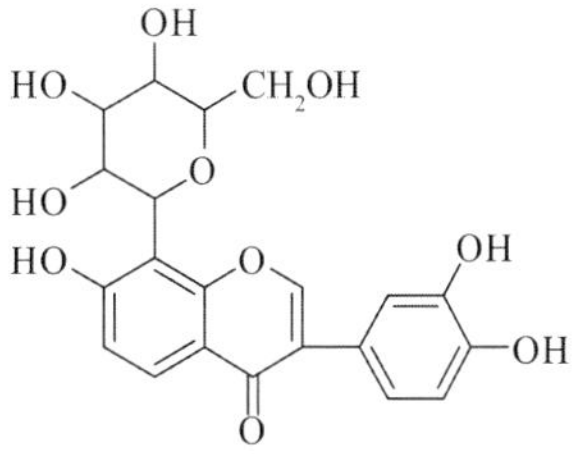

2. 结构解析

化合物 BZ-1

浅黄色粉末，紫外灯下呈淡黄色荧光，异羟肟酸铁反应阳性，推测为香豆素类化合物。ESI-MS *m/z*：301.1109[M+H]$^+$，推断化合物分子量为 300，结合 ^{1}H-NMR、^{13}C-NMR 确定分子式为 $C_{17}H_{16}O_5$。其化学结构见图 3-3。

^{1}H-NMR（400MHz，CDCl$_3$）谱中共观测到 16 个质子信号，

图 3-3 化合物 BZ-1 的化学结构

其中在低磁场区存在 δ8.09（1H，d，J=10.0Hz）、δ7.60（1H，d，J=2.4Hz）、δ6.92（1H，d，J=2.4Hz）和 δ6.26（1H，d，J=10.0Hz）4 个烯键质子信号，δ8.09 和 δ6.26 的双重峰耦合常数为 10.0Hz，是 3，4 位无取代的香豆素类化合物的特征峰，δ7.60 和 δ6.92 的双重峰耦合常数为 2.4Hz 为线型呋喃香豆素的呋喃环上 2′和 3′位无取代的质子信号，推测化合物 BZ-1 为 5，8 位取代的线型呋喃香豆素。δ$_H$ 4.77（2H，d，J=6.8Hz）为与苯环相连的-O-CH$_2$ 质子信号、δ$_H$ 5.50（1H，m）为异戊烯基中的烯烃质子信号；δ$_H$ 4.16（3H，s）为 8 位与苯环相连的甲氧基信号；δ$_H$ 1.64（3H，s）和 δ$_H$ 1.76（3H，s）（-C=C-（CH$_3$）$_2$）为异戊烯基末端同碳上的甲基。

^{13}C-NMR（100MHz，CDCl$_3$）谱中显示有 17 个碳信号，其中低场区显示 1 个 α-吡喃酮碳信号 δ$_C$ 160.5（C=O），10 个芳香碳信号 δ$_C$ 149.7、145.2、143.6、143.4、139.8、128.6、116.5、112.9、108.9、105.1，结合 ^{1}H-NMR 数据推测为线型呋喃香豆素；δ$_C$ 139.7 和 119.2 为异戊烯基中的烯烃碳信号，δ$_C$ 70.5 为与苯环相连的-O-CH$_2$ 碳原子信号，δ$_C$ 25.8 和 18.1 为异戊烯基末端同碳上的甲基碳信号；δ$_C$ 61.7 为甲氧基（-OCH$_3$）碳信号。

综合上述信息，并与文献[1]报道的 8-甲氧基异欧前胡内酯数据对比，数据见表 3-2 所示，其氢谱和碳谱数据基本一致，故鉴定化合物 BZ-3 为 8-甲氧基异欧前胡内酯（cnidilin）。

表 3-2　化合物 BZ-3 的 ^{1}H-NMR（400MHz）和 ^{13}C-NMR（100MHz）数据

No.	实测值（CDCl$_3$）			文献值（CDCl$_3$）		
	δ$_C$（ppm）	δ$_H$（ppm）	J$_{H-H}$（Hz）	δ$_C$（ppm）	δ$_H$（ppm）	J$_{H-H}$（Hz）
2	160.5			160.5		
3	112.9	6.26	d，10.0	112.9	6.31	d，9.7
4	139.8	8.09	d，10.0	139.8	8.14	d，9.7
5	143.6			-		
6	116.5			116.5		
7	149.7			149.7		
8	128.6			128.6		
9	143.4			143.6		
10	108.9			108.9		
2′	145.2	7.60	d，2.4	145.2	7.65	d，2.2
3′	105.1	6.92	d，2.4	105.1	6.97	d，2.2
1″	70.5	4.77	d，6.8	70.5	4.81	d，7.1
2″	119.2	5.50	m	119.2	5.53	m
3″	139.7			143.4		
2×-CH$_3$	25.8 18.1	1.76 1.64		25.8 18.2	1.80 1.68	s
-OCH$_3$	61.7	4.16		61.7	4.20	s

化合物 BZ-2

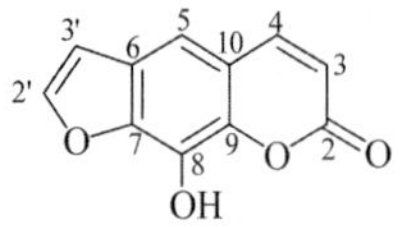

白色粉末，紫外灯下呈暗棕色荧光，异羟肟酸铁反应阳性，推测为香豆素类化合物。ESI-MS *m/z*：203.0307[M+H]$^+$，推断化合物分子量为 202，结合 ^{1}H-NMR、^{13}C-NMR 确定分子式为 C$_{11}$H$_6$O$_4$。其化学结构见图 3-4。

图 3-4　化合物 BZ-2 的化学结构式

^{1}H-NMR（400MHz，DMSO-d$_6$）谱中共观测到 6 个质子信号，其中 δ$_H$ 10.37（1H，br.s）为羟基质子信号；δ8.10 和 δ6.39 的双重峰耦合常数为 9.6Hz，是 3，4 位无取代的香豆素类化合物的特征峰；δ8.06 和 δ7.02 的双重峰耦合常数为 2.4Hz 为线型呋喃香豆素的呋喃环上 2′ 和 3′ 位的质子信号；δ$_H$ 7.44（1H，s）是 1 个孤立的芳香质子信号。

表 3-3　化合物 BZ-2 的 ^{1}H-NMR（400MHz）和 ^{13}C-NMR（100MHz）数据

No.	实测值（DMSO-d$_6$）			文献值（CDCl$_3$）		
	δ$_C$（ppm）	δ$_H$（ppm）	J$_{H-H}$（Hz）	δ$_C$（ppm）	δ$_H$（ppm）	J$_{H-H}$（Hz）
2	160.0			160.3		
3	113.8	6.39	d，9.6	114.2	6.37	d，9.6
4	145.5	8.10	d，10.0	144.9	7.81	d，9.6
5	110.1	7.44	s	110.6	7.27	s
6	125.2			126.1		
7	145.4			144.5		
8	130.3	10.37	br.s	129.5		
9	139.7			139.0		
10	116.2			115.8		
2′	147.4	8.06	d，2.0	147.0	7.72	d，2.4
3′	107.0	7.02	d，2.4	106.8	6.82	d，2.4

^{13}C-NMR（100MHz，DMSO-d$_6$）谱中显示有 11 个碳信号，其中低场区显示 1 个 α-吡喃酮碳信号 δ$_C$160.0（C=O），10 个芳香碳信号 δ$_C$ 147.4、145.5、145.4、139.7、130.3、125.2、116.2、113.8、110.1、107.0，结合 ^{1}H-NMR 数据推测为线型呋喃香豆素。

综合上述信息，并与文献[2]报道的花椒毒酚数据对比，数据见表 3-3 所示，其氢谱和碳谱数据基本一致，故鉴定化合物 BZ-2 为花椒毒酚（xanthotoxol）。

化合物 BZ-5

白色粉末，紫外灯下呈淡黄色荧光，异羟肟酸铁反应阳性，推测为香豆素类化合物。EI-MS m/z：161.0299[M+H]$^+$，推断化合物分子量为 160。结合 ^{1}H-NMR、^{13}C-NMR 谱，确定分子式为 C$_9$H$_6$O$_3$。其化学结构见图 3-5。

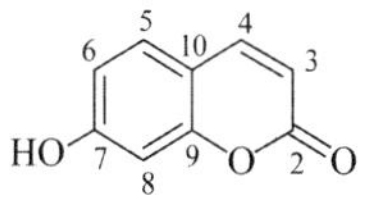

图 3-5　化合物 BZ-5 的化学结构式

^{1}H-NMR（400MHz，DMSO-d$_6$）谱中共观测到 6 个质子信号，其中 δ$_H$ 10.53（1H，s）为羟基质子信号；δ7.89 和 δ6.17 的双重峰耦合常数为 9.6Hz，是 3，4 位无取代的香豆素类化合物的特征峰；另外还有 3 个芳香质子的信号：δ$_H$ 6.69（1H，d，J=8.4Hz，H-5）、6.76（1H，dd，J=8.4，2.4Hz，H-6）、7.09（1H，d，J=2.0Hz，H-8），推测为 7 位取代的简单香豆素。

^{13}C-NMR（100MHz，DMSO-d$_6$）谱中显示有 9 个碳信号，其中低场区显示 1 个 α-吡喃酮碳信号 δ$_C$161.3（C=O），8 个芳香碳信号 δ$_C$ 160.4、155.5、144.4、129.6、113.1、111.4、111.2、102.1，推测为 7 位取代的简单香豆素。

综合上述信息，并与文献[3]报道的伞形花内酯数据对比，数据见表 3-4 所示，其氢谱和碳谱数据基本一致，故鉴定化合物 BZ-5 为伞形花内酯（umbelliferone）。

表 3-4　化合物 BZ-5 的 ^{1}H-NMR（400MHz）和 ^{13}C-NMR（100MHz）数据

No.	实测值（DMSO-d$_6$）			文献值（CDCl$_3$）		
	δ_C（ppm）	δ_H（ppm）	J_{H-H}（Hz）	δ_C（ppm）	δ_H（ppm）	J_{H-H}（Hz）
2	161.3			171.5		
3	111.2	6.17	d, 9.6	116.2	6.22	d, 9.6
4	155.5	7.89	d, 9.2	146.8	7.51	d, 9.6
5	129.6	6.69	d, 8.4	127.9	6.77	d, 8.0
6	113.1	6.76	dd, 8.4, 2.4	122.7	6.92	dd, 8.3, 1.8
7	144.4	10.53	s	146.5		
8	102.1	7.09	d, 2.0	115.0	7.03	d, 2.0
9	160.4			149.3		
10	111.4			116.5		

化合物 BZ-6

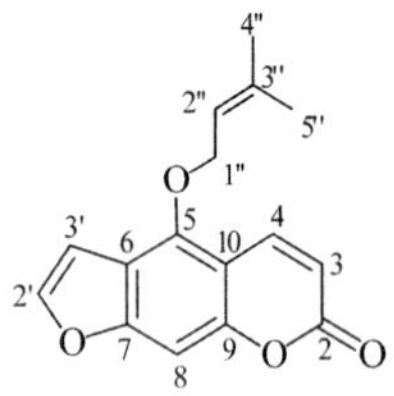

图 3-6　化合物 BZ-6 的化学结构式

白色粉末，紫外灯下呈黄绿色荧光，异羟肟酸铁反应阳性，推测为香豆素类化合物。ESI-MS m/z：271.0956[M+H]$^+$，推断化合物分子量为 270，结合 ^{1}H-NMR、^{13}C-NMR 确定分子式为 C$_{16}$H$_{14}$O$_4$。其化学结构见图 3-6。

^{1}H-NMR（400MHz，CDCl$_3$）共给出 14 个质子信号，其中在低磁场区存在 δ8.12（1H，d，J=10.0Hz）、δ7.11（1H，s）、δ7.56（1H，d，J=2.4Hz）、δ6.92（1H，d，J=2.4Hz）和 δ6.23（1H，d，J=10.0Hz）5 个烯键质子信号，δ8.12 和 δ6.23 的双重峰耦合常数为 10.0Hz，是 3，4 位无取代的香豆素类化合物的特征峰，δ7.56 和 δ6.92 的双重峰耦合常数为 2.4Hz 为线型呋喃香豆素的呋喃环上 2′和 3′位的质子信号。由于受到迫位效应的影响，H-4 的化学位移为 δ8.12，推测化合物 BZ-6 为 5 位取代线型呋喃香豆素。δ4.89（2H，d，J=6.8Hz）为与苯环相连的-O-CH$_2$-质子信号、δ5.51（1H，m）为异戊烯基中的烯烃质子信号、δ1.77（3H，s）和 δ1.67（3H，s）为异戊烯基（—CH$_2$—CH=C（CH$_3$）$_2$）末端同碳上的甲基。

^{13}C-NMR（100MHz，CDCl$_3$）波谱数据显示共有 16 个碳信号，其中低场区显示 1 个 α-吡喃酮碳信号 δ$_C$161.2（C=O），10 个芳香碳信号 δ$_C$ 158.1、152.7、148.9、144.9、139.5、114.2、112.5、107.5、105.0、94.2，因为 C-8 邻、对位都有氧取代，其化学位移为 94.2，也证明了该化合物为 5 位取代的线型呋喃香豆素。δ$_C$ 139.7 和 119.2 为异戊烯基中的烯烃碳信号，δ$_C$ 70.5 为与苯环相连的-O-CH2 碳原子信号，δ$_C$25.8 和 18.1 为异戊烯基末端同碳上的甲基碳信号。

综合上述信息，并与文献[1]报道的异欧前胡素数据对比，数据见表 3-5 所示，其氢谱和碳谱数据基本一致，故鉴定化合物 BZ-6 为异欧前胡素（isoimperatorin）。

表 3-5　化合物 BZ-6 的 ^{1}H-NMR（400MHz）和 ^{13}C-NMR（100MHz）数据

No.	实测值（CDCl$_3$）			文献值（CDCl$_3$）		
	δ_C（ppm）	δ_H（ppm）	J_{H-H}（Hz）	δ_C（ppm）	δ_H（ppm）	J_{H-H}（Hz）
2	161.2			161.3		
3	112.5	6.23	d, 10.0	112.5	6.29	d, 9.7

续表

No.	实测值（CDCl₃）			文献值（CDCl₃）		
	δ_C（ppm）	δ_H（ppm）	J_{H-H}（Hz）	δ_C（ppm）	δ_H（ppm）	J_{H-H}（Hz）
4	139.5	8.12	d, 10.0	139.6	8.18	d, 9.7
5	148.9			149.0		
6	114.2			114.2		
7	158.1			158.1		
8	94.2	7.11	s	94.2	7.16	s
9	152.7			152.7		
10	107.5			107.5		
2′	144.9	7.56	d, 2.4	144.9	7.61	d, 2.2
3′	105.0	6.92	d, 2.4	105.1	6.98	d, 2.2
1″	69.7	4.89	d, 6.8	69.7	4.94	d, 6.9
2″	119.1	5.51	m	119.1	5.55	m
3″	139.8			139.8		
2×-CH₃	25.8 18.2	1.77 1.67	s	25.8 18.2	1.82 1.72	s

化合物 BZ-7

白色粉末，紫外灯下呈黄色荧光，异羟肟酸铁反应阳性，推测为香豆素类化合物。ESI-MS m/z：271.0969[M+H]⁺，推断化合物分子量为 270，结合 ¹H-NMR、¹³C-NMR 确定分子式为 C₁₆H₁₄O₄。其化学结构见图 3-7。

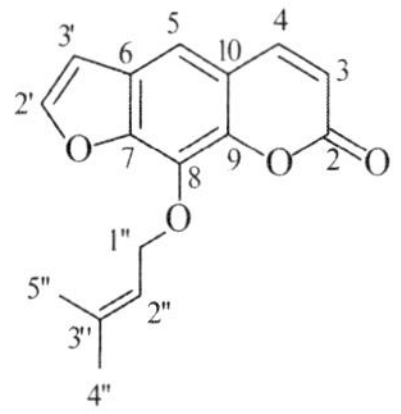

¹H-NMR（400MHz，CDCl₃）共给出 14 个质子信号，其中在低磁场区存在 δ7.73（1H，d，J=9.6Hz）、δ7.66（1H，d，J=2.4Hz）、δ7.33（1H，s）、δ6.78（1H，d，J=2.0Hz）

图 3-7　化合物 BZ-7 的化学结构式

和 δ6.33（1H，d，J=9.6Hz）5 个烯键质子信号，δ7.73 和 δ6.33 的双重峰耦合常数为 9.6Hz，是 3，4 位无取代的香豆素类化合物的特征峰，δ7.66 和 δ6.78 的双重峰耦合常数为 2.4Hz 为线型呋喃香豆素的呋喃环上 2′和 3′位的质子信号。由于 H-4 的化学位移为 δ7.73，即未受到迫位效应的影响，推测化合物 BZ-7 为 8 位取代线型呋喃香豆素。δ4.97（2H，d，J=7.2Hz）为与苯环相连的-O-CH₂-质子信号、δ5.58（1H，m）为异戊烯基中的烯烃质子信号、δ1.71（3H，s）和 δ1.69（3H，s）为异戊烯基（—CH₂—CH=C（CH₃）₂）末端同碳上的甲基。

¹³C-NMR（100MHz，CDCl₃）波谱数据显示共有 16 个碳信号，其中低场区显示 1 个 α-吡喃酮碳信号 δ_C160.5（C=O），10 个芳香碳信号 δ_C148.6、146.6、144.3、143.8、131.7、125.8、116.5、114.7、113.1、106.7，结合 ¹H-NMR 数据推测为线型呋喃香豆素；δ_C 139.7 和 119.8 为异戊烯基中的烯烃碳信号，δ_C 70.1 为与苯环相连的-O-CH2 碳原子信号，δ_C25.8 和 18.1 为异戊烯基末端同碳上的甲基碳信号。

综合上述信息，并与文献[1]报道的欧前胡素数据对比，数据见表 3-6 所示，其氢谱和碳谱数据基本一致，故鉴定化合物 BZ-7 为欧前胡素（imperatorin）。

表 3-6　化合物 BZ-7 的 ^{1}H-NMR（400MHz）和 ^{13}C-NMR（100MHz）数据

No.	实测值（CDCl$_3$）			文献值（CDCl$_3$）		
	δ_C（ppm）	δ_H（ppm）	J_{H-H}（Hz）	δ_C（ppm）	δ_H（ppm）	J_{H-H}（Hz）
2	160.5			160.4		
3	114.7	6.33	d，9.6	114.6	6.35	d，9.6
4	144.3	7.73	d，9.6	144.3	7.79	d，9.5
5	113.1	7.33	s	113.1	7.35	s
6	125.8			125.8		
7	148.6			148.6		
8	131.7			131.6		
9	143.8			143.8		
10	116.5			116.4		
2′	146.6	7.66	d，2.4	146.5	7.71	d，2.4
3′	106.7	6.78	d，2.0	106.7	6.81	d，2.4
1″	70.1	4.97	d，7.2	70.3	5.00	d，7.2
2″	119.8	5.58	m	119.7	5.60	t，7.2
3″	139.7			139.6		
2×-CH$_3$	25.8 18.1	1.71 1.69	s	25.7 18.0	1.74 1.72	s

化合物 BZ-9

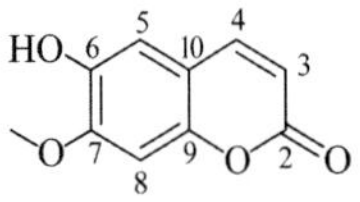

图 3-8　化合物 BZ-9 的化学结构式

淡黄色粉末，紫外灯下呈淡黄色荧光，异羟肟酸铁反应阳性，推测为香豆素类化合物。EI-MS m/z：193.0470[M+H]$^+$，推断化合物分子量为 192，结合 ^{1}H-NMR、^{13}C-NMR 谱，确定分子式为 C$_{10}$H$_8$O$_4$。其化学结构见图 3-8。

^{1}H-NMR（400MHz，CDCl$_3$）谱中共观测到 7 个质子信号，其中 δ7.57 和 δ6.24 的双重峰耦合常数为 8.8Hz，是 3，4 位无取代的香豆素类化合物的特征峰；另外还有 2 个芳香质子的信号：δ_H 6.90（1H，s）和 6.82（1H，s），推测为 6，7 位取代的简单香豆素；δ3.93（3H，s）为与苯环相连的甲氧基信号。

^{13}C-NMR（100MHz，CDCl$_3$）谱中显示有 10 个碳信号，其中低场区显示 1 个 α-吡喃酮碳信号 δ_C161.3（C=O），8 个芳香碳信号 δ_C 161.3、149.7、149.7、143.2、113.4、111.5、107.5、103.2，推测为 6，7 位取代的简单香豆素。

综合上述信息，并与文献[3]报道的东莨菪素数据对比，数据见表 3-7 所示，其氢谱和碳谱数据基本一致，故鉴定化合物 BZ-9 为东莨菪素（scopoletin）。

表 3-7　化合物 BZ-9 的 ^{1}H-NMR（400MHz）和 ^{13}C-NMR（100MHz）数据

No.	实测值（CDCl$_3$）			文献值（CDCl$_3$）		
	δ_C（ppm）	δ_H（ppm）	J_{H-H}（Hz）	δ_C（ppm）	δ_H（ppm）	J_{H-H}（Hz）
2	161.3			161.5		
3	113.4	6.24	d，8.8	112.6	6.26	d，9.6
4	143.2	7.57	d，8.8	143.9	7.59	d，9.6
5	107.5	6.82	s	107.5	6.82	s

续表

No.	实测值（CDCl₃）			文献值（CDCl₃）		
	δ_C（ppm）	δ_H（ppm）	J_{H-H}（Hz）	δ_C（ppm）	δ_H（ppm）	J_{H-H}（Hz）
6	149.7			149.1		
7	149.7			149.7		
8	103.2	6.90	s	102.4	6.90	s
9	111.5			110.8		
10				150.2		
-OCH₃	56.4	3.93	s	55.7	3.96	s

化合物 BZ-11

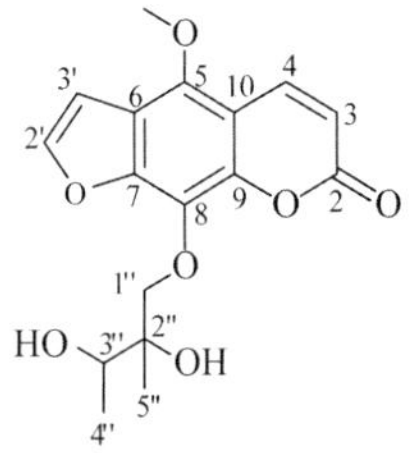

白色粉末，紫外灯下为橙黄色荧光，异羟肟酸铁反应阳性，推测为香豆素类化合物。ESI-MS m/z：335.1103[M+H]⁺，推断化合物分子量为 334，结合 ¹H-NMR、¹³C-NMR 谱，确定分子式为 $C_{17}H_{18}O_7$。其化学结构见图 3-9。

图 3-9 化合物 BZ-11 的化学结构式

¹H-NMR（400MHz，CD₃OD）谱中共观测到 18 个质子信号，其中在低磁场区存在 δ8.20（1H，d，J=9.6Hz）、δ7.80（1H，d，J=2.4Hz）、δ7.19（1H，d，J=2.0Hz）和 δ6.26（1H，d，J=10.0Hz）4 个烯键质子信号，δ8.20 和 δ6.26 的双重峰耦合常数为 9.6Hz，是 3，4 位无取代的香豆素类化合物的特征峰，δ7.80 和 δ7.19 的双重峰耦合常数为 2.4Hz 为线型呋喃香豆素的呋喃环上 2′和 3′位的质子信号，推测化合物 BZ-12 为 5，8 位取代的线型呋喃香豆素；δ_H 4.19（3H，s）为与苯环相连的甲氧基质子信号。

¹³C-NMR（100MHz，CDCl₃）谱中显示有 17 个碳信号，其中低场区显示 1 个 α-吡喃酮碳信号 δ_C162.7（C=O），10 个芳香碳信号 δ_C 151.7、147.0、146.1、144.9、141.4、128.4、116.2、113.1、108.6、106.4；δ_C 78.3 为与苯环相连的-O-CH₂碳原子信号；δ_C 61.4 为甲氧基（-OCH₃）碳信号。

综合上述信息，并与文献[2]报道的白当归素数据对比，数据见表 3-8 所示，其氢谱和碳谱数据基本一致，故鉴定化合物 BZ-11 为白当归素（byakangelicin）。

表 3-8 化合物 BZ-11 的 ¹H-NMR（400MHz）和 ¹³C-NMR（100MHz）数据

No.	实测值（CD₃OD）			文献值（CDCl₃）		
	δ_C（ppm）	δ_H（ppm）	J_{H-H}（Hz）	δ_C（ppm）	δ_H（ppm）	J_{H-H}（Hz）
2	162.7			160.1		
3	113.1	6.26	d，10.0	112.9	6.28	d，9.8
4	141.4	8.20	d，9.6	139.4	8.12	d，9.8
5	146.1			144.9		
6	116.2			114.5		
7	151.7			150.2		
8	128.4			126.9		
9	144.9			143.9		
10	108.6			107.5		

续表

No.	实测值（CD₃OD）			文献值（CDCl₃）		
	δ_C（ppm）	δ_H（ppm）	J_{H-H}（Hz）	δ_C（ppm）	δ_H（ppm）	J_{H-H}（Hz）
2′	147.0	7.80	d, 2.4	145.2	7.63	d, 2.2
3′	106.4	7.19	d, 2.0	105.3	7.01	d, 2.2
1″	78.3	4.55	dd, 10.0, 2.8	76.1	4.60	dd, 10.1, 2.5
		4.27	dd, 10.0, 8.0		4.26	dd, 10.1, 7.8
2″	76.8	3.82	dd, 8.4, 2.8	76.0	3.83	dd, 7.8, 2.5
3″	72.7			71.5		
2×-CH₃	26.7	1.26	s	26.7	1.32	s
	25.1	1.21		25.1	1.28	
-OCH₃	61.4	4.19	s	60.7	4.18	s

化合物 BZ-12

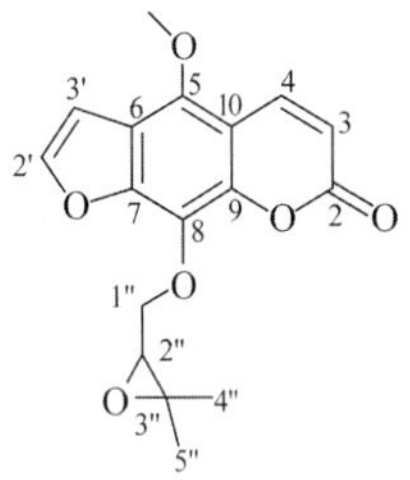

白色粉末，紫外灯下呈黄褐色荧光，异羟肟酸铁反应阳性，推测为香豆素类化合物。EI-MS m/z：317.0999[M+H]⁺，推断化合物分子量为316，结合 ¹H-NMR、¹³C-NMR 确定分子式为 $C_{17}H_{16}O_6$。其化学结构见图3-10。

图3-10　化合物 BZ-12 的化学结构式

¹H-NMR（400MHz，CDCl₃）谱中共观测到 16 个质子信号，其中在低磁场区存在 δ8.09（1H，d，J=10.0Hz）、δ7.60（1H，d，J=2.0Hz）、δ6.98（1H，d，J=2.0Hz）和 δ6.25（1H，d，J=10.0Hz）4 个烯键质子信号，δ8.09 和 δ6.25 的双重峰耦合常数为 10.0Hz，是 3，4 位无取代的香豆素类化合物的特征峰，δ7.60 和 δ6.98 的双重峰耦合常数为 2.0Hz 为线型呋喃香豆素的呋喃环上 2′和 3′位的质子信号，推测化合物 BZ-12 为 5，8 位取代的线型呋喃香豆素；δ_H 4.16（3H，s）为与苯环相连的甲氧基质子信号。

¹³C-NMR（100MHz，CDCl₃）谱中显示有 17 个碳信号，其中低场区显示 1 个 α-吡喃酮碳信号 δ_C160.3（C=O），10 个芳香碳信号 δ_C 150.5、145.2、144.8、144.2、139.4、126.7、114.4、112.8、107.4、105.2；δ_C 72.7 为与苯环相连的-O-CH₂碳原子信号；δ_C 60.7 为甲氧基（-OCH₃）碳信号。

综合上述信息，并与文献[3]报道的白当归脑数据对比，数据见表3-9所示，其氢谱和碳谱数据基本一致，故鉴定化合物 BZ-12 为白当归脑（byakangelicol）。

表3-9　化合物 BZ-12 的 ¹H-NMR（400MHz）和 ¹³C-NMR（100MHz）数据

No.	实测值（CDCl₃）			文献值（CDCl₃）		
	δ_C（ppm）	δ_H（ppm）	J_{H-H}（Hz）	δ_C（ppm）	δ_H（ppm）	J_{H-H}（Hz）
2	160.3			160.3		
3	112.8	6.25	d, 10.0	112.9	6.35	d, 9.8
4	139.4	8.09	d, 10.0	139.4	8.19	d, 9.8
5	144.8			144.8		
6	114.4			114.5		
7	150.5			150.5		
8	126.7			126.7		
9	144.2			144.2		
10	107.4			107.5		

续表

No.	实测值（CDCl₃）			文献值（CDCl₃）		
	δ_C（ppm）	δ_H（ppm）	J_{H-H}（Hz）	δ_C（ppm）	δ_H（ppm）	J_{H-H}（Hz）
2′	145.2	7.60	d, 2.0	145.2	7.69	d, 2.2
3′	105.2	6.98	d, 2.0	105.2	7.07	d, 2.2
1″	72.7	4.41	d, 5.6	72.7	4.50	d, 5.6
2″	61.3	3.27	t, 5.6	61.4	3.36	t, 5.7
3″	58.0			58.1		
2×-CH₃	24.5 18.8	1.31 1.22	s	24.4 18.8	1.46 1.32	s
-OCH₃	60.7	4.16	s	60.7		

化合物 BZ-13

无色针晶（丙酮），紫外灯下呈黄绿色荧光，异羟肟酸铁反应阳性，推测为香豆素类化合物。ESI-MS m/z：217.0494[M+H]⁺，推断化合物分子量为216，结合 ^{1}H-NMR、^{13}C-NMR 确定分子式为 $C_{12}H_8O_4$。其化学结构见图 3-11。

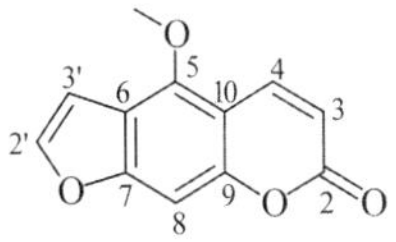

^{1}H-NMR（400MHz，CDCl₃）共给出 8 个质子信号，其中在低磁场区存在 δ8.11（1H，d，J=10.0Hz）、δ7.56（1H，d，J=2.4Hz）、δ6.99（1H，d，J=2.4Hz）、δ6.23（1H，d，J=10.0Hz）和 7.09（1H，s）5 个烯键质子信号，δ8.11 和 δ6.23 的双重峰耦合常数为 10.0Hz，是 3，4 位无取代的香豆素类化合物的特征峰，δ7.56 和 δ6.99 的双重峰耦合常数为 2.4Hz 为线型呋喃香豆素的呋喃环上 2′和 3′位的质子信号。由于受迫位效应的影响，H-4 化学位移为 δ8.11，推测化合物 BZ-13 为 5 位取代的线型呋喃香豆素。δ7.09（1H，s）为未取代的苯环质子信号，δ_H 4.24（3H，s）为与苯环相连的甲氧基质子信号。

图 3-11 化合物 BZ-13 的化学结构式

^{13}C-NMR（100MHz，CDCl₃）谱中显示有 12 个碳信号，其中低场区显示 1 个 α-吡喃酮碳信号 δ_C161.2（C=O），10 个芳香碳信号 δ_C 158.4、152.7、149.6、144.8、139.2、112.6、112.5、106.4、105.0、93.8，结合 ^{1}H-NMR 数据推测为线型呋喃香豆素；δ_C 60.7 为甲氧基（-OCH₃）碳信号，93.8 是因为 C-8 邻、对位都有氧取代，也证明了-OCH₃取代在 5 位。

综合上述信息，并与文献[2]报道的佛手柑内酯数据对比，数据见表 3-10 所示，其氢谱和碳谱数据基本一致，故鉴定化合物 BZ-13 为佛手柑内酯（bergapten）。

表 3-10 化合物 BZ-13 的 ^{1}HNMR（400MHz）和 ^{13}C-NMR（100MHz）

No.	实测值（CDCl₃）			文献值（CDCl₃）		
	δ_C（ppm）	δ_H（ppm）	J_{H-H}（Hz）	δ_C（ppm）	δ_H（ppm）	J_{H-H}（Hz）
2	161.2			161.2		
3	112.5	6.23	d, 10.0	112.7	6.28	d, 9.6
4	139.2	8.11	d, 10.0	139.2	8.16	d, 9.6
5	149.6			149.6		
6	112.6			112.8		
7	158.4			158.4		
8	93.8	7.09	s	93.9	7.14	s

续表

No.	实测值（CDCl₃）			文献值（CDCl₃）		
	δ_C（ppm）	δ_H（ppm）	J_{H-H}（Hz）	δ_C（ppm）	δ_H（ppm）	J_{H-H}（Hz）
9	152.7			152.8		
10	106.4			106.5		
2′	144.8	7.56	d, 2.4	144.8	7.59	brs
3′	105.0	6.99	d, 2.4	105.0	7.02	brs
-OCH₃	60.0	4.24	s	60.1	4.27	s

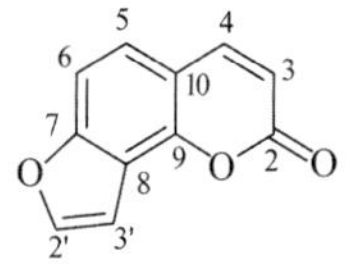

图 3-12   化合物 BZ-14 的化学结构式

化合物 BZ-14

白色粉末，紫外灯下呈淡黄色荧光，异羟肟酸铁反应阳性，推测为香豆素类化合物。EI-MS*m/z*：187.0367[M+H]⁺，推断化合物分子量为 186，结合 ¹H-NMR、¹³C-NMR 谱，确定分子式为 $C_{11}H_6O_3$。其化学结构见图 3-12。

¹H-NMR（400MHz，CDCl₃）谱中共观测到 6 个烯键质子信号，δ7.78 和 δ6.36 的双重峰耦合常数为 9.6Hz，是 3，4 位无取代的香豆素类化合物的特征峰；δ7.40 和 δ7.35 的双重峰耦合常数为 8.4Hz，是 5，6 位无取代的香豆素类化合物的特征峰；δ7.66 和 δ7.10 的双重峰耦合常数为 2.4Hz 为线型呋喃香豆素的呋喃环上 2′和 3′位无取代的质子信号，推测化合物为 5，6 位未取代的角型呋喃香豆素。

¹³C-NMR（100MHz，CDCl₃）谱中显示有 11 个碳信号，其中低场区显示 1 个 α-吡喃酮碳信号 δ_C160.8（C=O），10 个芳香碳信号 δ_C 157.3、148.5、145.8、144.4、123.8、116.9、114.1、113.5、108.7、104.1。

综合上述信息，并与文献[5]报道的异补骨脂素数据对比，数据见表 3-11 所示，其氢谱和碳谱数据基本一致，故鉴定化合物 BZ-14 为异补骨脂素（isopsoralen）。

表 3-11   化合物 BZ-14 的 ¹H-NMR（400MHz）和 ¹³C-NMR（100MHz）数据

No.	实测值（CDCl₃）			文献值（CDCl₃）		
	δ_C（ppm）	δ_H（ppm）	J_{H-H}（Hz）	δ_C（ppm）	δ_H（ppm）	J_{H-H}（Hz）
2	160.8			161.0		
3	114.1	6.36	d, 9.6	114.3	6.33	d, 9.5
4	144.4	7.78	d, 9.6	144.7	7.75	d, 9.5
5	123.8	7.40	d, 8.4	124.0	7.38	d, 8.5
6	108.7	7.35	d, 8.8	109.0	7.32	d, 8.5
7	157.3			157.5		
8	116.9			117.1		
9	148.5			148.7		
10	113.5			113.7		
2′	145.8	7.66	d, 2.4	146.0	7.63	d, 2.1
3′	104.1	7.10	d, 2.0	104.3	7.08	d, 2.1

化合物 BZ-16

白色粉末，紫外灯下呈黄绿色荧光，异羟肟酸铁反应阳性，推测为香豆素类化合物。ESI-MS m/z：287.0905[M+H]$^+$，推断化合物分子量为 286，结合 ^{1}H-NMR、^{13}C-NMR 谱，确定分子式为 $C_{16}H_{14}O_5$。其化学结构见图 3-13。

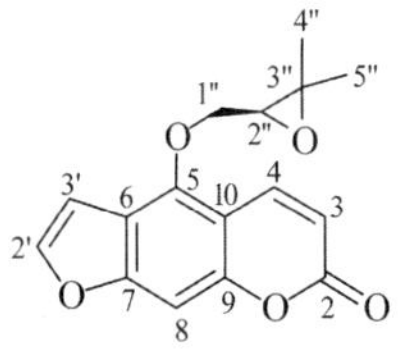

图 3-13 化合物 BZ-16 的化学结构式

^{1}H-NMR（400MHz，CDCl$_3$）共给出 14 个质子信号，其中在低磁场区存在 δ8.17（1H，d，J=10.0Hz）、δ7.58（1H，d，J=2.0Hz）、7.16（1H，s）、δ6.92（1H，d，J=1.2Hz）和 δ6.28（1H，d，J=10.0Hz）5 个烯键质子信号，δ8.17 和 δ6.28 的双重峰耦合常数为 10.0Hz，是 3，4 位无取代的香豆素类化合物的特征峰，δ7.58 和 δ6.92 的双重峰耦合常数为 2.0Hz 为线型呋喃香豆素的呋喃环上 2'和 3'位无取代的质子信号。由于受迫位效应的影响，H-4 化学位移为 δ8.17，推测化合物 BZ-16 为 5 位取代的线型呋喃香豆素。δ7.16（1H，s）未取代的苯环质子信号。

^{13}C-NMR（100MHz，CDCl$_3$）谱中显示有 16 个碳信号，其中低场区显示 1 个 α-吡喃酮碳信号 δ$_C$160.9（C=O），10 个芳香碳信号 δ$_C$ 158.0、152.6、148.3、145.3、138.9、114.2、113.2、107.4、104.5、94.9，因为 C-8 邻、对位都有氧取代，其化学位移为 94.9，也证明了该化合物为 5 位取代的线型呋喃香豆素。

综合上述信息，并与文献[2]报道的氧化前胡素数据对比，数据见表 3-12 所示，其氢谱和碳谱数据基本一致，故鉴定化合物 BZ-16 为氧化前胡素（oxypeucedanin）。

表 3-12 化合物 BZ-16 的 ^{1}H-NMR（400MHz）和 ^{13}C-NMR（100MHz）数据

No.	实测值（CDCl$_3$）			文献值（CDCl$_3$）		
	δ$_C$（ppm）	δ$_H$（ppm）	J$_{H-H}$（Hz）	δ$_C$（ppm）	δ$_H$（ppm）	J$_{H-H}$（Hz）
2	160.9			161.9		
3	113.2	6.28	d, 10.0	113.2	6.29	d, 9.5
4	138.9	8.17	d, 10.0	138.9	8.19	d, 9.6
5	148.3			148.3		
6	114.2			113.5		
7	158.0			158.0		
8	94.9	7.16	s	94.8	7.16	s
9	152.6			152.5		
10	107.4			107.4		
2'	145.3	7.58	d, 2.0	145.3	7.60	d, 2.4
3'	104.5	6.92	d, 1.2	104.7	6.95	d, 2.4
1"	72.3	4.57	dd, 10.8, 4.4	72.3	4.60	dd, 10.8, 4.0
		4.40	dd, 10.8, 6.4		4.42	dd, 10.8, 6.4
2"	61.1	3.20	dd, 6.4, 4.4	61.1	3.22	dd, 6.4, 4.0
3"	58.3			58.3		
2×-CH$_3$	24.6 19.0	1.38 1.31	s	24.6 19.0	1.40 1.33	s

化合物 BZ-17

白色粉末，紫外灯下黄绿色荧光，异羟肟酸铁反应阳性，推测为香豆素类化合物。ESI-MS m/z：

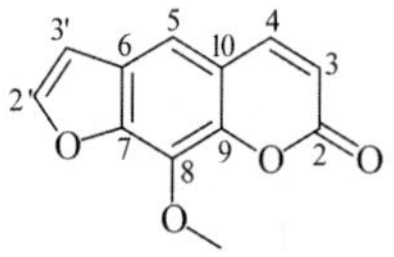

图 3-14　化合物 BZ-17 的化学结构式

217.0494[M+H]$^+$，推断化合物分子量为 216，结合 ^{1}H-NMR、^{13}C-NMR 确定分子式为 $C_{12}H_8O_4$。其化学结构见图 3-14。

^{1}H-NMR（400MHz，CDCl$_3$）共给出 8 个质子信号，其中在低磁场区存在 δ7.73（1H，d，J=9.6Hz）、δ7.66（1H，d，J=2.0Hz）、7.32（1H，s）、δ6.79（1H，d，J=2.0Hz）和 δ6.34（1H，d，J=9.6Hz）5 个烯键质子信号，δ7.73 和 δ6.34 的双重峰耦合常数为 9.6Hz，是 3，4 位无取代的香豆素类化合物的特征峰，δ7.66 和 δ6.79 的双重峰耦合常数为 2.4Hz 为线型呋喃香豆素的呋喃环上 2′和 3′位的质子信号。由于 H-4 的化学位移为 δ7.43，即未受到迫位效应的影响，推测化合物 BZ-17 为 8 位取代线型呋喃香豆素。δ7.32（1H，s）为未取代的苯环质子信号，δ$_H$ 4.27（3H，s）为与苯环相连的甲氧基质子信号。

^{13}C-NMR（100MHz，CDCl$_3$）谱中显示有 12 个碳信号，其中低场区显示 1 个 α-吡喃酮碳信号 δ$_C$160.4（C=O），10 个芳香碳信号 δ$_C$ 147.7、146.6、144.3、143.0、132.8、126.1、116.5、114.7、112.9、106.7，结合 ^{1}H-NMR 数据推测为线型呋喃香豆素；δ$_C$ 61.3 为甲氧基（-OCH$_3$）碳信号。

综合上述信息，并与文献[2]报道的花椒毒素数据对比，数据见表 3-13 所示，其氢谱和碳谱数据基本一致，故鉴定化合物 BZ-17 为花椒毒素（xanthotoxin）。

表 3-13　化合物 BZ-17 的 ^{1}H-NMR（400MHz）和 ^{13}C-NMR（100MHz）数据

No.	实测值（CDCl$_3$）			文献值（CDCl$_3$）		
	δ$_C$（ppm）	δ$_H$（ppm）	J$_{H-H}$（Hz）	δ$_C$（ppm）	δ$_H$（ppm）	J$_{H-H}$（Hz）
2	160.4			160.4		
3	114.7	6.34	d，9.6	114.7	6.33	d，9.6
4	144.3	7.73	d，9.6	144.3	7.74	d，9.6
5	112.9	7.32	s	112.9	7.32	s
6	126.1			126.1		
7	147.7			147.6		
8	132.8			132.8		
9	143.0			143.0		
10	116.5			116.4		
2′	146.6	7.66	d，2.0	146.6	7.66	d，0.8
3′	106.7	6.79	d，2.0	106.7	6.79	d，0.8
OCH$_3$	61.3	4.27	s	61.2	4.26	s

化合物 GG-1

白色粉末。紫外光谱显示最大吸收 305nm（带 I）和 250nm（带 II），推测该化合物可能为异黄酮化合物。ESI-MS m/z：417.1300[M+H]$^+$，推断化合物分子量为 416，结合 ^{1}H-NMR、^{13}C-NMR 确定分子式为 $C_{21}H_{20}O_9$。其结构式见图 3-15。

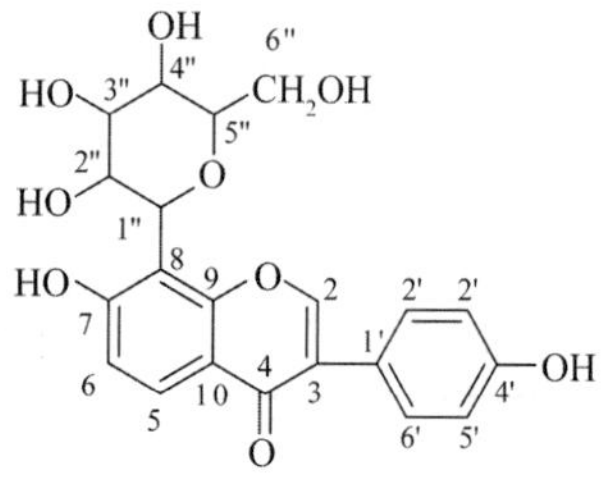

^{1}H-NMR（400MHz，MeOD）在低磁场区给出 7 个质子信号，δ8.16（1H，s，H-2）为异黄酮的特征质子信号；δ8.04（1H，d，J=8.8Hz，H-5）、δ6.97（1H，d，J=8.8Hz，H-6），组成 A 环 AB 系统，H-5 的存在表明 A 环为 7，8-位取代；δ7.36（2H，d，J=2.2Hz，H-2′，6′）、

图 3-15　化合物 GG-1 的化学结构式

δ6.83（2H，d，J=2.4Hz，H-3′，5′）为一组 AA′BB′耦合的苯环氢信号，提示 B 环为 4′位取代；在高磁场区给出 δ5.09（1H，d，J=10.0Hz）为糖的端基质子信号，较大的 J 值推测该化合物为碳苷。

^{13}C-NMR（100MHz，MeOD）谱中显示有 19 个碳信号，其中低场区显示 1 个羰基碳信号 δ$_C$ 178.3（C=O），12 个芳香碳信号 δ$_C$ 163.0、158.7、154.5、131.4、131.4、128.1、125.5、124.2、118.5、116.6、116.2、113.2，其中，δ$_C$ 154.5、116.2 明显比其他碳信号强，推测分别为 2 个重叠碳信号；有 6 个碳信号为葡萄糖上的碳信号 δ$_C$ 81.7、78.8、73.2、70.4、70.2、61.9。与苷元相比，C-8 位向低场位移 10ppm，而 C-7、C-9 分别向高场位移 1.1ppm、0.5ppm，说明葡萄糖连接在 C-8 位上。

综合上述信息，并与文献[6]报道的葛根素数据对比，数据见表 3-14 所示，其氢谱和碳谱数据基本一致，故鉴定化合物 GG-1 为葛根素（puerarin）。

表 3-14　化合物 GG-1 的 ^{1}HNMR（400MHz）和 ^{13}CNMR（100MHz）数据

No.	实测值（MeOD）			文献值（DMSO-d$_6$）		
	δ$_C$（ppm）	δ$_H$（ppm）	J$_{H-H}$（Hz）	δ$_C$（ppm）	δ$_H$（ppm）	J$_{H-H}$（Hz）
2	154.5	8.16	s	152.6	8.34	s
3	125.5			122.1		
4	178.3			174.3		
5	128.1	8.04	d, 8.8	126.3	7.94	d, 8.8
6	116.6	6.97	d, 8.8	115.2	6.98	d, 8.8
7	163.0			160.7	10.55（-OH）	
8	113.2			112.0		
9	158.7			157.1		
10	118.5			116.5		
1′	124.2			122.8		
2′	131.4	7.36	d, 2.2	130.5	7.39	d, 2.2
3′	116.2	6.83	d, 2.4	114.0	6.80	d, 2.4
4′	154.5			156.9	9.52（-OH）	s
5′	116.2	6.83	d, 2.4	114.0	6.80	d, 2.4
6′	131.4	7.36	d, 2.2	130.5	7.39	d, 2.2
1″	80.0	5.09	d, 10.0	78.8	4.98	d, 9.6
2″	73.0			70.2		
3″	75.7			73.2		
4″	71.7	3.4-4.2	m	70.4	3.0-3.7	m
5″	82.8			81.7		
6″	62.8			61.9		

化合物 GG-2

白色粉末。紫外光谱显示最大吸收 302nm（带 I）和 260nm（带 II），推测为异黄酮类化合物。ESI-MS m/z：417.1300[M+H]$^+$，推断化合物分子量为 416，结合 ^{1}H-NMR、^{13}C-NMR 确定分子式为 $C_{21}H_{20}O_9$。其结构式见图 3-16。

^{1}H-NMR（400MHz，DMSO-d$_6$）在低磁场区给出 9 个质子信号。δ8.38（1H，s，H-2）为

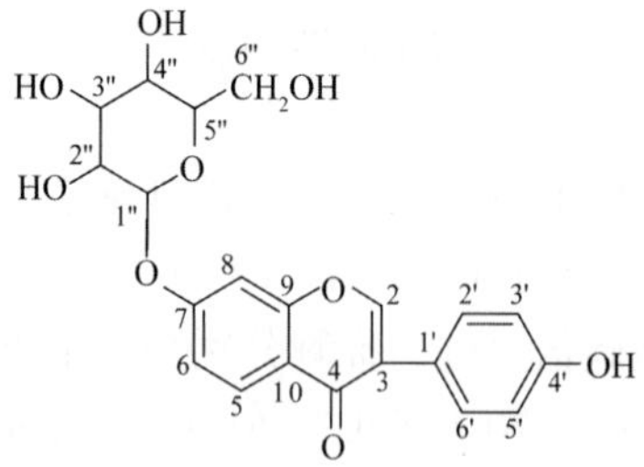

图 3-16　化合物 GG-2 的化学结构式

异黄酮的特征质子信号；δ9.53（1H，s）为 4′-OH；δ8.04（1H，d，J=8.8Hz）、δ7.13（1H，dd，J=8.8，2.4Hz）、δ7.22（1H，d，J=2.0Hz）组成 ABX 系统，分别为 H-5、H-6、H-8；δ7.40（2H，d，J=9.2Hz，H-2′，6′）、δ6.81（2H，d，J=9.2Hz，H-3′，5′），为一组 AA′BB′耦合的苯环氢信号，提示 B 环为 4′位取代；在高磁场区给出 δ5.09（1H，d，J=7.0Hz）为糖的端基质子信号。

^{13}C-NMR（100MHz，DMSO-d_6）谱中显示有 19 个碳信号，其中低场区显示 1 个羰基碳信号 δ$_C$ 174.7（C=O），12 个芳香碳信号 δ$_C$ 161.4、157.2、157.0、153.3、130.1、126.9、123.7、122.3、118.5、115.6、115.0、103.4，其中，δ$_C$ 130.1、115.0 明显比其他碳信号强，推测分别为 2 个重叠碳信号；有 6 个碳信号为葡萄糖上的碳信号 δC 100.0、77.2、76.5、73.1、69.6、60.6。

综合上述信息，并与文献[6]报道的大豆苷数据对比，数据见表 3-15 所示，其氢谱和碳谱数据基本一致，故鉴定化合物 GG-2 为大豆苷（daidzin）。

表 3-15　化合物 GG-2 的 ^{1}HNMR（400MHz）和 ^{13}CNMR（400MHz）数据

No.	实测值（DMSO-d_6）			文献值（DMSO-d_6）		
	δ$_C$（ppm）	δ$_H$（ppm）	J$_{H-H}$（HZ）	δ$_C$（ppm）	δ$_H$（ppm）	J$_{H-H}$（HZ）
2	153.3	8.38	s	153.2	8.38	s
3	123.7			123.6		
4	174.7			174.6		
5	126.9	8.04	d，8.8	126.8	8.00	d，9.0
6	115.6	7.13	dd，8.8，2.4	115.5	7.10	d，9.0，2.0
7	161.4			161.3		
8	100.0	7.22	d，2.0	99.9	7.23	d，2.0
9	157.2			157.1		
10	118.5			118.4		
1′	122.3			122.2		
2′	130.1	7.40	d，9.2	130.0	7.45	d，9.0
3′	115.0	6.81	d，9.2	114.8	6.83	d，9.0
4′	157.0	9.53（-OH）	s	156.9	9.52（-OH）	s
5′	115.0	6.81	d，9.2	114.8	6.83	d，9.0
6′	130.1	7.40	d，9.2	130.0	7.45	d，9.0
1″	103.4	5.09	d，7.0	103.0	5.12	d，7.0
2″	73.1			73.0		
3″	76.5			76.3		
4″	69.6	3.0-3.7	m	69.5	3.0-3.7	m
5″	77.2			77.1		
6″	60.6			60.5		

化合物 GG-3

白色粉末。紫外光谱显示最大吸收 306nm（带Ⅰ）和 247nm（带Ⅱ），推测该化合物可能为异黄酮类化合物。ESI-MS m/z：549.5583[M+H]$^+$，推断化合物分子量为 548，结合 ^{1}H-NMR、^{13}C-NMR 确定分子式为 $C_{26}H_{28}O_{13}$。其结构式见图 3-17。

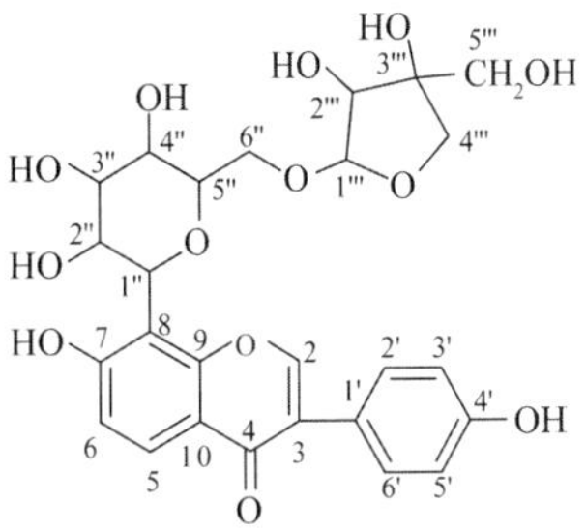

图 3-17 化合物 GG-3 的化学结构式

^{1}H-NMR（400MHz，DMSO-d$_6$）在低磁场区给出 8 个质子信号，δ8.32（1H，s，H-2）为异黄酮的特征质子信号；δ9.50（1H，s）为 4'-OH；δ7.93（1H，d，J=8.8Hz，H-5）、δ6.97（1H，d，J=8.8Hz，H-6），组成 A 环 AB 系统，H-5 的存在表明 A 环为 7，8-位取代；δ7.39（2H，d，J=9.2Hz，H-2'，6'）、δ6.79（2H，d，J=9.2Hz，H-3'，5'）为一组 AA' BB'耦合的苯环氢信号，提示 B 环为 4'位取代；在高磁场区给出 δ5.05（1H，d，J=5.2Hz）、δ5.00（1H，d，J=4.4Hz）分别为糖的 2 个端基质子信号。

^{13}C-NMR（100MHz，DMSO-d$_6$）谱中显示有 19 个碳信号，其中低场区显示 1 个羰基碳信号 δ$_C$ 175.0（C=O），12 个芳香碳信号 δ$_C$161.2、157.2、156.2、152.6、130.1、126.3、123.2、122.6、116.8、115.6、115.0、115.0、112.5，其中，δ$_C$ 130.1、115.0 明显比其他碳信号强，推测分别为 2 个重叠碳信号；有 6 个碳信号为葡萄糖上的碳信号 δ$_C$ 80.1、78.8、73.4、70.7、70.6、68.4；有 5 个碳信号为五碳糖（芹菜糖）上的碳信号 δ$_C$ 109.1、75.7、78.7、73.3、63.1。

综合上述信息，并与文献[6]报道的葛根素-8-碳-芹菜糖葡萄糖苷数据对比，数据见表 3-16 所示，其氢谱和碳谱数据基本一致，故鉴定化合物 GG-3 为葛根素-8-碳-芹菜糖葡萄糖苷（puerarin 8-C-apiosyl（1→6）glucoside）。

表 3-16 化合物 GG-3 的 ^{1}HNMR（400MHz）和 ^{13}CNMR（100MHz）数据

No.	实测值（DMSO-d$_6$）			文献值（DMSO-d$_6$）		
	δ$_C$（ppm）	δ$_H$（ppm）	J$_{H-H}$（Hz）	δ$_C$（ppm）	δ$_H$（ppm）	J$_{H-H}$（Hz）
2	152.6	8.32	s	152.8	8.04	s
3	123.2			123.3		
4	175.0			175.1		
5	126.3	7.93	d，8.8	126.4	8.01	d，9.0
6	115.6	6.97	dd，8.8，2.4	115.1	6.95	dd，9.0，2.0
7	161.2			161.2		
8	112.5			112.7		
9	157.2			157.3		
10	116.8			117.0		
1'	122.6			122.7		
2'	130.1	7.39	d，9.2	130.2	7.37	d，9.0
3'	115.0	6.79	d，9.2	115.1	6.86	d，9.0
4'	156.2	9.50（-OH）	s	157.3		
5'	115.0	6.79	d，9.2	115.1	6.86	d，9.0
6'	130.1	7.39	d，9.2	130.2	7.37	d，9.0
1"	78.8	5.05	d，5.2	78.8	5.07	d，7.0

续表

No.	实测值（DMSO-d$_6$）			文献值（DMSO-d$_6$）		
	δ$_C$（ppm）	δ$_H$（ppm）	J$_{H-H}$（Hz）	δ$_C$（ppm）	δ$_H$（ppm）	J$_{H-H}$（Hz）
2″	70.7	3.0-4.1	m	70.8	3.0-3.7	m
3″	73.4			73.6		
4″	70.6			70.7		
5″	80.1			80.2		
6″	68.4			68.4		
1‴	109.1	5.0	d, 4.4	109.2	4.92	d, 2.0
2‴	75.7			75.9		
3‴	78.7	3.0-4.1	m	78.9	3.0-3.7	m
4‴	73.3			73.4		
5‴	63.1			63.2		

化合物 GG-4

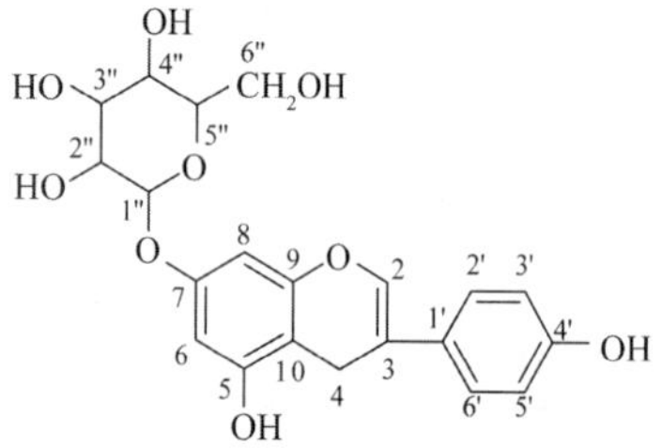

图 3-18　化合物 GG-4 的化学结构式

白色粉末。紫外光谱显示最大吸收 330nm（带 I）和 261nm（带 II），推测该化合物可能为异黄酮化合物。ESI-MS m/z：433.1191[M+H]$^+$，推断化合物分子量为 432，结合 ^{1}H-NMR、^{13}C-NMR 确定分子式为 $C_{21}H_{20}O_{10}$。其结构式见图 3-18。

^{1}H-NMR（400MHz，MeOD）在低磁场区给出 9 个质子信号。δ8.13（1H，s，H-2）为异黄酮的特征质子信号；δ7.78（2H，d，J=7.2Hz，H-2′，6′），δ6.84（2H，d，J=7.6Hz，H-3′，5′），为一组 AA′BB′耦合的苯环氢信号，提示 B 环为 4′位取代；氢谱还给出一组间位偶合的苯环氢信号 δ6.51（1H，s）、δ6.69（1H，s），提示 A 环为 5，7 二取代；在高磁场区给出 δ5.04（1H，d，J=7.0Hz）为糖的端基质子信号。

^{13}C-NMR（100MHz，MeOD）谱中显示有 19 个碳信号，其中低场区显示 1 个羰基碳信号 δ$_C$ 182.5（C=O），12 个芳香碳信号 δ$_C$ 164.8、163.6、159.3、158.9、155.3、131.4、125.1、123.1、116.3、108.0、101.1、95.9，其中，δ$_C$ 131.4、116.3 明显比其他碳信号强，推测分别为 2 个重叠碳信号；有 6 个碳信号为葡萄糖上的碳信号 δ$_C$ 101.1、78.4、77.8、74.7、71.2、62.4。

综合上述信息，并与文献[6]报道的染料木苷数据对比，数据见表 3-17 所示，其氢谱和碳谱数据基本一致，故鉴定化合物 GG-4 为染料木苷（genistin）。

表 3-17　化合物 GG-4 的 ^{1}HNMR（400MHz）和 ^{13}CNMR（100MHz）数据

No.	实测值（MeOD）			文献值（DMSO-d$_6$）		
	δ$_C$（ppm）	δ$_H$（ppm）	J$_{H-H}$（Hz）	δ$_C$（ppm）	δ$_H$（ppm）	J$_{H-H}$（Hz）
2	155.3	8.13	s	153.2	8.42	s
3	125.1			122.5		
4	182.5			180.4		
5	163.6			161.6	12.94（-OH）	s
6	101.1	6.51	s	99.8	6.48	br.s

续表

No.	实测值（MeOD）			文献值（DMSO-d$_6$）		
	δ_C（ppm）	δ_H（ppm）	J_{H-H}（Hz）	δ_C（ppm）	δ_H（ppm）	J_{H-H}（Hz）
7	164.8			163.0		
8	95.9	6.69	s	94.5	6.72	br.s
9	159.3			157.3		
10	108.0			106.0		
1′	123.1			120.9		
2′	131.4	7.78	d, 7.2	130.1	7.40	d, 9.0
3′	116.3	6.84	d, 7.6	114.9	6.83	d, 9.0
4′	158.9			157.0	9.61（-OH）	s
5′	116.3	6.84	d, 7.6	114.9	6.83	d, 9.0
6′	131.4	7.78	d, 7.2	130.1	7.40	d, 9.0
1″	101.1	5.04	s	99.8	5.06	d, 7.0
2″	74.7			73.0		
3″	77.8			76.3		
4″	71.2	3.0-4.0	m	69.5		
5″	78.4			77.1		
6″	62.4			60.5		

化合物 GG-5

白色粉末。紫外光谱显示最大吸收 310nm（带 I）和 251nm（带 II），推测该化合物可能为异黄酮化合物。ESI-MS m/z：447.1396 [M+H]$^+$，推断化合物分子量为 446，结合 ^{1}H-NMR、^{13}C-NMR 确定分子式为 $C_{22}H_{22}O_{10}$。其结构式见图 3-19。

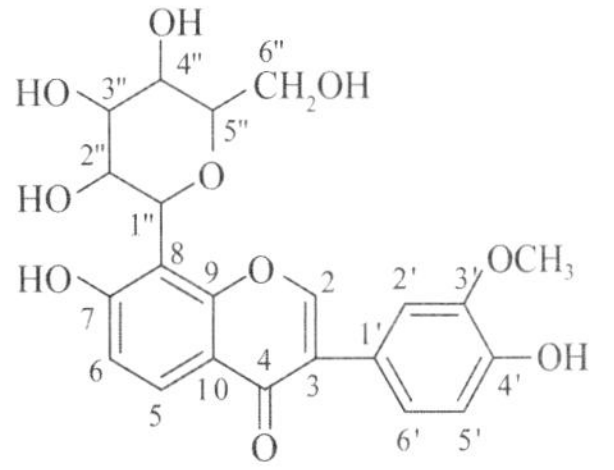

^{1}H-NMR（400MHz，DMSO-d$_6$）在低磁场区给出 6 个质子信号，δ8.34（1H，s，H-2）为异黄酮的特征质子信号；δ7.93（1H，d，J=8.8Hz，H-5）、δ6.98（1H，d，J=8.8Hz，H-6），组成 A 环 AB 系统，H-5 的存在表明 A 环为 7,8-位取代；δ7.16（1H，J=1.6Hz，H-2′）、δ7.02（1H，dd，J=1.6，8.2Hz，

图 3-19 化合物 GG-5 的化学结构式

H-6′）、δ6.80（1H，d，J=8.4Hz，H-5′）组成 B 环的 ABX 系统，提示 B 环为 3′-位取代；在高磁场区给出 δ4.81（1H，d，J=9.6Hz）为糖的端基质子信号，较大的 J 值推测该化合物为碳苷；δ3.79（3H，s）为甲氧基质子信号，由于位于较低场的 H-2′的 J 值等于 1.6Hz，存在间位耦合，故甲氧基在 B 环的 3′-位取代。

^{13}C-NMR（100MHz，DMSO-d$_6$）谱中显示有 21 个碳信号，其中低场区显示 1 个羰基碳信号 δ$_C$ 174.9（C=O），13 个芳香碳信号 δ$_C$ 161.4、156.2、152.9、147.2、146.4、126.2、121.5、123.0、116.8、115.2、115.0、113.1、112.6，其中，δ$_C$ 123.0 明显比其他碳信号强，推测为重叠碳信号；有 6 个碳信号为葡萄糖上的碳信号 δ$_C$ 81.9、78.8、73.5、70.8、70.5、61.5；还有 1 个甲氧基（-OCH3）碳信号 δ$_C$ 61.3。与苷元相比，C-8 位向低场位移 10ppm，而 C-7、C-9 分别向高场位移 1.1ppm、0.5ppm，说明葡萄糖连接在 C-8 位上。5 个芳香连氧碳信号 δ$_C$ 146.4～160.9，除母核 C-2、C-9 外，结合氢谱，其余 2 个为羟基取代碳，1 个为甲氧基碳。

综合上述信息，并与文献[6]报道的3′-甲氧基葛根素数据对比，数据见表3-18所示，其氢谱和碳谱数据基本一致，故鉴定化合物 GG-5 为 3′-甲氧基葛根素（3′-methoxy puerarin）。

表 3-18　化合物 GG-5 的 ^{1}HNMR（400MHz）和 ^{13}CNMR（100MHz）数据

No.	实测值（DMSO-d$_6$）			文献值（DMSO-d$_6$）		
	δ_C（ppm）	δ_H（ppm）	J_{H-H}（Hz）	δ_C（ppm）	δ_H（ppm）	J_{H-H}（Hz）
2	152.9	8.34	s	153.3	8.38	s
3	123.0			123.4		
4	174.9			175.3		
5	126.2	7.93	d, 8.8	126.7	7.93	d, 8.9
6	115.2	6.98	d, 8.8	115.5	6.99	d, 8.9
7	161.4			161.4		
8	112.6			113.0		
9	156.2			156.3		
10	116.8			117.2		
1′	123.0			123.3		
2′	113.1	7.16	d, 1.6	113.4	7.15	d, 1.6
3′	147.2			147.6		
4′	146.4			146.7		
5′	115.0	6.80	d, 8.4	115.5	6.79	d, 8.2
6′	121.5	7.02	dd, 1.6, 8.2	121.9	7.02	dd, 1.6, 8.2
MeO	55.7	3.79	s	56.0	3.77	s
1″	78.8	4.81	d, 9.6	79.1	4.80	b
2″	70.8			71.1	4.03	b
3″	73.5			73.8	3.28	
4″	70.5			70.7	3.22	
5″	81.9			82.2	3.26	
6″	61.5			61.7	3.69, 3.43	d, 11.0

化合物 GG-6

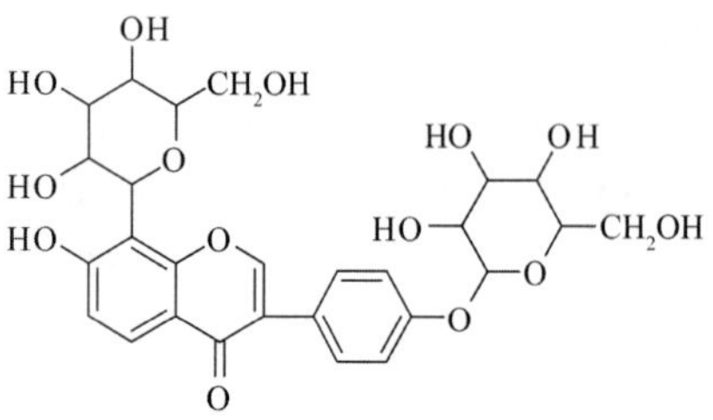

图 3-20　化合物 GG-6 的化学结构式

白色粉末。紫外光谱显示最大吸收 310nm（带 I）和 251nm（带 II），推测该化合物可能为异黄酮化合物。ESI-MS m/z：579.1855 [M+H]$^+$，推断化合物分子量为 578，结合 ^{1}H-NMR、^{13}C-NMR 确定分子式为 $C_{27}H_{30}O_{14}$。其结构式见图 3-20。

^{1}H-NMR（400MHz，DMSO-d$_6$）在低磁场区给出 7 个质子信号，δ8.33（1H，s，H-2）为异黄酮的特征质子信号；δ7.86（1H，d，J=8.8Hz，H-5）、δ6.92（1H，d，J=8.8Hz，H-6），组成 A 环 AB 系统，H-5 的存在表明 A 环为 7，8-位取代；δ7.50（2H，d，J=8.8Hz，H-2′，6′）、δ7.06（2H，d，J=8.8Hz，H-3′，5′），为一组 AA′BB′耦合的苯环氢信号，提示 B 环为 4′位取代；在高磁场区给出 δ4.90（1H，d，J=7.2Hz）、δ4.80（1H，d，J=9.6Hz）为 2 个糖的端基质子信号，其中 δ4.80 的 J 值较大，推测为碳苷。

^{13}C-NMR（100MHz，DMSO-d_6）谱中显示有 21 个碳信号，其中低场区显示 1 个羰基碳信号 δ_C 174.9（C=O），13 个芳香碳信号 δ_C 161.4、156.2、152.9、147.2、146.4、126.2、121.5、123.0、116.8、115.2、115.0、113.1、112.6，其中，δ_C 123.0 明显比其他碳信号强，推测为重叠碳信号；有 6 个碳信号为葡萄糖上的碳信号 δ_C 81.9、78.8、73.5、70.8、70.5、61.5；还有 1 个甲氧基（-OCH3）碳信号 δ_C 61.3。与苷元相比，C-8 位向低场位移 10ppm，而 C-7，C-9 分别向高场位移 1.1ppm，0.5ppm，说明葡萄糖连接在 C-8 位上。5 个芳香连氧碳信号 δ_C146.4～160.9，除母核 C-2，C-9 外，结合氢谱，其余 2 个为羟基取代碳，1 个为甲氧基碳。

综合上述信息，并与文献[6]报道的葛根素-4'-O-β-D-葡萄糖苷数据对比，数据见表 3-19 所示，其氢谱和碳谱数据基本一致，故鉴定化合物 GG-6 为葛根素-4'-O-β-D-葡萄糖苷（puerarin 4'-O-glucoside）。

表 3-19　化合物 GG-6 的 ^{1}HNMR（400MHz）和 ^{13}CNMR（100MHz）数据

No.	实测值（DMSO-d_6）			文献值（DMSO-d_6）		
	δ_C（ppm）	δ_H（ppm）	J_{H-H}（Hz）	δ_C（ppm）	δ_H（ppm）	J_{H-H}（Hz）
2	152.7	8.33	s	153.0	8.42	s
3	122.5			122.7		
4	174.6			174.7		
5	125.9	7.86	d, 8.8	126.2	7.94	d, 8.8
6	115.9	6.92	d, 8.8	115.0	6.99	d, 8.8
7				161.1		
8	112.5			112.6		
9	156.6			156.5		
10				117.0		
1'	125.8			125.5		
2'	129.9	7.50	d, 8.8	129.9	7.50	d, 8.6
3'	115.9	7.06	d, 8.8	116.0	7.03	d, 8.6
4'	157.0			157.1		
5'	115.9	7.06	d, 8.8	116.0	7.03	d, 8.6
6'	129.9	7.50	d, 8.8	129.9	7.50	d, 8.6
Glu-1	73.7	4.80	d, 9.6	73.4	4.80	d, 8.8
	100.4	4.90	d, 7.2	100.4	4.90	d, 7.3
Glu-2	70.7			70.8		
	73.2			73.2		
Glu-3	77.0			77.0		
	76.6			76.5		
Glu-4	70.4			70.4		
	69.7			69.6		
Glu-5	81.7			81.7		
	78.9			77.1		
Glu-6	61.3			60.7		
	60.7			60.6		

化合物 GG-7

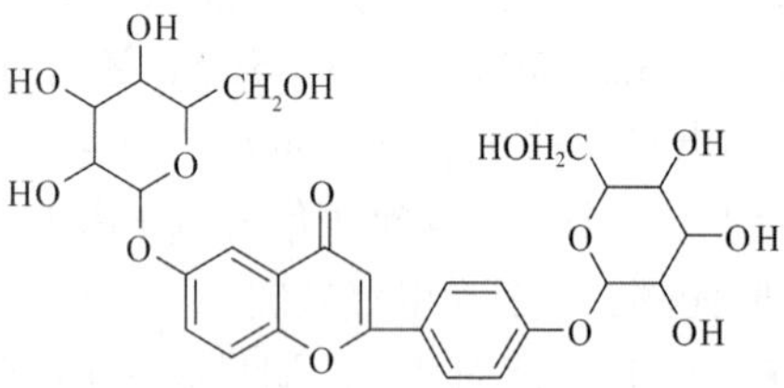

图 3-21　化合物 GG-7 的化学结构式

白色粉末。紫外光谱显示最大吸收 302nm（带 I）和 258nm（带 II），推测为异黄酮类化合物。ESI-MS m/z：579.1826 $[M+H]^+$，推断化合物分子量为 578，结合 ^{1}H-NMR、^{13}C-NMR 确定分子式为 $C_{27}H_{30}O_{14}$。其结构式见图 3-21。

^{1}H-NMR（400MHz，MeOD）在低磁场区给出 8 个质子信号，δ8.44（1H，s，H-2）为异黄酮的特征质子信号；δ8.05（1H，d，J=8.8Hz）、δ7.14（1H，dd，J=2.0、8.8Hz）、δ7.23（1H，d，J=2.0Hz）组成 ABX 系统，分别为 H-5、H-6、H-8；δ7.08（2H，d，J=8.8Hz，H-2′、6′）、δ7.51（2H，d，J=8.4Hz，H-3′、5′），为一组 AA′BB′耦合的苯环氢信号，提示 B 环为 4′位取代；在高磁场区给出 δ4.90（1H，d，J=7.6Hz）、δ4.80（1H，d，J=9.6Hz）为 2 个糖的端基质子信号。

^{13}C-NMR（100MHz，DMSO-d_6）谱中显示有 26 个碳信号，其中低场区显示 1 个羰基碳信号 δ_C 174.6（C=O），13 个芳香碳信号 δ_C 161.5、157.2、157.0、153.8、130.0、126.9、125.3、123.3、118.4、116.0、115.6、115.0、103.4，其中，δ_C 130.0 明显比其他碳信号强，推测为重叠碳信号；有 12 个碳信号为葡萄糖上的碳信号 δ_C 77.2、77.0、76.6、76.5、73.2、73.1、69.7、69.6、60.7、60.6。

综合上述信息，并与文献[6]报道的大豆苷元-7，4′-二葡萄糖苷数据对比，数据见表 3-20 所示，其氢谱和碳谱数据基本一致，故鉴定化合物 GG-7 为大豆苷元-7，4′-二葡萄糖苷（daidzein-7，4′-diglucoside）。

表 3-20　化合物 GG-7 的 ^{1}HNMR（400MHz）和 ^{13}CNMR（100MHz）数据

No.	实测值（DMSO-d_6）			文献值（DMSO-d_6）		
	δ_C（ppm）	δ_H（ppm）	$J_{H\text{-}H}$（Hz）	δ_C（ppm）	δ_H（ppm）	$J_{H\text{-}H}$（Hz）
2	153.8	8.44	s	153.7	8.47	s
3	123.3			123.3		
4	174.6			174.6		
5	126.9	8.05	d，8.8	126.9	8.06	d，8.9
6	115.0	7.14	dd，2.0，8.8	115.6	7.15	dd，2.2，8.9
7	161.5			161.4		
8	103.4	7.23	d，2.0	103.5	7.26	d，2.2
9	157.0			157.0		
10	118.4			118.5		
1′	125.3			125.3		
2′	130.0	7.51	d，8.4	129.9	7.53	d，8.7
3′	115.6	7.08	d，8.8	116.0	7.10	d，8.7
4′	157.2			157.1		
5′	116.0	7.08	d，8.8	116.0	7.10	d，8.7
6′	130.0	7.51	d，8.4	129.9	7.53	d，8.7

No.	实测值（DMSO-d$_6$）			文献值（DMSO-d$_6$）		
	δ$_C$（ppm）	δ$_H$（ppm）	J$_{H-H}$（Hz）	δ$_C$（ppm）	δ$_H$（ppm）	J$_{H-H}$（Hz）
Glu-1	100.4	4.90	d, 7.6	100.4	5.06	d, 5.2
	100.0	4.80	d, 9.6	100.1	4.92	d, 7.1
Glu-2	73.2			73.2		
	73.1			73.2		
Glu-3	76.5			76.4		
	76.6			76.5		
Glu-4	69.7			69.7		
	69.6			69.7		
Glu-5	77.0			76.9		
	77.2			77.1		
Glu-6	60.7			60.6		
	60.6			60.6		

化合物 GG-8

白色粉末。紫外光谱显示最大吸收 294nm（带 I）和 250nm（带 II），推测该化合物可能为异黄酮化合物。ESI-MS m/z：433.4247[M+H]$^+$，推断化合物分子量为 432，结合 ^{1}H-NMR、^{13}C-NMR 确定分子式为 C$_{21}$H$_{20}$O$_{10}$。其结构式见图 3-22。

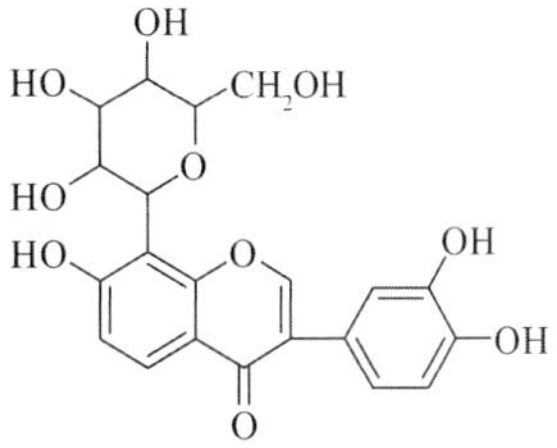

^{1}H-NMR（400MHz，DMSO-d$_6$）在低磁场区给出 6 个质子信号，δ8.26（1H，s，H-2）为异黄酮的特征质子信号；δ7.91

图 3-22　化合物 GG-8 的化学结构式

（1H，d，J=8.8Hz，H-5）、δ6.97（1H，d，J=8.4Hz，H-6），组成 A 环 AB 系统，H-5 的存在表明 A 环为 7，8-位取代；δ7.02（1H，d，J=1.6Hz，H-2′）、δ6.80（1H，dd，J=1.6，8.0Hz，H-6′）、δ6.75（1H，d，J=8.0Hz，H-5′）组成 ABX 系统，由于位于较低场的 H-2′的 J 值等于 1.6Hz，存在间位耦合，故 B 环上的 2 个酚羟基为 3′，4′-位取代；在高磁场区给出 δ4.81（1H，d，J=9.6Hz）为糖的端基质子信号，较大的 J 值推测该化合物为碳苷。

^{13}C-NMR（100MHz，DMSO-d$_6$）谱中显示有 21 个碳信号，其中低场区显示 1 个羰基碳信号 δ$_C$ 174.9（C=O），14 个芳香碳信号 δ$_C$ 161.5、156.1、152.5、145.3、144.8、130.0、126.2、123.2、123.0、119.8、116.7、115.3、115.0、112.6；有 6 个碳信号为葡萄糖上的碳信号 δ$_C$ 81.8、78.8、73.5、70.8、70.5、61.4。

综合上述信息，并与文献[6]报道的 3′-羟基葛根素数据对比，数据见表 3-21 所示，其氢谱和碳谱数据基本一致，故鉴定化合物 GG-8 为 3′-羟基葛根素（3′-hydroxy puerarin）。

表 3-21　化合物 GG-8 的 ^{1}HNMR（400MHz）和 ^{13}CNMR（100MHz）数据

No.	实测值（DMSO-d$_6$）			文献值（DMSO-d$_6$）		
	δ$_C$（ppm）	δ$_H$（ppm）	J$_{H-H}$（Hz）	δ$_C$（ppm）	δ$_H$（ppm）	J$_{H-H}$（Hz）
2	152.5	8.26	s	152.3	8.29	s
3	123.2			123.3		
4	174.9			174.9		

续表

No.	实测值（DMSO-d$_6$）			文献值（DMSO-d$_6$）		
	δ_C（ppm）	δ_H（ppm）	J_{H-H}（Hz）	δ_C（ppm）	δ_H（ppm）	J_{H-H}（Hz）
5	126.2	7.91	d，8.8	126.3	7.95	d，8.8
6	115.0	6.97	d，8.4	115.1	6.99	d，8.8
7	161.5			161.0	10.40	brs
8	112.6			112.6		
9	156.1			156.2		
10	116.7			116.9		
1′	123.0			123.0		
2′	130.0	7.02	d，1.6	115.3	7.04	d，2.0
3′	145.3			145.2	8.95	brs
4′	144.8			144.8	8.95	brs
5′	115.3	6.75	d，8.0	116.6	6.77	d，8.2
6′	119.8	6.80	dd，8.0，1.6	119.8	6.82	dd，8.2，2.0
Glu-1	78.8	4.81	d，9.6	78.6	4.83	d，9.6
Glu-2	70.8			70.8		
Glu-3	73.5			73.4		
Glu-4	70.5			70.4		
Glu-5	81.8			81.8		
Glu-6	61.4			61.4		

参 考 文 献

[1] 周爱德，李强，雷海民.白芷化学成分的研究[J]. 中草药，2010，41（7）：1081.

[2] 赵爱红，杨秀伟.兴安白芷脂溶性部位中新的天然产物[J]. 中草药，2014，45（13）：1820.

[3] 蒋运斌，卢晓琳，杨枝中，等.与熏硫加工相关的白芷化学成分研究[J]. 中国实验方剂学杂志，2013，19（22）：74.

[4] 赵森森，俞桂新，王峥涛.华山参化学成分研究[J]. 中草药，2013，44（8）：938.

[5] 田宇洁，李金楠，冯金磊，等. 羌活化学成分研究[J]. 辽宁中医药大学学报，2013，15（6）：40.

第四章 | 六经头痛片血中移行成分研究

近年来，血清药物化学的方法已经被越来越多地应用于中药生物活性成分的发现研究。血清药物化学理论认为，只有被吸收入血的化学成分或相关代谢物，才有机会在靶器官上维持一定的浓度，才有可能被看作是潜在的生物活性成分。实际上，空白组和给药组血浆样品的差异主要来自三方面，包括吸收入血的原型成分、代谢产物及药物干预改变的内源性成分。但原型成分和代谢产物仅能在给药组血浆中检测到，而内源性成分在空白组和给药组血浆样品中均能被检测到。

本研究中，我们运用 HPLC-Q/TOF-MS 分析方法，成功的分析了口服给予六经头痛片后大鼠血浆中的吸收原型成分及其代谢产物。初步鉴定得到 46 个六经头痛片相关的外源性化合物，包括 24 个吸收原型成分和 22 个代谢产物。这项工作将有助于筛选六经头痛片中真正的活性成分，并为其药理学和分子水平作用机制的进一步研究奠定基础。

一、仪器与材料

1. 仪器

Agilent 1260 高效液相色谱仪	美国 Agilent 公司
Q-TOF 高分辨质谱仪	美国 Bruker 公司
AB204-N 电子天平	德国 Mettler 公司
AS3120 超声仪	奥特宝恩斯仪器有限公司
QL-861 涡旋混合仪	海门市其林贝尔仪器制造公司
TG20-WS 台式高速离心机	长沙维尔康湘鹰离心机有限公司

2. 试剂与试药

色谱纯乙腈	瑞典 Oceanpak 公司
色谱纯甲醇	瑞典 Oceanpak 公司
甲酸	德国 Merck 公司
乙醇	天津市康科德科技有限公司
纯净水	杭州哇哈哈集团有限公司
生理盐水	济宁辰欣药业股份有限公司
六经头痛片（批号：DK12444）	天津中新药业隆顺榕制药厂

二、实 验 方 法

1. 六经头痛片大鼠灌胃溶液的制备

取六经头痛片适量，研成细粉，准确称取 14.0g，溶于 20ml 0.2%CMC-Na 溶液中，制成混悬液，即得六经头痛片大鼠灌胃溶液。

取六经头痛片细粉 1.0g，精密称定，置具塞锥形瓶中，精密加入 60%甲醇 10ml，称定重量，超声处理 30min，放冷，再次称定重量，加 60%甲醇补足减失的重量，摇匀，用 0.45μm 微孔滤膜滤过，取续滤液，即得六经头痛片供试品溶液。

2. 动物实验

6 只雄性 SD 大鼠，体重 200±20g，由天津市津南区春乐实验动物养殖场提供。大鼠购入后置室温 25℃、湿度 50%，12h 昼夜交替，自由采食、饮水饲养适应一周。实验前禁食（不禁水）12h，随机分为两组并称定体重，空白对照组按 1ml/100g 灌胃给予 0.2% CMC-Na 溶液，六经头痛片给药组按 0.43g 片剂/100 g 的剂量灌胃。

各组大鼠给药 1h 后以 10%水合氯醛麻醉，肝门静脉取血置肝素化试管中，5000rpm 离心 10min 分离血浆，取上层血浆，置-20℃冰箱中保存备用。

3. 生物样品处理

取血浆样品 350μl，加入乙腈 1000μl，涡旋混匀 1min 后，于 18000rpm 离心 10min 沉淀蛋白，吸取上清液浓缩至 300μl，供 HPLC-Q/TOF-MS 检测分析。

4. HPLC-Q/TOF MS 分析条件

色谱柱：Diamonsil C_{18}（250mm×4.6mm，5μm），流动相：0.1%甲酸水溶液（A）-乙腈（B），梯度洗脱程序见表 4-1，柱温：30℃，体积流量：1ml/min，检测波长：250nm。

表 4-1　梯度洗脱程序

t（min）	A（%）	B（%）
0	98	2
10	92	8
15	89	11
30	89	11
35	88	12
45	86	14
80	65	35
100	0	100

质谱分析采用 Bruker microTOF-Q Ⅱ 高分辨质谱仪，配备电喷雾离子源（ESI）；采用正、负两种离子化模式检测；干燥气的体积流量 6L/min，干燥气温度 180℃，雾化气压 0.8Bar。正离子模式下，毛细管电压 4500V，负离子模式下的毛细管电压 2600V，碎裂电压 200，扫描范围 m/z 50～1500。

5. 数据处理

应用 HPLC-Q/TOF-MS 技术，使样品在色谱部分被流动相分离，离子化后，经质谱的质量分析器将离子按质量数分开，经检测器得到样品的总离子流色谱图（TICs）。通过从总离子流色谱图（TICs）中提取离子色谱图（EICs）对比空白、给药血浆样品以及六经头痛片体外样品，从而进一步区分口服给予六经头痛片后大鼠体内吸收的原型药物成分和外源性代谢产物。

　　结合标准品参照和文献检索数据，对比各色谱峰的 MS、MS/MS 数据信息，对六经头痛片吸收的原型成分进行鉴定；分析原型成分的裂解规律，结合碎片离子的特征中性丢失，比对相关代谢产物的 MS、MS/MS 质谱信息，对其结构进行鉴定，明确体内代谢途径。进一步通过对比空白和给药生物样品的提取离子色谱图，确定体内吸收的六经头痛片潜在生物活性成分。

三、实 验 结 果

1. 六经头痛片及其生物样品分析

　　采用 HPLC-Q/TOF MS 分析，优化后所得的 LC/MS 条件，对六经头痛片样品及空白和给药生物样品进行检测分析。正、负离子总离子流色谱图如图 4-1 和图 4-2 所示。

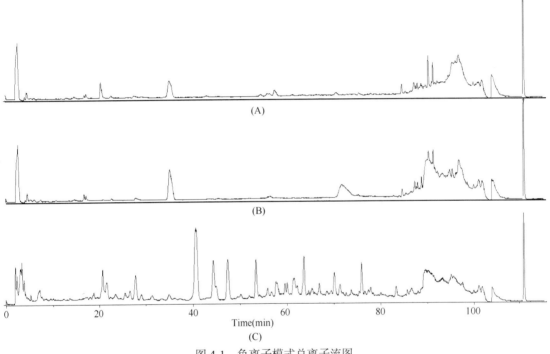

(A)

(B)

(C)

图 4-1　负离子模式总离子流图

A：给药血浆；B：空白血浆；C：六经头痛片

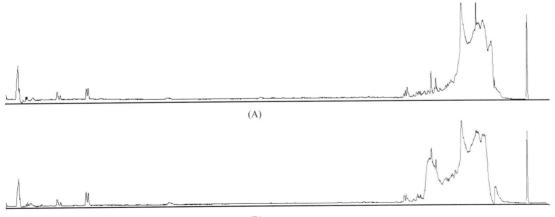

(A)

(B)

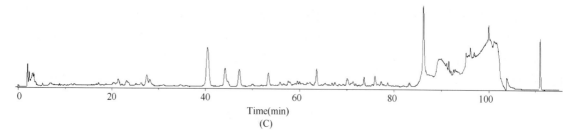

图 4-2　正离子模式总离子流图
A：给药血浆；B：空白血浆；C：六经头痛片

2. 六经头痛片血中移行成分分析鉴定

利用 HPLC-MS 色谱图对中药血中移行成分进行分析的步骤为：①比较含药血清与空白血清的色谱图，筛选差异化合物，即为中药血中移行成分；②比较含药血清与中药体外样品的色谱图，筛选相同的化合物峰，即为被吸收的原型成分，在中药体外样品色谱图中没有被检测到而存在于含药血清色谱图中的化合物峰即为代谢产物。

通过对比六经头痛片体外样品、给药和空白血浆的提取离子色谱图（EICs），分析各色谱峰的保留时间和 MS 数据，在六经头痛片 HPLC-Q/TOF-MS 色谱图中共筛选出 46 个在空白血浆中没有的化合物峰，即为六经头痛片血中移行成分峰。进而与六经头痛片体外样品的 HPLC-Q/TOF-MS 色谱图进行比较，这 46 个血中移行成分峰中有 24 个峰在六经头痛片体外样品中存在，因此，这 24 个峰被认为是六经头痛片吸收入血的原型成分；其余 22 个血中移行成分峰只在含药血浆 HPLC-Q/TOF-MS 色谱图中存在，因此，这 22 个峰被认为是代谢产物。

3. 原型成分鉴定

表 4-2 给出了 24 个原型成分准分子离子质谱数据，在负离子模式下，准分子离子以[M-H]⁻ 的形式存在；在正离子模式下，准分子离子以[M+H]⁺ 或[M+Na]⁺ 的形式存在。在表 4-2 中也同时给出了 24 个原型成分的碎片离子数据，结合这 24 个原型成分的化学式、六经头痛片体外样品的化学信息及文献数据信息，对原型成分中的碎片离子进行解析及鉴定。在大鼠血浆中的 24 个六经头痛片原型成分中包括 10 个异黄酮类成分，9 个苯丙素类成分（6 个香豆素类成分，2 个木脂素类成分，1 个苯丙酸类成分）和 5 个其他类成分。其化学结构及分类见图 4-3。

daidzein-4′-O-glucoside

葛根素-4′-O-β-D-葡萄糖苷

葛根素

3′-甲氧基葛根素

葛根素芹菜糖苷

大豆苷

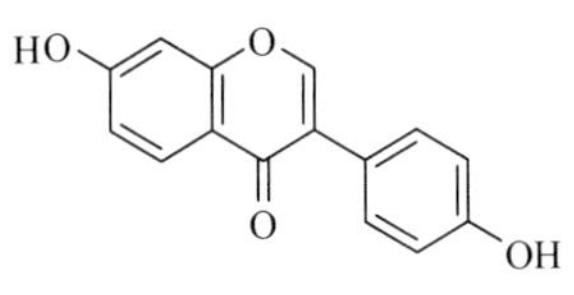

大豆苷元

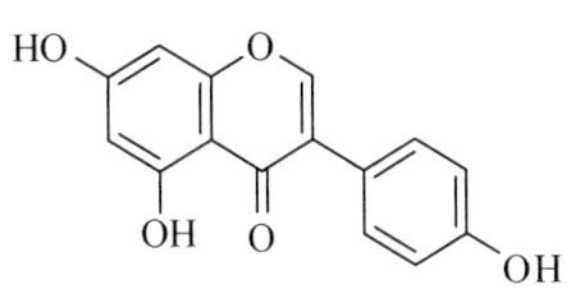

染料木素

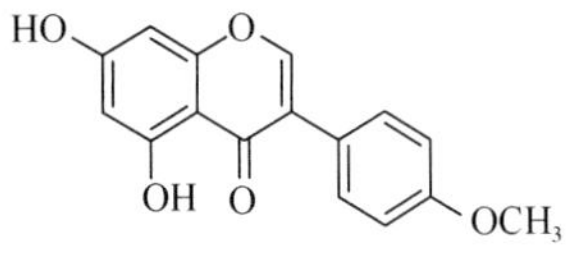

鹰嘴豆芽素A

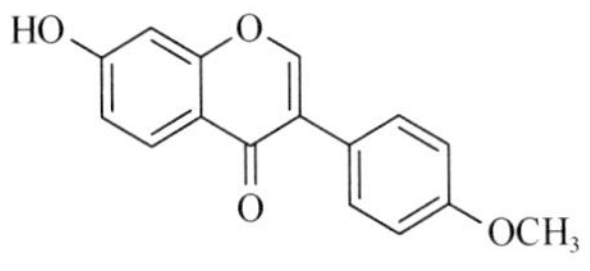

芒柄花素

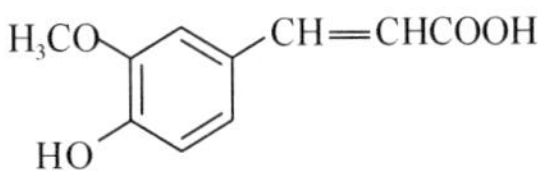

阿魏酸

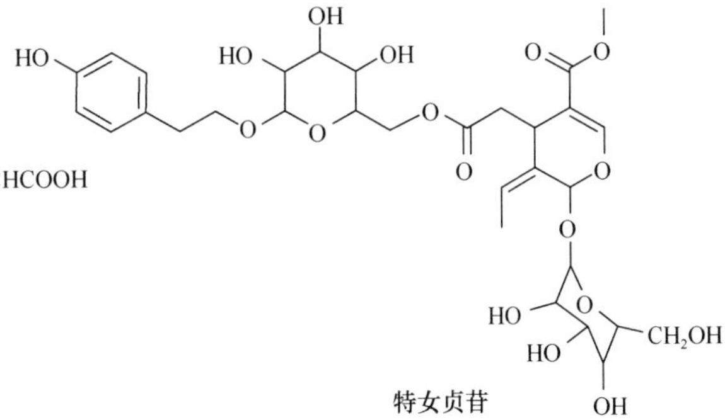

特女贞苷

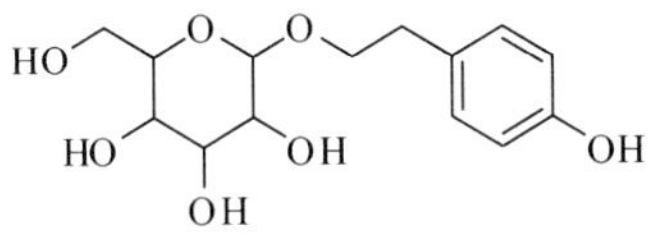

红景天苷

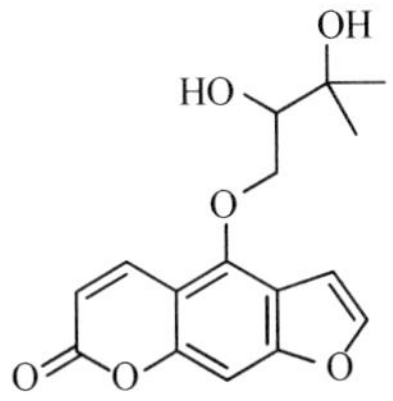

水合氧化前胡素

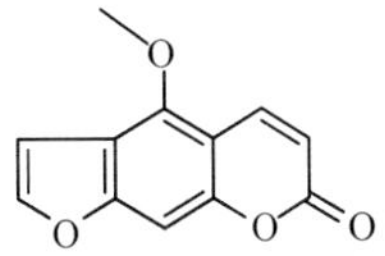

佛手苷内酯

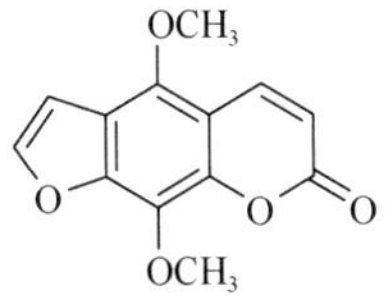

异茴芹内酯

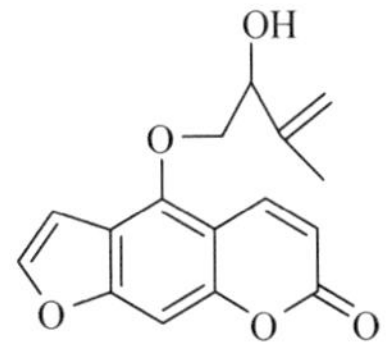

栓翅芹烯醇

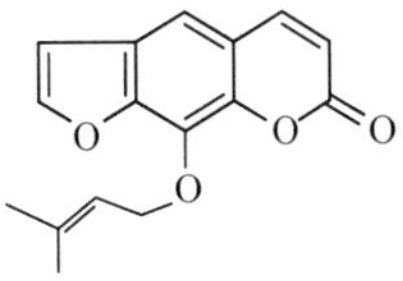

欧前胡素

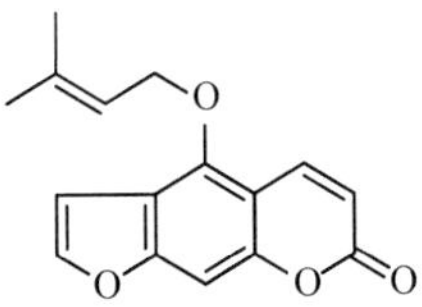

异欧前胡素

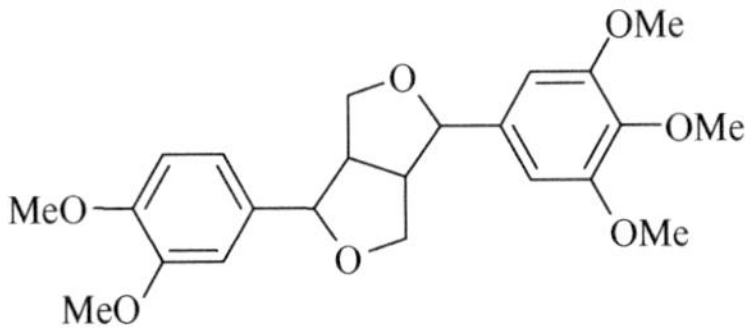

木兰脂素

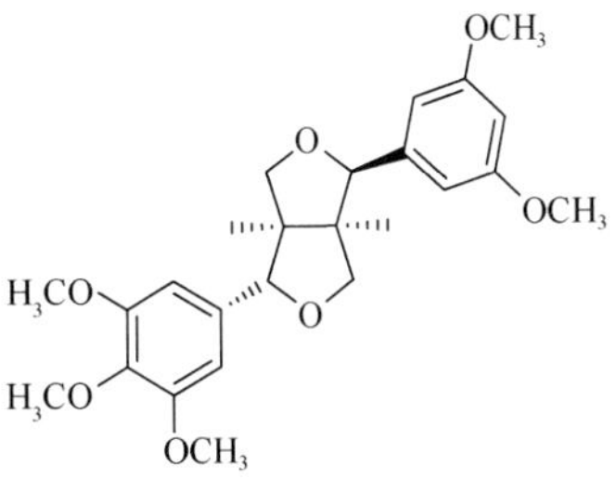

表木兰脂素A

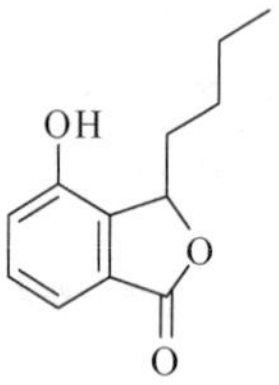

川芎酚 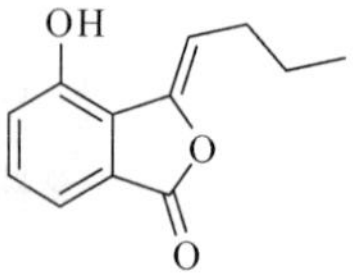　　　　　　　　　　洋川芎内酯B

图 4-3　六经头痛片口服吸收入血原型成分结构式

表 4-2　六经头痛片口服吸收入血原型成分的 LC–MS 数据

No.	T_R（min）	$[M-H]^-$	$[M+H]^+$	$[M+Na]^+$	MW	Formula	MS^2（-/+）	Identification
1	20.25	299.122		323.1204	300	$C_{14}H_{20}O_7$	214，160，118，48	红景天苷 salidroside
2	21.38	577.419			578	$C_{27}H_{30}O_{14}$	457，429，337，294，266	葛根素-4'-O-β-D-葡萄糖苷 puerarin-4'-O-β-D-glucoside
3	40.52	415.1028	417.1300	439.1086	416	$C_{21}H_{20}O_9$	295，267	葛根素 puerarin
4	44.47	445.1322	447.1396		446	$C_{22}H_{22}O_{10}$	310，282/327，297，267	3'-甲氧基葛根素 3'-Methoxypuerarin
5	47.44	547.7165	549.5583	571.5206	548	$C_{26}H_{28}O_{13}$	295，267/381，351，297	葛根素芹菜糖苷 mirificin
6	53.43	415.1214	417.1300	439.1086	416	$C_{21}H_{20}O_9$	253，222，195，133/255，199，152	大豆苷 daidzin
7	58.22	193.1561			194	$C_{10}H_{10}O_4$	134，133	阿魏酸 ferulic acid
8	59.57	415.1189			416	$C_{21}H_{20}O_9$	267，252	daidzein-4'-O-glucoside
9	63.38	685.6296			686	$C_{31}H_{42}O_{17}$	614，421，309，223，101	特女贞苷 specnuezhenide
10	75.81	253.0524	255.2834		254	$C_{15}H_{10}O_4$	225	大豆苷元 daidzein
11	77.08		305.0965	327.0857	304	$C_{16}H_{16}O_6$	203，147	水合氧化前胡素 oxypeucedanin hydrate
12	77.41	283.2222	285.0769	307.0593	284	$C_{16}H_{12}O_5$	267，167，135/213，197，137	鹰嘴豆芽素 A biochanin A
13	86.2	269.0547			270	$C_{15}H_{10}O_5$	225，182，159，133，117，84	染料木素 genistein
14	86.52	329.2454			330		353，215，151，117，52	E-5-（2-methyl-2-butylalkenyl acid-4-oxy）-8- methoxy psoralen
15	88.42	205.0873			206	$C_{12}H_{14}O_3$	150	川芎酚 chuanxingol
16	89.04	267.0764	269.2691		260	$C_{16}H_{12}O_4$	223，195，167	芒柄花素 fermononetin
17	89.22		217.0505	239.0319	216	$C_{12}H_8O_4$	239，217，174，146，118，89	佛手苷内酯 bergapten
18	89.43		247.0612	269.0448	246	$C_{13}H_{10}O_5$	189	异茴芹内酯 isopimpinellin
19	89.77		287.0939	309.0739	286	$C_{16}H_{14}O_5$	309，284，275，247	栓翅芹烯醇 pabulenol
20	91.26		417.1900	439.1759	416		439，370，254，151，108	木兰脂素 magnoli
21	91.35	203.0697	205.1053		204	$C_{12}H_{12}O_3$	185，147，119	洋川芎内酯 B senkyunolide B
22	92.53		417.19^+		416	$C_{23}H_{28}O_7$	439，344，321，196	表木兰脂素 A epi-Magnoli A
23	95.08		271.0997	293.0862	270	$C_{16}H_{14}O_4$	147	欧前胡素 imperatorin
24	96.79		271.099	293.0852	270	$C_{16}H_{14}O_4$	203，147	异欧前胡素 isoimperatorin

（1）异黄酮类成分鉴定

葛根中的异黄酮类成分是本试验中检测到的主要活性成分。在质谱图中，它们在正离子模式和负离子模式下均能产生较强的准分子离子峰[M+H]$^+$、[M-H]$^-$，其一般裂解途径是中性丢失一分子 CO 或 C-葡萄糖失去 $C_4H_8O_4$ 或 $C_5H_8O_5$ 形成碎片离子。分别以化合物 3 和 10 为例，对异黄酮类成分进行鉴定。

化合物 3 在质谱中显示的准分子离子峰为[M-H]$^-$ m/z 415，其 MS/MS 产生了[M-H-$C_4H_8O_4$]$^-$ m/z 295 碎片离子，在负离子模式下，中性丢失 120Da 可能是由其分子中 C-葡萄糖所产生的，该碎片离子可进一步丢失一分子中性 CO 形成[M-H-$C_5H_8O_5$]$^-$ m/z 267 碎片离子。通过与体外六经头痛片液质数据及文献数据进行比对，化合物 3 被鉴定为葛根素（图 4-4）。

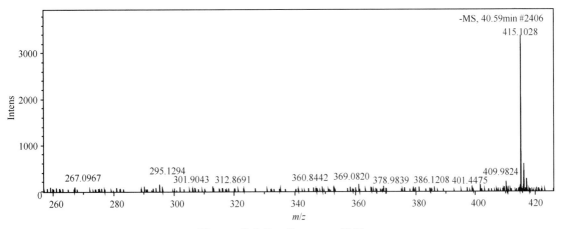

图 4-4　化合物 3 的 MS/MS 谱图

化合物 10 在质谱中显示的准分子离子峰[M-H]$^-$ m/z 253，中性丢失一分子 CO 后得到碎片离子[M-H-CO]$^-$ m/z 225，参考文献数据中的碎片离子信息，鉴定化合物 10 为大豆苷元（图 4-5）。

（2）香豆素类成分鉴定

香豆素类成分是本研究中观测到的另一类有效成分，它们主要存在于白芷药材中，质谱图中，正离子模式下产生较强的准分子离子峰[M+H]$^+$。经研究发现，由于香豆素分子中一般具

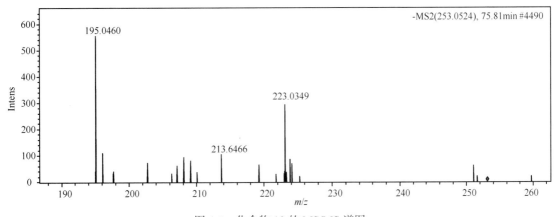

图 4-5　化合物 10 的 MS/MS 谱图

有多个和芳基连接的氧原子、羟基、甲氧基，故其质谱经常出现一系列连续失去 CO、失去 OH 或 H_2O、甲基或甲氧基的碎片离子峰，内酯结构使其较容易失去质量为 44 的 CO_2，位于 C-5 及 C-8 的取代基也较容易碎裂丢失。以化合物 11 为例，对香豆素类成分进行鉴定。

化合物 11 显示的准分子离子峰为 $[M+H]^+$ m/z 305，中性丢失一分子 H_2O 后再失去 C_5H_9O 则产生 $[M+H-H_2O-C_5H_9O]^+$ m/z 203 的碎片离子，m/z 203 碎片离子进一步连续丢失两个羰基产生丰度最大的碎片离子 $[M+H-H_2O-C_5H_9O-C_2O_2]^+$ m/z 147，同时 m/z 203 碎片离子失去一个羧基和一个羰基产生碎片离子 $[M+H-H_2O-C_5H_9O-C_2O_3]^+$ m/z 131，将该化合物的碎片信息与文献中查找的碎片信息进行比对，可鉴定出化合物 11 为水合氧化前胡素（图 4-6）。

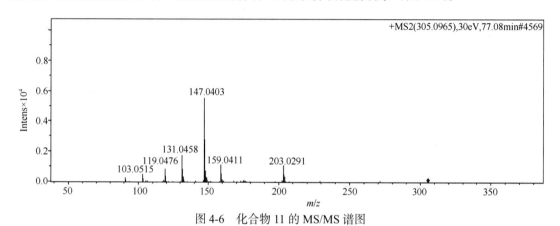

图 4-6　化合物 11 的 MS/MS 谱图

（3）苯丙酸类成分鉴定

苯丙酸类成分是川芎、藁本药材中的主要有效成分，质谱图中，负离子模式下产生较强的准分子离子峰 $[M-H]^-$。经研究发现苯丙酸的主要裂解规律为连续失去甲基或 CO_2，因此，其裂解途径是：$M-CH_3-CO_2-H$。以化合物 7 为例，对苯丙酸类成分进行鉴定。

化合物 7 显示的准分子离子峰为 $[M-H]^-$ m/z 193，准分子离子丢失一个 CH_3 基团后再失去一分子 CO_2 得到 $[M-H-CH_3-CO_2]^-$ m/z 134 的碎片离子，该碎片离子继续丢失一个 H，则得到丰度最大的 $[M-H-CH_3-CO_2-H]^-$ m/z 133 碎片离子。由这两个主要的碎片离子，并与参考文献中的碎片信息进行比对，可鉴定化合物 7 为阿魏酸（图 4-7）。

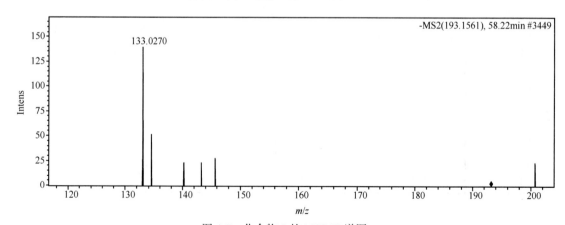

图 4-7　化合物 7 的 MS/MS 谱图

（4）苯酞类成分鉴定

苯酞类成分是川芎中的主要活性成分，在质谱图中，它们在正离子模式下、负离子模式下均能产生较强的准分子离子峰[M+H]⁺、[M-H]⁻。经研究发现，苯酞类化合物在质谱中的裂解途径为丢失中性分子 H_2O、CO，其所得的碎片离子也容易继续丢失一些烷基基团。以化合物 21 为例，对苯酞类成分进行鉴定。

化合物 21 显示的准分子离子峰为[M-H]⁻ m/z 203，准分子离子中性丢失一个 H_2O 得到碎片离子[M-H-H₂O]⁻ m/z 185，所得碎片离子继续丢失一个 CO 得到[M-H-H₂O-CO]⁻ m/z 147 碎片离子，其失去 C_2H_4 后形成碎片离子[M-H-H₂O-CO C_2H_4]⁻ m/z 119，将所得碎片离子的信息与体外六经头痛片中和相关文献中的数据进行比对，鉴定化合物 21 为洋川芎内酯 B（图 4-8）。

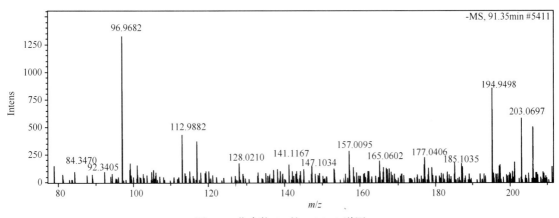

图 4-8　化合物 21 的 MS/MS 谱图

4. 代谢产物鉴定

中药经口服后，只有部分成分被吸收进入体内，而进入体内的成分可能以原型或代谢物的形式发挥作用。越来越多的研究表明，中药中的化学成分经过体内代谢后其活性增加而毒性减弱，所以代谢是药物发挥药效的一个重要过程。吸收入血的原型成分在各种药物代谢酶的作用下，经过Ⅰ相（包括氧化、还原和水解三种，通常是在脂溶性的血中移行成分中引入极性基团，或使分子中的极性基团暴露的过程）和Ⅱ相（即结合反应，通常是中药的血中移行成分本身或经过Ⅰ相反应生成的代谢产物结构中的极性基团与机体内源性物质结合而生成结合物）代谢反应生成代谢产物。本试验中，在大鼠血浆中共鉴定得到了 22 个代谢产物，其 HPLC-Q/TOF-MS 数据见表 4-3，绝大多数的代谢产物仍然保留了原型化合物的结构特征，对原型成分裂解途径的分析在很大程度上易化了六经头痛片相关代谢产物的鉴定。

表 4-3　元胡止痛相关代谢物的 LC-MS 数据

No.	T_R（min）	[M-H]⁻	Formula	Parent compound	Metabolic reaction
M1	28.1	591.1346	$C_{27}H_{28}O_{15}$	葛根素（puerarin）	glucuronidation
M2	40.26	369.0831	$C_{16}H_{18}O_{10}$	阿魏酸（ferulic acid）	glucuronidation
M3	46.69	495.062	$C_{21}H_{20}O_{10}S$	葛根素（puerarin）	sulfation
M4	47.56	250.0715	$C_{12}H_{13}NO_5$	阿魏酸（ferulic acid）	glycine conjugation
M5	54.53	429.0813	$C_{21}H_{18}O_{10}$	大豆苷元（daidzein）	glucuronidation
M6	55.6	495.0587	$C_{21}H_{20}O_{10}S$	葛根素（puerarin）	sulfation

No.	T_R（min）	[M-H]⁻	Formula	Parent compound	Metabolic reaction
M7	55.65	525.0661	$C_{22}H_{22}O_{13}S$	3'-甲氧基葛根素（3'-methoxypuerarin）	sulfation
M8	56.39	509.0394	$C_{21}H_{18}O_{13}S$	大豆苷元（daidzein）	glucuronidation and sulfation
M9	57.33	525.0697	$C_{22}H_{22}O_{13}S$	3'-甲氧基葛根素（3'-methoxypuerarin）	sulfation
M10	57.43	273.0074	$C_{10}H_{10}O_7S$	阿魏酸（ferulic acid）	sulfation
M11	61.31	429.0824	$C_{21}H_{18}O_{10}$	大豆苷元（daidzein）	glucuronidation
M12	63.44	445.0779	$C_{21}H_{18}O_{11}$	染料木素（genistein）	glucuronidation
M13	63.79	509.0406	$C_{21}H_{18}O_{13}S$	大豆苷元（daidzein）	glucuronidation and sulfation
M14	64.95	445.0783	$C_{21}H_{18}O_{11}$	染料木素（genistein）	glucuronidation
M15	66.3	525.0357	$C_{21}H_{18}O_{14}S$	染料木素（genistein）	glucuronidation and sulfation
M16	73.72	443.0979	$C_{22}H_{20}O_{10}$	芒柄花素（fermononetin）	glucuronidation
M17	75.73	207.0655	$C_{11}H_{12}O_4$	阿魏酸（ferulic acid）	methylation
M18	76.82	349.0012	$C_{15}H_{10}O_8S$	染料木素（genistein）	sulfation
M19	84.69	333.0082	$C_{15}H_{10}O_7S$	大豆苷元（daidzein）	sulfation
M20	85.39	349.0025	$C_{15}H_{10}O_8S$	染料木素（genistein）	sulfation
M21	87.15	333.0084	$C_{15}H_{10}O_7S$	大豆苷元（daidzein）	sulfation
M22	89.78	347.0219	$C_{16}H_{12}O_7S$	芒柄花素（fermononetin）	sulfation

M1 具有 m/z 591[M-H]⁻的准分子离子，M3、M6 均具有 m/z 495[M-H]⁻的准分子离子，M1、M3、M6 的 MS/MS 谱分别产生中性丢失一分子葡萄糖醛酸或中性丢失一分子 SO_3 m/z 415 的相同碎片离子。经与文献数据对比，M1 被初步表征为葛根素的葡萄糖醛酸结合物，M3、M6 被表征为葛根素的硫酸结合物。M2 的准分子离子[M-H]⁻为 m/z369，初步推断为阿魏酸的葡萄糖醛酸结合物；M4 具有 m/z 250[M-H]⁻的准分子离子，初步推断为阿魏酸的甘氨酸结合物；M10 产生 m/z273 [M-H]⁻的分子离子及中性丢失一分子 SO_3 的碎片离子 m/z193，因此被初步鉴定为阿魏酸的硫酸结合物；M17 产生 m/z207 [M-H]⁻的分子离子及 m/z193 的碎片离子，与文献数据对比，M17 被初步表征为甲基化的阿魏酸。M5、M11 同时具有 m/z429 [M-H]⁻的分子离子及中性丢失一分子葡萄糖醛酸 m/z253 和 m/z175 的碎片离子，通过与文献数据进行比对，M5 和 M11 被鉴定为大豆苷元的葡萄糖醛酸结合物；M8、M13 同时具有 m/z509 [M-H]⁻的分子离子及中性丢失一分子葡萄糖醛酸 m/z333 和中性丢失一分子葡萄糖醛酸并 SO_3 m/z253 的碎片离子，通过与文献数据进行比对，M8 和 M13 被鉴定为大豆苷元的葡萄糖醛酸并硫酸结合物；M19、M21 均具有 m/z333 [M-H]⁻的分子离子及中性丢失一分子 SO_3 m/z253 的碎片离子，因此被鉴定为大豆苷元的硫酸结合物。M7、M9 产生 m/z 525[M-H]⁻的准分子离子及中性丢失一分子 SO_3 m/z445 的碎片离子，经与文献数据比较，被初步表征为 3'-甲氧基葛根素的硫酸结合物。对比文献数据资料可知，M12 和 M19 均产生 m/z 445[M-H]⁻的准分子离子及中性丢失一分子葡萄糖醛酸 m/z269 的碎片离子，被鉴定为染料木素的葡萄糖醛酸结合物；M15 的准分子离子为 m/z525 [M-H]⁻，碎片离子为中性丢失一分子葡萄糖醛酸 m/z349 和中性丢失一分子 SO_3 m/z445，被初步表征为染料木素的葡萄糖醛酸并硫酸结合物；M18 和 M20 产生 m/z349[M-H]⁻的分子离子，被表征为染料木素的硫酸结合物。M16 的准分子离子为 m/z443[M-H]⁻，碎片离子为 m/z267[M-H]⁻，被鉴定为芒柄花素的葡萄糖醛酸结合物；M22 的准分子离子为 m/z347[M-H]⁻，被表征为芒柄花素的硫酸结合物。

通过与吸收原型成分的 LC-MS 谱、裂解规律进行比较，初步确定了各代谢产物所对应的母体化合物及代谢反应途径，为六经头痛片在大鼠体内的代谢轮廓分析提供了基础。已鉴定的代谢产物中，M1、M3、M6 来源于葛根素，M2、M4、M10、M17 来源于阿魏酸，M5、M8、M11、M13、M19、M21 是由大豆苷元代谢而成，M7、M9 来源于 3′-甲氧基葛根素，M12、M14、M15、M18、M20 是染料木素的代谢产物，M16、M22 是芒柄花素的代谢产物，其体内代谢过程分别如图 4-9～图 4-14 所示。

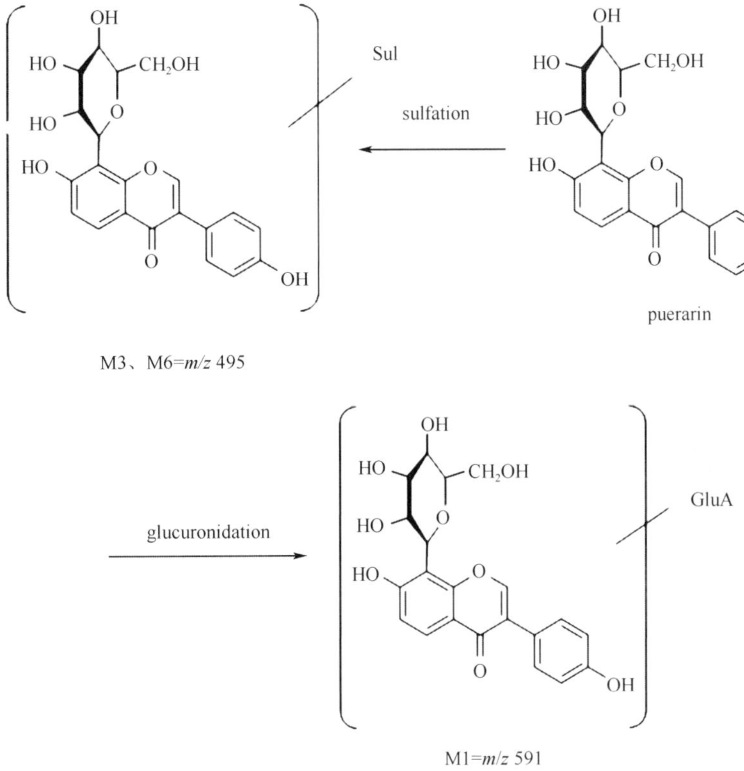

图 4-9　葛根素在大鼠体内的代谢途径

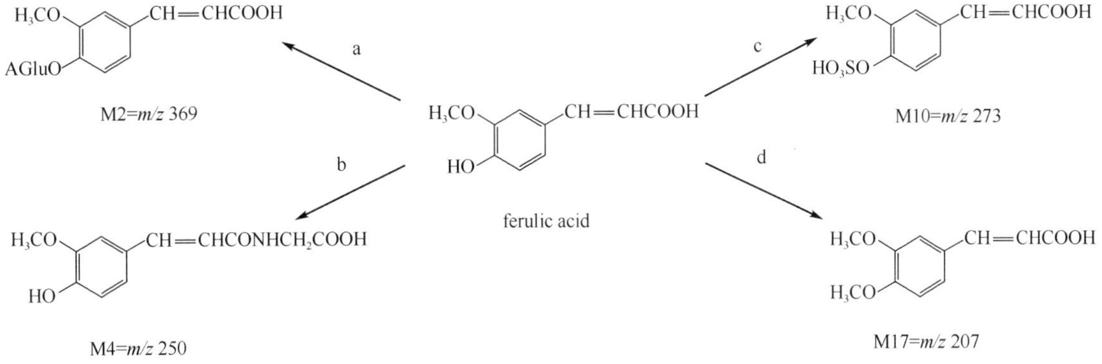

图 4-10　阿魏酸在大鼠体内的代谢途径

a. 葡萄糖醛酸结合；b. 甘氨酸结合；c. 硫酸酯结合；d. 甲基化

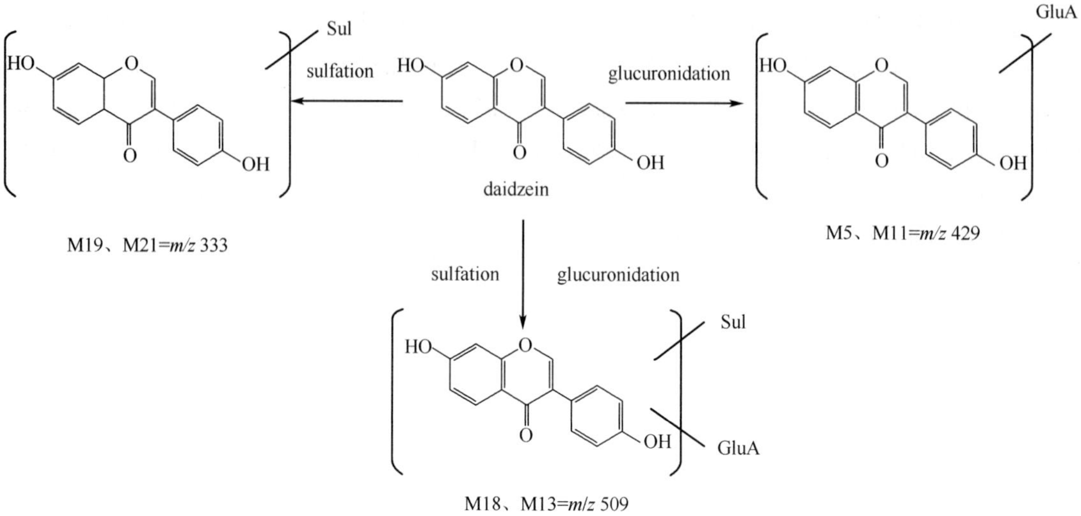

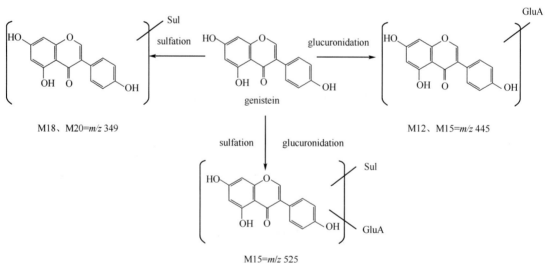

图 4-11 大豆苷元在大鼠体内的代谢途径

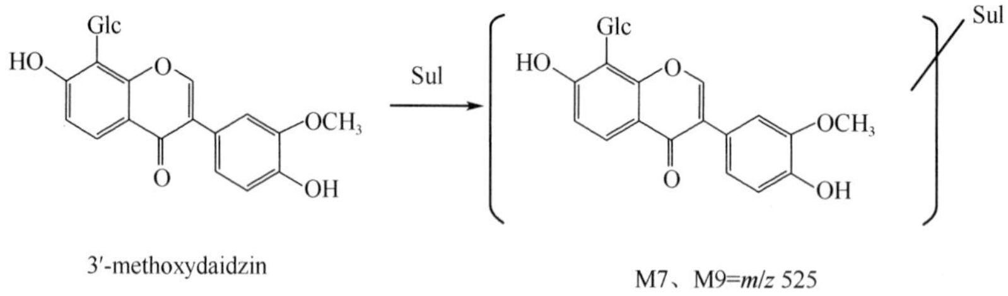

图 4-12 3'-甲氧基葛根素在大鼠体内的代谢途径

图 4-13 染料木素在大鼠体内的代谢途径

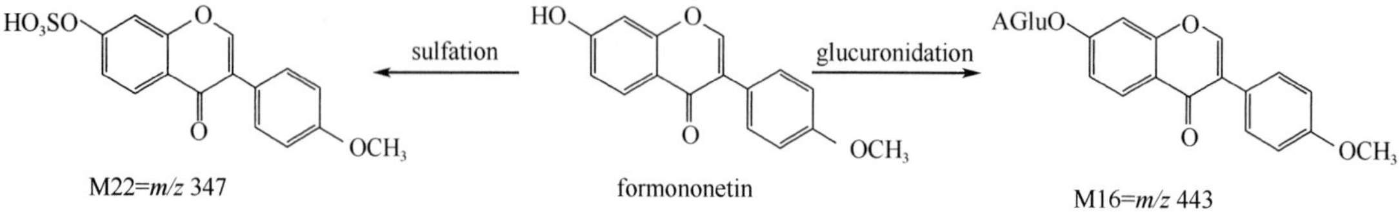

图 4-14 芒柄花素在大鼠体内的代谢途径

葛根素、大豆苷元、3′-甲氧基葛根素、染料木素、芒柄花素均为异黄酮类化合物，其体内代谢途径主要为与内源性分子结合；阿魏酸是苯丙酸类化合物，其体内主要代谢途径为甲基化或与内源性分子结合。

四、讨 论

中药及其复方制剂所含化学成分非常复杂，想要将其成分逐一弄清楚，再进行药效、药理学研究，几乎是不可能的。而中药中虽然含有众多成分，但只有吸收入血的成分才能产生作用。HPLC-Q/TOF-MS 集高效分离、多组分同时定性和定量为一体，是分析混合物最为有效的工具。液质联用体现了色谱和质谱的优势互补，将色谱对复杂样品的高分离能力，与质谱具有高选择性、高灵敏度及能够提供相对分子质量与结构信息的优点结合起来，从而达到快速分离并鉴定中药及其复方制剂血中移行成分的目的。因此，本试验采用 HPLC-Q/TOF-MS 技术分析六经头痛片大鼠生物样品中移行药物成分，从而确定六经头痛片中进入体内的化学物质，为进一步确定六经头痛片的药效物质基础提供支持和依据。

本研究中，运用 HPLC-Q/TOF MS 技术在大鼠血浆中初步鉴定得到 46 个六经头痛片相关的外源性化合物，包括 24 个吸收原型成分和 22 个代谢产物。血浆中检测到的吸收原型成分和代谢产物，可能是六经头痛片的真正活性成分并与其药理活性直接相关。这些将为六经头痛片的药理学和分子水平作用机制的进一步研究提供有用信息。

第五章 六经头痛片网络药理学研究

中药复方物质基础复杂，为其药效物质基础及作用机理的阐释带来很大难度。采用传统实验方法阐释分子作用靶点，盲目且耗费成本大，反向分子对接可将化合物和已有的靶点数据库进行模拟配对，高效便捷，可大大提高效率，节省不必要的浪费，为药物靶点的发现提供一定的指引。生物数据库在生物信息学中发挥着重要作用。目前，有很多的生物学相关的数据库供科学研究使用，如京都基因与基因组百科全书（KEGG）数据库资源，通过 KEGG 可以了解生物系统的高级功能和实用程序，如细胞、有机体和生态系统等在分子水平上的信息，尤其可对大规模基因组测序和其他高通量分子实验技术产生的数据集进行功能注释、疾病相关分析、作用途径预测、基因间的干扰交联等方面分析。

本部分实验通过 PharmMapper、uniprot、MAS 3.0 和 KEGG、HIT 等数据库，依据反向药效团匹配方法预测 18 个入血及活性成分的作用靶点，借助 MAS 3.0、 KEGG 数据库获取相关通路并进行关联分析，从药效物质基础、网络药理学等角度，阐释六经头痛片多成分、多靶点、多途径治疗头痛的科学内涵，为进一步的深入机理研究奠定基础。

一、主 要 材 料

本部分网络药理图实验研究的主要材料是软件和数据库，具体软件及相关数据库信息如下：

ChemBioOffice2010；

PharmMapper 数据库（http：//59.78.95.61/pharmmapper/）；

UNIPRO 数据库（http：//www.uniprot.org/）；

MAS 3.0 数据库（http：// bioinfo.capitalbio.com/ mas3 /analysis/）；

KEGG 数据库（http：//www.genome.jp/kegg/）；

String10 数据库（http：//string-db.org/）；

Cytoscape2.6 软件。

DrugBank 数据库（http：//www.drugbank.ca）；

HIT 数据库（http：//lifecenter.sgst.cn/hit/welcome.html）；

TTD 数据库（http：//bidd.nus.edu.sg/group/ojttd/）。

二、实 验 方 法

1. 目标化合物的选取

中药发挥药效作用的物质基础是化学成分的组合，中药中虽有众多成分，但只有被吸收入血的成分才能产生作用。因此，基于绝大多数药物在动物体内起作用必须被吸收进入血液这一原理，我们在本部分网络药理学实验研究中，即以六经头痛片中的入血及活性成分为研究对象。通过查阅相关文献及整合本课题组相关研究结果，确定了各个药材中的入血及活性成分，化合物具体信息见表5-1。

表 5-1 化合物信息表

编号	中/英文名	分子式	结构式	结构类型	来源
1	葛根素 puerarin	$C_{21}H_{20}O_9$		异黄酮类（苷）	葛根
2	大豆苷元 daidzein	$C_{15}H_{10}O_4$		异黄酮类（苷元）	葛根
3	葛根皂苷 D pueroside D	$C_{23}H_{24}O_{10}$		葛根皂苷类	葛根
4	欧前胡素 imperatorin	$C_{16}H_{14}O_4$		香豆素类	白芷
5	佛手柑内酯 bergapten	$C_{13}H_{10}O_3$		香豆素类	白芷
6	木兰脂素 magnolin	$C_{23}H_{28}O_7$		木脂素类	辛夷
7	木兰花碱 magnolflorine	$C_{21}H_{28}NO_4^+$		生物碱类	辛夷
8	桉叶油素 eucalyptol	$C_{10}H_{18}O$		单环单萜类	辛夷、细辛、荆芥穗

续表

编号	中/英文名	分子式	结构式	结构类型	来源
9	阿魏酸 ferulic acid	$C_{10}H_{10}O_4$		有机酸类	川芎、藁本
10	Z-藁本内酯 Z-ligustilide	$C_{12}H_{14}O_2$		苯酞类	川芎，藁本
11	洋川芎内酯 B senkyunolide B	$C_{12}H_{12}O_3$		苯酞类	川芎
12	特女贞苷 specnuezhenide	$C_{31}H_{42}O_{17}$		环烯醚萜苷	女贞子
13	红景天苷 salidroside	$C_{14}H_{20}O_7$		苯乙醇苷类	女贞子
14	胡薄荷酮 (＋)-pulegone	$C_{10}H_{16}O$		单环单萜类	荆芥穗
15	柠檬烯 cinene	$C_{10}H_{16}$		单环单萜类	荆芥穗
16	盐酸水苏碱 stachydrine hydrochloride	$C_7H_{13}NO_2$ HCl		生物碱类	茺蔚子
17	α-蒎烯 α-pinene	$C_{10}H_{16}$		双环单萜类	细辛、辛夷、荆芥穗、藁本、川芎
18	薄荷酮 menthone	$C_{10}H_{18}O$		单环单萜类	荆芥穗

2. 具体操作流程

本实验以六经头痛片中的 18 个入血及活性成分为研究对象，探究其分子作用机制，具体方法如下。

1）使用 ChemBioOffice 2010 软件绘制 18 个化合物的三维立体结构图（结构式见表 5-1）。

2）将化合物三维立体结构投入反向分子对接网站 PharmMapper，进行药物分子的体内靶点预测；将反向预测获得的靶点信息与 DrugBank、HIT、TTD 数据库中偏头痛相关靶点进行筛选和验证。然后将最终得到的靶点投入 UniProt 数据库，得到所有靶点的对应编号。

3）将获取的所有靶点编号投入 MAS 3.0 数据库，得到与靶点相关的通路，综合计算出的数据，再通过 KEGG、DrugBank、HIT 等数据库及相关文献的查阅对通路进行分析整合，得到与偏头痛相关的通路。

4）根据上述六经头痛片化学成分的靶点及通路预测结果，在 Excel 表格中建立结构类型-化合物、化合物-靶点、靶点-通路、通路-药理作用的相互对应关系，然后导入 Cytoscape 3.3 软件中构建网络并运用其插件 Network Analyzer 计算网络的特征。网络中节点（node）表示化合物、靶点以及作用通路。若某一靶点为某化合物的潜在作用靶点，则以边（edge）相连。经处理后，得到六经头痛片 18 个成分的相关靶点通路预测图，以该图来表示六经头痛片"化学成分–体内靶点–作用通路–药理作用"之间的相互关系。

（5）将获得的相关靶蛋白的基因导入 STRING 10 数据库，得到基因之间的相互作用关系图（图 5-1），分析基因功能。

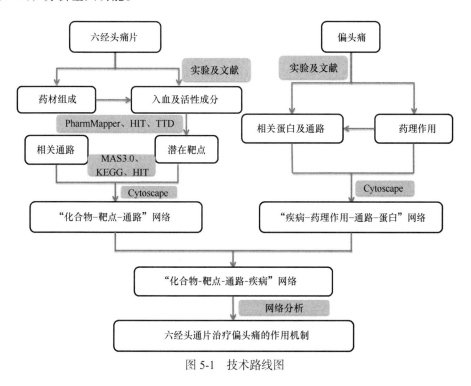

图 5-1　技术路线图

三、实验结果

对六经头痛片"药物–靶蛋白–通路–疾病"网络的拓扑属性分析发现，构建网络的节点度分布服从幂分布[P（κ）=18.40×κ–0.786（R^2=0.348）]，说明六经头痛片的整个网络具有良好的稳定性。聚集系数为0，网络异质性为0.053，平均相邻节点数目4.769，特征路径长度3.404，网络中心度0.105。表明六经头痛片中既存在一个化合物与多个靶蛋白作用的现象，同时也存在不同化合物作用于同一个靶蛋白的现象。

通过PharmMapper数据库进行反向分子对接实验，预测出18个化学成分的作用靶标约为72个，具体靶点信息结果见表5-2。其中36个蛋白靶点与偏头痛相关（具体见表5-3）。使用Cytoscape软件的Network Analyzer插件计算网络节点的连接度（degree）、介数（betweenness centrality），进一步分析发现，36个靶蛋白可与2个以上的活性分子存在较强的相互作用，其中度和介数较高的GTPase HRas（HRAS）、丝氨酸/苏氨酸-蛋白激酶B-raf（BRAF）、双特异性丝裂原活化蛋白激酶激酶1（MAP2K1）等与血管内稳态相关；成纤维细胞生长因子受体1（FGFR1）、3-磷酸肌醇依赖性蛋白激酶1（PDPK1）、造血前列腺素D合成酶（PTGD2）等与炎症密切相关；凝血因子VII（F7）、酪氨酸蛋白磷酸酶非受体型11（PTPN11）与免疫相关；糖原合成酶激酶3β（GSK3B）、脑啡肽酶（MME）等与中枢神经相关；丝裂原活化蛋白激酶14（MAPK14）、17β-雌二醇脱氢酶1（HSD17B1）、雌激素受体磺基转移酶（SULT1E1）等与激素调节相关。

通过MAS 3.0、KEGG、DrugBank、HIT数据库及相关文献的查阅对计算出的通路进行综合分析，共得到88条作用通路，具体通路信息见表5-4。其中22个通路与偏头痛相关（见表5-5）。与炎症（anti-inflammation）相关通路12条，分别为丝裂原活化蛋白激酶、花生四烯酸代谢、脂肪细胞因子信号通路、过氧化物酶体增值体激活受体、黏着斑信号通路、缝隙连接、黏着连接、Fc epsilon受体Ⅰ、mTOR信号转导通路、血管内皮生长因子、肾素–血管紧张素系统、精氨酸脯氨酸代谢通路。与免疫（immunity）相关通路7条，分别为补体系统、自然杀伤、T细胞受体、B细胞受体、Fc epsilon受体Ⅰ、mTOR信号转导通路、血管内皮生长因子。与血管内稳态（homeostasis of blood vessls）相关通路9条，分别为肌动蛋白细胞骨架调节、ErbB表皮生长因子、过氧化物酶体增值体激活受体、黏着斑信号通路、缝隙连接、黏着连接、血管内皮生长因子、肾素-血管紧张素系统、精氨酸脯氨酸代谢通路。与中枢神经调节（central analgesic）相关通路3条，分别为轴突导向、酪氨酸代谢通路、精氨酸脯氨酸代谢通路。与激素调节（hormonal regulation）相关通路3条，分别为雄激素雌激素代谢通路、促性腺激素释放激素代谢通路、肾素–血管紧张素系统。从六经头痛片网络药理图分子节点度和介数的计算发现，度和介数较高的通路主要分布在炎症、血管内稳态、激素调节，提示六经头痛片治疗偏头痛的机制主要与以上几点相关。

最后利用Cytoscape 3.3软件进行处理，得到六经头痛片"结构类型–化合物–蛋白靶点–通路–药理作用"的网络药理图（见图5-2）。通过对网络中各化合物作用通路具体信息分析（见表5-6），发现调节血管内稳态的肌动蛋白细胞骨架调节等通路主要与葛根皂苷类、萜类以及苯酞类化合物有关；中枢神经相关通路如，轴突导向、肾素血管紧张素系统等主要与香豆素类、黄酮类、生物碱类成分有关；与炎症相关的花生四烯酸代谢等通路主要与生物碱类、木脂素类化合物有关；与激素调节相关的促性激素释放激素等通路主要与萜类、有机酸类化合物有关；多数化合物都可直接或间接作用于与免疫相关的通路治疗偏头痛。根据各类化合物作用特点，得图5-3。同时，利用String数据库对筛选出的靶点蛋白进行了相互作用分析，相互作用关系见图5-4。

由此我们推测，来源于六经头痛片的各类化合物可广泛作用于血管、中枢神经、炎症及免疫相关的蛋白靶点及通路，从而起到治疗头痛的作用，显示了六经头痛片的多成分、多靶点、多途径的作用特点，也正符合了中药作用的特点。

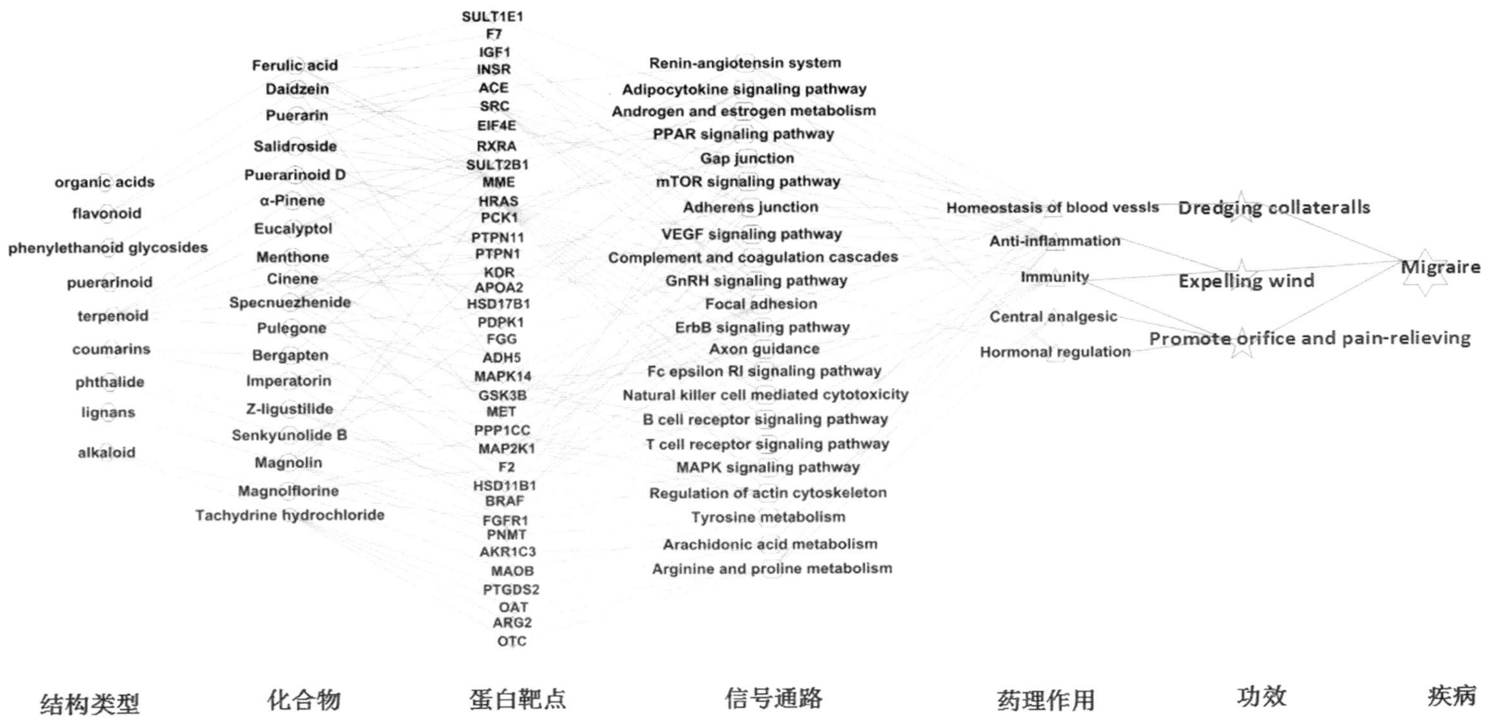

结构类型 | 化合物 | 蛋白靶点 | 信号通路 | 药理作用 | 功效 | 疾病

结构类型 (structure types):
- organic acids
- flavonoid
- phenylethanoid glycosides
- puerarinoid
- terpenoid
- coumarins
- phthalide
- lignans
- alkaloid

化合物 (compounds):
- Ferulic acid
- Daidzein
- Puerarin
- Salidroside
- Puerarinoid D
- α-Pinene
- Eucalyptol
- Menthone
- Cinene
- Specnuezhenide
- Pulegone
- Bergapten
- Imperatorin
- Z-lligustilide
- Senkyunolide B
- Magnolin
- Magnolflorine
- Tachydrine hydrochloride

蛋白靶点 (protein targets):
SULT1E1, F7, IGF1, INSR, ACE, SRC, EIF4E, RXRA, SULT2B1, MME, HRAS, PCK1, PTPN11, PTPN1, KDR, APOA2, HSD17B1, PDPK1, FGG, ADH5, MAPK14, GSK3B, MET, PPP1CC, MAP2K1, F2, HSD11B1, BRAF, FGFR1, PNMT, AKR1C3, MAOB, PTGDS2, OAT, ARG2, OTC

信号通路 (signaling pathways):
- Renin-angiotensin system
- Adipocytokine signaling pathway
- Androgen and estrogen metabolism
- PPAR signaling pathway
- Gap junction
- mTOR signaling pathway
- Adherens junction
- VEGF signaling pathway
- Complement and coagulation cascades
- GnRH signaling pathway
- Focal adhesion
- ErbB signaling pathway
- Axon guidance
- Fc epsilon RI signaling pathway
- Natural killer cell mediated cytotoxicity
- B cell receptor signaling pathway
- T cell receptor signaling pathway
- MAPK signaling pathway
- Regulation of actin cytoskeleton
- Tyrosine metabolism
- Arachidonic acid metabolism
- Arginine and proline metabolism

药理作用 (pharmacological actions):
- Homeostasis of blood vessls
- Anti-inflammation
- Immunity
- Central analgesic
- Hormonal regulation

功效 (efficacy):
- Dredging collateralls
- Expelling wind
- Promote orifice and pain-relieving

疾病 (disease):
- Migraire

图5-2 六经头痛片"化合物-靶点-通路-疾病"网络药理图

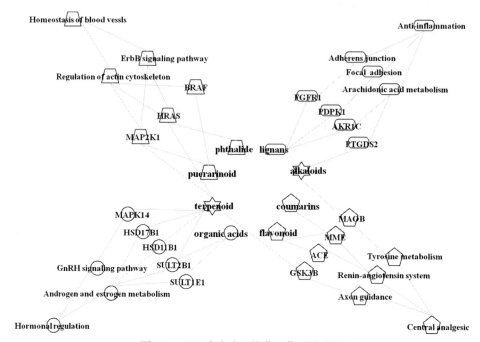

图 5-3　六经头痛片网络药理作用特点图

梯形：与血管内稳态相关的通路、靶点、化合物结构类型；椭圆形：与抗炎相关的；圆形：与激素调节相关的；五边形：与中枢神
经相关的；六角星：与多个靶点相关的化合物结构类型

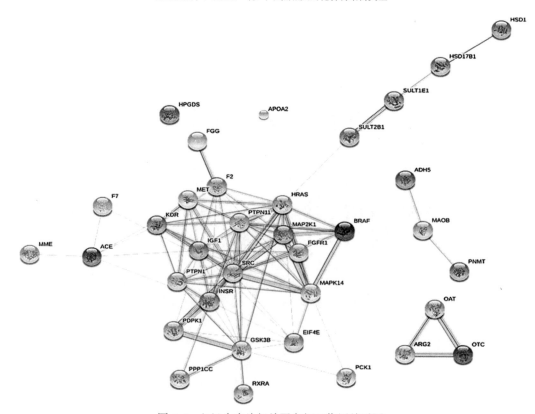

图 5-4　六经头痛片相关蛋白相互作用关系图

表 5-2　六经头痛片 18 个化合物靶点预测结果

Compound	UniProtKB	Gene	Protein
Ferulic acid	O00204	SULT2B1	Sulfotransferase family cytosolic 2B member 1
	P08473	MME	Neprilysin
	P08709	F7	Coagulation factor VII
	P06213	INSR	Insulin receptor
	P49888	SULT1E1	Estrogen sulfotransferase
Eucalyptol	P14061	HSD17B1	Estradiol 17-beta-dehydrogenase 1
	O00204	SULT2B1	Sulfotransferase family cytosolic 2B member 1
	P19793	RXRA	Retinoic acid receptor RXR-alpha
Daidzein	P08473	MME	Neprilysin
	Q16539	MAPK14	Mitogen-activated protein kinase 14
	P01343	IGF1	Insulin-like growth factor I
	P19793	RXRA	Retinoic acid receptor RXR-alpha
Z-ligustilide	P08581	MET	Hepatocyte growth factor receptor
	Q16539	MAPK14	Mitogen-activated protein kinase 14
	P15056	BRAF	Serine/threonine-protein kinase B-raf
	P28845	HSD11B1	Corticosteroid 11-beta-dehydrogenase isozyme 1
Puerarinoid D	P01112	HRAS	GTPase HRas
	P35558	PCK1	Phosphoenolpyruvate carboxykinase，cytosolic [GTP]
	O15530	PDPK1	3-phosphoinositide-dependent protein kinase 1
	P36873	PPP1CC	Serine/threonine-protein phosphatase PP1-gamma catalytic subunit
	P18031	PTPN1	Tyrosine-protein phosphatase non-receptor type 1
	O00204	SULT2B1	Sulfotransferase family cytosolic 2B member 1
Salidroside	P06213	INSR	Insulin receptor
	O00204	SULT2B1	Sulfotransferase family cytosolic 2B member 1
	P08473	MME	Neprilysin
	P06730	EIF4E	Angiotensin-converting enzyme
	P18031	PTPN1	Tyrosine-protein phosphatase non-receptor type 1
Pulegone	P28845	HSD11B1	Corticosteroid 11-beta-dehydrogenase isozyme 1
	P14061	HSD17B1	Estradiol 17-beta-dehydrogenase 1
	Q16539	MAPK14	Mitogen-activated protein kinase 14
	P11766	ADH5	Alcohol dehydrogenase class-3
Cinene	P11766	ADH5	Alcohol dehydrogenase class-3
	P18031	PTPN1	Tyrosine-protein phosphatase non-receptor type 1
	P35968	KDR	Vascular endothelial growth factor receptor 2
	P00734	F2	Pyruvate kinase PKLR
	P02652	APOA2	Apolipoprotein A-II
Imperatorin	P14061	HSD17B1	Estradiol 17-beta-dehydrogenase 1
	P36873	PPP1CC	Serine/threonine-protein phosphatase PP1-gamma catalytic subunit
	P11362	FGFR1	Fibroblast growth factor receptor 1
α-Pinene	P14061	HSD17B1	Estradiol 17-beta-dehydrogenase 1
	P19793	RXRA	Retinoic acid receptor RXR-alpha
Specnuezhenide	P18031	PTPN1	Tyrosine-protein phosphatase non-receptor type 1

续表

Compound	UniProtKB	Gene	Protein
Specnuezhenide	P49841	GSK3B	Glycogen synthase kinase-3 beta
	O00204	SULT2B1	Sulfotransferase family cytosolic 2B member 1
	P01112	HRAS	GTPase HRas
	P35558	PCK1	Phosphoenolpyruvate carboxykinase, cytosolic [GTP]
	P02679	FGG	Fibrinogen gamma chain
	Q02750	MAP2K1	Dual specificity mitogen-activated protein kinase kinase 1
Senkyunolide B	Q16539	MAPK14	Mitogen-activated protein kinase 14
	P15056	BRAF	Serine/threonine-protein kinase B-raf
	Q02750	MAP2K1	Dual specificity mitogen-activated protein kinase kinase 1
	P28845	HSD11B1	Corticosteroid 11-beta-dehydrogenase isozyme 1
Puerarin	P06213	INSR	Insulin receptor
	P12821	ACE	Angiotensin-converting enzyme
	P12931	SRC	Proto-oncogene tyrosine-protein kinase Src
	P08473	MME	Neprilysin
Bergapten	P08473	MME	Neprilysin
	P00734	F2	Pyruvate kinase PKLR
	P49841	GSK3B	Glycogen synthase kinase-3 beta
Magnolflorine	P27338	MAOB	Amine oxidase [flavin-containing] B
	P11362	FGFR1	Fibroblast growth factor receptor 1
	P00734	F2	Pyruvate kinase PKLR
	P08473	MME	Neprilysin
	P36873	PPP1CC	Serine/threonine-protein phosphatase PP1-gamma catalytic subunit
Tachydrine hydrochloride	P04181	OAT	Ornithine aminotransferase
	P78540	ARG2	Arginase-2
	P00480	OTC	Ornithine carbamoyltransferase
	O60760	PTGDS2	Hematopoietic prostaglandin D synthase
Menthone	P08581	MET	Hepatocyte growth factor receptor
	O15530	PDPK1	3-phosphoinositide-dependent protein kinase 1
	Q06124	PTPN11	Tyrosine-protein phosphatase non-receptor type 11
	P18031	PTPN1	Tyrosine-protein phosphatase non-receptor type 1

表5-3　36个相关靶点蛋白信息表

UniProtKB	Protein abbreviation	Protein	Degree	Betweenness centrality
P01112	HRAS	GTPase HRas	48	0.0808
P18031	PTPN1	Tyrosine-protein phosphatase non-receptor type 1	12	0.0629
O00204	SULT2B1	Sulfotransferase family cytosolic 2B member 1	10	0.0547
Q02750	MAP2K1	Dual specificity mitogen-activated protein kinase kinase 1	44	0.0607
P08473	MME	Neprilysin	12	0.0836
P15056	BRAF	Serine/threonine-protein kinase B-raf	24	0.0320
P11362	FGFR1	Fibroblast growth factor receptor 1	18	0.0445
P06213	INSR	Insulin receptor	6	0.0210

续表

UniProtKB	Protein abbreviation	Protein	Degree	Betweenness centrality
P35968	KDR	Vascular endothelial growth factor receptor 2	4	0.0076
P08581	MET	Hepatocyte growth factor receptor	12	0.0214
P12931	SRC	Proto-oncogene tyrosine-protein kinase Src	12	0.0270
P42330	AKR1C3	Aldo-keto reductase family 1 member C3	2	0.0041
P00480	OTC	Ornithine carbamoyltransferase	2	0.0038
P08709	F7	Coagulation factor Ⅶ	2	0.0044
P00734	F2	Pyruvate kinase PKLR	12	0.0397
Q16539	MAPK14	Mitogen-activated protein kinase 14	40	0.0553
O15530	PDPK1	3-phosphoinositide-dependent protein kinase 1	18	0.0378
P06730	EIF4E	Eukaryotic translation initiation factor 4E	2	0.0046
P01343	IGF1	Insulin-like growth factor I	4	0.0068
P02652	APOA2	Apolipoprotein A-II	2	0.0024
P35558	PCK1	Phosphoenolpyruvate carboxykinase，cytosolic [GTP]	8	0.0097
O60760	PTGDS2	Hematopoietic prostaglandin D synthase	2	0.0038
P19793	RXRA	Retinoic acid receptor RXR-alpha	12	0.0253
P04181	OAT	Ornithine aminotransferase	2	0.0038
P11086	PNMT	Phenylethanolamine N-methyltransferase	2	0.0049
P11766	ADH5	Alcohol dehydrogenase class-3	4	0.0145
P14061	HSD17B1	Estradiol 17-beta-dehydrogenase 1	8	0.0169
P36873	PPP1CC	Serine/threonine-protein phosphatase PP1-gamma catalytic subunit	12	0.0296
P12821	ACE	Angiotensin-converting enzyme	2	0.0010
P27338	MAOB	Amine oxidase [flavin-containing] B	2	0.0065
P28845	HSD11B1	Corticosteroid 11-beta-dehydrogenase isozyme 1	6	0.0128
P02679	FGG	Fibrinogen gamma chain	2	0.0033
P49841	GSK3B	Glycogen synthase kinase-3 beta	20	0.0437
P49888	SULT1E1	Estrogen sulfotransferase	2	0.0031
P78540	ARG2	Arginase-2	2	0.0038
Q06124	PTPN11	Tyrosine-protein phosphatase non-receptor type 11	4	0.0042

表 5-4　88 条通路信息表

Pathway	p-Value	Gene	Input Symbol
Prostate cancer	1.95E-17	HSP90AA1；IGF1；GSTP1；BRAF；HRAS；PDPK1；FGFR1；AR；CDK2；GSK3B；MAP2K1	P07900；P01343；P09211；P15056；P01112；O15530；P11362；P10275；P24941；P49841；Q02750
Insulin signaling pathway	1.63E-13	INSR；BRAF；HRAS；PCK1；PDPK1；PPP1CC；PTPN1；EIF4E；GSK3B；MAP2K1	P06213；P15056；P01112；P35558；O15530；P36873；P18031；P06730；P49841；Q02750
Focal adhesion	8.61E-12	IGF1；MET；BRAF；HRAS；PDPK1；PPP1CC；KDR；GSK3B；MAP2K1；SRC	P01343；P08581；P15056；P01112；O15530；P36873；P35968；P49841；Q02750；P12931
Non-small cell lung cancer	1.01E-09	RXRA；BRAF；HRAS；PDPK1；RARB；MAP2K1	P19793；P15056；P01112；O15530；P10826；Q02750
Metabolism of xenobiotics by cytochrome P450	5.02E-09	GSTP1；ADH5；AKR1C3；GSTA1；GSTM2；GSTO1	P09211；P11766；P42330；P08263；P28161；P78417

Pathway	p-Value	Gene	Input Symbol
Melanoma	5.48E-09	IGF1；MET；BRAF；HRAS；FGFR1；MAP2K1	P01343；P08581；P15056；P01112；P11362；Q02750
Drug metabolism-cytochrome P450	5.97E-09	GSTP1；ADH5；GSTA1；MAOB；GSTM2；GSTO1	P09211；P11766；P08263；P27338；P28161；P78417
Endometrial cancer	5.64E-08	BRAF；HRAS；PDPK1；GSK3B；MAP2K1	P15056；P01112；O15530；P49841；Q02750
Renal cell carcinoma	2.75E-07	MET；BRAF；HRAS；MAP2K1；PTPN11	P08581；P15056；P01112；Q02750；Q06124
Thyroid cancer	2.91E-07	RXRA；BRAF；HRAS；MAP2K1	P19793；P15056；P01112；Q02750
VEGF signaling pathway	3.87E-07	MAPK14；HRAS；KDR；MAP2K1；SRC	Q16539；P01112；P35968；Q02750；P12931
Adherens junction	4.70E-07	INSR；MET；PTPN1；FGFR1；SRC	P06213；P08581；P18031；P11362；P12931
ErbB signaling pathway	7.61E-07	BRAF；HRAS；GSK3B；MAP2K1；SRC	P15056；P01112；P49841；Q02750；P12931
Androgen and estrogen metabolism	1.78E-06	SULT2B1；SULT1E1；HSD17B1；HSD11B1	O00204；P49888；P14061；P28845
Glutathione metabolism	2.74E-06	GSTP1；GSTA1；GSTM2；GSTO1	P09211；P08263；P28161；P78417
mTOR signaling pathway	3.21E-06	IGF1；BRAF；PDPK1；EIF4E	P01343；P15056；O15530；P06730
Regulation of actin cytoskeleton	4.25E-06	BRAF；HRAS；PPP1CC；FGFR1；F2；MAP2K1	P15056；P01112；P36873；P11362；P00734；Q02750
Acute myeloid leukemia	5.34E-06	BRAF；HRAS；RARA；MAP2K1	P15056；P01112；P10276；Q02750
Glycolysis / Gluconeogenesis	7.40E-06	GPI；PCK1；ADH5；GCK	P06744；P35558；P11766；P35557
Glioma	7.87E-06	IGF1；BRAF；HRAS；MAP2K1	P01343；P15056；P01112；Q02750
PPAR signaling pathway	1.06E-05	RXRA；PCK1；PDPK1；APOA2	P19793；P35558；O15530；P02652
Epithelial cell signaling in Helicobacter pylori infection	1.06E-05	MAPK14；MET；SRC；PTPN11	Q16539；P08581；P12931；Q06124
Long-term depression	1.12E-05	IGF1；BRAF；HRAS；MAP2K1	P01343；P15056；P01112；Q02750
Long-term potentiation	1.39E-05	BRAF；HRAS；PPP1CC；MAP2K1	P15056；P01112；P36873；Q02750
Chronic myeloid leukemia	1.39E-05	BRAF；HRAS；MAP2K1；PTPN11	P15056；P01112；Q02750；Q06124
Urea cycle and metabolism of amino groups	2.17E-05	MAOB；ARG2；OTC	P27338；P78540；P00480
Colorectal cancer	2.18E-05	MET；BRAF；GSK3B；MAP2K1	P08581；P15056；P49841；Q02750
Arginine and proline metabolism	4.67E-05	OAT；ARG2；OTC	P04181；P78540；P00480
GnRH signaling pathway	5.64E-05	MAPK14；HRAS；MAP2K1；SRC	Q16539；P01112；Q02750；P12931
T cell receptor signaling pathway	6.06E-05	MAPK14；HRAS；GSK3B；MAP2K1	Q16539；P01112；P49841；Q02750
Bladder cancer	7.45E-05	BRAF；HRAS；MAP2K1	P15056；P01112；Q02750
Tyrosine metabolism	1.04E-04	ADH5；PNMT；MAOB	P11766；P11086；P27338
Natural killer cell mediated cytotoxicity	1.51E-04	BRAF；HRAS；MAP2K1；PTPN11	P15056；P01112；Q02750；Q06124
MAPK signaling pathway	1.96E-04	MAPK14；BRAF；HRAS；FGFR1；MAP2K1	Q16539；P15056；P01112；P11362；Q02750
Sulfur metabolism	2.81E-04	SULT2B1；SULT1E1	O00204；P49888
Adipocytokine signaling pathway	3.00E-04	RXRA；PCK1；PTPN11	P19793；P35558；Q06124
Complement and coagulation cascades	3.28E-04	F7；F2；FGG	P08709；P00734；P02679
B cell receptor signaling pathway	4.19E-04	HRAS；GSK3B；MAP2K1	P01112；P49841；Q02750
Renin-angiotensin system	4.87E-04	MME；ACE	P08473；P12821
Fc epsilon RI signaling pathway	4.88E-04	MAPK14；HRAS；MAP2K1	Q16539；P01112；Q02750
Small cell lung cancer	6.25E-04	RXRA；CDK2；RARB	P19793；P24941；P10826
Gap junction	7.85E-04	HRAS；MAP2K1；SRC	P01112；Q02750；P12931

续表

Pathway	p-Value	Gene	Input Symbol
Melanogenesis	0.001084	HRAS；GSK3B；MAP2K1	P01112；P49841；Q02750
Galactose metabolism	0.001151	AKR1B1；GCK	P15121；P35557
Biosynthesis of steroids	0.001335	HMGCR；FDPS	P04035；P14324
Cell cycle	0.001597	CCNA2；CDK2；GSK3B	P20248；P24941；P49841
Axon guidance	0.002055	MET；HRAS；GSK3B	P08581；P01112；P49841
Fructose and mannose metabolism	0.002203	AKR1B1；GCK	P15121；P35557
Pyruvate metabolism	0.00285	AKR1B1；PCK1	P15121；P35558
Starch and sucrose metabolism	0.004546	GPI；GCK	P06744；P35557
Alzheimer's disease	0.004893	MME；BACE1；GSK3B	P08473；P56817；P49841
Arachidonic acid metabolism	0.005437	AKR1C3；PGDS	P42330；O60760
p53 signaling pathway	0.007874	IGF1；CDK2	P01343；P24941
Pancreatic cancer	0.008777	BRAF；MAP2K1	P15056；Q02750
Terpenoid biosynthesis	0.011472	FDPS	P14324
Methane metabolism	0.013372	ADH5	P11766
Pyrimidine metabolism	0.013939	DHODH；DTYMK	Q02127；P23919
Toll-like receptor signaling pathway	0.016598	MAPK14；MAP2K1	Q16539；Q02750
C21-Steroid hormone metabolism	0.020933	HSD11B1	P28845
Leukocyte transendothelial migration	0.022852	MAPK14；PTPN11	Q16539；Q06124
1-and 2-Methylnaphthalene degradation	0.024692	ADH5	P11766
3-Chloroacrylic acid degradation	0.024692	ADH5	P11766
Tight junction	0.028367	HRAS；SRC	P01112；P12931
Purine metabolism	0.034772	PDE4D；PDE4B	Q08499；Q07343
Phenylalanine metabolism	0.041433	MAOB	P27338
Nitrogen metabolism	0.045114	CA2	P00918
Pentose and glucuronate intercom-versions	0.04695	AKR1B1	P15121
Pentose phosphate pathway	0.048782	GPI	P06744
Bile acid biosynthesis	0.054256	ADH5	P11766
Aminosugars metabolism	0.054256	GCK	P35557
Histidine metabolism	0.057889	MAOB	P27338
Citrate cycle （TCA cycle）	0.061508	PCK1	P35558
Glycine，serine and threonine metabolism	0.079397	MAOB	P27338
Tryptophan metabolism	0.079397	MAOB	P27338
Type II diabetes mellitus	0.082934	INSR	P06213
Fatty acid metabolism	0.082934	ADH5	P11766
Glycerolipid metabolism	0.086458	AKR1B1	P15121
Neuroactive ligand-receptor interaction	0.087153	F2；THRB	P00734；P10828
Cytokine-cytokine receptor interaction	0.090636	MET；KDR	P08581；P35968
Basal cell carcinoma	0.10042	GSK3B	P49841
Amyotrophic lateral sclerosis（ALS）	0.10215	MAPK14	Q16539
Hedgehog signaling pathway	0.103877	GSK3B	P49841
Retinol metabolism	0.117576	ADH5	P11766

续表

Pathway	p-Value	Gene	Input Symbol
Hematopoietic cell lineage	0.154188	MME	P08473
Antigen processing and presentation	0.157441	HSP90AA1	P07900
Systemic lupus erythematosus	0.242207	ELA2	P08246
Wnt signaling pathway	0.253812	GSK3B	P49841
Jak-STAT signaling pathway	0.258119	PTPN11	Q06124

表 5-5　22 个相关通路信息表

Pathway	Degree	Betweenness centrality	Gene
Focal adhesion	57	0.0906	IGF1；MET；BRAF；HRAS；PDPK1；PPP1CC；KDR；GSK3B；MAP2K1；SRC
VEGF signaling pathway	40	0.0368	MAPK14；HRAS；KDR；MAP2K1；SRC
Adherens junction	45	0.0526	INSR；MET；PTPN1；FGFR1；SRC
ErbB signaling pathway	18	0.0132	BRAF；HRAS；GSK3B；MAP2K1；SRC
Androgen and estrogen metabolism	26	0.0267	SULT2B1；SULT1E1；HSD17B1；HSD11B1
mTOR signaling pathway	21	0.0327	IGF1；BRAF；PDPK1；EIF4E
Regulation of actin cytoskeleton	30	0.0375	BRAF；HRAS；PPP1CC；FGFR1；F2；MAP2K1
PPAR signaling pathway	27	0.0365	RXRA；PCK1；PDPK1；APOA2
Arginine and proline metabolism	12	0.0801	OAT；ARG2；OTC
GnRH signaling pathway	18	0.0149	MAPK14；HRAS；MAP2K1；SRC
T cell receptor signaling pathway	20	0.0096	MAPK14；HRAS；GSK3B；MAP2K1
Tyrosine metabolism	8	0.0164	ADH5；PNMT；MAOB
Natural killer cell mediated cytotoxicity	14	0.0125	BRAF；HRAS；MAP2K1；PTPN11
MAPK signaling pathway	26	0.0261	MAPK14；BRAF；HRAS；FGFR1；MAP2K1
Adipocytokine signaling pathway	12	0.0161	RXRA；PCK1；PTPN11
Complement and coagulation cascades	10	0.0200	F7；F2；FGG
B cell receptor signaling pathway	12	0.0041	HRAS；GSK3B；MAP2K1
Renin-angiotensin system	28	0.0441	MME；ACE
Fc epsilon RI signaling pathway	24	0.0144	MAPK14；HRAS；MAP2K1
Gap junction	15	0.0093	HRAS；MAP2K1；SRC
Axon guidance	12	0.0186	MET；HRAS；GSK3B
Arachidonic acid metabolism	4	0.0290	AKR1C3；PGDS

表 5-6　各化合物作用靶点及通路具体信息

成分类型	化合物	血管内稳态	炎症	免疫	激素调节	中枢神经调节	作用通路数
生物碱	木兰花碱	6	4	1	1	1	13
	盐酸水苏碱	0	1	0	0	3	4
木脂素	木兰脂素	5	7	1	0	1	14
香豆素类	欧前胡素	4	3	0	1	0	8
	佛手柑内酯	3	3	3	1	1	11
黄酮	葛根素	8	7	1	3	0	19
	大豆苷元	4	8	3	1	0	16

成分类型	化合物	血管内稳态	炎症	免疫	激素调节	中枢神经调节	作用通路数
苯酞类	Z-藁本内酯	6	8	5	2	1	15
	洋川芎内酯 B	9	11	10	3	0	33
苯乙醇苷类	红景天苷	3	4	1	2	0	10
萜类	胡薄荷酮	1	3	3	3	1	11
	柠檬烯	5	4	2	0	1	12
	薄荷酮	5	7	2	0	1	15
	桉叶油素	1	2	2	2	0	5
	特女贞苷	13	13	12	3	2	43
	α-蒎烯	1	2	0	1	0	4
有机酸类	阿魏酸	2	2	1	3	0	8
葛根皂苷类	葛根皂苷 D	11	12	6	2	1	32

四、结　论

网络药理学研究结果显示，六经头痛片治疗头痛的作用机制涉及血管内稳态调节、抗炎、中枢调节、激素调节和免疫调节等多个方面。

1）调节血管内稳态：葛根皂苷类、萜类以及苯酞类化合物主要通过 BRAF、MAP2K1、HRAS、GS3B 等蛋白作用于 ErbB 表皮生长因子、肌动蛋白细胞骨架调节等通路，调节血管内稳态；

2）抗炎：生物碱类、木脂素类化合物主要通过 PTGDS2、AKR1C、FGFR1、PDPK1 等蛋白作用于与炎症相关的黏着斑、黏着连接、花生四烯酸代谢通路治疗头痛；

3）中枢调节：香豆素类、黄酮类、生物碱类化合物主要通过 MME、ACE、MAOB 作用于和中枢神经调节相关的肾素血管紧张素系统、轴突导向通路，起到缓解头痛的作用；

4）激素调节：萜类、有机酸类化合物通过 SULT2B1、SULT1E1、HSD17B1、HSD11B1、MAPK14 作用于与激素调节相关的雄激素刺激素代谢通路、促性激素释放激素通路，调节激素减轻头痛；

5）免疫调节：六经头痛片中大部分化合物都可直接或间接作用于与免疫相关的通路治疗头痛。

由此我们推测，来源于六经头痛片的各类化合物广泛作用于血管、中枢神经、炎症及免疫相关的蛋白靶点及通路，从而起到治疗头痛的作用，显示了六经头痛片的多成分多靶点的作用特点，也正符合了中药的作用特点。

五、讨　论

目前，社会竞争压力不断加剧，偏头痛发病率激增，严重影响患者的工作能力和生活质量。虽然现有药物能够较好地缓解急性发作，但都会导致不同程度的副作用，如 5-HT1 受体激动剂麦角胺类极少量即可迅速导致药物过量性头痛。

中医多认为偏头痛属头风病，风、痰、湿、虚、瘀、寒六者相互兼夹为其病机，治则多为祛风胜湿、平肝息风、活血化瘀的辨证论治或自拟方剂治疗，收到较好的疗效，显示了中医治疗本病的发展前景。六经头痛片是由白芷、川芎、葛根、细辛、女贞子、荆芥穗油等 9 味药材加工而成的纯中药复方制剂。具有疏风活络、止痛利窍的功效，常用于全头痛、偏头痛及局部头痛。方中白芷长于治阳明经头痛，川芎长于治少阳、厥阴经头痛，细辛治少阴经头痛，藁本治太阳经头痛及颠顶痛，葛根发表解肌用于外感发热头痛及项背强痛，女贞子补益肝肾，清热明目，茺蔚子活血凉肝止头痛。诸药合用活络止痛、利窍，适合于偏头痛的治疗。尽管复方中药在治疗偏头痛方面具有良好疗效，但普遍由于有效成分欠清晰、作用机理欠明确等缺陷，导致其市场信任度不高，尤其是很难通过国际标准认证。因此，阐明六经头痛片的有效成分及作用机制成为目前亟待解决的问题。

中药物质体系复杂，其药效物质基础和作用靶点存在极复杂的网络关系。而网络药理学是基于系统生物学、基因组学、蛋白组学等学科理论，运用组学、网络可视化技术等，揭示药物、基因、疾病、靶点之间复杂的生物网络关系，在此基础上预测药物的药理学机制。本研究网络药理学的研究思路为：根据公共数据库和公开发表的数据预测药物的作用靶点，建立药物作用机制网络预测模型，并从生物网络平衡的角度解析药物作用机制。

本实验对确定的 18 个化学成分利用 PharmMapper 和 KEGG 等生物信息学手段对其进行靶点及作用通路的预测分析，预测此 18 个化合物可能通过 IGF1、APOA2、HSD17B1、MME、MAPK14 等 36 个蛋白靶点作用于 Androgen and Estrogen Metabolism、Renin-Angiotensin System、GnRH、Arachidonic Acid Metabolism、MAPK、PPAR、VEGF 等与激素调节，中枢神经调节、血管内稳态、抗炎和免疫相关的 22 条信号通路，最后利用 Cytoscape 软件构建了六经头痛片治疗头痛的"化合物–靶点–通路–疾病"的网络预测图。

目前，三叉神经血管学说在偏头痛病理生理机制中占主导地位。当血管周围的三叉神经末梢受到刺激后，P 物质（SP）、神经激肽 A、降钙素基因相关蛋白和一氧化氮等被过度释放，这些物质作用于血管壁，引起脑脊膜的炎症反应（又称为神经源性炎症），进而引发疼痛。在炎症反应递质中花生四烯酸的氧化旁路起着关键的作用。这条旁路经环氧酶和 5-脂氧酶两条途径分别代谢产生前列腺素、白三烯等炎性递质。花生四烯酸在脂氧化酶的作用下，形成 5-氢过氧酸，进而被代谢生成白三烯，而白三烯对嗜酸性粒细胞、中性粒细胞、单核细胞等有极强的趋化作用，使这些炎症细胞聚集在炎症局部，释放炎症介质，诱导免疫系统产生相应的免疫反应。通过分析本实验的网络药理结果发现，生物碱类化合物盐酸水苏碱通过与造血前列腺素 D 合酶（PTGDS2）作用，调节花生四烯酸的代谢，进而影响前列腺素的合成；同时，木脂素类化合物木兰脂素可以与靶蛋白醛酮还原酶家族 1 亚家族 C 成员 3（AKR1C3）结合，参与花生四烯酸的代谢途径。由此可见，六经头痛片中的多个化学成分通过与 PTGDS2、AKR1C3 等多种炎症相关蛋白作用，影响了花生四烯酸的代谢途径，揭示了六经头痛片通过抗炎缓解头痛的作用机制，体现其疏散风邪的功效。

多数学者认为，偏头痛是由于血管的舒缩功能失调而出现的发作痉挛或持续扩张，造成血流障碍所引起的头痛。一般认为，血管舒缩功能障碍伴发某些生物活性物质的改变可引起偏头痛，如 5-羟色胺、去甲肾上腺素、缓激肽、多巴胺等。中医认为淤血在偏头痛发生中起重要作用，而治疗以"通"为原则，治以活血化瘀，使气行血畅，疼痛自止。通过分析本实验的网络药理结果发现，川芎中的苯酞类化合物洋川芎内酯 B、Z-藁本内酯，萜类化合物特女贞苷和葛根皂苷类化合物葛根皂苷 D 等可作用于与血管舒张相关的受体蛋白，如丝氨酸/苏氨酸-蛋白激酶（BRAF）、双特异性丝裂原活化蛋白激酶（MAK2K1）等，并通过调节 ErbB 表皮生长因子（ErbB signaling pathway）、肌动蛋白细胞骨架调节（regulation of actin cytoskeleton）等相关通路，从舒张血管、调节血管痉挛等方面起到治疗偏头痛的作用，体现了方中川芎既可活血化瘀，又可行气止痛的功效，也验证了六经头痛片通过活血活络治疗偏头痛的功效。

研究表明肾素血管紧张素系统（renin-angiotensinsystem，RAS）与偏头痛病理相关，肾素是一个天门冬酰胺蛋白水解酶，催化血管紧张素原降解生成血管紧张素Ⅰ，是 RAS 系统一级频率限速酶。该通路目标基因有 ACE、MME，其中以 ACE 为靶点的药物有血管紧张素酶抑制剂（angiotensin-converting enzymeinhibitors，ACEIs）和血管紧张素Ⅱ受体阻滞剂（angiotensin Ⅱ receptor blockers，ARBs），普遍用于偏头痛的预防治疗。根据网络药理分析，黄酮类葛根素能作用于 ACE；而脑啡肽酶（neprilysin，MME）氨肽酶是主要的脑啡肽降解酶，脑啡肽是一种内源性阿片肽，广泛分布于外周和中枢神经系统，是中枢神经系统重要的镇痛介质。脑啡肽及其人工合成类似物与阿片受体结合后即显示镇痛作用。但由于脑啡肽在体内易被酶解失活，使其在大脑组织中的镇痛作用时间十分短暂。本实验的反向对接实验结果表明，黄酮类大豆苷元、葛根素，香豆素类的欧前胡素、佛手柑内酯等都能作用于 MME。据此推测六经头痛片可能是通过多个化合物与体内脑啡肽酶结合，抑制其生物活性，进而延缓脑啡肽的降解过程，延长镇痛时间和效果，从而通过中枢镇痛来缓解头痛，达到其利窍止痛的功效。

现在普遍认为降钙素基因相关肽（calcitonin gene related peptide，CGRP）是引起偏头痛发作的重要因素，CGRP 受体拮抗剂可有效治疗偏头痛急性发作也有力地证明了这一点。雌激素可以影响 CGRP 在中枢神经系统中的合成和功能，CGRP 和雌激素的血浆水平呈正相关。去甲肾上腺素是公认的与偏头痛有密切关系的神经递质，17β-雌二醇可以增加下丘脑去甲肾上腺素的释放，引起丘脑腹内侧兴奋性提高。γ-氨基丁酸（GABA）是脑内最主要的抑制性神经递质，其在偏头痛发生过程中的作用也不能忽视，而雌激素对 GABA 具有双重作用。网络药理结果表明，萜类特女贞苷、桉叶油素、胡薄荷酮、α-蒎烯，香豆素类欧前胡素等可以与17β-雌二醇脱氢酶 1（estradiol 17-beta-dehydrogenase 1，HSD17B1）、磺基转移酶家族胞质 2B 成员 1（sulfotransferase family cytosolic 2B member 1，SULT2B1）、丝裂原蛋白活化激酶（mitogen-activated protein kinase 14，MAPK14）等相关蛋白结合，参与雄激素雌激素代谢、促性腺激素释放激素通路等激素调节通路，进而起到缓解头痛症状的作用。

在研究中，以复方中药六经头痛片中主要成分为研究对象，通过网络药理学的手段分析了上述成分可能的作用靶标及作用途径。我们发现六经头痛片中既有一个分子与多个靶蛋白存在较强相互作用，同时也存在不同分子作用同一个靶蛋白的现象，显示了六经头痛片的多活性化合物多靶点的作用特点，也正符合了中药网络作用的特点。本章建立了"药物–靶点–通路–疾病"的复方中药网络药理学的研究模式，初步揭示了六经头痛片的多维调控网络，为下一步深入研究六经头痛片的作用机理打下基础。

第六章 六经头痛片镇痛作用及机理研究

六经头痛片是天津中新药业集团股份有限公司隆顺榕制药厂研制的国家二级中药保护品种，由白芷、辛夷、藁本、川芎、葛根、细辛、女贞子、茺蔚子、荆芥穗油组成，具有疏风活络，止痛利窍的功效。主治全头痛、偏头痛及局部头痛。适用于感冒头痛，鼻炎引起的头痛、偏头痛、神经性头痛。六经头痛片处方来源于《太平惠民和剂局方》中的川芎茶调散，去羌活、防风、薄荷、甘草、清茶，加辛夷、藁本、葛根、女贞子、茺蔚子而成。因此祛风止痛效果更强于川芎茶调散。方中白芷、细辛、藁本、川芎、辛夷、葛根、荆芥穗等解表散寒、祛风通窍止痛，茺蔚子活血通络，女贞子补益肝肾，共奏疏风活络，止痛利窍之功。

本试验分别从止痛、解痉等方面研究六经头痛片治疗头痛的作用机制。通过整体动物试验、组织离体实验，整体离体相结合、循序渐进、逐级深入的方法，并从"神经-血管-血液"系统的紊乱的角度探寻阐释六经头痛片治疗头痛的作用机理。①整体动物试验：建立偏头痛模型，记录大鼠行为学指标，检测与疼痛相关的血管活性物质及神经递质的水平，阐释六经头痛片在整体水平上对适应症的病理过程干预的作用特点；②组织离体水平：采用大鼠离体血管平滑肌模型，通过加入药物对血管平滑肌收缩活动的影响，从离体组织水平进一步探寻其作用机制。③受体水平：培养三叉神经节组织，研究血管活性物质或神经递质，深入研究六经头痛片对血管性头痛的作用机制，从受体水平探寻药物作用的靶点。

第一节 六经头痛片对偏头痛模型大鼠镇痛作用研究

一、实 验 材 料

（一）受试药

六经头痛片：批号 DK12444，密封、阴凉干燥保存，天津中新药业集团股份有限公司隆顺榕制药厂生产。

（二）阳性药

芬必得（酚咖片）：批号 15020192，中美史克制药公司，遮光、密闭保存。

正天丸：批号 1503005H，华润三九医药股份有限公司，密闭保存。

（三）试剂与仪器

1. 试剂

冰醋酸（批号 20150915、20160118）	天津市风船化学试剂有限公司
硝酸甘油（批号 20150807）	北京益民药业有限公司
戊巴比妥钠（批号 140418）	德国 Merck

降钙素基因相关肽试剂盒（批号 U04010254）　　　　CUSABIO 生产

5-羟色胺试剂盒（批号 C4890950122）　　　　　　　CUSABIO 生产

多巴胺试剂盒（批号 T16010252）　　　　　　　　　CUSABIO 生产

去甲肾上腺素试剂盒（批号 U27016369）　　　　　　CUSABIO 生产

β-内啡肽试剂盒（批号 C1173950121）　　　　　　　CUSABIO 生产

前列腺素试剂盒（批号 C0684170109）　　　　　　　CUSABIO 生产

内皮素试剂盒（批号 335325）　　　　　　　　　　　R&D 生产

一氧化氮试剂盒（批号 20160111）　　　　　　　　　南京建成生物工程研究所

一氧化氮合酶试剂盒（批号 20160120）　　　　　　　南京建成生物工程研究所

4%多聚甲醛固定液（不含 DEPC，批号 201411）　　　武汉博士德生物工程有限公司

CGRP（批号 101125）　　　　　　　　　　　　　　　博士德生物工程有限公司

TACR1（批号 11P131+132）　　　　　　　　　　　　博士德生物工程有限公司

SABC 兔 IgG-POD 试剂盒（批号 11D08D11）　　　　　博士德生物工程有限公司

DAB 显色试剂盒（黄，批号 11D20C22）　　　　　　　博士德生物工程有限公司

3%过氧化氢（批号 20160102）　　　　　　　　　　　德州安捷高科消毒制品有限公司

2. 仪器

BT224S 型电子天平　　　　　　　　　　　　　　　　北京赛多利斯仪器系统有限公司

LXJ-ⅡB 型低速大容量多管离心机　　　　　　　　　上海安亭科学仪器有限公司

Varioskan Flash 酶标仪　　　　　　　　　　　　　　Thermo Scientific

JZ301 型微张力换能器　　　　　　　　　　　　　　　北京新航兴业科贸有限公司

MP-150 多导生理信号记录仪　　　　　　　　　　　　BIOPAC 公司

DA100C 通用放大器、LDF100C 激光多普勒血流模块　　BIOPAC 公司

TSD145 激光多普勒针式探头　　　　　　　　　　　　BIOPAC 公司

HSS-1B 型离体器官恒温装置　　　　　　　　　　　　成都仪器厂

ML104 型电子天平　　　　　　　　　　　　　　　　梅特勒-托利多仪器（上海）有限公司

E1200-1 型电子天平　　　　　　　　　　　　　　　　常熟市双杰测试仪器厂

CO_2 培养箱　　　　　　　　　　　　　　　　　　　三洋电机国际贸易有限公司

超净工作台　　　　　　　　　　　　　　　　　　　　天津市拉贝尔实验设备有限公司

MLS-3750 高压锅　　　　　　　　　　　　　　　　　日本三洋电子有限公司

KA-1000 离心机　　　　　　　　　　　　　　　　　　飞鸽公司

TS100 型荧光倒置显微镜　　　　　　　　　　　　　　日本 NIKON 公司

12 孔、24 孔培养板　　　　　　　　　　　　　　　　NUCK

OLYMPUS　BX51 型显微镜　　　　　　　　　　　　　日本奥林巴斯光学株式会社

OLYMPUS　DP71 型显微摄影　　　　　　　　　　　　日本奥林巴斯光学株式会社

VIP5J-F2 型全封闭组织脱水机　　　　　　　　　　　日本樱花检验仪器株式会社

Leica EG-1150H+C 组织石蜡包埋机　　　　　　　　　德国 Leica 公司

樱花 IVS-410 型推拉式切片机　　　　　　　　　　　日本大和光机工业株式会社

樱花 DRS-2000J-D2 型自动染色装置　　　　　　　　　日本樱花检验仪器株式会社

樱花 Glas-J2 型自动封片机　　　　　　　　　　　　　日本樱花检验仪器株式会社

HPX-90502MBE 型数显电热培养箱　　　　　　上海博迅实业有限公司医疗设备厂

（四）剂量设计及给药方式的选择

给药途径：灌胃给药（ig）。

给药体积：大鼠 10ml/kg，小鼠 20ml/kg。

剂量设计：六经头痛片一次 2～4 片，3 次/日，0.35g/片，人日用量 4.2g，人体重以 70kg 计，大鼠体重 200g，小鼠体重 20g，大鼠等效剂量为 0.35g/kg，小鼠等效剂量为 0.7g/kg，试验剂量设计：大鼠 0.7、0.35g/kg；小鼠 1.4、0.7g/kg。

正天丸临床用量 18g/天，大鼠等效剂量 1.5g/kg。

芬必得临床用量 0.3g/次，大鼠等效剂量 0.025g/kg。

选择理由：本供试品临床拟给药途径为口服，保持和临床给药途径一致，采用灌胃给药方式进行研究。

（五）试验动物

种属 SD，SPF 级，70 只，180～200g，雄性，由北京维通利华实验动物技术有限公司提供，许可证号：SCXK（京）2012-0001，动物质量合格证编号：11400700130941，发票号：01275150，接受时间：20151225。

（六）实验动物设施及饲养管理

1. 动物设施

设施名称：天津药物研究院新药评价有限公司动物实验楼（屏障环境）。

设施地址：天津市滨海高新区滨海科技园惠仁道 308 号。

实验动物使用许可证号：SYXK（津）2011-0005。

签发单位：天津市科学技术委员会。

2. 动物饲料

饲料名称：SPF 大小鼠维持饲料。

灭菌方式：^{60}Co 辐照。

供应单位：天津市华荣实验动物科技有限公司提供。

动物饲料生产许可证：SCXK（津）2012-0001。

大鼠饲料批号：2015110、2016101、2016103。

签发单位：天津市科学技术委员会。

饲料检测：每批饲料均有质量合格证和饲料供应单位提供的自检报告，每季度由饲料供应单位提供一份近期第三方饲料检测报告，检测项目包括饲料营养成分和理化指标，检测标准参照 GB14924.2-2001《实验动物配合饲料卫生标准》、GB14924.3-2010《实验动物配合饲料营养成分》。

饲料检测结果：各项检测指标均符合要求。

3. 饮用水

饮用水来源：1T/h 型多重微孔滤膜过滤系统制备的无菌水（四级过滤紫外灭菌）。

饮水方式：用饮水瓶直接灌装供应，动物自由饮水。

饮用水检测：屏障环境动物饮用水每季度由本中心自检微生物指标，每年送天津市疾病预防控制中心进行卫生学评价检测，包括微生物指标和生化指标检测。中心自检参照标准为 GB14925-2010《实验动物环境及设施》，送检参照标准为 GB-5749-2006《生活饮用水卫生标准》。

饮用水检测结果：各项检测指标均符合要求。

4. 饲养条件

大、小鼠饲养于聚丙烯鼠盒中，大鼠盒规格为长×宽×高＝48cm×35cm×20cm，每盒饲养同性别 5 只动物。

温度：温度范围 20～26℃。

湿度：湿度范围 40%～70%。

换气次数：不少于 15 次全新风/h

光照：12h 明 12h 暗交替

5. 饲养管理

除特殊要求（如禁食）外，动物自由采食，自由饮水。饮水瓶和瓶中动物饮用水每天更换，不能重复使用，使用后饮水瓶经脉动真空灭菌器高压消毒后再次使用。

动物饲养笼具底盘每天更换 1 次，饲养笼具每周更换 1 次，笼盖每 2 周更换 1 次，所有动物饲养笼具均通过脉动真空灭菌器高压消毒后进入屏障环境使用；动物饲养笼架每周清洁、消毒擦拭 1 次。动物饲养观察室每天进行清洁消毒，范围包括：地面、台面、桌面、门窗和进排风口。屏障环境使用的消毒液包括：0.1%新洁尔灭（苯扎溴铵）溶液、0.1%过氧乙酸溶液和 1：250 的 84 消毒液，三种消毒液轮流使用，每周使用一种。

6. 动物接收与检验

实验动物到来后，试验人员、兽医和动物保障部门一同接收。接收时首先查看运输工具是否符合要求，再查看动物供应单位提供的动物合格证明，并确认合格证内容与申请购买的动物种属、级别、数量和性别一致。然后检查外包装是否符合要求及动物外包装是否有破损。动物外包装经第三传递柜传入检疫室。试验用具和实验记录经第四传递柜传入。

在检疫室打开动物外包装，核对动物性别及数量与动物合格证明所载事项是否一致。用记号笔在鼠尾标记动物检疫号，然后逐一对动物进行外表检查（包括性别、体重、头部、躯干、尾部、四肢、皮毛、精神、活动等），并填写《试验动物接收单》和《动物接收检验单》。动物检验后放入动物饲养笼中，在笼具上悬挂检疫期标签，然后放在检疫室中进行适应期饲养。不合格动物处死后经缓冲区移出放入尸体暂存冰柜中等待处理。

动物适应饲养期限为 2 天。每天对动物进行观察，包括体重、头部、躯干、尾部、四肢、皮毛、精神、活动等。适应期未发现异常动物。

二、数 据 统 计

计量数据以均值和标准差表示，采用 SPSS16.0 单因素方差分析（ANOVA）进行统计学检验，采用 EXCEL 作图。

三、实 验 方 法

试验选用 70 只 SD 大鼠，体重 180～200g，随机分为 7 组，即对照组，模型组，六经头痛片低、高剂量组，阳性药正天丸低、高剂量组，芬必得组，每组 10 只，连续灌胃给药 3 天，每天 1 次，末次给药后 30min，除对照组外，其余各组大鼠皮下注射硝酸甘油注射液 10mg/kg，注射后立即记录大鼠因头痛而产生搔头现象的潜伏期及 60min 内的搔头次数。记录结束后腹腔注射戊巴比妥钠麻醉，腹主动脉取血，3000r/min 离心 10min 取血清，−20℃保存备用；同时迅速分离脑组织，−20℃保存备用。脑组织临用前解冻，各组大鼠取相同脑组织部位，用生理盐水制备 10%匀浆，置于−20℃过夜，经过反复冻融 2 次处理破坏细胞膜后离心取上清，作为样本测定脑组织中 5-HT、NA、DA 含量，按试剂盒说明书测定血清中 NO、NOS、β-EP、CGRP、ET 的含量，具体方法如下：

5-HT、NA、DA、β-EP、CGRP、ET 含量均采用竞争酶联免疫法检测其含量。采用 Curve Expert 1.3 软件制作标准曲线，然后用标准品的浓度与 OD 值计算出标准曲线的回归方程式，将样本的 OD 值代入方程式，计算出样本浓度。若样本检测前进行过稀释，最后计算时需乘以相应的稀释倍数，即为样本的实际浓度。

1. DA、CGRP

实验开始前，提前配置好所有试剂，试剂或样品稀释时，均需混匀，混匀时尽量避免起泡。

1）将各种试剂移至室温（18～25℃）平衡半小时，取浓缩洗涤液，根据当批检测数量，用蒸馏水 1∶25 稀释，混匀后备用。

2）加样：设标准品孔和待测样本孔，标准品孔中加入相应标准品 100µl；待测样本孔加待测样本 100µl，轻轻晃动混匀，覆上板贴，37℃温育 2h。

3）弃去液体，甩干，不用洗涤。

4）每孔加生物素标记抗体工作液 100µl，覆上新的板贴，37℃温育 1h。注意加样时不要有气泡，加样将样品加于酶标板孔底部，尽量不触及孔壁，轻轻晃动混匀。

5）弃去孔内液体，甩干，洗板 3 次，每次浸泡 2min，200µl 每孔，甩干。

6）每孔加辣根过氧化物酶标记亲和素工作液 100µl，覆上新的板贴，37℃温育 1h。

7）弃去孔内液体，甩干，洗板 5 次，每次浸泡 2min，200µl 每孔，甩干。

8）依序每孔加底物溶液 90µl，37℃避光显色 15～30min。

9）依序每孔加终止溶液 50µl，终止反应（此时蓝色立转黄色）。终止液的加入顺序应尽量与底物液的加入顺序相同。为了保证实验结果的准确性，底物反应时间到后应尽快加入终止液。

10）用酶标仪在 450nm 波长依序测量各孔的光密度（OD 值）。在加终止液后 5min 以内进行检测。

其中 CGRP 检测前需对样本进行稀释，血清样本用样本稀释液进行 1∶2 倍稀释后进行检测，检测结果乘以相应的稀释倍数。

2. 5-HT、β-EP

1）将各种试剂移至室温（18～25℃）平衡半小时，取浓缩洗涤液，根据当批检测数量，用蒸馏水 1∶20 稀释，混匀后备用。

2）将酶标板取出，设一个空白对照孔、不加任何液体；每个标准点依次各设两孔，每孔加入相应的标准品 50µl，其余每个检测孔直接加待测样本 50µl。

3）每孔加入酶结合物 50µl（空白对照孔除外），再按同样的顺序加入抗体 50ul，充分混匀，贴上板贴，37℃温育 1h。

4）手工洗板，弃去孔内液体。洗涤液注满各孔，静置 10 秒甩干，重复三次后拍干。

5）每孔加显色剂 A 液 50µl，显色剂 B 液 50ul，振荡混匀后，37℃避光显色 15min，每孔加终止液 50µl。

6）用酶标仪在 450nm 波长依序测量各孔的光密度（OD 值）。在反应终止后 10min 内进行检测。

3. NA

1）将各种试剂移至室温（18～25℃）平衡半小时，取浓缩洗涤液，根据当批检测数量，用蒸馏水 1∶25 稀释，混匀后备用。

2）将酶标板取出，设一个空白对照孔、不加任何液体；每个标准点依次各设两孔，每孔加入相应的标准品 50µl，其余每个检测孔直接加待测样本 50µl。立即加入抗体工作液 50µl（空白孔不加）。轻轻晃动混匀，覆上板贴，37℃温育 40min。

3）弃去孔内液体，甩干，手工洗板 3 次，每次浸泡 2min，200µl/每孔，甩干。

4）每孔加入酶结合物工作液 100µl（空白孔不加）。轻轻晃动混匀，覆上板贴，37℃温育 30min。

5）弃去孔内液体，甩干，手工洗板 5 次，每次浸泡 2min，200µl/每孔，甩干。

6）依序每孔加底物溶液 90µl，37℃避光显色 20min。

7）依序每孔加终止溶液 50µl，终止反应。

8）在反应终止后 5min 内用酶标仪在 450nm 波长依序测量各孔的光密度（OD 值）。

4. ET

1）将各种试剂移至室温（18～25℃）平衡半小时，取浓缩洗涤液，根据当批检测数量，用蒸馏水 1∶25 稀释，混匀后备用。

2）每孔加 150µL 样本稀释液。

3）每孔加入相应的标准品、对照、待测样本 75µl，充分混匀，贴上板贴，37℃温育 1h。

4）弃去孔内液体，甩干，手工洗板 4 次，每次浸泡 2min，400µl/每孔，甩干。

5）每孔加入酶结合物工作液 200µl。轻轻晃动混匀，覆上板贴，室温温育 3h。

6）弃去孔内液体，甩干，手工洗板 4 次，每次浸泡 2min，400µl/每孔，甩干。

7）依序每孔加底物溶液 200µl，37℃避光显色 30min。

8）依序每孔加终止溶液 50µl，终止反应。

9）在反应终止后 30min 内用酶标仪在 450nm 波长依序测量各孔的光密度（OD 值）。

5. NO、NOS

NO、NOS 的检测按照说明书中血清样本的具体步骤进行。

1）NO（硝酸还原酶法）：NO 化学性质活泼，在体内代谢很快转为 NO_2^- 和 NO_3^-，而 NO_2^- 又进一步转化为 NO_3^-，本法（表 6-1）利用硝酸还原酶特异性将 NO_3^- 还原为 NO_2^-，通过显色深浅测定其浓度的高低。

表 6-1 NO 检测方法

	空白管	标准管	测定管
双蒸水（ml）	0.1	—	—
100μmol/L 标准品应用液（ml）	—	0.1	—
样本（ml）	—	—	0.1
混合试剂（ml）	0.4	0.4	0.4
混匀，37℃准确水浴 60min			
试剂三（ml）	0.2	0.2	0.2
试剂四（ml）	0.1	0.1	0.1
充分涡旋混匀 30s，室温静置 40min，3500～4000 转/分，离心 10min，取上清显色。			
上清（ml）	0.5	0.5	0.5
显色剂（ml）	0.6	0.6	0.6
混匀，室温静置 10min，波长 550nm，采用酶标仪测定吸光度。			

计算公式：

NO 含量（μmol/L）=（测定 OD 值–空白 OD 值）/（标准 OD 值–空白 OD 值）×标准品浓度（100μmol/L）×样品测试前稀释倍数

2）NOS 催化 L-Arg 和分子氧反应生成 NO，NO 与亲核性物质生成有色化合物，在 530nm 波长下测定吸光度，根据吸光度的大小可计算出 NOS 活力（表 6-2）。

表 6-2 NOS 检测方法

	空白管	总 NOS 测定管
双蒸水（μl）	30	—
样本（μl）	—	30
试剂一 底物缓冲液（μl）	200	200
试剂二 促进剂（μl）	10	10
试剂三 显色剂（μl）	100	100
混匀，37℃水浴准确反应 15min		
试剂四 透明剂（μl）	100	100
试剂五 终止液（μl）	2000	2000
混匀，波长 530nm，采用酶标仪测定吸光度。		

计算公式：

总 NOS 活力（U/ml）=（总 NOS 测定 OD 值–空白 OD 值）/呈色物纳摩尔消光系数（38.3×10^{-6}）×反应总体积/取样量×1/（比色光径×反应时间）÷1000

搔头潜伏期延长率和搔头反应抑制率公式：

$$搔头潜伏期延长率=（给药组-模型组）/模型组$$
$$搔头反应抑制率=（模型组-给药组）/模型组$$

四、实 验 结 果

1. 六经头痛片对实验性偏头痛模型大鼠搔头反应的影响

结果显示（见表 6-3 和表 6-4，图 6-1 和图 6-2）模型组大鼠在皮下注射硝酸甘油注射液后 1～3min 即出现搔头，搔头次数频繁，说明大鼠形成了实验性偏头痛模型；与模型组比较，六经头痛片 1.4、0.7g /kg 剂量能够明显延长搔头反应的潜伏期，延长率可达 201.9%；六经头痛片 1.4、0.7g /kg 剂量组均能够显著减少偏头痛模型大鼠的搔头次数，并呈剂量相关性，搔头次数抑制率最高可达 75.7%。结果表明，六经头痛片在 1.4、0.7g /kg 剂量下对偏头痛模型大鼠具有显著地镇痛作用。

表 6-3　六经头痛片对实验性偏头痛模型大鼠搔头反应的影响（n=10）

组别	剂量（g/kg）	搔头潜伏期（min）	潜伏期延长率（%）
对照	—	—	—
模型	—	2.64±1.43	0
芬必得	0.025	9.48±4.86**	259.0
六经头痛片高	1.4	5.68±2.85**	115.3
六经头痛片低	0.7	7.97±4.92**	201.9
正天丸高	3.0	3.99±1.44*	51.1
正天丸低	1.5	5.86±3.60*	122.0

注：与模型组比较，*$P<0.05$，**$P<0.01$

表 6-4　六经头痛片对实验性偏头痛模型大鼠搔头反应的影响（n=10）

组别	剂量（g/kg）	搔头次数（次）	搔头次数抑制率（%）
对照	—	—	—
模型	—	21.8±8.1	0
芬必得	0.025	8.7±9.8**	60.1
六经头痛片高	1.4	5.3±3.6***	75.7
六经头痛片低	0.7	7.4±4.7***	66.1
正天丸高	3.0	5.0±5.3***	77.1
正天丸低	1.5	7.7±4.9***	64.7

注：与模型组比较，**$P<0.01$，***$P<0.001$

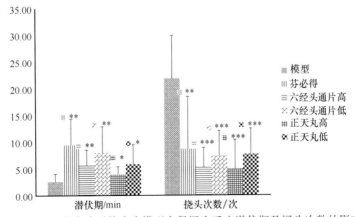

图 6-1　六经头痛片对偏头痛模型大鼠搔头反应潜伏期及搔头次数的影响

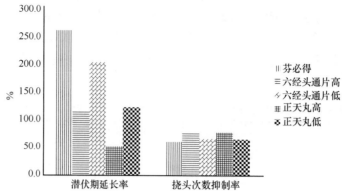

图 6-2　六经头痛片对偏头痛模型大鼠搔头反应潜伏期延长率及搔头次数抑制率的影响

与模型组比较，正天丸 3.0、1.5g/kg 剂量能够明显延长搔头反应的潜伏期，延长率可达 122.0%；正天丸 3.0、1.5g/kg 剂量组均能够显著减少偏头痛模型大鼠的搔头次数，并呈剂量相关性，搔头次数抑制率最高可达 77.1%。结果表明，正天丸在 3.0、1.5g/kg 剂量下对偏头痛模型大鼠具有显著地镇痛作用。

与模型组比较，芬必得 0.025g/kg 剂量能够明显延长搔头反应的潜伏期，延长率可达 259.0%；显著减少偏头痛模型大鼠的搔头次数，搔头次数抑制率可达 60.1%。结果表明，芬必得在 0.025g/kg 剂量下对偏头痛模型大鼠具有显著地镇痛作用。

本实验结果证明，对于硝酸甘油诱导的大鼠偏头痛模型，六经头痛片在 1.4、0.7g /kg 剂量下对偏头痛模型大鼠具有显著地镇痛作用。

2. 六经头痛片对偏头痛模型大鼠血清中 β-EP 及单胺类递质的影响

结果显示（见表 6-5～表 6-7，图 6-3～图 6-10），与对照组比较，模型组 β-EP、ET、NA 含量显著降低，CGRP、NO、NOS 含量显著升高。

与模型组比较，六经头痛片高剂量组可显著升高 β-EP、ET、DA 含量，显著降低 CGRP、NO、NOS 含量，对 5-HT、NA 含量基本无影响；六经头痛片低剂量组可显著升高 β-EP、ET、DA 含量，显著降低 NOS 含量，降低 CGRP 含量，对 5-HT、NA 含量基本无影响。

与模型组比较，正天丸高剂量组可显著升高 β-EP、ET 含量，显著降低 NOS 含量，对 CGRP、NO、5-HT、NA 含量基本无影响；正天丸低剂量组可显著升高 β-EP、ET、NA 含量，显著降低 NOS 含量，对 CGRP、NO、5-HT、DA 含量基本无影响。

与模型组比较，芬必得组可显著升高 β-EP、NA、5-HT 含量，显著降低 NO、NOS 含量，对 CGRP、ET、DA 含量基本无影响。

试验结果证明，对于硝酸甘油诱导的大鼠偏头痛模型，六经头痛片是通过升高 β-EP、ET、DA 含量，降低 CGRP、NO、NOS 含量，达到治疗偏头痛的作用。

表 6-5　六经头痛片对偏头痛模型大鼠血清 β-EP、CGRP、ET 含量的影响（$\bar{x}\pm sd$，$n=10$）

组别	剂量（g /kg）	β-EP（pg/ml）	CGRP（pg/ml）	ET（pg/ml）
对照	—	337.7±53.0	73.61±8.51	1.155±0.267
模型	—	237.0±38.5△△△	84.83±8.39△△	0.867±0.237△
六经头痛片高	1.4	297.0±43.2**	75.63±10.11*	1.059±0.134*
六经头痛片低	0.7	277.0±41.6*	76.19±13.64	1.208±0.192**

续表

组别	剂量（g/kg）	β-EP（pg/ml）	CGRP（pg/ml）	ET（pg/ml）
正天丸高	3.0	289.2±42.1**	72.37±20.12	1.085±0.216*
正天丸低	1.5	279.1±40.3*	84.76±17.35	1.188±0.116**
芬必得	0.025	282.5±44.0*	91.54±6.95	1.128±0.416

注：与对照组比较，$\Delta P<0.05$，$\Delta\Delta P<0.01$，$\Delta\Delta\Delta P<0.001$，与模型组比较，$*P<0.05$，$**P<0.01$

表 6-6　六经头痛片对偏头痛模型大鼠血清 β-EP 及单胺类递质含量的影响（$x\pm$sd，$n=10$）

组别	剂量（g/kg）	NA（pg/ml）	5-HT（ng/ml）	DA（ng/ml）
对照	—	114.66±40.73	2.611±1.020	4.949±0.824
模型	—	73.13±30.84△	2.076±0.360	4.301±0.711
六经头痛片高	1.4	67.51±21.93	1.881±0.287	6.378±1.016***
六经头痛片低	0.7	67.59±25.12	1.977±0.355	5.250±1.032*
正天丸高	3.0	109.05±44.60	2.345±0.412	4.006±0.604
正天丸低	1.5	118.29±38.90*	2.193±0.644	4.117±0.850
芬必得	0.025	132.43±29.74***	2.408±0.308*	4.165±0.615

注：与对照组比较 $\Delta P<0.05$，与模型组比较 $*P<0.05$，$***P<0.001$

表 6-7　六经头痛片对偏头痛模型大鼠血清 NO 及 NOS 含量的影响（$x\pm$sd，$n=10$）

组别	剂量（g/kg）	NO（μmol/l）	NOS（U/ml）
对照	—	53.16±13.51	42.35±4.14
模型	—	129.82±17.45△△△	46.10±2.83△
六经头痛片高	1.4	113.84±15.09*	42.82±3.71*
六经头痛片低	0.7	130.58±18.18	42.89±2.29*
正天丸高	3.0	127.21±7.32	37.13±4.85***
正天丸低	1.5	130.57±10.29	34.69±3.85***
芬必得	0.025	102.89±13.30**	33.82±1.65***

注：与对照组比较 $\Delta P<0.05$，$\Delta\Delta\Delta P<0.001$，与模型组比较 $*P<0.05$，$**P<0.01$，$***P<0.001$

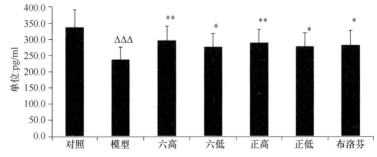

图 6-3　六经头痛片对偏头痛模型血清 β-EP 含量的影响

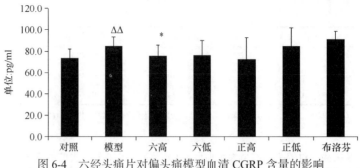

图 6-4 六经头痛片对偏头痛模型血清 CGRP 含量的影响

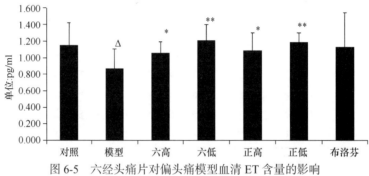

图 6-5 六经头痛片对偏头痛模型血清 ET 含量的影响

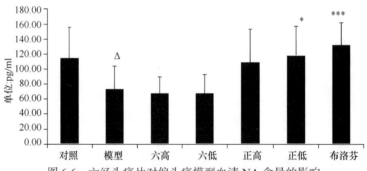

图 6-6 六经头痛片对偏头痛模型血清 NA 含量的影响

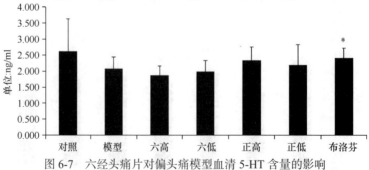

图 6-7 六经头痛片对偏头痛模型血清 5-HT 含量的影响

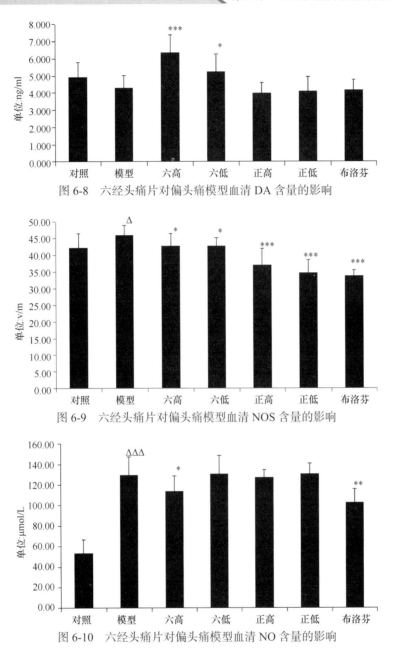

图 6-8 六经头痛片对偏头痛模型血清 DA 含量的影响

图 6-9 六经头痛片对偏头痛模型血清 NOS 含量的影响

图 6-10 六经头痛片对偏头痛模型血清 NO 含量的影响

五、结 果 总 结

大鼠偏头痛模型试验结果显示，模型组大鼠在皮下注射硝酸甘油注射液后 1～3min 即出现搔头，搔头次数频繁，说明大鼠形成了实验性偏头痛模型；与模型组比较，六经头痛片 1.4、0.7g/kg 剂量能够明显延长搔头反应的潜伏期，延长率可达 201.9%；六经头痛片 1.4、0.7g/kg 剂量组均能够显著减少偏头痛模型大鼠的搔头次数，并呈剂量相关性，搔头次数抑制率最高可达 75.7%。结果表明，六经头痛片在 1.4、0.7g/kg 剂量下对偏头痛模型大鼠具有显著地镇痛作用。本实验结果证明，对于硝酸甘油诱导的大鼠偏头痛模型，六经头痛片在 1.4、0.7g/kg 剂量下对偏头痛模型大鼠具有显著地镇痛作用。

与对照组比较，模型组 β-EP、ET、NA 含量显著降低，CGRP、NO、NOS 含量显著升高。与模型组比较，六经头痛片高剂量组可显著升高 β-EP、ET、DA 含量，显著降低 CGRP、NO、NOS 含量，对 5-HT、NA 含量基本无影响；六经头痛片低剂量组可显著升高 β-EP、ET、DA 含量，显著降低 NOS 含量，降低 CGRP 含量，对 5-HT、NA 含量基本无影响。

本实验结果证明，对于硝酸甘油诱导的大鼠偏头痛模型，六经头痛片是通过升高 β-EP、ET、DA 含量，降低 CGRP、NO、NOS 含量，达到治疗偏头痛的作用。

第二节　六经头痛片对 KCl、NE 致大鼠胸主动脉收缩的拮抗作用

一、实 验 材 料

1. 受试药

同第一节。

2. 阳性药

同第一节。

3. 试剂与仪器

同第一节。

4. 剂量设计及给药方式的选择

剂量设计：根据整体动物试验的试验结果，选择六经头痛片终浓度分别为 0.356、0.712、1.78、3.56mg/ml，正天丸终浓度分别为 0.3、0.6、1.5、3mg/ml 进行体外实验。

5. 试验动物

种属 SD，SPF 级，20 只，180～200g，雌雄各半，由北京维通利华实验动物技术有限公司提供，许可证号：SCXK（京）2012-0001，动物质量合格证编号：11400700141242，发票号：01651760，接受时间：20160315。

6. 实验动物设施及饲养管理

同第一节。

二、数 据 统 计

计量数据以均值和标准差表示，采用 SPSS16.0 单因素方差分析（ANOVA）进行统计学检验，采用 EXCEL 作图。

三、实 验 方 法

选用 SD 大鼠，雌雄兼用，1% 戊巴比妥钠麻醉，迅速取出胸主动脉，置于预冷、预氧饱和的 Kerbs-Henseleit 液中漂洗，剪除血管周围的脂肪和结缔组织，剪成 1cm 长的血管环，一

端固定于装有 20ml Kerbs-Henseleit 液的麦氏浴槽中，另一端通过张力换能器连接生物信号放大采集系统 MP-150 多导生理信号记录仪。浴槽内连续通入 O_2，施加前负荷 2g，37℃下平衡 40～60min 左右，期间每隔 20min 换液 1 次，待主动脉环稳定后，分别加入终浓度 40mmol/L 的 KCl、终浓度 10^{-6}mol/L 的 NE，记录主动脉环的收缩活动，待主动脉收缩稳定后，不同通道由低到高依次加入六经头痛片，使终浓度分别为 0.356、0.712、1.78、3.56mg/ml，正天丸终浓度分别为 0.3、0.6、1.5、3mg/ml，记录主动脉环的活动变化。测定各药物剂量组主动脉环给药前及给药后收缩活动的平均值，计算抑制率。

抑制率（%）＝（药前收缩值−药后收缩值）/（药前收缩值−起始值）×100%

四、实 验 结 果

结果显示（见表 6-8 和表 6-9，图 6-11～图 6-16），终浓度 40mmol/L 的 KCl 及终浓度 10^{-6}mol/L 的 NE 均可引起胸主动脉环的收缩，由低到高依次加入终浓度不同的正天丸及六经头痛片后，主动脉环的收缩程度显著降低，且随着药物浓度的增加，抑制率随之增大，通过不同药物浓度及相应的抑制率，分别计算出正天丸及六经头痛片对 KCl、NE 引起主动脉环收缩拮抗的半数抑制浓度，正天丸对 KCl 收缩的 IC_{50} 为 1.65mg/ml，对 NE 收缩的 IC_{50} 为 0.63mg/ml；六经头痛片对 KCl 收缩的 IC_{50} 为 0.97mg/ml，对 NE 收缩的 IC_{50} 为 0.55mg/ml。

试验结果表明，六经头痛片对 KCl 及 NE 引起的大鼠胸主动脉收缩有显著的拮抗作用，即对血管收缩有解痉作用。作用机制方面，试验中观察到六经头痛片对 KCl 和 NE 诱导的离体大鼠胸主动脉收缩均有明显的抑制作用，并呈现剂量-效应正相关，推测六经头痛片既作用于血管平滑肌细胞膜上的 α 受体，又作用于 L 型电压依赖性钙通道，抑制 Ca^{2+} 内流，从而松弛血管平滑肌。同时拮抗 NE 的缩血管作用所需的药物浓度较拮抗 KCl 的缩血管作用所需的药物浓度更低。

表 6-8　对 KCl 引起的大鼠胸主动脉环收缩的拮抗作用

正天丸			六经头痛片		
浓度（mg/ml）	浓度对数	抑制率	浓度（mg/ml）	浓度对数	抑制率
0.3	−0.52288	12.34	0.356	−0.44855	6.68
0.6	−0.22185	27.68	0.712	−0.14752	26.31
1.5	0.176091	43.918	1.78	0.25042	76.41
3.0	0.477121	66.19	3.56	0.55145	120.28

表 6-9　对 NE 引起的大鼠胸主动脉环收缩的拮抗作用

正天丸			六经头痛片		
浓度（mg/ml）	浓度对数	抑制率	浓度（mg/ml）	浓度对数	抑制率
0.3	−0.52288	12.82	0.356	−0.44855	25.05
0.6	−0.22185	56.64	0.712	−0.14752	69.99
3.0	0.477121	113.19	3.56	0.55145	125.60

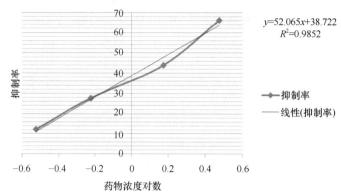

$y=52.065x+38.722$
$R^2=0.9852$

图 6-11　正天丸对 KCl 引起的大鼠胸主动脉环收缩的拮抗作用

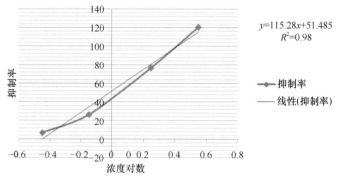

$y=115.28x+51.485$
$R^2=0.98$

图 6-12　六经头痛片对 KCl 引起的大鼠胸主动脉环收缩的拮抗作用

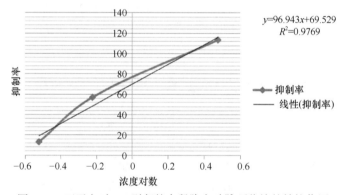

$y=96.943x+69.529$
$R^2=0.9769$

图 6-13　正天丸对 NE 引起的大鼠胸主动脉环收缩的拮抗作用

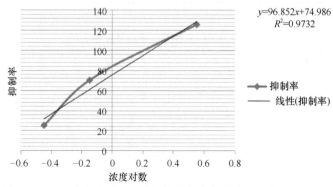

$y=96.852x+74.986$
$R^2=0.9732$

图 6-14　六经头痛片对 NE 引起的大鼠胸主动脉环收缩的拮抗作用

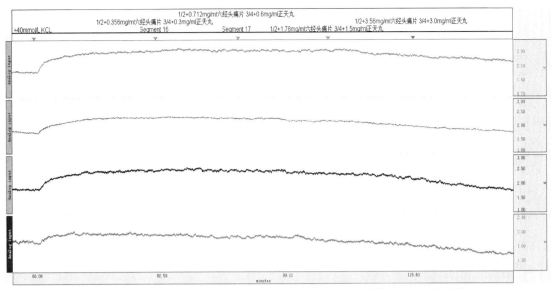

图 6-15　六经头痛片、正天丸对 KCl 引起的大鼠胸主动脉收缩的拮抗作用

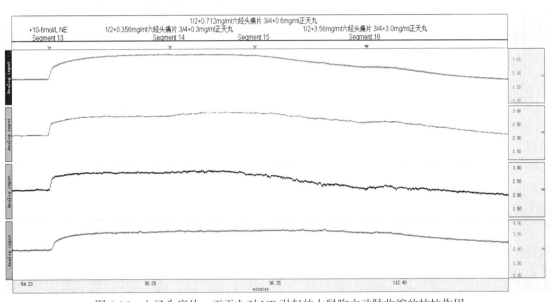

图 6-16　六经头痛片、正天丸对 NE 引起的大鼠胸主动脉收缩的拮抗作用

第三节　六经头痛片对三叉神经节原代细胞模型的影响

一、实 验 材 料

1. 受试药

同第一节。

2. 阳性药

同第一节。

3. 试剂与仪器

同第一节。

4. 剂量设计及给药方式的选择

浓度设计：根据体外试验结果并根据供试品的试配情况，选择六经头痛片终浓度分别为 0.014、0.14、1.4mg/ml。

5. 实验动物

种属 SD，SPF 级，23 只，180～200g，雌雄各半，由北京维通利华实验动物技术有限公司提供，许可证号：SCXK（京）2012-0001，动物质量合格证编号：11400700167804，发票号：02557145，接受时间：20160802。

6. 实验动物设施及饲养管理

同第一节。

二、数据统计

计量数据以均值和标准差表示，采用 SPSS16.0 单因素方差分析（ANOVA）进行统计学检验，采用 EXCEL 作图。

三、实验方法

试验选用 SD 大鼠，体重 70～90g，1%戊巴比妥钠 5ml/kg 腹腔内注射麻醉后在酒精中浸泡消毒 3min，断头处死用止血钳沿枕骨大孔处逐层剥开颅骨、颞骨，刮掉大脑小脑暴露三叉神经，轻轻剪断三个感觉根取出神经节，在预冷的 PBS 中剔除神经节周围的血管、脂肪、神经鞘膜等结缔组织成乳白色为止。取 24 孔培养板设置为：DMEM 培养液（含 1%双抗，不含血清，下同）作为对照孔，含六经疼痛片 1.4mg/ml 的 DMEM 培养液作为高剂量孔，含六经疼痛片 0.14mg/ml 的 DMEM 培养液作为中剂量孔，含六经疼痛片 0.014mg/ml 的 DMEM 培养液作为低剂量孔。每孔含液 2ml，均只放入一个神经节，设 3 个复孔。37℃恒温、5%CO_2、饱和湿度培养箱中培养，每 24h 更换培养液 1 次。离体培养 12、24、48h 后将三叉神经节浸入含 4%多聚甲醛的 PBS 缓冲液过夜后，做石蜡包埋，组织切片。进行常规 HE 染色和免疫组化染色，检测 CGRP 及 TACR1 的表达，免疫组化染色步骤简述如下：①切片常规脱蜡至水；②3%H_2O_2室温孵育 10min，蒸馏水洗涤 3 次；③将切片浸入 0.01M 枸橼酸缓冲液（pH6.0），微波炉加热至沸腾后断电，间隔 5～10min 后反复 2 次。冷却后 PBS 洗涤 2 次；④滴加 5%BSA 封闭液，室温孵育 20min；⑤滴加 50 倍稀释的一抗（兔 IgG），4℃过夜；⑥滴加生物素化山羊抗兔 IgG，37℃孵育 20min，PBS 洗涤 3 次；⑦滴加 SABC，37℃孵育 20min，PBS 洗涤 4 次；⑧滴加显色剂，室温下显色，镜下控制反应时间，蒸馏水洗涤；⑨苏木素轻度复染，脱水透明封片。普通光镜观察并拍照。测量计算 CGRP 阳性反应细胞数、平均光密度和累积光密度。

四、实验结果

免疫组化染色显示，与对照组比较，六经头痛片各浓度对离体培养 12h 后 CGRP 阳性细胞数量未见明显影响，而 1.4mg/ml、0.14mg/ml 浓度下离体培养 24h、48h 后 CGRP 阳性细胞数量明显减少（$P<0.05$）。对图像进一步分析统计，结果显示 CGRP 阳性反应细胞数的百分比和累积光密度值（IOD）都显著低于对照组。六经头痛片对 TACR1 的表达均未见明显影响（结果不做展示）。试验结果表明，六经头痛片能够抑制三叉神经节细胞因营养物质缺乏等刺激所导致的 CGRP 表达上调（图 6-17～图 6-19）。

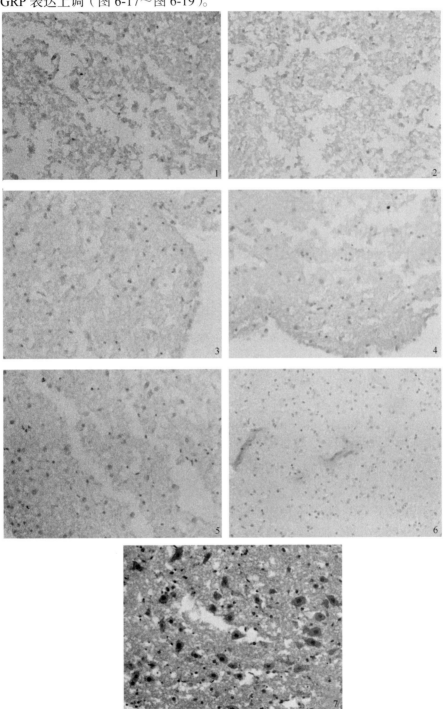

图 6-17　六经头痛片对大鼠三叉神经节离体培养后 CGRP 及 TACR1 免疫组化染色结果

1. 空白对照组；2. 六经头痛片 1.4mg/ml 作用 12h；3. 六经头痛片 1.4mg/ml 作用 24h；4. 六经头痛片 0.14mg/ml 作用 24h；5. 六经头痛片 1.4mg/ml 作用 48h；6. TACR1 表达结果；7. HE 染色结果

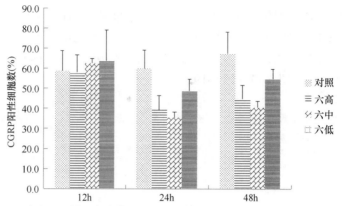

图6-18 大鼠三叉神经节离体培养12h、24h、48h后CGRP阳性细胞表达数

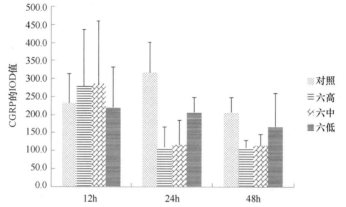

图6-19 大鼠三叉神经节离体培养12h、24h、48h后CGRP的累积光密度值

五、结 果 总 结

1. 镇痛作用机理研究：

（1）大鼠偏头痛试验（行为学反应）

结果显示，模型组大鼠在皮下注射硝酸甘油注射液后 1～3min 即出现搔头，搔头次数频繁，说明大鼠形成了实验性偏头痛模型；与模型组比较，六经头痛片1.4、0.7g/kg 剂量能够明显延长搔头反应的潜伏期，延长率可达 201.9%；六经头痛片 1.4、0.7g/kg 剂量组均能够显著减少偏头痛模型大鼠的搔头次数，并呈剂量相关性，搔头次数抑制率最高可达 75.7%。结果表明，六经头痛片在 1.4、0.7g/kg 剂量下对偏头痛模型大鼠具有显著地镇痛作用。本实验结果证明，对于硝酸甘油诱导的大鼠偏头痛模型，六经头痛片在 1.4、0.7g/kg 剂量下对偏头痛模型大鼠具有显著地镇痛作用。

（2）大鼠偏头痛试验（血清中 β-EP 及单胺类递质）

结果显示，与对照组比较，模型组 β-EP、ET、NA 含量显著降低，CGRP、NO、NOS 含量显著升高，与模型组比较，六经头痛片高剂量组可显著升高 β-EP、ET、DA 含量，显著降低 CGRP、NO、NOS 含量，对 5-HT、NA 含量基本无影响；六经头痛片低剂量组可显著升高 β-EP、ET、DA 含量，显著降低 NOS 含量，降低 CGRP 含量，对 5-HT、NA 含量基本无影响。

本实验结果证明，对于硝酸甘油诱导的大鼠偏头痛模型，六经头痛片是通过升高 β-EP、

ET、DA 含量，降低 CGRP、NO、NOS 含量，达到治疗偏头痛的作用。

2. 离体组织机理研究

结果显示，终浓度 40mmol/L 的 KCl 及终浓度 10^{-6}mol/L 的 NE 均可引起胸主动脉环的收缩，由低到高依次加入终浓度不同的正天丸及六经头痛片后，主动脉环的收缩程度显著降低，且随着药物浓度的增加，抑制率随之增大，通过不同药物浓度及相应的抑制率，分别计算出正天丸及六经头痛片对 KCl、NE 引起主动脉环收缩拮抗的半数抑制浓度，正天丸对 KCl 收缩的 IC_{50} 为 1.65mg/ml，对 NE 收缩的 IC_{50} 为 0.63mg/ml；六经头痛片对 KCl 收缩的 IC_{50} 为 0.97mg/ml，对 NE 收缩的 IC_{50} 为 0.55mg/ml。

试验结果表明，六经头痛片对 KCl 及 NE 引起的大鼠胸主动脉收缩有显著的拮抗作用，即对血管收缩有解痉作用。作用机制方面，试验中观察到六经头痛片对 KCl 和 NE 诱导的离体大鼠胸主动脉收缩均有明显的抑制作用，并呈现剂量-效应正相关，推测六经头痛片既作用于血管平滑肌细胞膜上的 α 受体，又作用于 L 型电压依赖性钙通道，抑制 Ca^{2+} 内流，从而松弛血管平滑肌，且拮抗 NE 的缩血管作用所需的药物浓度较拮抗 KCl 的缩血管作用所需的药物浓度更低。

3. 受体水平机理研究

免疫组化染色显示，与对照组比较，六经疼痛片各浓度对离体培养 12h 后 CGRP 阳性细胞数量未见明显影响，而 1.4mg/ml、0.14mg/ml 浓度下离体培养 24、48 h 后 CGRP 阳性细胞数量明显减少（$P<0.05$）。对图像进一步分析统计，结果显示 CGRP 阳性反应细胞数的百分比和累积光密度值（IOD）也显著低于对照组。试验结果表明，六经疼痛片能够抑制三叉神经节细胞因营养物质缺乏等刺激所导致的 CGRP 表达上调。

六、试　验　结　论

1）六经头痛片对硝酸甘油诱导的大鼠偏头痛模型有明显的镇痛作用，六经头痛片可以上调由硝酸甘油诱导的 β-EP、ET、DA 异常减少的水平，下调由硝酸甘油诱导的 CGRP、NO、NOS 异常升高的水平，这种作用的综合结果可以遏制偏头痛发病过程中一系列级联反应的恶性循环，抑制伤害性痛觉信息的传递，使机体趋于生理状态下的平衡水平，从而发挥抗偏头痛的作用。

2）六经头痛片能够对 KCl 及 NE 引起血管收缩有解痉作用，推测六经头痛片既作用于血管平滑肌细胞膜上的 α 受体，又作用于 L 型电压依赖性钙通道，抑制 Ca^{2+} 内流，从而松弛血管平滑肌，且拮抗 NE 的缩血管作用所需的药物浓度较拮抗 KCl 的缩血管作用所需的药物浓度更低。

3）体外营养物质缺乏会诱导神经节内分泌炎性因子，导致局部神经源性炎症反应，激活血管活性肽类物质的表达。因此，通过无血清培养离体三叉神经节可模拟头痛发作时体内 CGRP 的变化过程。而六经疼痛片能够明显抑制三叉神经节细胞因刺激所导致的 CGRP 表达上调，发挥镇痛作用。

本实验结果证明，六经头痛片可以通过下调扩张血管因子 CGRP、NO、NOS 异常升高的含量，上调血清中血管收缩因子 β-EP、ET 的含量，抑制三叉神经节细胞因刺激所导致的 CGRP

表达上调；对头痛引起的血管痉挛具有解痉作用，进而达到治疗头痛、偏头痛、神经性头痛的作用。

七、讨　论

偏头痛为常见病，呈周期性发作，在我国常见于 20～45 岁起病，女性多见，儿童或青春期起病。偏头痛的发病原因尚不明确，但大量临床结果显示，与家族遗传、内分泌失调及水盐代谢障碍、情绪等有关。关于偏头痛的发生机制医学界至今未有定论。1983 年 Lance 等发现电刺激脑干中的结构可以诱发类似与偏头痛发作的脑血流改变。1990 年 Moskowitz[1]发现电刺激三叉神经节后可引起血管舒张和通透性增高，导致硬脑膜血管无菌性炎症，提出偏头痛的三叉神经血管学说，该学说主要与三叉神经的激活以及中枢内源性镇痛系统功能失调有关。近年来三叉神经血管学说日益成为众多学者研究的重点，现认为偏头痛的发病主要涉及三种机制：供应脑膜的颅内脑外血管扩张、血管周围神经释放的血管活性肽引起神经源性炎症以及中枢痛觉传导的抑制降低。

硝酸甘油在体内生成 NO，NO 通过强烈的扩张脑血管效应，造成无菌性炎症；另一方面 NO 具有神经毒性作用，可激发三叉神经血管反射，诱发实验性偏头痛。NO 在偏头痛和其他头痛产生中是一个十分关键的因子，不但激发偏头痛，而且对保持偏头痛状态非常重要[2]。而内源性 NO 的合成是在一氧化氮合酶的参与下合成的，因此研究 NO 也必须对 NOS 进行研究。NOS 催化 L-精氨酸形成瓜氨酸并生成 NO，NO 生成后与细胞内可溶性鸟苷酸环化酶（sGC）结合，催化三磷酸鸟苷酸生成 cGMP，cGMP 作用于 Ca^{2+}-ATP 酶，使细胞内游离钙离子减少从而舒张平滑肌。NO 可促进外周伤害性冲动向丘脑及皮质的传递而加重疼痛[3, 4]，而六经头痛片可以通过减少 NOS 来降低 NO 含量以抑制偏头痛的发生。

ET 是至今为止体内最强的血管收缩因子，广泛分布于中枢神经系统和血管内皮细胞中[5]。ET 释放后与平滑肌的受体结合后，刺激细胞内 Ca^{2+} 释放和细胞外 Ca^{2+} 流入，致使细胞内 Ca^{2+} 超载，并促进 TXA2 的释放，从而导致严重的脑循环障碍，诱发偏头痛[6]。国内外早期研究表明[7-11]，偏头痛发作时患者血浆、脑脊液中 ET 含量较正常组明显增高。

CGRP 具有强烈的扩张血管作用，并能加强速激肽促毛细血管通透性，血浆蛋白渗出的作用，并参与神经源性炎症的产生，由此刺激三叉颈复合体，将上述信息传至丘脑和皮质产生疼痛感[12]。因而，CGRP 释放和由此产生的神经性炎症被认为是偏头痛疼痛的病理生理基础。CGRP 在偏头痛发病中的重要作用已经广泛得到临床和实验研究结果的支持。例如，Goadsby 等[13]发现偏头痛发作时颈静脉血 CGRP 显著增高，但周围静脉血 CGRP 无明显变化；无先兆偏头痛患者缓解期外周血中 CGRP 水平也增高[14]；外源性 CGRP 可引起脑动脉扩张，促使硬脑膜肥大细胞脱颗粒并释放组胺，促进脑膜血管渗漏参与神经源性炎症[15]；给予外源性 CGRP 可诱导偏头痛患者出现偏头痛样发作[16]；硝酸甘油诱导的偏头痛，其与自发的偏头痛非常相似，也伴有血浆 CGRP 的升高[17]。CGRP 舒血管作用的机制目前已有两种较明确的解释[18]：CGRP 作用于内皮细胞上的受体，通过 cAMP 途径增加细胞内 Ca^{2+} 浓度，上调 NOS 产生 NO 而舒张平滑肌。在另一方面，CGRP 也可能通过前列环素（PGI_2），活化 cAMP/蛋白激酶 A（PKA）途径发挥舒血管作用。CGRP 也可不经过内皮直接作用于血管平滑肌细胞（vascular smooth muscle cell，VSMC）上的受体，通过 cAMP 活化 PKA 或通过活化三磷酸腺苷（ATP）敏感的钾通道（K^+ ATP channel），促进 K^+ 外流抑制 Ca^{2+} 内流，最终减少细胞内游离 Ca^{2+} 浓度产生舒张效应。

血管源学说认为颅内动脉收缩引起先兆，然后颅外血管扩张，血管周围组织产生血管活性物质，导致无菌性炎症而诱发头痛。该学说可以很好地解释偏头痛各期的临床特点。1990年 Olsen[19]进一步发展了血管源学说，提出先兆型和无先兆型偏头痛是血管痉挛程度不同的同一疾病。他们测量了典型偏头痛发作全程的区域脑血流（regional cerebral blood flow，rCBF）变化，发现当 rCBF 急剧下降时出现先兆，继之出现头痛，在头痛初期 rCBF 仍处于短暂的低值，此期约维持 2h 左右，接着 rCBF 迅速增加，在头痛缓解后 rCBF 仍处于短暂的持续性增加。张晓霞等人[20]的研究发现，偏头痛患者血液流变学异常者占 91.67%，主要为血浆黏度、体外血栓形成和黏附率显著增长。提示偏头痛患者血液处于高黏及高凝状态，有易形成血栓的趋势。

六经头痛片可以显著降低血清中扩张血管因子 CGRP 的含量，升高血清中血管收缩因子 ET 的含量，又可以拮抗 KCl、NE 引起的大鼠胸主动脉收缩，或许可以设想六经头痛片对偏头痛的不同发作时期均有治疗作用，既可以治疗偏头痛前期血管痉挛，又可以治疗偏头痛发作期的血管扩张。即六经头痛片具有稳定血管舒缩的作用，这反映出六经头痛片作用的多靶点及治疗的整体观。

β-内啡肽（β-EP）是体内镇痛系统的主要递质，能抑制从初级感觉神经元至脊髓和三叉神经的疼痛传递。随着缺血和反应性充血的发生，临床表现为搏动性头痛偏头痛的不同类型（典型偏头痛与普通偏头痛）、不同时期（发作期与间歇期）病人，对疼痛缺乏"正常的"调节反应[21, 22]，血浆 β-EP 水平明显降低[23-25]，发作期与发作末期较间歇期更低[26]，且 β-EP 水平的进行性降低与头痛症状的进行性恶化相平行[24]。Spiering[27]指出，在 CNS 存在着调整疼痛信号传递的机制，β-EP 是对疼痛通路进行调节的抑制性递质，它通过突触前抑制影响中枢疼痛通路的传递，β-EP 水平的降低可造成这种抑制作用的减弱。Fattes 等[28]认为，内源性阿片肽缺乏，可造成头痛病人中枢阿片受体数目和结合活性的改变。如果阿片缺乏造成内源性阿片系统敏感性增加，那么在头痛发作开始时，内源性阿片肽的轻度升高就能引起神经症状，神经系统的稳态不能维持，神经系统适应能力减弱，对外界刺激过于敏感，导致头痛发作[29, 30]。吴宣富等[31]认为，β-EP 能神经功能低下，既可通过激活蓝斑等一系列病理生理过程引起脑血管痉挛，又可通过引起儿茶酚胺、5-HT 骤降和 c AMP 升高，引起脑血管扩张。从实验结果来看，六经头痛片高剂量组可显著升高血清 β-EP 的含量从而抑制痛觉过敏现象。

胸主动脉管壁中有多层弹性膜和大量弹性纤维，α 肾上腺素能受体分布明确，且具有取材容易、标本均一性好、操作中不易损伤血管内皮层的特点，是研究大鼠血管张力的常用取材部位[32]。血管平滑肌细胞是血管壁的主要成分之一，它是决定血管活性和血管构型的重要因素。它的收缩和舒张决定着血管壁的紧张性，从而调节血流阻力和动脉血压[33]。众所周知，血管的收缩是血管平滑肌细胞内 Ca^{2+} 浓度增加诱发的，而细胞内 Ca^{2+} 浓度取决于细胞外 Ca^{2+} 内流和细胞内 Ca^{2+} 释放。KCl 能使血管平滑肌细胞上的电压依赖性钙通道（potential dependent Ca^{2+} channel，PDC）开放，NE 则主要打开受体操纵性钙通道（receptor operated Ca^{2+} channel，ROC）[34]。血管对 NE 的收缩反应：①由 NE 作用于平滑肌上 α 受体，激活细胞膜上的 Ca^{2+} 通道使 Ca^{2+} 流入膜内，同时使 Ca^{2+} 库的 Ca^{2+} 释出，提高细胞内 Ca^{2+} 浓度，而使平滑肌收缩；②NE 作用于血管内皮细胞，使之释放内皮缩血管因子（EDCF），引起血管收缩，同时还可提高血管平滑肌对收缩反应的敏感性[35-37]。

NE 是 α 受体激动剂，属受体操纵性钙通道（ROC）激活剂，作用于血管平滑肌 α1 受体，促进钙通道开放，Ca^{2+} 内流增加和细胞内储存 Ca^{2+} 释放，使细胞内 Ca^{2+} 增加，从而引起血管平滑肌收缩。细胞外高钾使平滑肌细胞膜去极化，主要是激活细胞膜上电压依赖性钙通道，促使 Ca^{2+} 内流增加，Ca^{2+} 增加而引起血管平滑肌的收缩。同时流入细胞内的 Ca^{2+} 与位于肌浆网膜的兰尼定受体结合，促使肌浆网的 Ca^{2+} 大量释放至胞浆内，即 Ca^{2+} 引起的钙释放（CICR），Ca^{2+} 进一步升高，血管收缩增强[38]。本实验证明，六经头痛片对血管收缩有解痉作用。作用机制方面，试验中观察到六经头痛片对 KCl 和 NE 诱导的离体大鼠胸主动脉收缩均有明显的抑制作用，并呈现剂量-效应正相关，推测六经头痛片既作用于血管平滑肌细胞膜上的 α 受体，又作用于 L 型电压依赖性钙通道，抑制 Ca^{2+} 内流，从而松弛血管平滑肌，且拮抗 NE 的缩血管作用所需的药物浓度较拮抗 KCl 的缩血管作用所需的药物浓度更低。

本实验结果证明，六经头痛片作为一种中药复方制剂，既可以稳定血管舒缩，又可以改善疼痛过敏，具有"多元多靶点，多相多途径"的作用规律，而这种作用规律最终反映为一点就是使机体原来功能紊乱的状态恢复到生理状态下的平衡水平。

参 考 文 献

[1] Moskowitz MA. Basic mechanisms in vascular headache[J]. Neruol Clin North Am，1990，8（4）：801-815.

[2] 杜艳芬，王纪佐. 偏头痛发病机制研究进展[J]. 中国临床神经科学，2002，10（3）：314.

[3] Bredt DS，Snyder SH. Nitric oxide，a novel neuronal messenger[J]. Neuron，1992，8（1）：3.

[4] Faraci FM. Role of nitric oxide in regulation of basilar artery tone in vivo[J]. Am J Physiol，1990，259：H1216.

[5] Yanagisawa M，Kurihara H，Kimura S，et al. A novel potent vasoconstrictor peptide produecd by vascular endothelial[J]. Nature，1988，322（6163）：411-415.

[6] Cardell LO，Uddman R，Edvinsson L. Endothelins：a role in cerebrovascular disease[J]. Cephalalgia，1994，14：259.

[7] Farkkila M，Palo J，Sai jonmao O，et al. Raised plasma endothein during acute migrraine attack[J]. Cephalagia，1992，12：383.

[8] 郭春妮，韩丹春，初秀瑜，等. 偏头痛病人血浆内皮素与脑血流动力学关系的研究[J]. 中国疼痛医学杂志，2005，11（3）：143-146.

[9] 宋成忠，汤长青，夏作理，等. 偏头痛患者血浆内皮素与环核苷酸水平变化研究. 山东大学学报（医学版），2003，41（4）：421-422.

[10] 仲卫功，戎娟. 偏头痛患者颅内血流动力学与一氧化氮、内皮素及甲襞微循环的关系. 临床神经病学杂志，2002，15（5）：283-286.

[11] 宋玉强，邹宏丽，王文. 偏头痛患者血浆一氧化氮和内皮素含量的相关性研究. 中国疼痛医学杂志，2001，7（1）：36-38.

[12] 王玉洁，付峻，蔺慕慧，等. 偏头痛[J]. 国外医学：脑血管疾病分册，2004，12（1）：19.

[13] Goadsby PJ，Edvinsson L，Ekman R. Vasoactive peptide release in the extracerebral circulation of humans during megraine headache[J]. Ann Neurol，1990，28：183-187.

[14] Ashina M，Bendtsen L，Jensen R，et al. Evidence for increased plasma levels of calcitonin gene-related peptide in migraine outside of attacks[J]. Pain，2000，86：133-138.

[15] Durham PL，Russo AF. New insights into molecular actions of serotonergic antimaigraine drugs[J]. Phamccol Therapeutics，2002，94（1-2）：77-92.

[16] Brain SD，Poyner DR，Hill RG. CGRP receptors：a headache to study，but will antagonists pmve therapeutic in migraine[J]. Trends Phamacol Sci，2002，23（2）：51-53.

[17] Juhasz G，Zsombok T，Modos EA，et al. NO-induced migraine attack：strong increase in plasma calcitonin gene-related peptide（CGRP）concentration and negative correlation with platelet serotonin release[J]. Pain，2003，106：461-470.

[18] Wimalawansa SJ. Calcitonin gene-related peptide and its receptors：molecular gengetics，physiology，pathophysiology，and thereapeutic potentials[J]. Endoer Rev，1996，17（5）：533.

[19] Olsen TS. Migraine with and without aura：the same disease due to cerebral vasospasm of different intensity a hypothosis based on CBF studies during migraine[J]. Headache，1990，30（5）：269-272.

[20] 张晓霞，李德光. 偏头痛的血液流变学观察[J]. 中风与神经疾病杂志，1994，11（1）：45-46.

[21] Pinessit I，Piazza D，Vaula G，et al. Plasma beta-endorphin and caffeine consumption in chronic hemicranias[J]. minerva-Med，1990，81：691.

[22] Mosnaim AD，Diamond S，Wolf ME，et al. Endogenous opioid-like peptides in headache. An overview. Headache[J]. 1989，29（6）：368.

[23] Facchinetti F，Martignoni E，Gallai V，et al. Neuroendocrine evaluation of central opiate activity in primary headache disorders[J]. Pain，1988，34（1）：29.

[24] 吴宣富，田时雨，田新良. 偏头痛患者 β-内啡肽含量测定及其意义的探讨[J]. 临床神经学杂志，1991；2：77.

[25] Nappi G，Facchinetti F，Martignoni E，et al. Plasma and CSF endorphin levels in primary and symptomatic headaches[J]. Headache，1985，25（3）：141.

[26] Anselmi B，Tarquini R，Panconesi A，et al. Serum beta-endorphin increase after intravenous histamine treatment of chornic daily headache[J]. Recenti Prog Med，1997，88；321-324.

[27] Spierings EL. Recent advances in the understanding of migraine[J]. Headache，1988，28（10）：655.

[28] Fettes I，Gawel M，Kuzniak S，et al. Endorphin levels in headache syndromes[J]. Headache，1985，25（1）：37.

[29] Nappi G，Facchinetti F，Martignoni E，et al. Endorphin patterns within the headache spectrum disorders[J]. Cephalagia，1985，5：201.

[30] Genazzani AR，Nappi G，Facchinetti F，et al. Progressive impairment of CSF β-EP levels in migraine sufferers[J]. Pain，1984，18（2）：127.

[31] 吴宣富，田时雨，田新良. 偏头痛患者 β-内啡肽含量测定及其意义的探讨[J]. 临床神经病学杂志，1991；2：77.

[32] 陈佳颖，龙跃，吴飞翔，等. 还原型谷胱甘肽对阻塞性黄疸大鼠胸主动脉收缩与舒张功能的影响[J]. 中华麻醉学杂志，2014，34（7）：863-868.

[33] 张小郁，李文广，郑天珍，等. 葡萄籽中原花青素对实验动物主动脉收缩和血小板聚集的影响[J]. 中国应用生理学杂志，2005，21（4）：383-386.

[34] 汪海，路新强，张雁芳，等. 吡那地尔和硝苯地平对大鼠离体血管的作用[J]. 中国药理学与毒理学杂志，1997，11（3）：229-230.

[35] 吴士清，周明正，朱俭. EDRF 对 NE 引起的大鼠主动脉缩血管效应的作用[J]. 中国药理学通报，1997，13（3）：235.

[36] 郭竹英，侥曼人. 高血压左室肥厚大鼠血管内皮的去留对 NE 和 Ach 反应的研究[J]. 中国药理学通报，1996，12（2）：178.

[37] 朱莉. 血管平滑肌细胞的钙通道[J]. 国外医学心血管疾病分册，1995，22（6）：323.

[38] 吕宝璋，卢运，安明榜. 受体学[M]. 安徽科学技术出版社，2000：80.

第四节 基于 GPCR 的六经头痛片治疗偏头痛作用机制研究

G 蛋白偶联受体（GPCR）是一大类膜蛋白受体的统称，含有七个 α 螺旋跨膜区段，是迄今发现的最大的受体超家族。GPCR 在生物体中普遍存在，广泛地参与了人生理系统的各个调节过程，对很多疾病起到关键的作用，是人体内数量最多的细胞表面受体家族。大多数 GPCR 可以与多种信息物质如多肽、神经递质和离子等结合并且被激活，激活的 GPCR 可以通过 G 蛋白依赖性和非依赖性两种途径传到信号，从而调节神经、免疫以及心血管等多个系统的功能。目前市场上应用的治疗药物，30%～50%都是通过 GPCR 介导的信号途径发挥药理作用的。因此，GPCR 是非常重要的药物治疗靶点。

本实验选取了与偏头痛密切相关的 G 蛋白偶联受体，即 5-羟色胺受体、多巴胺受体、肾上腺素受体、腺苷受体为研究对象，采用胞内钙流检测技术及荧光素酶检测法，探究六经头痛片全方以及代表性单体给药后对 5-羟色胺受体、多巴胺受体及肾上腺素受体的抑制作用以及对腺苷受体的抑制作用。通过本研究，可确定六经头痛片的关键作用靶点，揭示其药效分子机制，并在功能受体层面阐释其药效物质基础，为后续针对六经头痛片作用机制的全面系统深入研究提供参考，奠定基础。

一、实 验 材 料

1. 待测样品

实验以六经头痛片粉末及代表性单体为实验待测样品，样品信息见表 6-10。六经头痛片粉末用 HBSS-20mM HEPES 溶解制成 200mg/ml 储液，9 个单体化合物均用 DMSO 溶解制成 50mm 储液，检测时用 HBSS-20mm HEPES 缓冲液进行稀释，配置成相应检测浓度的 5 倍工作溶液。本研究中 DMSO 浓度均未超过 0.2%。

表 6-10 待测样品信息

待测样品名称	溶剂	储存液浓度	给药浓度 1	给药浓度 2	给药浓度 3
六经头痛片粉末	HBSS	200mg/ml	5μg/ml	50μg/ml	500μg/ml
葛根素	DMSO	50mM	100μM	10μM	1μM
大豆苷元	DMSO	50mM	100μM	10μM	1μM
特女贞苷	DMSO	50mM	100μM	10μM	1μM
红景天苷	DMSO	50mM	100μM	10μM	1μM
盐酸水苏碱	DMSO	50mM	100μM	10μM	1μM
阿魏酸	DMSO	50mM	100μM	10μM	1μM
欧前胡素	DMSO	50mM	100μM	10μM	1μM
木兰脂素	DMSO	50mM	100μM	10μM	1μM
胡薄荷酮	DMSO	50mM	100μM	10μM	1μM

2. 阳性化合物

实验同时选取了 4 个 GPCR 受体的阳性激动剂和抑制剂作为阳性对照组，并采用多浓度梯度给药法以绘制各个阳性化合物的激动率曲线和抑制率曲线，得到阳性化合物的 IC_{50} 值和 EC_{50} 值。阳性化合物信息如表 6-11。

表 6-11 阳性激动剂及抑制剂信息

名称	厂家	货号	分子量（g/mol）	储液浓度（溶剂）	储存条件
Epinephrine	Sigma	E1635	183.21	10mM（DMSO）	−20℃
WB4101	Tocris	0946	381.86	10mM（DMSO）	−20℃
NECA	Sigma	E2387	308.29	10mM（DMSO）	−20℃
Dopamine	Sigma	H8502	189.64	40mM（DMSO）	−20℃
Perphenazine	Sigma	P6402-1g	404	10mM（DMSO）	−20℃
5-HT	Sigma	H9523	212.68	10mM（DMSO）	−20℃
SB269970	Tocris	1612-10mg	388.95	20mM（DMSO）	−20℃

3. 其他材料

其他材料信息见表 6-12。

表 6-12 其他试剂信息

名称	厂家	货号
CHO-K1/ADRA1A	GenScript	M00225
CHO-K1/$G_{\alpha15}$/ADORA1	GenScript	M00324
CHO-K1/D2	GenScript	M00152
HEK293/Cre-Luc/HTR7	GenScript	M00423
One-Glo^{TM} luciferase kit	Sigma	E6120
FLIPR® Calcium 4 assay kit	Molecular devices	R8141
Probenecid	Sigma	P8761
DMSO	AMRESCO	1988B176

二、实 验 方 法

1. 实验系统

稳定表达 4 种 GPCR 受体的 CHO-K1 或 HEK293 细胞分别培养于 10 培养皿中，在 37℃/5% CO_2 培养箱中培养，当细胞汇合度达到 80%～85% 时，进行消化处理，将收集到的细胞悬液，以 15000 个细胞每孔的密度接种到 384 微孔板，然后放入 37℃ /5% CO_2 培养箱中继续过夜培养后用于实验。

2. 细胞培养条件

CHO-K1 细胞系常规培养，传代在含有 10% 胎牛血清的 Ham's F12 中。HEK293 细胞系常规培养，传代在含有 10% 胎牛血清的 DMEM 中。

3. 化合物的配制

在检测前，用 HBSS-20mM HEPES 稀释以上样品，配置成相应检测浓度 5 倍的溶液。9 个单体化合物最高检测浓度为 100μM，10 倍稀释，3 个浓度。六经头痛片粉末的最高检测浓度为 500 μg/ml，10 倍稀释，3 个浓度。最终检测体系中 DMSO 含量不超过 0.2%。

4. 检测方法

（1）实验概览

1）第一天：将细胞接种到 384 微孔板，细胞铺板步骤如下：①消化细胞，离心后重悬计数；②将细胞接种至 384 孔板，每孔 20μl，15000 个细胞/孔；③将细胞板放至 37℃/5% CO_2 培养箱继续培养 18～24h 后取出用于钙流检测和荧光素酶检测。

2）第二天：进行钙流检测和荧光素酶检测，激动剂检测步骤如下：①配置染料工作液（参照 Molecular Devices 公司产品说明书操作）；②往细胞板内加入染料，每孔 20μl，然后放入 37℃/5% CO_2 培养箱孵育 1h；③取出细胞板，于室温平衡 15min；④读板。

3）抑制剂检测步骤如下：①配置染料工作液（参照 Molecular Devices 公司产品说明书操作）；②往细胞板内加入染料，每孔 20μl；③然后每孔加入 10μl 待测化合物或阳性抑制剂，然后放入 37℃/5% CO_2 培养箱孵育 1h；④取出细胞板，于室温平衡 15min；⑤读板。

（2）检测前的准备工作

1）钙流检测：①激动剂检测的准备工作方案为：将细胞接种到 384 微孔板，每孔接种 20μl 细胞悬液含 1.5 万个细胞，然后放置到 37℃/5% CO_2 培养箱中继续过夜培养后将细胞取出，加入染料，每孔 20μl，然后将细胞板放到 37℃/5% CO_2 培养箱孵育 1h，最后于室温平衡 15min。检测时，将细胞板、待测样品板放入 FLIPR 内指定位置，由仪器自动加入 10μl 5×检测浓度的激动剂及待测样品检测 RFU 值。②抑制剂检测的准备工作方案为：将细胞接种到 384 微孔板，每孔接种 20μl 细胞悬液含 1.5 万个细胞，然后放置到 37℃/5% CO_2 培养箱中继续过夜培养后将细胞取出，抑制剂检测时，加入 20μl 染料，再加入 10μl 配置好的样品溶液，然后将细胞板放到 37℃/5% CO_2 培养箱孵育 1h，最后于室温平衡 15min。检测时，将细胞板、阳性激动剂板放入 FLIPR 内制定位置，由仪器自动加入 12.5μl 的 5×EC_{80} 浓度的阳性激动剂检测 RFU 值。

2）荧光素酶检测：①激动剂检测的准备工作方案为：将细胞接种到 384 微孔板，每孔接种 20μl 细胞悬液含 1.5 万个细胞，然后放置到 37℃/5% CO_2 培养箱中继续过夜培养后将细胞取出，加入 5×检测浓度的激动剂或待测样品，每孔 5μl，然后将细胞板放到 37℃/5% CO_2 培养箱孵育 6h，向细胞中加入 25μl One Glo 检测试剂，在 Pherastar 上读取 RLU 值。②抑制剂检测的准备工作方案为：将细胞接种到 384 微孔板，每孔接种 20μl 细胞悬液含 1.5 万个细胞，然后放置到 37℃/5% CO_2 培养箱中继续过夜培养后将细胞取出，加入 5×检测浓度的 EC_{80} 激动剂和待测样品混合物，每孔 5μl，然后将细胞板放到 37℃/5% CO_2 培养箱孵育 6h，向细胞中加入 25μl One Glo 检测试剂，在 Pherastar 上读取 RLU 值。

（3）信号检测

1）钙流检测：将装有待测样品溶液（5×检测浓度）的 384 微孔板，细胞板和枪头盒放到 FLIPR 内，运行激动剂检测程序，仪器总体检测时间为 120s，在第 21s 时自动将激动剂及待测样品 10μl 加入到细胞板内。将装有 5×EC_{80} 浓度阳性激动剂的 384 微孔板，细胞板和枪头盒放到 $FLIPR^{TETRA}$（molecule devices）内，运行抑制剂检测程序，仪器总体检测时间为 120s，在第 21s 时自动将 12.5μl 阳性激动剂加入到细胞板内。

2）荧光素酶检测：加入 25μl One Glo 检测试剂，振荡均匀后，在 Pherastar 上读取 RLU 值。

5. 数据分析

通过 ScreenWorks（version 3.1）获得原始数据以 *FMD 文件保存在计算机网络系统中。数据采集和分析使用 Excel 和 GraphPad Prism 6 软件程序。对于每个检测孔而言，以 1 到 20 s 的平均荧光强度值作为基线，21 到 120s 的最大荧光强度值减去基线值即为相对荧光强度值（ΔRFU），根据该数值并依据以下方程可计算出激活或抑制百分比。

%激活率 =（$\Delta RFU_{Compound}$ − $\Delta RFU_{Background}$）/（$\Delta RFU_{Agonist\ control\ at\ EC100}$ − $\Delta RFU_{Background}$）×100%

%抑制率 = {1−（$\Delta RFU_{Compound}$ − $\Delta RFU_{Background}$）/（$\Delta RFU_{Agonist\ control\ at\ EC80}$ − $\Delta RFU_{Background}$）}×100%

使用 GraphPad Prism 6 用四参数方程对数据进行分析，从而计算出 EC_{50} 和 IC_{50} 值。四参数方程如下：

Y=Bottom +（Top–Bottom）/（1+10^（（$LogEC_{50}/IC_{50}$–X）*HillSlope））

X 是浓度的 Log 值，Y 是抑制率。

三、实 验 结 果

1. 阳性激动剂对 4 个 GPCR 受体的剂量效应

通过多浓度梯度给药，得到了阳性激动剂对 GPCR 受体的激动率曲线，计算得到了各个激动剂的 EC_{50} 值。NECA 对 ADORA1 受体的 EC_{50} 值为 33.3 nM，肾上腺素（epinephrine）对 ADRA1A 受体的 EC_{50} 值为 3.59 nM，多巴胺（dopamine）对 D2 受体的 EC_{50} 值为 3.71 nM，5-羟色胺（5-HT）对 HTR7 受体的 EC_{50} 值为 51.3 nM，具体信息见表 6-13。

表 6-13 阳性激动剂对 4 个 GPCR 受体的激活作用

受体名称	阳性激动剂	EC_{50}（nM）	剂量曲线
ADORA1	NECA	33.3	
ADRA1A	epinephrine	3.59	
D2	dopamine	3.71	
HTR7	5-HT	51.3	

2. 阳性抑制剂对 3 个 GPCR 受体的剂量效应

通过多浓度梯度给药，得到了阳性抑制剂对 GPCR 受体的抑制率曲线，计算得到了各个激动剂的 IC_{50} 值。WB4101 对 ADRA1A 受体的 IC_{50} 值为 40.9 nM，奋乃静（perphenazine）对 D2 受体的 IC_{50} 值为 212.6 nM，SB269970 对 HTR7 受体的 IC_{50} 值为 6.63 nM，具体信息见表 6-14。

表 6-14　阳性抑制剂对 3 个 GPCR 受体的抑制作用

受体名称	阳性抑制剂	IC_{50}（nM）	剂量曲线
ADRA1A	WB4101	40.9	
D2	perphenazine	212.6	
HTR7	SB269970	6.63	

本实验选取的阳性激动剂和阳性抑制剂对 4 个 GPCR 受体作用的 EC_{50} 值和 IC_{50} 值总结见表 6-15。

表 6-15　阳性激动剂和阳性抑制剂对 4 个 GPCR 受体的作用结果

受体名称	化合物名称	EC_{50} 值	IC_{50} 值
ADORA1	NECA	33.3nM	N/A

续表

受体名称	化合物名称	EC_{50} 值	IC_{50} 值
ADRA1A	epinephrine	3.59nM	N/A
	WB4101	N/A	40.9nM
D2	dopamine	3.71nM	N/A
	perhpenazine	N/A	212.6 nM
HTR7	5-HT	51.3nM	N/A
	SB269970	N/A	6.63nM

3. 六经头痛片及单体给药对 ADORA1，ADRA1A、D2 和 HTR7 受体的激活及抑制作用

六经头痛片全方及单体化合物给药对 4 个 GPCR 受体的激活和抑制作用图见图 6-20～图 6-23，实验数据见表 6-16。分析结果图可知，与空白对照组比较，六经头痛片全方给药后对 ADORA1 受体有显著的激活作用，并且体现出浓度梯度依赖性，但对 ADRA1A 和 D2 受体没有明显的抑制效果，而在对 HTR7 受体的抑制作用检测实验中，六经头痛片在最高检测浓度时活性达到-60%左右，推测六经头痛片对 5-HT7 靶点可能具有一定的激动活性。

通过分析 9 个单体化合物对 4 个受体的激动和抑制实验结果图发现，9 个单体化合物对 ADORA1 和 ADRA1A 受体都没有显著的激动和抑制活性，大豆苷元在高浓度时对 D2 受体有较好的拮抗作用。另外，9 个化合物在最高检测浓度时对 HTR7 受体的活性达到-50%左右，有的甚至达到了-100%左右，故推测六经头痛片中的 9 个代表性化合物对 5-HT7 靶点可能具有激动活性。

据此推测，六经头痛片可能是通过作用于 ADORA1 和 HTR7 受体而引发生物级联反应，通过调节多个生物途径而发挥药效。其对 HTR7 受体生物作用的物质基础可能为葛根素、大豆苷元、特女贞苷、红景天苷、盐酸水苏碱、阿魏酸、欧前胡素、木兰脂素和胡薄荷酮。

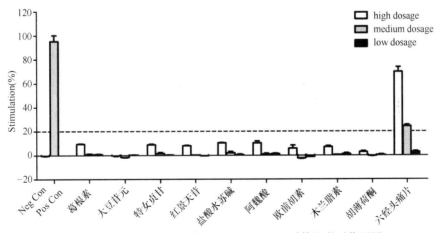

图 6-20 六经头痛片及单体给药对 ADORA1 受体的激活作用图

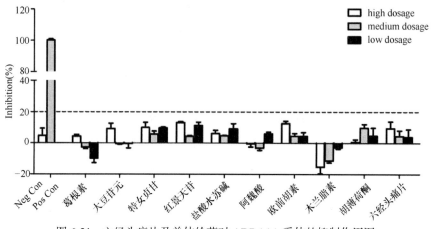

图 6-21　六经头痛片及单体给药对 ADRA1A 受体的抑制作用图

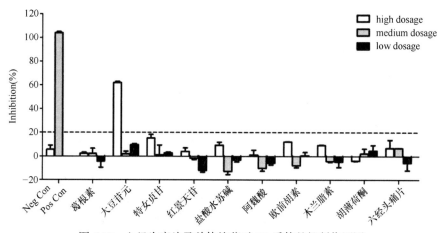

图 6-22　六经头痛片及单体给药对 D2 受体的抑制作用图

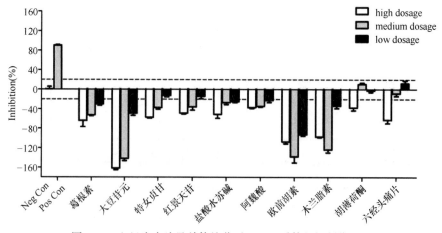

图 6-23　六经头痛片及单体给药对 HTR7 受体的抑制作用图

表 6-16　六经头痛片及单体给药对 4 个受体的激活及抑制作用数据表

受体	ADORA1	ADRA1A	HTR7	D2
样品	Top Stimulation% （Mean±SD）	Top Inhibition% （Mean±SD）	Top Inhibition% （Mean±SD）	Top Inhibition% （Mean±SD）
葛根素	9.4±0.6	4.4±1.7	−64.2±22.1	2.3±1.3

续表

受体	ADORA1	ADRA1A	HTR7	D2
样品	Top Stimulation% （Mean±SD）	Top Inhibition% （Mean±SD）	Top Inhibition% （Mean±SD）	Top Inhibition% （Mean±SD）
大豆苷元	−0.2±1.1	9.2±5.8	−162.0±5.4	62.0±1.5
特女贞苷	8.9±0.9	10.0±5.7	−57.2±3.4	15.2±4.4
红景天苷	8.0±0.6	13.1±1.2	−48.4±3.9	4.0±4.3
盐酸水苏碱	10.3±0.8	6.1±3.7	−51.2±13.7	9.4±3.6
阿魏酸	10.2±3.0	-0.5±3.5	−37.1±3.2	1.2±5.7
欧前胡素	5.9±4.1	12.6±2.8	−107.2±7.7	12.2±0.4
木兰脂素	6.9±1.7	-15.3±7.4	−97.3±2.4	9.3±0.5
胡薄荷酮	2.8±1.4	0.6±2.9	−37.4±9.9	−3.9±0.4
六经头痛片	69.8±6.8	9.5±7.5	−62.5±11.9	6.9±9.7

四、总结与讨论

1）六经头痛片是由白芷、辛夷、藁本、川芎、葛根、细辛、女贞子、茺蔚子、荆芥穗油 9 味药材加工而成的纯中药复方制剂，为国家中药保护品种，具有疏风活络、止痛利窍的功效，常用于全头痛、偏头痛及局部头痛。适用于感冒头痛，鼻炎引起的头痛、偏头痛、神经性头痛。本课题组前期实验中，对该方体外物质基础进行了研究，发现其主要包括以葛根素、3-羟基葛根素、大豆苷、大豆苷元等为代表的异黄酮类成分；以特女贞苷、女贞子苷为代表的环烯醚萜类成分；以红景天苷、毛蕊花糖苷为代表的苯乙醇苷类成分；以水苏碱、木兰花碱为代表的生物碱类成分；以阿魏酸为代表的苯丙酸类成分；以欧前胡素、氧化前胡素为代表的香豆素类成分；以木兰脂素为代表的木脂素类以及挥发油类化合物等。结合化合物生物活性研究文献，本实验选取了葛根素、大豆苷元、特女贞苷、红景天苷、盐酸水苏碱、阿魏酸、欧前胡素、木兰脂素和胡薄荷酮为六经头痛片中的代表性化合物进行受体实验研究，阐释该方的药效物质基础。

2）本课题组药理实验发现，六经头痛片对 KCl 及 NE 引起的大鼠胸主动脉收缩均有显著的拮抗作用，即对血管收缩有解痉作用，并呈现剂量−效应正相关。推测六经头痛片能作用于血管平滑肌细胞膜上的 α_1 受体，抑制 Ca^{2+} 内流和（或）细胞内储存 Ca^{2+} 释放，从而松弛血管平滑肌，起到缓解头痛的作用。故本部分实验选取了 α_1 肾上腺素受体 ADRA1A 为研究对象来验证前期药理实验的推测结果，但本实验发现，六经头痛片及 9 个代表性单体对 ADRA1A 受体均没有显著的拮抗作用，故推测该方可能不是通过直接拮抗 α_1 肾上腺素受体发挥松弛血管平滑肌，治疗头痛的作用。

研究报道，DA 在偏头痛发病中是仅次于 5-HT 的神经递质[16, 17]。脑血管和脑膜血管均由中枢 DA 能神经末梢支配，并有 DA 受体。偏头痛患者中绝大多数症状可通过刺激多巴胺能系统诱发，而多巴胺受体尤其是 D2 受体拮抗剂对治疗偏头痛有效。故本实验探究了六经头痛片及代表性单体对 D2 受体的拮抗作用，结果表明，六经头痛片对 D2 受体没有明显的拮抗作用，说明该方可能不是通过直接拮抗 D2 受体而发挥药效。

对 5-HTR7 受体的拮抗实验中发现，六经头痛片及单体化合物在最高检测浓度时活性达到−50%左右，有的甚至达到了−160%左右，所以推测该方及化合物对 5-HT7 靶点可能具有一定的激动活性。据文献报道，选择性 5-HT7 受体拮抗剂可能是潜在的抗偏头痛药，而本实验结果与文献报道相反，故在后续实验工作中还需对此受体进行深入全面的研究。

降钙素基因相关肽（CGRP）是迄今已知最强大的血管舒张肽，其广泛分布于中枢神经系统、周围神经系统和心血管系统，在偏头痛的三叉神经血管系统激活后三叉神经末梢释放出来的神经血管活性肽中，发挥最为重要的作用。CGRP表达量的增高可以作为三叉神经血管系统激活的标志。有研究显示选择性腺苷A1受体激动剂可以抑制大鼠神经源性血管扩张及CGRP的释放，从而抑制偏头痛痛觉信息的产生和传递。在本实验中，六经头痛片对腺苷受体ADORA1有一定的激活作用，推测该方可以通过直接激动腺苷受体，引发下游生物级联反应，间接抑制CGRP的释放，从而发挥治疗偏头痛的作用。

3）通过钙流和荧光素酶检测技术，检测了六经头痛片及9个代表性单体化合物给药后对4个受体的激动和拮抗作用。实验发现，与空白组比较，六经头痛片高浓度（500μg/ml）和中浓度（50μg/ml）给药组对ADORA1受体有显著的激动作用，对HTR7受体也可能有一定的激动作用，而对ADRA1A和D2受体没有明显的拮抗效果，故推测六经头痛片可能是通过激动ADORA1和HTR7受体而发挥治疗作用。单体化合物实验结果表明，与空白组比较，大豆苷元高浓度（100μM）给药组能明显激动D2受体，而其他化合物对ADORA1、ADRA1A和D2受体没有显著的生物活性，但9个化合物对HTR7受体可能有一定的激动作用，推测为六经头痛片激动HTR7受体的物质基础。

本研究从功能受体角度，通过4个G蛋白偶联受体激动和抑制活性实验，初步探究了六经头痛片的作用机制及药效物质基础，为后续全面深入探讨该方的作用机制奠定基础。

中篇　作用特点和比较优势研究

第七章 六经头痛片作用特点比较优势研究

六经头痛片是天津中新药业集团股份有限公司隆顺榕制药厂研制的国家二级中药保护品种，由白芷、辛夷、蒿本、川芎、葛根、细辛、女贞子、芫蔚子、荆芥穗油组成，具有疏风活络，止痛利窍的功效。主治全头痛、偏头痛及局部头痛。适用于感冒头痛，鼻炎引起的头痛、偏头痛、神经性头痛。本试验研究六经头痛片的作用特点；并通过与目前临床上同类药的对比研究，发现该药的比较优势，提高市场竞争力。本试验采用多种模型观察六经头痛片作用特点与比较优势：①选择热板、醋酸扭体、偏头痛模型，阐释六经头痛片在对适应症的病理过程干预的作用特点；同时与目前临床上同类药正天丸的对比研究，发现该药的比较优势；②采用大鼠气滞寒凝血瘀模型，通过测定六经头痛片和正天丸对大鼠血液流变学和脑血流的影响，阐释六经头痛片的活血作用特点，发现其作用优势；③采用大鼠离体血管平滑肌模型，考察六经头痛片和正天丸对血管平滑肌收缩活动的影响，阐释六经头痛片的解痉作用特点，并两者之间进行比较，发现其作用优势。

一、试验材料

1. 受试药

六经头痛片：批号 DK12444，密封、阴凉干燥保存，天津中新药业集团股份有限公司隆顺榕制药厂生产。

芬必得（酚咖片）：批号 15020192，中美史克制药公司，遮光、密闭保存。

正天丸：批号 1503005H，华润三九医药股份有限公司，密闭保存。

2. 试剂

冰醋酸（批号 20150915、20160118）	天津市风船化学试剂有限公司
硝酸甘油（批号 20150807）	北京益民药业有限公司
盐酸肾上腺素注射液（批号 1501201，规格 1ml：1mg）	天津金耀药业有限公司
戊巴比妥钠（批号 140418）	德国 Merck
降钙素基因相关肽试剂盒（批号 U04010254）	CUSABIO 生产
5-羟色胺试剂盒（批号 C4890950122）	CUSABIO 生产
多巴胺试剂盒（批号 T16010252）	CUSABIO 生产
去甲肾上腺素试剂盒（批号 U27016369）	CUSABIO 生产
β-内啡肽试剂盒（批号 C1173950121）	CUSABIO 生产
前列腺素试剂盒（批号 C0684170109）	CUSABIO 生产
内皮素试剂盒（批号 335325ET）	R&D 生产
一氧化氮试剂盒（批号 20160111）	南京建成生物工程研究所
一氧化氮合酶试剂盒（批号 20160120）	南京建成生物工程研究所

3. 试验仪器

LBY-N6COMPACT 型全自动血液流变仪	北京普利生仪器有限公司
BT224S 型电子天平	北京赛多利斯仪器系统有限公司
LXJ-ⅡB 型低速大容量多管离心机	上海安亭科学仪器有限公司
Varioskan Flash 酶标仪	Thermo Scientific
JZ301 型微张力换能器	北京新航兴业科贸有限公司
MP-150 多导生理信号记录仪	BIOPAC 公司
DA100C 通用放大器、LDF100C 激光多普勒血流模块	BIOPAC 公司
TSD145 激光多普勒针式探头	BIOPAC 公司
HSS-1B 型离体器官恒温装置	成都仪器厂
ML104 型电子天平	梅特勒-托利多仪器（上海）有限公司
E1200-1 型电子天平	常熟市双杰测试仪器厂

4. 剂量设计及给药方式的选择

（1）体内实验

给药途径：灌胃给药（ig）

给药体积：大鼠 10ml/kg，小鼠 20ml/kg

剂量设计：六经头痛片一次 2~4 片，3 次/日，0.35g/片，人日用量 4.2g，人体重以 70kg 计，大鼠体重 200g，小鼠体重 20g，大鼠等效剂量为 0.35g/kg，小鼠等效剂量为 0.7g/kg，试验剂量设计：大鼠 0.7、0.35g/kg；小鼠 1.4、0.7g/kg

正天丸临床用量 18g/天，大鼠等效剂量 1.5g/kg

芬必得临床用量 0.3g/次，大鼠等效剂量 0.025g/kg

选择理由：本供试品临床拟给药途径为口服，保持和临床给药途径一致，采用灌胃给药方式进行研究。

（2）体外实验

剂量设计：根据整体动物试验的试验结果，选择六经头痛片终浓度分别为 0.356、0.712、1.78、3.56mg/ml，正天丸终浓度分别为 0.3、0.6、1.5、3mg/ml 进行体外实验。

5. 试验动物

1）小鼠（用于热板试验和醋酸扭体试验）：种属 ICR，SPF 级，100 只，18~20g，雌性（70 只）、雄性（30 只），由北京维通利华实验动物技术有限公司提供，许可证号：SCXK（京）2012-0001，动物质量合格证编号：11400700130942，发票号：01275151，接受时间：20151225。

2）大鼠（用于偏头痛试验）：种属 SD，SPF 级，70 只，180~200g，雄性，由北京维通利华实验动物技术有限公司提供，许可证号：SCXK（京）2012-0001，动物质量合格证编号：11400700130941，发票号：01275150，接受时间：20151225。

3）大鼠（用于解痉试验）：种属 SD，SPF 级，20 只，180~200g，雌雄各半，由北京维通利华实验动物技术有限公司提供，许可证号：SCXK（京）2012-0001，动物质量合格证编号：11400700141242，发票号：01651760，接受时间：20160315。

4）大鼠（用于脑血流试验和血流动力学试验）：种属 SD，SPF 级，60 只，180~200g，雌雄各半，由北京维通利华实验动物技术有限公司提供，许可证号：SCXK（京）2012-0001，动物质量合格证编号：11400700149707，发票号：02515813，接受时间：20160406。

6. 实验动物设施及饲养管理

（1）动物设施

设施名称：天津药物研究院新药评价有限公司动物实验楼（屏障环境）。

设施地址：天津市滨海高新区滨海科技园惠仁道 308 号。

实验动物使用许可证号：SYXK（津）2011-0005。

签发单位：天津市科学技术委员会。

（2）动物饲料

饲料名称：SPF 大小鼠维持饲料。

灭菌方式：^{60}Co 辐照。

供应单位：天津市华荣实验动物科技有限公司提供。

动物饲料生产许可证：SCXK（津）2012-0001。

大鼠饲料批号：2015110、2016101、2016103。

签发单位：天津市科学技术委员会。

饲料检测：每批饲料均有质量合格证和饲料供应单位提供的自检报告，每季度由饲料供应单位提供一份近期第三方饲料检测报告，检测项目包括饲料营养成分和理化指标，检测标准参照 GB14924.2-2001《实验动物配合饲料卫生标准》、GB14924.3-2010《实验动物配合饲料营养成分》。

饲料检测结果：各项检测指标均符合要求。

（3）饮用水

饮用水来源：1T/h 型多重微孔滤膜过滤系统制备的无菌水（四级过滤紫外灭菌）。

饮水方式：用饮水瓶直接灌装供应，动物自由饮水。

饮用水检测：屏障环境动物饮用水每季度由本中心自检微生物指标，每年送天津市疾病预防控制中心进行卫生学评价检测，包括微生物指标和生化指标检测。中心自检参照标准为 GB14925-2010《实验动物环境及设施》，送检参照标准为 GB-5749-2006《生活饮用水卫生标准》。

饮用水检测结果：各项检测指标均符合要求。

（4）饲养条件

动物饲养于聚丙烯鼠盒中，大鼠盒规格为长×宽×高＝48cm×35cm×20cm，小鼠盒规格为长×宽×高=33cm×21cm×17cm，雌雄分养，每盒饲养同性别 5 只动物。

温度：温度范围 20～26℃。

湿度：湿度范围 40%～70%。

换气次数：不少于 15 次全新风/h。

光照：12h 明 12h 暗交替。

（5）饲养管理

除特殊要求（如禁食）外，动物自由采食，自由饮水。饮水瓶和瓶中动物饮用水每天更换，不能重复使用，使用后饮水瓶经脉动真空灭菌器高压消毒后再次使用。

动物饲养笼具底盘每天更换 1 次，饲养笼具每周更换 1 次，笼盖每 2 周更换 1 次，所有动物饲养笼具均通过脉动真空灭菌器高压消毒后进入屏障环境使用；动物饲养笼架每周清洁、消毒擦拭 1 次。动物饲养观察室每天进行清洁消毒，范围包括：地面、台面、桌面、门窗和进排风口。屏障环境使用的消毒液包括：0.1%新洁尔灭苯扎溴铵溶液、0.1%过氧乙酸溶液和 1：250 的 84 消毒液，三种消毒液轮流使用，每周使用一种。

（6）动物接收与检验

实验动物到来后，试验人员、兽医和动物保障部门一同接收。接收时首先查看运输工具是否符合要求，再查看动物供应单位提供的动物合格证明，并确认合格证内容与申请购买的动物种属、级别、数量和性别一致。然后检查外包装是否符合要求及动物外包装是否有破损。动物外包装经第三传递柜传入检疫室。试验用具和实验记录经第四传递柜传入。

在检疫室打开动物外包装，核对动物性别及数量与动物合格证明所载事项是否一致。用记号笔在鼠尾标记动物检疫号，然后逐一对动物进行外表检查（包括性别、体重、头部、躯干、尾部、四肢、皮毛、精神、活动等），并填写《试验动物接收单》和《动物接收检验单》。动物检验后放入动物饲养笼中，在笼具上悬挂检疫期标签，然后放在检疫室中进行适应期饲养。不合格动物处死后经缓冲区移出放入尸体暂存冰柜中等待处理。

动物适应饲养期限为 2 天。每天对动物进行观察，包括体重、头部、躯干、尾部、四肢、皮毛、精神、活动等。适应期未发现异常动物。

7. 数据统计

计量数据以均值和标准差表示，采用 SPSS16.0 单因素方差分析（ANOVA）进行统计学检验，并采用 EXCEL 作图。

二、镇痛作用特点与比较优势

（一）对小鼠热板试验的影响

小鼠热板法是热刺激致痛的常用方法，系利用一定强度的温热刺激动物躯体某一部位以产生疼痛。即将体重 20g 左右的雌性小鼠放在预热至 50℃～55℃金属板上，恒温（变化在 ±0.5℃内），以小鼠舔后足反应或跳跃反应的潜伏期为痛阈指标，实验时两者选一。为防止足部烫伤，亦应设置截止时间，一般为 60s 或基础痛阈的 2 倍。基础痛阈时应间隔 5min，测 2～3 次，取其均值计算。但需要注意以下几个方面：动物体重对结果有影响，小鼠以 20g 左右为宜；小鼠个体差异较大，应挑选痛阈值在 5～30s 以内者为合格，不到 5s 或者超过 30s 或喜欢跳跃者均剔除；小鼠以雌性为好，雄性因阴囊受热后易松弛，与热板接触而致反应过敏；室温对实验有影响，过低小鼠反应迟钝，过高则敏感，易引起跳跃，13℃～18℃范围内，动物反应波动较小。

试验选用 ICR 种雌性小鼠 70 只，体重 18～20g。分组前分别将小鼠置于 HSS-1B 型离体器官恒温装置（水温设定为 57.2℃）记录小鼠放上热板开始至出现舔后足动作的时间，即小鼠疼痛潜伏期，作为小鼠的痛阈值，少于 5 秒、超过 25 秒的动物予以剔除。挑选合格小鼠 60 只，随机分为 6 组，即模型组、六经头痛片高剂量组、六经头痛片低剂量组、正天丸高剂量组、正天丸低剂量组、芬必得组，每组 10 只。按表 1 所示剂量每天 ig 给药 1 次，连续给药 3 天，模型组灌胃给予同体积去离子水。于末次给药的药前及给药后 0.5h、2h、4h 按上述方法测定小鼠疼痛潜伏期。将各给药组的平均疼痛潜伏期与模型组平均疼痛潜伏期比较，进行统计学检验，疼痛潜伏期延长率（%）=（给药–模型组）/模型组×100%。

结果（表 7-1 和表 7-2，图 7-1～图 7-4）显示，与模型组比较，六经头痛片高剂量组可显著延长药后 0.5h、2h、4h 热刺激致小鼠舔足反应的潜伏期，并可持续到药后 4h，延长率最高可达 62.8%；六经头痛片低剂量组可显著延长药后 0.5h、2h 热刺激致小鼠舔足反应的潜伏期，并可持续到药后 2h，延长率最高可达 46.9%；芬必得可显著延长药后 0.5h、2h 热刺激致小鼠舔足反应的潜伏期，并可持续到药后 2h，延长率最高可达 87.8%；正天丸高剂量组可显著延长药后 0.5h、2h、4h 热刺激致小鼠舔足反应的潜伏期，并可持续到药后 4h，延长率最高可达 69.0%，正天丸低剂量组可显著延长药后 2h 热刺激致小鼠舔足反应的潜伏期，延长率最高可达 43.8%。结果表明，六经头痛片可有效延长温热刺激致小鼠舔足反应的潜伏期，对温热刺激引起的疼痛有明显的镇痛作用，具有起效时间早，药效持续时间长的特点。

与相对应剂量的正天丸组比较，六经头痛片在药后 0.5、2、4h 的镇痛作用不低于正天丸，六经头痛片起效时间、镇痛强度以及药效持续时间与正天丸基本一致。

本实验结果说明，六经头痛片可有效延长温热刺激致小鼠舔足反应的潜伏期，对温热刺激引起的疼痛有明显的镇痛作用，具有起效时间早、药效持续时间长的特点。六经头痛片起效时间、镇痛强度以及药效持续时间与正天丸基本一致。

表 7-1 六经头痛片作用特点与比较优势研究（对小鼠热板试验的影响，$\bar{x} \pm s$，$n=10$）

分组	剂量（g/kg）	基础阈值（s）	给药后不同时间舔足潜伏期（s）		
			0.5h	2h	4h
模型	—	16.75±3.57	14.14±3.74	15.19±3.85	15.27±3.85
芬必得	0.025	17.98±3.07	19.05±4.88*	28.54±8.26***	20.11±7.46
六经头痛片高	1.4	17.90±3.21	21.42±8.12*	23.66±6.47**	24.86±7.89**
六经头痛片低	0.7	18.37±2.45	18.64±4.59*	22.32±7.67*	18.11±5.99
正天丸高	3.0	17.14±2.48	19.29±5.95*	24.21±7.31**	25.81±10.63*
正天丸低	1.5	16.15±3.75	17.57±5.22	21.85±5.75**	20.09±8.66

注：与模型组比较，$*P<0.05$，$**P<0.01$，$***P<0.001$

表 7-2 六经头痛片作用特点与比较优势研究（对小鼠热板试验的延长率，$n=10$）

分组	剂量（g/kg）	基础阈值（%）	给药后不同时间舔足潜伏期（延长率%）		
			0.5h	2h	4h
芬必得	0.025	7.4	34.7	87.8	31.7
六经头痛片高	1.4	6.9	51.5	55.7	62.8
六经头痛片低	0.7	9.7	31.8	46.9	18.6
正天丸高	3.0	2.3	36.4	59.3	69.0
正天丸低	1.5	−3.6	24.2	43.8	31.6

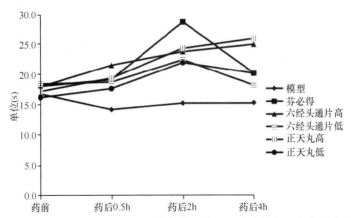

图 7-1 六经头痛片与正天丸比较优势研究（对小鼠热板反应的影响）

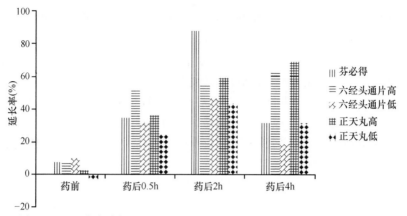

图 7-2　六经头痛片与正天丸比较优势研究（对小鼠热板反应的延长率）

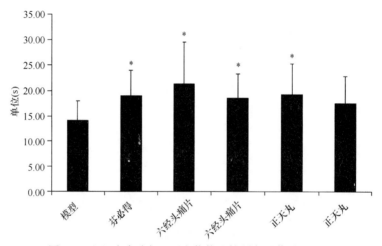

图 7-3　六经头痛片与正天丸优势比较研究（药后 0.5h）

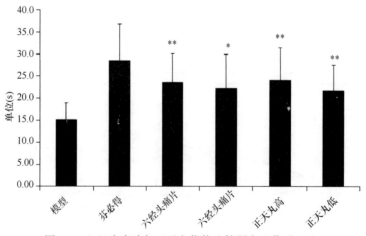

图 7-4　六经头痛片与正天丸优势比较研究（药后 2h）

（二）对小鼠醋酸扭体反应的影响

许多刺激性化学物质如强酸、强碱、钾离子、缓激肽、福尔马林、辣椒素，接触皮肤黏膜或注入体内，均能引起疼痛反应，可用作疼痛模型，研究疼痛生理及筛选镇痛药物。将一定容积和浓度的化学刺激物质注入小鼠腹腔内，刺激脏层和壁层的腹膜，引起深部较大面积、较长时间的炎性疼痛，致使小鼠出现腹内凹、躯干与后肢伸张、臀部高起等行为反应，称为扭体反应。该反应在注射后 15min 内出现频率最高，故以注射后 15min 内发生的扭体次数或发生反应的鼠数为疼痛定量指数。本实验选择了常用的冰醋酸刺激模型。

试验选用 60 只 ICR 小鼠，体重 18～20g，随机分为 6 组，即模型组，六经头痛片高、低剂量组，正天丸高、低剂量组，芬必得组，每组 10 只，雌雄各半，各组按表 7-3 所示剂量每日 ig 给药 1 次，连续给药 3 天，模型组给予同体积去离子水。各组小鼠于末次给药后 50min，腹腔注射 0.7% 的冰醋酸溶液 0.2ml/只，用计数器记录冰醋酸致痛后第二个 10min 内每只小鼠的扭体次数。取各给药组的平均扭体次数与模型组平均扭体次数比较，进行统计学检验，同时计算扭体反应抑制率。

$$扭体反应抑制率（\%）=（模型组-给药组）/模型组×100\%$$

结果（表 7-3，图 7-5 和图 7-6）显示，与模型组比较，六经头痛片高、低剂量组均可非常显著的减少醋酸扭体反应的扭体次数，抑制率分别可达 60.6%、47.8%。可见六经头痛片对化学刺激引起的疼痛有明显的镇痛作用。

阳性药正天丸高、低剂量组均可非常显著的减少醋酸扭体反应的扭体次数，抑制率分别可达 66.8%、48.5%。

阳性药芬必得可非常显著的减少醋酸扭体反应的扭体次数，抑制率分别可达 69.7%。

本实验结果证明，六经头痛片对化学刺激引起的疼痛有明显的镇痛作用；与市场上同类药物正天丸比较，六经头痛片镇痛效果与正天丸相当。

表 7-3　六经头痛片作用特点与比较优势研究（对小鼠醋酸扭体反应的影响，$\bar{x}+s$，$n=10$）

分组	剂量（g/kg）	平均扭体次数（次）	抑制率（%）
模型	—	27.4±7.8	—
芬必得	0.025	8.3±5.4***	69.7
六经头痛片高	1.4	10.8±6.0***	60.6
六经头痛片低	0.7	14.3±7.3**	47.8
正天丸高	3.0	9.1±7.5***	66.8
正天丸低	1.5	14.1±10.0**	48.5

注：与模型组比较，**$P<0.01$，***$P<0.001$

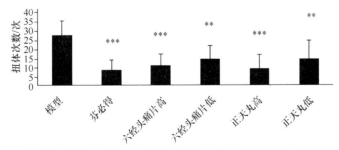

图 7-5　六经头痛片与正天丸比较优势研究（对小鼠醋酸扭体反应的影响）

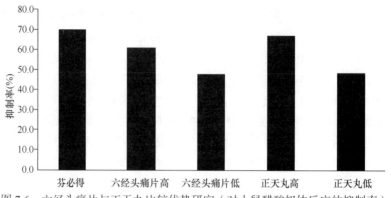

图 7-6　六经头痛片与正天丸比较优势研究（对小鼠醋酸扭体反应的抑制率）

（三）对大鼠偏头痛模型的影响

硝酸甘油型偏头痛动物模型作为一种成熟的、简便的、适用性广泛的实验性偏头痛动物模型，已经广泛应用于国内外对偏头痛发生的病理机理及药物治疗作用的研究之中。硝酸甘油在体内生成 NO，NO 通过强烈的扩张脑血管效应，造成无菌性炎症；另一方面 NO 具有神经毒性作用，可激发三叉神经血管反射，诱发实验性偏头痛。疼痛刺激进一步可激活神经元第二信使，如 Ca^{2+} 等，诱导中枢神经系统内 c-fos、c-jun 基因表达异常增强，提示其该部位神经元功能对外部刺激敏感；大脑皮层神经细胞凋亡增多，血中 5-HT、NE 水平降低而 CGRP、His 水平升高，表明硝酸甘油诱导动物的异常病理变化，与人类偏头痛的发生存在一定的相似性。

1. 试验方法

试验选用 70 只 SD 大鼠，体重 180～200g，随机分为 7 组，即对照组，模型组，六经头痛片低、高剂量组，阳性药正天丸低、高剂量组，芬必得组，每组 10 只，连续灌胃给药 3 天，每天 1 次，末次给药后 30min，除对照组外，其余各组大鼠皮下注射硝酸甘油注射液 10mg/kg，注射后立即记录大鼠因头痛而产生搔头现象的潜伏期及 60min 内的搔头次数。记录结束后腹腔注射戊巴比妥钠麻醉，腹主动脉取血，3000r/min 离心 10min 取血清，–20℃保存备用；同时迅速分离脑组织，–20℃保存备用。脑组织临用前解冻，各组大鼠取相同脑组织部位，用生理盐水制备 10%匀浆，置于–20℃过夜，经过反复冻融 2 次处理破坏细胞膜后离心取上清，作为样本测定脑组织中 5-HT、NA、DA 含量，按试剂盒说明书测定血清中 NO、NOS、β-EP、CGRP、ET 的含量，具体方法如下：

5-HT、NA、DA、β-EP、CGRP、ET 含量均采用竞争酶联免疫法检测其含量。采用 Curve Expert 1.3 软件制作标准曲线，然后用标准品的浓度与 OD 值计算出标准曲线的回归方程式，将样本的 OD 值代入方程式，计算出样本浓度。若样本检测前进行过稀释，最后计算时需乘以相应的稀释倍数，即为样本的实际浓度。

（1）DA、CGRP

实验开始前，提前配置好所有试剂，试剂或样品稀释时，均需混匀，混匀时尽量避免起泡。

1）将各种试剂移至室温（18～25℃）平衡半小时，取浓缩洗涤液，根据当批检测数量，用蒸馏水 1：25 稀释，混匀后备用。

2）加样：设标准品孔和待测样本孔，标准品孔中加入相应标准品 100μl；待测样本孔加待测样本 100μl，轻轻晃动混匀，覆上板贴，37℃温育 2h。

3）弃去液体，甩干，不用洗涤。

4）每孔加生物素标记抗体工作液 100μl，覆上新的板贴，37℃温育 1h。注意加样时不要有气泡，加样将样品加于酶标板孔底部，尽量不触及孔壁，轻轻晃动混匀。

5）弃去孔内液体，甩干，洗板 3 次，每次浸泡 2min，200μl 每孔，甩干。

6）每孔加辣根过氧化物酶标记亲和素工作液 100μl，覆上新的板贴，37℃温育 1h。

7）弃去孔内液体，甩干，洗板 5 次，每次浸泡 2min，200μl 每孔，甩干。

8）依序每孔加底物溶液 90μl，37℃避光显色 15～30min。

9）依序每孔加终止溶液 50μl，终止反应（此时蓝色立转黄色）。终止液的加入顺序应尽量与底物液的的加入顺序相同。为了保证实验结果的准确性，底物反应时间到后应尽快加入终止液。

10）用酶标仪在 450nm 波长依序测量各孔的光密度（OD 值）。在加终止液后 5min 以内进行检测。

其中 CGRP 检测前需对样本进行稀释，血清样本用样本稀释液进行 1∶2 倍稀释后进行检测，检测结果乘以相应的稀释倍数。

（2）5-HT、β-EP

1）将各种试剂移至室温（18～25℃）平衡半小时，取浓缩洗涤液，根据当批检测数量，用蒸馏水 1∶20 稀释，混匀后备用。

2）将酶标板取出，设一个空白对照孔、不加任何液体；每个标准点依次各设两孔，每孔加入相应的标准品 50μl，其余每个检测孔直接加待测样本 50μl。

3）每孔加入酶结合物 50μl（空白对照孔除外），再按同样的顺序加入抗体 50μl，充分混匀，贴上板贴，37℃温育 1h。

4）手工洗板，弃去孔内液体。洗涤液注满各孔，静置 10s 甩干，重复三次后拍干。

5）每孔加显色剂 A 液 50μl，显色剂 B 液 50μl，振荡混匀后，37℃避光显色 15min，每孔加终止液 50μl。

6）用酶标仪在 450nm 波长依序测量各孔的光密度（OD 值）。在反应终止后 10min 内进行检测。

（3）NA：

1）将各种试剂移至室温（18～25℃）平衡半小时，取浓缩洗涤液，根据当批检测数量，用蒸馏水 1∶25 稀释，混匀后备用。

2）将酶标板取出，设一个空白对照孔、不加任何液体；每个标准点依次各设两孔，每孔加入相应的标准品 50μl，其余每个检测孔直接加待测样本 50μl。立即加入抗体工作液 50μl（空白孔不加）。轻轻晃动混匀，覆上板贴，37℃温育 40min。

3）弃去孔内液体，甩干，手工洗板 3 次，每次浸泡 2min，200μl/每孔，甩干。

4）每孔加入酶结合物工作液 100μl（空白孔不加）。轻轻晃动混匀，覆上板贴，37℃温育 30min。

5）弃去孔内液体，甩干，手工洗板 5 次，每次浸泡 2min，200μl/每孔，甩干。

6）依序每孔加底物溶液 90μl，37℃避光显色 20min。

7）依序每孔加终止溶液 50μl，终止反应。

8）在反应终止后 5min 内用酶标仪在 450nm 波长依序测量各孔的光密度（OD 值）。

（4）ET

1）将各种试剂移至室温（18～25℃）平衡半小时，取浓缩洗涤液，根据当批检测数量，用蒸馏水1∶25稀释，混匀后备用。

2）每孔加150μl样本稀释液。

3）每孔加入相应的标准品、对照、待测样本75μl，充分混匀，贴上板贴，37℃温育1h。

4）弃去孔内液体，甩干，手工洗板4次，每次浸泡2min，400μl/每孔，甩干。

5）每孔加入酶结合物工作液200μl。轻轻晃动混匀，覆上板贴，室温温育3h。

6）弃去孔内液体，甩干，手工洗板4次，每次浸泡2min，400μl/每孔，甩干。

7）依序每孔加底物溶液200μl，37℃避光显色30min。

8）依序每孔加终止溶液50μl，终止反应。

9）在反应终止后30min内用酶标仪在450nm波长依序测量各孔的光密度（OD值）。

（5）NO、NOS：

NO、NOS的检测按照说明书中血清样本的具体步骤进行。

1）NO（硝酸还原酶法）：NO化学性质活泼，在体内代谢很快转为NO_2^-和NO_3^-，而NO_2^-又进一步转化为NO_3^-，本法利用硝酸还原酶特异性将NO_3^-还原为NO_2^-，通过显色深浅测定其浓度的高低（表7-4）。

表7-4 NO检测方法

	空白管	标准管	测定管
双蒸水（ml）	0.1	—	—
100μmol/L标准品应用液（ml）	—	0.1	—
样本（ml）	—	—	0.1
混合试剂（ml）	0.4	0.4	0.4
混匀，37℃准确水浴60min			
试剂三（ml）	0.2	0.2	0.2
试剂四（ml）	0.1	0.1	0.1
充分涡旋混匀30s，室温静置40min，3500～4000转/min，离心10min，取上清显色			
上清（ml）	0.5	0.5	0.5
显色剂（ml）	0.6	0.6	0.6
混匀，室温静置10min，波长550nm，采用酶标仪测定吸光度			

计算公式：

NO含量（μmol/L）＝（测定OD值–空白OD值）/（标准OD值–空白OD值）×标准品浓度（100μmol/L）×样品测试前稀释倍数

2）NOS催化L-Arg和分子氧反应生成NO，NO与亲核性物质生成有色化合物，在530nm波长下测定吸光度，根据吸光度的大小可计算出NOS活力（表7-5）。

表7-5 NOS检测方法

	空白管	总NOS测定管
双蒸水（μl）	30	—
样本（μl）	—	30
试剂一底物缓冲液（μl）	200	200
试剂二促进剂（μl）	10	10

续表

	空白管	总 NOS 测定管
试剂三显色剂（μl）	100	100
混匀，37℃水浴准确反应 15min		
试剂四透明剂（μl）	100	100
试剂五终止液（μl）	2000	2000
混匀，波长 530nm，采用酶标仪测定吸光度		
计算公式： 总 NOS 活力（U/ml）＝（总 NOS 测定 OD 值−空白 OD 值）/呈色物纳摩尔消光系数（38.3×10⁻⁶）×反应总体积/取样量×1/（比色光径×反应时间）÷1000		

搔头潜伏期延长率和搔头反应抑制率公式：

$$搔头潜伏期延长率＝（给药组−模型组）/模型组$$
$$搔头反应抑制率＝（模型组−给药组）/模型组$$

2. 试验结果

（1）六经头痛片对实验性偏头痛模型大鼠搔头反应的影响

结果显示（见表 7-6 和表 7-7，图 7-7 和图 7-8）模型组大鼠在皮下注射硝酸甘油注射液后 1～3min 即出现搔头，搔头次数频繁，说明大鼠形成了实验性偏头痛模型；与模型组比较，六经头痛片 1.4、0.7g/kg 剂量能够明显延长搔头反应的潜伏期，延长率可达 201.9%；六经头痛片 1.4、0.7g/kg 剂量组均能够显著减少偏头痛模型大鼠的搔头次数，并呈剂量相关性，搔头次数抑制率最高可达 75.7%。结果表明，六经头痛片在 1.4、0.7g/kg 剂量下对偏头痛模型大鼠具有显著地镇痛作用。

与模型组比较，正天丸 3.0、1.5g/kg 剂量能够明显延长搔头反应的潜伏期，延长率可达 122.0%；正天丸 3.0、1.5g/kg 剂量组均能够显著减少偏头痛模型大鼠的搔头次数，并呈剂量相关性，搔头次数抑制率最高可达 77.1%。结果表明，正天丸在 3.0、1.5g/kg 剂量下对偏头痛模型大鼠具有显著地镇痛作用。

与模型组比较，芬必得 0.025g/kg 剂量能够明显延长搔头反应的潜伏期，延长率可达 259.0%；且能够显著减少偏头痛模型大鼠的搔头次数，搔头次数抑制率可达 60.1%。结果表明，芬必得在 0.025g/kg 剂量下对偏头痛模型大鼠具有显著地镇痛作用。

与市场上同类药物正天丸比较，六经头痛片起效时间稍早于正天丸，镇痛作用与正天丸相当。

本实验结果证明，对于硝酸甘油诱导的大鼠偏头痛模型，六经头痛片在 1.4、0.7g/kg 剂量下对偏头痛模型大鼠具有显著地镇痛作用；与市场上同类药物正天丸比较，六经头痛片具有起效快、镇痛作用相当的特点。

表 7-6　六经头痛片对实验性偏头痛模型大鼠搔头反应的影响（$\bar{x}+s$，$n=10$）

组别	剂量（g/kg）	搔头潜伏期（min）	潜伏期延长率（%）
对照	—	—	—
模型	—	2.64±1.43	0
芬必得	0.025	9.48±4.86**	259.0
六经头痛片高	1.4	5.68±2.85**	115.3
六经头痛片低	0.7	7.97±4.92**	201.9

续表

组别	剂量（g/kg）	搔头潜伏期（min）	潜伏期延长率（%）
正天丸高	3.0	3.99±1.44*	51.1
正天丸低	1.5	5.86±3.60*	122.0

注：与模型组比较，*P＜0.05，**P＜0.01

表 7-7　六经头痛片对实验性偏头痛模型大鼠搔头反应的影响（ $\bar{x}+s$ ，n=10）

组别	剂量（g/kg）	搔头次数（次）	搔头次数抑制率（%）
对照	—	—	—
模型	—	21.8±8.1	0
芬必得	0.025	8.7±9.8**	60.1
六经头痛片高	1.4	5.3±3.6***	75.7
六经头痛片低	0.7	7.4±4.7***	66.1
正天丸高	3.0	5.0±5.3***	77.1
正天丸低	1.5	7.7±4.9***	64.7

注：与模型组比较，**P＜0.01，***P＜0.001

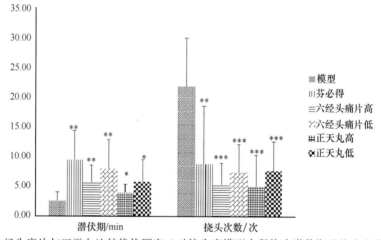

图 7-7　六经头痛片与正天丸比较优势研究（对偏头痛模型大鼠挠头潜伏期及挠头次数的影响）

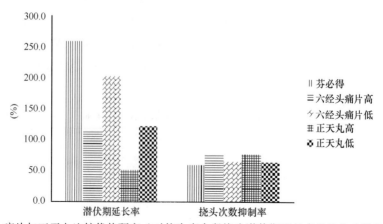

图 7-8　六经头痛片与正天丸比较优势研究（对偏头痛大鼠挠头潜伏期延长率及挠头次数抑制率的影响）

（2）六经头痛片对偏头痛模型大鼠血清中 β-EP 及单胺类递质的影响

结果显示（见表 7-8～表 7-10，图 7-9～图 7-16），与对照组比较，模型组 β-EP、ET、NA 含量显著降低，CGRP、NO、NOS 含量显著升高，

与模型组比较，六经头痛片高剂量组可显著升高 β-EP、ET、DA 含量，显著降低 CGRP、NO、NOS 含量，对 5-HT、NA 含量基本无影响；六经头痛片低剂量组可显著升高 β-EP、ET、DA 含量，显著降低 NOS 含量，降低 CGRP 含量，对 5-HT、NA 含量基本无影响。

与模型组比较，正天丸高剂量组可显著升高 β-EP、ET 含量，显著降低 NOS 含量，对 CGRP、NO、5-HT、NA 含量基本无影响；正天丸低剂量组可显著升高 β-EP、ET、NA 含量，显著降低 NOS 含量，对 CGRP、NO、5-HT、DA 含量基本无影响。

与模型组比较，芬必得组可显著升高 β-EP、NA、5-HT 含量，显著降低 NO、NOS 含量，对 CGRP、ET、DA 含量基本无影响。

本实验结果证明，对于硝酸甘油诱导的大鼠偏头痛模型，六经头痛片在 1.4、0.7g/kg 剂量下对偏头痛模型大鼠具有显著地镇痛作用；与市场上同类药物正天丸比较，六经头痛片更具有多靶点的特点。

表 7-8 六经头痛片对偏头痛模型大鼠血清 β-EP、CGRP、ET 递质含量的影响（$\bar{x}+s$）

组别	剂量（g/kg）	β-EP（pg/ml）	CGRP（pg/ml）	ET（pg/ml）
对照	—	337.7±53.0	73.61±8.51	1.155±0.267
模型	—	237.0±38.5$^{\triangle\triangle\triangle}$	84.83±8.39$^{\triangle\triangle}$	0.867±0.237$^{\triangle}$
六经头痛片高	1.4	297.0±43.2**	75.63±10.11*	1.059±0.134*
六经头痛片低	0.7	277.0±41.6*	76.19±13.64	1.208±0.192**
正天丸高	3.0	289.2±42.1**	72.37±20.12	1.085±0.216*
正天丸低	1.5	279.1±40.3*	84.76±17.35	1.188±0.116**
芬必得	0.025	282.5±44.0*	91.54±6.95	1.128±0.416

注：与对照组比较，$\triangle\triangle\triangle P<0.001$，与模型组比较，$*P<0.05$，$**P<0.01$

表 7-9 六经头痛片对偏头痛模型大鼠血清 NA、5-HT 和 DA 含量的影响（$\bar{x}+s$，$n=10$）

组别	剂量（g/kg）	NA（pg/ml）	5-HT（ng/ml）	DA（ng/ml）
对照	—	114.66±40.73	2.611±1.020	4.949±0.824
模型	—	73.13±30.84$^{\triangle}$	2.076±0.360	4.301±0.711
六经头痛片高	1.4	67.51±21.93	1.881±0.287	6.378±1.016***
六经头痛片低	0.7	67.59±25.12	1.977±0.355	5.250±1.032*
正天丸高	3.0	109.05±44.60	2.345±0.412	4.006±0.604
正天丸低	1.5	118.29±38.90*	2.193±0.644	4.117±0.850
芬必得	0.025	132.43±29.74***	2.408±0.308*	4.165±0.615

注：与对照组比较，$\triangle\triangle\triangle P<0.001$，与模型组比较，$*P<0.05$，$**P<0.01$，$***P<0.001$

表 7-10　六经头痛片对偏头痛模型大鼠血清 NO 及 NOS 含量的影响（$\bar{x}+s$，$n=10$）

组别	剂量（g/kg）	NO（μmol/L）	NOS（U/ml）
对照	—	53.16±13.51	42.35±4.14
模型	—	129.82±17.45$^{\triangle\triangle\triangle}$	46.10±2.83$^{\triangle}$
六经头痛片高	1.4	113.84±15.09*	42.82±3.71*
六经头痛片低	0.7	130.58±18.18	42.89±2.29*
正天丸高	3.0	127.21±7.32	37.13±4.85***
正天丸低	1.5	130.57±10.29	34.69±3.85***
芬必得	0.025	102.89±13.30**	33.82±1.65***

注：与对照组比较，$\triangle\triangle\triangle P<0.001$，与模型组比较，$*P<0.05$，$**P<0.01$，$***P<0.001$

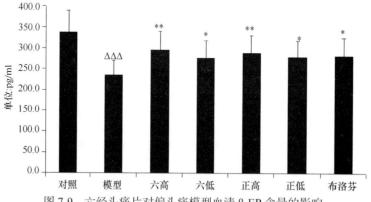

图 7-9　六经头痛片对偏头痛模型血清 β-EP 含量的影响

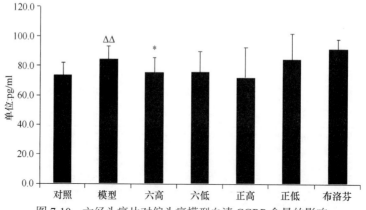

图 7-10　六经头痛片对偏头痛模型血清 CGRP 含量的影响

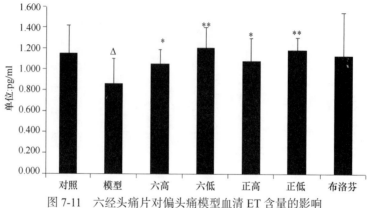

图 7-11　六经头痛片对偏头痛模型血清 ET 含量的影响

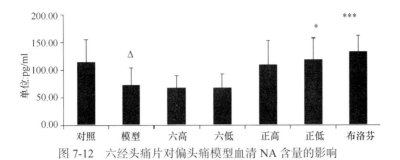

图 7-12 六经头痛片对偏头痛模型血清 NA 含量的影响

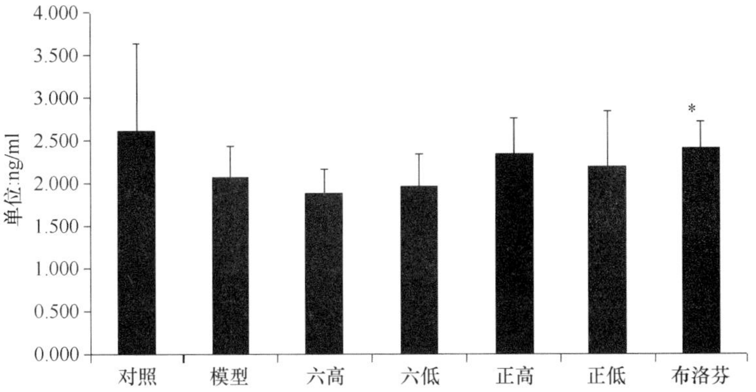

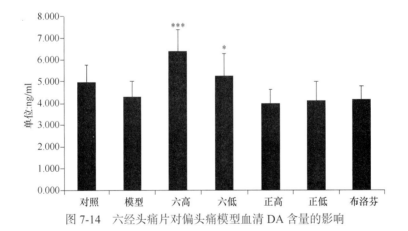

图 7-13 六经头痛片对偏头痛模型血清 5-HT 含量的影响

图 7-14 六经头痛片对偏头痛模型血清 DA 含量的影响

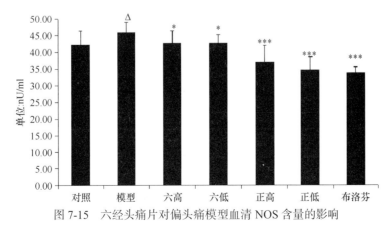

图 7-15 六经头痛片对偏头痛模型血清 NOS 含量的影响

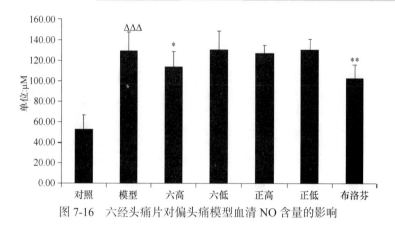

图 7-16　六经头痛片对偏头痛模型血清 NO 含量的影响

三、活血化瘀作用特点与比较优势

1. 对气滞血瘀模型大鼠脑血流速的影响

试验选用 48 只 SD 大鼠，体重 180～200g，随机分为 6 组，每组 8 只，雌雄各半。各组按表 7-11 所示剂量每日 ig 给药 1 次，模型组及对照组给予等体积去离子水，连续给药 7 天。于给药第 6 天除正常组外，其他各组大鼠皮下注射 0.1%盐酸肾上腺素注射液 0.8ml/kg，2h 后将大鼠浸入冰水中 5min，2h 后再皮下注射一次盐酸肾上腺素 0.8ml/kg，之后各组大鼠禁食不禁水 16h，次日给药后 1h，腹腔注射 1%戊巴比妥钠麻醉动物，暴露头盖骨，经颅多普勒检测各组大鼠脑血流速度。

结果（见表 7-11，图 7-17）显示，与对照组比较，模型组大鼠脑血流速度显著降低，与模型组比较，0.7、1.4g/kg 剂量的六经头痛片可显著回升气滞血瘀模型大鼠的脑血流速度，并体现剂量相关性；1.5、3.0g/kg 剂量的正天丸可显著回升脑血流速度，并体现剂量相关性，两者回升脑血流速度的程度相当。

表 7-11　对气滞血瘀模型大鼠脑血流速度的影响（$\bar{x}+s$，$n=8$）

组别	剂量（g/kg）	脑血流速度（Volts）
对照	—	522.02±32.00
模型	—	223.13±17.19△△△
六经头痛片低	0.7	338.93±16.21***
六经头痛片高	1.4	446.61±26.70***
正天丸低	1.5	349.61±15.88***
正天丸高	3.0	443.84±26.49***

注：与对照组比较，△△△$P<0.001$，与模型组比较，***$P<0.001$

2. 对气滞血瘀模型大鼠血流动力学的影响

试验选用 48 只 SD 大鼠，体重 180～200g，随机分为 6 组，每组 8 只，雌雄各半。各组按表 10 所示剂量每日 ig 给药 1 次，模型组及对照组给予等体积去离子水，连续给药 7 天。于给药第 6 天除正常组外，其他各组大鼠皮下注射 0.1%盐酸肾上腺素注射液 0.8ml/kg，2h 后将大鼠浸入冰水中 5min，2h 后再皮下注射一次盐酸肾上腺素 0.8ml/kg，之后各组大鼠禁食不禁

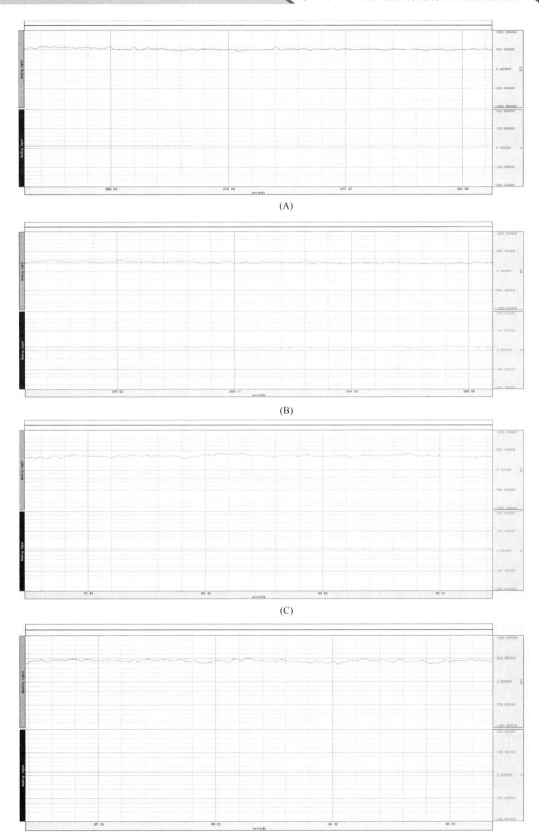

(A)

(B)

(C)

(D)

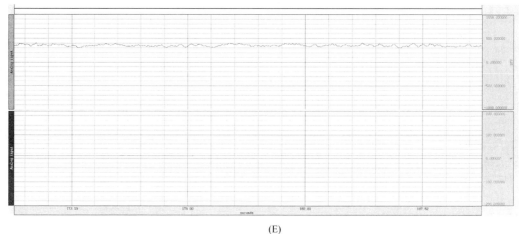

(E)

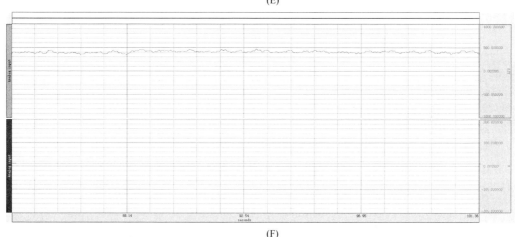

(F)

图 7-17　对气滞血瘀模型大鼠脑血流速影响的测定图

A：对照组；B：模型组；C：六经头痛片低剂量组；D：六经头痛片高剂量组；E：正天丸低剂量组；F：正天丸高剂量组

水 16h，次日给药后 1h，腹腔注射 1%戊巴比妥钠麻醉动物，腹主动脉取血，肝素钠抗凝，摇匀，用 LBY-N6 COMPACT 型全自动血液流变仪测定切速为 $150S^{-1}$、$60S^{-1}$、$10S^{-1}$ 时的全血黏度。剩余全血 2000 转/分离心 10min，分离血浆，测定血浆黏度。

结果（见表 7-12）显示，模型组大鼠全血及血浆黏度显著高于对照组，与模型组比较，0.7g/kg 的六经头痛片可显著降低切速为 $150S^{-1}$、$60S^{-1}$、$10S^{-1}$ 时的全血黏度及血浆黏度，1.4g/kg 可显著降低切速为 $60S^{-1}$、$10S^{-1}$ 时的全血黏度；1.5g/kg 剂量的正天丸可显著降低切速为 $60S^{-1}$、$10S^{-1}$ 时的全血黏度，3.0g/kg 可略降低全血及血浆黏度，从数值上看，六经头痛片降低全血黏度及血浆黏度的作用稍好于正天丸。

表 7-12　对气滞血瘀模型大鼠血液流变学的影响（$\bar{x}+s$，$n=10$）

组别	剂量（g/kg）	血液流变学（S^{-1}）			
		低切	中切	高切	血浆
对照	—	18.01±5.21	8.51±1.74	5.18±1.00	1.15±0.05
模型	—	25.51±3.91$^{\triangle\triangle}$	9.98±1.06	5.61±0.46	1.37±0.18$^{\triangle\triangle}$
六低	0.7	18.46±3.92**	8.08±1.18**	4.84±0.59**	1.22±0.04*
六高	1.4	19.44±3.49**	8.19±1.12**	4.96±0.75	1.25±0.08

续表

组别	剂量（g/kg）	血液流变学（S^{-1}）			
		低切	中切	高切	血浆
正低	1.5	$21.30\pm2.76^*$	$8.87\pm0.76^*$	5.19 ± 0.36	1.24 ± 0.06
正高	3.0	21.73 ± 4.74	9.04 ± 1.45	5.09 ± 0.54	1.26 ± 0.04

注：与对照组比较，$\Delta\Delta P<0.01$；与模型组比较，$*P<0.05$，$**P<0.01$

四、解痉作用特点与比较优势

对 KCl、NE 引起的大鼠胸主动脉收缩的拮抗作用

试验选用 SD 大鼠，雌雄兼用，1%戊巴比妥钠麻醉，迅速取出胸主动脉，置于预冷、预氧饱和的 Kerbs-Henseleit 液中漂洗，剪除血管周围的脂肪和结缔组织，剪成 1cm 长的血管环，一端固定于装有 20ml Kerbs-Henseleit 液的麦氏浴槽中，另一端通过张力换能器连接生物信号放大采集系统 MP-150 多导生理信号记录仪。浴槽内通入 O_2，施加前负荷 2g，37℃下平衡 40～60min 左右，期间每隔 20min 换液 1 次，待主动脉环稳定后，分别加入终浓度 40mmol/L 的 KCl、终浓度 10^{-6}mol/L 的 NE，记录主动脉环的收缩活动，待主动脉收缩稳定后，不同通道由低到高依次加入六经头痛片，使终浓度分别为 0.356、0.712、1.78、3.56mg/ml，正天丸终浓度分别为 0.3、0.6、1.5、3mg/ml，记录主动脉环的活动变化。测定各药物剂量组主动脉环给药前及给药后收缩活动的平均值，计算抑制率。

抑制率（%）＝（药前收缩值−药后收缩值）/（药前收缩值−起始值）×100%

结果显示（见表 7-13 和表 7-14，图 7-18～图 7-23），终浓度 40mmol/L 的 KCl 及终浓度 10^{-6}mol/L 的 NE 均可引起胸主动脉环的收缩，由低到高依次加入终浓度不同的正天丸及六经头痛片后，主动脉环的收缩程度显著降低，且随着药物浓度的增加，抑制率随之增大，通过不同药物浓度及相应的抑制率，分别计算出正天丸及六经头痛片对 KCl、NE 引起主动脉环收缩拮抗的半数抑制浓度，正天丸对 KCl 收缩的 IC_{50} 为 1.65mg/ml，对 NE 收缩的 IC_{50} 为 0.63mg/ml；六经头痛片对 KCl 收缩的 IC_{50} 为 0.97mg/ml，对 NE 收缩的 IC_{50} 为 0.55mg/ml。

试验结果表明，六经头痛片对 KCl 及 NE 引起的大鼠胸主动脉收缩有显著的拮抗作用，即对血管收缩有解痉作用，从 IC_{50} 可看出，六经头痛片 IC_{50} 值均较正天丸小，说明解痉作用相当时其所需的药物浓度更低，故解痉作用方面要优于正天丸。作用机制方面，试验中观察到六经头痛片对 KCl 和 NE 诱导的离体大鼠胸主动脉收缩均有明显的抑制作用，并呈现剂量-效应正相关，推测六经头痛片既作用于血管平滑肌细胞膜上的 α 受体，又作用于 L 型电压依赖性钙通道，抑制 Ca^{2+} 内流，从而松弛血管平滑肌，且拮抗 NE 的缩血管作用所需的药物浓度较拮抗 KCl 的缩血管作用所需的药物浓度更低。

表 7-13　对 KCl 引起的大鼠胸主动脉环收缩的拮抗作用

正天丸			六经头痛片		
浓度（mg/ml）	浓度对数	抑制率（%）	浓度（mg/ml）	浓度对数	抑制率（%）
0.3	−0.52288	12.34	0.356	−0.44855	6.68
0.6	−0.22185	27.68	0.712	−0.14752	26.31

续表

正天丸			六经头痛片		
浓度（mg/ml）	浓度对数	抑制率（%）	浓度（mg/ml）	浓度对数	抑制率（%）
1.5	0.176091	43.918	1.78	0.25042	76.41
3.0	0.477121	66.19	3.56	0.55145	120.28

表 7-14　对 NE 引起的大鼠胸主动脉环收缩的拮抗作用

正天丸			六经头痛片		
浓度（mg/ml）	浓度对数	抑制率（%）	浓度（mg/ml）	浓度对数	抑制率（%）
0.3	−0.52288	12.82	0.356	−0.44855	25.05
0.6	−0.22185	56.64	0.712	−0.14752	69.99
3.0	0.477121	113.19	3.56	0.55145	125.60

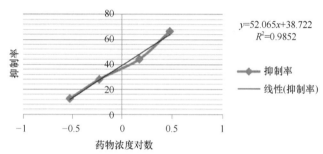

$y=52.065x+38.722$
$R^2=0.9852$

图 7-18　正天丸对 KCl 引起的大鼠胸主动脉环收缩的拮抗作用

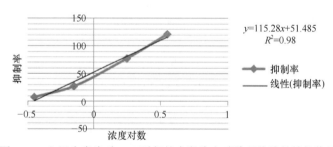

$y=115.28x+51.485$
$R^2=0.98$

图 7-19　六经头痛片对 KCl 引起的大鼠胸主动脉环收缩的拮抗作用

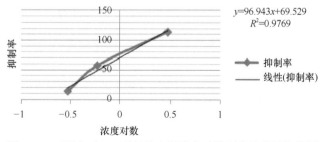

$y=96.943x+69.529$
$R^2=0.9769$

图 7-20　正天丸对 NE 引起的大鼠胸主动脉环收缩的拮抗作用

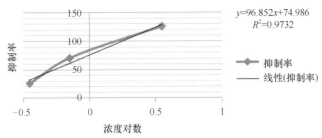

$$y=96.852x+74.986$$
$$R^2=0.9732$$

图 7-21 六经头痛片对 NE 引起的大鼠胸主动脉环收缩的拮抗作用

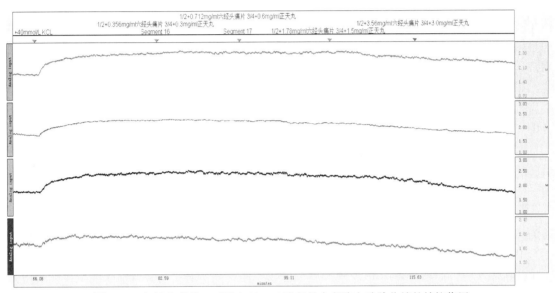

图 7-22 六经头痛片、正天丸对 KCl 引起的大鼠胸主动脉收缩的拮抗作用

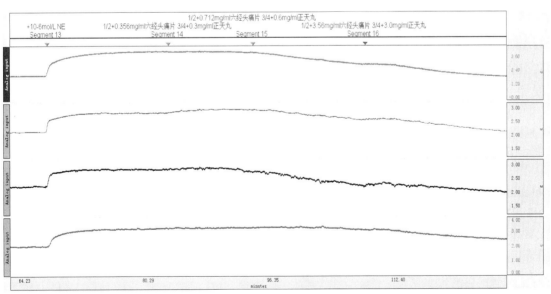

图 7-23 六经头痛片、正天丸对 NE 引起的大鼠胸主动脉收缩的拮抗作用

五、试 验 结 果

1. 镇痛作用特点与比较优势

1）小鼠热板试验：结果显示，与模型组比较，六经头痛片高剂量组可显著延长药后 0.5h、2h、4h 热刺激致小鼠舔足反应的潜伏期，并可持续到药后 4h，延长率最高可达 62.8%，六经头痛片低剂量组可显著延长药后 0.5h、2h 热刺激致小鼠舔足反应的潜伏期，并可持续到药后 2h，延长率最高可达 46.9%；芬必得可显著延长药后 0.5h、2h 热刺激致小鼠舔足反应的潜伏期，并可持续到药后 2h，延长率最高可达 87.8%；正天丸高剂量组可显著延长药后 0.5h、2h、4h 热刺激致小鼠舔足反应的潜伏期，并可持续到药后 4h，延长率最高可达 69.0%，正天丸低剂量组可显著延长药后 2h 热刺激致小鼠舔足反应的潜伏期，延长率最高可达 43.8%；结果表明，六经头痛片可有效延长温热刺激致小鼠舔足反应的潜伏期，对温热刺激引起的疼痛有明显的镇痛作用，具有起效时间早，药效持续时间长的特点。与相对应剂量的正天丸组比较，六经头痛片在药后 0.5、2、4h 的镇痛作用不低于正天丸，六经头痛片起效时间、镇痛强度以及药效持续时间与正天丸基本一致。

本实验结果说明，六经头痛片可有效延长温热刺激致小鼠舔足反应的潜伏期，对温热刺激引起的疼痛有明显的镇痛作用，具有起效时间早，药效持续时间长的特点。六经头痛片起效时间、镇痛强度以及药效持续时间与正天丸基本一致。

2）小鼠醋酸扭体试验：结果显示，与模型组比较，六经头痛片高、低剂量组均可非常显著的减少醋酸扭体反应的扭体次数，抑制率分别可达 60.6%、47.8%。可见六经头痛片对化学刺激引起的疼痛有明显的镇痛作用。阳性药正天丸高、低剂量组均可非常显著的减少醋酸扭体反应的扭体次数，抑制率分别可达 66.8%、48.5%。阳性药芬必得可非常显著的减少醋酸扭体反应的扭体次数，抑制率分别可达 69.7%。本实验结果证明，六经头痛片对化学刺激引起的疼痛有明显的镇痛作用；与市场上同类药物正天丸比较，六经头痛片镇痛效果与正天丸相当。

3）大鼠偏头痛试验（行为学反应）：结果显示，模型组大鼠在皮下注射硝酸甘油注射液后 1～3min 即出现搔头，搔头次数频繁，说明大鼠形成了实验性偏头痛模型；与模型组比较，六经头痛片 1.4、0.7g/kg 剂量能够明显延长搔头反应的潜伏期，延长率可达 201.9%；六经头痛片 1.4、0.7g/kg 剂量组均能够显著减少偏头痛模型大鼠的搔头次数，并呈剂量相关性，搔头次数抑制率最高可达 75.7%。结果表明，六经头痛片在 1.4、0.7g/kg 剂量下对偏头痛模型大鼠具有显著地镇痛作用。与模型组比较，正天丸 3.0、1.5g/kg 剂量能够明显延长搔头反应的潜伏期，延长率可达 122.0%；正天丸 3.0、1.5g/kg 剂量组均能够显著减少偏头痛模型大鼠的搔头次数，并呈剂量相关性，搔头次数抑制率最高可达 77.1%。结果表明，正天丸在 3.0、1.5g/kg 剂量下对偏头痛模型大鼠具有显著地镇痛作用。与模型组比较，芬必得 0.025g/kg 剂量能够明显延长搔头反应的潜伏期，延长率可达 259.0%；且能够显著减少偏头痛模型大鼠的搔头次数，搔头次数抑制率可达 60.1%。结果表明，芬必得在 0.025g/kg 剂量下对偏头痛模型大鼠具有显著地镇痛作用。与市场上同类药物正天丸比较，六经头痛片起效时间稍早于正天丸，镇痛作用与正天丸相当。

本实验结果证明，对于硝酸甘油诱导的大鼠偏头痛模型，六经头痛片在 1.4、0.7g/kg 剂量下对偏头痛模型大鼠具有显著地镇痛作用；与市场上同类药物正天丸比较，六经头痛片具有起效快、镇痛作用相当的特点。

4）大鼠偏头痛试验（血清中 β-EP 及单胺类递质）：结果显示，与对照组比较，模型组 β-EP、ET、NA 含量显著降低，CGRP、NO、NOS 含量显著升高；与模型组比较，六经头痛片高剂量组可显著升高 β-EP、ET、DA 含量，显著降低 CGRP、NO、NOS 含量，对 5-HT、NA 含量基本无影响；六经头痛片低剂量组可显著升高 β-EP、ET、DA 含量，显著降低 NOS 含量，降低 CGRP 含量，对 5-HT、NA 含量基本无影响。与模型组比较，正天丸高剂量组可显著升高 β-EP、ET 含量，显著降低 NOS 含量，对 CGRP、NO、5-HT、NA 含量基本无影响；正天丸低剂量组可显著升高 β-EP、ET、NA 含量，显著降低 NOS 含量，对 CGRP、NO、5-HT、DA 含量基本无影响。与模型组比较，芬必得组可显著升高 β-EP、NA、5-HT 含量，显著降低 NO、NOS 含量，对 CGRP、ET、DA 含量基本无影响。与阳性药正天丸比较，六经头痛片可显著升高 β-EP 含量，显著降低 5-HT 含量，表明六经头痛片具有治疗痛经作用靶点更全面的特点。本实验结果证明，对于硝酸甘油诱导的大鼠偏头痛模型，六经头痛片在 1.4、0.7g/kg 剂量下对偏头痛模型大鼠具有显著地镇痛作用；与市场上同类药物正天丸比较，六经头痛片更具有多靶点的特点。

2. 活血作用特点与比较优势

1）对气滞血瘀模型大鼠脑血流速的影响：与对照组比较，模型组大鼠脑血流速显著降低，与模型组比较，0.7、1.4g/kg 剂量的六经头痛片可显著回升气滞血瘀模型大鼠的脑血流速，并体现剂量相关性；1.5、3.0g/kg 剂量的正天丸可显著回升脑血流速，并体现剂量相关性，两者回升脑血流速的程度相当。

2）对气滞血瘀模型大鼠血流动力学的影响：模型组大鼠全血及血浆黏度显著高于对照组，与模型组比较，0.7g/kg 的六经头痛片可显著降低切速为 $150S^{-1}$、$60S^{-1}$、$10S^{-1}$ 时的全血黏度及血浆黏度，1.4g/kg 可显著降低切速为 $60S^{-1}$、$10S^{-1}$ 时的全血黏度；1.5g/kg 剂量的正天丸可显著降低切速为 $60S^{-1}$、$10S^{-1}$ 时的全血黏度，3.0g/kg 可略降低全血及血浆黏度，有显著的活血化瘀作用，从数值上看，六经头痛片降低全血黏度及血浆黏度的作用稍好于正天丸。试验结果表明，六经头痛片能够通过回升气滞血瘀模型大鼠的脑血流速度，降低全血黏度和血浆黏度，达到"通络止痛"的作用，进而治疗偏头痛。

3. 解痉作用特点与比较优势

对 KCl、NE 引起的大鼠胸主动脉收缩的拮抗作用：结果显示，终浓度 40mmol/L 的 KCl 及终浓度 10^{-6}mol/L 的 NE 均可引起胸主动脉环的收缩，由低到高依次加入终浓度不同的正天丸或六经头痛片后，主动脉环的收缩程度显著降低，且随着药物浓度的增加，抑制率随之增大，通过不同药物浓度及相应的抑制率，分别计算出正天丸及六经头痛片拮抗 KCl、NE 引起主动脉环收缩的半数抑制浓度，正天丸对 KCl 引起收缩拮抗的 IC_{50} 为 1.65mg/ml，对 NE 收缩的 IC_{50} 为 0.63mg/ml；六经头痛片对 KCl 收缩的 IC_{50} 为 0.97mg/ml，对 NE 收缩的 IC_{50} 为 0.55mg/ml。试验结果表明，六经头痛片对 KCl 及 NE 引起的大鼠胸主动脉收缩有显著的拮抗作用，即对血管收缩有解痉作用，从 IC_{50} 可看出，六经头痛片 IC_{50} 值均较正天丸小，说明解痉作用相当时其所需的药物浓度更低，故解痉作用方面要优于正天丸。作用机制方面，试验中观察到六经头痛片对 KCl 和 NE 诱导的离体大鼠胸主动脉收缩均有明显的抑制作用，并呈现剂量–效应正相关，推测六经头痛片既作用于血管平滑肌细胞膜上的 α 受体，又作用于 L 型电压依赖性钙通道，抑制 Ca^{2+} 内流，从而松弛血管平滑肌，且拮抗 NE 的缩血管作用所需的药物浓度较拮抗

KCl 的缩血管作用所需的药物浓度更低。

六、结 论

1. 作用特点方面

六经头痛片具有中枢镇痛和外周镇痛作用,具有起效时间早,药效持续时间长的特点。它对硝酸甘油诱导的大鼠偏头痛模型有明显的镇痛作用,具有起效时间早,药效持续时间长的特点。六经头痛片可以上调由硝酸甘油诱导的 β-EP、ET、DA 异常减少的水平,下调由硝酸甘油诱导的 CGRP、NO、NOS 异常升高的水平,这种作用的综合结果可以遏制偏头痛发病过程中一系列级联反应的恶性循环,抑制伤害性痛觉信息的传递,使机体趋于正常生理状态下的平衡水平,从而发挥抗偏头痛的作用。六经头痛片还可通过回升气滞血瘀模型大鼠的脑血流速度,降低全血黏度和血浆黏度,达到"通络止痛"的作用。六经头痛片能够对 KCl 及 NE 引起血管收缩有解痉作用,推测六经头痛片既作用于血管平滑肌细胞膜上的 α 受体,又作用于 L 型电压依赖性钙通道,抑制 Ca^{2+} 内流,从而松弛血管平滑肌,且拮抗 NE 的缩血管作用所需的药物浓度较拮抗 KCl 的缩血管作用所需的药物浓度更低。

2. 比较优势方面

六经头通片与市场上同类药物正天丸比较,具有起效快、镇痛作用相当的特点。在活血化瘀方面,六经头痛片改善血流速度方面与正天丸相当,但降低血浆黏度和全血黏度方面稍好于正天丸。在解痉作用方面:从 IC_{50} 可看出,六经头痛片 IC_{50} 值均较正天丸小,说明解痉作用相当时其所需的药物浓度更低,故解痉作用方面要优于正天丸。

七、讨 论

1. 偏头痛西医认识

关于偏头痛的发生机制医学界至今未有定论。通常认为偏头痛是复杂的神经体液因素引起颅内外血管及神经功能失调而导致。发病可能与遗传、内分泌、血管神经因素、神经递质、免疫因素、脑兴奋性增加、离子通道异常、皮质扩散抑制、中枢疼痛调节机制障碍等有关。目前认为偏头痛的发病主要涉及三种机制:供应脑膜的颅内脑外血管扩张、血管周围神经释放的血管活性肽引起神经源性炎症以及中枢痛觉传导的抑制降低。最近,有学者提出了偏头痛病机为"神经–血管–血液"系统紊乱的假说。这一假说正与三叉神经血管学说相符。从整体来看,认为偏头痛的发生是由于"神经–血管–血液"系统的紊乱造成的。对此,李佳川等提出偏头痛药效的研究应在如下方面:①神经方面:影响神经递质、神经肽,缓解神经源性炎症的发生;②血管方面:阻止血管痉挛,增加脑血流量,改善脑部微循环;③血液方面:改善血液流变学,抗血小板聚集,减少 5-HT 释放。

多数学者认为,偏头痛是由于血管的舒缩功能失调而出现的发作性痉挛或持续扩张造成血流障碍所引起的头痛,而偏头痛的发生与 NO 及血管活性物质 CGRP、β-EP、5-HT、DA 等单胺类递质的水平密切相关[1-3]。5-HT 是偏头痛发作中重要的神经递质,是中枢内源性镇痛系统中的重要神经活性物质之一,是脑循环中最强烈的血管收缩胺。在偏头痛发作前期,血小板的 5-HT 释放因子升高,使血小板释放 5-HT,血清中 5-HT 含量增加,引起颅内血管收缩,引起偏头痛先兆的前驱症状。在头痛期，升高的 5-HT 被单胺氧化酶 A 不断分解，使 5-HT 耗竭，因 5-HT 减少不能维持血管收缩，故引起头皮血管扩张，导致发作期的血管扩张性头痛[4, 5]。

DA 在偏头痛发病中是仅次于 5-HT 的重要神经递质，脑血管和脑膜血管均由中枢 DA 能神经末梢支配，其上有 DA 受体，提示 CNS 中的 DA 能神经对脑血管活动有直接影响。研究表明无先兆偏头痛发作间歇期，DA 含量明显升高，发作期血小板 NE 含量上升[6]。现代药理研究表明，NE 含量的变化及 DA 的超敏均与偏头痛有直接或间接的关系[7]。

ET 是血管内皮细胞分泌的一种由 21 个氨基酸组成的血管收缩肽，是目前已知的最强大的缩血管物质。生理状态下 ET 合成释放极低，ET 通过血管平滑肌细胞膜上的受体与靶细胞膜结合，激活鸟苷酸环化酶、磷酸肌醇系统和 Ca^{2+} 通道，增高细胞质中 Ca^{2+} 浓度而影响血管张力，触发偏头痛。

β-内啡肽（β-EP）是一种内源性阿片肽，和其他内源性阿片肽一样，与阿片受体结合后对机体产生广泛的影响，特别是对疼痛的调节作用尤为突出。内啡肽系统障碍，β-EP 释放减少，引起神经系统稳态失衡，对外界刺激过于敏感，痛阈值降低；同时对脑干蓝斑的抑制减弱，使多种血管活性物质释放，导致脑血管舒缩功能紊乱，最终导致偏头痛发作。β-EP 可通过影响中枢疼痛通路的传递起到镇痛作用。在中枢神经系统存在着调整疼痛信号传递的机制，β-EP 是对疼痛通路进行调节的抑制性递质，它通过突触前抑制影响中枢疼痛通路的传递，其水平的降低可减弱这种抑制作用。同时，β-EP 与血管舒缩功能之间也有密切的关系，血管舒缩功能障碍是偏头痛发病的直接原因。

CGRP 是由 37 个氨基酸组成的生物活性多肽，是迄今已知的最强大的血管舒张肽，是三叉神经微血管激活的标志物，在疼痛感觉和调控中发挥着重要的作用。大脑血管周围和三叉神经纤维的组织化学研究显示，几乎有一半的细胞含有 CGRP。cady 等发现 CGRP 可以促进三叉神经元与神经胶质细胞在中枢和外周的敏感性。较多学者认为在偏头痛发作期间，CGRP 水平明显增高。但因偏头痛发病机制复杂，血浆 CGRP 测定结果可能受血样采集时机的影响，国内外亦有血 CGRP 含量减少的报道。偏头痛患者输注人 αCGRP 亦可诱发偏头痛发作。CGRP 和偏头痛之间的相关性为 CGRP 受体拮抗剂用于治疗偏头痛提供了理论基础。

硝酸甘油（NTG）是 NO 的供体，在体内生成 NO，NO 可强烈扩张脑血管，也可协同其他神经递质触发神经源性炎症，易化伤害痛觉冲动的中枢传递[8]；另一方面 NO 具有神经毒性作用，可激发三叉神经-血管反射，诱发实验性偏头痛[9]。本实验采用皮下注射硝酸甘油复制了大鼠实验性偏头痛模型，观察了六经头痛片不同剂量对实验性偏头痛模型大鼠的行为及单胺类递质的影响，结果表明，六经头痛片在 0.7～1.4g/kg 剂量下对实验性偏头痛模型大鼠具有显著地镇痛作用，通过调节 β-EP、ET、DA、CGRP、NO、NOS 等血管活性物质及神经递质的水平，从而改善了血管舒缩功能障碍，是其有效预防偏头痛的可能机制。

血管源学说认为颅内动脉收缩引起先兆，然后颅外血管扩张，血管周围组织产生血管活性物质，导致无菌性炎症而诱发头痛。该学说可以很好地解释偏头痛各期的临床特点。1990 年 Olsen 进一步发展了血管源学说，提出先兆型和无先兆型偏头痛是血管痉挛程度不同的同一疾病。他们测量了典型偏头痛发作全程的区域脑血流（regional cerebral blood flow，rCBF）变化，发现当 rCBF 急剧下降时出现先兆，继之出现头痛，在头痛初期 rCBF 仍处于短暂的低值，此期约维持 2h 左右，接着 rCBF 迅速增加，在头痛缓解后 rCBF 仍处于短暂的持续性增加。张晓霞等人的研究发现，偏头痛患者血液流变学异常者占 91.67%，主要为血浆黏度、体外血栓形成和黏附率显著增长。提示偏头痛患者血液处于高黏及高凝状态，有易形成血栓的趋势。六经头痛片能够回升气滞血瘀模型大鼠的脑血流速度，降低全血黏度和血浆黏度，可以改善偏头痛患者血液流变学异常。

2. 偏头痛中医认识

从传统医学来看，偏头痛的原因有三：①气机逆乱，壅遏络脉。《证治准绳》曰："病头痛者，凡此皆脏腑经脉之气，逆乱于头之清道，致其不得运行，壅遏精髓而痛者也。"②气机逆乱，络血横逆。气与血相维附，气乱则血亦乱。络血横逆则络脉失和而发头痛。③顽痰死血，混居络脉。头风病反复发作，经久不愈，则变生痰浊淤血，二者互结，胶滞难化，渐成顽痰死血，混居络道，至脉络失和。此乃"久病多瘀""久病入络"之谓。

淤血的产生主要与气有关，气行则血行，气滞则血瘀。气虚不能推动血液的运行，也必然会产生淤滞。另外风邪、寒凝、湿滞、痰阻等病理因素均可致脉络瘀滞不通而形成淤血，淤血既成便又形成一种新的致病原因而使血瘀症加重。

由于中医临床治疗偏头痛主要意在"活血化瘀，通络止痛"，可进行六经头痛片对气滞血瘀证模型大鼠脑血流速度的影响，气滞寒凝血瘀是由于寒邪侵袭机体而引起体内血行不畅、血脉不通、血液瘀滞等中医病理变化。本实验结果表明六经头痛片能够通过回升气滞血瘀模型大鼠的脑血流速度，降低全血黏度和血浆黏度，达到"通络止痛"的作用，进而治疗偏头痛。

3. 偏头痛与血管平滑肌的关系

胸主动脉管壁中有多层弹性膜和大量弹性纤维，α肾上腺素能受体分布明确，且具有取材容易，标本均一性好，操作中不易损伤血管内皮层的特点，是研究大鼠血管张力的常用取材部位[10]。

血管平滑肌细胞是血管壁的主要成分之一，它是决定血管活性和血管构型的重要因素。它的收缩和舒张决定着血管壁的紧张性，从而调节血流阻力和动脉血压[11]。众所周知，血管的收缩是血管平滑肌细胞内.Ca^{2+}浓度增加诱发的，而细胞内 Ca^{2+} 浓度取决于细胞外 Ca^{2+} 内流和细胞内 Ca^{2+} 释放。KCl 能使血管平滑肌细胞上的电压依赖性钙通道（potential dependent Ca^{2+} channel，PDC）开放，NE 则主要打开受体操纵性钙通道（receptor operated Ca^{2+} channel，ROC）[12]。血管对 NE 的收缩反应：①由 NE 作用于平滑肌上 α 受体，激活细胞膜上的 Ca^{2+} 通道使 Ca^{2+} 流入膜内，同时使 Ca^{2+} 库的 Ca^{2+} 释出，提高细胞内 Ca^{2+} 浓度，而使平滑肌收缩；②NE 作用于血管内皮细胞，使之释放内皮缩血管因子（EDCF），引起血管收缩，同时还可提高血管平滑肌对收缩反应的敏感性[13-15]。

NE 是 α 受体激动剂，属受体操纵性钙通道（ROC）激活剂，作用于血管平滑肌 α1 受体，促进钙通道开放，Ca^{2+} 内流增加和细胞内储存 Ca^{2+} 释放，使细胞内 Ca^{2+} 增加，从而引起血管平滑肌收缩。细胞外高钾使平滑肌细胞膜去极化，主要是激活细胞膜上电压依赖性钙通道，促使 Ca^{2+} 内流增加，Ca^{2+} 增加而引起血管平滑肌的收缩。同时流入细胞内的 Ca^{2+} 与位于肌浆网膜的兰尼定受体结合，促使肌浆网的 Ca^{2+} 大量释放至胞浆内，即 Ca^{2+} 引起的钙释放（CICR），Ca^{2+} 进一步升高，血管收缩增强[16]。

本实验证明，六经头痛片对 KCl 及 NE 引起的大鼠胸主动脉收缩有显著的解痉作用，作用特点方面，试验中观察到六经头痛片对 KCl 和 NE 诱导的离体大鼠胸主动脉收缩均有明显的抑制作用，并呈现剂量–效应正相关，推测六经头痛片既作用于血管平滑肌细胞膜上的 α 受体，又作用于 L 型电压依赖性钙通道，抑制 Ca^{2+} 内流，从而松弛血管平滑肌，且拮抗 NE 的缩血管作用所需的药物浓度较拮抗 KCl 的缩血管作用所需的药物浓度更低。

参 考 文 献

[1] 董世芬，陈红，孙建宁，等. 镇脑宁胶囊治疗偏头痛作用研究[J]. 世界科学技术：中医药现代化，2012，14（5）：2050-2053.

[2] 曾贵荣，马丽，郭建生，等. 芎麻汤不同提取物对小鼠偏头痛模型的影响[J]. 中国实验方剂学杂志，2011，17（24）：164.

[3] 楼招欢，黄月芳，吕圭源，等. 天麻钩藤颗粒对利舍平致偏头痛模型小鼠的影响[J]. 中华中医药杂志，2012，27（5）：1414.

[4] 秦旭华，李祖伦，金沈锐. 白芷总香豆素对偏头痛模型小鼠 5-HT 和 MAO 的影响[J]. 时珍国医国药，2012，23（9）：2190-2191.

[5] Lance JW，Lambert GA，Goadsby PJ，et al. Brainstem influences on the cephalic circulation：experimental data from cat and monkey of relevance to the mechanism of migraine [J]. Headache，1983，23（6）：258.

[6] 谢炜，陈宝田，朱成全. 无先兆偏头痛患者 DA、NE 变化的初步研究[J]. 中华神经科杂志，1999，32（6）：346.

[7] 黄月芳，楼招欢，余芳. 天麻钩藤颗粒对硝酸甘油致偏头痛模型大鼠的影响[J]. 中华中医药杂志，2012，27（1）：227-230.

[8] 郭琳，洪治平. 硝酸甘油型实验性偏头痛模型原理与研究现状[J]. 中国疼痛医学杂志，2004，10（6）：357-364.

[9] 龙军，方泰惠. 实验性偏头痛模型研究进展[J]. 中风与神经疾病杂志，2003，20（2）：188.

[10] 陈佳颖，龙跃，吴飞翔，等. 还原型谷胱甘肽对阻塞性黄疸大鼠胸主动脉收缩与舒张功能的影响[J]. 中华麻醉学杂志，2014，34（7）：863-868.

[11] 张小郁，李文广，郑天珍，等. 葡萄籽中原花青素对实验动物主动脉收缩和血小板聚集的影响[J]. 中国应用生理学杂志，2005，21（4）：383-386.

[12] 汪海，路新强，张雁芳，等. 吡那地尔和硝苯地平对大鼠离体血管的作用[J]. 中国药理学与毒理学杂志，1997，11（3）：229-230.

[13] 吴士清，周明正，朱俭. EDRF 对 NE 引起的大鼠主动脉缩血管效应的作用[J]. 中国药理学通报，1997，13（3）：235.

[14] 郭竹英，饶曼人. 高血压左室肥厚大鼠血管内皮的去留对 NE 和 Ach 反应的研究[J]. 中国药理学通报，1996，12（2）：178.

[15] 朱莉. 血管平滑肌细胞的钙通道[J]. 国外医学：心血管疾病分册，1995，22（6）：323.

[16] 吕宝璋，卢运，安明榜. 受体学[M]. 合肥：安徽科学技术出版社，2000：80.

下篇 质量标准提升研究

第八章

六经头痛片组成药材质量研究

六经头痛片处方由白芷、辛夷、藁本、川芎、葛根、细辛、女贞子、茺蔚子、荆芥穗油等9味药材组成，药材来源及产地较广，质量差异较大。为了保证六经头痛片的优质优效，本着"药材好，药才好"的原则，需要从源头对药材的质量进行优选和控制。现行的质量标准中，以上药材存在不足和缺陷，为了更好地对六经头痛片进行质量控制，本研究首先对六经头痛片的原料药材进行了全面的质量提升研究。

第一节　白芷质量标准研究

一、化学成分研究

（一）实验材料

1. 仪器与试剂

Agilent 1260 高效液相色谱仪	美国 Agilent 公司
Q-TOF 质谱仪	美国 Bruker 公司
AB204-N 电子天平（十万分之一）	德国 METELER 公司
BT25S 电子天平（万分之一）	德国 Sartorius 公司
超声波清洗仪	宁波新芝生物科技公司
乙腈（色谱纯）	美国 Merck 公司
甲酸（分析纯）	美国 Fisher 公司
纯净水	广州屈臣氏有限公司

2. 试药

白芷药材（批号 Y1511383）由天津中新药业集团股份有限公司隆顺榕制药厂提供，经天津药物研究院中药现代研究部张铁军研究院鉴定为伞形科植物白芷 *Angelica dahurica*（Fisch. ex Hofm.）Benth. et Hook. f.的干燥根，符合《中国药典》2015 年版一部的有关规定。

（二）实验方法

1. 供试品溶液制备

取白芷粉末（过三号筛）0.45g，精密称定，置具塞锥形瓶中，精密加入 60%的甲醇溶液10ml，称定重量，超声处理 30 min，放至室温，再称量补重，摇匀，滤过，取续滤液，即得白芷药材供试品溶液。

2. 色谱-质谱条件

（1）色谱条件

流动相乙腈（A）–0.1%甲酸水溶液（B）；柱温 30℃；进样量 10μl；波长 250nm；流速 1ml/min。流动相梯度见表梯度如表 8-1 所示。

表 8-1　流动相梯度洗脱条件

t（min）	A（%）	B（%）
0	2	98
15	11	89
30	11	89
45	14	86
80	35	65
100	100	0

（2）质谱条件

本实验使用 Bruker 质谱仪，正、负两种模式扫描测定，仪器参数如下：采用电喷雾离子源；V 模式；毛细管电压正模式 3.0 kV，负模式 2.5 kV；锥孔电压 30 V；离子源温度 110℃；脱溶剂气温度 350℃；脱溶剂氮气流量 600 L/h；锥孔气流量 50 L/h；检测器电压正模式 1900 V，负模式 2000 V；采样频率 0.1 s，间隔 0.02 s；质量数检测范围 50～1500 Da；柱后分流，分流比为 1∶5；内参校准液采用甲酸钠溶液。

（三）结果与讨论

1. HPLC-Q/TOF MS 实验结果

在上述条件下对白芷药材进行了 HPLC-Q/TOF MS 分析，得到一级质谱图，见图 8-1。

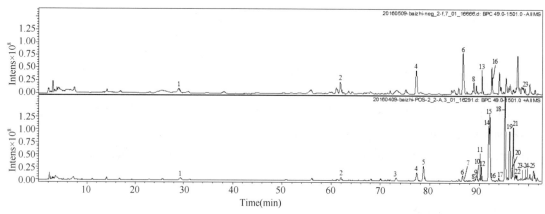

图 8-1　白芷药材 HPLC-Q/TOF MS 谱图

2. HPLC-Q/TOF MS/MS 实验结果

在对白芷药材中的化学物质进行一级质谱测定后，可以得到物质准分子离子峰（[M+H]⁺或[M-H]⁻）的相关信息。在此基础上，以准分子离子为母离子在相应的模式下进行二级碎片的测定，根据二级质谱结构信息以及结合相关文献的报道，对白芷中化学物质组进行了鉴定，鉴定出 23 个化合物，主要为香豆素成分。具体结果参见表 8-2 和图 8-2。

表 8-2　白芷化学物质组鉴定信息表

No.	T（min）	[M+H]⁺	[M+Na]⁺	[M-H]⁻	MS/MS（+/–）	Identification	Formula
1	28.97		377.094	353.0946	707，451，353，191/399，377，163	—	$C_{16}H_{18}O_9$
2	61.70		431.1423	407.1389	815，453，227/431，247	紫花前胡苷	$C_{20}H_{24}O_9$
3	73.07	305.1104	327.0928		327，269，226，203/349	heraclenol	$C_{16}H_{16}O_6$
4	77.12	305.0772	327.0945		268，201，173，145/305，203，147	水和氧化前胡素	$C_{16}H_{16}O_6$
5	78.64		357.108		/357，317，238，233	白当归素	$C_{17}H_{18}O_7$
6	86.63		353.2411	329.2414	353，215，151，117/329，211，171，139，76	E-5-（2-methyl-2-butylalkenyl acid-4-oxy）-8-methoxy psoralen	$C_{17}H_{14}O_7$
7	86.78	217.0553	239.0376		217，202，189，185，173，161	花椒毒素	$C_{12}H_8O_4$
8	88.70	353.2392		329.2397	329/375，353，203，226	—	$C_{17}H_{14}O_7$
9	89.36	217.0578	239.0399		/239，217，202，174，161，146，118，89	佛手苷内酯	$C_{12}H_8O_4$
10	89.48	247.0682	269.0512		269，247，239，232，217，202，189，173	异茴芹内酯	$C_{13}H_{10}O_5$
11	89.98	317.1134	339.0942		399，309，233，231，217，203，191	新白当归脑	$C_{17}H_{16}O_6$
12	90.30	287.0989	309.086		309，287，269，224，203，175，147	栓翅芹烯醇	$C_{16}H_{14}O_5$
13	90.43		231.0942	229.0935	229，201，173，145，117/231，175	osthenol	$C_{14}H_{14}O_3$
14	91.79	317.1167	339.1002		/339，317，299，254，233，191	白当归脑	$C_{17}H_{16}O_6$
15	91.99	287.1061	309.0886		/595，309，287，231，203，175，147	氧化前胡素	$C_{16}H_{14}O_5$
16	92.51		231.0942	229.0927	229，201，174/175，145，119	去甲基花椒素	$C_{14}H_{14}O_3$
17	94.12	335.2289	357.2107		315，317，233，191，145	异脱水比克白芷素	$C_{17}H_{18}O_7$
18	95.54	271.1103	293.0922	269.0489	563，293，271.225，203，175，159，147	欧前胡素	$C_{16}H_{14}O_4$
19	96.08	301.1214	323.1048		/323，301，254，233，218	8-甲氧基异欧前胡内酯	$C_{17}H_{16}O_5$
20	96.55	301.1163	323.1018		/623，323，301，254，233	珊瑚菜内酯	$C_{17}H_{16}O_5$
21	96.85	271.1092	293.0935		563，293，271.225，203，175，159，147	异欧前胡素	$C_{16}H_{14}O_4$
22	97.22	245.126	267.1085		511，245，203，131	蛇床子素	$C_{15}H_{16}O_3$
23	99.14	317.2185		293.2181	233，217	异白当归脑	$C_{17}H_{16}O_6$
24	99.54	317.2185		293.2181	317，287，233，191，161	apaensin	$C_{17}H_{16}O_6$
25	100.11	355.1641	377.1491		355，319，287，191，127	蛇床素	$C_{21}H_{22}O_5$

2

3

4

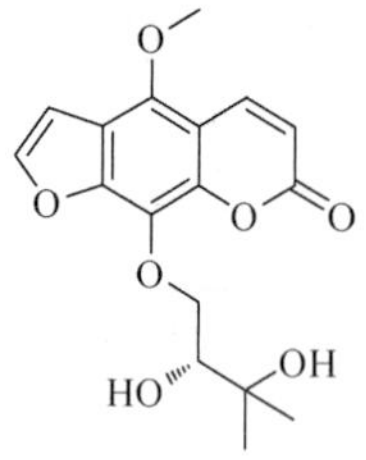

5　　　　6　　　　7 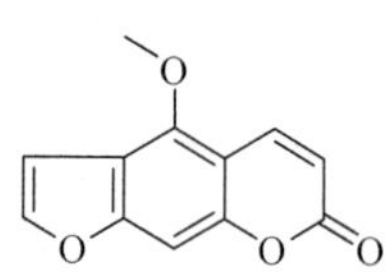　　　　9

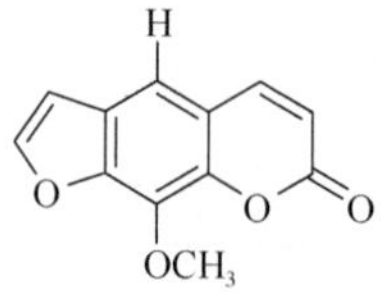

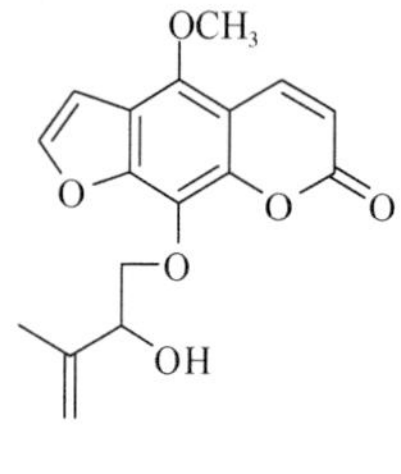

10 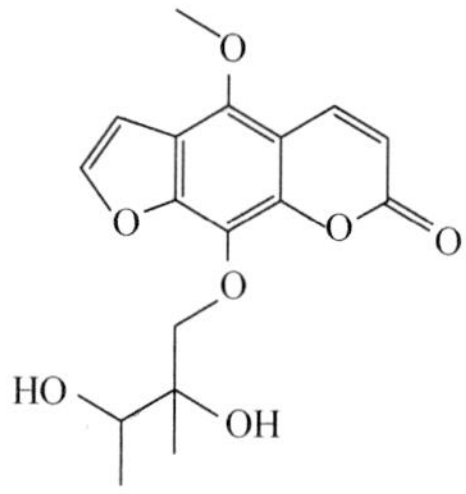　　　　11 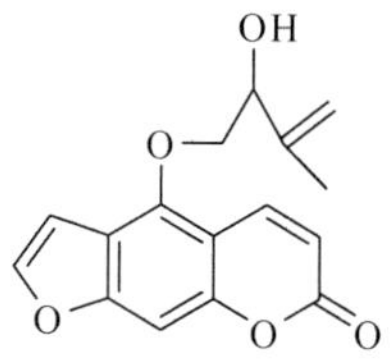　　　　12

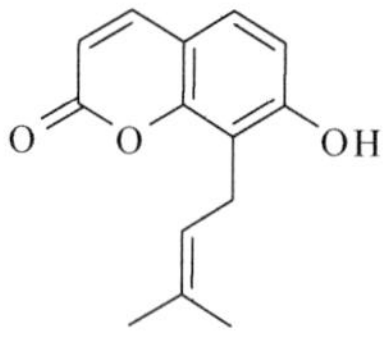

13 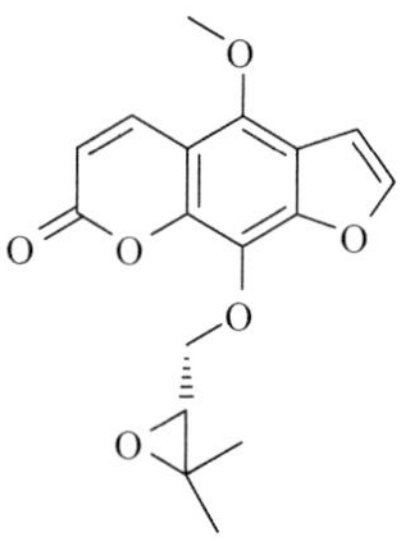　　　　14 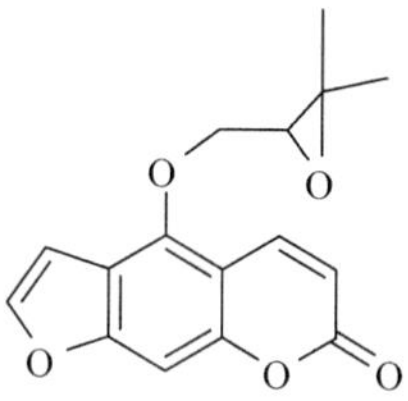　　　　15

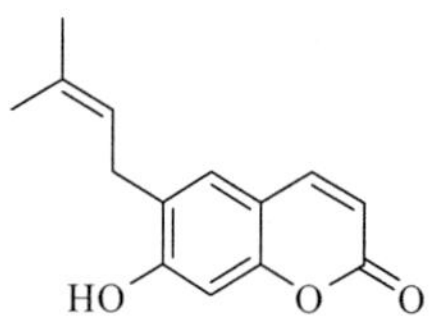

16 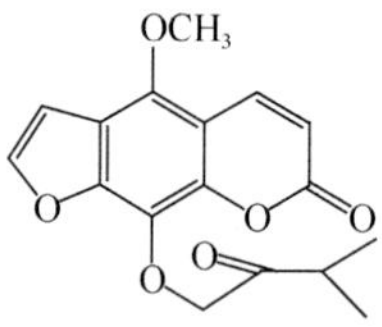　　　　17 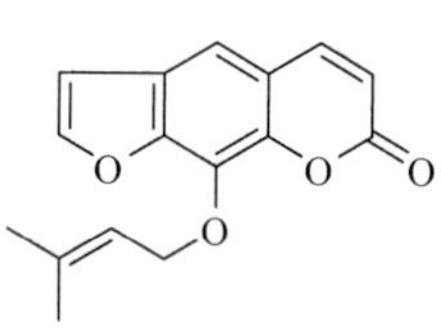　　　　18

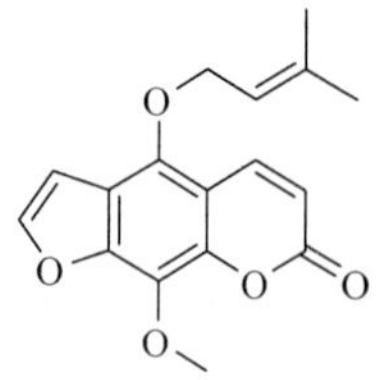

19 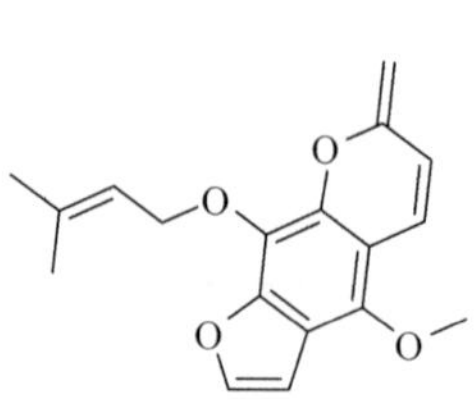　　　　20 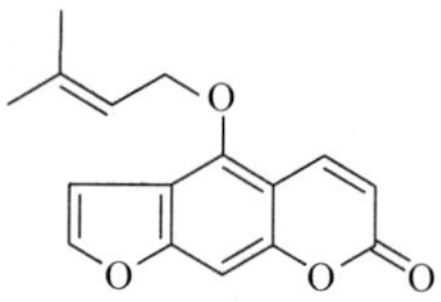　　　　21

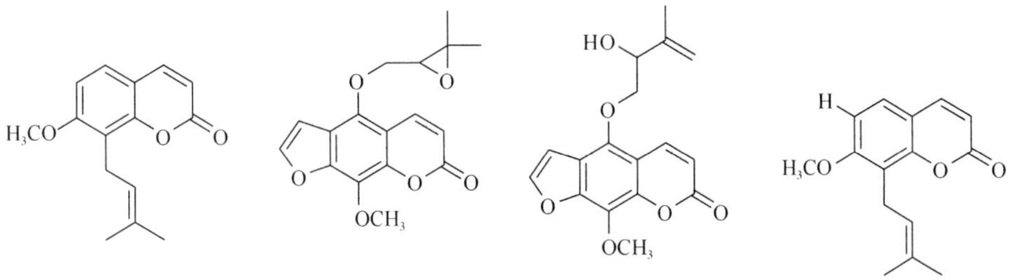

图 8-2 白芷化学物质的分子结构式

二、指纹图谱研究

（一）实验材料

1. 仪器与试剂

Agilent 1100 高效液相色谱仪 　　　　美国 Agilent 公司
AB204-N 电子天平（十万分之一）　　　德国 METELER 公司
BT25S 电子天平（万分之一）　　　　　德国 Sartorius 公司
超声波清洗仪　　　　　　　　　　　　宁波新芝生物科技公司
乙腈（色谱纯）　　　　　　　　　　　天津市康科德科技有限公司
三乙胺（分析纯）　　　　　　　　　　天津光复精密化工研究所
冰乙酸（分析纯）　　　　　　　　　　天津市康科德科技有限公司
纯净水　　　　　　　　　　　　　　　杭州娃哈哈集团有限公司

2. 试药

欧前胡素（批号 110826-201415）、异欧前胡素（批号 110853-201404）均购自中国食品药品检定研究院；白当归素（批号 MUST-13010311）、佛手柑内酯（批号 MUST-13020604）购自成都曼思特生物科技有限公司。

白芷药材（批号 01-11）均由天津中新药业集团股份有限公司隆顺榕制药厂提供，符合《中国药典》2015 年版一部的有关规定。将各药材粉碎，过 40 目筛。

（二）方法与结果

1. 参照峰的选择

选择白芷药材中所含主要药效成分欧前胡素作为参照物。在药材 HPLC 色谱图中，欧前胡素峰面积所占百分比最大，保留时间适中，且和其他成分有很好的分离。因此，选择欧前胡素作为白芷药材 HPLC 指纹图谱的参照物。

对照品溶液的制备：取欧前胡素对照品适量，精密称定，加甲醇制成每 ml 含欧前胡素 10μg 的溶液，摇匀，即得。

2. 供试品溶液制备方法考察

以样品色谱图中主要色谱峰的峰面积及全方色谱峰个数为考察指标确定供试品溶液制备方法。

表 8-3　提取方式考察结果

色谱峰编号	超声提取	回流提取
1	77907	78469
2	142698	139799
3	64910	69363
4	104196	101994
5	1199980	1176155
6	316439	323144
7	330220	339934

（1）提取方式考察

取白芷药材粗粉（过 40 目筛）2 份，每份 1g，精密称定，加入适量甲醇，分别采用超声、回流提取，滤过，得到供试品溶液，以确定的色谱条件进行试验。等生药量下各主要色谱峰面积见表 8-3。比较超声提取和回流提取结果表明，两种提取方法色谱峰个数相同，主要色谱峰峰面积基本相当，超声操作更加简便，因此选择超声提取方法。

（2）提取溶剂考察

称取 3 份白芷药材粉末各 1g，精密称定，置于 50ml 量瓶中，分别加入 45ml 甲醇溶液、70%甲醇溶液、50%甲醇溶液，超声提取 1h，冷却至室温，定容，滤过，得到供试品溶液，按确定的条件进样测定。等生药量下各主要色谱峰面积见表 8-4。实验结果表明，用 70%甲醇溶液作为提取溶剂时提取效率最高，而且得到色谱峰的峰个数最多。因此选择 70%甲醇溶液作为提取溶剂。

（3）提取时间考察

称取 3 份白芷药材粉末各 1g，精密称定，置于 50ml 量瓶中，加入 45ml 70%甲醇溶液，分别超声提取 30min、45min、60min，冷却至室温，定容，滤过，得到供试品溶液，按确定的条件进样测定。等生药量下各主要色谱峰面积见表 8-5。实验结果表明，相比于 30min，超声 45min 以上能显著增加提取液中成分含量，但 45min 与 60min 相比，缩短了提取时间，提取效率更高，因此选择提取时间为 45min。

表 8-4　提取溶剂考察结果

色谱峰编号	甲醇	70%甲醇	50%甲醇
1	77207	145446	152083
2	142698	169751	136628
	64　0	83908	6　691
4	104196	109848	104174
5	1199980	1226542	1117177
6	316439	327693	309893
7	330220	335645	306508

表 8-5　提取时间考察结果

色谱峰编号	30min	45min	60min
1	140465	151087	155186
2	141961	177934	141188
3	69217	92926	70161
4	101117	112706	104841
5	078　6	12221　5	1145598
6	295795	328426	329457
7	301221	319726	320701

（4）提取终点考察

称取 2 份白芷药材粉末各 1g，精密称定，置于 50ml 量瓶中，加入 45ml 70%甲醇溶液，超声提取 45min，冷却至室温，定容，滤过，滤渣用 70%甲醇溶液洗涤 3 次，将洗涤后的滤渣置于 50 ml 量瓶中，加入 45ml 70%甲醇溶液，超声提取 1h，冷却至室温，定容，滤过，得到供试品溶液进行测定。色谱图见图 8-3。由图可看出该提取方法可将白芷中成分提取完全。

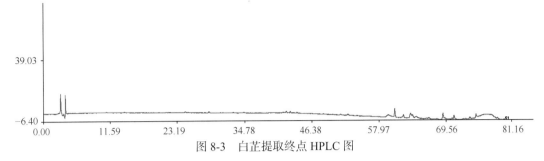

图 8-3 白芷提取终点 HPLC 图

（5）供试品溶液制备方法的确定

取白芷药材粗粉（过 40 目筛）1g，精密称定，置于 50ml 量瓶中，加入 45ml 70%甲醇溶液，超声提取 45min，放置室温，加 70%甲醇溶液至刻度，摇匀，滤过，即得。

3. 色谱条件考察

（1）流动相条件考察

条件 1 A 相：0.1%冰醋酸溶液；B 相：乙腈。柱温 30℃，进样量 10μl，波长 245nm；流速：1ml/min。流动相梯度见表 8-6，梯度洗脱结果见图 8-4。

表 8-6 条件 1 流动相梯度

t（min）	A（%）	B（%）
0	80	20
20	70	30
40	0	100
45	0	100

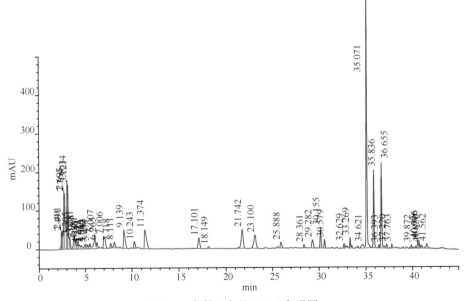

图 8-4 条件 1 白芷 HPLC 色谱图

条件 2 A 相：0.1%冰醋酸溶液；B 相：乙腈。柱温 30℃，进样量 10μl，波长 245nm；流速：1ml/min。流动相梯度见表 8-7，梯度洗脱结果见图 8-5。

条件 3 A 相：0.2%冰醋酸溶液（三乙胺调 pH6.0）；B 相：乙腈。柱温 30℃，进样量 10μl，波长 300nm；流速：1ml/min。流动相梯度见表 8-8，梯度洗脱结果见图 8-6。

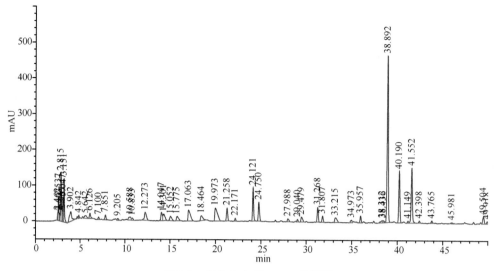

图 8-5　条件 2 白芷 HPLC 色谱图

表 8-7　条件 2 流动相梯度

t（min）	A（%）	B（%）
0	85	15
15	75	25
55	0	100
60	0	00

表 8-8　条件 1 流动相梯度

t（min）	流速（ml/min）	A（%）	B（%）
0	1	80	20
20	1	70	30
40	1	0	100
45	1	0	100

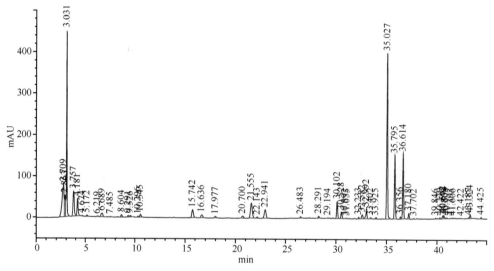

图 8-6　条件 3 白芷 HPLC 色谱图

表 8-9　条件 4 流动相梯度

t（min）	A（%）	B（%）
0	90	10
30	75	25
55	20	80
60	0	100

条件 4　A 相：0.2% 冰醋酸溶液（三乙胺调 pH6.0）；B 相：乙腈。柱温 30℃，进样量 10μl，波长 245nm；流速：1ml/min。流动相梯度见表 8-9，梯度洗脱结果见图 8-7。

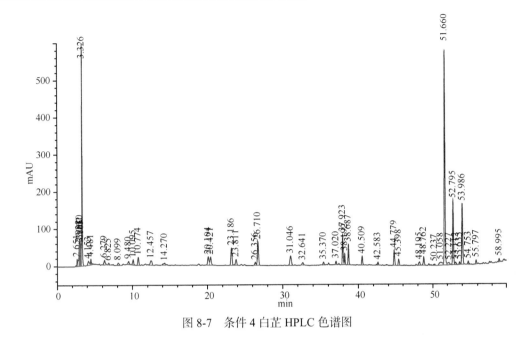

图 8-7 条件 4 白芷 HPLC 色谱图

条件 5　A 相：0.2%冰醋酸溶液（三乙胺调 pH5.0）；B 相：乙腈。柱温 30℃，进样量 10μl，波长 245nm；流速：1ml/min。流动相梯度见表 8-10，梯度洗脱结果见图 8-8。

表 8-10　条件 5 流动相梯度

t（min）	A（%）	B（%）
0	90	10
30	75	25
55	20	80
60	0	100

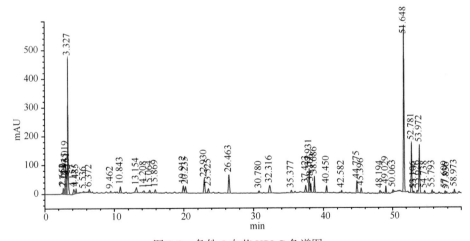

图 8-8 条件 5 白芷 HPLC 色谱图

表 8-11　条件 6 流动相梯度

t（min）	A（%）	B（%）
0	90	10
35	75	25
55	42	58
70	20	80
75	0	100

通过对比条件 4 和条件 5 下的 HPLC 图可看出，色谱条件 5（pH5.0）下得到的谱图中色谱峰个数较多且各色谱峰分离度较好，故选择 pH5.0 为最优 pH 值。

条件 6　A 相：0.2%冰醋酸溶液（三乙胺调 pH5.0）；B 相：乙腈。柱温 30℃，进样量 10μl，波长 245nm；流速：1ml/min。流动相梯度见表 8-11，梯度洗脱结果见图 8-9。

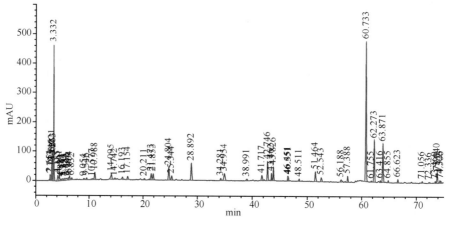

图 8-9　条件 6 白芷 HPLC 色谱图

由各条件下 HPLC 色谱图可看出，条件 6 下得到的谱图中基线比较稳定，峰个数较多，各色谱峰分离度较好，故选择条件 6 中流动相梯度条件为最优条件。

（2）检测波长的选择

取白芷供试品溶液，按流动相条件，使用 DAD 检测器进行 200～400nm 全波长扫描，结果白芷香豆素类成分在 245nm 和 300nm 处均有较大吸收（见图 8-10 和图 8-11），考虑到全药色谱图在 245nm 处峰个数较多，各峰分离良好，特征峰明显且峰形较好，故选择 245nm 作为白芷指纹图谱测定波长。

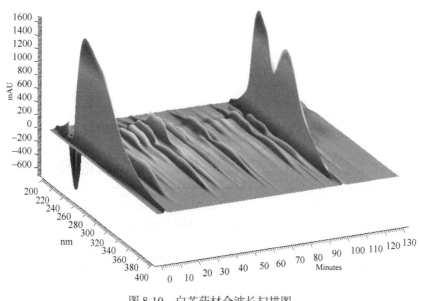

图 8-10　白芷药材全波长扫描图

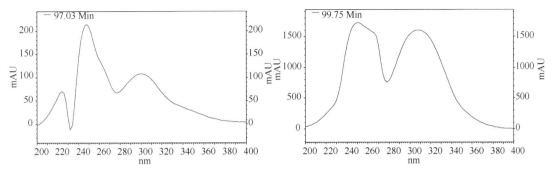

图 8-11 欧前胡素（左）和异欧前胡素（右）DAD 吸收图

（3）色谱柱的考察

选取三根不同型号色谱柱 Ultimate C$_{18}$（4.6×250mm，5μm），Dikma C$_{18}$（4.6×250mm，5μm），Thermo ODS-2 Hypersil（4.6×250mm，5μm），按条件 6 色谱条件进样比较，结果见图 8-12，可以看出 Dikma 及 Thermo 色谱柱出峰较少，分离度较低，故考虑使用 Ultimate C$_{18}$（4.6×250mm，5μm）色谱柱。

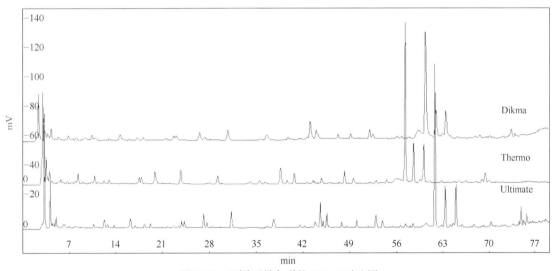

图 8-12 不同型号色谱柱 HPLC 对比图

（4）色谱条件的确定

色谱柱：Ultimate C$_{18}$（4.6mm× 250mm，5μm）；A 相：乙腈，B 相：0.2%冰醋酸溶液（三乙胺调 pH5.0）；柱温 30℃，进样量 10μl，波长 245nm；流速：1ml/min。流动相梯度见表 8-12。

4. 方法学考察

（1）精密度试验

在上述优化后的条件下，制备供试品溶液，连续进样 6 次，记录指纹图谱（图 8-13），以欧前胡素峰（15 号峰）的保留时间和色谱峰面积为参照，计算出各共有峰的相对保留时间和相对峰面积。精密度试验结果见表 8-13 和表 8-14。各色谱峰的相对保留时间及峰面积的 RSD 值均不大于 2.46%，符合指纹图谱的要求。

表 8-12 流动相梯度洗脱程序

t（min）	A（%）	B（%）
0	10	90
35	25	75
55	58	42
70	80	20
75	100	0

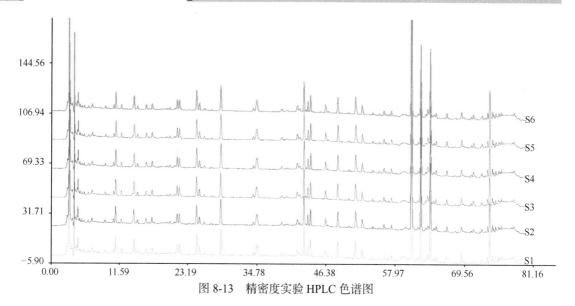

图 8-13　精密度实验 HPLC 色谱图

表 8-13　精密度试验结果（示相对保留时间）

峰号	相对保留时间						RSD（%）
	1	2	3	4	5	6	
1	0.181	0.180	0.180	0.180	0.180	0.180	0.14
2	0.232	0.231	0.232	0.232	0.232	0.232	0.15
3	0.354	0.352	0.352	0.352	0.352	0.352	0.16
4	0.360	0.359	0.358	0.358	0.359	0.359	0.16
5	0.407	0.406	0.406	0.406	0.406	0.406	0.14
6	0.415	0.414	0.414	0.413	0.414	0.414	0.15
7	0.475	0.473	0.473	0.473	0.473	0.473	0.12
8	0.574	0.573	0.572	0.572	0.572	0.572	0.13
9	0.704	0.703	0.703	0.703	0.703	0.703	0.04
10	0.714	0.714	0.714	0.714	0.714	0.714	0.03
11	0.722	0.721	0.721	0.721	0.721	0.721	0.03
12	0.798	0.797	0.797	0.797	0.797	0.797	0.03
13	0.846	0.846	0.846	0.846	0.846	0.846	0.01
14	0.865	0.865	0.865	0.865	0.865	0.865	0.01
15（S）	1.000	1.000	1.000	1.000	1.000	1.000	0.00
16	1.025	1.025	1.025	1.025	1.025	1.025	0.00
17	1.052	1.052	1.052	1.052	1.052	1.052	0.01
18	1.216	1.215	1.216	1.216	1.216	1.216	0.02

表 8-14 精密度试验结果（示相对峰面积）

峰号	相对峰面积						RSD（%）
	1	2	3	4	5	6	
1	0.069	0.069	0.070	0.069	0.069	0.069	0.73
2	0.067	0.068	0.064	0.068	0.068	0.069	2.46
3	0.048	0.046	0.047	0.046	0.048	0.048	1.76
4	0.047	0.044	0.045	0.045	0.046	0.046	1.92
5	0.093	0.092	0.093	0.093	0.093	0.094	0.76
6	0.037	0.036	0.038	0.037	0.037	0.038	1.95
7	0.126	0.126	0.127	0.126	0.126	0.127	0.43
8	0.084	0.085	0.085	0.087	0.086	0.086	1.10
9	0.126	0.126	0.126	0.125	0.126	0.127	0.48
10	0.034	0.035	0.035	0.034	0.034	0.034	0.82
11	0.063	0.063	0.064	0.064	0.064	0.064	1.00
12	0.072	0.072	0.071	0.072	0.071	0.071	0.69
13	0.093	0.094	0.093	0.093	0.093	0.094	0.63
14	0.046	0.046	0.046	0.048	0.047	0.047	1.54
15（S）	1.000	1.000	1.000	1.000	1.000	1.000	0.00
16	0.308	0.307	0.306	0.305	0.302	0.305	0.64
17	0.302	0.301	0.301	0.300	0.301	0.303	0.39
18	0.127	0.124	0.126	0.124	0.124	0.121	1.72

（2）重复性试验

取同一批次白芷样品，平行制备供试品溶液 6 份，按法进样测定，记录指纹图谱见图 8-14。

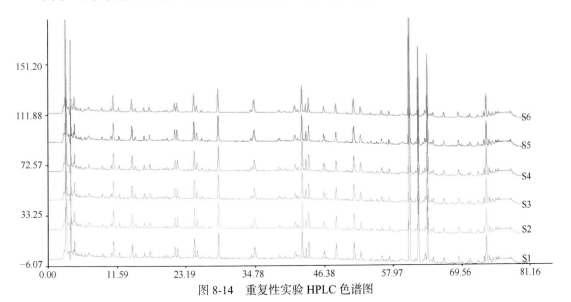

图 8-14 重复性实验 HPLC 色谱图

以欧前胡素峰（15 号峰）的保留时间和色谱峰面积为参照，计算出各共有峰的相对保留时间和相对峰面积。重复性试验结果见表 18-15 和表 8-16。各色谱峰的相对保留时间及峰面积的 RSD 值均不大于 2.89%，符合指纹图谱的要求。

表 8-15　重复性试验结果（示相对保留时间）

峰号	相对保留时间						RSD（%）
	1	2	3	4	5	6	
1	0.180	0.180	0.180	0.180	0.180	0.180	0.12
2	0.232	0.232	0.232	0.232	0.232	0.232	0.09
3	0.352	0.352	0.352	0.353	0.352	0.352	0.09
4	0.359	0.358	0.358	0.359	0.358	0.358	0.09
5	0.406	0.406	0.405	0.406	0.405	0.405	0.10
6	0.414	0.414	0.413	0.413	0.413	0.413	0.12
7	0.473	0.473	0.473	0.473	0.472	0.472	0.09
8	0.572	0.572	0.571	0.571	0.571	0.571	0.09
9	0.703	0.703	0.703	0.703	0.703	0.703	0.02
10	0.714	0.714	0.713	0.714	0.714	0.713	0.02
11	0.721	0.721	0.721	0.721	0.721	0.721	0.02
12	0.797	0.797	0.797	0.797	0.797	0.797	0.01
13	0.846	0.846	0.846	0.846	0.846	0.846	0.01
14	0.865	0.865	0.865	0.865	0.865	0.865	0.01
15（S）	1.000	1.000	1.000	1.000	1.000	1.000	0.00
16	1.025	1.025	1.025	1.025	1.025	1.025	0.00
17	1.052	1.052	1.052	1.052	1.052	1.052	0.01
18	1.216	1.216	1.216	1.216	1.216	1.216	0.01

表 8-16　重复性试验结果（示相对峰面积）

峰号	相对峰面积						RSD（%）
	1	2	3	4	5	6	
1	0.069	0.071	0.071	0.070	0.075	0.072	2.83
2	0.069	0.071	0.068	0.071	0.069	0.066	2.61
3	0.048	0.048	0.045	0.046	0.048	0.047	2.33
4	0.046	0.043	0.044	0.044	0.046	0.043	2.87
5	0.094	0.097	0.092	0.092	0.098	0.097	2.84
6	0.038	0.039	0.038	0.039	0.039	0.037	2.75
7	0.127	0.130	0.125	0.125	0.133	0.131	2.53
8	0.086	0.087	0.084	0.083	0.085	0.085	1.50
9	0.127	0.124	0.124	0.128	0.123	0.132	2.89
10	0.034	0.035	0.035	0.034	0.034	0.035	1.43
11	0.064	0.063	0.064	0.067	0.065	0.064	2.06

续表

峰号	相对峰面积						RSD（%）
	1	2	3	4	5	6	
12	0.071	0.070	0.068	0.066	0.068	0.068	2.64
13	0.094	0.096	0.096	0.091	0.097	0.095	2.24
14	0.047	0.045	0.046	0.047	0.046	0.044	2.45
15（S）	1.000	1.000	1.000	1.000	1.000	1.000	0.00
16	0.305	0.299	0.298	0.303	0.304	0.314	1.90
17	0.303	0.293	0.298	0.298	0.302	0.306	1.52
18	0.121	0.115	0.114	0.113	0.116	0.113	2.43

（3）稳定性试验

取同一供试品溶液，分别在 0h、2h、4h、8h、12h、24h 进样测定，记录指纹图谱（图 8-15），以欧前胡素峰（15 号峰）的保留时间和色谱峰面积为参照，计算出各共有峰的相对保留时间和相对峰面积。稳定性试验结果见表 8-17 和表 8-18。各色谱峰的相对保留时间及峰面积的 RSD 值均不大于 2.62%，符合指纹图谱的要求。

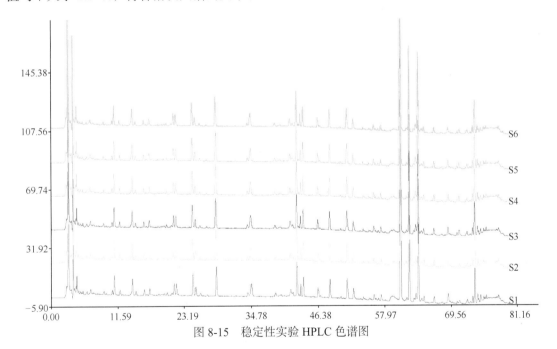

图 8-15　稳定性实验 HPLC 色谱图

表 8-17　稳定性试验结果（示相对保留时间）

峰号	相对保留时间						RSD（%）
	0h	2h	4h	8h	12h	24h	
1	0.181	0.180	0.180	0.180	0.180	0.180	0.16
2	0.232	0.231	0.232	0.232	0.232	0.232	0.15
3	0.354	0.352	0.352	0.352	0.352	0.352	0.17

续表

峰号	相对保留时间						RSD（%）
	0h	2h	4h	8h	12h	24h	
4	0.360	0.359	0.358	0.358	0.359	0.358	0.17
5	0.407	0.406	0.406	0.406	0.406	0.405	0.17
6	0.415	0.414	0.414	0.413	0.414	0.413	0.18
7	0.475	0.473	0.473	0.473	0.473	0.473	0.14
8	0.574	0.573	0.572	0.572	0.572	0.571	0.15
9	0.704	0.703	0.703	0.703	0.703	0.703	0.05
10	0.714	0.714	0.714	0.714	0.714	0.714	0.03
11	0.722	0.721	0.721	0.721	0.721	0.721	0.04
12	0.798	0.797	0.797	0.797	0.797	0.797	0.03
13	0.846	0.846	0.846	0.846	0.846	0.846	0.01
14	0.865	0.865	0.865	0.865	0.865	0.865	0.01
15（S）	1.000	1.000	1.000	1.000	1.000	1.000	0.00
16	1.025	1.025	1.025	1.025	1.025	1.025	0.00
17	1.052	1.052	1.052	1.052	1.052	1.052	0.01
18	1.216	1.215	1.216	1.216	1.216	1.216	0.02

表 8-18　稳定性试验结果（示相对峰面积）

峰号	相对峰面积						RSD（%）
	0h	2h	4h	8h	12h	24h	
1	0.069	0.069	0.070	0.069	0.069	0.069	0.69
2	0.067	0.068	0.064	0.068	0.069	0.069	2.62
3	0.048	0.046	0.047	0.046	0.048	0.049	2.21
4	0.047	0.044	0.045	0.045	0.046	0.046	2.02
5	0.093	0.092	0.093	0.093	0.094	0.092	0.81
6	0.037	0.036	0.038	0.037	0.038	0.036	2.06
7	0.126	0.126	0.127	0.126	0.127	0.126	0.46
8	0.084	0.085	0.085	0.087	0.086	0.084	1.34
9	0.126	0.126	0.126	0.125	0.127	0.127	0.55
10	0.034	0.035	0.035	0.034	0.034	0.034	0.90
11	0.063	0.063	0.064	0.064	0.064	0.064	1.03
12	0.072	0.072	0.071	0.072	0.071	0.071	0.69
13	0.093	0.094	0.093	0.093	0.094	0.092	0.87
14	0.046	0.046	0.046	0.048	0.047	0.046	1.66
15（S）	1.000	1.000	1.000	1.000	1.000	1.000	0.00
16	0.308	0.307	0.306	0.305	0.305	0.306	0.39
17	0.302	0.301	0.301	0.300	0.303	0.300	0.41
18	0.127	0.124	0.126	0.124	0.121	0.119	2.38

5. 药材指纹图谱的测定

取 11 批白芷药材制备供试品溶液，进行色谱条件测定。将得到的指纹图谱的 AIA 数据文件导入《中药色谱指纹图谱相似度评价系统》2004A 版相似度软件，得到 11 批白芷指纹图谱，见图 8-16。

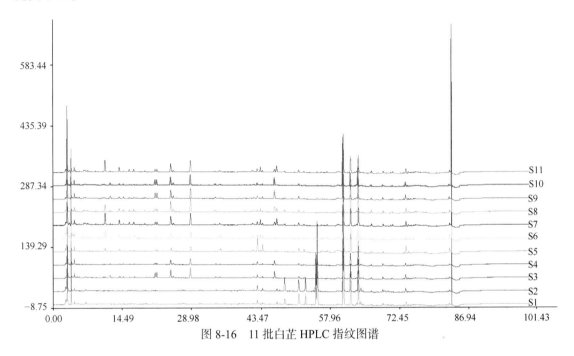

图 8-16　11 批白芷 HPLC 指纹图谱

6. 对照指纹图谱建立

将 11 批白芷药材数据导入中药指纹图谱相似度分析软件，生成指纹图谱，以 S1 为参照图谱，时间窗宽度为 0.5，自动匹配后共得到 22 个共有峰。通过液质结果分析及对照品指认，共指认出 14 个色谱峰，见图 8-17。以欧前胡素峰（16 号）为参照峰，计算 11 批样品共有峰相对保留时间及相对峰面积，结果见表 8-19 和表 8-20。

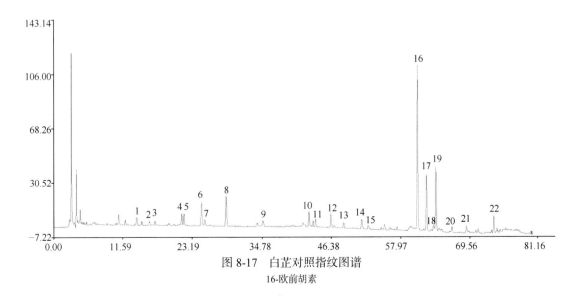

图 8-17　白芷对照指纹图谱
16-欧前胡素

表 8-19　11 批白芷样品共有峰（示相对保留时间）

编号	批号										
	1	2	3	4	5	6	7	8	9	10	11
1	0.23	0.23	0.23	0.23	0.23	0.23	0.23	0.23	0.23	0.23	0.23
2	0.26	0.26	0.26	0.26	0.26	0.26	0.26	0.26	0.26	0.26	0.27
3	0.28	0.28	0.28	0.28	0.28	0.28	0.28	0.28	0.28	0.28	0.28
4	0.35	0.35	0.35	0.35	0.35	0.35	0.35	0.35	0.35	0.35	0.35
5	0.36	0.36	0.36	0.36	0.36	0.36	0.36	0.36	0.36	0.36	0.36
6	0.41	0.41	0.41	0.41	0.41	0.41	0.41	0.41	0.41	0.41	0.41
7	0.42	0.42	0.42	0.42	0.42	0.42	0.42	0.42	0.42	0.42	0.42
8	0.48	0.47	0.48	0.47	0.47	0.47	0.47	0.47	0.47	0.47	0.47
9	0.57	0.57	0.57	0.57	0.57	0.57	0.57	0.57	0.57	0.57	0.57
10	0.70	0.70	0.70	0.70	0.70	0.70	0.70	0.70	0.70	0.70	0.70
11	0.72	0.72	0.71	0.72	0.72	0.72	0.72	0.72	0.72	0.72	0.72
12	0.76	0.76	0.76	0.76	0.76	0.76	0.76	0.76	0.76	0.76	0.76
13	0.80	0.80	0.80	0.80	0.80	0.80	0.80	0.80	0.80	0.80	0.80
14	0.85	0.85	0.85	0.85	0.85	0.85	0.85	0.85	0.85	0.85	0.85
15	0.87	0.87	0.87	0.87	0.87	0.87	0.87	0.87	0.87	0.87	0.87
16（S）	1.00	1.00	1.00	1.00	1.00	1.00	1.00	1.00	1.00	1.00	1.00
17	1.03	1.03	1.03	1.03	1.03	1.03	1.03	1.03	1.03	1.03	1.03
18	1.04	1.04	1.05	1.04	1.04	1.04	1.04	1.04	1.04	1.04	1.04
19	1.05	1.05	1.05	1.05	1.05	1.05	1.05	1.05	1.05	1.05	1.05
20	1.10	1.10	1.10	1.10	1.10	1.10	1.10	1.10	1.10	1.10	1.10
21	1.14	1.14	1.14	1.14	1.14	1.14	1.14	1.14	1.14	1.14	1.14
22	1.21	1.21	1.21	1.21	1.21	1.21	1.21	1.21	1.21	1.21	1.21

表 8-20　11 批白芷样品共有峰（示相对峰面积）

峰号	批号										
	1	2	3	4	5	6	7	8	9	10	11
1	0.05	0.04	0.04	0.03	0.04	0.03	0.04	0.02	0.02	0.02	0.03
2	0.02	0.01	0.02	0.01	0.02	0.01	0.02	0.01	0.01	0.01	0.01
3	0.02	0.02	0.03	0.02	0.02	0.01	0.02	0.01	0.01	0.01	0.02
4	0.14	0.13	0.18	0.14	0.12	0.11	0.14	0.07	0.05	0.06	0.13
5	0.14	0.13	0.16	0.13	0.12	0.11	0.14	0.08	0.06	0.06	0.13
6	0.24	0.23	0.29	0.23	0.24	0.19	0.24	0.12	0.12	0.13	0.24
7	0.08	0.07	0.06	0.05	0.05	0.06	0.06	0.05	0.03	0.03	0.05
8	0.31	0.29	0.38	0.29	0.31	0.25	0.31	0.16	0.16	0.16	0.32
9	0.02	0.04	0.03	0.03	0.04	0.04	0.04	0.02	0.05	0.06	0.05
10	0.06	0.06	0.07	0.06	0.07	0.06	0.07	0.05	0.06	0.08	0.07
11	0.04	0.03	0.04	0.03	0.03	0.04	0.04	0.02	0.02	0.03	0.04
12	0.21	0.19	0.17	0.17	0.17	0.16	0.14	0.10	0.08	0.09	0.16
13	0.02	0.02	0.02	0.02	0.02	0.12	0.01	0.02	0.02	0.08	0.02
14	0.08	0.06	0.06	0.06	0.05	0.09	0.07	0.08	0.05	0.09	0.05
15	0.02	0.02	0.03	0.02	0.02	0.02	0.03	0.01	0.02	0.02	0.01

续表

峰号	批号										
	1	2	3	4	5	6	7	8	9	10	11
16（S）	1.00	1.00	1.00	1.00	1.00	1.00	1.00	1.00	1.00	1.00	1.00
17	0.38	0.33	0.43	0.37	0.40	0.34	0.35	0.34	0.26	0.30	0.38
18	0.07	0.07	0.06	0.05	0.05	0.05	0.05	0.03	0.04	0.04	0.04
19	0.52	0.47	0.71	0.51	0.48	0.44	0.50	0.39	0.27	0.37	0.52
20	0.04	0.04	0.04	0.03	0.04	0.03	0.03	0.02	0.03	0.03	0.04
21	0.07	0.05	0.06	0.05	0.05	0.05	0.05	0.04	0.03	0.03	0.08
22	0.13	0.11	0.14	0.12	0.12	0.13	0.12	0.09	0.08	0.08	0.12

7. 相似度评价

利用 2004 年 A 版《中药色谱指纹图谱相似度评价系统》计算软件，将上述 11 批样品与对照指纹图谱匹配，进行相似度评价，结果见表 8-21。各批白芷药材与对照指纹图谱间的相似度在 0.9 以上，表明各批次药材之间具有较好的一致性，本方法可用于综合评价白芷药材的整体质量。

表 8-21　11 批白芷药材相似度评价结果

批号	对照图谱	批号	对照图谱	批号	对照图谱
01	0.967	05	0.967	09	0.944
02	0.993	06	0.908	10	0.910
03	0.984	07	0.972	11	0.945
04	0.981	08	0.984		

8. 色谱峰指认

采用对照品结合液质联用法对白芷指纹图谱中的主要特征峰进行了指认。见图 8-18 和图 8-19，表 8-22。

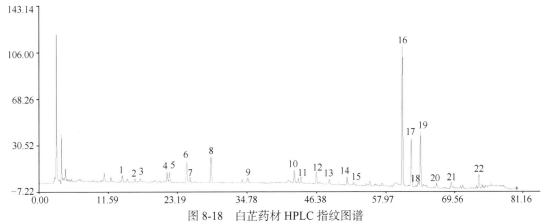

图 8-18　白芷药材 HPLC 指纹图谱

1-新白当归脑；5-氧化前胡素；6-森白当归脑；7-紫花前胡苷；9-花椒毒酚；10-水合氧化前胡素；11-白当归素；13-花椒毒素；14-佛手柑内酯；15-白当归脑；16-欧前胡素；17-8-甲氧基异欧前胡素；18-珊瑚菜素；19-异欧前胡素

表 8-22　白芷药材指纹图谱中色谱峰鉴定信息表

Peak No.	[M+H]⁺/ [M-H]⁻	MS/MS	Formula	Identification
1	317.0942	204，189，173，119	$C_{17}H_{16}O_6$	新白当归脑
5	287.0905	203，147	$C_{16}H_{14}O_5$	氧化前胡素
6	385.1769（[M-H]⁻）	201，175	$C_{21}H_{22}O_7$	森白当归脑
7	407.1425（[M-H]⁻）	467，227	$C_{20}H_{24}O_9$	紫花前胡苷
9	203.0329	147，129，101	$C_{11}H_6O_4$	花椒毒酚
10	305.0964/363.1175（[M-H+CH₃COOH]⁻）	203，147，131	$C_{16}H_{16}O_6$	水和氧化前胡素
11	335.1053	278，218	$C_{17}H_{18}O_7$	白当归素
13	217.0475	174，145，118	$C_{12}H_8O_4$	花椒毒素
14	217.0480	202，174，145，118	$C_{12}H_8O_4$	佛手柑内酯
15	317.0955	231，203，188，176	$C_{17}H_{16}O_6$	白当归脑
16	271.0949/269.0883	174，147，129	$C_{16}H_{14}O_4$	欧前胡素
17	301.1046	218，189，173，134	$C_{17}H_{16}O_5$	8-甲氧基异欧前胡内酯
18	301.1025	218，189，173，162，145，134	$C_{17}H_{16}O_5$	珊瑚菜素
19	271.0956	147，131，119	$C_{16}H_{14}O_4$	异欧前胡素

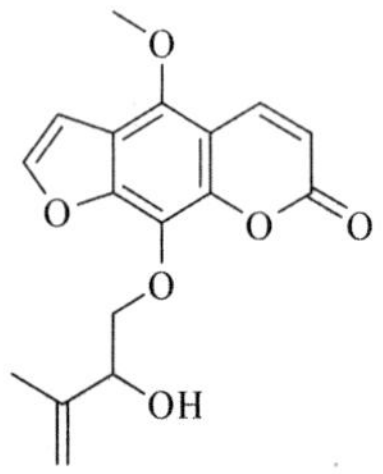

1 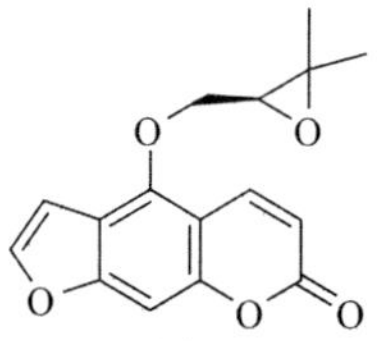　　　　　5 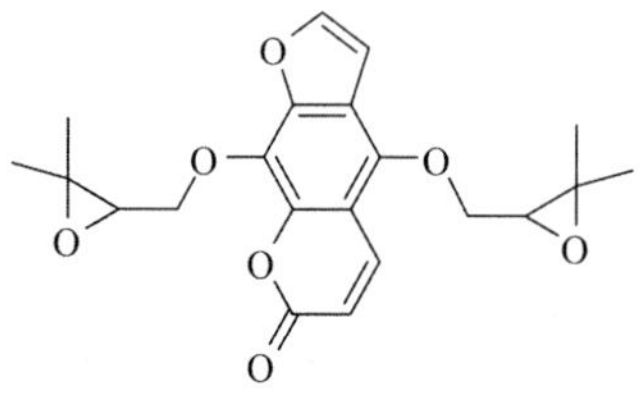　　　　　6

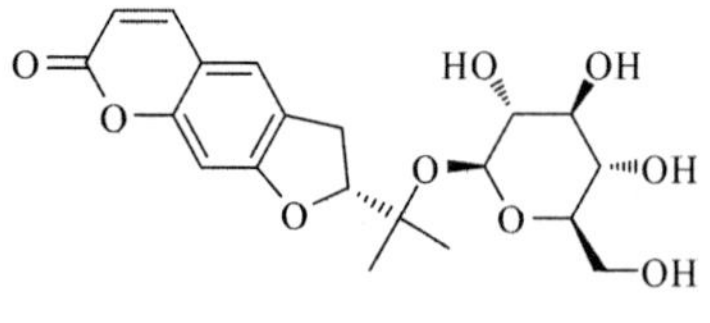

7 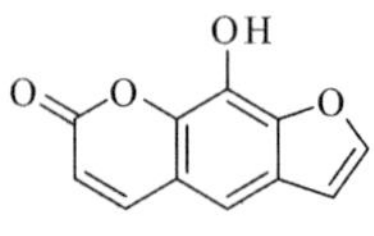　　　　　9 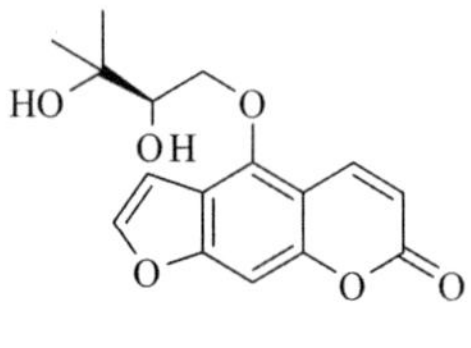　　　　　10

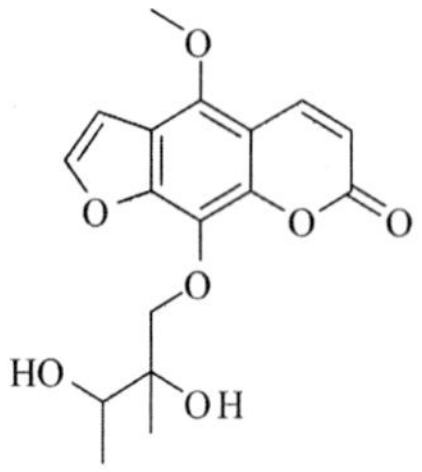

11 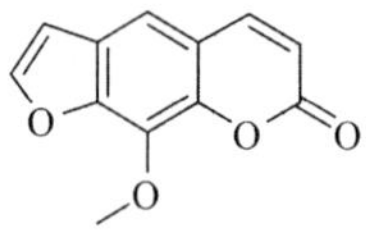　　　　　13 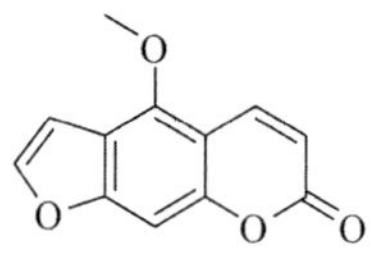　　　　　14

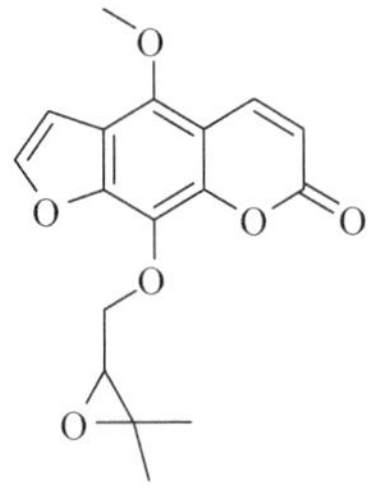

图 8-19 白芷药材指纹图谱中指认色谱峰结构式

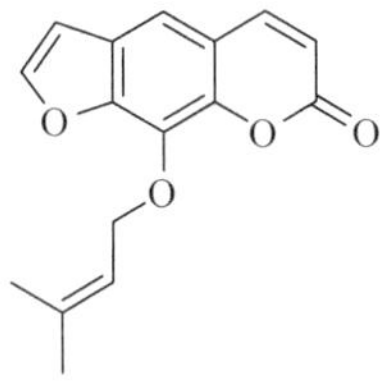

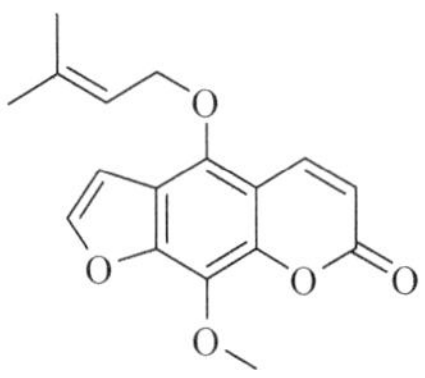

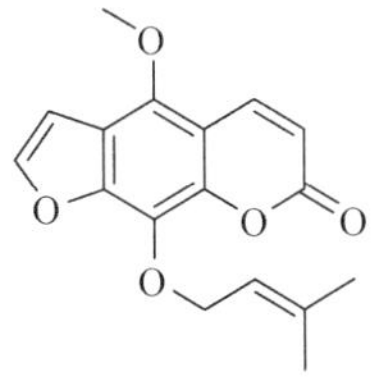

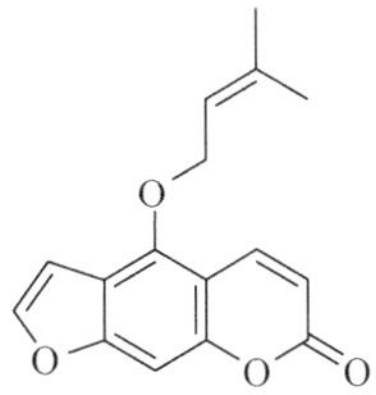

三、含量测定研究

市场流通的白芷药材因产地、来源的多样、采收加工方法的不同而品质不一。《中国药典》2010 年版白芷药材标准不适合本品对白芷的质量要求，因此对白芷的质量标准进行系统全面提升研究。在前期化学成分、血清药物化学研究的基础上，经过药效物质基础筛选，最终选择欧前胡素、异欧前胡素、白当归素及佛手柑内酯作为多成分含量测定指标，建立了采用 HPLC 法测定白芷药材中 4 种有效成分含量的方法，建立的含测方法专属性强，结合上述指纹图谱方法，建立了白芷药材系统全面的质量控制体系。

（一）实验材料

1. 仪器与试剂

Agilent 1260 高效液相色谱仪　　　　　　美国 Agilent 公司

AB204-N 电子天平（十万分之一）　　　　德国 METELER 公司

BT25S 电子天平（万分之一）　　　　　　德国 Sartorius 公司

超声波清洗仪　　　　　　　　　　　　　宁波新芝生物科技公司

乙腈（色谱纯）　　　　　　　　　　　　天津市康科德科技有限公司

三乙胺（分析纯）　　　　　　　　　　　天津光复精密化工研究所

冰乙酸（分析纯）　　　　　　　　　　　天津市康科德科技有限公司

纯净水　　　　　　　　　　　　　　　　杭州娃哈哈集团有限公司

2. 试药

欧前胡素（批号 110826-201415）、异欧前胡素（批号 110853-201404）均购自中国食品药品检定研究院；白当归素（批号 MUST-13010311）、佛手柑内酯（批号 MUST-13020604）均购自成都曼思特生物科技有限公司。白芷药材（批号 01-11）均由天津中新药业集团股份有限公司隆顺榕制药厂提供。

（二）方法与结果

1. 混合对照品溶液制备

取欧前胡素、异欧前胡素、白当归素和佛手柑内酯对照品适量，精密称定，加甲醇制成每1ml 含欧前胡素 40μg、异欧前胡素 10μg、白当归素 10μg、佛手柑内酯 5μg 的混合溶液，摇匀，即得。

2. 供试品溶液制备

白芷药材粗粉（过 40 目筛），称取 1g，精密称定，置于 10ml 量瓶中，加入 45ml 70%甲醇溶液，超声提取 1h，放置室温，加 70%甲醇溶液至刻度，摇匀，滤过，即得。

3. 色谱条件的确定

（1）检测波长的选择

取混合对照品溶液，使用 DAD 检测器进行 200～400nm 全波长扫描，结果见图 8-20。由图可知，245nm 下欧前胡素、异欧前胡素及佛手柑内酯均为最大吸收，白当归素也有较大吸收，故选择 245nm 作为检测波长。

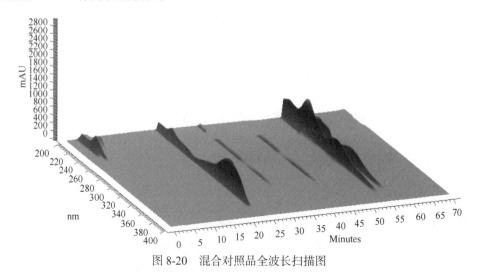

图 8-20　混合对照品全波长扫描图

（2）色谱条件的确定

结合指纹图谱研究中流动相考察，对流动相条件进行优化。色谱柱：Ultimate C$_{18}$（250mm×4.6mm，5μm）；A 相：0.2%冰醋酸溶液（三乙胺调 pH5.0），B 相：乙腈；柱温 35℃，进样量 10μl，波长：245nm，流速：1ml/min。流动相梯度见表 8-23。

表 8-23　流动相洗脱梯度

t（min）	A（%）	B（%）
0	80	20
40	50	50
55	20	80
60	0	100

4. 系统适用性试验

分别取混合对照品、供试品溶液，按上述条件进样测定，考察系统适用性。记录 HPLC 色谱图，如图 8-21 所示。结果各成分色谱峰与相邻峰的分离度均大于 1.5，理论塔板数按欧前胡素峰计算不低于 3000。

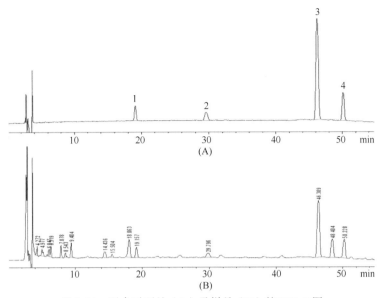

图 8-21　混合对照品（A）及样品（B）的 HPLC 图

1-白当归素；2-佛手柑内酯；3-欧前胡素；4-异欧前胡素

5. 方法学考察

（1）线性关系考察

精密吸取混合对照品储备液，分别制成 6 个不同质量浓度的对照品溶液，按法色谱条件进行测定。记录相应的峰面积，以峰面积 Y 为纵坐标，对照品浓度 X（μg/ml）为横坐标，绘制标准曲线并进行回归计算。4 个成分的线性回归方程见图 8-22 和表 8-24。

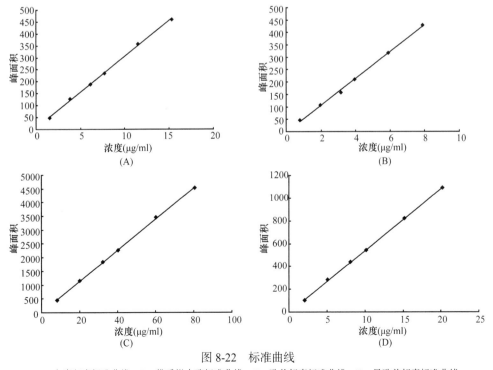

图 8-22　标准曲线

A：白当归素标准曲线；B：佛手柑内酯标准曲线；C：欧前胡素标准曲线；D：异欧前胡素标准曲线

表 8-24　4 种成分线性关系

成分	线性方程	R²	线性范围（μg/ml）
白当归素	y = 29.726x + 13.094	0.9992	1.54～15.36
佛手柑内酯	y = 55.502x−3.3674	0.9983	0.79～7.87
欧前胡素	y = 56.956x−9.3455	0.9998	8.05～80.48
异欧前胡素	y = 53.275x + 13.545	0.9993	2.02～20.20

结果表明，欧前胡素、异欧前胡素、白当归素和佛手柑内酯 4 个化合物的浓度在线性范围内，与峰面积具有良好的线性关系。

（2）精密度试验

取批号为 140930 的白芷药材粉末 1g，精密称定，按供试品制备项下方法制备供试品溶液，按法进行测定，连续进样 6 次。记录欧前胡素、异欧前胡素、白当归素和佛手柑内酯 4 个化合物的色谱峰面积，计算峰面积 RSD（%），结果见表 8-25。

表 8-25　精密度试验结果（n=6）

成分	峰面积值						RSD（%）
	1	2	3	4	5	6	
白当归素	253.25	249.01	247.49	248.74	251.39	257.51	1.48
佛手柑内酯	178.41	182.52	189.50	182.49	189.21	178.52	2.68
欧前胡素	2001.76	1994.30	2044.28	2051.91	2034.58	2019.34	1.15
异欧前胡素	593.54	575.12	585.62	608.93	611.20	623.11	2.99

结果表明，供试品溶液连续进样 6 针，供试品色谱图中欧前胡素、异欧前胡素、白当归素和佛手柑内酯 4 个化合物的色谱峰面积 RSD 均小于 3%，仪器精密度良好。

（3）稳定性试验

取精密度下的供试品溶液，密闭，放置于室温，分别在 0h、3h、6h、9h、12h、24h 时间间隔下检测，记录欧前胡素、异欧前胡素、白当归素和佛手柑内酯 4 个化合物的色谱峰面积，计算峰面积 RSD（%），结果见表 8-26。

表 8-26　稳定性试验结果（n=6）

成分	各个时间点峰面积值						RSD（%）
	0h	3h	6h	9h	12h	24h	
白当归素	253.25	240.78	247.18	247.49	248.74	251.39	1.73
佛手柑内酯	178.41	181.19	186.41	189.50	182.49	189.21	2.46
欧前胡素	2001.76	2063.27	2042.16	2044.28	2051.91	2034.58	1.03
异欧前胡素	593.54	573.34	584.87	585.62	608.93	611.20	2.49

结果表明，供试品溶液放置 24h 后，供试品色谱图中欧前胡素、异欧前胡素、白当归素和佛手柑内酯 4 个化合物的色谱峰面积 RSD 均小于 3%，供试品溶液室温放置 24h 内稳定。

（4）重复性试验

取批号为 140930 的延胡索药材粉末 6 份，每份 1g，精密称定，取按确定的供试品溶液制备方法供试品溶液，在确定的色谱条件下测定。记录欧前胡素、异欧前胡素、白当归素和佛手柑内酯 4 个化合物的色谱峰面积，按法计算 6 个化合物的含量，并计算各化合物含量 RSD（％），结果见表 8-27。

表 8-27 重复性试验结果（n=6）

成分	含量（mg/g）						RSD（％）
	1	2	3	4	5	6	
白当归素	0.404	0.388	0.411	0.421	0.396	0.396	2.84
佛手柑内酯	0.164	0.173	0.172	0.176	0.168	0.173	2.51
欧前胡素	1.765	1.857	1.863	1.838	1.834	1.875	2.14
异欧前胡素	0.544	0.543	0.565	0.550	0.558	0.583	2.67

结果表明，供试品色谱图中欧前胡素、异欧前胡素、白当归素和佛手柑内酯 4 个化合物的含量 RSD 均小于 3%，本方法重现性良好。

（5）加样回收率

取白芷药材粉末 9 份，每份 0.5g，精密称定，分成三组，每组依次按样品中白当归素、佛手柑内酯、欧前胡素、异欧前胡素 4 个化合物的含量的 80%、100% 和 120% 加入相应的对照品，按供试品溶液制备方法制备供试品溶液，进样测定。记录白当归素、佛手柑内酯、欧前胡素、异欧前胡素 4 个化合物的色谱峰面积，按法计算 6 个化合物的含量，并计算各化合物的加样回收率及 RSD（％），结果见表 8-28。

表 8-28 加样回收率试验结果

编号	各成分回收率（％）			
	白当归素	佛手柑内酯	欧前胡素	异欧前胡素
1	102.90	98.80	103.93	96.81
2	95.30	98.21	101.03	103.41
3	95.71	103.45	98.48	101.46
4	97.90	95.81	97.36	100.56
5	100.72	101.67	95.79	101.90
6	96.68	96.75	96.32	102.45
7	97.85	104.03	100.90	101.97
8	96.10	95.10	95.64	101.40
9	95.12	96.88	96.17	95.02
均值	97.59	98.97	98.40	100.55
RSD（％）	2.95	2.75	2.86	2.60

结果表明，供试品中白当归素、佛手柑内酯、欧前胡素、异欧前胡素 4 个化合物的回收率均在 95%～105% 之间，RSD 小于 3%，本品加样回收率良好。

6. 样品的含量测定

取白芷药材粉末 1g，精密称定，依照供试品制备项下方法制备供试品溶液，按法测定，计算样品中白当归素、佛手柑内酯、欧前胡素、异欧前胡素 4 个成分的含量，结果见表 8-29，各指标成分含量累积加和图见图 8-23。

表 8-29　11 批白芷含量测定结果

批号	含量（mg/g）			
	白当归素	佛手柑内酯	欧前胡素	异欧前胡素
01	0.135	0.224	2.043	0.554
02	0.131	0.402	2.519	0.704
03	0.213	0.411	2.545	0.729
04	0.215	0.310	2.536	0.729
05	0.106	0.074	0.940	0.482
06	0.084	0.003	0.784	0.437
07	0.366	0.096	1.480	0.381
08	0.116	0.034	0.658	0.302
09	0.118	0.090	0.918	0.469
10	0.134	0.270	1.681	0.415
11	0.114	0.052	0.682	0.476

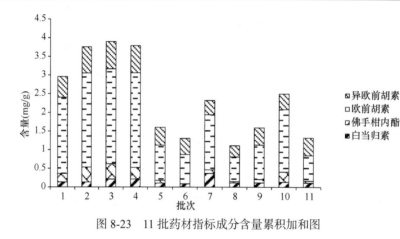

图 8-23　11 批药材指标成分含量累积加和图

第二节　辛夷质量标准研究

辛夷为木兰科植物望春花 *Magnolia biondii* Pamp.、玉兰 *Magnolia denudata* Desr.或武当玉兰 *Magnolia sprengeri* Pamp.的干燥花蕾。冬末春初花未开放时采收，除去枝梗，阴干。辛夷性温味辛，归肺、胃经，具有散风寒，通鼻窍的功效，用于治疗风寒头痛，鼻塞流涕，鼻衄，鼻渊等症。

目前辛夷药材质量标准收载于《中国药典》2015 年版一部，现标准包括性状鉴定、显微鉴别、薄层色谱鉴别以及木兰脂素的含量测定，本课题采用 GC-MS 鉴别辛夷药材中挥发性化学物质组，采用 HPLC-MS 鉴别了辛夷药材非挥发性化学成分，基本阐明了辛夷药材的化学物质组。测定了多批次药材中木兰脂素的含量，同时运用 GC 指纹图谱技术，补充了对辛夷药材的质控，提升了辛夷药材的质量标准。

一、化学成分研究

（一）非挥发性成分研究

1. 实验材料

（1）仪器与试剂

Agilent 1260 高效液相色谱仪	美国 Agilent 公司
Q-TOF 质谱仪	美国 Bruker 公司
AB204-N 电子天平（十万分之一）	德国 METELER 公司
BT25S 电子天平（万分之一）	德国 Sartorius 公司
超声波清洗仪	宁波新芝生物科技公司
乙腈（色谱纯）	美国 Merck 公司
甲酸（分析纯）	美国 Fisher 公司
纯净水	广州屈臣氏有限公司

（2）试药

辛夷药材（批号 Y1505206）由天津中新药业集团股份有限公司隆顺榕制药厂提供，经天津药物研究院中药现代研究部张铁军研究院鉴定为木兰科植物望春花 *Magnolia biondii* Pamp. 干燥花蕾，符合《中国药典》2015 年版一部的有关规定。

2. 实验方法

（1）供试品溶液制备

取辛夷粉末约（过三号筛）0.45g，精密称定，置具塞锥形瓶中，精密加入 60%的甲醇溶液 10mL，称定重量，超声处理 30 min，放至室温，再称量补重，摇匀，滤过，取续滤液，即得辛夷药材供试品溶液。

（2）色谱-质谱条件

1）色谱条件：流动相乙腈（A）–0.1%甲酸水溶液（B）；柱温 30℃；进样量 10μl；波长 250nm；流速 1ml/min。流动相梯度见表梯度如表 8-30 所示。

2）质谱条件：本实验使用 Bruker 质谱仪，正、负两种模式扫描测定，仪器参数如下：采用电喷雾离子源；V 模式；毛细管电压正模式 3.0 kV，负模式 2.5 kV；锥孔电压 30 V；离子源温度 110 ℃；脱溶剂气温度 350 ℃；脱溶剂氮气流量 600 L/h；锥孔气流量 50 L/h；检测器电压正模式 1900 V，负模式 2000 V；采样频率 0.1 s，间隔 0.02 s；质量数检测范围 50～1500 Da；柱后分流，分流比为 1∶5；内参校准液采用甲酸钠溶液。

表 8-30　流动相梯度洗脱条件

t（min）	A（%）	B（%）
0	2	98
15	11	89
30	11	89
45	14	86
80	35	65
100	100	0

3. 结果与讨论

（1）HPLC-Q/TOF MS 实验结果

在上述条件下对辛夷药材进行了 HPLC-Q/TOF MS 分析，得到样品一级质谱图，见图 8-24。

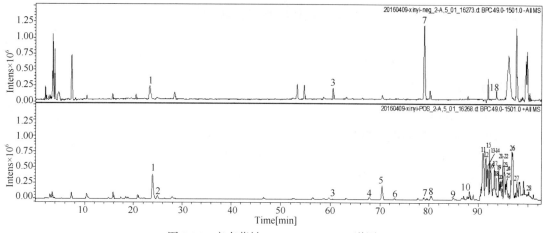

图 8-24 辛夷药材 HPLC-Q/TOF MS 谱图

（2）HPLC-Q/TOF MS/MS 实验结果

在对辛夷药材中的化学物质进行一级质谱测定后，可以得到物质准分子离子峰（[M+H]⁺ 或[M-H]⁻）的相关信息。在此基础上，以准分子离子为母离子在相应的模式下进行二级碎片的测定，根据二级质谱结构信息以及结合相关文献的报道，对辛夷中化学物质组进行了鉴定分析，鉴定出 28 个化合物，其中主要为木脂素类成分。具体鉴定结果参见表 8-31 和图 8-25。

表 8-31　辛夷化学物质组鉴定信息表

No.	T（min）	[M+H]⁺	[M+Na]⁺	[M-H]⁻	MS/MS（+/−）	Identification	Formula
1	23.35	342.1691		340.1666	340/342，297，265	木兰花碱	$C_{20}H_{24}NO_4^+$
2	24.92		395.1257		395，342，226	丁香苷	$C_{17}H_{24}O_9$
3	60.42		633.1333	609.1644	609，520，316，248，112/613，465，413，303	芦丁	$C_{27}H_{30}O_{16}$
4	67.78	415.1674			415，301，274，226，158	β-谷甾醇	$C_{29}H_{50}O$
5	70.37		427.1717		427，369，231，201，151	rel-（7s，8s，8's）-3，4，3'，4'-teltamethoxy-9，7'-dihy-droxy-8.8'，7.0.9'-lignan	$C_{22}H_{28}O_7$
6	72.83		427.1669		427，413，151，369，274，158	（-）-fargesol	$C_{22}H_{28}O_7$
7	78.85		617.1189	593.151	617，595，413，309，147/593，520，316，248，112	望春花黄酮醇苷 biondnoid I	$C_{30}H_{26}O_{13}$
8	80.30		397.1579		397，345，301，226，165	望春玉兰脂素 A	$C_{21}H_{26}O_6$
9	84.79		469.1782		469，413，351，274，151	yangambin	$C_{24}H_{30}O_8$
10	88.09	387.1337	409.1595		409，379，274，324，209，165	eudesmin	$C_{22}H_{26}O_6$
11	90.89	387.1731	409.1627		409，369，351，298，249，	松脂素二甲醚 pinoresinol dimethylether	$C_{22}H_{26}O_6$
12	91.46	417.1886	439.1736		439，417，399，381，328	木兰脂素	$C_{23}H_{28}O_7$
13	91.71	387.1731	409.1622		409，367，327，279，249，181	玉兰脂酮 （（-）-maglifloenone）	$C_{22}H_{26}O_6$
14	91.86	447.1962	469.1836		469，447，429，409，367	里立脂素 B 二甲醚	$C_{24}H_{30}O_8$
15	92.16	341.1338	363.1177		363，341，322，300，219，179	风藤稀酮	$C_{20}H_{20}O_5$
16	92.48	417.1859	439.173		439，417，399，381，363，341，	表木兰脂素 A	$C_{23}H_{28}O_7$

续表

No.	T（min）	[M+H]$^+$	[M+Na]$^+$	[M-H]$^-$	MS/MS（+/−）	Identification	Formula
17	93.15	341.135	363.1219		363，341，322，300，219，179	cyclohexadienone	$C_{20}H_{20}O_5$
18	93.51		411.1731	387.1925	411，371，363，300217	落叶松脂醇二甲醚	$C_{22}H_{28}O_6$
19	94.03		393.1323		393，353，335，282，233	望春玉兰酮 C	$C_{21}H_{22}O_6$
20	94.45	389.1314	411.1773		411，381，357，219，179，151	望春玉兰酮 D	$C_{21}H_{24}O_7$
21	94.59		393.1288		393，371，311，179，151	辛夷脂素	$C_{21}H_{22}O_6$
22	94.77	341.1348	363.1192		363，341，300，259，179	阿枯米纳亭	$C_{21}H_{24}O_4$
23	95.19	403.2064	425.1943		429，384，209	（+）-de-o-Methylmagnolin	$C_{22}H_{26}O_7$
24	95.44	373.1624	395.15388		395，354，311，216，179，151	望春玉兰酮 A	$C_{21}H_{24}O_6$
25	95.57	373.1624	395.1557		395，373，311，209，165	望春玉兰酮 B	$C_{21}H_{24}O_6$
26	96.75	373.1316	395.1849		395，373，355，235，217，151	南五味子素 A	$C_{21}H_{24}O_6$
27	97.70		383.1829		383，353，329，311，287	aschantin	——
28	100.01	325.1387	347.124		347，325，311，274，127	里立脂素 B	$C_{20}H_{20}O_4$

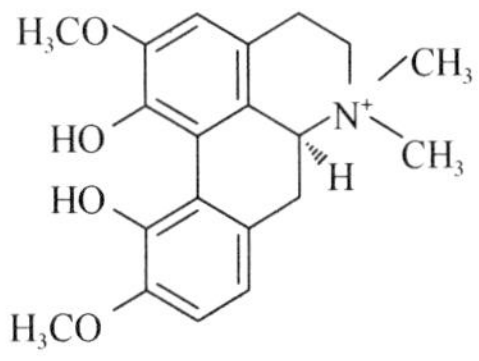

1 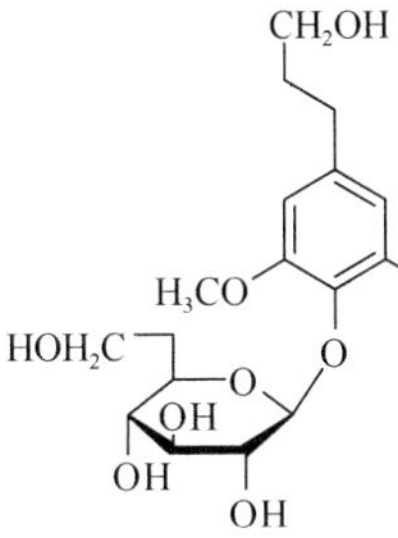   2 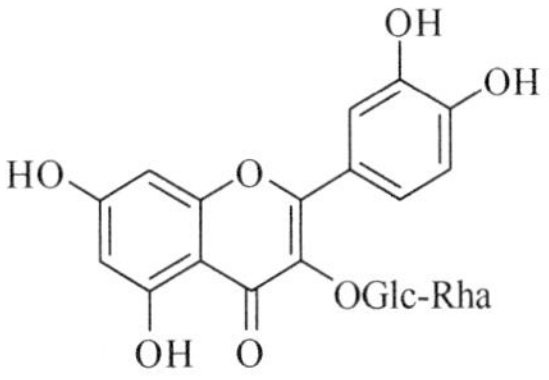   3

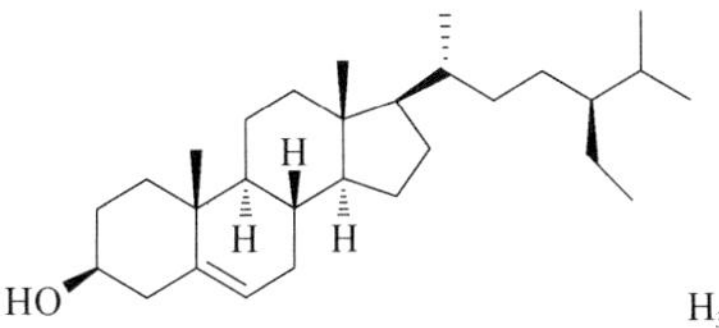

4 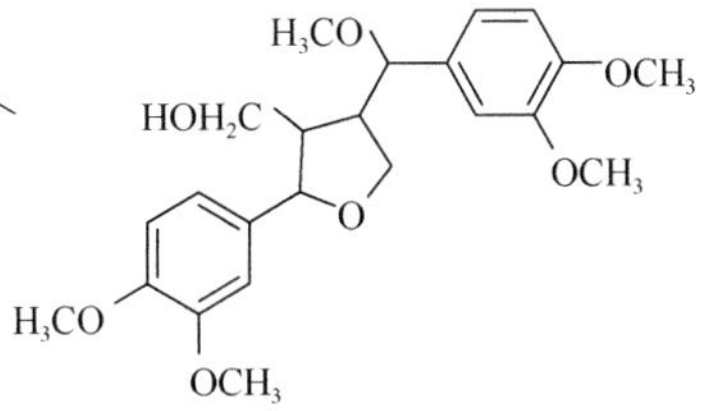   5 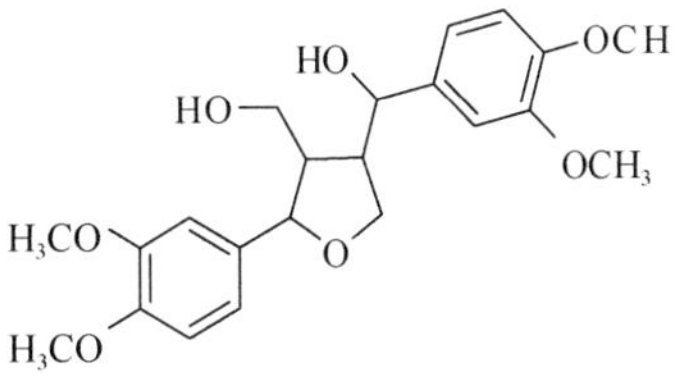   6

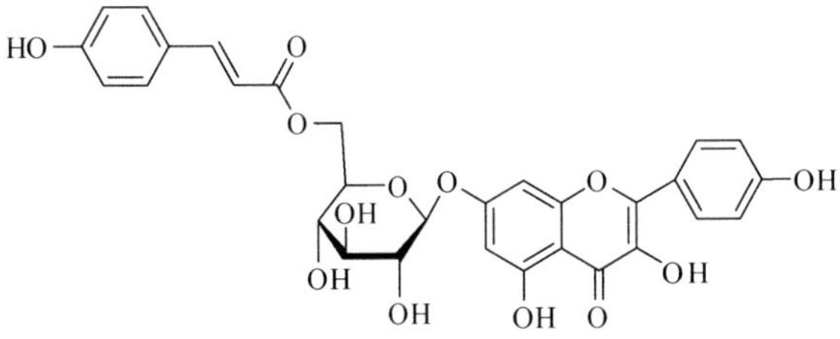

7 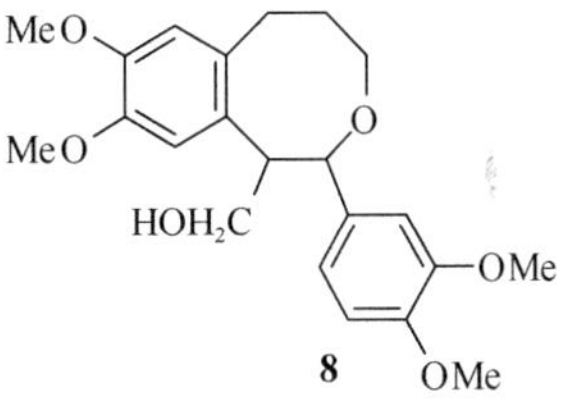   8

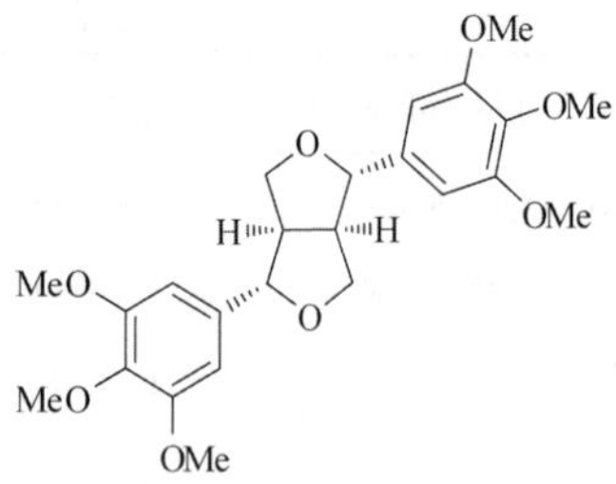

9

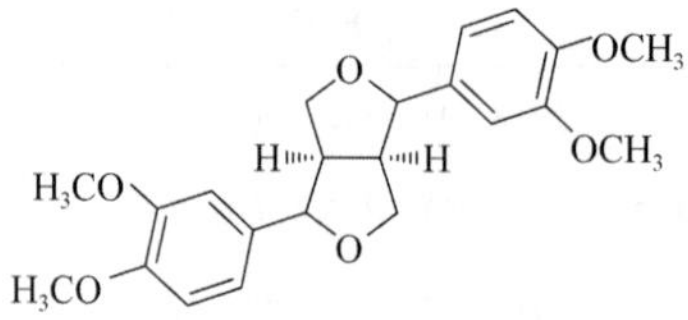

10

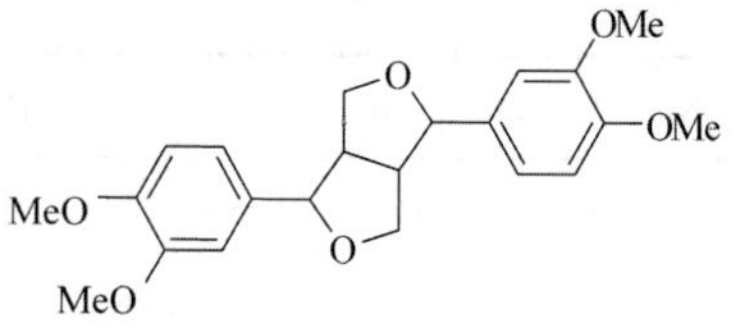

11

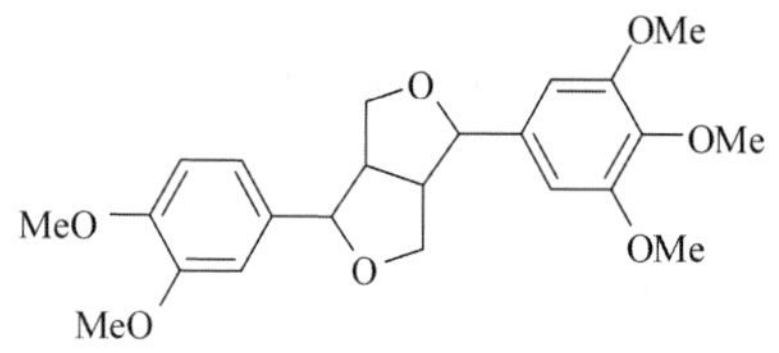

12

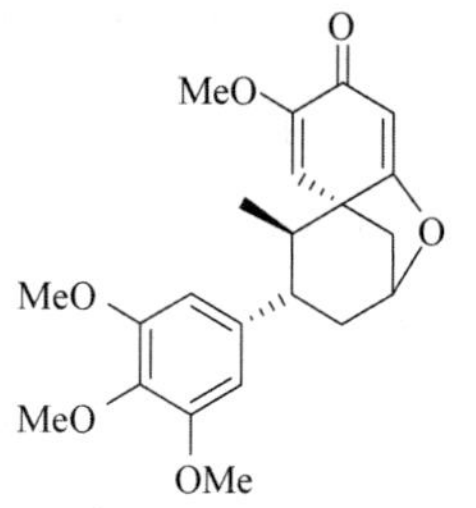

13

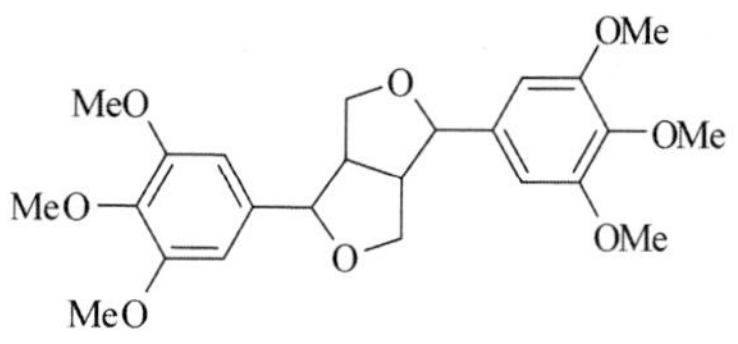

14

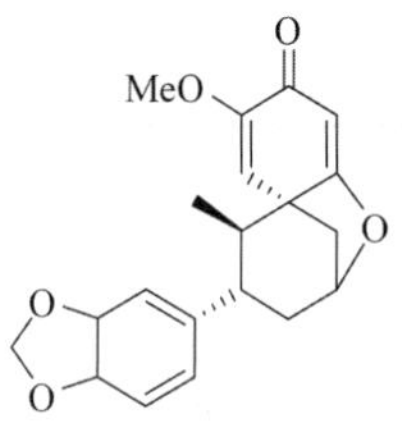

15

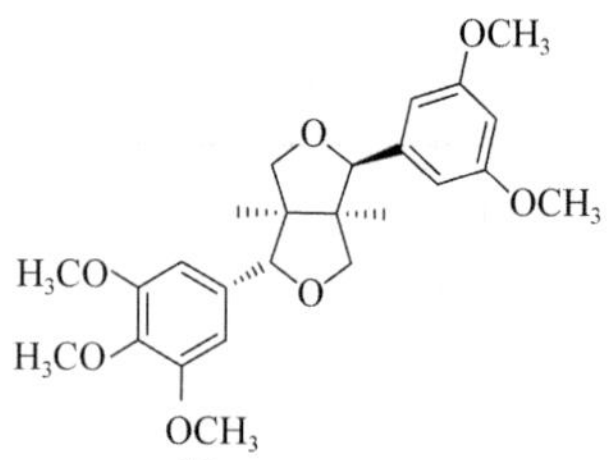

16

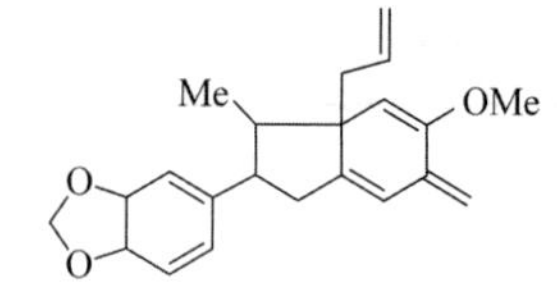

17

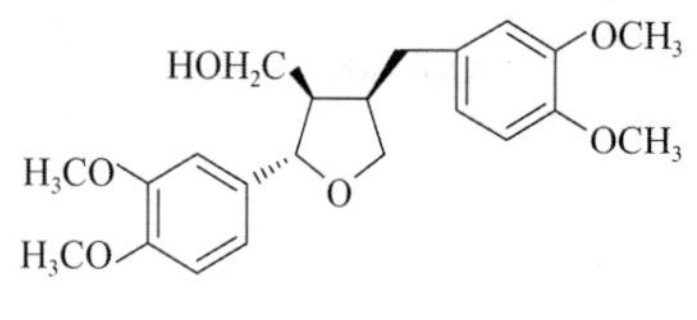

18

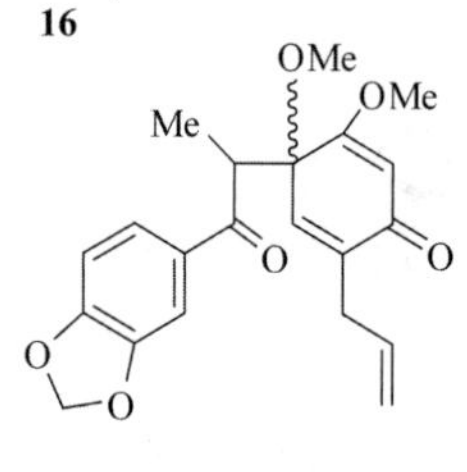

19

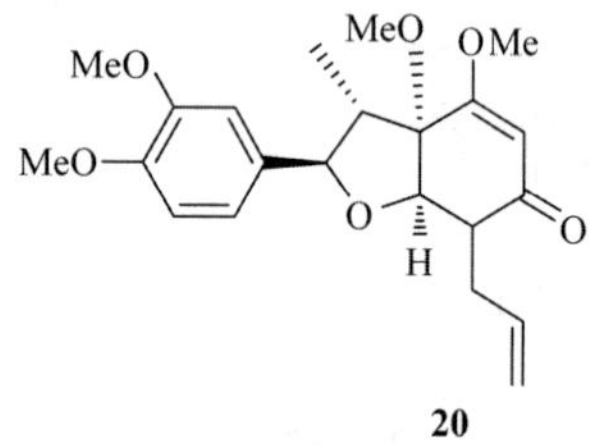

20

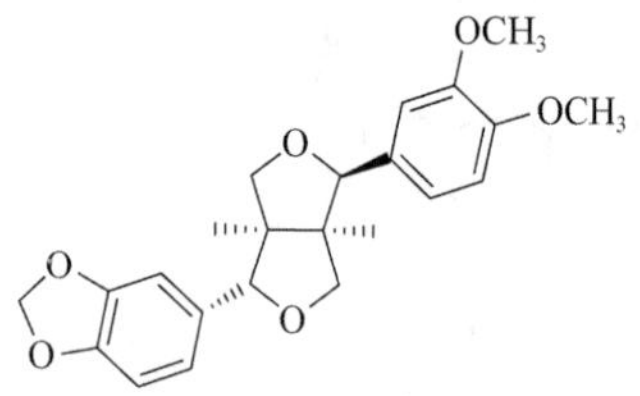

21

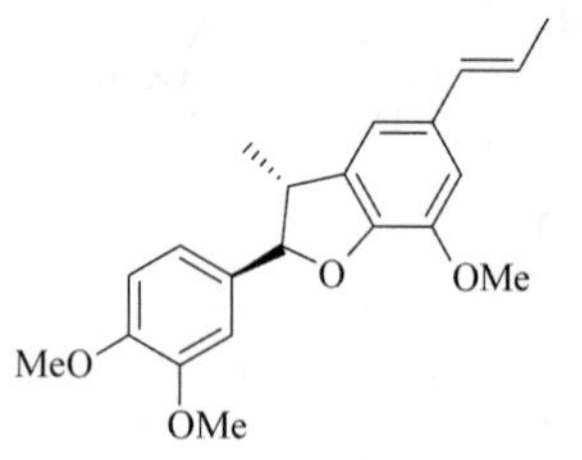

22

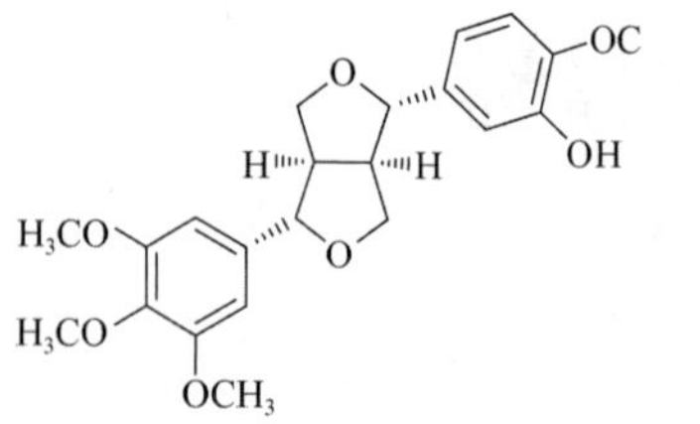

23

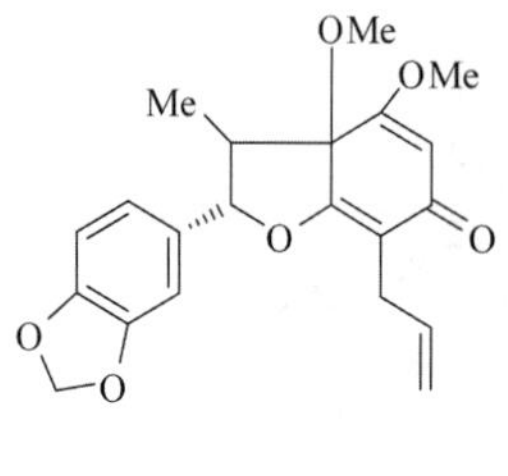

24

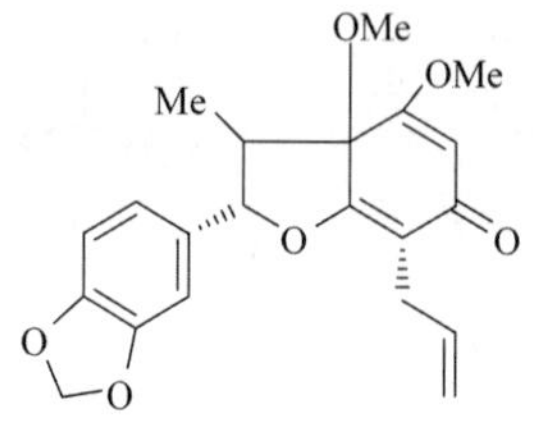

25

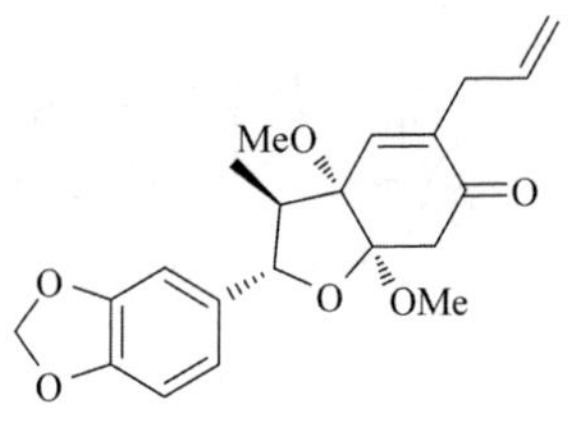

26

图 8-25　辛夷药材含化合物结构式

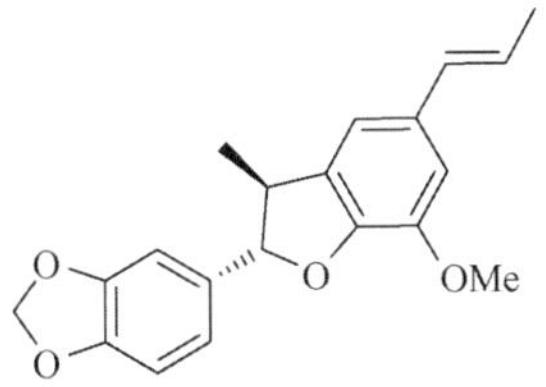

（二）挥发性化学成分研究

1. 仪器与材料

（1）仪器

Agilent 7890B 型气相色谱仪	美国 Agilent 公司
Agilent 7890A-5975C 连用仪 GC-MS	美国 Agilent 公司
FID 检测器 7890B（G3440B）	美国 Agilent 公司
色谱专用空气发生器 Air-Model -5L	天津市色谱科学技术公司
色谱专用氢气发生器 HG-Model 300A	天津市色谱科学技术公司
HP-5 气相色谱柱（30M×320μm×0.25μm）	美国 Agilent 公司
AB204-N 电子天平（十万分之一）	德国 METELER 公司
BT25S 电子天平（万分之一）	德国 Sartorius 公司
超声波清洗仪	宁波新芝生物科技公司

（2）试剂与试药

辛夷药材（批号 Y1505206）由天津中新药业集团股份有限公司隆顺榕制药厂提供，经天津药物研究院中药现代研究部张铁军研究院鉴定为木兰科植物望春花 *Magnolia biondii* Pamp. 干燥花蕾，符合《中国药典》2015 年版一部的有关规定。

2. 实验方法

（1）GC-MS 实验条件

柱升温程序：起始温度 30℃（保持 1min），以 20℃/min 升至 70℃（保持 5min），以 2℃/min 升至 80℃（保持 2min），以 0.8℃/min 升至 90℃（0min），以 4℃/min 升至 115℃（保持 10min），以 0.8℃/min 升至 125℃（保持 5min），以 3℃/min 升至 135℃（保持 2min），以 3℃/min 升至 150℃（保持 3min），以 15℃/min 升至 230℃（保持 5min）。柱流量 1.0mL/min，气化室和检测器温度 270℃，分流 5：1。

质谱 Agilent 7890A-5975C 连用仪，仪器参数如下：EI 电离源；电子能量 70eV；四极杆温度 150℃；离子源温度 230℃；倍增器电压 1412V；溶剂延迟 2.30min；SCAN 扫描范围 10～700amu。

（2）供试品溶液的制备

取适量辛夷药材，粉碎，称取 800g 药材置圆底烧瓶中，加入 10 倍量（V/W）水，浸泡 1.5h，按照《中国药典》2015 年版挥发油检查项下方法加热回流提取挥发油，至挥发油提取器中滴下的馏出液不再浑浊，共提取 10h，得无色挥发油 10.5ml，备用。精密移取 0.5ml 辛夷挥发油置 25ml 棕色量瓶中，加入乙醚溶液稀释至刻度，混匀。取适量无水硫酸钠加入量瓶中脱水，过 0.45μm 滤膜，即得。

3. 实验结果

（1）辛夷药材 GC-MS 谱图（图 8-26）

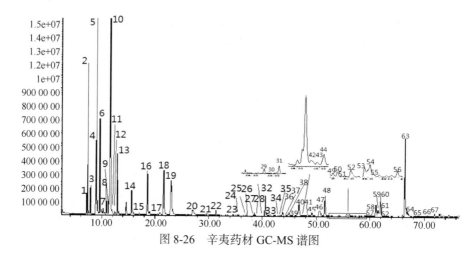

图 8-26　辛夷药材 GC-MS 谱图

（2）辛夷药材辨识实验结果

在对辛夷药材挥发性成分进行质谱测定后，可以得到物质 TIC 图及相关信息。在此基础上，以 NIST08 谱库检索及保留时间、相关文献结合，对辛夷药材挥发性成分中化学物质组进行了鉴定分析，共分析得到 88 个化合物，鉴定出 67 个化合物，其中主要为萜烯类、萜醇类成分。具体鉴定结果参见表 8-32。

以归一化法计算,辛夷药材主要成分为双环单萜类如 1R-α-蒎烯(5.06%)、β-蒎烯(10.86%)、β-月桂烯（4.79%）、左旋樟脑（5.04%），单环单萜类如柠檬烯（12.38%）、桉叶油素（14.50%）、α-松油醇（4.75%），链状萜烯醇类如芳樟醇（2.135%），无环倍半萜如金合欢醇（6.153%）等成分。

表 8-32　辛夷药材化学物质组鉴定信息表

编号	保留时间	化合物	分子量	分子式	含量百分比	结构
1	7.112	Bicyclo[3.1.0]hexane，4-methyl-1-（1-methylethyl）-，didehydro deriv	136	$C_{10}H_{16}$	0.715	
2	7.358	1R-α-蒎烯	136	$C_{10}H_{16}$	5.063	
3	7.866	莰烯	136	$C_{10}H_{16}$	1.099	

续表

编号	保留时间	化合物	分子量	分子式	含量百分比	结构
4	8.889	β-水芹烯	136	$C_{10}H_{16}$	3.460	
5	9.035	β-蒎烯	136	$C_{10}H_{16}$	10.858	
6	9.605	β-月桂烯	136	$C_{10}H_{16}$	4.787	
7	10.19	α-水芹烯	136	$C_{10}H_{16}$	0.310	
8	10.421	3-蒈烯	136	$C_{10}H_{16}$	0.201	
9	10.767	（+）-4-蒈烯	136	$C_{10}H_{16}$	1.708	
10	11.252	邻-异丙基苯	134	$C_{10}H_{14}$	0.936	
11	11.405	柠檬烯	136	$C_{10}H_{16}$	12.381	
12	11.606	桉叶油素	154	$C_{10}H_{18}O$	14.496	
13	12.39	罗勒烯	136	$C_{10}H_{16}$	0.173	
14	12.945	Γ-松油烯	136	$C_{10}H_{16}$	3.122	
15	14.607	萜品油烯	136	$C_{10}H_{16}$	0.825	
16	15.669	芳樟醇	154	$C_{10}H_{18}O$	2.135	
17	17.069	1-methyl-4-（1-methylethyl）-，trans-2-Cyclohexen-1-ol	154	$C_{10}H_{18}O$	0.113	

续表

编号	保留时间	化合物	分子量	分子式	含量百分比	结构
18	18.616	左旋樟脑	152	$C_{10}H_{16}O$	3.509	
19	20.616	龙脑	154	$C_{10}H_{18}O$	0.313	
20	21.725	-4-萜品醇	154	$C_{10}H_{18}O$	5.044	
21	23.156	α-萜品醇	154	$C_{10}H_{18}O$	4.747	
22	24.926	顺式-3-甲基-6-（1-甲乙基）-2-环己烯-1-醇	154	$C_{10}H_{18}O$	0.109	
23	27.096	B-香茅醇	156	$C_{10}H_{20}O$	1.051	
24	29.727	香叶醇	154	$C_{10}H_{18}O$	0.256	
25	31.405	乙酸龙脑酯	196	$C_{12}H_{20}O_2$	0.358	
26	34.521	1，5，5-trimethyl-6-methylene-cyclohexene	136	$C_{10}H_{16}$	0.12	
27	35.368	α-荜澄茄烯	204	$C_{15}H_{24}$	0.094	
28	36.561	2-莰烯	136	$C_{10}H_{16}$	0.111	

编号	保留时间	化合物	分子量	分子式	含量百分比	结构
29	37.115	古巴烯	204	C₁₅H₂₄	0.133	
30	38.277	naphthalene，1，2，3，4，4a，5，6，8a-octahydro-7-methyl-4-methylene-1-（1-methylethyl）-，（1.alpha.，4a.alpha.，8a.alpha.）	204	$C_{15}H_{24}$	0.268	
31	39.011	β-榄香烯	204	$C_{15}H_{24}$	0.101	
32	40.531	（Z）-石竹烯	204	$C_{15}H_{24}$	2.121	
33	41.439	cubebene	204	$C_{15}H_{24}$	0.112	
34	42.309	Seychellene	204	$C_{15}H_{24}$	0.039	
35	42.974	azulene，1，2，3，4，5，6，7，8-octahydro-1，4-dimethyl-7-（1-methylethenyl）-，[1S-（1.alpha.，4.alpha.，7.alpha.）]-	204	$C_{15}H_{24}$	0.041	
36	43.786	α-石竹烯	204	$C_{15}H_{24}$	0.448	
37	44.41	香树烯	204	$C_{15}H_{24}$	0.025	
38	44.917	（E）-β-金合欢烯	204	$C_{15}H_{24}$	0.437	

续表

编号	保留时间	化合物	分子量	分子式	含量百分比	结构
39	46.164	epizonarene	204		0.023	
40	46.472	γ-selinene	204	$C_{15}H_{24}$	0.216	
41	46.749	germacrene D	204	$C_{15}H_{24}$	1.377	
42	47.28	10s，11s-himachala-3（12），4-diene	204	$C_{15}H_{24}$	0.031	
43	47.795	（＋）-epi-bicyclosesquiphellandrene	204	$C_{15}H_{24}$	0.028	
44	48.396	naphthalene，1，2，3，4，4a，5，6，8a-octahydro-7-methyl-4-methylene-1-（1-methylethyl）-，（1.alpha.，4a.alpha.，8a.alpha.）-	204	$C_{15}H_{24}$	0.254	
45	49.111	α-muurolene	204	$C_{15}H_{24}$	0.529	
46	50.442	naphthalene，1，2，4a，5，6，8a-hexahydro-4，7-dimethyl-1-（1-methylethyl）-	204	$C_{15}H_{24}$	0.041	
47	50.735	B-甜没药烯	204	$C_{15}H_{24}$	1.299	
48	51.627	δ-杜松烯	204	$C_{15}H_{24}$	2.278	

续表

编号	保留时间	化合物	分子量	分子式	含量百分比	结构
49	52.305	di-epi-.alpha.-cedrene	204		0.045	
50	52.512	naphthalene，1，2，3，4，4a，7-hexahydro-1，6-dimethyl-4-（1-methylethyl）-	204	$C_{15}H_{24}$	0.038	
50	52.92	（－）-a-杜松烯	204	$C_{15}H_{24}$	0.050	
51	53.367	alpha-calacorene	200	$C_{15}H_{20}$	0.021	
52	55.637	橙花叔醇	222	$C_{15}H_{26}O$	0.217	
53	56.206	（－）-匙叶桉油烯醇	220	$C_{15}H_{24}O$	0.423	
54		石竹烯氧化物	220	$C_{15}H_{24}O$	0.040	
55	56.752	（＋）-γ-古芸烯	204	$C_{15}H_{24}$	0.034	
56	60.015	naphthalene，1，2，3，4，4a，7-hexahydro-1，6-dimethyl-4-（1-methylethyl）-	204	$C_{15}H_{24}$	0.134	

续表

编号	保留时间	化合物	分子量	分子式	含量百分比	结构
57	60.346	1，2，3，4，4a，5，6，7-八氢-α.α，4a，8-四甲基-（2R-顺式）-2-萘甲醇	222	$C_{15}H_{26}O$	0.025	
58	61.115	tau.-cadinol	222	$C_{15}H_{26}O$	1.546	
59	61.146	T-杜松醇	222	$C_{15}H_{26}O$	0.033	
60	61.531	2-naphthalenemethanol，decahydro-.alpha.，.alpha.，4a-trimethyl-8-methylene-，[2R-（2.alpha.，4a.alpha.，8a.beta.）]-	222	$C_{15}H_{26}O$	0.753	
61	61.985	A-荜橙茄醇	222	$C_{15}H_{26}O$	2.21	
62	62.654	1H-cycloprop[e]azulen-4-ol，decahydro-1，1，4，7-tetramethyl-，[1ar-（1a.alpha.，4.beta.，4a.beta.，7.alpha.，7a.beta.，7b.alpha.）]-	222	$C_{15}H_{26}O$	0.021	
63	66.425	金合欢醇	222	$C_{15}H_{26}O$	6.153	
64	66.979	2，6，10-dodecatrienal，3，7，11-trimethyl-	220	$C_{15}H_{24}O$	0.481	
65	68.834	cyclononasiloxane，octadecamethyl-	666	$C_{18}H_{54}O_9Si_9$	0.039	
66	70.68	cyclodecasiloxane，eicosamethyl-	740	$C_{20}H_{60}O_{10}Si_{10}$	0.022	
67	71.935	cyclooctasiloxane，hexadecamethyl-	592	$C_{16}H_{64}O_8Si_8$	0.034	

二、指纹图谱研究

（一）仪器与材料

1. 仪器

Agilent 7890B 型气相色谱仪	美国 Agilent 公司
质谱 Agilent 7890A-5975C 连用仪	美国 Agilent 公司
FID 检测器 7890B（G3440B）	美国 Agilent 公司
色谱专用空气发生器 Air-Model -5L	天津市色谱科学技术公司
色谱专用氢气发生器 HG-Model 300A	天津市色谱科学技术公司
DB-WAX 气相色谱柱（20m×0.18mm×180μm）	美国 Agilent 公司
Diamonsil C_{18} 色谱柱（250mm×4.6mm，5μm）	美国 Dikma 公司
高纯氮气（99.99%）	天津东方气体有限公司
AB204-N 电子天平（十万分之一）	德国 METELER 公司
Sartorius 天平（BT25S，万分之一）	德国 Sartorius 公司
超声波清洗仪	宁波新芝生物科技公司

2. 试剂与试药

桉叶油素（批号 110788-201506，纯度 98.4%），购自中国食品药品检定研究院。辛夷药材（批号 Y1505206，Y901-Y910）均由天津中新药业集团股份有限公司隆顺榕制药厂提供。经天津药物研究院中药现代研究部张铁军研究员鉴定为木兰科植物望春花 *Magnolia biondii* Pamp. 的干燥花蕾。符合《中国药典》2015 年版一部辛夷项下的有关规定。所有试剂均为分析纯。

（二）实验方法

1. GC 色谱与 HPLC 色谱预实验

基于《中国药典》2015 年版规定辛夷药材的含量测定方法及指标为采用 HPLC 法测定木兰脂素，制剂中辛夷工艺为提取挥发油，药渣水煎煮，现行 HPLC 法或 GC 法均为成熟色谱技术，因此有必要考察采用何种色谱技术进行辛夷药材指纹图谱研究。

（1）辛夷 HPLC 试验

参照《中国药典》2015 年版一部辛夷药材项下方法。

1）供试品溶液的制备：取本品粗粉约 1g，精密称定，置具塞锥形瓶中，精密加入乙酸乙酯溶液 20ml，称定重量，浸泡 30min，超声处理（功率 250W，频率 33kHz）30min，放至室温，再称定重量，用甲醇溶液补足减失的重量，摇匀，滤过，精密量取续滤液 3ml，加在中性氧化铝柱（100～200 目，2g，内径为 9mm，湿法装柱，用乙酸乙酯溶液 5ml 预洗）上，用甲醇溶液 15ml 洗脱，收集洗脱液，置 25ml 量瓶中，加甲醇溶液至刻度，摇匀，滤过，取续滤液，即得。

2）色谱条件：以乙腈：水（40：60）为流动相；柱温 25℃，检测波长为 278nm。进样量 10μl。记录 HPLC 色谱图，见谱图 8-27。

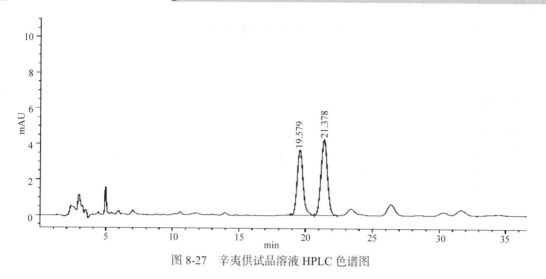

图 8-27　辛夷供试品溶液 HPLC 色谱图

（2）辛夷 GC 试验

参照辛夷 GC"化学成分研究"色谱条件进行试验。见谱图 8-28。

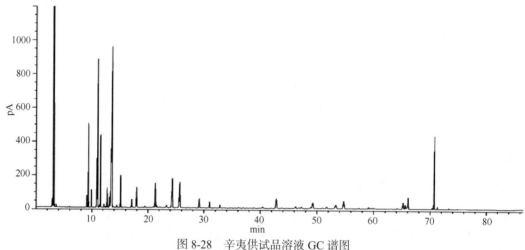

图 8-28　辛夷供试品溶液 GC 谱图

由谱图 8-27 和图 8-28 可以看出，辛夷药材 GC 谱图比 HPLC 谱图中的色谱峰个数多，文献报道辛夷主要成分为挥发油，结合六经头痛片中辛夷工艺为提取挥发油，故考虑选择 GC 进行指纹图谱研究。

2. 参照峰的选择和对照品溶液的制备

选择辛夷药材中所含主要药效成分桉叶油素作为参照物。在辛夷药材 GC 色谱图中，桉叶油素峰是辛夷的特有成分之一，有市售标准品，稳定，保留时间尚可，且和其他成分有很好的分离。因此，选择桉叶油素作为辛夷药材 GC 指纹图谱的参照物。

对照品溶液的制备：取桉叶油素对照品适量，精密称定，加乙酸乙酯溶液制成 1ml 含3.648mg 的溶液，摇匀，即得。

3. 供试品溶液制备方法考察

以样品色谱图中主要色谱峰的峰面积及全方色谱峰个数为考察指标确定供试品溶液制备

方法。

（1）提取溶剂考察

前期物质组群辨识试验考察了乙酸乙酯、正己烷、环己烷、乙醚等GC溶剂，选定了峰形最佳的乙醚作为物质组群的辨识溶剂。但由于乙醚的易挥发性导致重现性差，不适宜作为指纹图谱测定用溶剂，因此选择了峰形良好、溶解度范围宽的乙酸乙酯以及甲醇进行辛夷溶剂的考察。

平行称取辛夷药材粗粉2份，每份约20g，分别置圆底烧瓶中，精密加入400ml水，按照《中国药典》2015年版挥发油检查项下方法加热回流提取挥发油，提取约3h，取上层挥发油分别转移至5ml量瓶中，分别用乙酸乙酯溶液和甲醇溶液稀释至刻度，混匀。取适量无水硫酸钠加入量瓶中脱水，过0.45μm滤膜，即得。等生药量下色谱峰峰数和面积见表8-33。

表8-33 辛夷指纹图谱提取溶剂考察结果

指标	乙酸乙酯溶解	甲醇溶解
色谱峰面积	25266	15913
色谱峰个数	61	44

结果表明，乙酸乙酯色谱峰面积较大，峰个数较多，因此选择乙酸乙酯溶液作为指纹图谱的提取溶剂。

（2）提取方式考察

平行称取辛夷药材粗粉3份，每份约1g，精密称定，置具塞三角瓶中，精密加入20ml乙酸乙酯溶液，分别超声30min、回流30min、冷浸24h，另称取辛夷药材粗粉10g，精密加入400ml水，按照《中国药典》2015年版挥发油检查项下方法加热回流提取挥发油，挥发油提取器液面上方精密加入2ml乙酸乙酯溶液，共提取3h，取乙酸乙酯层转移至5mL量瓶中，用乙酸乙酯溶液稀释至刻度，混匀。取适量无水硫酸钠加入量瓶中脱水，过0.45μm滤膜，即得。稀释成等浓度下各主要色谱峰峰数和面积见表8-34。

实验结果表明，水蒸气蒸馏法提取所得挥发油色谱图峰面积较大，峰个数仅次于乙酸乙酯回流，且差异较小。因此选择水蒸气蒸馏提取。

表8-34 辛夷指纹图谱提取方式考察结果

提取方式	峰面积	峰个数
超声	296996	63
回流	349218	88
冷浸	302833	66
水蒸气蒸馏	252660	61

（3）提取倍量考察

平行称取辛夷药材粗粉5份，每份10g，精密称定，置圆底烧瓶中，分别加入10、20、30、40、50倍量（v/w）水，按照《中国药典》2015年版挥发油检查项下方法加热回流提取挥发油，挥发油提取器液面上方精密加入2ml乙酸乙酯溶液，共提取3h，取乙酸乙酯层转移至5ml量瓶中，用适量乙酸乙酯溶液润洗挥发油提取器，一并转移至量瓶中，用乙酸乙酯溶液稀释至刻度，混匀。加适量无水硫酸钠脱水，过0.45μm滤膜，即得。等生药量下各主要色谱峰峰数和面积见表8-35。

结果表明，等生药量下，主要色谱峰峰个数差异较小，提取倍量（v/w）为30倍时，主要色谱峰峰面积最大，提取效率最高，因此选择提取倍量为30倍。

（4）提取时间考察

平行称取辛夷药材粗粉5份，每份10g，精密称定，置圆底烧瓶中，分别加入30倍量（v/w）水，按照《中国药典》2015年版挥发油检查项下方法加热回流提取挥发油，挥发油提取器液面上方精密加入2ml乙酸乙酯溶液，分别水蒸气蒸馏提取1h、2h、3h、4h、5h，取乙酸乙酯层转移至5ml量瓶中，用适量乙酸乙酯溶液润洗挥发油提取器，一并转移至量瓶中，用乙酸乙酯溶液稀释至刻度，混匀。加适量无水硫酸钠脱水，过滤，即得。等生药量下各主要色谱峰峰数和面积见表8-36。

表 8-35 辛夷指纹图谱提取倍量考察结果

提取溶剂倍量（v/w）	色谱峰面积	色谱峰个数
10	289125	59
20	329509	63
30	367813	74
40	351882	71
50	314702	69

表 8-36 辛夷指纹图谱提取时间考察结果

t（h）	色谱峰面积	色谱峰个数
1	201745	52
2	309843	56
3	372182	69
4	331 20	66
	295308	67

实验结果表明，等生药量下，提取时间为 3h 时提取液中各主要成分含量较高峰面积最大，且时间最短，提取效率最高，因此选择提取时间为 3h。

（5）药材提取质量考察

分别称取辛夷药材粗粉 10g、20g、30g，精密称定，置圆底烧瓶中，加入 30 倍（v/w）水，按照《中国药典》2015 年版挥发油检查项下方法加热回流提取挥发油，挥发油提取器液面上方精密加入 2ml 乙酸乙酯溶液，水蒸气蒸馏提取 3h，取乙酸乙酯层转移至量瓶中，用适量乙酸乙酯溶液润洗挥发油提取器，一并转移至量瓶中，用乙酸乙酯溶液稀释至每 1ml 乙酸乙酯溶液含药材 2g 的供试品溶液，混匀。取适量无水硫酸钠脱水，过 0.45μm 滤膜，即得。稀释成等浓度下各主要色谱峰峰数和面积见表 8-37。

表 8-37 辛夷指纹图谱药材提取质量考察结果

药材提取质量（g）	色谱峰个数	色谱峰面积（＞50%）
10g	66	383668
20g	61	205452
30g	57	200508

实验结果表明，等浓度下，提取质量为 10g 时提取液中各主要成分含量较高，峰面积最大，提取效率最高，因此选择药材提取质量为 10g。

（6）供试品溶液制备方法的确定

称取辛夷药材粗粉 10g，精密称定，置圆底烧瓶中，加入 30 倍（v/w）水，按照《中国药典》2015 年版挥发油检查项下方法加热回流提取挥发油，挥发油提取器液面上方精密加入 2ml 乙酸乙酯溶液，水蒸气蒸馏提取 3h，取乙酸乙酯层转移至 5ml 量瓶中，用适量乙酸乙酯溶液润洗挥发油提取器，一并转移至量瓶中，用乙酸乙酯溶液稀释至刻度，混匀。取适量无水硫酸钠加入量瓶中脱水，过 0.45μm 滤膜，即得。

4. GC 色谱条件优化考察

（1）GC 初温考察

参照辛夷 GC"化学成分研究"色谱条件的基础上进行优化。

进样口温度 230℃，检测器温度 290℃，柱流量 1ml/min，进样量 5μl，分流比 20∶1。程序升温条件：

1）初始温度 35℃（5min），以 5℃/min 升至 230℃，保持 6min。

2）初始温度 40℃（5min），以 5℃/min 升至 230℃，保持 6min。

3）初始温度 50℃（5min），以 5℃/min 升至 230℃，保持 6min。

4）初始温度 60℃（5min），以 5℃/min 升至 230℃，保持 6min。

以 GC 色谱峰个数及色谱峰面积（除溶剂峰）作为考察指标，如表 8-38。

结果表明，初温为 40℃时，色谱峰个数最多，峰面积最大，提取效率最高，因此选择 40℃作为辛夷指纹图谱的初始温度。

（2）GC 条件的优化考察

试验采用柱程序升温模式，经过多次试验考察，确定 GC 优化条件。其中条件 1 为优化过程之一，条件 2 为 GC 确定条件。

条件 1　进样口温度 250℃，检测器温度 290℃，进样量 5μl，分流比 50∶1；柱流速：0.8ml/min。程序升温条件如下：初温 40℃（保持 5min），以 8℃/min 的速度上升至 100℃（保持 3min），以 2℃/min 的速度上升至 120℃（保持 6min），以 3℃/min 的速度上升至 200℃（保持 6min）。

表 8-38　辛夷指纹图谱初始温度考察结果

初始温度	色谱峰面积	色谱峰个数
35	10623	70
40	10776	76
50	9915	68
60	9843	65

条件 2（确定）　进样口温度 250℃，检测器温度 290℃，进样量 5μl，分流比 50∶1；柱流速：0.8ml/min。程序升温条件如下：初温 40℃（保持 5min），以 8℃/min 的速度上升至 120℃（保持 2min），以 1.5℃/min 的速度上升至 110℃（保持 10min），以 5℃/min 的速度上升至 230℃（保持 6min）。

5. GC 适应性试验

精密量取桉叶油素对照品溶液 5μl 和供试品溶液 5μl，按照条件 2（确定）依法测定，记录 2h 色谱图（图 8-29～图 8-32）。

结果表明，辛夷供试品溶液（1h）后无色谱峰，表明谱图 1h 色谱峰完全，此外，阴性无干扰。

6. GC 方法学考察

（1）精密度试验

取同一供试品溶液，按照 GC 优化条件连续进样 6 次，考察色谱峰相对保留时间和相对峰面积的一致性。以桉叶油素峰（10 号峰）为参照峰，计算其中 24 个色谱峰相对保留时间

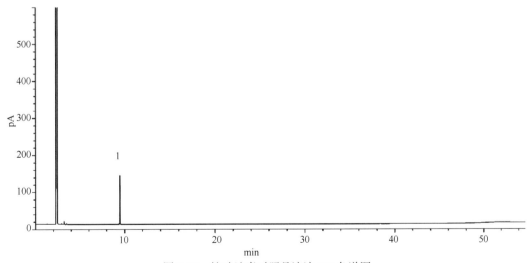

图 8-29　桉叶油素对照品溶液 GC 色谱图

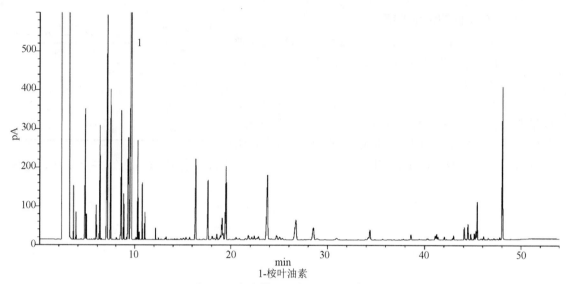

图 8-30　辛夷供试品溶液 GC 色谱图

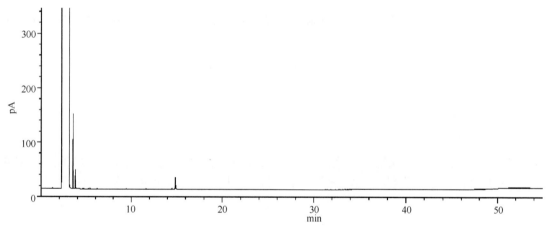

图 8-31　乙酸乙酯空白对照 GC 色谱图

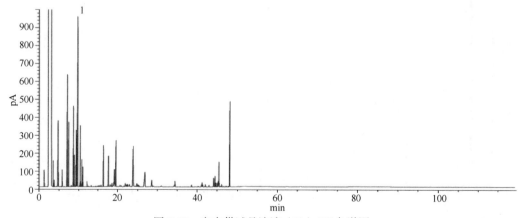

图 8-32　辛夷供试品溶液（2h）GC 色谱图

的 RSD 值均小于 0.07%，相对峰面积的 RSD 值均小于 1.38%，符合指纹图谱的要求。见图 8-33、表 8-39 和表 8-40。

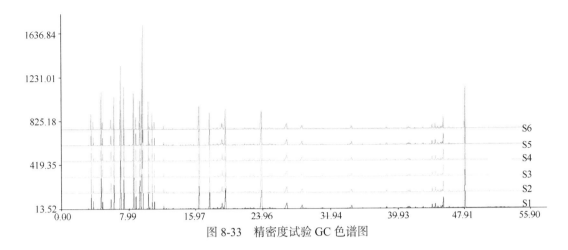

图 8-33　精密度试验 GC 色谱图

表 8-39　精密度试验结果（示相对保留时间）

峰号	相对保留时间						RSD（%）
	1	2	3	4	5	6	
1	0.492	0.493	0.493	0.493	0.493	0.493	0.070
2	0.504	0.505	0.505	0.505	0.505	0.505	0.071
3	0.606	0.607	0.607	0.607	0.607	0.607	0.054
4	0.647	0.648	0.648	0.648	0.648	0.648	0.049
5	0.730	0.731	0.731	0.731	0.731	0.731	0.031
6	0.768	0.769	0.769	0.769	0.769	0.769	0.027
7	0.886	0.886	0.886	0.886	0.886	0.886	0.012
8	0.912	0.912	0.912	0.912	0.912	0.912	0.010
9	0.964	0.965	0.965	0.965	0.965	0.965	0.021
10（S）	1.000	1.000	1.000	1.000	1.000	1.000	0.000
11	1.069	1.069	1.068	1.069	1.068	1.068	0.006
12	1.117	1.116	1.116	1.117	1.116	1.116	0.007
13	1.144	1.144	1.144	1.144	1.144	1.144	0.007
14	1.257	1.257	1.257	1.257	1.257	1.257	0.013
15	1.694	1.693	1.693	1.693	1.693	1.693	0.019
16	1.824	1.823	1.823	1.823	1.823	1.823	0.018
17	2.020	2.019	2.019	2.019	2.018	2.018	0.023
18	2.460	2.459	2.459	2.459	2.459	2.459	0.024
19	2.765	2.764	2.764	2.764	2.764	2.764	0.022
20	2.953	2.951	2.951	2.951	2.951	2.951	0.025
21	3.557	3.555	3.555	3.555	3.555	3.555	0.026
22	4.596	4.594	4.593	4.594	4.593	4.593	0.025
23	4.696	4.694	4.693	4.693	4.693	4.693	0.026
24	4.970	4.967	4.966	4.967	4.966	4.967	0.027

表 8-40　精密度试验结果（示相对峰面积）

峰号	相对峰面积						RSD（%）
	1	2	3	4	5	6	
1	0.232	0.231	0.231	0.231	0.231	0.231	0.155
2	0.032	0.032	0.032	0.032	0.031	0.031	0.223
3	0.058	0.058	0.058	0.058	0.058	0.058	0.131
4	0.171	0.171	0.171	0.171	0.171	0.171	0.083
5	0.520	0.519	0.519	0.519	0.519	0.518	0.084
6	0.236	0.236	0.236	0.236	0.235	0.235	0.058
7	0.187	0.182	0.182	0.182	0.187	0.187	1.380
8	0.060	0.059	0.059	0.059	0.059	0.059	0.114
9	0.282	0.282	0.282	0.282	0.282	0.282	0.033
10（S）	1.000	1.000	1.000	1.000	1.000	1.000	0.000
11	0.117	0.117	0.117	0.117	0.117	0.117	0.043
12	0.057	0.057	0.057	0.057	0.057	0.057	0.040
13	0.027	0.027	0.027	0.027	0.027	0.027	0.086
14	0.011	0.011	0.011	0.011	0.011	0.011	0.268
15	0.169	0.169	0.169	0.169	0.169	0.169	0.049
16	0.121	0.121	0.121	0.121	0.121	0.121	0.050
17	0.185	0.185	0.185	0.185	0.185	0.185	0.053
18	0.236	0.236	0.236	0.236	0.239	0.236	0.547
19	0.098	0.098	0.098	0.098	0.098	0.098	0.087
20	0.053	0.053	0.053	0.053	0.053	0.053	0.074
21	0.038	0.038	0.038	0.038	0.038	0.038	0.282
22	0.031	0.031	0.031	0.031	0.031	0.031	0.130
23	0.070	0.070	0.070	0.070	0.070	0.070	0.120
24	0.314	0.317	0.314	0.314	0.314	0.313	0.408

（2）重现性试验

取同一批辛夷药材粗粉 6 份，制备供试品溶液，按照 GC 优化条件进样测定。以桉叶油素峰（10 号峰）为参照峰，计算其中 24 个色谱峰相对保留时间的 RSD 值均小于 0.31%，相对峰面积的 RSD 值均小于 2.86%，符合指纹图谱的要求。见图 8-34、表 8-41 和表 8-42。

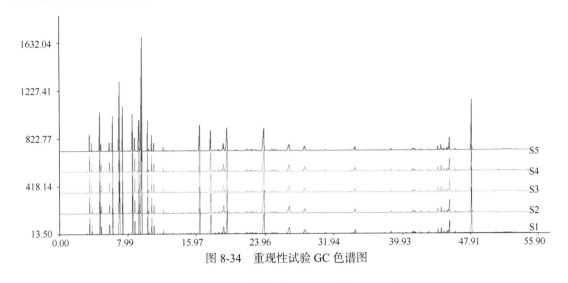

图 8-34 重现性试验 GC 色谱图

表 8-41 重现性试验结果（示相对保留时间）

峰号	相对保留时间					RSD（%）
	1	2	3	4	5	
1	0.493	0.493	0.493	0.493	0.492	0.052
2	0.505	0.505	0.505	0.505	0.504	0.046
3	0.607	0.607	0.607	0.607	0.606	0.041
4	0.648	0.648	0.648	0.648	0.647	0.020
5	0.731	0.731	0.731	0.731	0.731	0.017
6	0.769	0.768	0.768	0.768	0.768	0.016
7	0.886	0.886	0.886	0.886	0.886	0.012
8	0.912	0.912	0.912	0.912	0.912	0.004
9	0.965	0.965	0.965	0.964	0.965	0.027
10（S）	1	1	1	1	1	0.000
11	1.068	1.068	1.068	1.068	1.068	0.004
12	1.116	1.116	1.116	1.116	1.116	0.003
13	1.143	1.143	1.143	1.143	1.144	0.006
14	1.257	1.257	1.257	1.257	1.257	0.009
15	1.693	1.693	1.693	1.693	1.693	0.008
16	1.823	1.823	1.823	1.823	1.824	0.016
17	2.018	2.019	2.019	2.019	2.019	0.016
18	2.460	2.460	2.460	2.460	2.461	0.023
19	2.764	2.764	2.764	2.764	2.765	0.014
20	2.951	2.951	2.951	2.951	2.952	0.012
21	3.555	3.555	3.555	3.555	3.556	0.012
22	4.593	4.593	4.593	4.594	4.594	0.008
23	4.661	4.694	4.693	4.693	4.694	0.309
24	4.967	4.967	4.967	4.967	4.968	0.010
平均	–	–	–	–	–	0.029

表 8-42 重现性试验结果（示相对峰面积）

峰号	相对峰面积					RSD（%）
	1	2	3	4	5	
1	0.220	0.225	0.226	0.224	0.219	1.497
2	0.029	0.030	0.030	0.030	0.029	2.562
3	0.050	0.051	0.053	0.049	0.050	2.798
4	0.167	0.169	0.169	0.168	0.167	0.606
5	0.512	0.515	0.516	0.514	0.511	0.437
6	0.222	0.229	0.230	0.226	0.222	1.628
7	0.167	0.174	0.177	0.172	0.167	2.499
8	0.057	0.058	0.058	0.058	0.057	1.424
9	0.279	0.280	0.281	0.280	0.279	0.312
10（S）	1	1	1	1	1	0.000
11	0.114	0.115	0.116	0.115	0.114	0.608
12	0.052	0.055	0.055	0.054	0.053	2.466
13	0.026	0.027	0.027	0.026	0.026	1.607
14	0.012	0.012	0.012	0.012	0.012	2.216
15	0.174	0.172	0.169	0.173	0.174	1.148
16	0.133	0.128	0.126	0.130	0.133	2.511
17	0.193	0.190	0.189	0.191	0.194	1.190
18	0.260	0.256	0.252	0.265	0.265	2.213
19	0.103	0.101	0.100	0.102	0.104	1.325
20	0.060	0.059	0.062	0.058	0.060	2.307
21	0.041	0.041	0.040	0.041	0.042	2.243
22	0.033	0.032	0.032	0.032	0.033	1.442
23	0.074	0.072	0.072	0.073	0.074	1.368
24	0.363	0.340	0.355	0.348	0.363	2.860
平均	–	–	–	–	–	1.636

（3）稳定性试验

取同一供试品溶液，放置于室温，分别在 0h、2h、4h、8h、12h、24h 时间间隔下，按照 GC 优化条件进样测定。以桉叶油素峰（10 号峰）为参照峰，计算其中 24 个色谱峰相对保留时间的 RSD 值均小于 0.10%，相对峰面积的 RSD 值均小于 1.75%，符合指纹图谱的要求。表明供试品溶液 24h 内基本稳定。见图 8-35、表 8-43 和表 8-44。

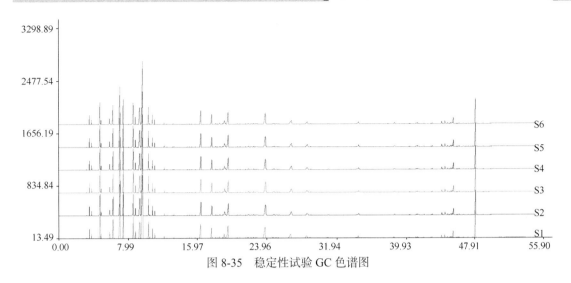

图 8-35　稳定性试验 GC 色谱图

表 8-43　稳定性试验结果（示相对保留时间）

峰号	相对保留时间						RSD（%）
	0h	2h	4h	8h	12h	24h	
1	0.492	0.493	0.493	0.493	0.493	0.492	0.099
2	0.504	0.505	0.505	0.505	0.505	0.504	0.097
3	0.606	0.607	0.607	0.607	0.607	0.606	0.078
4	0.647	0.648	0.648	0.648	0.648	0.647	0.056
5	0.730	0.731	0.731	0.731	0.731	0.731	0.037
6	0.768	0.769	0.769	0.769	0.769	0.768	0.030
7	0.886	0.886	0.886	0.886	0.886	0.887	0.026
8	0.912	0.912	0.912	0.912	0.912	0.912	0.009
9	0.964	0.965	0.965	0.965	0.964	0.965	0.033
10（S）	1.000	1.000	1.000	1.000	1.000	1.000	0.000
11	1.069	1.068	1.068	1.068	1.068	1.069	0.019
12	1.117	1.116	1.116	1.116	1.116	1.117	0.018
13	1.144	1.144	1.144	1.143	1.143	1.144	0.024
14	1.257	1.257	1.257	1.257	1.256	1.257	0.023
15	1.694	1.693	1.693	1.693	1.692	1.691	0.055
16	1.824	1.823	1.823	1.823	1.823	1.823	0.025
17	2.020	2.019	2.018	2.018	2.018	2.018	0.032
18	2.460	2.459	2.459	2.459	2.458	2.456	0.053
19	2.765	2.764	2.764	2.763	2.763	2.759	0.083
20	2.953	2.951	2.951	2.950	2.950	2.948	0.047
21	3.557	3.555	3.555	3.555	3.554	3.556	0.032
22	4.596	4.593	4.593	4.593	4.593	4.598	0.048
23	4.696	4.693	4.693	4.693	4.693	4.698	0.051
24	4.970	4.966	4.966	4.967	4.966	4.973	0.059

表 8-44 稳定性试验结果（示相对峰面积）

峰号	相对峰面积						RSD（%）
	0h	2h	4h	8h	12h	24h	
1	0.232	0.231	0.231	0.230	0.229	0.227	0.787
2	0.032	0.032	0.031	0.031	0.031	0.031	0.539
3	0.058	0.058	0.058	0.058	0.058	0.057	0.576
4	0.171	0.171	0.171	0.171	0.170	0.169	0.493
5	0.520	0.519	0.519	0.518	0.517	0.514	0.422
6	0.236	0.236	0.235	0.235	0.235	0.234	0.285
7	0.187	0.182	0.187	0.182	0.182	0.181	1.418
8	0.060	0.059	0.059	0.059	0.059	0.059	0.423
9	0.282	0.282	0.282	0.282	0.281	0.281	0.141
10（S）	1.000	1.000	1.000	1.000	1.000	1.000	0.000
11	0.117	0.117	0.117	0.116	0.116	0.116	0.103
12	0.057	0.057	0.057	0.058	0.058	0.058	0.141
13	0.027	0.027	0.027	0.027	0.027	0.027	0.150
14	0.011	0.011	0.011	0.011	0.011	0.011	0.220
15	0.169	0.169	0.169	0.169	0.170	0.170	0.186
16	0.121	0.121	0.121	0.121	0.122	0.122	0.193
17	0.185	0.185	0.185	0.185	0.186	0.186	0.179
18	0.236	0.236	0.239	0.236	0.237	0.240	0.752
19	0.098	0.098	0.098	0.098	0.098	0.099	0.207
20	0.053	0.053	0.053	0.053	0.053	0.053	0.471
21	0.038	0.038	0.038	0.038	0.038	0.037	1.754
22	0.031	0.031	0.031	0.031	0.031	0.032	0.673
23	0.070	0.070	0.070	0.070	0.070	0.071	0.220
24	0.314	0.314	0.314	0.316	0.314	0.315	0.313

7. 药材指纹图谱的采集

取 11 批辛夷药材，分别按法制备供试品溶液，按色谱条件测定。将得到的指纹图谱的 AIA 数据文件导入《中药色谱指纹图谱相似度评价系统》2004A 版相似度软件，得到 11 批辛夷指纹图谱，见图 8-36。

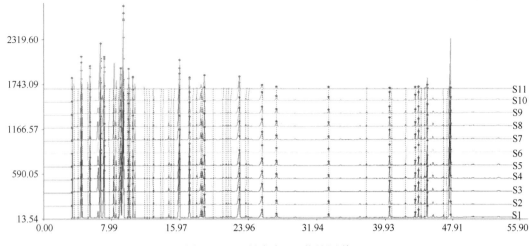

图 8-36 11 批辛夷 GC 指纹图谱

8. 聚类分析

在上述条件下，以 S1 作为参照图谱自动匹配，得到的匹配数据，运用 SPSS 统计分析软件对其进行系统聚类分析。先将 11×96 阶原始数据矩阵经标准化处理，利用平方欧式距离作为样品的测度，采用 Ward 联接法进行聚类，将 11 批药材分为 2 类，其中 1～9 及 11 批聚为一类，第 10 批聚为一类，见图 8-37。

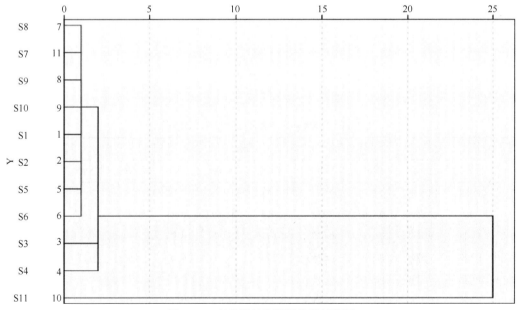

图 8-37 辛夷药材的聚类分析树状图

9. 对照指纹图谱的建立

根据对 11 批辛夷药材的聚类分析结果，从中选取归属于一类的 10 批（Y901-Y909，Y1505206 批）药材的色谱图生成指纹图谱及对照指纹图谱，见图 8-38 和图 8-39。10 批样品共有峰相对保留时间及相对峰面积见表 8-45 和表 8-46。

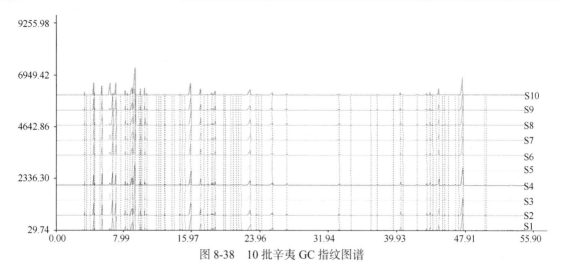

图 8-38　10 批辛夷 GC 指纹图谱

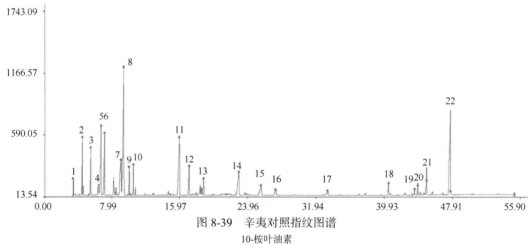

图 8-39　辛夷对照指纹图谱

10-桉叶油素

表 8-45　10 批辛夷共有峰（示相对保留时间）

编号	批号									
	Y901	Y902	Y903	Y904	Y905	Y906	Y907	Y908	Y909	Y1505206
1	0.354	0.354	0.356	0.354	0.355	0.354	0.353	0.332	0.354	0.354
2	0.469	0.469	0.470	0.469	0.470	0.469	0.469	0.440	0.468	0.468
3	0.478	0.477	0.479	0.478	0.478	0.478	0.477	0.448	0.477	0.477
4	0.577	0.574	0.579	0.576	0.575	0.574	0.575	0.672	0.575	0.572
5	0.715	0.713	0.716	0.715	0.716	0.716	0.716	0.713	0.714	0.724
6	0.758	0.757	0.759	0.758	0.758	0.758	0.758	0.908	0.757	0.757
7	0.964	0.964	0.965	0.965	0.965	0.965	0.966	0.941	0.964	0.964
8（S）	1.000	1.000	1.000	1.000	1.000	1.000	1.000	1.000	1.000	1.000
9	1.065	1.065	1.068	1.064	1.067	1.065	1.063	1.048	1.064	1.065
10	1.117	1.115	1.121	1.116	1.119	1.116	1.114	1.592	1.116	1.116
11	1.698	1.695	1.705	1.696	1.695	1.691	1.694	1.705	1.695	1.693

编号	批号									
	Y901	Y902	Y903	Y904	Y905	Y906	Y907	Y908	Y909	Y1505206
12	1.819	1.816	1.825	1.816	1.821	1.815	1.813	1.877	1.816	1.816
13	2.002	2.000	2.007	1.999	2.003	1.999	1.995	2.282	1.999	2.000
14	2.437	2.432	2.439	2.432	2.434	2.430	2.427	2.539	2.429	2.431
15	2.716	2.711	2.722	2.710	2.714	2.707	2.702	2.710	2.702	2.709
16	2.894	2.887	2.903	2.887	2.896	2.887	2.880	3.323	2.886	2.886
17	3.549	3.540	3.558	3.541	3.550	3.540	3.531	4.036	3.540	3.540
18	4.315	4.300	4.322	4.302	4.312	4.300	4.291	4.062	4.329	4.332
19	4.638	4.624	4.648	4.626	4.637	4.626	4.616	4.341	4.628	4.630
20	4.679	4.665	4.689	4.667	4.679	4.667	4.657	4.380	4.669	4.672
21	4.789	4.775	4.799	4.776	4.788	4.777	4.766	4.482	4.778	4.782
22	5.086	5.071	5.098	5.074	5.086	5.073	5.061	4.762	5.076	5.077

表 8-46　10 批辛夷共有峰（示相对峰面积）

编号	批号									
	Y901	Y902	Y903	Y904	Y905	Y906	Y907	Y908	Y909	Y1505206
1	0.023	0.021	0.030	0.021	0.026	0.021	0.019	0.020	0.022	0.021
2	0.243	0.223	0.269	0.235	0.254	0.247	0.276	0.241	0.240	0.242
3	0.023	0.022	0.026	0.020	0.024	0.023	0.023	0.024	0.025	0.023
4	0.193	0.163	0.292	0.191	0.155	0.142	0.210	0.145	0.189	0.148
5	0.474	0.202	0.417	0.400	0.410	0.394	0.359	0.404	0.404	0.040
6	0.319	0.281	0.310	0.309	0.305	0.291	0.334	0.300	0.300	0.249
7	0.302	0.293	0.367	0.316	0.373	0.320	0.352	0.320	0.320	0.328
8（S）	1.000	1.000	1.000	1.000	1.000	1.000	1.000	1.000	1.000	1.000
9	0.068	0.079	0.090	0.066	0.089	0.078	0.066	0.069	0.075	0.083
10	0.074	0.072	0.109	0.069	0.103	0.085	0.075	0.085	0.086	0.083
11	0.508	0.498	0.776	0.526	0.405	0.340	0.538	0.37	0.490	0.403
12	0.165	0.162	0.233	0.171	0.198	0.147	0.160	0.157	0.158	0.159
13	0.072	0.097	0.090	0.076	0.086	0.093	0.082	0.096	0.091	0.098
14	0.274	0.275	0.308	0.277	0.273	0.249	0.258	0.235	0.239	0.272
15	0.140	0.141	0.183	0.138	0.150	0.124	0.124	0.109	0.109	0.149
16	0.061	0.061	0.095	0.059	0.088	0.067	0.057	0.065	0.067	0.067
17	0.038	0.040	0.059	0.039	0.054	0.040	0.035	0.041	0.042	0.041
18	0.106	0.081	0.117	0.084	0.079	0.057	0.064	0.011	0.012	0.014
19	0.037	0.038	0.053	0.037	0.043	0.034	0.032	0.031	0.032	0.040
20	0.054	0.059	0.080	0.052	0.061	0.051	0.049	0.043	0.045	0.058
21	0.143	0.155	0.211	0.136	0.158	0.139	0.131	0.131	0.114	0.150
22	0.695	0.723	1.123	0.761	0.912	0.711	0.618	0.620	0.677	0.656

表 8-47　10 批辛夷药材相似度评价结果

批号	对照图谱	批号	对照图谱
Y901	0.999	Y906	0.996
Y902	0.997	Y907	0.994
Y903	0.986	Y908	0.997
Y904	0.976	Y909	0.999
Y905	0.992	Y911	0.928

10. 相似度评价

利用 2004A 版《中药色谱指纹图谱相似度评价系统》,对上述 10 批样品与对照指纹图谱进行匹配,进行相似度评价,结果见表 8-47。各批辛夷药材与对照指纹图谱间的相似度为 0.976～0.999,表明各批次药材之间具有一定的一致性。

11. 色谱峰指认

采用 GC-MS 法对辛夷指纹图谱中的 22 个主要特征峰进行了全部指认。

（1）GC-MS 试验条件

GC 条件为指纹图谱条件,质谱仪器参数如下:EI 电离源;电子能量 70eV;四极杆温度 150℃;离子源温度 230℃;倍增器电压 1412V;溶剂延迟 2.30min;SCAN 扫描范围 10～700amu。

（2）供试品溶液的制备

取辛夷药材粗粉,制备供试品溶液。

（3）试验结果

1）辛夷药材指纹图谱 GC-MS 辨识谱图（图 8-40）

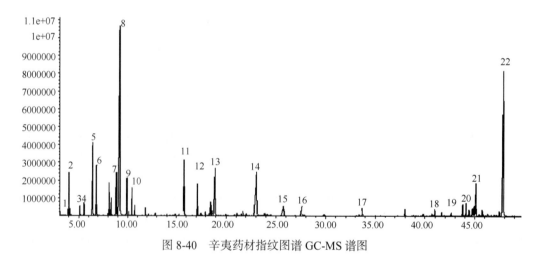

图 8-40　辛夷药材指纹图谱 GC-MS 谱图

2）辛夷药材指纹图谱色谱峰指认结果:辛夷指纹图谱所生成的对照指纹图谱中,共得到 22 个共有峰,按照图 8-41 辛夷对照指纹图谱的色谱峰编号,分别见表 8-48。

表 8-48　辛夷指纹图谱色谱峰指认信息表

Peak No.	RT	Identification	MW	Formula
1	4.000	1R-α-蒎烯	136	$C_{10}H_{16}$
2	4.148	β-月桂烯	136	$C_{10}H_{16}$
3	5.077	左旋樟脑	152	$C_{10}H_{16}O$
4	5.566	乙酸丁酯	116	$C_{6}H_{12}O_{2}$
5	6.402	β-蒎烯	136	$C_{10}H_{16}$

续表

Peak No.	RT	Identification	MW	Formula
6	6.844	β-水芹烯	136	$C_{10}H_{16}$
7	8.867	柠檬烯	136	$C_{10}H_{16}$
8	9.138	桉叶油素	154	$C_{10}H_{18}O$
9	9.936	萜品烯	136	$C_{10}H_{16}$
10	10.432	对伞花烃	134	$C_{10}H_{14}$
11	15.786	右旋樟脑	152	$C_{10}H_{16}O$
12	17.150	芳樟醇	154	$C_{10}H_{18}O$
13	18.932	-4-萜品醇	154	$C_{10}H_{18}O$
14	23.039	α-萜品醇	154	$C_{10}H_{18}O$
15	25.681	δ-杜松烯	204	$C_{15}H_{24}$
16	27.595	B-香茅醇	156	$C_{10}H_{20}O$
17	33.693	香叶醇	154	$C_{10}H_{18}O$
18	44.107	A-荜橙茄醇	222	$C_{15}H_{26}O$
19	44.425	古巴烯	204	$C_{15}H_{24}$
20	44.929	naphthalene，1，2，3，4，4a，5，6，8a-octahydro-7-methyl-4-methylene-1-（1-methyl-ethyl）-（1.alpha.，4a.alpha.，8a.alpha.）	204	$C_{15}H_{24}$
21	45.099	1H-cycloprop[e]azulen-4-ol，decahydro-1，1，4，7-tetramethyl-，[1ar-（1a.alpha.，4.beta.，4a.beta.，7.alpha.，7a.beta.，7b.alpha.）]	222	$C_{15}H_{26}O$
22	47.796	金合欢醇	222	$C_{15}H_{26}O$

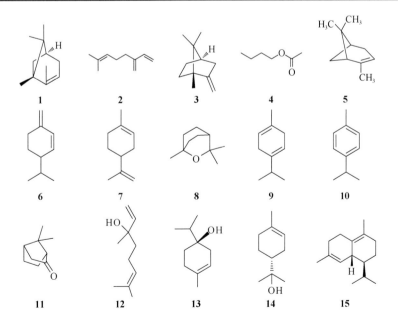

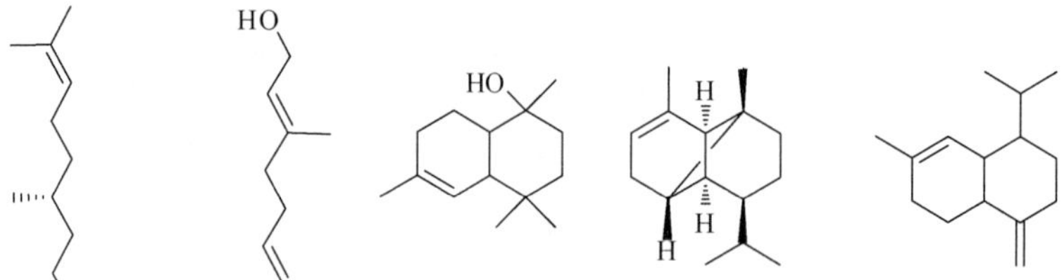

16 17 18 19 20

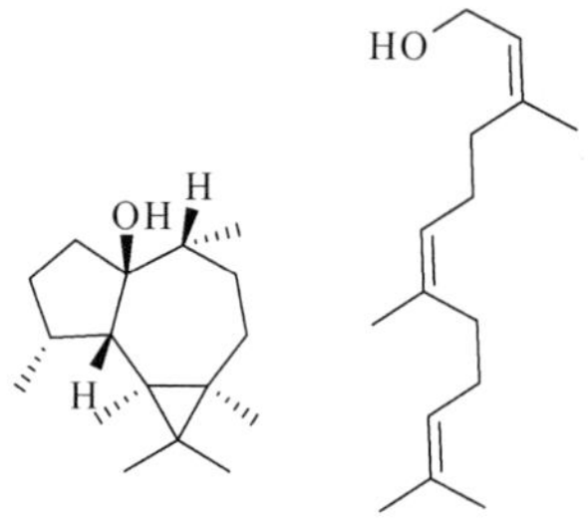

21 22

图 8-41 22 个共有峰结构式

三、含量测定研究

参照《中国药典》2015 年版一部第 182 页辛夷药材含量测定项下方法。

（一）仪器与材料

1. 仪器

Agilent 1100 高效液相色谱仪	美国 Agilent 公司
AB204-N 电子天平（十万分之一）	德国 METELER 公司
BT25S 电子天平（万分之一）	德国 Sartorius 公司
超声波清洗仪	宁波新芝生物科技公司
乙腈（色谱纯）	天津市康科德科技有限公司
纯净水	杭州娃哈哈集团有限公司

2. 试剂与试药

木兰脂素（批号 20151110，纯度 98%），购自天津士兰科技有限公司。辛夷药材（批号 Y1505206，Y901-Y910）均由天津中新药业集团股份有限公司隆顺榕制药厂提供，Y901-Y910 批产地河南。经天津药物研究院中药现代研究部张铁军研究员鉴定为木兰科植物望春花 *Magnolia biondii* Pamp. 的干燥花蕾。符合《中国药典》2015 年版一部辛夷项下的有关规定。所有试剂均为分析纯。

（二）试验方法

1. 对照品溶液的制备

取木兰脂素对照品适量，精密称定，加甲醇制成每 1ml 含 103μg 的溶液，即得。

2. 供试品溶液的制备

取本品粗粉约 1g，精密称定，置具塞锥形瓶中，精密加入乙酸乙酯溶液 20ml，称定重量，浸泡 30min，超声处理（功率 250W，频率 33kHz）30min，放至室温，再称定重量，用甲醇溶液补足减失的重量，摇匀，滤过，精密量取续滤液 3ml，加在中性氧化铝柱（100～200 目，2g，内径为 9mm，湿法装柱，用乙酸乙酯溶液 5ml 预洗）上，用甲醇溶液 15ml 洗脱，收集洗脱液，置 25ml 量瓶中，加甲醇溶液至刻度，摇匀，滤过，取续滤液，即得。

3. 色谱条件的摸索

《中国药典》2015 年版一部辛夷含量测定项下采用的是 C_8 色谱柱，本课题的药材及制剂的多指标含测、指纹图谱等质控方法均采用常用的 C_{18} 色谱柱，文献中也多使用 C_{18} 色谱柱，为了保持测定的一致性，我们采用 C_{18} 色谱柱进行了含量测定及方法学考察，结果显示本方法合理可行。

参照《中国药典》2015 年版一部辛夷含量测定进行流动相调整，其余条件不变。条件 1、2 为条件摸索过程之一，条件 3 为确定的色谱条件。

条件 1　Diamonsil C_{18} 色谱柱（250mm×4.6 mm，5μm）；以乙腈：水（55：45）为流动相；柱温 25℃，检测波长为 278nm（图 8-42）。

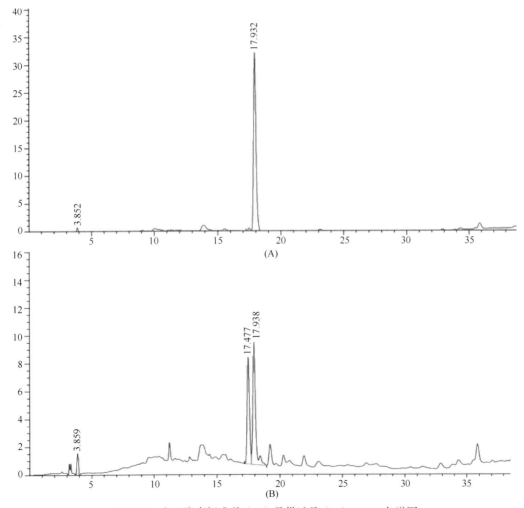

图 8-42　木兰脂素标准品（A）及供试品（B）HPLC 色谱图

条件 2　Diamonsil C_{18} 色谱柱（250mm×4.6 mm，5μm）；以乙腈：水（50：50）为流动相；柱温 25℃，检测波长为 278nm（图 8-43）。

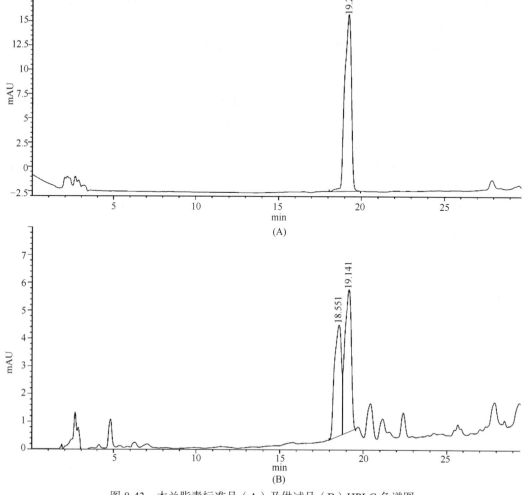

图 8-43　木兰脂素标准品（A）及供试品（B）HPLC 色谱图

条件 3（确定）　Diamonsil C$_{18}$色谱柱（250mm×4.6mm，5μm）；以乙腈：水（40：60）为流动相；柱温 25℃，检测波长为 278nm。分别取木兰脂素对照品溶液、辛夷供试品溶液，按确定的条件 3 进样测定，考察系统适用性。记录 HPLC 色谱图，如图 8-44 所示。结果木兰脂素色谱峰与相邻峰的分离度均大于 1.5。

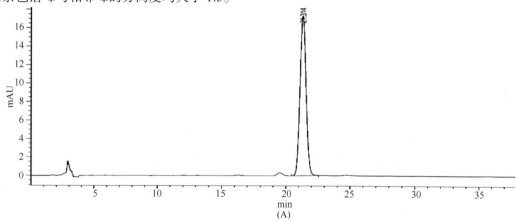

(A)

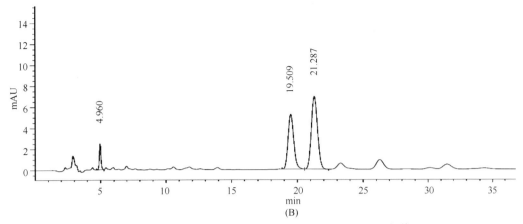

图 8-44 木兰脂素标准品（A）及供试品（B）HPLC 色谱图

4. 测定法

测定法分别精密吸取对照品溶液与供试品溶液各 10μl，注入液相色谱仪，测定，即得。

5. 方法学考察

（1）线性关系考察

精密吸取木兰脂素对照品溶液，分别制成 6 个不同质量浓度的对照品溶液，按法进行测定。记录相应的峰面积，以进样量 X（μg）为横坐标，峰面积 Y 为纵坐标，绘制标准曲线并进行回归计算。结果线性回归方程为 $y = 437.79x + 5.9681$，$R^2 = 0.9998$，表明木兰脂素在线性范围 0.206～2.06μg 之间与峰面积呈良好的线性关系。见图 8-45。

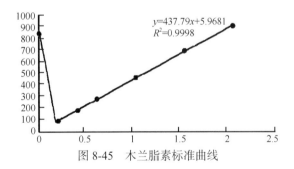

图 8-45 木兰脂素标准曲线

（2）精密度试验

取本品粗粉约 1g（批号 Y0907），精密称定制备供试品溶液，依法进行测定，连续进样 6 次。记录样品中木兰脂素的色谱峰面积，计算峰面积 RSD%，见表 8-49。结果显示样品中木兰脂素的色谱峰面积 RSD 值为 0.52%，精密度良好。

表 8-49 精密度试验结果

编号	1	2	3	4	5	6	RSD（%）
木兰脂素峰面积	178.07	178.16	178.93	178.94	178.35	178.95	0.24

（3）稳定性试验

取本品粗粉约 1g（批号 Y0907），精密称定制备供试品溶液，放置于室温，分别在 0h、2h、

4h、8h、12h、24h 时间间隔下依法进行测定，对照品溶液随行，记录木兰脂素对照品和供试品色谱峰面积，计算供试品含量 RSD（%），见表 8-50。结果供试品含量 RSD 值为 0.47%，表明供试品溶液室温放置 24h 内稳定。

表 8-50　稳定性试验结果

时间	0h	2h	4h	8h	12h	24h	RSD（%）
木兰脂素含量(%)	0.407	0.409	0.407	0.407	0.407	0.407	0.20

（4）重现性试验

取本品粗粉 6 份（批号 Y0907），每份约 1g，精密称定制备供试品溶液，依法测定。记录木兰脂素色谱峰面积，计算供试品含量及其 RSD（%）。结果供试品 RSD 值为 1.67%，表明本方法重现性良好（表 8-51）。

表 8-51　重现性试验结果

样品编号	供试品中木兰脂素含量（%）	平均值（%）	RSD（%）
1	0.406		
2	0.390		
3	0.408		
4	0.403	0.401	1.67
5	0.396		
6	0.400		

（5）加样回收率

取本品粗粉（批号 Y0901，含量 0.401%）6 份，每份 0.5g，精密称定，按供试品含量的 100% 加入相应的对照品，按供试品溶液制备方法制备 6 份供试品溶液，依法测定。记录木兰脂素的色谱峰面积，按法计算木兰脂素的含量，并计算木兰脂素加样回收率及 RSD（%）。结果表明，供试品中木兰脂素回收率符合要求（表 8-52）。

$$加样回收率（\%）＝\frac{测得的量－样品中的量}{加入的量}\times100\%$$

表 8-52　加样回收率试验结果

编号	药材称重（g）	药材含量（mg）	加入对照品量（mg）	实际测定量（mg）	回收率（%）	平均回收率（%）	RSD（%）
1	0.5001	2.005	2.23	4.16	96.62		
2	0.5003	2.006	2.14	4.058	95.88		
3	0.5008	2.008	2.12	4.069	97.21	97.67	2.31
4	0.5006	2.007	2.10	4.069	98.17		
5	0.5014	2.011	2.26	4.184	96.17		
6	0.5007	2.008	2.15	4.200	101.96		

6. 样品的含量测定

取各批次辛夷药材粗粉 1g，精密称定，依照供试品制备项下方法制备供试品溶液，按法测定，计算各批次辛夷药材样品中木兰脂素的含量，结果见表 8-53。

表 8-53　Y901～Y910 批辛夷药材中木兰脂素含量测定结果

批号	1（mg/g）	2（mg/g）	平均值（mg/g）	百分含量（%）
Y901	4.478	4.221	4.349	0.435
Y902	5.621	8.051	6.836	0.684
Y903	3.900	6.758	5.329	0.533
Y904	9.368	10.147	9.758	0.976
Y905	5.324	6.456	5.890	0.589
Y906	5.656	4.858	5.257	0.526
Y907	6.724	7.239	6.981	0.698
Y908	6.578	7.269	6.924	0.692
Y909	5.683	4.128	4.905	0.491
Y910	6.236	7.162	6.699	0.670

结果显示：Y901～Y910 批辛夷药材中木兰脂素的含量符合《中国药典》2015 年版一部辛夷项下的有关规定，本品按干燥品计算，含木兰脂素（$C_{20}H_{18}O_6$）均大于 0.4%。

第三节　藁本质量标准研究

一、化学成分研究

（一）实验材料

1. 仪器与试剂

Agilent 1260 高效液相色谱仪	美国 Agilent 公司
Q-TOF 质谱仪	美国 Bruker 公司
AB204-N 电子天平（十万分之一）	德国 METELER 公司
BT25S 电子天平（万分之一）	德国 Sartorius 公司
超声波清洗仪	宁波新芝生物科技公司
乙腈（色谱纯）	美国 Merck 公司
甲酸（分析纯）	美国 Fisher 公司
纯净水	广州屈臣氏有限公司

2. 试药

藁本药材（批号 Y1506253）由天津中新药业集团股份有限公司隆顺榕制药厂提供，经天津药物研究院中药现代研究部张铁军研究院鉴定为伞形科植物科植物藁本 *Ligusticum sinense* Oliv.的干燥根茎和根，符合《中国药典》2015 年版一部的有关规定。

（二）实验方法

1. 供试品溶液制备

取藁本粉末约（过三号筛）0.9g，精密称定，置具塞锥形瓶中，精密加入 60% 的甲醇溶液 10ml，称定重量，超声处理 30 min，放至室温，再称量补重，摇匀，滤过，取续滤液，即得藁本药材供试品溶液。

2. 色谱-质谱条件

（1）色谱条件

流动相：乙腈（A）-0.1%甲酸水溶液（B）；柱温30℃；进样量10μl；波长250nm；流速1ml/min。流动相梯度见表梯度如表8-54所示。

表8-54　流动相梯度洗脱条件

t（min）	A（%）	B（%）
0	2	98
15	11	89
30	11	89
45	14	86
80	35	65
100	100	0

（2）质谱条件

本实验使用 Bruker 质谱仪，正、负两种模式扫描测定，仪器参数如下：

采用电喷雾离子源；V 模式；毛细管电压正模式 3.0 kV，负模式 2.5 kV；锥孔电压 30 V；离子源温度 110℃；脱溶剂气温度 350℃；脱溶剂氮气流量 600 L/h；锥孔气流量 50 L/h；检测器电压正模式 1900 V，负模式 2000 V；采样频率 0.1 s，间隔 0.02 s；质量数检测范围 50～1500 Da；柱后分流，分流比为 1∶5；内参校准液采用甲酸钠溶液。

（三）结果与讨论

1. HPLC-Q/TOF MS 实验结果

在上述条件下对藁本药材进行了 HPLC-Q/TOF MS 分析，得到样品一级质谱图，见图8-46。

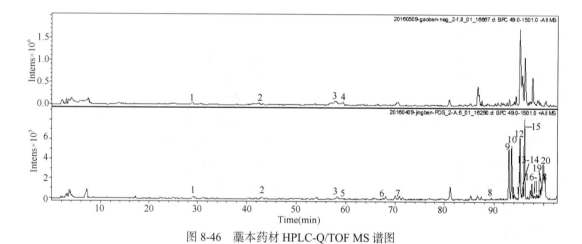

图 8-46　藁本药材 HPLC-Q/TOF MS 谱图

2. HPLC-Q/TOF MS/MS 实验结果

在对藁本药材中的化学物质进行一级质谱测定后，可以得到物质准分子离子峰（[M+H]$^+$或[M-H]$^-$）的相关信息。在此基础上，以准分子离子为母离子在相应的模式下进行二级碎片的测定，根据二级质谱结构信息以及结合相关文献的报道，对藁本中化学物质组进行了鉴定分析，共分析得到 40 个化合物，鉴定出 20 个化合物，主要为苯酞类及其二聚体和酚酸类成分。具体鉴定结果参见表 8-55 和图 8-47。

表 8-55 藁本化学物质组鉴定信息表

No.	T（min）	[M+H]⁺	[M+Na]⁺	[M-H]⁻	MS/MS（+/-）	Identification	Formula
1	28.82		377.0984	353.0914	341，261，223，191/399，226，163	绿原酸	$C_{16}H_{18}O_9$
2	42.35		487.2247	463.2233	487，367，301，226，128	槲皮素-3-O-β-D-吡喃半乳糖苷	$C_{21}H_{20}O_{12}$
3	57.79	195.0698	217.0533	193.0541	178，134，120/177，145，134，117	阿魏酸	$C_{10}H_{10}O_4$
4	59.22		217.0533	193.0536	178，134，120/177，145，134，117	异阿魏酸	$C_{10}H_{10}O_4$
5	59.82	226.9563	249.1143		/475，249，191，153	川芎内酯 J	$C_{12}H_{18}O_4$
6	67.54		247.1002		247，173，133	洋川芎内酯 I	$C_{12}H_{16}O_4$
7	70.37		247.1004		247，207，189，177，	洋川芎内酯 H	$C_{12}H_{16}O_4$
8	89.31	217.0556	239.0379		/239，217，202，177，163	佛手苷内酯	$C_{12}H_8O_4$
9	92.86	209.1228	231.1108		/231，209，194，168，153	3，4，5-trimethoxyallylbenzene	$C_{12}H_{16}O_3$
10	93.45	193.1309	215.115		/193，175，147，137，128，105，91	洋川芎内酯 A	$C_{12}H_{16}O_2$
11	93.95	193.1309	213.0951		213，191，173，145，135	正丁基苯酞	$C_{12}H_{14}O_2$
12	95.14	191.1172	213.0984		213，191，173，145，117	E-藁本内酯	$C_{12}H_{14}O_2$
13	95.51	189.096	211.0783		211，189，171，153，143	E-butylidenephthalide	$C_{12}H_{12}O_2$
14	95.67	195.1421	217.1258		217，195，177，149，127	新蛇床内酯	$C_{12}H_{18}O_2$
15	96.01	191.1176	213.0982		213，191，173，145，117，91	Z-藁本内酯	$C_{12}H_{14}O_2$
16	97.82	381.2143	403.1978		403，329，213，191	新当归内酯	$C_{24}H_{28}O_4$
17	98.17	381.2642	403.2025		403，381，213，191，173，127，99	riligustilide	$C_{24}H_{28}O_4$
18	98.82	383.2262	405.2128		405，383，311，215，191	洋川芎内酯 P	$C_{24}H_{30}O_4$
19	99.49	381.2158	403.2013		403，381，213，191	tokinolide B	$C_{24}H_{28}O_4$
20	99.81	381.2172	403.2035		403，381，311，213，191	欧当归内酯 A	$C_{24}H_{28}O_4$

1　2　3　4

5　6　7　8

9　10　11　12

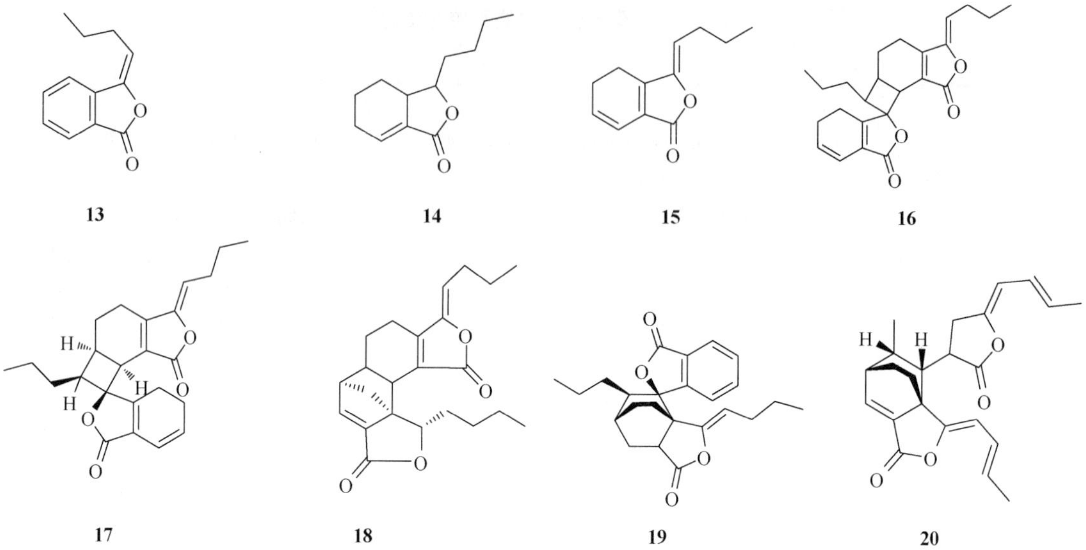

図 8-47　藁本药材含化学成分结构式

二、指纹图谱研究

（一）实验材料

1. 仪器与试剂

Agilent 1260 高效液相色谱仪	美国 Agilent 公司
AB204-N 电子天平（十万分之一）	德国 METELER 公司
BT25S 电子天平（万分之一）	德国 Sartorius 公司
DTD 系列超声波清洗机	鼎泰生化科技设备制造有限公司
Diamonsil　C_{18} 色谱柱	美国 Dikma 公司
六两装高速中药粉碎机	瑞安市永历制药机械有限公司
循环水式多用真空泵	巩义市予华仪器有限责任公司
乙腈（色谱纯）	天津市康科德科技有限公司
磷酸（分析纯）	天津市康科德科技有限公司
乙酸（分析纯）	天津市康科德科技有限公司
甲酸（分析纯）	天津市康科德科技有限公司
纯净水	杭州娃哈哈集团有限公司

2. 试药

阿魏酸（批号 MUST-16021902）购自成都曼思特生物科技有限公司。藁本药材（批号 Y901-Y910）均由天津中新药业集团股份有限公司隆顺榕制药厂提供，由天津药物研究院有限公司现代中药研究部张铁军研究员鉴定，藁本为伞形科植物藁本 *Ligusticum sinense* Oliv.的干燥根茎，符合《中国药典》2015 年版一部的有关规定。将以上各批次药材粉碎，过二号筛，备用。

（二）方法与结果

1. 参照峰的选择

选择藁本药材中所含主要药效成分阿魏酸作为参照物。在药材 HPLC 色谱图中，阿魏酸峰面积所占百分比较大，保留时间适中，且和其他成分有很好的分离。因此，选择阿魏酸作为藁本药材 HPLC 指纹图谱的参照物。

对照品溶液的制备：取阿魏酸对照品适量，精密称定，置棕色量瓶中，加甲醇溶液制成每 1ml 含 18.8μg 的溶液，即得。

2. 供试品溶液制备方法考察

以样品色谱图中主要色谱峰的峰面积及全方色谱峰个数为考察指标确定供试品溶液制备方法。

（1）提取方式考察

平行称取两份藁本药材粗粉约 0.2g、1g，精密称定，分别置于 50ml 锥形瓶中和 100ml 圆底烧瓶中，精密加入 70%甲醇溶液 10ml、50ml，称定重量，分别进行超声提取、回流提取各 30min，取出，放至室温，再称定重量，用 70%甲醇溶液补足减失的重量，过 0.45μm 的微孔滤膜，取续滤液，即得。以上供试品溶液各吸取 10μl 以确定的色谱条件进行试验。等生药量下各主要色谱峰面积见表 8-56。

比较超声提取和回流提取结果表明，两种提取方法色谱峰个数相同，阿魏酸和藁本内酯的峰面积无显著性差异，且超声提取操作更加简便，因此本品采用超声法提取。

（2）提取溶剂考察

平行称取三份藁本药材粗粉约 0.2g，精密称定，置于 10ml 量瓶中，分别加入适量甲醇溶液、70%甲醇溶液、50%甲醇溶液，超声提取 30min，取出，放至室温，用甲醇溶液、70%甲醇溶液、50%甲醇溶液稀释至刻度，过 0.45μm 的微孔滤膜，取续滤液，即得。以上供试品溶液各吸取 20μl 以确定的色谱条件进行试验。等生药量下各主要色谱峰面积见表 8-57。

表 8-56　提取方式考察结果		
提取方式	色谱峰	
	阿魏酸	藁本内酯
超声提取	487.2	264.8
回流提取	501.2	236.2

表 8-57　提取溶剂考察结果		
提取溶剂	色谱峰	
	阿魏酸	藁本内酯
甲醇溶液	613.5	603.7
70%甲醇溶液	968.1	611.9
50%甲醇溶液	1036.1	597.4

如上表所示，随着甲醇溶液浓度的增高，阿魏酸的峰面积减少，但 70%甲醇溶液与 50%甲醇溶液的阿魏酸峰面积差别不大，藁本内酯的峰面积随溶剂变化较小，且 70%甲醇溶液与 50%甲醇溶液提取的色谱峰个数多于甲醇溶液，而 70%甲醇溶液提取的峰形要优于 50%甲醇溶液，综合考虑阿魏酸与藁本内酯的峰面积及各峰的峰形，选择 70%甲醇溶液为藁本供试品溶液的提取溶剂。

（3）提取时间考察

平行称取两份藁本药材粗粉约 0.2g，精密称定，置于 10ml 量瓶中，加入适量 70%甲醇溶液，分别超声提取 30min、40min，取出，放至室温，用 70%甲醇溶液稀释至刻度，过 0.45μm

表 8-58　提取时间考察结果

提取时间	色谱峰	
	阿魏酸	藁本内酯
30min	824.9	594.6
40min	837.8	626.8
增加量	1.01	1.05

的微孔滤膜，取续滤液，即得。以上供试品溶液各吸取20μl 以确定的色谱条件进行试验。等生药量下各主要色谱峰面积见表 8-58。

如上表所示，超声提取时间由 30min 增加到 40min，阿魏酸及藁本内酯的峰面积变化不大，故选择 30min 为藁本药材提取时间。

（4）供试品溶液制备方法的确定

取藁本药材粗粉约 0.2g，精密称定，置于 10ml 量瓶中，加入适量 70%甲醇溶液，超声提取 30min，取出，放至室温，用 70%甲醇溶液稀释至刻度，过 0.45μm 的微孔滤膜，取续滤液，即得。

3. 色谱条件考察

（1）流动相条件考察

条件 1　A 相：0.1%乙酸水；B 相：乙腈。柱温 25℃，进样量 10μL，波长 274nm；流速：1ml/min。流动相梯度见表 8-59，梯度洗脱结果见图 8-48。

表 8-59　条件 1 流动相梯度

t（min）	A%（0.1%乙酸水）	B%（乙腈）
0	90	10
15	80	20
60	15	85
65	0	100

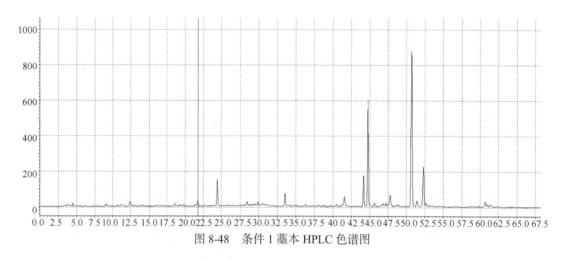

图 8-48　条件 1 藁本 HPLC 色谱图

条件 2　A 相：0.1%乙酸水；B 相：乙腈。柱温 25℃，进样量 10μl，波长 274nm；流速：1ml/min。流动相梯度见表 8-60，梯度洗脱结果见图 8-49。

条件 3　A 相：0.1%乙酸水；B 相：乙腈。柱温 25℃，进样量 10μl，波长 274nm；流速：1ml/min。流动相梯度见表 8-61，梯度洗脱结果见图 8-50。

表 8-60　条件 2 流动相梯度

t（min）	A%（0.1%乙酸水）	B%（乙腈）
0	85	15
15	60	40
60	15	85
65	0	100

表 8-61　条件 3 流动相梯度

t（min）	A%（0.1%乙酸水）	B%（乙腈）
0	85	15
15	60	40
45	30	70
50	0	100

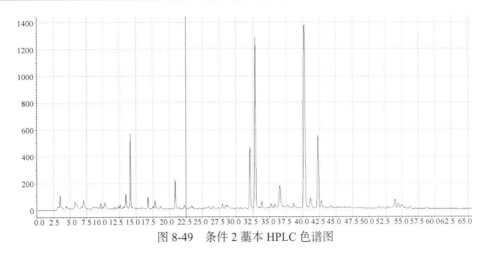

图 8-49　条件 2 藁本 HPLC 色谱图

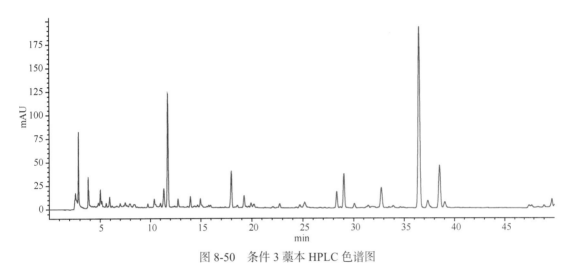

图 8-50　条件 3 藁本 HPLC 色谱图

由各条件下 HPLC 色谱图可看出，条件 3 下得到的谱图中基线比较稳定，峰个数较多，各色谱峰分离度较好，故选择条件 3 中流动相梯度条件为最优条件。

（2）流动相的选择

综合考虑藁本色谱图的基线稳定水平、峰个数、各色谱峰分离度的影响，来确定流动相的组成。分别以 0.1%磷酸水、0.1%甲酸水、0.1%乙酸水作为水相、乙腈作为有机相，以上述梯度条件 3 作为色谱条件考察流动相的选择。结果见图 8-51，由下图可以看出各流动相对藁本色谱图的峰个数、各色谱峰的分离度没有影响，但放大图谱后，0.1%乙酸水作为流动相时峰形较 0.1%甲酸水及 0.1%磷酸水作为流动相时更好，故最终选择 0.1%乙酸水作为流动相。

（3）柱温的考察

取藁本供试品溶液，按上述确定的流动相条件，分别在 25℃、30℃柱温时进样，结果见图 8-52，由下图可以看出，随着温度的升高，藁本出峰时间提前，且两个温度相比较，在 25℃时藁本色谱图中峰个数要多于 30℃，且 25℃时的色谱峰峰形要优于 30℃，故最终选择 25℃为藁本色谱条件的柱温。

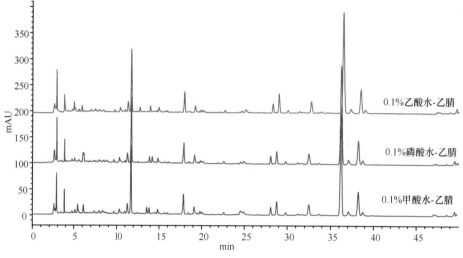

图 8-51　不同流动相 HPLC 对比图

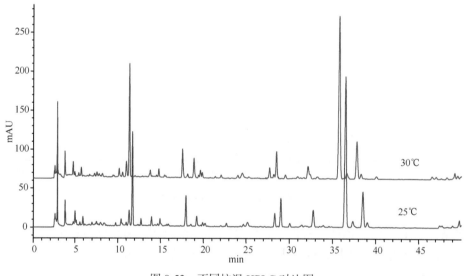

图 8-52　不同柱温 HPLC 对比图

（4）检测波长的选择

取藁本供试品溶液，使用 DAD 检测器进行 200～400nm 全波长扫描，结果见图 8-53；由图可以看出，藁本中的不同化学成分在不同的波长处有最大吸收，综合考虑总峰个数及其峰的响应大小，在 274nm 处峰个数较多，各峰分离良好，特征峰明显且峰形较好，故选择 274nm 作为藁本指纹图谱测定波长。

（5）色谱条件的确定

色谱柱：Diamonsil C_{18}（4.6mm× 250mm，5μm）；A 相：0.1%乙酸水溶液，B 相：乙腈；柱温 25℃，进样量 10μl，波长 274nm；流速：1ml/min。流动相梯度见表 8-62。

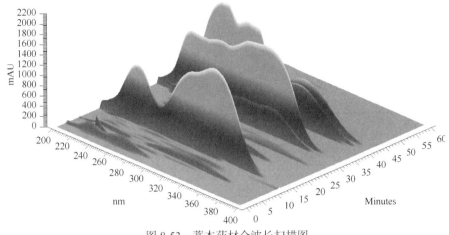

图 8-53 藁本药材全波长扫描图

4. 方法学考察

（1）精密度试验

称取藁本药材粗粉约 0.2g，精密称定，制备供试品溶液，连续进样 6 次，记录指纹图谱，以阿魏酸的保留时间和色谱峰面积为参照，计算出各共有峰的相对保留时间和相对峰面积。精密度试验结果见图 8-54、表 8-63 和表 8-64。各色谱峰的相对保留时间及峰面积的 RSD 值均不大于 0.17% 和 2.20%，符合指纹图谱的要求。

表 8-62 流动相梯度洗脱程序

t（min）	A%（0.1%乙酸水）	B%（乙腈）
0	85	15
15	60	40
45	30	70
50	0	100

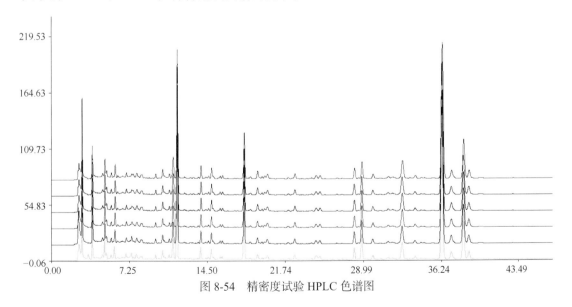

图 8-54 精密度试验 HPLC 色谱图

表 8-63 精密度相对保留时间（示超过 5%总峰面积的共有峰）

峰号	相对保留时间						RSD（%）
	1	2	3	4	5	6	
1（s）	1.000	1.000	1.000	1.000	1.000	1.000	0.00

续表

峰号	相对保留时间						RSD（%）
	1	2	3	4	5	6	
2	1.534	1.534	1.535	1.537	1.532	1.538	0.14
3	3.109	3.111	3.112	3.119	3.114	3.122	0.16
4	3.281	3.284	3.286	3.292	3.287	3.296	0.17

表 8-64　精密度相对峰面积（示超过 5%总峰面积的共有峰）

峰号	相对保留峰面积						RSD（%）
	1	2	3	4	5	6	
1（s）	1.000	1.000	1.000	1.000	1.000	1.000	0.00
2	0.489	0.481	0.484	0.461	0.469	0.472	2.20
3	2.403	2.356	2.363	2.326	2.292	2.297	1.82
4	0.688	0.675	0.680	0.670	0.660	0.662	1.60

（2）稳定性试验

称取藁本药材粗粉约 0.2g，精密称定，制备供试品溶液，分别在 0h、2h、4h、8h、12h、24h 进样测定，记录指纹图谱，以阿魏酸的保留时间和色谱峰面积为参照，计算出各共有峰的相对保留时间和相对峰面积。稳定性试验结果见图 8-55、表 8-65 和表 8-66。各色谱峰的相对保留时间及峰面积的 RSD 值均不大于 0.13%和 2.73%，符合指纹图谱的要求。

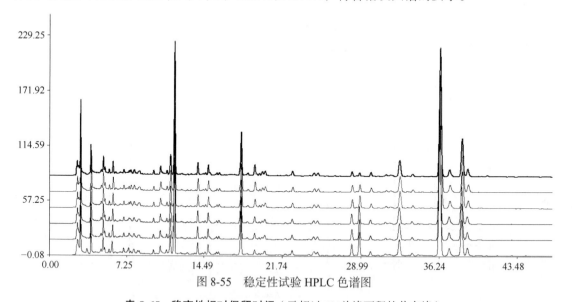

图 8-55　稳定性试验 HPLC 色谱图

表 8-65　稳定性相对保留时间（示超过 5%峰面积的共有峰）

峰号	相对保留时间						RSD（%）
	1	2	3	4	5	6	
1（s）	1.000	1.000	1.000	1.000	1.000	1.000	0.00
2	1.533	1.531	1.530	1.531	1.531	1.529	0.09
3	3.106	3.101	3.097	3.100	3.098	3.094	0.13
4	3.278	3.274	3.269	3.272	3.270	3.266	0.13

表 8-66　稳定性相对峰面积（示超过 5%总峰面积的共有峰）

峰号	相对保留峰面积						RSD（%）
	1	2	3	4	5	6	
1（s）	1.000	1.000	1.000	1.000	1.000	1.000	0.00
2	0.418	0.423	0.417	0.407	0.409	0.402	1.92
3	2.029	2.020	2.010	1.928	1.906	1.937	2.73
4	0.607	0.606	0.592	0.570	0.574	0.585	2.66

（3）重复性试验

称取同一批次藁本药材粗粉约 0.2g，共 6 份，精密称定，制备供试品溶液，记录指纹图谱，以阿魏酸的保留时间和色谱峰面积为参照，计算出各共有峰的相对保留时间和相对峰面积。重复性试验结果见图 8-56、表 8-67 和表 8-68。各色谱峰的相对保留时间及峰面积的 RSD 值均不大于 0.04%和 2.94%，符合指纹图谱的要求。

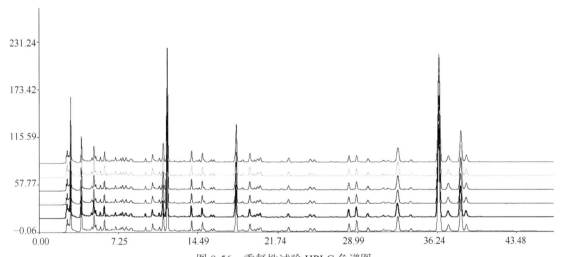

图 8-56　重复性试验 HPLC 色谱图

表 8-67　重复性相对保留时间（示超过 5%总峰面积的共有峰）

峰号	相对保留时间						RSD（%）
	1	2	3	4	5	6	
1（s）	1.000	1.000	1.000	1.000	1.000	1.000	0.00
2	1.531	1.532	1.532	1.531	1.531	1.531	0.03
3	3.100	3.103	3.101	3.101	3.100	3.100	0.04
4	3.272	3.275	3.273	3.273	3.272	3.272	0.04

表 8-68　重复性相对峰面积（示超过 5%总峰面积的共有峰）

峰号	相对保留峰面积						RSD（%）
	1	2	3	4	5	6	
1（s）	1.000	1.000	1.000	1.000	1.000	1.000	0.00
2	0.407	0.406	0.413	0.424	0.404	0.401	2.02
3	1.928	1.834	1.961	1.956	1.863	1.878	2.76
4	0.570	0.530	0.561	0.566	0.546	0.538	2.94

5. 药材指纹图谱的测定

取 11 批藁本药材制备供试品溶液测定。将得到的指纹图谱的 AIA 数据文件导入《中药色谱指纹图谱相似度评价系统》2004A 版相似度软件，得到 11 批藁本药材指纹图谱，见图 8-57。

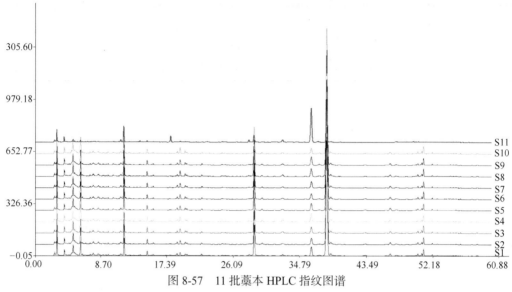

图 8-57　11 批藁本 HPLC 指纹图谱

6. 聚类分析

在上述条件下，以第 1 批藁本药材色谱图作为参照图谱自动匹配，得到的匹配数据，运用 SPSS 统计分析软件对其进行系统聚类分析。先将 11×99 阶原始数据矩阵经标准化处理，利用平方欧式距离作为样品的测度，采用平均联接法进行聚类，将 11 批藁本药材分为两类，其中 S11 聚为一类，其余十批聚为一类，见图 8-58。

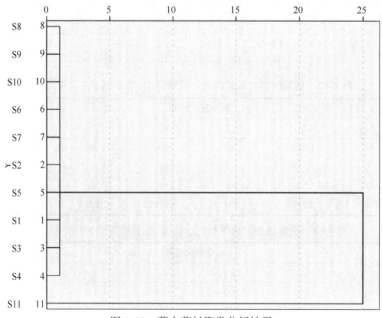

图 8-58　藁本药材聚类分析结果

7. 主成分分析

为了评价所有成分的样品分辨能力,将自标准化后的相对峰面积数据作为输入数据,进行主成分分析。运用 SIMCA-P 11.5 分析软件对其进行主成分分析,结果见图 8-59。由 PCA 图可以看出,通过主成分分析将 11 批藁本药材分为两大类,第 11 批藁本药材单独聚为一类,其余 10 批聚为一类,与聚类分析结果一致。

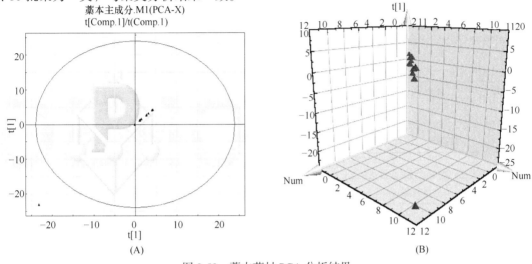

图 8-59　藁本药材 PCA 分析结果

A:PCA 图;B:PCA 3D 图

8. 对照指纹图谱建立

根据对 11 批藁本药材的分析结果,从中选取归属于一类的 10 批药材数据导入中药指纹图谱相似度分析软件,生成指纹图谱,以 S1 为参照图谱,时间窗宽度为 0.5,自动匹配后共得到 4 个共有峰,见图 8-60,10 批藁本药材的对照指纹图谱见图 8-61。以阿魏酸峰(1 号)为参照峰,计算 10 批样品共有峰相对保留时间及相对峰面积,结果见表 8-69 和表 8-70。

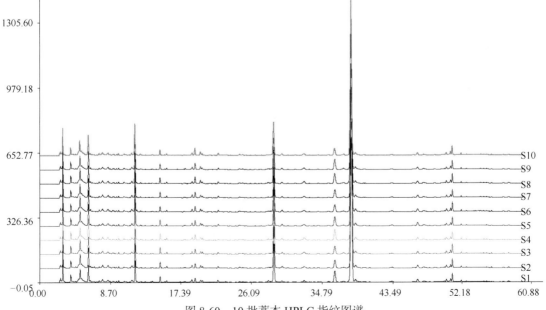

图 8-60　10 批藁本 HPLC 指纹图谱

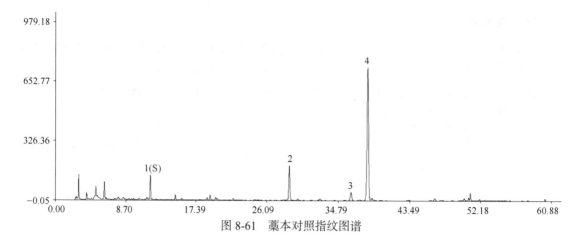

图 8-61　藁本对照指纹图谱

表 8-69　10 批藁本样品共有峰相对保留时间（示超过 5%总峰面积的共有峰）

峰号	批号									
	1	2	3	4	5	6	7	8	9	10
1（s）	1.000	1.000	1.000	1.000	1.000	1.000	1.000	1.000	1.000	1.000
2	2.459	2.460	2.460	2.459	2.459	2.460	2.459	2.459	2.459	2.460
3	3.096	3.098	3.097	3.096	3.096	3.097	3.096	3.097	3.097	3.096
4	3.267	3.269	3.269	3.267	3.268	3.269	3.268	3.269	3.269	3.268

表 8-70　10 批藁本样品共有峰相对峰面积（示超过 5%总峰面积的共有峰）

峰号	批号									
	1	2	3	4	5	6	7	8	9	10
1（s）	1.000	1.000	1.000	1.000	1.000	1.000	1.000	1.000	1.000	1.000
2	2.528	2.515	2.420	2.557	2.047	2.072	1.733	1.561	1.574	1.527
3	1.004	0.642	0.572	0.763	0.658	0.546	0.616	0.646	0.698	0.438
4	12.892	11.503	11.692	9.726	9.903	11.360	9.818	9.652	9.607	9.671

9. 相似度评价

利用 2004A 版《中药色谱指纹图谱相似度评价系统》计算软件，将上述 10 批样品与对照指纹图谱匹配，进行相似度评价，结果见表 8-71。各批藁本药材与对照指纹图谱间的相似度为 0.998～1.000，表明各批次药材之间具有较好的一致性，本方法可用于综合评价藁本药材的整体质量。

表 8-71　10 批藁本药材相似度评价结果

批号	对照图谱	批号	对照图谱
Y901	0.999	Y906	0.999
Y 902	0.999	Y 907	0.999
Y 903	0.999	Y 908	0.999
Y 904	0.998	Y 909	0.999
Y 905	1.000	Y 910	0.998

10. 色谱峰指认

采用对照品法对藁本指纹图谱中的主要特征峰进行了指认。指纹图谱中共有峰的 2 个为：阿魏酸和藁本内酯，见图 8-62～图 8-64。

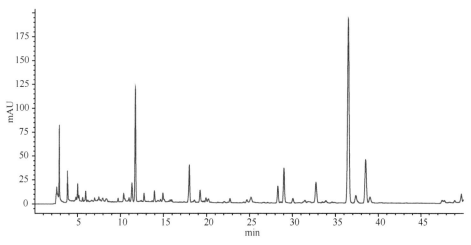

图 8-62 藁本药材 HPLC 图

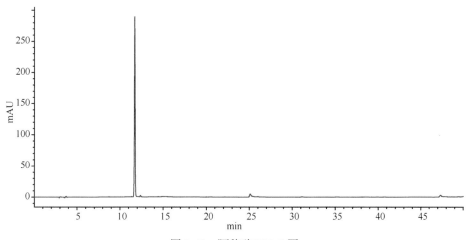

图 8-63 阿魏酸 HPLC 图

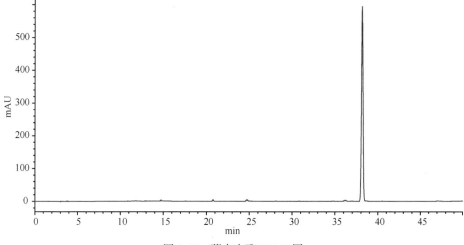

图 8-64 藁本内酯 HPLC 图

三、含量测定研究

参照《中国药典》2015年版一部380页藁本药材含量测定项下方法。

（一）试验材料

1. 仪器与试剂

Agilent 1260 高效液相色谱仪	美国 Agilent 公司
AB204-N 电子天平（十万分之一）	德国 METELER 公司
BT25S 电子天平（万分之一）	德国 Sartorius 公司
DTD 系列超声波清洗机	鼎泰生化科技设备制造有限公司
Diamonsil C$_{18}$ 色谱柱	美国 Dikma 公司
六两装高速中药粉碎机	瑞安市永历制药机械有限公司
循环水式多用真空泵	巩义市予华仪器有限责任公司

2. 试药

阿魏酸（批号 MUST-16021902，纯度 99.32%）购自成都曼思特生物科技有限公司。甲醇为色谱纯（天津市康科德科技有限公司），其他试剂均为分析纯。

藁本药材（批号 Y901-Y910）均由天津中新药业集团股份有限公司隆顺榕制药厂提供。经天津药物研究院中药现代研究部张铁军研究员鉴定为伞形科植物藁本 *Ligusticum sinense* Oliv. 的干燥根茎。符合《中国药典》2015年版一部藁本项下的有关规定。

（二）方法与结果

1. 对照品溶液的制备

取阿魏酸对照品适量，精密称定，置棕色量瓶中，加甲醇溶液制成每 1ml 含 15μg 的溶液，即得。

2. 供试品溶液的制备

取本品粗粉约 0.1g，精密称定，置 10ml 具塞离心管中，精密加入甲醇溶液 5ml，称定重量，冷浸过夜，超声处理（功率 250W，频率 40kHz）20min，再称定重量，用甲醇溶液补足减失的重量，摇匀，离心，吸取上清液，即得。

3. 色谱条件与系统适应性试验

（1）色谱条件

Diamonsil C$_{18}$ 色谱柱（250mm×4.6mm，5μm）；以甲醇：水（40：60）（用磷酸调节 pH 至 3.5）为流动相；检测波长为 320nm；柱温 30 ℃。

（2）系统适应性试验

分别取阿魏酸对照品溶液、藁本供试品溶液，按上述条件进样测定，考察系统适用性。记录 HPLC 色谱图，如图 8-65 所示。结果阿魏酸色谱峰与相邻峰的分离度均大于 1.5，且理论板数按按阿魏酸峰计算应不低于 2500。

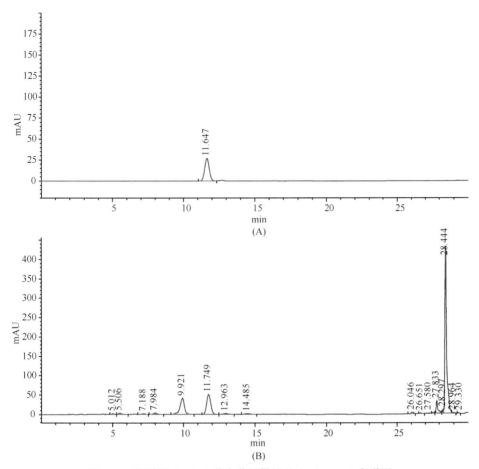

图 8-65　阿魏酸（A）和藁本药材供试品（B）HPLC 色谱图

4. 测定法

分别精密吸取对照品溶液与供试品溶液各 10 µl，注入液相色谱仪，测定，即得。

5. 样品的含量测定

取各批次藁本药材粗粉约 0.1 g，精密称定，依照供试品制备项下方法制备供试品溶液，按法测定，计算各批次藁本药材中阿魏酸的含量，结果见表 8-72。

表 8-72　Y901～Y910 批藁本药材中阿魏酸含量测定结果

批次	含量（mg/g）			含量（%）
	1	2	平均值	
Y901	1.450	1.447	1.448	0.145
Y902	1.613	1.630	1.622	0.162
Y903	1.678	1.674	1.676	0.167
Y904	1.797	1.793	1.795	0.179

批次	含量（mg/g）			含量（%）
	1	2	平均值	
Y905	1.659	1.640	1.649	0.165
Y906	1.583	1.573	1.578	0.158
Y907	1.481	1.476	1.478	0.148
Y908	1.736	1.729	1.733	0.173
Y909	1.606	1.614	1.610	0.161
Y910	1.771	1.759	1.765	0.176

结果显示：Y901～Y910 批藁本药材中阿魏酸的含量符合《中国药典》2015 年版一部藁本项下的有关规定，本品按干燥品计算，含阿魏酸（C10H10O4）不得少于 0.050%。

第四节　川芎质量标准研究

一、化学成分研究

（一）实验材料

1. 仪器与试剂

Agilent 1260 高效液相色谱仪	美国 Agilent 公司
Q-TOF 质谱仪	美国 Bruker 公司
AB204-N 电子天平（十万分之一）	德国 METELER 公司
BT25S 电子天平（万分之一）	德国 Sartorius 公司
超声波清洗仪	宁波新芝生物科技公司
乙腈（色谱纯）	美国 Merck 公司
甲酸（分析纯）	美国 Fisher 公司
纯净水	广州屈臣氏有限公司

2. 试药

川芎药材（批号 Y1503091）由天津中新药业集团股份有限公司隆顺榕制药厂提供，经天津药物研究院中药现代研究部张铁军研究院鉴定为伞形科植物川芎 *Ligusticum chuanxiong* Hort.的干燥根茎，符合《中国药典》2015 年版一部的有关规定。

（二）实验方法

1. 供试品溶液制备

取川芎粉末约（过三号筛）0.3g，精密称定，置具塞锥形瓶中，精密加入 60% 的甲醇溶液 10ml，称定重量，超声处理 30min，放至室温，再称量补重，摇匀，滤过，取续滤液，即得川芎药材供试品溶液。

2. 色谱-质谱条件

（1）色谱条件

流动相：乙腈（A）–0.1%甲酸水溶液（B）；柱温 30℃；进样量 10μl；波长 250nm；流速 1ml/min。流动相梯度见表梯度如表 8-73 所示。

表 8-73　流动相梯度洗脱条件

t（min）	A（%）	B（%）
0	2	98
15	11	89
30	11	89
45	14	86
80	35	65
100	100	0

（2）质谱条件

本实验使用 Bruker 质谱仪，正、负两种模式扫描测定，仪器参数如下：采用电喷雾离子源；V 模式；毛细管电压正模式 3.0 kV，负模式 2.5 kV；锥孔电压 30 V；离子源温度 110 ℃；脱溶剂气温度 350 ℃；脱溶剂氮气流量 600 L/h；锥孔气流量 50 L/h；检测器电压正模式 1900 V，负模式 2000 V；采样频率 0.1 s，间隔 0.02 s；质量数检测范围 50～1500 Da；柱后分流，分流比为 1：5；内参校准液采用甲酸钠溶液。

（三）结果与讨论

1. HPLC-Q/TOF MS 实验结果

在上述条件下对川芎药材进行了 HPLC-Q/TOF MS 分析，得到样品一级质谱图，见图 8-66。

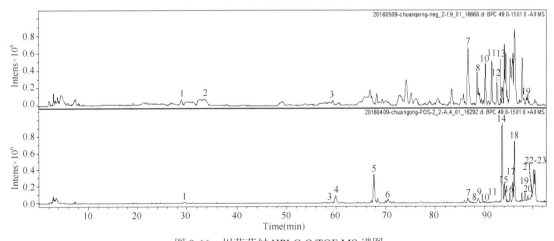

图 8-66　川芎药材 HPLC-Q/TOF MS 谱图

2. HPLC-Q/TOF MS/MS 实验结果

在对川芎药材中的化学物质进行一级质谱测定后，可以得到物质准分子离子峰（[M+H]$^+$ 或[M-H]$^-$）的相关信息。在此基础上，以准分子离子为母离子在相应的模式下进行二级碎片的测定，根据二级质谱结构信息以及结合相关文献的报道，对川芎中化学物质组进行了鉴定分析，共分析得到 44 个化合物，鉴定出 22 个化合物，主要为苯酞类及其二聚体和酚酸类成分。具体鉴定结果参见表 8-74 和图 8-67。

表 8-74　川芎化学物质组鉴定信息表

No.	T（min）	[M-H]⁻	[M+H]⁺	[M+Na]⁺	MS/MS（+/−）	Identification	Formula
1	29.43	353.0937		377.0946	377，379，266，163/353，191	绿原酸	$C_{16}H_{18}O_9$
2	33.43	167.0379			167，137，123，93	香草酸	$C_8H_8O_4$
3	58.46	193.0543	195.0723		178，149，134，117/177，134，107	阿魏酸	$C_{10}H_{10}O_4$
4	59.84		226.9574	249.1206	/475，249，209，191，153	川芎内酯 J	$C_{12}H_{18}O_4$
5	67.57			247.1046	471，247，207，179，133/	洋川芎内酯 I	$C_{12}H_{16}O_4$
6	70.37			247.1018	247，226，207，189	洋川芎内酯 H	$C_{12}H_{16}O_4$
7	86.50	329.2423		353.2403	329，221，177/353，375，207，149	——	——
8	88.44	205.0935	207.1045	229.0905	205，161，119/229，189，171，133	川芎酚	$C_{12}H_{14}O_3$
9	88.73	207.1069		231.107	207，163/253，231，191，149	senkyunolide K	$C_{12}H_{16}O_3$
10	90.06	205.9037	207.1092	229.0895	205，186，131/229，189，161，151	洋川芎内酯 F	$C_{12}H_{14}O_3$
11	91.39	203.0779	205.0922	227.0739	203，160/227，205，187	洋川芎内酯 B	$C_{12}H_{12}O_3$
12	92.46	203.0774			203，174，159145，117，100/	洋川芎内酯 C	$C_{12}H_{12}O_3$
13	93.43	193.0863			237，215，209，193，177，161/	蛇床酞内酯	$C_{12}H_{18}O_2$
14	93.45		193.1329	215.1156	/215，193，175，147，137，119	洋川芎内酯 A	$C_{12}H_{16}O_2$
15	93.98		191.1139	213.0987	213，191，173，145，135，117，105	正丁基苯酞	$C_{12}H_{14}O_2$
16	95.06		195	217.128	/217，195，149，107	异蛇床酞内酯	$C_{12}H_{18}O_2$
17	95.68		195.1444	217.13	217，195，177，149，127	新蛇床内酯	$C_{12}H_{18}O_2$
18	96.01		191.1176	213.098	213，191，173，145，117	Z-藁本内酯	$C_{12}H_{14}O_2$
19	98.25	379.2072	381.2159	403.1998	403，381，213，191，173，127，99	riligustilide	$C_{24}H_{28}O_4$
20	98.97		383.2323	405.2151	405，215，191，127，99	（3′R）-Z-3′，8′-dihydro-6，6′，7，3a′-diligustilide	$C_{24}H_{30}O_4$
21	99.61		383.2203	405.2156	405，383，311，215，191	洋川芎内酯 P	$C_{24}H_{30}O_4$
22	100.06		381.2188	403.2041	403，381，213，191，173，127，99	tokinolide B	$C_{24}H_{28}O_4$
23	100.31		381.2195	403.2039	403，381，213，191	欧当归内酯 A	$C_{24}H_{28}O_4$

1　　　　　2　　　　　3　　　　　4

5　　　　　6　　　　　7　　　　　8

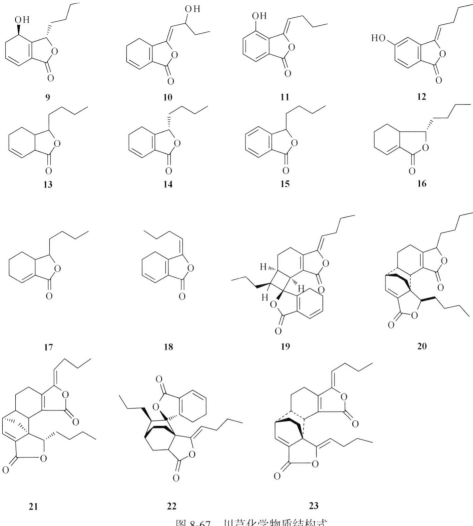

图 8-67　川芎化学物质结构式

二、指纹图谱研究

（一）实验材料

1. 仪器与试剂

Agilent 1260 高效液相色谱仪　　　　　美国 Agilent 公司
AB204-N 电子天平（十万分之一）　　德国 METELER 公司
BT25S 电子天平（万分之一）　　　　德国 Sartorius 公司
DTD 系列超声波清洗机　　　　　　　鼎泰生化科技设备制造有限公司
六两装高速中药粉碎机　　　　　　　瑞安市永历制药机械有限公司
循环水式多用真空泵　　　　　　　　巩义市予华仪器有限责任公司
甲醇（色谱纯）　　　　　　　　　　天津市康科德科技有限公司
磷酸（分析纯）　　　　　　　　　　天津市康科德科技有限公司
甲酸（分析纯）　　　　　　　　　　天津市康科德科技有限公司

纯净水　　　　　　　　　　　　杭州娃哈哈集团有限公司

2. 试药

阿魏酸(批号 MUST-16021902)购自成都曼思特生物科技有限公司。川芎药材(批号 Y901～Y910)均由天津中新药业集团股份有限公司隆顺榕制药厂提供。由天津药物研究院有限公司现代中药研究部张铁军研究员鉴定，川芎为伞形科植物川芎 *Ligusticum chuanxiong* Hort.的干燥根茎，符合《中国药典》2015 年版一部的有关规定。将以上各批次药材粉碎，过 60 目筛。

（二）方法与结果

1. 参照峰的选择

选择川芎药材中所含主要药效成分阿魏酸作为参照物。在药材 HPLC 色谱图中，阿魏酸峰面积所占百分比较大，保留时间适中，且和其他成分有很好的分离。因此，选择阿魏酸作为川芎药材 HPLC 指纹图谱的参照物。

对照品溶液的制备：取阿魏酸对照品适量，精密称定，置棕色量瓶中，加 70%甲醇溶液制成每 1ml 含 25.2μg 的溶液，即得。

2. 供试品溶液制备方法考察

以样品色谱图中主要色谱峰的峰面积及全方色谱峰个数为考察指标确定供试品溶液制备方法。

（1）提取方式考察

平行称取 2 份川芎药材粉末（过 60 目筛）约 0.5g、1.5g，精密称定，分别置于 50ml 锥形瓶中和 150ml 圆底烧瓶中，精密加入 70%甲醇溶液 10ml、30ml，称定重量，分别进行超声提取、回流提取各 30min，取出，放至室温，再称定重量，用 70%甲醇溶液补足减失的重量，过 0.45μm 的微孔滤膜，取续滤液，即得，以确定的色谱条件进行试验。等生药量下各主要色谱峰面积见表 8-75。

表 8-75　提取方式考察结果

提取方式	色谱峰	
	阿魏酸	藁本内酯
超声提取	924.6	2903.8
回流提取	1088.3	3123.1
增加量	1.18	1.07

比较超声提取和回流提取结果表明，两种提取方法色谱峰个数相同，主要色谱峰峰面积基本相当，而超声提取方法操作更加简便，因此本品采用超声法提取。

（2）提取溶剂考察

平行称取 3 份川芎药材粉末（过 60 目筛）约 0.5g，精密称定，置于 50ml 锥形瓶中，分别加入 10ml 甲醇溶液、70%甲醇溶液、50%甲醇溶液，称定重量，超声提取 30min，取出，放至室温，再称定重量，用甲醇溶液、70%甲醇溶液、50%甲醇溶液补足减失的重量，过 0.45μm 的微孔滤膜，取续滤液，即得，按确定的条件进样测定。等生药量下各主要色谱峰面积见表 8-76。

如上表所示，随着甲醇溶液浓度的增高，阿魏酸的峰面积减少，藁本内酯的峰面积增加，综合考虑阿魏酸与藁本内酯的峰面积，选择 70%甲醇溶液为川芎供试品溶液的提取溶剂。

（3）提取时间考察

平行称取 2 份川芎药材粉末（过 60 目筛）约 0.5g，精密称定，置于 50ml 锥形瓶中，精密加入 70%甲醇溶液 10ml，称定重量，分别超声提取 30min、60min，取出，放至室温，再称定重量，用 70%甲醇溶液补足减失的重量，过 0.45μm 的微孔滤膜，取续滤液即得，按确定的条件进样测定。等生药量下各主要色谱峰面积见表 8-77。

<table>
<tr><td colspan="3">表 8-76　提取溶剂考察结果</td></tr>
<tr><td rowspan="2">提取溶剂</td><td colspan="2">色谱峰</td></tr>
<tr><td>阿魏酸</td><td>藁本内酯</td></tr>
<tr><td>甲醇溶液</td><td>669.8</td><td>2911.1</td></tr>
<tr><td>70%甲醇溶液</td><td>748.2</td><td>2848.2</td></tr>
<tr><td>50%甲醇溶液</td><td>783.8</td><td>2353.9</td></tr>
</table>

<table>
<tr><td colspan="3">表 8-77　提取时间考察结果</td></tr>
<tr><td rowspan="2">提取时间</td><td colspan="2">色谱峰</td></tr>
<tr><td>阿魏酸</td><td>藁本内酯</td></tr>
<tr><td>0.5h</td><td>924.6</td><td>2903.8</td></tr>
<tr><td>1h</td><td>1036.5</td><td>3391.2</td></tr>
<tr><td>增加量</td><td>1.12</td><td>1.17</td></tr>
</table>

如上表所示，超声提取时间由 0.5h 增加到 1h，阿魏酸及藁本内酯的含量变化不大，故选择 0.5h 为川芎药材提取时间。

（4）供试品溶液制备方法的确定

取川芎药材粉末（过 60 目筛）约 0.5g，精密称定，置于 50ml 锥形瓶中，精密加入 70%甲醇溶液 10ml，称定重量，超声提取 30min，取出，放至室温，再称定重量，用 70%甲醇溶液补足减失的重量，过 0.45μm 的微孔滤膜，取续滤液即得。

3. 色谱条件考察

（1）流动相条件考察

条件 1　A 相：0.1%磷酸水；B 相：甲醇。柱温 30℃，进样量 10μl，波长 270nm；流速：0.8ml/min。流动相梯度见表 8-78，梯度洗脱结果见图 8-68。

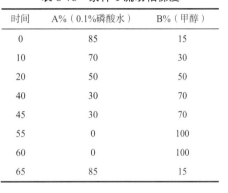

表 8-78　条件 1 流动相梯度

时间	A%（0.1%磷酸水）	B%（甲醇）
0	85	15
10	70	30
20	50	50
40	30	70
45	30	70
55	0	100
60	0	100
65	85	15

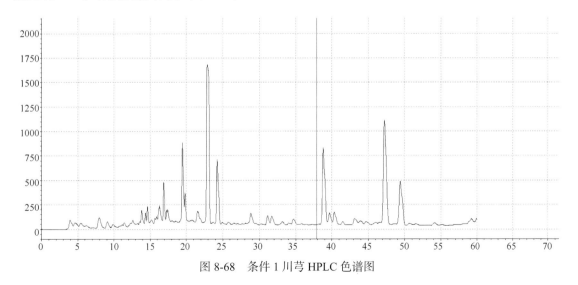

图 8-68　条件 1 川芎 HPLC 色谱图

条件 2　A 相：0.1%磷酸水；B 相：甲醇。柱温 30℃，进样量 10μl，波长 270nm；流速：0.8ml/min。流动相梯度见表 8-79，梯度洗脱结果见图 8-69。

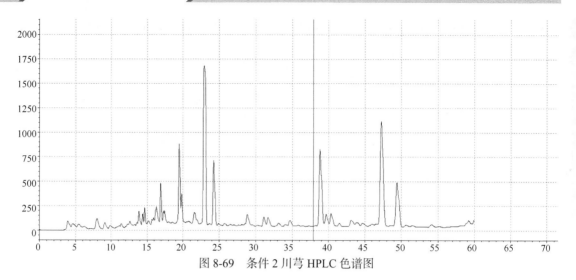

图 8-69　条件 2 川芎 HPLC 色谱图

条件 3　A 相：0.1%磷酸水；B 相：甲醇。柱温 30℃，进样量 10μl，波长 270nm；流速：0.8ml/min。流动相梯度见表 8-80，梯度洗脱结果见图 8-70。

<table>
<tr><th colspan="3">表 8-79　条件 2 流动相梯度</th></tr>
<tr><th>t（min）</th><th>A%（0.1%磷酸水）</th><th>B%（甲醇）</th></tr>
<tr><td>0</td><td>85</td><td>15</td></tr>
<tr><td>10</td><td>50</td><td>50</td></tr>
<tr><td>40</td><td>30</td><td>70</td></tr>
<tr><td>50</td><td>30</td><td>70</td></tr>
<tr><td>60</td><td>0</td><td>100</td></tr>
</table>

<table>
<tr><th colspan="3">表 8-80　条件 3 流动相梯度</th></tr>
<tr><th>t（min）</th><th>A%（0.1%磷酸水）</th><th>B%（甲醇）</th></tr>
<tr><td>0</td><td>85</td><td>15</td></tr>
<tr><td>10</td><td>60</td><td>40</td></tr>
<tr><td>45</td><td>30</td><td>70</td></tr>
<tr><td>55</td><td>30</td><td>70</td></tr>
<tr><td>60</td><td>0</td><td>100</td></tr>
<tr><td>100</td><td>0</td><td>100</td></tr>
</table>

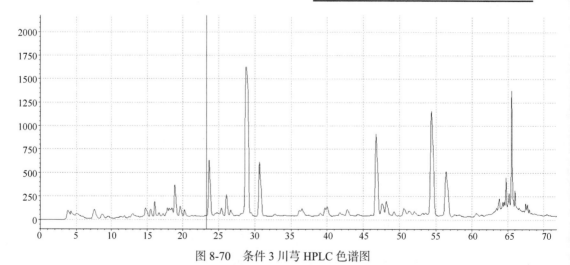

图 8-70　条件 3 川芎 HPLC 色谱图

条件 4　A 相：0.1%磷酸水；B 相：甲醇。柱温 30℃，进样量 10μl，波长 270nm；流速：0.8ml/min。流动相梯度见表 8-81，梯度洗脱结果见图 8-71。

条件 5　A 相：0.1%磷酸水；B 相：甲醇。柱温 30℃，进样量 10μl，波长 270nm；流速：

0.8ml/min。流动相梯度见表 8-82，梯度洗脱结果见图 8-72。

| 表 8-81 | 条件 4 流动相梯度 | |
t（min）	A%（0.1%磷酸水）	B%（甲醇）
0	85	15
10	70	30
20	50	50
45	30	70
55	30	70
60	0	100

| 表 8-82 | 条件 5 流动相梯度 | |
t（min）	A%（0.1%磷酸水）	B%（甲醇）
0	85	15
5	70	30
15	50	50
40	30	70
50	30	70
60	0	100

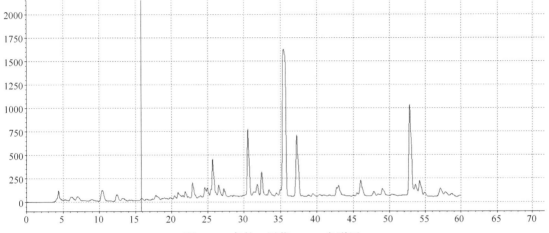

图 8-71　条件 4 川芎 HPLC 色谱图

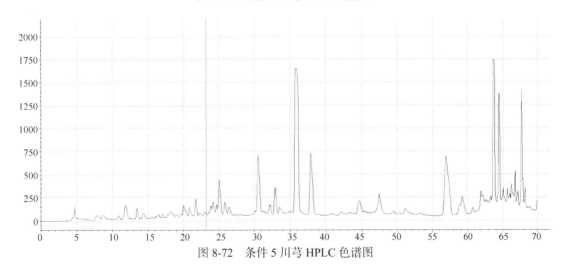

图 8-72　条件 5 川芎 HPLC 色谱图

条件 6　A 相：0.1%磷酸水；B 相：甲醇。柱温 30℃，进样量 10μl，波长 270nm；流速：0.8ml/min。流动相梯度见表 8-83，梯度洗脱结果见图 8-73。

条件 7　A 相：0.1%磷酸水；B 相：甲醇。柱温 30℃，进样量 10μl，波长 270nm；流速：0.8ml/min。流动相梯度见表 8-84，梯度洗脱结果见图 8-74。

表 8-83	条件 6 流动相梯度	
t（min）	A%（0.1%磷酸水）	B%（甲醇）
0	85	15
5	70	30
15	50	50
35	40	60
50	25	75
60	0	100

表 8-84	条件 7 流动相梯度	
t（min）	A%（0.1%磷酸水）	B%（甲醇）
0	85	15
5	70	30
15	50	50
30	44	56
40	25	75
50	0	100
55	0	100

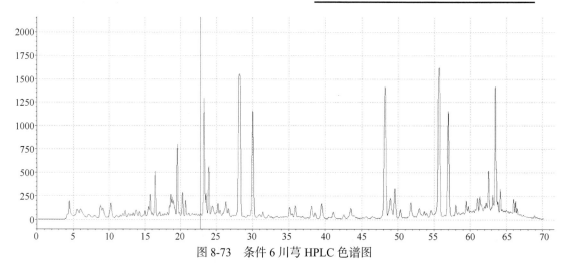

图 8-73　条件 6 川芎 HPLC 色谱图

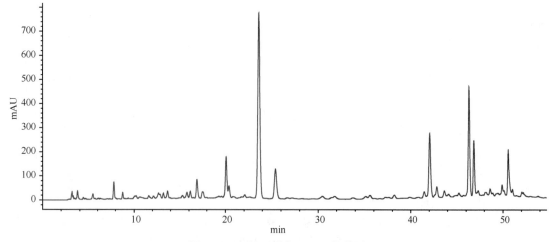

图 8-74　条件 7 川芎 HPLC 色谱图

条件 8　A 相：0.1%磷酸水；B 相：甲醇。柱温 30℃，进样量 10μl，波长 270nm；流速：0.8ml/min。流动相梯度见表 8-85，梯度洗脱结果见图 8-75。

条件 9　A 相：0.1%磷酸水；B 相：甲醇。柱温 30℃，进样量 10μl，波长 270nm；流速：0.8ml/min。流动相梯度见表 8-86，梯度洗脱结果见图 8-76。

表 8-85　条件 8 流动相梯度		
t（min）	A%（0.1%磷酸水）	B%（甲醇）
0	85	15
5	70	30
15	50	50
25	48	52
50	25	75
60	0	100
90	0	100

表 8-86　条件 9 流动相梯度		
t（min）	A%（0.1%磷酸水）	B%（甲醇）
0	85	15
5	70	30
55	20	80
65	0	100

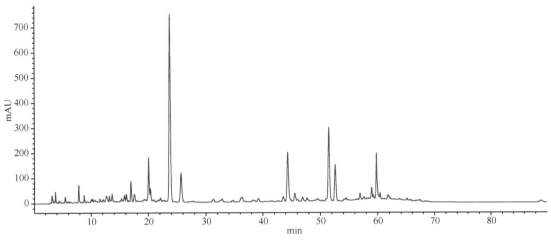

图 8-75　条件 8 川芎 HPLC 色谱图

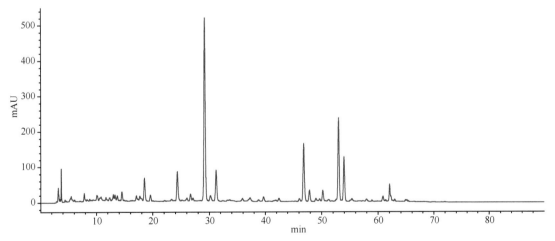

图 8-76　条件 9 川芎 HPLC 色谱图

由各条件下 HPLC 色谱图可看出，条件 9 下得到的谱图中基线比较稳定，峰个数较多，各色谱峰分离度较好，故选择条件 9 中流动相梯度条件为最优条件。

（2）流动相的选择

综合考虑川芎色谱图的基线稳定水平、峰个数、各色谱峰分离度的影响，来确定流动相的组成。分别以 0.1%磷酸水、0.1%甲酸水作为水相、甲醇作为有机相，以上述梯度条件 9 作为色谱条件考察流动相的选择。结果见图 8-77，由下图可以看出 0.1%磷酸水作为流动相时，川芎各色谱峰的出峰时间较早，且峰形较 0.1%甲酸水作为流动相时更好，故最终选择 0.1%磷酸水作为流动相。

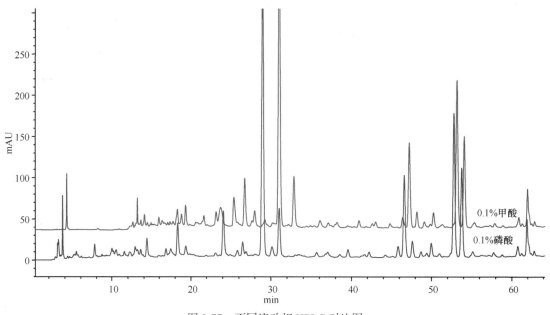

图 8-77　不同流动相 HPLC 对比图

（3）柱温的考察

取川芎供试品溶液，按上述确定的流动相条件，分别在 25℃、30℃、35℃柱温时进样，结果见图 8-78，由下图可以看出，随着温度的升高，川芎出峰时间提前，且三个温度相比较，在 30℃时 30min 右边的一个小峰分离度较好，在 25℃和 35℃时，这个小峰分别后面和前面的峰包合，故最终选择 30℃为川芎色谱条件的柱温。

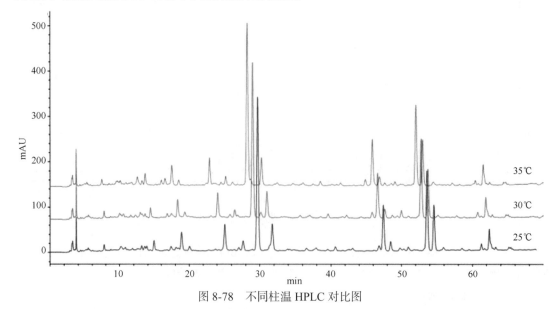

图 8-78　不同柱温 HPLC 对比图

（4）检测波长的选择

取川芎供试品溶液，按流动相条件，使用 DAD 检测器进行 200～400nm 全波长扫描，结果见图 8-79；由图可以看出，川芎中的不同化学成分在不同的波长处有最大吸收，综合考虑总峰个数及其峰的响应大小，在 270nm 处峰个数较多，各峰分离良好，特征峰明显且峰形较好，故选择 270nm 作为川芎指纹图谱测定波长。

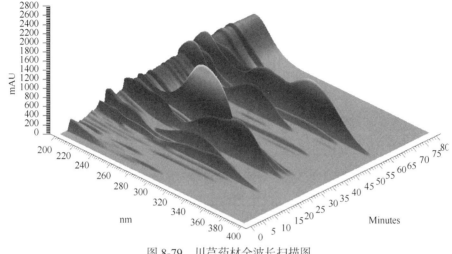

图 8-79　川芎药材全波长扫描图

（5）色谱条件的确定

色谱柱：Diamonsil C_{18}（4.6mm× 250mm，5μm）；A 相：0.1%磷酸水溶液，B 相：甲醇溶液；柱温 30℃，进样量 10μl，波长 270nm；流速：0.8ml/min。流动相梯度见表 8-87。

表 8-87　流动相梯度洗脱程序

t（min）	A%（0.1%磷酸水）	B%（甲醇）
0	85	15
5	70	30
55	20	80
65	0	100

4. 方法学考察

（1）精密度试验

称取川芎药材（过 60 目筛）粉末约 0.5g，精密称定，制备供试品溶液，连续进样 6 次，记录指纹图谱，以阿魏酸的保留时间和色谱峰面积为参照，计算出各共有峰的相对保留时间和相对峰面积。精密度试验结果见图 8-80、表 8-88 和表 8-89。各色谱峰的相对保留时间及峰面积的 RSD 值均不大于 0.32%和 3.15%，符合指纹图谱的要求。

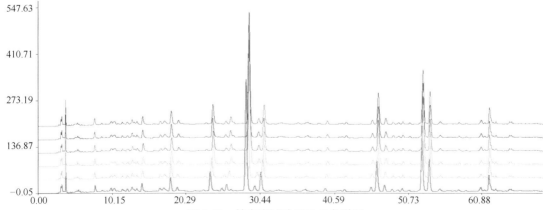

图 8-80　精密度试验 HPLC 色谱图

表 8-88　精密度试验结果（示相对保留时间）

峰号	相对保留时间						RSD（%）
	1	2	3	4	5	6	
1	0.323	0.325	0.323	0.323	0.323	0.322	0.30
2	0.599	0.600	0.598	0.599	0.599	0.598	0.13
3	0.761	0.764	0.761	0.762	0.763	0.762	0.15
4（s）	1.000	1.000	1.000	1.000	1.000	1.000	0.00
5	1.202	1.205	1.203	1.203	1.205	1.204	0.10
6	1.288	1.292	1.289	1.288	1.291	1.290	0.13
7	1.645	1.656	1.647	1.646	1.652	1.649	0.25
8	1.903	1.918	1.905	1.904	1.911	1.907	0.30
9	1.936	1.951	1.938	1.937	1.944	1.940	0.29
10	1.979	1.994	1.981	1.980	1.987	1.983	0.29
11	2.192	2.210	2.194	2.193	2.201	2.197	0.31
12	2.232	2.250	2.234	2.233	2.241	2.237	0.30
13	2.574	2.595	2.574	2.574	2.584	2.579	0.32

表 8-89　精密度试验结果（示相对峰面积）

峰号	相对保留峰面积						RSD（%）
	1	2	3	4	5	6	
1	0.223	0.212	0.210	0.210	0.210	0.207	2.65
2	0.324	0.316	0.311	0.312	0.310	0.309	1.79
3	0.567	0.575	0.561	0.561	0.557	0.554	1.34
4（s）	1.000	1.000	1.000	1.000	1.000	1.000	0.00
5	5.502	5.401	5.328	5.343	5.299	5.295	1.47
6	0.988	0.972	0.958	0.960	0.954	0.953	1.40
7	0.164	0.153	0.152	0.152	0.155	0.151	3.14
8	0.215	0.236	0.232	0.231	0.228	0.227	3.15
9	1.542	1.528	1.503	1.511	1.492	1.491	1.35
10	0.303	0.295	0.291	0.292	0.289	0.289	1.81
11	2.588	2.599	2.553	2.566	2.535	2.532	1.07
12	1.543	1.509	1.480	1.488	1.471	1.468	1.91
13	0.685	0.708	0.695	0.697	0.691	0.691	1.12

（2）稳定性试验

称取川芎药材（过 60 目筛）粉末约 0.5g，精密称定，制备供试品溶液，分别在 0h、2h、4h、8h、12h、24h 进样测定，记录指纹图谱，以阿魏酸的保留时间和色谱峰面积为参照，计算出各共有峰的相对保留时间和相对峰面积。稳定性试验结果见图 8-81、表 8-90 和表 8-91。各色谱峰的相对保留时间及峰面积的 RSD 值均不大于 0.32% 和 3.83%，符合指纹图谱的要求。

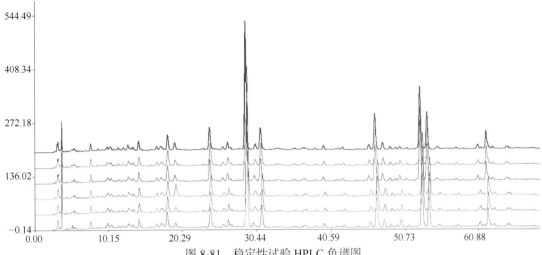

图 8-81　稳定性试验 HPLC 色谱图

表 8-90　稳定性相对保留时间

峰号	相对保留时间						RSD（%）
	1	2	3	4	5	6	
1	0.321	0.320	0.321	0.323	0.322	0.321	0.32
2	0.598	0.598	0.598	0.598	0.598	0.598	0.00
3	0.759	0.757	0.759	0.760	0.761	0.756	0.25
4（s）	1.000	1.000	1.000	1.000	1.000	1.000	0.00
5	1.204	1.207	1.206	1.204	1.203	1.206	0.13
6	1.289	1.293	1.292	1.290	1.289	1.293	0.15
7	1.642	1.648	1.649	1.647	1.646	1.648	0.15
8	1.900	1.909	1.909	1.907	1.905	1.909	0.19
9	1.934	1.944	1.944	1.940	1.938	1.944	0.21
10	1.976	1.986	1.987	1.983	1.981	1.986	0.21
11	2.189	2.200	2.200	2.197	2.194	2.200	0.20
12	2.228	2.240	2.240	2.237	2.234	2.240	0.21
13	2.567	2.580	2.579	2.579	2.574	2.580	0.20

表 8-91　稳定性相对保留峰面积

峰号	相对保留峰面积						RSD（%）
	1	2	3	4	5	6	
1	0.203	0.206	0.202	0.206	0.207	0.212	1.71
2	0.345	0.353	0.359	0.344	0.343	0.350	1.78
3	0.602	0.610	0.604	0.557	0.575	0.615	3.83
4（s）	1.000	1.000	1.000	1.000	1.000	1.000	0.00
5	5.598	5.497	5.630	5.593	5.479	5.512	1.13
6	0.979	0.958	0.960	0.985	0.982	0.956	1.38
7	0.154	0.154	0.155	0.154	0.153	0.154	0.41
8	0.228	0.229	0.230	0.227	0.222	0.231	1.40
9	1.557	1.553	1.565	1.556	1.545	1.559	0.43

续表

峰号	相对保留峰面积						RSD（%）
	1	2	3	4	5	6	
10	0.296	0.291	0.298	0.297	0.295	0.300	1.03
11	2.580	2.632	2.653	2.643	2.622	2.639	0.98
12	1.497	1.546	1.556	1.538	1.525	1.550	1.41
13	0.710	0.732	0.736	0.709	0.723	0.714	1.60

（3）重复性试验

称取同一批次川芎药材（过 60 目筛）粉末约 0.5g，共 6 份，精密称定，制备供试品溶液，记录指纹图谱，以阿魏酸的保留时间和色谱峰面积为参照，计算出各共有峰的相对保留时间和相对峰面积。重复性试验结果见图 8-82、表 8-92 和表 8-93。各色谱峰的相对保留时间及峰面积的 RSD 值均不大于 0.31% 和 3.97%，符合指纹图谱的要求。

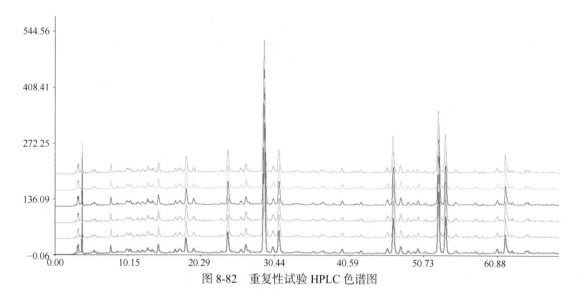

图 8-82　重复性试验 HPLC 色谱图

表 8-92　重复性相对保留时间

峰号	相对保留时间						RSD（%）
	1	2	3	4	5	6	
1	0.320	0.322	0.322	0.322	0.322	0.323	0.31
2	0.598	0.598	0.598	0.598	0.598	0.599	0.07
3	0.757	0.760	0.760	0.761	0.761	0.761	0.20
4（s）	1.000	1.000	1.000	1.000	1.000	1.000	0.00
5	1.207	1.204	1.204	1.204	1.203	1.202	0.14
6	1.293	1.289	1.289	1.289	1.289	1.288	0.14
7	1.648	1.646	1.646	1.647	1.646	1.645	0.06
8	1.909	1.905	1.905	1.905	1.905	1.903	0.10
9	1.944	1.938	1.939	1.939	1.938	1.936	0.14

续表

峰号	相对保留时间						RSD（%）
	1	2	3	4	5	6	
10	1.986	1.981	1.981	1.981	1.981	1.979	0.12
11	2.200	2.194	2.194	2.194	2.194	2.192	0.12
12	2.240	2.234	2.234	2.234	2.234	2.232	0.12
13	2.580	2.574	2.574	2.574	2.574	2.574	0.10

表 8-93　重复性相对保留峰面积

峰号	相对保留峰面积						RSD（%）
	1	2	3	4	5	6	
1	0.225	0.225	0.218	0.212	0.212	0.223	2.79
2	0.353	0.333	0.342	0.353	0.342	0.324	3.32
3	0.610	0.580	0.588	0.579	0.568	0.567	2.72
4（s）	1.000	1.000	1.000	1.000	1.000	1.000	0.00
5	5.497	5.651	5.525	5.450	5.388	5.502	1.59
6	0.958	1.012	0.989	0.978	0.966	0.988	1.95
7	0.154	0.170	0.166	0.156	0.157	0.164	3.97
8	0.229	0.222	0.224	0.220	0.237	0.215	3.41
9	1.553	1.560	1.524	1.535	1.526	1.542	0.94
10	0.291	0.303	0.298	0.298	0.295	0.303	1.60
11	2.632	2.619	2.630	2.650	2.595	2.588	0.90
12	1.546	1.551	1.528	1.533	1.509	1.543	1.00
13	0.732	0.720	0.699	0.713	0.707	0.685	2.31

5. 药材指纹图谱的测定

取 11 批川芎药材，制备供试品溶液测定。将得到的指纹图谱的 AIA 数据文件导入《中药色谱指纹图谱相似度评价系统》2004A 版相似度软件，得到 11 批川芎药材指纹图谱，见图 8-83。

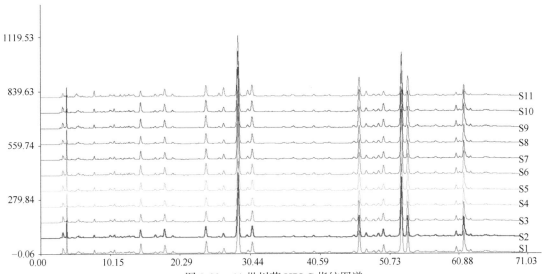

图 8-83　11 批川芎 HPLC 指纹图谱

6. 聚类分析

以第 1 批川芎药材色谱图作为参照图谱自动匹配，得到的匹配数据，运用 SPSS 统计分析软件对其进行系统聚类分析。先将 11×89 阶原始数据矩阵经标准化处理，利用平方欧式距离作为样品的测度，采用平均联接法进行聚类，将 11 批川芎药材分为两类，其中 S11 聚为一类，其余十批聚为一类，见图 8-84。

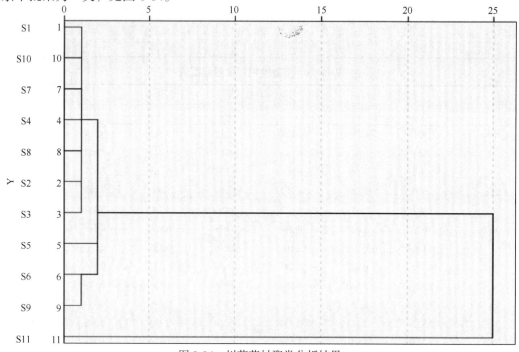

图 8-84 川芎药材聚类分析结果

7. 主成分分析

为了评价所有成分的样品分辨能力，将自标准化后的相对峰面积数据作为输入数据，进行主成分分析。运用 SIMCA-P 11.5 分析软件对其进行主成分分析，结果见图 8-85。由 PCA 图

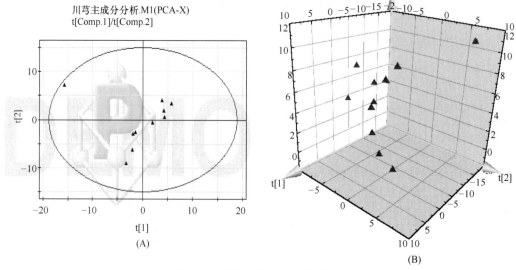

图 8-85 川芎药材 PCA 分析结果

A: PCA 图; B: PCA 3D 图

可以看出，通过主成分分析将 11 批川芎药材分为两大类，第 11 批川芎药材单独聚为一类，其余 10 批聚为一类，与聚类分析结果一致。

8. 对照指纹图谱建立

根据对 11 批川芎药材的分析结果，从中选取归属于一类的 10 批药材数据导入中药指纹图谱相似度分析软件，生成指纹图谱，以 S1 为参照图谱，时间窗宽度为 0.5，自动匹配后共得到 13 个共有峰，见图 8-86，10 批川芎药材的对照指纹图谱见图 8-87。以阿魏酸峰（4 号）为参照峰，计算 10 批样品共有峰相对保留时间及相对峰面积，结果见表 8-94 和表 8-95。

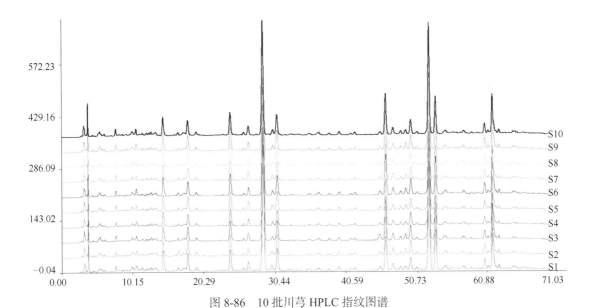

图 8-86　10 批川芎 HPLC 指纹图谱

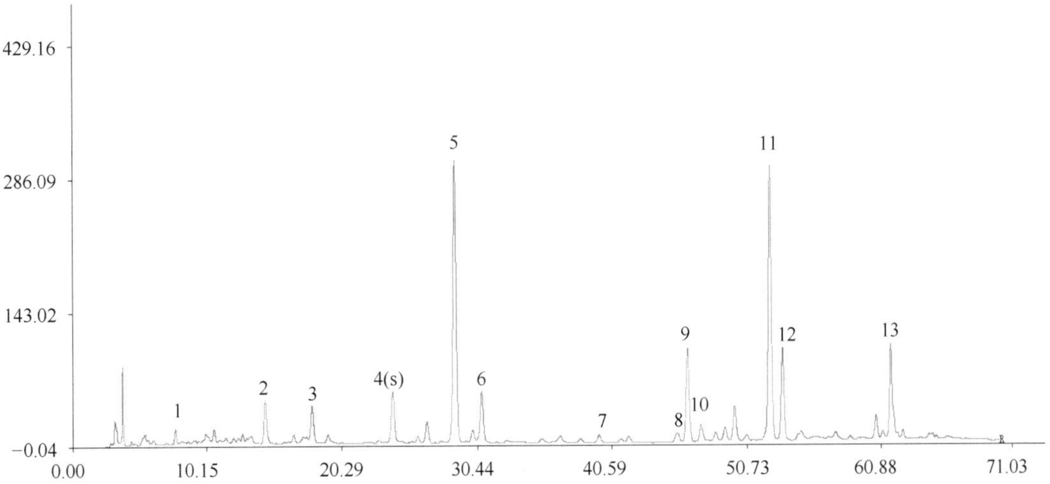

图 8-87　川芎对照指纹图谱

4-阿魏酸

表 8-94　10 批川芎样品共有峰相对保留时间

峰号	批号									
	1	2	3	4	5	6	7	8	9	10
1	0.323	0.323	0.323	0.323	0.323	0.323	0.323	0.323	0.323	0.323
2	0.604	0.604	0.604	0.604	0.604	0.604	0.604	0.604	0.604	0.604
3	0.750	0.750	0.750	0.750	0.750	0.750	0.750	0.750	0.750	0.750
4（s）	1.000	1.000	1.000	1.000	1.000	1.000	1.000	1.000	1.000	1.000
5	1.194	1.193	1.192	1.192	1.192	1.192	1.191	1.192	1.191	1.191
6	1.279	1.279	1.278	1.278	1.277	1.277	1.276	1.277	1.277	1.276
7	1.646	1.647	1.646	1.645	1.646	1.647	1.646	1.645	1.647	1.646
8	1.891	1.889	1.885	1.887	1.889	1.887	1.887	1.888	1.888	1.886
9	1.923	1.923	1.921	1.921	1.921	1.921	1.920	1.920	1.921	1.920
10	1.966	1.966	1.964	1.964	1.964	1.964	1.963	1.963	1.964	1.963
11	2.178	2.178	2.176	2.175	2.175	2.175	2.174	2.175	2.176	2.175
12	2.218	2.218	2.216	2.215	2.215	2.215	2.214	2.214	2.216	2.214
13	2.561	2.560	2.559	2.557	2.557	2.557	2.555	2.556	2.557	2.556

表 8-95　10 批川芎样品共有峰相对保留峰面积

峰号	批号									
	1	2	3	4	5	6	7	8	9	10
1	0.179	0.149	0.187	0.188	0.199	0.156	0.201	0.196	0.184	0.200
2	0.869	0.579	0.618	0.842	0.697	0.819	0.761	0.721	0.709	0.771
3	0.774	0.673	0.640	0.687	0.562	0.560	0.648	0.674	0.650	0.657
4（s）	1.000	1.000	1.000	1.000	1.000	1.000	1.000	1.000	1.000	1.000
5	6.147	5.579	5.582	5.729	5.480	5.378	5.758	5.875	5.378	5.431
6	1.163	1.059	1.066	1.103	1.056	1.067	1.102	1.116	1.028	1.064
7	0.182	0.163	0.151	0.155	0.178	0.203	0.167	0.183	0.189	0.197
8	0.215	0.202	0.450	0.201	0.229	0.262	0.224	0.252	0.224	0.175
9	1.672	1.833	1.907	1.811	1.601	2.011	1.988	1.916	1.847	1.939
10	0.335	0.337	0.350	0.325	0.312	0.368	0.370	0.346	0.325	0.338
11	5.137	5.031	5.182	5.639	4.615	5.844	5.271	5.777	5.678	5.134
12	1.860	1.717	1.730	1.808	1.639	1.776	1.788	1.827	1.712	1.704
13	1.837	1.609	1.625	1.847	1.523	2.006	1.731	1.864	1.904	1.733

9. 相似度评价

利用 2004A 版《中药色谱指纹图谱相似度评价系统》计算软件，将上述 10 批样品与对照指纹图谱匹配，进行相似度评价，结果见表 8-96。各批川芎药材与对照指纹图谱间的相似度为 0.996～1.000，表明各批次药材之间具有较好的一致性，本方法可用于综合评价川芎药材的整体质量。

表 8-96　10 批川芎药材相似度评价结果

批号	对照图谱	批号	对照图谱
Y901	1.000	Y906	0.996
Y 902	0.999	Y 907	1.000
Y 903	0.999	Y 908	0.999
Y 904	0.999	Y 909	0.997
Y 905	0.999	Y 910	1.000

10. 色谱峰指认

采用对照品法对川芎指纹图谱中的主要特征峰进行

了指认。指纹图谱中 13 个共有峰的 2 个为：阿魏酸和藁本内酯，见图 8-88～图 8-90。

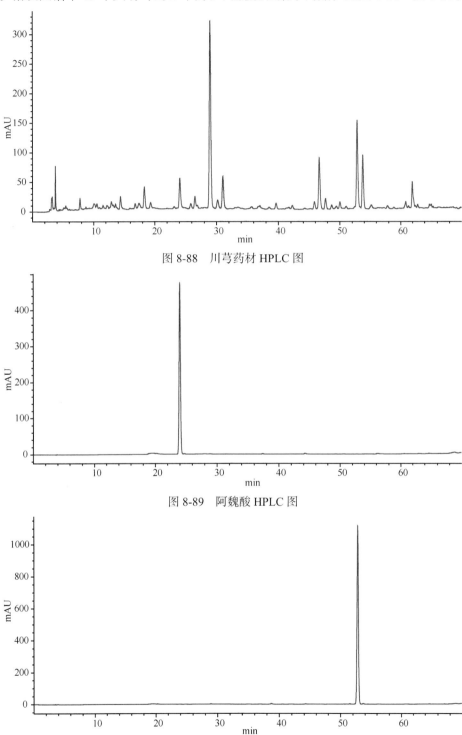

图 8-88 川芎药材 HPLC 图

图 8-89 阿魏酸 HPLC 图

图 8-90 藁本内酯 HPLC 图

三、含量测定研究

参照《中国药典》2015 年版一部第 40 页川芎药材含量测定项下方法。

（一）试验材料

1. 仪器与试剂

Agilent 1260 高效液相色谱仪	美国 Agilent 公司
AB204-N 电子天平（十万分之一）	德国 METELER 公司
BT25S 电子天平（万分之一）	德国 Sartorius 公司
DTD 系列超声波清洗机	鼎泰生化科技设备制造有限公司
六两装高速中药粉碎机	瑞安市永历制药机械有限公司
循环水式多用真空泵	巩义市予华仪器有限责任公司
甲醇（色谱纯）	天津市康科德科技有限公司
冰乙酸（分析纯）	天津市康科德科技有限公司
纯净水	杭州娃哈哈集团有限公司

2. 试药

阿魏酸（批号 MUST-16021902，纯度 99.32%）购自成都曼思特生物科技有限公司。

川芎药材（批号 Y901-Y910）均由天津中新药业集团股份有限公司隆顺榕制药厂提供。经天津药物研究院中药现代研究部张铁军研究员鉴定为伞形科植物川芎 *Ligusticum chuanxiong* Hort 的干燥根茎。符合《中国药典》2015 年版一部川芎项下的有关规定。所有试剂均为分析纯。

（二）方法与结果

1. 对照品溶液的制备

取阿魏酸对照品适量，精密称定，置棕色量瓶中，加 70%甲醇溶液制成每 1ml 含 25.2μg 的溶液，即得。

2. 供试品溶液的制备

取川芎药材粉末（过四号筛）0.5g，精密称定，置具塞锥形瓶中，精密加入 70%甲醇溶液 50ml，密塞，称定重量，加热回流 30min，放至室温，再称定重量，用 70%甲醇补足减失的重量，摇匀，静置，取上清液，滤过，取续滤液，即得。

3. 色谱条件与系统适应性试验

（1）色谱条件

Diamonsil C$_{18}$色谱柱（250mm×4.6 mm，5 μm）；以甲醇-1%醋酸溶液（30∶70）为流动相；检测波长为 321nm；柱温 30 ℃。

（2）系统适应性试验

分别取阿魏酸对照品溶液、川芎供试品溶液，按上述条件进样测定，考察系统适用性。记录 HPLC 色谱图，如图 8-91 所示。结果阿魏酸色谱峰与相邻峰的分离度均大于 1.5，且理论板数按阿魏酸峰计算应不低于 4000。

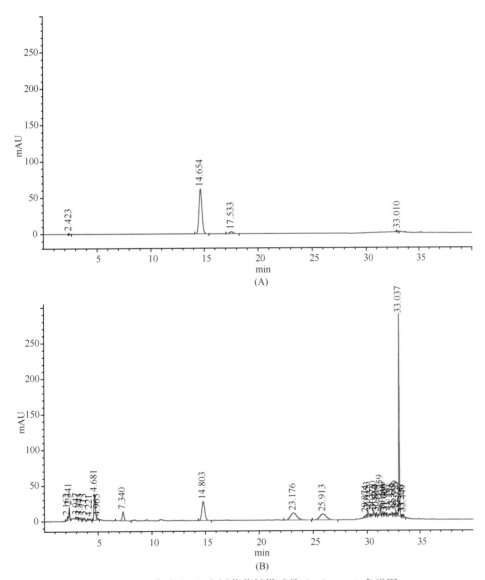

图 8-91　阿魏酸（A）和川芎药材供试品（B）HPLC 色谱图

4. 测定法

分别精密吸取对照品与供试品溶液各 10 μl，注入液相色谱仪，测定，即得。

5. 样品的含量测定

取各批次川芎药材粉末（过四号筛）0.5 g，精密称定，依照供试品制备项下方法制备供试品溶液，按法测定，计算各批次川芎药材样品中阿魏酸的含量，结果见表 8-97。

表 8-97　Y901～Y910 批川芎药材中阿魏酸含量测定结果

批次	含量（mg/g）		平均含量（mg/g）	含量（%）
	1	2		
Y901	0.995	1.031	1.013	0.101
Y902	1.034	1.104	1.069	0.107
Y903	1.110	1.144	1.127	0.113
Y904	1.139	1.165	1.152	0.115
Y905	1.068	1.071	1.069	0.107
Y906	1.261	1.284	1.272	0.127
Y907	1.149	1.145	1.147	0.115
Y908	1.160	1.129	1.145	0.114
Y909	1.194	1.209	1.201	0.120
Y910	1.190	1.215	1.202	0.120

结果显示：Y901～Y910 批川芎药材中阿魏酸的含量符合《中国药典》2015 年版一部川芎项下的有关规定，本品按干燥品计算，含阿魏酸（$C_{10}H_{10}O_4$）不得少于 0.10%。

第五节　葛根质量标准研究

一、化学成分研究

（一）实验材料

1. 仪器与试剂

Agilent 1260 高效液相色谱仪	美国 Agilent 公司
Q-TOF 质谱仪	美国 Bruker 公司
AB204-N 电子天平（十万分之一）	德国 METELER 公司
BT25S 电子天平（万分之一）	德国 Sartorius 公司
超声波清洗仪	宁波新芝生物科技公司
乙腈（色谱纯）	美国 Merck 公司
甲酸（分析纯）	美国 Fisher 公司
纯净水	广州屈臣氏有限公司

2. 试药

葛根药材（批号 Y1505198）由天津中新药业集团股份有限公司隆顺榕制药厂提供，经天津药物研究院中药现代研究部张铁军研究院鉴定为豆科植物野葛 *Pueraria lobata*(Willd.)Ohwi 的干燥根，符合《中国药典》2015 年版一部的有关规定。

（二）实验方法

1. 供试品溶液制备

取葛根粉末约（过三号筛）0.9g，精密称定，置具塞锥形瓶中，精密加入 60%的甲醇溶液

10ml，称定重量，超声处理 30 min，放至室温，再称量补重，摇匀，滤过，取续滤液，即得葛根药材供试品溶液。

2. 色谱-质谱条件

（1）色谱条件

流动相：乙腈（A）- 0.1%甲酸水溶液（B）；柱温 30℃；进样量 10μl；波长 250nm；流速 1ml/min。流动相梯度见表梯度如表 8-98 所示。

（2）质谱条件

本实验使用 Bruker 质谱仪，正、负两种模式扫描测定，仪器参数如下：采用电喷雾离子源；V模式；毛细管电压正模式 3.0 kV，负模式 2.5 kV；锥孔电压 30 V；离子源温度 110 ℃；脱溶剂气温度 350 ℃；脱溶剂氮气流量 600 L/h；锥孔气流量 50 L/h；检测器电压正模式 1900 V，负模式 2000 V；采样频率 0.1 s，间隔 0.02 s；质量数检测范围 50 ～ 1500 Da；柱后分流，分流比为 1∶5；内参校准液采用甲酸钠溶液。

表 8-98 流动相梯度洗脱条件

t（min）	A（%）	B（%）
0	2	98
15	11	89
30	11	89
45	14	86
80	35	65
100	100	0

（三）结果与讨论

1. HPLC-Q/TOF MS 实验结果

在上述条件下对葛根药材进行了 HPLC-Q/TOF MS 分析，得到样品一级质谱图，见图 8-92。

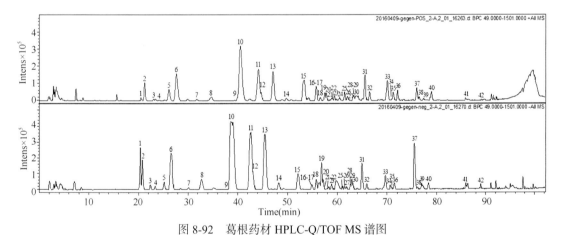

图 8-92 葛根药材 HPLC-Q/TOF MS 谱图

2. HPLC-Q/TOF MS/MS 实验结果

在对葛根药材中的化学物质进行一级质谱测定后，可以得到物质准分子离子峰（[M+H]+或[M-H]-）的相关信息。在此基础上，以准分子离子为母离子在相应的模式下进行二级碎片的测定，根据二级质谱结构信息以及结合相关文献的报道，对葛根中化学物质组进行了鉴定分析，共分析得到 51 个化合物，鉴定出 41 个化合物，其中主要为主要为异黄酮类成分。具体鉴定结果参见表 8-99 和图 8-93。

表 8-99　葛根化学物质组鉴定信息表

No.	T(min)	$[M-H]^-/[M+H]^+$	MS/MS	Identification	Formula
1	20.13	593.1801/595.1442	613，473，430，310，113/617	3'-hydroxypuerarin- 4'-O-glucoside	$C_{27}H_{30}O_{15}$
2	20.79	577.1883/579.5505	457，294，266/601，381，297，267	puerarin-4'-O-glucoside	$C_{27}H_{30}O_{14}$
3	22.44	607.1947/609.1578	545，487，324，295/631，417	puerarin-3'-methyoxy-4'-O-glucoside	$C_{28}H_{32}O_{15}$
4	23.36	709.2323/711.186	777，731/755，733	mirificin 4'-O-glucoside	$C_{32}H_{38}O_{18}$
5	25.19	577.1834/579.1486	623，415，267/601，417，255	daidzein-4'，7-O-glucoside	$C_{27}H_{30}O_{14}$
6	26.5	431.1229/433.0993	311，283，255，227/313，256，179	3'-hydroxypuerarin	$C_{21}H_{20}O_{10}$
7	30.11	563.1674/565.1327	311，283，255/609，587，433，367	3'-hydroxypuerarin-6''-O-apioside	$C_{26}H_{28}O_{14}$
8	32.68	563.1685/565.1329	311，293，283，255/587，455，433	3'-hydroxypuerarin xyloside	$C_{26}H_{28}O_{14}$
9	37.97	577.1818/579.1486	431，269/417，351，271，207，151	puerarin-6''-O-glucoside	$C_{27}H_{30}O_{14}$
10	39.79	415.1261/417.106	295，267，253/439，399，321，297	puerarin	$C_{21}H_{20}O_9$
11	42.57	445.1370/447.1147	325，310，282/469，429，327，297	3'-methoxypuerarin	$C_{22}H_{22}O_{10}$
12	43.03	547.1707/549.1405	295，267/571，417，351，321	6''-O-xylosylpuerarin	$C_{26}H_{28}O_{13}$
13	45.42	547.1731/549.1405	569，295，267/571，417，399，297	mirificin	$C_{26}H_{28}O_{13}$
14	48.22	577.1793/579.1487	325，282，191/601，447，429，331	3'-methoxypuerarin-6''-O-β-apionoside	$C_{27}H_{30}O_{14}$
15	52.02	415.1194/417.103	25，252，223/439，255，227，199	daidzin	$C_{21}H_{20}O_9$
16	54.75	563.1642/565.1327	609，433，313，283	genistein-7-O-xyloside-8-C-glucoside	$C_{26}H_{28}O_{14}$
17	54.85	445.1316/447.1106	491，283，267/469，285，270，225	3'-methoxydaidzin	$C_{22}H_{22}O_{10}$
18	55.65	431.1176/433.0949	311，283，239/455，415，313，283	genistein-8-C-glucoside	$C_{22}H_{22}O_{10}$
19	56.74	563.168/565.1344	311，283，207/587，367，337，313	genistein-8-C-（6''-O-apioside）-glucoside	$C_{26}H_{28}O_{14}$
20	57.03	605.215/607.1173	297，253，159/483，321，299	pueroside A	$C_{29}H_{34}O_{14}$
21	57.11	461.1279/463.1076	299，284，255/485，330，286	tectoridin	$C_{22}H_{22}O_{10}$
22	57.75	593.1751/595.1411	301，284，255/617，301，285	tectorigenin-7-O-xylosyl glucoside	$C_{27}H_{30}O_{15}$
23	58.75	415.1211/417.1016	267，252，195/439，255，199，181	daidzein-4'-O-glucoside	$C_{27}H_{30}O_{15}$
24	60.35	/519.0928	541，463，319，271，153	genistein-4'-O-（6''-malonyl）glucoside	$C_{24}H_{22}O_{13}$
25	60.91	/519.0928	681，635，473/659，475，313	pueroside B	$C_{30}H_{36}O_{15}$
26	61.4	635.2259/637.1858	269，253/587，433，317，293	genistein 8-C-glycoside-xyloside	$C_{26}H_{28}O_{14}$
27	61.76	563.1647/565.1328	112/585，395，311，281	formononetin-8-C-glucoside-oxyloside	$C_{27}H_{30}O_{13}$
28	62.59	561.185/563.1544	477，283，269/271，215，153	genistin	$C_{21}H_{20}O_{10}$
29	62.87	431.1173/433.0958	309，281，266/395，311，253	—	—
30	63.09	561.1866/563.1543	309，281，267/453，253，153	isoononin	$C_{22}H_{22}O_9$
31	64.86	429.1368/431.1161	1003，295/1005，525，255，	6''-O-malonyldaidzin	$C_{24}H_{22}O_{12}$
32	65.92	501.1239/503.1024	1063，283/555，285	5-hydroxy genistein-4'-O-（6''-malonyl）glucoside	$C_{25}H_{24}O_{13}$
33	69.64	473.1645/475.1413	311，267，252/497，313，107	pueroside D	$C_{24}H_{26}O_{10}$
34	70.61	577.1802/579.1475	355，325，297/601，381，275	daidzein-6-C-（6-glucosyl）-glucoside	$C_{22}H_{20}O_{10}$

续表

No.	T(min)	[M-H]⁻/[M+H]⁺	MS/MS	Identification	Formula
35	70.81	429.1299/431.1148	475，267，252/453，269，237，213	ononin	$C_{22}H_{22}O_9$
36	71.43	517.1131/519.0915	399，371，269/541，271，153	genistein-4′-O-（6″-malonyl）glucoside	$C_{24}H_{22}O_{13}$
37	75.5	253.0645/255.0552	223，195，180，132/277，227，199	daidzein	$C_{15}H_{10}O_4$
38	76.13	577.1809/579.1489	397，268/553，447，285	6-methoxy-7-O-xyloside-genistin	$C_{27}H_{30}O_{14}$
39	76.92	283.0733/285.0636	267，239，211，195/269，241，197	biochanin A	$C_{16}H_{12}O_5$
40	79.26	515.1404/517.1130	561/539，495，269	——	——
41	85.95	269.0577/271.0489	225，182，159/293，253，223，153	genistein	$C_{15}H_{10}O_5$
42	88.91	267.0772/269.0689	291，252，167，237，223，217	formononetin	$C_{16}H_{12}O_4$

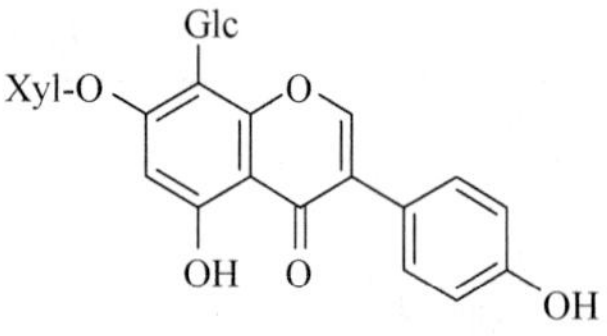

16

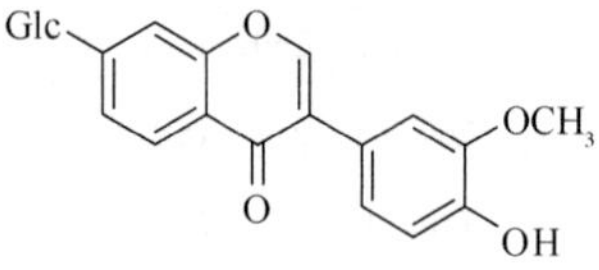

17

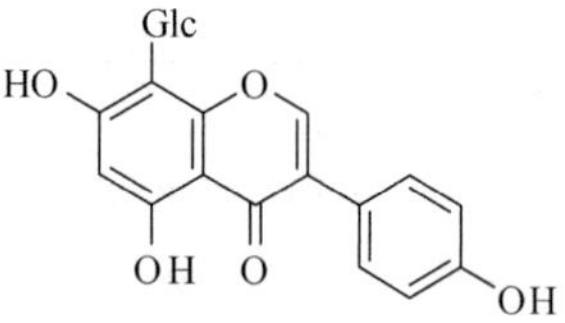

18

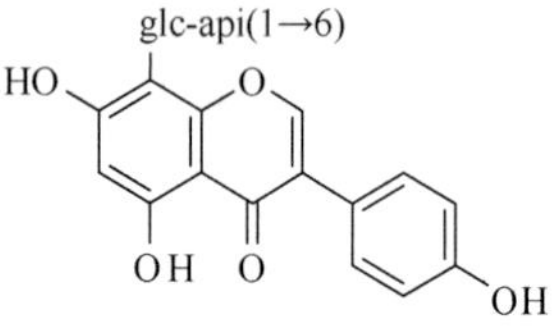

19

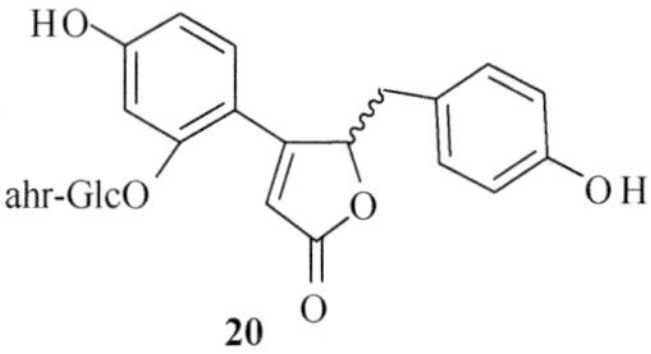

20

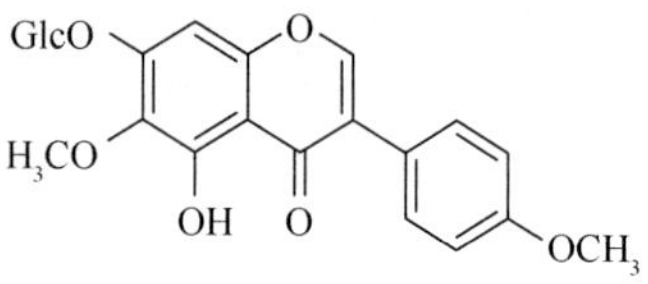

21

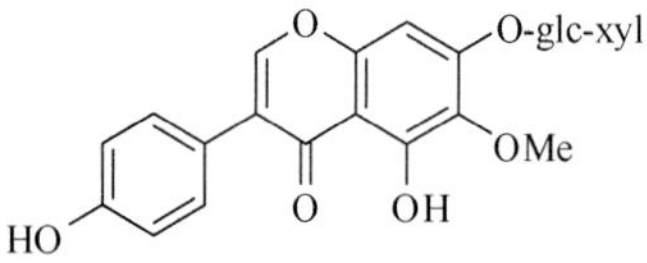

22

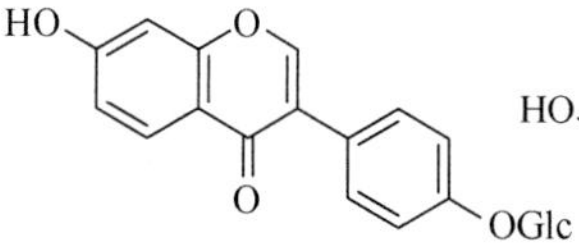

23

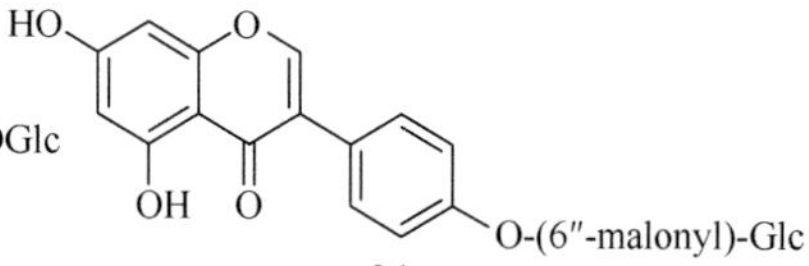

24

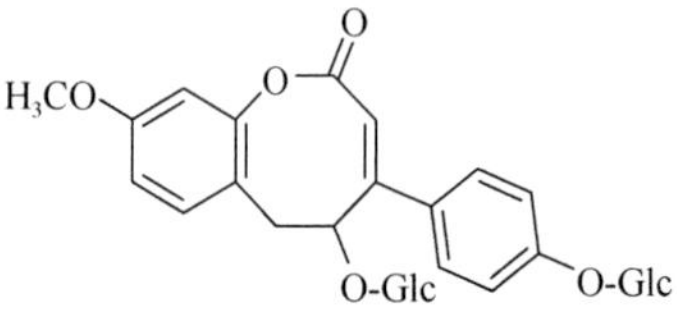

25

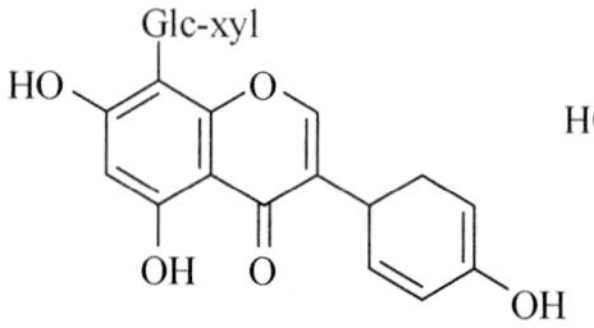

26

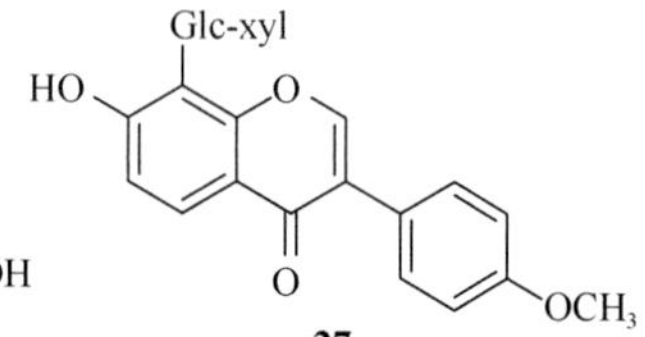

27

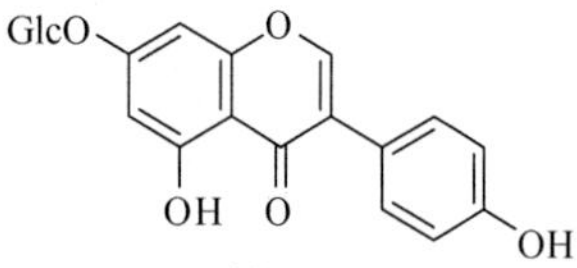

28

29

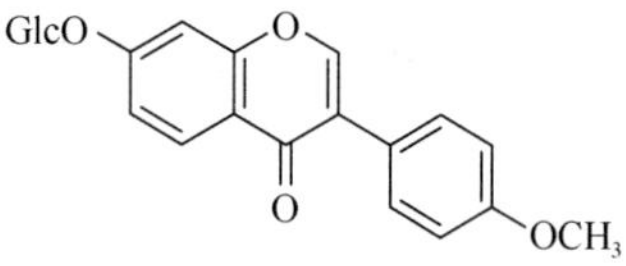

—

30

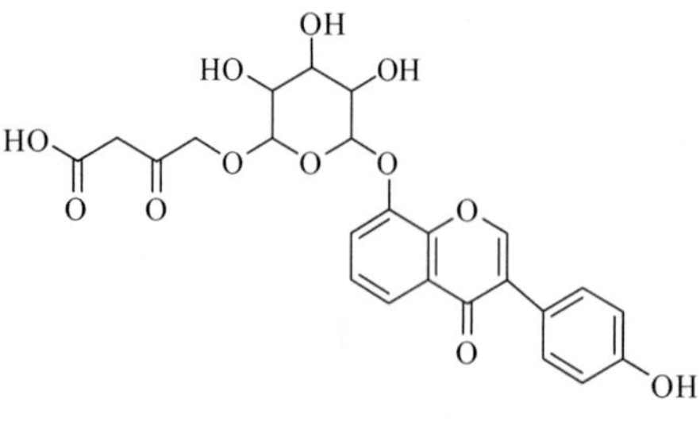

31

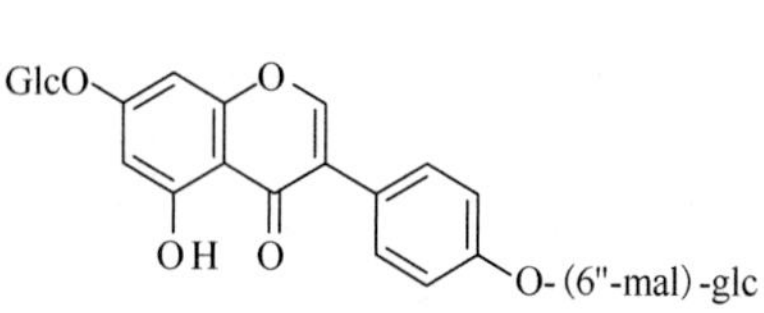

32

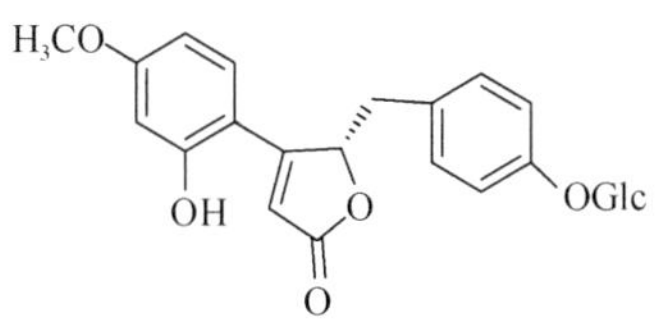

33

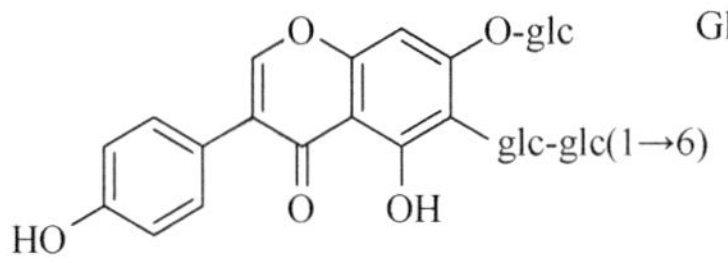

34

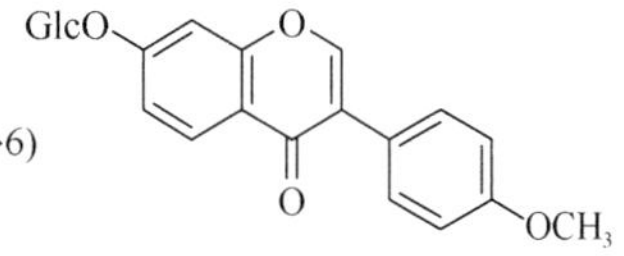

35

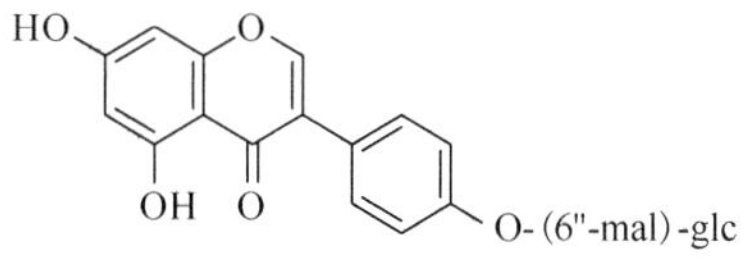

36

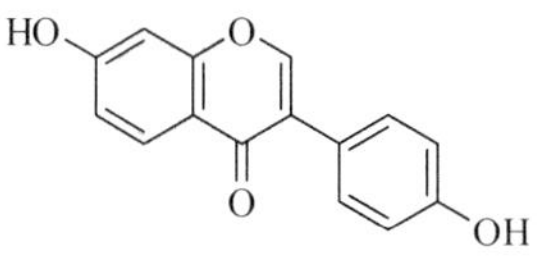

37

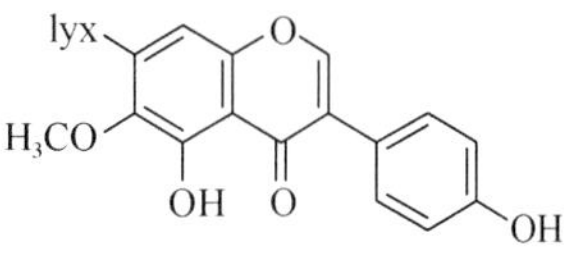

38

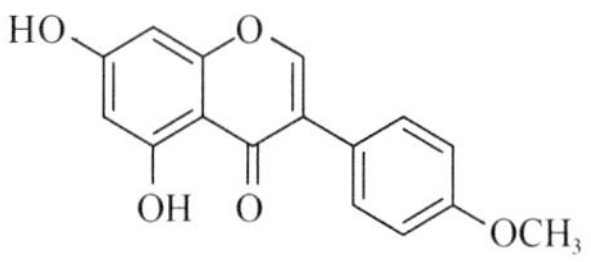

39

—

40

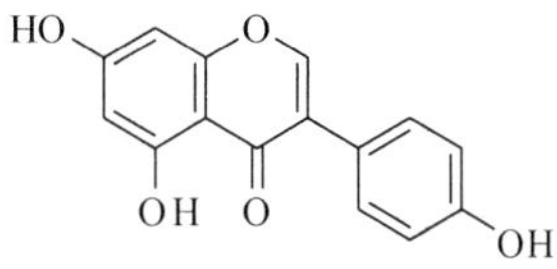

41

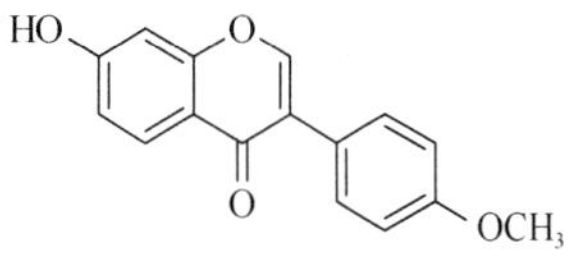

42

图 8-93　葛根化学物质结构式

二、指纹图谱研究

（一）实验材料

1. 仪器与试剂

Agilent 1260 高效液相色谱仪	美国 Agilent 公司
AB204-N 电子天平（十万分之一）	德国 METELER 公司
BT25S 电子天平（万分之一）	德国 Sartorius 公司
超声波清洗仪	宁波新芝生物科技公司
乙腈（色谱纯）	天津市康科德科技有限公司
磷酸（分析纯）	天津光复精密化工研究所
甲醇（分析纯）	天津市康科德科技有限公司
纯净水	杭州娃哈哈集团有限公司

2. 试药

葛根素（批号 110752-200511）购自中国药品生物制品检定所；大豆苷（批号 11138-201302）购自中国食品药品检定研究院；3′-羟基葛根素（批号 20160203）购自天津万象科技有限公司；3′-甲氧基葛根素（批号 JL20160804001）购自江莱生物，葛根药材（批号 Y901～Y911）均由天津中新药业集团股份有限公司隆顺榕制药厂提供，由天津药物研究院现代中药研究部张铁军研究员鉴定，葛根为豆科植物野葛 *Pueraria lobata*（Willd.）Ohwi 的干燥根，符合《中国药典》2015 年版一部的有关规定。将各药材粉碎，过 50 目筛。

（二）方法与结果

1. 参照峰的选择

选择葛根药材中所含主要药效成分葛根素作为参照物。在药材 HPLC 色谱图中，葛根素峰面积所占百分比最大，保留时间适中，且和其他成分有很好的分离。因此，选择葛根素作为葛根药材 HPLC 指纹图谱的参照物。

对照品溶液的制备：取葛根素对照品适量，精密称定，加 30%甲醇溶液制成每 1ml 含葛根素 80 μg 的溶液，摇匀，即得。

2. 供试品溶液制备方法考察

以样品色谱图中主要色谱峰的峰面积及全方色谱峰个数为考察指标确定供试品溶液制备方法。

（1）提取方式考察

取葛根药材粗粉（过 50 目筛）2 份，每份 0.1g，精密称定，分别加入 30%甲醇溶液 25ml，分别采用超声、回流提取，滤过，得到供试品溶液，以确定的色谱条件进行试验。等生药量下各主要色谱峰面积见表 8-100。

表 8-100　提取方式考察结果

提取方式	色谱峰	
	葛根素	大豆苷
超声提取	5376.2	812.9
回流提取	5692.5	874.39

比较超声提取和回流提取结果表明，两种提取方法色谱峰个数相同，主要色谱峰峰面积基本相当，超声操作更加简便，因此选择超声提取方法。

（2）提取溶剂考察

称取 3 份葛根药材粉末（过 50 目筛）各 0.1g，精密称定，置于 50ml 量瓶中，分别加入 25ml 甲醇溶液、70%甲醇溶液、30%甲醇溶液，超声提取 30min，冷却至室温，再称定重量，用甲醇溶液、70%甲醇溶液、30%甲醇溶液补足减失的重量，滤过，得到供试品溶液，按确定的条件进样测定。等生药量下各主要色谱峰面积见表 8-101。

表 8-101　提取溶剂考察结果

提取溶剂	色谱峰	
	葛根素	大豆苷
甲醇溶液	5048.4	903.8
70%甲醇溶液	5331.7	874.1
30%甲醇溶液	5426.6	839.7

实验结果表明，综合考虑葛根素与大豆苷的峰面积，用 30%甲醇溶液作为提取溶剂时得到色谱峰的峰个数最多。因此选择 30%甲醇溶液作为提取溶剂。

（3）提取时间考察

平行称取两份葛根药材粉末（过 50 目筛）各 0.1g，精密称定，置于 50ml 量瓶中，加入 25ml 30%甲醇溶液，分别超声提取 30min、60min，冷却至室温，再称定重量，30%甲醇溶液补足减失的重量，滤过，得到供试品溶液，按确定的条件进样测定。等生药量下各主要色谱峰面积见表 8-102。

表 8-102　提取时间考察结果

提取溶剂	色谱峰	
	葛根素	大豆苷
30min	5526.3	842.4
60min	6014.5	966.2

实验结果表明，相比于 30min，超声 60min 葛根素和大豆苷的峰面积增加不大，因此选择提取时间为 30min。

（4）供试品溶液制备方法的确定

葛根粉末约（过三号筛）0.1g，精密称定，置具塞锥形瓶中，精密加入 30%的甲醇溶液 30ml，称定重量，超声处理 30 min，放至室温，再称量补重，摇匀，滤过，取续滤液，即得。

3. 色谱条件考察

（1）流动相条件考察

条件 1　①流动相 A 相：水；B 相：乙腈；②流动相 A 相：0.1%磷酸水；B 相：乙腈。柱温 30℃，进样量 10μl，波长 250nm；流速：1ml/min。流动相梯度见表 8-103，梯度洗脱结果见图 8-94。

表 8-103　条件 1 流动相梯度

t（min）	A（%）	B（%）
0	89	11
5	88	12
30	86	14
45	70	30
55	0	100

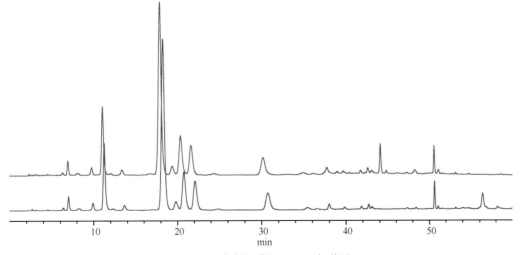

图 8-94　条件 1 葛根 HPLC 色谱图
上：乙腈-0.1%磷酸水；下：乙腈-水

条件 2　流动相　A 相：0.25%醋酸水溶液；B 相：甲醇：乙腈（60：40）。柱温 30℃，进样量 10μl，波长 250nm；流速：1ml/min。流动相梯度见表 8-104，梯度洗脱结果见图 8-95。

表 8-104　梯度洗脱程序

t（min）	A（%）	B（%）
0	81	19
18	81	19
40	55	45
50	20	80
60	0	100

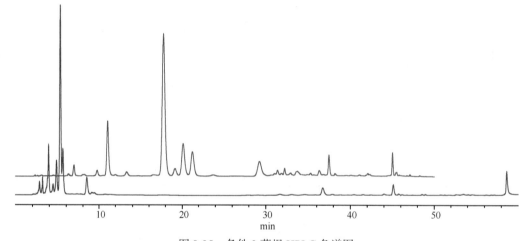

图 8-95　条件 2 葛根 HPLC 色谱图
上：乙腈-0.1%磷酸水；下：0.25%醋酸水溶液（A）-甲醇-乙腈（60：40）

条件 3　A 相：0.1%磷酸水溶液；B 相：乙腈。柱温 30℃，进样量 10μl，波长 250nm；流速：1ml/min。流动相梯度见表 8-105，梯度洗脱结果见图 8-96。

表 8-105　条件 3 流动相梯度

t（min）	A（%）	B（%）
0	90	10
10	88	12
25	86	14
40	70	30
45	40	60
50	0	100

条件 4　A 相：0.1%磷酸水溶液；B 相：乙腈。柱温 30℃，进样量 10μl，波长 250nm；流速：1ml/min。流动相梯度见表 8-106，梯度洗脱结果见图 8-97。

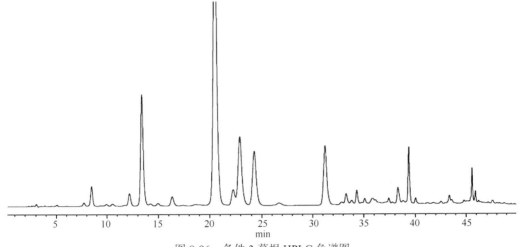

图 8-96　条件 3 葛根 HPLC 色谱图

表 8-106　条件 4 流动相梯度

t（min）	A（%）	B（%）
0	89	11
5	88	12
30	86	14
45	70	30
55	0	100

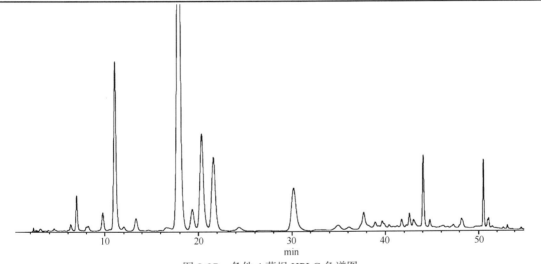

图 8-97　条件 4 葛根 HPLC 色谱图

条件 5　A 相：0.1%磷酸水溶液；B 相：乙腈。柱温 30℃，进样量 10μl，波长 250nm；流速：1ml/min。流动相梯度见表 8-107，梯度洗脱结果见图 8-98。

表 8-107　条件 5 流动相梯度

t（min）	A（%）	B（%）
0	89	11
5	88	12
25	86	14

续表

t（min）	A（%）	B（%）
40	70	30
47	40	60
50	0	100

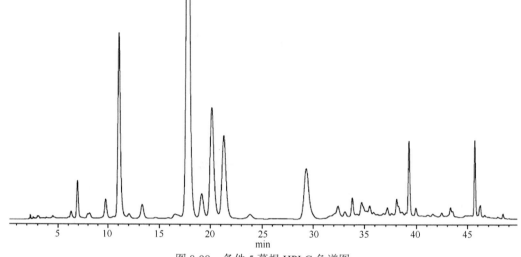

图 8-98　条件 5 葛根 HPLC 色谱图

条件 6　A 相：0.1%磷酸水溶液；B 相：乙腈。柱温 30℃，进样量 10μl，波长 250nm；流速：1ml/min。流动相梯度见表 8-108，梯度洗脱结果见图 8-99。

表 8-108　条件 6 流动相梯度

t（min）	A（%）	B（%）
0	89	11
5	88	12
20	86	14
35	70	30
45	0	100

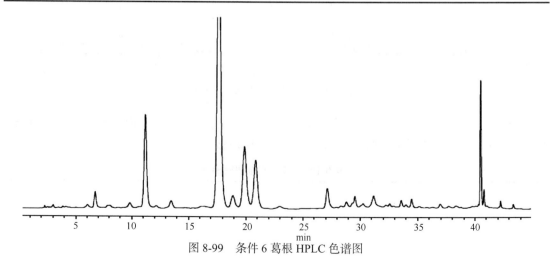

图 8-99　条件 6 葛根 HPLC 色谱图

条件 7　A 相：0.1%磷酸水溶液；B 相：乙腈。柱温 30℃，进样量 10μl，波长 250nm；流速：1ml/min。流动相梯度见表 8-109，梯度洗脱结果见图 8-100。

表 8-109　条件 7 流动相梯

t（min）	A（%）	B（%）
0	89	11
5	88	12
25	86	14
40	70	30
50	40	60
55	0	100
60	0	100

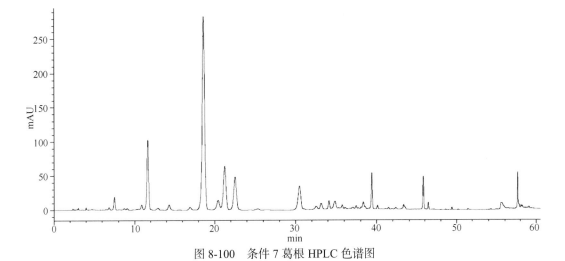

图 8-100　条件 7 葛根 HPLC 色谱图

由各条件下 HPLC 色谱图可看出，条件 7 下得到的谱图中基线比较稳定，峰个数较多，各色谱峰分离度较好，故选择条件 7 中流动相梯度条件为最优条件。

（2）检测波长的选择

取葛根供试品溶液，使用 DAD 检测器进行 200～400nm 全波长扫描，结果显示葛根异黄酮类成分在 250nm 处有较大吸收（见图 8-101），综合考虑总峰个数及其峰的响应大小，色谱图在 250nm 各峰分离良好，特征峰明显且峰形较好，故选择 250nm 作为葛根指纹图谱测定波长。

（3）色谱条件的确定

色谱柱：Diamonsil C$_{18}$（250 mm×4.6 μm，5 μm），流动相：0.1%磷酸水溶液（A）-乙腈（B），柱温：30℃，体积流量：1ml/min，检测波长：250nm，进样量 10μl，梯度洗脱程序见表 8-110。

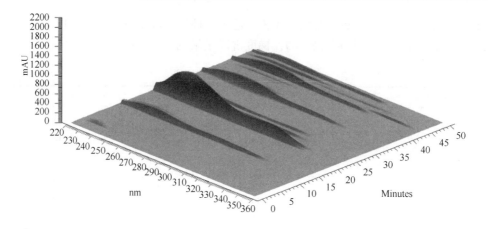

图 8-101　葛根药材全波长扫描图

表 8-110　流动相梯度洗脱程序

t（min）	A（%）	B（%）
0	89	11
5	88	12
25	86	14
40	70	30
50	40	60
55	0	100
60	0	100

4. 方法学考察

（1）精密度试验

在上述优化后的条件下，制备供试品溶液，连续进样 6 次，记录指纹图谱（图 8-102），

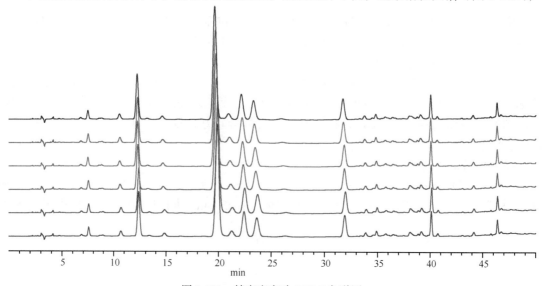

图 8-102　精密度实验 HPLC 色谱图

以葛根素峰（4号峰）的保留时间和色谱峰面积为参照，计算出各共有峰的相对保留时间和相对峰面积。精密度试验结果见表 8-111 和表 8-112。各色谱峰的相对保留时间的 RSD 不大于 0.620%及相对峰面积的 RSD 值均不大于 2.007%，符合指纹图谱的要求。

表 8-111　精密度实验结果（示相对保留时间）

峰号	相对保留时间						RSD（%）
	1	2	3	4	5	6	
1	0.379	0.378	0.379	7.447	7.467	7.446	0.548
2	0.538	0.538	0.536	10.569	10.579	10.559	0.620
3	0.620	0.620	0.618	12.202	12.203	12.180	0.558
4（S）	1.000	1.000	1.000	19.730	19.695	19.737	0.437
5	1.069	1.070	1.069	21.071	21.017	21.101	0.522
6	1.128	1.129	1.128	22.260	22.208	22.276	0.450
7	1.190	1.191	1.190	23.475	23.392	23.489	0.514
8	1.605	1.605	1.610	31.831	31.744	31.807	0.233
9	1.705	1.705	1.711	33.841	33.779	33.814	0.168
10	1.756	1.756	1.764	34.872	34.816	34.847	0.149
11	1.970	1.968	1.978	1.982	1.983	1.980	0.319
12	2.333	2.330	2.343	2.349	2.352	2.347	0.382
13	2.222	2.220	2.231	2.237	2.239	2.235	0.351

表 8-112　精密度实验结果（示相对峰面积）

峰号	相对峰面积						RSD（%）
	1	2	3	4	5	6	
1	0.038	0.038	0.037	0.039	0.038	0.038	1.378
2	0.029	0.029	0.029	0.030	0.029	0.029	0.833
3	0.274	0.274	0.271	0.273	0.267	0.267	1.283
4（S）	1.000	1.000	1.000	1.000	1.000	1.000	0.000
5	0.060	0.062	0.061	0.063	0.062	0.061	1.413
6	0.242	0.238	0.238	0.241	0.236	0.236	0.900
7	0.196	0.191	0.187	0.189	0.186	0.186	2.007
8	0.159	0.159	0.159	0.160	0.158	0.158	0.504
9	0.019	0.019	0.019	0.019	0.019	0.019	0.650
10	0.023	0.023	0.023	0.023	0.023	0.023	0.546
11	0.026	0.026	0.026	0.026	0.025	0.025	1.620
12	0.050	0.050	0.050	0.051	0.049	0.049	1.191
13	0.017	0.017	0.017	0.017	0.016	0.016	1.837

（2）重复性试验

取同一批次葛根样品，平行制备供试品溶液6份，按法进样测定，记录指纹图谱（图 8-103），以葛根素峰（4号峰）的保留时间和色谱峰面积为参照，计算出各共有峰的相对保留时间和相对峰面积。重复性试验结果见表 8-113 和表 8-114。各色谱峰的相对保留时间的 RSD 值不大于 0.12%及峰面积的 RSD 值不大于 3.175%，符合指纹图谱的要求。

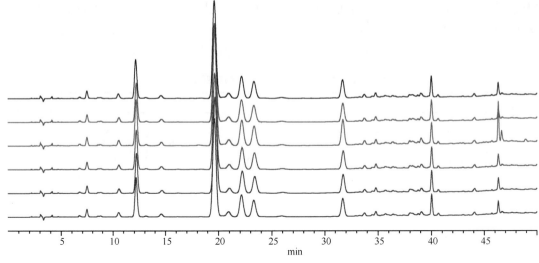

图 8-103　重复性实验 HPLC 色谱图

表 8-113　重复性实验结果（示相对保留时间）

峰号	相对保留时间						RSD（%）
	1	2	3	4	5	6	
1	0.379	0.378	0.379	0.379	0.379	0.379	0.084
2	0.537	0.537	0.537	0.537	0.538	0.537	0.064
3	0.620	0.620	0.620	0.619	0.620	0.620	0.048
4（S）	1.000	1.000	1.000	1.000	1.000	1.000	0.000
5	1.066	1.067	1.067	1.066	1.066	1.066	0.054
6	1.128	1.128	1.128	1.127	1.127	1.127	0.050
7	1.187	1.188	1.188	1.187	1.186	1.187	0.064
8	1.615	1.612	1.614	1.613	1.614	1.613	0.067
9	1.719	1.715	1.717	1.717	1.717	1.717	0.077
10	1.773	1.768	1.770	1.771	1.771	1.771	0.093
11	1.990	1.984	1.986	1.986	1.987	1.986	0.098
12	2.360	2.353	2.356	2.357	2.358	2.361	0.120
13	2.246	2.239	2.242	2.242	2.243	2.242	0.093

表 8-114　重复性实验结果（示相对峰面积）

峰号	重复性相对峰面积						RSD（%）
	1	2	3	4	5	6	
1	0.039	0.038	0.039	0.037	0.039	0.037	2.412
2	0.030	0.029	0.030	0.029	0.030	0.029	1.831
3	0.276	0.270	0.280	0.263	0.271	0.262	2.641
4（S）	1.000	1.000	1.000	1.000	1.000	1.000	0.000
5	0.045	0.045	0.045	0.044	0.045	0.042	2.635
6	0.245	0.236	0.245	0.240	0.243	0.240	1.423
7	0.193	0.186	0.192	0.191	0.192	0.191	1.275
8	0.165	0.159	0.166	0.159	0.167	0.163	2.033
9	0.024	0.023	0.025	0.024	0.025	0.023	2.999

续表

峰号	重复性相对峰面积						RSD（%）
	1	2	3	4	5	6	
10	0.024	0.023	0.024	0.023	0.023	0.023	1.444
11	0.023	0.023	0.023	0.023	0.023	0.022	2.464
12	0.050	0.049	0.051	0.048	0.049	0.047	3.175
13	0.017	0.017	0.017	0.017	0.016	0.017	1.745

（3）稳定性试验

取同一供试品溶液，分别在 0h、2h、4h、8h、12h、24h 进样测定，记录指纹图谱（图 8-104），以葛根素峰（4 号峰）的保留时间和色谱峰面积为参照，计算出各共有峰的相对保留时间和相对峰面积。稳定性试验结果见表 8-115 和表 8-116。各色谱峰的相对保留时间的 RSD 值不大于 0.558%及相对峰面积的 RSD 值不大于 3.005%，符合指纹图谱的要求。

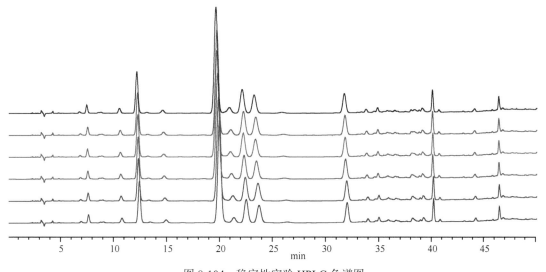

图 8-104　稳定性实验 HPLC 色谱图

表 8-115　稳定性实验结果（示相对保留时间）

峰号	相对保留时间						RSD（%）
	0h	2h	4h	8h	12h	24h	
1	0.379	0.379	0.379	0.379	0.379	0.376	0.278
2	0.538	0.536	0.537	0.537	0.536	0.534	0.251
3	0.620	0.618	0.620	0.620	0.618	0.618	0.155
4（S）	1.000	1.000	1.000	1.000	1.000	1.000	0.000
5	1.069	1.069	1.067	1.066	1.067	1.065	0.147
6	1.128	1.128	1.128	1.128	1.128	1.127	0.035
7	1.190	1.190	1.188	1.187	1.188	1.186	0.122
8	1.605	1.610	1.612	1.615	1.614	1.619	0.295
9	1.705	1.711	1.715	1.719	1.718	1.724	0.399
10	1.756	1.764	1.768	1.773	1.772	1.779	0.456
11	1.970	1.978	1.983	1.990	1.988	1.997	0.478
12	2.333	2.343	2.352	2.360	2.359	2.370	0.558
13	2.222	2.231	2.239	2.246	2.244	2.255	0.513

表 8-116　稳定性实验结果（示相对峰面积）

峰号	相对峰面积						RSD（%）
	0h	2h	4h	8h	12h	24h	
1	0.038	0.037	0.038	0.039	0.039	0.039	2.053
2	0.029	0.029	0.029	0.030	0.029	0.029	1.065
3	0.274	0.271	0.267	0.276	0.271	0.269	1.216
4（S）	1.000	1.000	1.000	1.000	1.000	1.000	0.000
5	0.060	0.061	0.062	0.065	0.064	0.064	2.806
6	0.242	0.238	0.236	0.245	0.241	0.242	1.297
7	0.196	0.187	0.186	0.193	0.190	0.191	1.971
8	0.159	0.159	0.158	0.165	0.163	0.164	1.810
9	0.019	0.019	0.018	0.020	0.019	0.019	3.005
10	0.023	0.023	0.023	0.024	0.023	0.023	1.576
11	0.026	0.026	0.025	0.026	0.025	0.026	2.693
12	0.050	0.050	0.049	0.052	0.051	0.052	2.149
13	0.017	0.017	0.016	0.017	0.017	0.016	2.144

5. 药材指纹图谱的测定

取 11 批葛根药材制备供试品溶液测定。将得到的指纹图谱的 AIA 数据文件导入《中药色谱指纹图谱相似度评价系统》2004A 版相似度软件，得到 11 批葛根指纹图谱，见图 8-105。

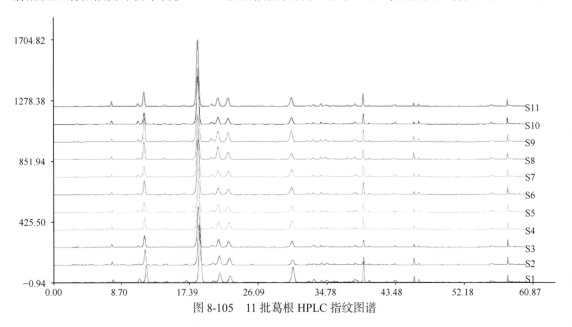

图 8-105　11 批葛根 HPLC 指纹图谱

6. 主成分分析

将自标准化后的相对峰面积数据作为输入数据，进行主成分分析。运用 SIMCA-P 11.5 分析软件对其进行主成分分析，结果见图 8-106。由 PCA 图可以看出，通过主成分分析将 11 批药材分为两大类，其中第 11 批葛根药材单独聚为一类，其余 10 批聚为一类，与聚类分析结果不一致。

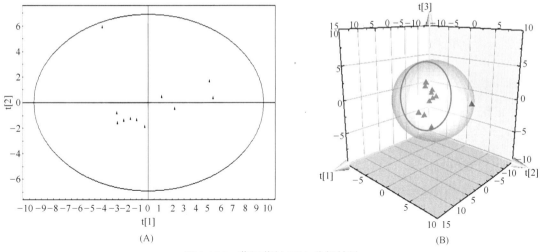

图 8-106　葛根药材 PCA 分析结果

A：PCA 图；B：PCA 3D 图

7. 对照指纹图谱建立

根据对 11 批葛根药材的分析结果，从中选取归属于一类的 10 批药材数据导入中药指纹图谱相似度分析软件，生成指纹图谱，以 S1 为参照图谱，时间窗宽度为 0.5，自动匹配后共得到 13 个共有峰。通过对照品指认，共指认出 4 个色谱峰，见图 8-107 和图 8-108。以葛根素峰（4 号）为参照峰，计算 10 批样品共有峰相对保留时间及相对峰面积，结果见表 8-117 和图 8-118。

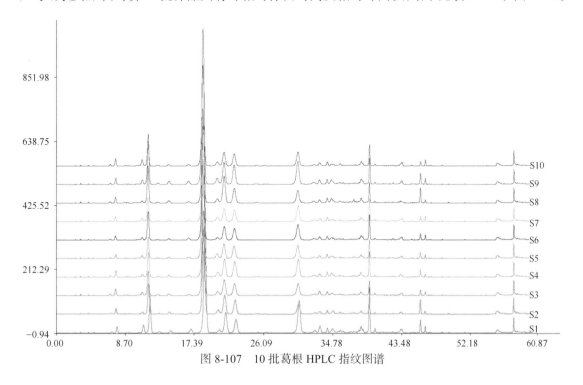

图 8-107　10 批葛根 HPLC 指纹图谱

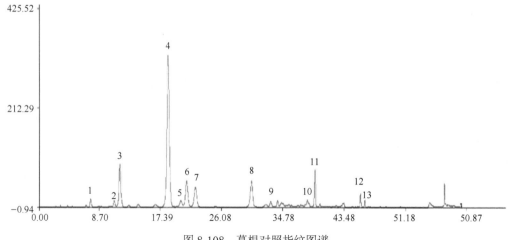

图 8-108　葛根对照指纹图谱

4-葛根素

表 8-117　10 批葛根药材共有峰（示相对保留时间）

峰号	批号									
	1	2	3	4	5	6	7	8	9	10
1	0.407	0.402	0.404	0.404	0.401	0.401	0.401	0.404	0.403	0.402
2	0.586	0.584	0.584	0.584	0.584	0.583	0.584	0.586	0.584	0.584
3	0.630	0.625	0.626	0.626	0.625	0.625	0.625	0.627	0.625	0.625
4（s）	1.000	1.000	1.000	1.000	1.000	1.000	1.000	1.000	1.000	1.000
5	1.096	1.098	1.098	1.097	1.098	1.098	1.098	1.097	1.098	1.098
6	1.139	1.143	1.143	1.143	1.143	1.143	1.143	1.143	1.143	1.143
7	1.207	1.212	1.212	1.211	1.212	1.213	1.212	1.211	1.212	1.212
8	1.629	1.641	1.640	1.642	1.641	1.642	1.642	1.641	1.643	1.643
9	1.769	1.787	1.785	1.790	1.789	1.789	1.789	1.789	1.791	1.791
10	2.046	2.069	2.065	2.073	2.072	2.072	2.074	2.075	2.075	2.073
11	2.103	2.127	2.123	2.130	2.128	2.129	2.130	2.132	2.131	2.131
12	2.446	2.474	2.470	2.478	2.475	2.476	2.478	2.479	2.479	2.478
13	2.479	2.507	2.503	2.511	2.509	2.510	2.512	2.512	2.513	2.512

表 8-118　10 批葛根样品共有峰（示相对峰面积）

峰号	批号									
	1	2	3	4	5	6	7	8	9	10
1	0.028	0.040	0.034	0.022	0.018	0.027	0.033	0.021	0.038	0.041
2	0.048	0.028	0.022	0.023	0.017	0.034	0.020	0.022	0.046	0.029
3	0.221	0.214	0.187	0.163	0.180	0.169	0.276	0.228	0.170	0.157
4（s）	1.000	1.000	1.000	1.000	1.000	1.000	1.000	1.000	1.000	1.000
5	0.028	0.052	0.052	0.050	0.022	0.048	0.046	0.045	0.044	0.040
6	0.185	0.196	0.192	0.159	0.124	0.138	0.304	0.152	0.149	0.139
7	0.126	0.158	0.177	0.146	0.111	0.135	0.179	0.141	0.135	0.144
8	0.306	0.168	0.209	0.158	0.157	0.190	0.157	0.174	0.162	0.157
9	0.043	0.035	0.021	0.020	0.019	0.025	0.023	0.021	0.023	0.019

续表

峰号	批号									
	1	2	3	4	5	6	7	8	9	10
10	0.030	0.025	0.025	0.016	0.015	0.017	0.032	0.016	0.020	0.019
11	0.161	0.075	0.107	0.078	0.093	0.097	0.092	0.071	0.091	0.079
12	0.041	0.024	0.030	0.024	0.021	0.021	0.061	0.028	0.016	0.019
13	0.019	0.014	0.009	0.011	0.014	0.017	0.011	0.012	0.019	0.012

8. 相似度评价

利用 2004A 版《中药色谱指纹图谱相似度评价系统》计算软件，将上述 10 批样品与对照指纹图谱匹配，进行相似度评价，结果见表 8-119。各批葛根药材与对照指纹图谱间的相似度为 0.970～0.993，表明各批次药材之间具有较好的一致性，本方法可用于综合评价葛根药材的整体质量。

表 8-119　10 批葛根药材相似度评价结果

批号	对照图谱	批号	对照图谱
Y901	0.979	Y906	0.983
Y902	0.985	Y907	0.993
Y903	0.978	Y908	0.972
Y904	0.970	Y909	0.992
Y905	0.976	Y910	0.992

9. 色谱峰指认

采用对照品法对葛根指纹图谱中的主要特征峰进行了指认。指纹图谱中 13 个共有峰的 5 个为：3'-羟基葛根素、葛根素、3'-甲氧基葛根素、大豆苷和大豆苷元。见图 8-109。

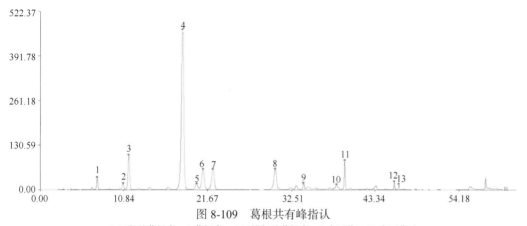

图 8-109　葛根共有峰指认

3-3'-羟基葛根素；4-葛根素；6-3'-甲氧基葛根素；8-大豆苷；12-大豆苷元

三、含量测定研究

本部分建立了 HPLC 法同时测定葛根药材中 3'-羟基葛根素、葛根素、3'-甲氧基葛根素、大豆苷 4 种有效成分含量的方法。

（一）实验材料

1. 仪器与试剂

Agilent 1260 高效液相色谱仪	美国 Agilent 公司
AB204-N 电子天平（十万分之一）	德国 METELER 公司
BT25S 电子天平（万分之一）	德国 Sartorius 公司
超声波清洗仪	宁波新芝生物科技公司
乙腈（色谱纯）	天津市康科德科技有限公司
磷酸（分析纯）	天津光复精密化工研究所
纯净水	杭州娃哈哈集团有限公司

2. 试药

葛根素（批号 110752-200511）、大豆苷（批号 11138-201302）购自中国食品药品检定研究院；3′-羟基葛根素（批号 20160203）购自天津万象科技有限公司；3′-甲氧基葛根素（批号 JL20160804001）购自江莱生物，葛根药材（批号 Y901～Y911）均由天津中新药业集团股份有限公司隆顺榕制药厂提供。

（二）方法与结果

1. 混合对照品溶液制备

取 3′-羟基葛根素、葛根素、3′-甲氧基葛根素、大豆苷对照品适量，精密称定，加甲醇溶液制成每 1ml 含 3′-羟基葛根素 50.64μg、葛根素 189.72μg、3′-甲氧基葛根素 46.72μg、28.46μg 的混合溶液，摇匀，即得。

2. 供试品溶液制备

取葛根粉末约（过三号筛）0.1g，精密称定，置具塞锥形瓶中，精密加入 30% 的甲醇溶液 30ml，称定重量，超声处理 30 min，放至室温，再称量补重，摇匀，滤过，取续滤液，即得。

3. 色谱条件的确定

色谱柱：Diamonsil C_{18}（4.6 mm×250 mm，5 μm）；流动相：A 相：0.1% 磷酸水溶液，B 相：乙腈；柱温：30℃，体积流量：1ml/min，检测波长：250nm，进样量 10μl。梯度洗脱程序表 8-120。

表 8-120　流动相洗脱梯度

t（min）	A（%）	B（%）
0	89	11
5	88	12
25	86	14
40	70	30

4. 系统适用性试验

分别取混合对照品、供试品溶液，按上述条件进样测定，考察系统适用性。记录 HPLC

色谱图，如图 8-110 所示。结果各成分色谱峰与相邻峰的分离度均大于 1.5，理论塔板数按葛根素计算不低于 4000。

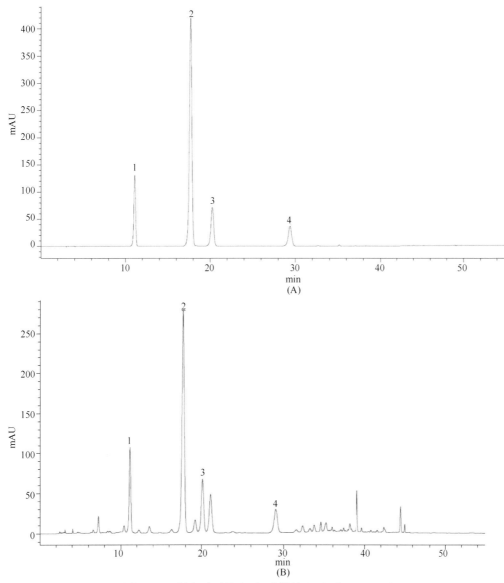

图 8-110 混合对照品（A）及样品（B）的 HPLC 图
1-3′-羟基葛根素；2-葛根素；3-3′-甲氧基葛根素；4-大豆苷

5. 方法学考察

（1）线性关系考察

精密吸取混合对照品储备液，分别制成 7 个不同质量浓度的对照品溶液，按法色谱条件进行测定。记录相应的峰面积，以峰面积积分值为纵坐标（Y），对照品质量为横坐标（X），绘制标准曲线并进行回归计算。4 个成分的线性回归方程见图 8-111 和表 8-121。

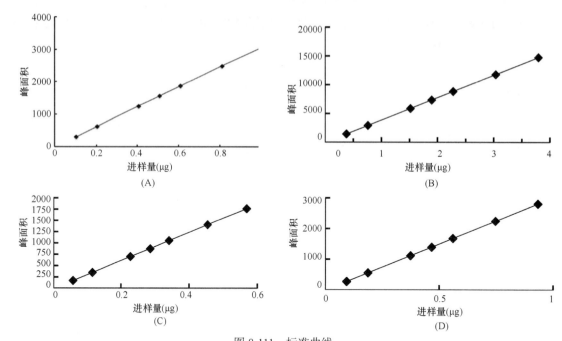

图 8-111　标准曲线

A：3′-羟基葛根素标准曲线；B：葛根素标准曲线；C：大豆苷标准曲线；D：3′-甲氧基葛根素标准曲线

表 8-121　4 种成分线性关系

成分	线性方程	R^2	线性范围（$\mu g \cdot ml^{-1}$）
3′-羟基葛根素	$y = 3070.8x + 7.5632$	0.99999	0.101～1.013
葛根素	$y = 3896.5x - 10.957$	0.99999	0.379～3.794
3′-甲氧基葛根素	$y = 3007.6x - 3.2248$	0.99999	0.093～0.934
大豆苷	$y = 3103.3x - 4.5658$	0.99998	0.0569～0.569

结果表明，3′-羟基葛根素、葛根素、3′-甲氧基葛根素、大豆苷 4 个化合物的浓度在线性范围内，与峰面积具有良好的线性关系。

（2）精密度试验

取批号为 YG11 的葛根药材粉末 0.1g，精密称定，按供试品制备项下方法制备供试品溶液，按法测定，连续进样 6 次。记录 3′-羟基葛根素、葛根素、3′-甲氧基葛根素、大豆苷的色谱峰面积，计算峰面积 RSD（%），结果见表 8-122。

表 8-122　精密度试验结果（$n=6$）

成分	峰面积值						RSD（%）
	1	2	3	4	5	6	
3′-羟基葛根素	945.97	951.62	936.03	940.62	937.51	936.18	0.67
葛根素	3446.19	3475.41	3452.16	3448.02	3515.24	3395.98	1.13
3′-甲氧基葛根素	832.48	827.32	820.70	829.66	831.21	832.12	0.54
大豆苷	547.58	551.52	549.61	552.10	555.43	558.84	0.74

结果表明，供试品溶液连续进样 6 针，供试品色谱图中 3′-羟基葛根素、葛根素、3′-甲氧基葛根素、大豆苷 4 个化合物的色谱峰面积 RSD 均小于 3%，仪器精密度良好。

（3）稳定性试验

取精密度下的供试品溶液，密闭，放置于室温，分别在 0h、3h、6h、9h、12h、24h 时间间隔下检测，记录 3'-羟基葛根素、葛根素、3'-甲氧基葛根素、大豆苷 4 个化合物的色谱峰面积，计算峰面积 RSD（%），结果见表 8-123。

表 8-123 稳定性试验结果（$n=6$）

成分	各个时间点峰面积值						RSD（%）
	0h	3h	6h	9h	12h	24h	
3'-羟基葛根素	945.98	936.04	937.52	936.18	936.01	932.59	0.48
葛根素	3446.19	3452.17	3515.25	3395.99	3457.09	3461.70	1.10
3'-甲氧基葛根素	832.49	820.70	831.21	832.12	834.64	838.01	0.70
大豆苷	547.58	549.61	555.43	558.85	562.82	568.60	1.43

结果表明，供试品溶液放置 24h 后，供试品色谱图中 3'-羟基葛根素、葛根素、3'-甲氧基葛根素、大豆苷 4 个化合物的色谱峰面积 RSD 均小于 3%，供试品溶液室温放置 24h 内稳定。

（4）重复性试验

取批号为 Y911 的葛根药材粉末 6 份，每份 0.1g，精密称定，取按确定的供试品溶液制备方法供试品溶液，在确定的色谱条件下测定。记录 3'-羟基葛根素、葛根素、3'-甲氧基葛根素、大豆苷 4 个化合物的色谱峰面积，按法计算 6 个化合物的含量，并计算各化合物含量 RSD（%），结果见表 8-124。

表 8-124 重复性试验结果（$n=6$）

成分	含量（mg/g）						RSD（%）
	1	2	3	4	5	6	
3'-羟基葛根素	0.151	0.153	0.152	0.152	0.151	0.153	0.588
葛根素	0.438	0.451	0.432	0.432	0.443	0.466	2.951
3'-甲氧基葛根素	0.139	0.138	0.137	0.137	0.140	0.145	2.161
大豆苷	0.091	0.090	0.091	0.091	0.093	0.096	2.381

结果表明，供试品色谱图中 3'-羟基葛根素、葛根素、3'-甲氧基葛根素、大豆苷 4 个化合物的含量 RSD 均小于 3%，本方法重现性良好。

（5）加样回收率

取葛根药材粉末 6 份，每份 0.05g，精密称定，按样品中 3'-羟基葛根素、葛根素、3'-甲氧基葛根素、大豆苷 4 个化合物已知的含量 100%加入相应的对照品，按供试品溶液制备方法制备供试品溶液，进样测定。记录 3'-羟基葛根素、葛根素、3'-甲氧基葛根素、大豆苷 4 个化合物的色谱峰面积，按法计算 4 个化合物的含量，并计算各化合物的加样回收率及 RSD（%），计算回收率的公式如下，结果见表 8-125。

$$加样回收率（\%）= \frac{（测得的量-样品中的量）}{加入的量} \times 100\%$$

表 8-125　加样回收率试验结果

编号	各成分回收率（%）			
	3′-羟基葛根素	葛根素	3′-甲氧基葛根素	大豆苷
1	97.19	99.30	100.40	96.48
2	100.80	97.62	96.81	98.80
3	98.12	96.45	97.36	99.57
4	95.86	102.25	97.43	95.55
5	96.66	95.55	103.32	96.33
6	103.38	102.43	102.38	101.39
均值	98.67	98.93	99.62	98.02
RSD（%）	2.91	2.95	2.83	2.31

结果表明，供试品中 3′-羟基葛根素、葛根素、3′-甲氧基葛根素、大豆苷 4 个化合物的回收率均在 95%～105% 之间，RSD 小于 3%，本品加样回收率良好。

6. 样品的含量测定

取葛根药材粉末 0.1g，精密称定，依照供试品制备项下方法制备供试品溶液，按法测定，计算样品中 3′-羟基葛根素、葛根素、3′-甲氧基葛根素、大豆苷 4 个成分的含量，结果见表 8-126，各指标成分含量累积加和图见图 8-112。

表 8-126　11 批葛根含量测定结果

批号	含量（mg/g）			
	3′-羟基葛根素	葛根素	3′-甲氧基葛根素	大豆苷
Y901	0.183	0.663	0.159	0.256
Y902	0.126	0.471	0.119	0.100
Y903	0.131	0.558	0.139	0.147
Y904	0.113	0.551	0.113	0.110
Y905	0.146	0.647	0.104	0.128
Y906	0.117	0.551	0.099	0.132
Y907	0.183	0.528	0.208	0.105
Y908	0.248	0.867	0.171	0.191
Y909	0.120	0.560	0.108	0.115
Y910	0.154	0.781	0.141	0.155
Y911	0.155	0.473	0.151	0.086

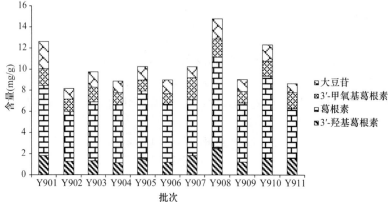

图 8-112　11 批药材指标成分含量累积加和图

第六节 细辛质量标准研究

细辛为马兜铃科植物北细辛 *Asarum heterotropoides* Fr. Schmidt var. *mandshuricum*（Maxim.）Kitag.、汉城细辛 *Asarum sieboldii* Miq. var. *seoulense* Nakai 或华细辛 *Asarumsieboldii* Miq.的干燥根和根茎。前二种习称"辽细辛"。夏季果熟期或初秋采挖，除净地上部分和泥沙，阴干。细辛性温味辛。归心、肺、肾经。具有解表散寒，祛风止痛，通窍，温肺化饮等功效，用于治疗于风寒感冒，头痛，牙痛，鼻塞流涕，鼻衄，鼻渊，风湿痹痛，痰饮喘咳等症。

目前细辛药材质量标准收载于《中国药典》2015 年版一部，现标准包括性状鉴定、显微鉴别、薄层色谱鉴别以及细辛脂素的含量测定，本课题采用 GC-MS 鉴别六经头痛片处方中细辛药材中挥发性化学物质组。测定了多批次药材中细辛脂素的含量，同时运用 GC 指纹图谱技术，补充了对细辛药材的质控，提升了细辛药材的质量标准。

一、化学成分研究

（一）仪器与材料

1. 仪器

Agilent 7890B 型气相色谱仪	美国 Agilent 公司
Agilent 7890A-5975C 连用仪 GC-MS	美国 Agilent 公司
FID 检测器 7890B（G3440B）	美国 Agilent 公司
色谱专用空气发生器 Air-Model -5L	天津市色谱科学技术公司
色谱专用氢气发生器 HG-Model 300A	天津市色谱科学技术公司
HP-5 气相色谱柱（30m×320μm×0.25μm）	美国 Agilent 公司
AB204-N 电子天平（十万分之一）	德国 METELER 公司
BT25S 电子天平（万分之一）	德国 Sartorius 公司
超声波清洗仪	宁波新芝生物科技公司

2. 试剂与试药

细辛药材（批号 Y1411470）由天津隆顺榕发展制药有限公司提供，经天津药物研究院中药现代研究部张铁军研究员鉴定为马兜铃科植物华细辛 *Asarumsieboldii* Miq.的干燥根和根茎。符合《中国药典》2015 年版一部细辛项下的有关规定。所有试剂均为分析纯。

（二）试验方法

1. GC-MS 试验条件

柱升温程序：起始温度 30℃（保持 1min），以 20℃/min 升至 70℃（保持 5min），以 2℃/min 升至 80℃（保持 2min），以 0.8℃/min 升至 90℃（0min），以 4℃/min 升至 115℃（保持 10min），以 0.8℃/min 升至 125℃（保持 5min），以 3℃/min 升至 135℃（保持 2min），以 3℃/min 升至 150℃（保持 3min），以 15℃/min 升至 230℃（保持 5min）。柱流量 1.0ml/min，气化室和检测器温度 270℃，分流 5∶1。

质谱 Agilent 7890A-5975C 连用仪，仪器参数如下：EI 电离源；电子能量 70eV；四极杆温度 150℃；离子源温度 230℃；倍增器电压 1412V；溶剂延迟 2.30min；SCAN 扫描范围 10～700amu。

2. 供试品溶液的制备

取适量细辛药材，粉碎，称取 900g 药材置圆底烧瓶中，加入 10 倍量（V/W）水，浸泡 1.5h，按照《中国药典》2015 年版挥发油检查项下方法加热回流提取挥发油，至挥发油提取器中滴下的馏出液不再浑浊，共提取 7h，得黄绿色挥发油 7.8ml，备用。精密移取 0.5ml 细辛挥发油置 25ml 棕色量瓶中，加入乙醚溶液稀释至刻度，混匀。取适量无水硫酸钠加入量瓶中脱水，过 0.45μm 滤膜，即得。

（三）试验结果

1. 细辛药材 GC-MS 谱图（图 8-113）

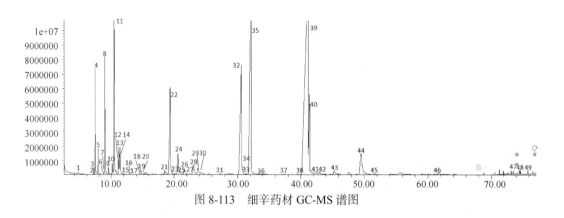

图 8-113　细辛药材 GC-MS 谱图

2. 细辛药材辨识试验结果

在对细辛药材挥发性成分进行质谱测定后，可以得到物质 TIC 图及相关信息。在此基础上，以 NIST08 谱库检索及保留时间、相关文献结合，对细辛药材挥发性成分中化学物质组进行了鉴定分析，共分析得到 55 个化合物，鉴定出 49 个化合物，其中主要为萜烯类成分。具体鉴定结果参见表 8-127。

以归一化法计算，细辛药材主要成分为双环单萜如 1R-α-蒎烯（2.43%）、β-蒎烯（3.25%）、优葛缕酮（5.83%）、3-蒈烯（5.86%），单环单萜类如 α-松油醇（0.87%），简单化合物如 3，5-二甲氧基甲苯（9.83%）、黄樟素（17.27%）、3，4，5-三甲氧基甲苯（4.48%），苯丙素类如甲基丁香酚（39.04%）。

表 8-127　细辛药材化学物质组鉴定信息表

编号	保留时间	化合物	分子量	分子式	含量百分比	结构
1	4.611	Cyclotrisiloxane, hexamethyl-	222	$C_6H_{18}O_3Si_3$	0.023	
2	6.958	Tricyclo[2.2.1.0（2，6）]heptane, 1，7，7-trimethyl-	136	$C_{10}H_{16}$	0.023	

编号	保留时间	化合物	分子量	分子式	含量百分比	结构
3	7.119	bicyclo[3.1.0]hexane，4-methyl-1-（1-methylethyl）-，didehydro deriv.	136	$C_{10}H_{16}$	0.163	
4	7.419	1R-α-蒎烯	136	$C_{10}H_{16}$	2.425	
5	7.858	莰烯	136	$C_{10}H_{16}$	0.664	
6	8.743	1，3，5-cycloheptatriene，3，7，7-trimethyl-	134	$C_{10}H_{14}$	0.044	
7	8.828	β-水芹烯	136	$C_{10}H_{16}$	0.067	
8	8.958	β-蒎烯	136	$C_{10}H_{16}$	3.246	
9	9.574	β-月桂烯	136	$C_{10}H_{16}$	0.238	
10	10.182	α-水芹烯	136	$C_{10}H_{16}$	0.422	
11	10.482	3-蒈烯	136	$C_{10}H_{16}$	5.822	
12	11.213	（+）-4-蒈烯	136	$C_{10}H_{16}$	0.78	
13	11.321	邻-异丙基苯	134	$C_{10}H_{14}$	0.616	
14	11.436	柠檬烯	136	$C_{10}H_{16}$	0.929	
15	12.39	桉叶油素	154	$C_{10}H_{18}O$	0.351	
16	12.914	Γ-松油烯	136	$C_{10}H_{16}$	0.102	
17	13.722	萜品烯	136	$C_{10}H_{16}$	0.021	
18	14.484	cis-linaloloxide	170	$C_{10}H_{18}O_2$	0.032	

续表

编号	保留时间	化合物	分子量	分子式	含量百分比	结构
19	14.607	萜品油烯	136	$C_{10}H_{16}$	0.026	
20	14.837	4-异丙烯基甲苯	132	$C_{10}H_{12}$	0.189	
21	18.708	左旋樟脑	152	$C_{10}H_{16}O$	0.139	
22	19.324	2，4-cycloheptadien-1-one, 2, 6, 6-trimethyl-	154	$C_{10}H_{18}O$	5.827	
23	20.139	bicyclo[3.1.0]hex-3-en-2-one, 4-methyl-1-（1-methylethyl）-	154	$C_{10}H_{18}O$	0.192	
24	20.636	松香芹酮	150	$C_{10}H_{14}O$	1.696	
25	20.892	Borneol	154	$C_{10}H_{18}O$	0.324	
26	21.678	3-cyclohexen-1-ol，4-methyl-1-（1-methylethyl）-	154	$C_{10}H_{18}O$	0.434	
27	21.955	-4-萜品醇	154	$C_{10}H_{18}O$	0.034	
28	23.061	A-松油醇	154	$C_{10}H_{18}O$	0.864	
29	23.339	α-萜品醇	154	$C_{10}H_{18}O$	0.028	
30	23.781	桃金娘烯醇	152	$C_{10}H_{16}O$	0.366	
31	27.334	benzene，2-methoxy-4-methyl-1-（1-methylethyl）-	152	$C_{10}H_{16}O$	0.036	
32	30.505	3，5-dimethoxytoluene	154	$C_{10}H_{18}O$	9.832	
33	31.467	乙酸龙脑酯	196	$C_{12}H_{20}O_2$	0.045	

续表

编号	保留时间	化合物	分子量	分子式	含量百分比	结构
34	31.797	茴香脑	148	$C_{10}H_{12}O$	0.051	
35	32.128	1, 3-benzodioxole, 5-（2-propenyl）-	162	$C_{10}H_{10}O_2$	17.267	
36	34.260	2, 5-二乙基苯酚	150	$C_{10}H_{14}O$	7.244	
37	37.378	4, 7-methanoazulene, 1, 2, 3, 4, 5, 6, 7, 8-octahydro-1, 4, 9, 9-tetramethyl-, [1S-（1.alpha., 4.alpha., 7.alpha.）]-	204	$C_{15}H_{24}$	0.027	
38	40.809	（Z）-石竹烯	204	$C_{15}H_{24}$	0.048	
39	41.124	甲基丁香酚	178	$C_{11}H_{14}O_2$	39.044	
40	41.393	3, 4, 5-三甲氧基甲苯-	182	$C_{10}H_{14}O_3$	4.480	
41	42.678	α-愈创木烯	204	$C_{15}H_{24}$	0.105	
42	42.974	大根香叶烯	204	$C_{15}H_{24}$	0.185	
43	45.31	肉豆蔻醚	192	$C_{11}H_{12}O_3$	0.18	
44	49.542	phenacetic acid, 2, 5, .alpha., .alpha.-tetramethyl-	192	$C_{11}H_{12}O_3$	2.787	

续表

编号	保留时间	化合物	分子量	分子式	含量百分比	结构
45	51.951	δ-杜松烯	204	$C_{15}H_{24}$	0.029	
46	61.669	百秋李醇	222	$C_{15}H_{26}O$	0.033	
47	73.474	二十烷	282	$C_{20}H_{42}$	0.068	
48	74.543	二十四烷	338	$C_{24}H_{50}$	0.094	
49	75.859	二十五烷	352	$C_{25}H_{52}$	0.118	

二、指纹图谱研究

（一）仪器与材料

1. 仪器

Agilent 7890B 型气相色谱仪	美国 Agilent 公司
质谱 Agilent 7890A-5975C 连用仪	美国 Agilent 公司
FID 检测器 7890B（G3440B）	美国 Agilent 公司
色谱专用空气发生器 Air-Model -5L	天津市色谱科学技术公司
色谱专用氢气发生器 HG-Model 300A	天津市色谱科学技术公司
DB-WAX 气相色谱柱（20m×0.18mm×180μm）	美国 Agilent 公司
Diamonsil C$_{18}$ 色谱柱（250mm×4.6mm，5μm）	美国 Dikma 公司
高纯氮气（99.99%）	天津东方气体有限公司
AB204-N 电子天平（十万分之一）	德国 METELER 公司
Sartorius 天平（BT25S，万分之一）	德国 Sartorius 公司
超声波清洗仪	宁波新芝生物科技公司

2. 试剂与试药

细辛脂素（批号 MUST-15101003，纯度 99.86%），购自成都曼斯特生物科技有限公司。细辛药材（批号 Y1411470）由天津隆顺榕发展制药有限公司提供，经天津药物研究院中药现代研究部张铁军研究员鉴定为马兜铃科植物华细辛 *Asarumsieboldii* Miq.的干燥根和根茎。细辛药材（批号 Y901~Y910），产地东北，由天津隆顺榕发展制药有限公司提供。经天津药物研究院中药现代研究部张铁军研究员鉴定为马兜铃科植物北细辛 *Asarum heterotropoides* Fr. Schmidt var. *mandshuricum*（Maxim.）Kitag 的干燥根和根茎。符合《中国药典》2015 年版一部细辛项下的有关规定。所有试剂均为分析纯。

（二）试验方法

1. GC 色谱与 HPLC 色谱预试验

基于《中国药典》2015 年版规定细辛药材的含量测定方法及指标为采用 HPLC 法测定细

辛脂素，制剂中细辛工艺为提取挥发油，药渣水煎煮，现行 HPLC 法或 GC 法均为成熟色谱技术，因此有必要考察采用何种色谱技术进行细辛药材指纹图谱研究。

（1）细辛 HPLC 试验

参照《中国药典》2015 年版一部细辛药材项下方法。

1）供试品溶液的制备：取本品粉末（过三号筛）约 0.5g，精密称定，置具塞锥形瓶中，精密加入甲醇溶液 15ml，密塞，称定重量，超声处理（功率 500W，频率 40kHz）45min，放至室温，再称定重量，用甲醇补足减失的重量，摇匀，滤过，取续滤液，即得。

2）色谱条件：以乙腈为流动相 A，以水为流动相 B，按表 8-128 中的规定进行梯度洗脱；柱温 40℃，检测波长为 287nm。进样量 10μl，柱温 30℃。记录 HPLC 色谱图，见谱图 8-114。

表 8-128　细辛 HPLC 流动相洗脱梯度

t（min）	流动相 A（%）	流动相 B（%）
0～20	50	50
20～26	50→100	50→0

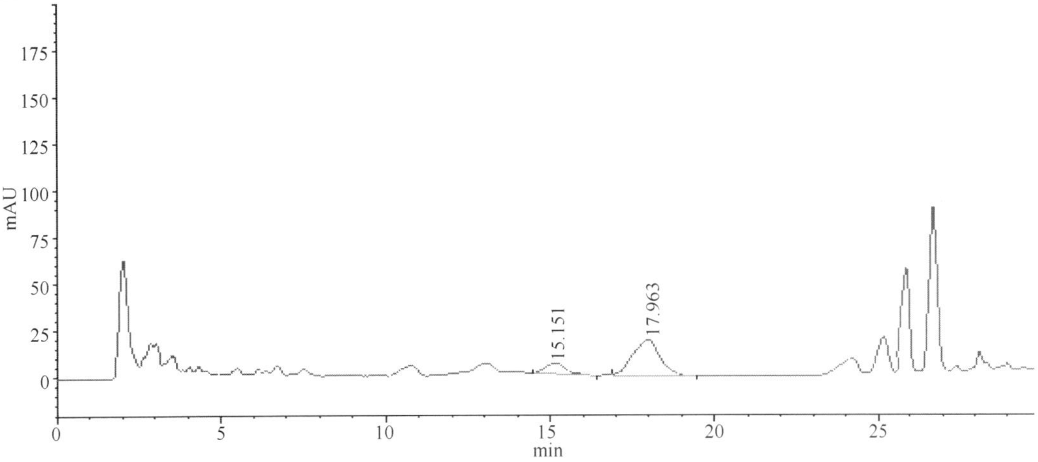

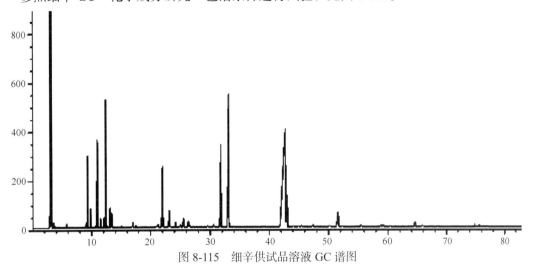

图 8-114　细辛供试品溶液 HPLC 色谱图

（2）细辛 GC 试验

参照细辛 GC "化学成分研究" 色谱条件进行试验，见图 8-115。

图 8-115　细辛供试品溶液 GC 谱图

由图 8-114 和图 8-115 可以看出，细辛药材 GC 谱图比 HPLC 谱图中的色谱峰个数多，文献报道细辛主要成分为挥发油，结合六经头痛片中细辛工艺为提取挥发油，故考虑选择 GC 进行指纹图谱研究。

2. 参照峰的选择和对照品溶液的制备

选择细辛药材中所含主要药效成分甲基丁香酚作为参照物。在细辛药材 GC 色谱图中，甲基丁香酚峰是细辛的特有成分之一，有市售标准品，稳定，保留时间适中，且和其他成分有很好的分离。因此，选择甲基丁香酚作为细辛药材 GC 指纹图谱的参照物。

对照品溶液的制备：取甲基丁香酚对照品适量，精密称定，加乙酸乙酯溶液制成 1ml 含 8mg 的溶液，摇匀，即得。

3. 供试品溶液制备方法的考察

以样品色谱图中色谱峰的峰面积及色谱峰个数为考察指标确定供试品溶液制备方法。

（1）稀释溶剂考察

前期物质组群辨识试验考察了乙酸乙酯、正己烷、环己烷、乙醚等 GC 溶剂，选定了峰形最佳的乙醚作为物质组群的辨识溶剂。但由于乙醚的易挥发性导致重现性差，不适宜作为指纹图谱测定用溶剂，因此选择了峰形良好、溶解度范围宽的乙酸乙酯以及甲醇进行细辛稀释溶剂的考察。

称取细辛药材粗粉 2 份，每份约 20g，分别置圆底烧瓶中，精密加入 400ml 水，按照《中国药典》2015 年版挥发油检查项下方法加热回流提取挥发油，提取约 3h，取上层挥发油分别转移至 5ml 量瓶中，分别用乙酸乙酯溶液和甲醇溶液稀释至刻度，混匀。取适量无水硫酸钠加入量瓶中脱水，过 0.45μm 滤膜，即得。等生药量下色谱峰峰数和面积见表 8-129。

表 8-129　细辛指纹图谱稀释溶剂考察结果

指标	乙酸乙酯溶液	甲醇溶液
色谱峰面积	3878	3381
色谱峰个数（峰面积）	24	33

比较甲醇及乙酸乙酯 GC 图谱，结果表明，甲醇溶液色谱峰面积较大且峰个数较多，但甲醇溶液提取范围较宽，所提取的色谱峰较乙酸乙酯溶液多而杂乱且多为杂质小峰，因此选择乙酸乙酯溶液作为指纹图谱的提取溶剂。

（2）提取方式考察

平行称取细辛药材粗粉 3 份，每份约 1g，精密称定，置具塞三角瓶中，分别精密加入 20ml 乙酸乙酯溶液，分别超声 40min、回流 40min、冷浸 24h，另称取细辛药材粗粉 10g，精密加入 400ml 水，按照《中国药典》2015 年版挥发油检查项下方法加热回流提取挥发油，挥发油提取器液面上方精密加入 2ml 乙酸乙酯溶液，共提取 3h，取乙酸乙酯层转移至 5ml 量瓶中，用乙酸乙酯溶液稀释至刻度，混匀。取适量无水硫酸钠加入量瓶中脱水，过 0.45μm 滤膜，即得。稀释成等浓度下各主要色谱峰峰数和面积见表 8-130。

表 8-130　细辛指纹图谱提取方式考察结果

提取方式	峰面积	峰个数
超声	1375	21
回流	1037	26
冷浸	1985	23
水蒸气蒸馏	3878	24

结果表明，各提取方式下色谱峰个数差异不大，但水蒸气蒸馏法提取所得的挥发油供试品溶液色谱峰面积最大，提取效率最高。因此选择水蒸气蒸馏提取。

（3）提取溶剂倍量考察

平行称取细辛药材粗粉 5 份，每份 10g，精密称定，置圆底烧瓶中，分别加入 10、20、30、40、50 倍量（v/w）水，按照《中国药典》2015 年版挥发油检查项下方法加热回流提取挥发油，挥发油提取器液面上方精密加入 2ml 乙酸乙酯溶液，共提取 3h，取乙酸乙酯层转移至 5ml 量瓶中，用适量乙酸乙酯溶液润洗挥发油提取器，一并转移至量瓶中，用乙酸乙酯溶液稀释至刻度，混匀。取适量无水硫酸钠加入量瓶中脱水，过 0.45μm 滤膜，即得。等生药量下各主要色谱峰峰数和面积见表 8-131。

表 8-131　细辛指纹图谱提取溶剂倍量考察结果

提取溶剂倍量（v/w）	色谱峰面积	色谱峰个数
10	56470	137
20	55374	131
30	58430	129
40	57240	133
50	55700	128

试验结果表明，等生药量下，提取溶剂倍量（v/w）为 30 倍时，主要色谱峰峰数最多和面积最大，因此选择提取溶剂倍量（v/w）为 30 倍。

（4）提取时间考察

称取细辛药材粗粉 5 份，每份 10g，精密称定，置圆底烧瓶中，分别加入 30 倍量（v/w）水，按照《中国药典》2015 年版挥发油检查项下方法加热回流提取挥发油，挥发油提取器液面上方精密加入 2ml 乙酸乙酯溶液，分别水蒸气蒸馏提取 1h、2h、3h、4h、5h，取乙酸乙酯层转移至 5ml 量瓶中，用适量乙酸乙酯溶液润洗挥发油提取器，一并转移至量瓶中，用乙酸乙酯溶液稀释至刻度，混匀。取适量无水硫酸钠加入量瓶中脱水，过 0.45μm 滤膜，即得。等生药量下各主要色谱峰峰数和面积见表 8-132。

表 8-132　细辛指纹图谱提取时间考察结果

提取时间（h）	色谱峰面积	色谱峰个数
1	56770	98
2	64778	118
3	64020	129
4	62877	87
5	51216	121

试验结果表明，等生药量下，提取时间为 3h 时，主要色谱峰峰数最多和面积最大，因此选择提取时间为 3h。

（5）药材提取质量考察

分别称取细辛药材粗粉 10g、20g、30g，精密称定，置圆底烧瓶中，加入 30 倍（v/w）水，按照《中国药典》2015 年版挥发油检查项下方法加热回流提取挥发油，挥发油提取器液面上方精密加入 2ml 乙酸乙酯溶液，水蒸气蒸馏提取 3h，取乙酸乙酯层转移至量瓶中，用适量乙酸乙酯溶液润洗挥发油提取器，一并转移至量瓶中，用乙酸乙酯溶液稀释至每 1ml 乙酸乙酯溶液含药材 2g 的供试品溶液，混匀。取适量无水硫酸钠脱水，过 0.45μm 滤膜，即得。稀释成等浓度下各主要色谱峰峰数和面积见表 8-133。

表 8-133 细辛指纹图谱药材提取质量考察结果

药材提取质量（g）	色谱峰个数	色谱峰面积
10	63	21188
20	60	20229
30	53	18713

试验结果表明，等浓度下，提取质量为 10g 时提取液中各主要成分含量较高，色谱峰个数最多，峰面积最大，提取效率最高，因此选择药材提取质量为 10g。

（6）供试品溶液制备方法的确定

称取细辛药材粗粉 10g，精密称定，置圆底烧瓶中，加入 30 倍（v/w）水，按照《中国药典》2015 年版挥发油检查项下方法加热回流提取挥发油，挥发油提取器液面上方精密加入 2ml 乙酸乙酯溶液，水蒸气蒸馏提取 3h，取乙酸乙酯层转移至 5ml 量瓶中，用适量乙酸乙酯溶液润洗挥发油提取器，一并转移至量瓶中，用乙酸乙酯溶液稀释至刻度，混匀。加适量无水硫酸钠脱水，过 0.45μm 滤膜，即得。

4. GC 色谱条件优化考察

（1）GC 初温考察

参照细辛 GC "化学成分研究" 色谱条件的基础上进行优化。

进样口温度 230℃，检测器温度 290℃，柱流量 1ml/min，进样量 5μl，分流比 20∶1。程序升温条件：

1）初温 50℃，以 5℃/min 升至 230℃，保持 6min。

2）初温 60℃，以 5℃/min 升至 230℃，保持 6min。

3）初温 70℃，以 5℃/min 升至 230℃，保持 6min。

4）初温 80℃，以 5℃/min 升至 230℃，保持 6min。

5）初温 90℃，以 5℃/min 升至 230℃，保持 6min。

以 GC 色谱峰个数及色谱峰面积（除溶剂峰）作为考察指标，以初温为横坐标、色谱峰个数/面积作为纵坐标，统计成为折线图，如图 8-116。

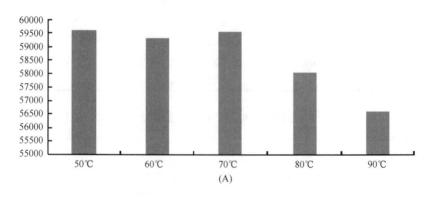

(A)

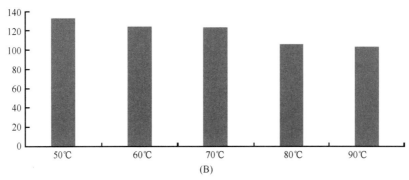

图 8-116　细辛指纹图谱 GC 初温考察结果
A：初温与峰面积；B：初温与峰个数

结果表明，随着初始温度的升高，色谱峰个数及色谱峰面积呈下降趋势，初温为 50℃时，色谱峰个数最多，峰面积最大，提取效率最高，因此选择 50℃作为细辛指纹图谱的初始温度。

（2）GC 条件的优化考察

试验采用柱程序升温模式，经过多次试验考察，确定 GC 优化条件。其中条件 1 为优化过程之一，条件 2 为 GC 确定条件。

条件 1　进样口温度 230℃，检测器温度 290℃，进样量 5μl，分流比 20∶1；柱流速∶1ml/min。程序升温条件如下：初温 50℃（保持 5min），以 7℃/min 的速度上升至 120℃（保持 2min），以 2℃/min 的速度上升至 145℃（保持 8min），以 5℃/min 的速度上升至 230℃（保持 6min）。

条件 2（确定）　进样口温度 230℃，检测器温度 290℃，进样量 3μl，分流比 30∶1；柱流速∶1ml/min。程序升温条件如下：初温 50℃（保持 5min），以 4℃/min 的速度上升至 120℃（保持 2min），以 2℃/min 的速度上升至 145℃（保持 8min），以 5℃/min 的速度上升至 230℃（保持 6min）。

5. GC 适应性试验

精密量取甲基丁香酚对照品溶液 5μl 和供试品溶液 3μl，注入 GC 色谱仪，记录 2h 色谱图。见谱图 8-117～图 8-120。

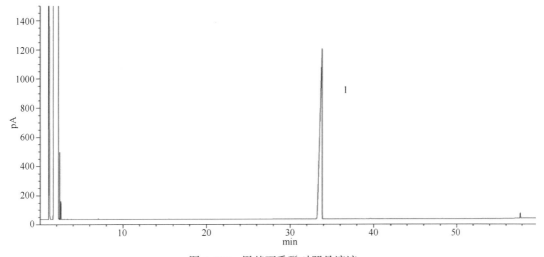

图 8-117　甲基丁香酚对照品溶液

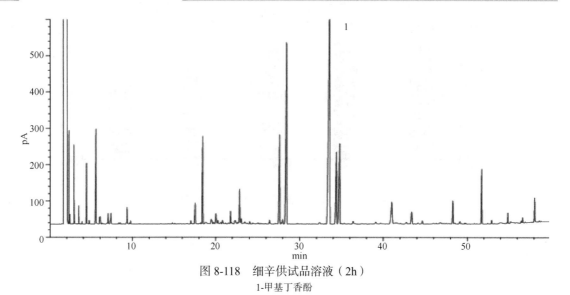

图 8-118　细辛供试品溶液（2h）

1-甲基丁香酚

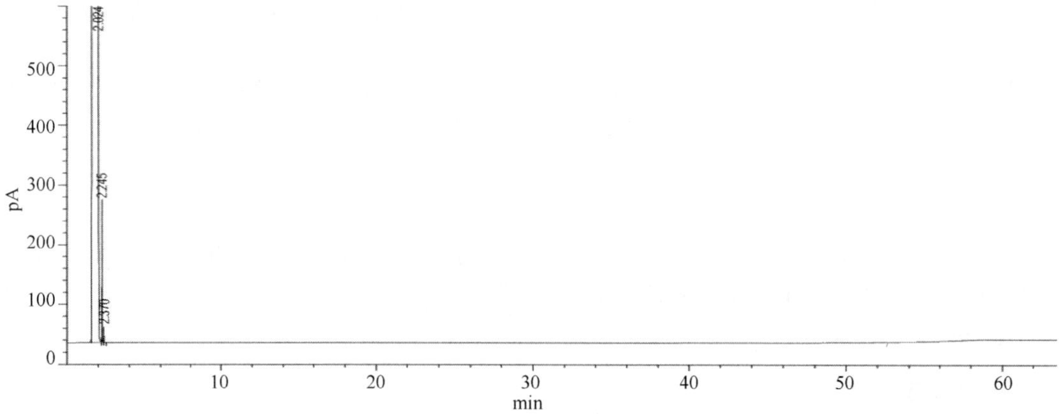

图 8-119　乙酸乙酯空白对照

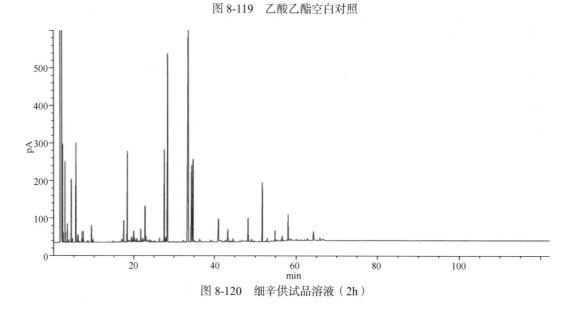

图 8-120　细辛供试品溶液（2h）

结果表明，细辛供试品溶液（1h）后无色谱峰，表明谱图 1h 色谱峰完全，此外，阴性无干扰。

6. GC 方法学考察

（1）精密度试验

取同一供试品溶液，连续进样 6 次，考察色谱峰相对保留时间和相对峰面积的一致性。以甲基丁香酚峰（7 号峰）为参照峰，计算其中 12 个色谱峰相对保留时间的 RSD 值均小于 0.04%，相对峰面积的 RSD 值均小于 2.19%，符合指纹图谱的要求。见图 8-121、表 8-134 和表 8-135。

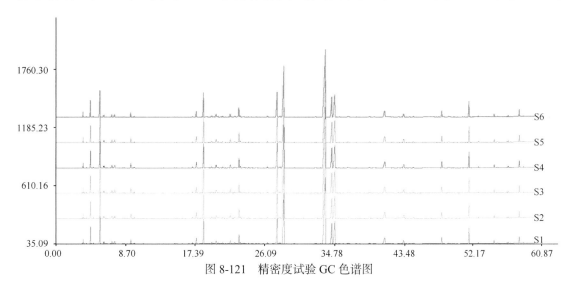

图 8-121　精密度试验 GC 色谱图

表 8-134　精密度试验结果（示相对保留时间）

峰号	相对保留时间						RSD（%）
	1	2	3	4	5	6	
1	0.130	0.130	0.130	0.130	0.130	0.129	0.037
2	0.165	0.164	0.164	0.164	0.164	0.164	0.039
3	0.549	0.549	0.549	0.549	0.549	0.549	0.009
4	0.680	0.680	0.680	0.680	0.680	0.680	0.004
5	0.822	0.822	0.822	0.822	0.822	0.822	0.006
6	0.847	0.847	0.847	0.847	0.847	0.847	0.005
7（S）	1.000	1.000	1.000	1.000	1.000	1.000	0.000
8	1.024	1.024	1.024	1.024	1.024	1.024	0.006
9	1.035	1.035	1.035	1.035	1.035	1.035	0.005
10	1.221	1.221	1.221	1.220	1.220	1.220	0.009
11	1.436	1.436	1.436	1.436	1.436	1.436	0.007
12	1.539	1.539	1.539	1.539	1.539	1.539	0.008

表 8-135　细辛指纹图谱精密度试验结果（示相对峰面积）

峰号	相对峰面积						RSD（%）
	1	2	3	4	5	6	
1	0.073	0.073	0.073	0.073	0.073	0.073	0.149
2	0.154	0.154	0.154	0.154	0.154	0.154	0.087
3	0.156	0.156	0.156	0.156	0.156	0.156	0.073
4	0.067	0.069	0.071	0.068	0.071	0.069	2.194

续表

峰号	相对峰面积						RSD（%）
	1	2	3	4	5	6	
5	0.204	0.204	0.204	0.204	0.204	0.204	0.046
6	0.494	0.494	0.494	0.494	0.494	0.494	0.054
7（S）	1.000	1.000	1.000	1.000	1.000	1.000	0.000
8	0.187	0.187	0.187	0.187	0.187	0.187	0.006
9	0.230	0.230	0.230	0.230	0.230	0.230	0.011
10	0.085	0.084	0.085	0.085	0.085	0.085	0.072
11	0.044	0.044	0.044	0.044	0.044	0.043	0.090
12	0.103	0.102	0.102	0.102	0.102	0.102	0.205

（2）重现性试验

取同一批细辛药材粗粉 6 份制备供试品溶液测定。以甲基丁香酚峰（7 号峰）为参照峰，计算其中 12 个色谱峰相对保留时间的 RSD 值均小于 0.17%，相对峰面积的 RSD 值均小于 4.89%，符合指纹图谱的要求。见图 8-122、表 8-136 和表 8-137。

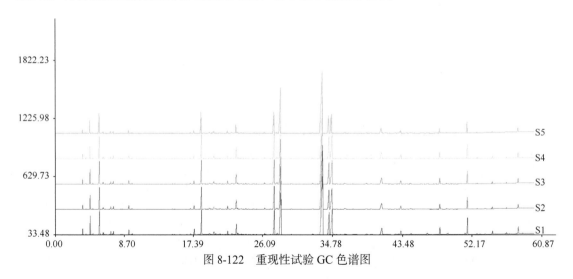

图 8-122　重现性试验 GC 色谱图

表 8-136　重现性试验结果（示相对保留时间）

峰号	相对保留时间					RSD（%）
	1	2	3	4	5	
1	0.129	0.129	0.129	0.129	0.129	0.112
2	0.164	0.163	0.163	0.163	0.163	0.166
3	0.548	0.548	0.548	0.548	0.548	0.019
4	0.680	0.680	0.680	0.680	0.680	0.026
5	0.821	0.821	0.821	0.821	0.821	0.019
6	0.846	0.846	0.846	0.846	0.846	0.022
7（S）	1.000	1.000	1.000	1.000	1.000	0.000
8	1.024	1.023	1.024	1.024	1.024	0.004
9	1.035	1.035	1.035	1.035	1.035	0.020
10	1.219	1.219	1.219	1.219	1.219	0.022
11	1.437	1.437	1.437	1.437	1.438	0.032
12	1.540	1.540	1.539	1.539	1.541	0.033

表 8-137 重现性试验结果（示相对峰面积）

峰号	相对峰面积					RSD（%）
	1	2	3	4	5	
1	0.060	0.065	0.063	0.058	0.062	4.268
2	0.128	0.130	0.127	0.119	0.126	3.380
3	0.156	0.151	0.150	0.149	0.151	1.768
4	0.069	0.070	0.071	0.072	0.064	4.441
5	0.204	0.204	0.199	0.199	0.201	1.150
6	0.494	0.493	0.464	0.461	0.490	3.436
7（S）	1.000	1.000	1.000	1.000	1.000	0.000
8	0.187	0.186	0.197	0.200	0.183	3.908
9	0.230	0.225	0.223	0.222	0.218	1.989
10	0.084	0.087	0.084	0.084	0.086	1.694
11	0.038	0.036	0.038	0.037	0.036	2.903
12	0.075	0.080	0.081	0.073	0.080	4.891

（3）稳定性试验

取同一供试品溶液，放置于室温，分别在 0h、2h、4h、8h、12h、24h 时间间隔下测定。以甲基丁香酚峰（7 号峰）为参照峰，计算其中 12 个色谱峰相对保留时间的 RSD 值均小于 0.34%，相对峰面积的 RSD 值均小于 2.98%，符合指纹图谱的要求。表明供试品溶液 24h 内基本稳定。见图 8-123、表 8-138 和表 8-139。

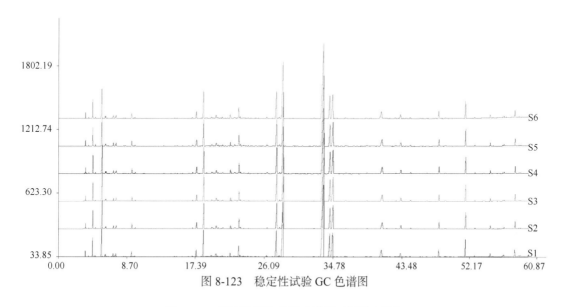

图 8-123 稳定性试验 GC 色谱图

表 8-138 稳定性试验结果（示相对保留时间）

峰号	相对保留时间						RSD（%）
	0h	2h	4h	8h	12h	24h	
1	0.130	0.130	0.130	0.129	0.129	0.129	0.336
2	0.165	0.164	0.164	0.164	0.163	0.163	0.330
3	0.549	0.549	0.549	0.549	0.548	0.548	0.043

续表

峰号	相对保留时间						RSD（%）
	0h	2h	4h	8h	12h	24h	
4	0.680	0.680	0.680	0.680	0.680	0.679	0.039
5	0.822	0.822	0.822	0.822	0.821	0.821	0.028
6	0.847	0.847	0.847	0.846	0.846	0.846	0.034
7（S）	1.000	1.000	1.000	1.000	1.000	1.000	0.000
8	1.024	1.024	1.024	1.024	1.024	1.023	0.011
9	1.035	1.035	1.035	1.035	1.035	1.035	0.005
10	1.221	1.221	1.220	1.220	1.219	1.219	0.068
11	1.436	1.436	1.436	1.437	1.437	1.437	0.018
12	1.539	1.539	1.539	1.539	1.540	1.540	0.032

表 8-139　稳定性试验结果（示相对峰面积）

峰号	相对峰面积						RSD（%）
	0h	2h	4h	8h	12h	24h	
1	0.073	0.073	0.073	0.073	0.073	0.073	0.190
2	0.154	0.154	0.154	0.154	0.154	0.153	0.243
3	0.156	0.156	0.156	0.156	0.156	0.156	0.072
4	0.065	0.071	0.071	0.070	0.069	0.070	2.981
5	0.204	0.204	0.204	0.204	0.204	0.204	0.054
6	0.494	0.494	0.494	0.494	0.494	0.494	0.054
7（S）	1.000	1.000	1.000	1.000	1.000	1.000	0.000
8	0.187	0.187	0.187	0.187	0.187	0.187	0.026
9	0.230	0.230	0.230	0.230	0.230	0.230	0.052
10	0.085	0.085	0.085	0.085	0.084	0.084	0.042
11	0.044	0.044	0.044	0.044	0.044	0.044	0.058
12	0.103	0.102	0.102	0.102	0.102	0.102	0.380

7. 药材指纹图谱的采集

取 11 批细辛药材，分别按法制备供试品溶液，按色谱条件测定。将得到的指纹图谱的 AIA 数据文件导入《中药色谱指纹图谱相似度评价系统》2004A 版相似度软件，得到 11 批细辛指纹图谱，见图 8-124。

8. 聚类分析

在上述条件下，以 S1 作为参照图谱自动匹配，得到的匹配数据，运用 SPSS 统计分析软件对其进行系统聚类分析。先将 11×56 阶原始数据矩阵经标准化处理，利用平方欧式距离作为样品的测度，采用 Ward 联接法进行聚类，将 11 批药材分为 2 类，其中 1～9 及 11 批聚为一类，第 10 批聚为一类，见图 8-125。

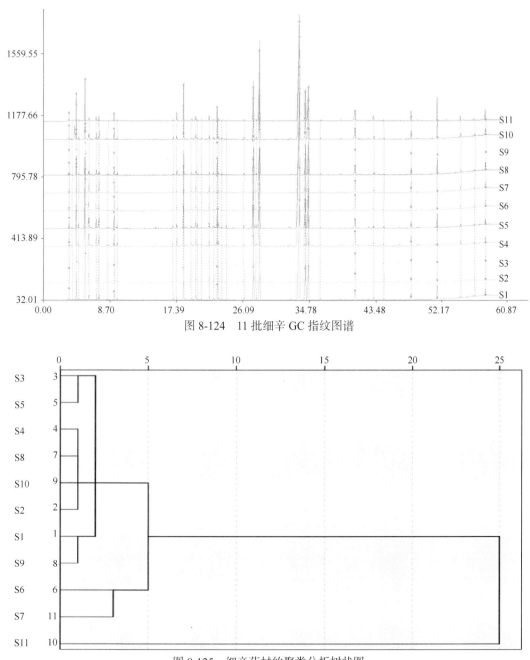

图 8-124　11 批细辛 GC 指纹图谱

图 8-125　细辛药材的聚类分析树状图

9. 对照指纹图谱的建立

根据对 11 批细辛药材的聚类分析结果,从中选取归属于一类的 10 批药材的色谱图生成指纹图谱及对照指纹图谱,并对色谱峰进行指认,见图 8-126 和图 8-127。10 批样品共有峰相对保留时间及相对峰面积见表 8-140 和表 8-141。

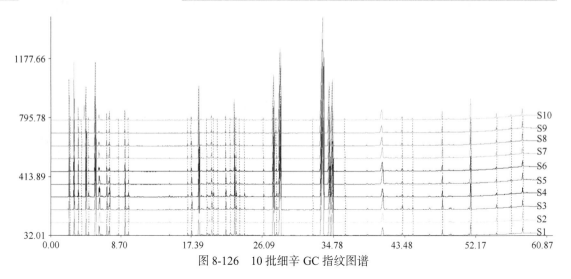

图 8-126　10 批细辛 GC 指纹图谱

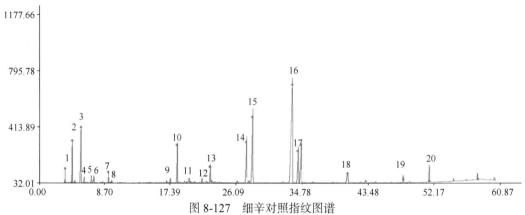

图 8-127　细辛对照指纹图谱

7-甲基丁香酚

表 8-140　10 批细辛共有峰（示相对保留时间）

峰号	批号									
	Y901	Y902	Y903	Y904	Y905	Y906	Y907	Y908	Y909	Y1411470
1	0.128	0.129	0.130	0.129	0.129	0.128	0.128	0.128	0.127	0.128
2	0.164	0.165	0.164	0.164	0.164	0.162	0.162	0.162	0.161	0.162
3	0.548	0.548	0.548	0.547	0.548	0.548	0.548	0.548	0.547	0.547
4	0.678	0.677	0.678	0.677	0.679	0.679	0.679	0.680	0.679	0.679
5	0.821	0.820	0.821	0.821	0.823	0.821	0.822	0.822	0.820	0.821
6	0.845	0.844	0.845	0.844	0.847	0.844	0.847	0.845	0.844	0.845
7（S）	1.000	1.000	1.000	1.000	1.000	1.000	1.000	1.000	1.000	1.000
8	1.023	1.022	1.023	1.022	1.024	1.024	1.024	1.024	1.023	1.024
9	1.216	1.214	1.216	1.213	1.219	1.217	1.217	1.218	1.216	1.216
10	1.436	1.433	1.434	1.433	1.438	1.438	1.438	1.441	1.440	1.439
11	1.729	1.725	1.726	1.726	1.732	1.732	1.731	1.735	1.734	1.732

表 8-141　10 批细辛共有峰（示相对峰面积）

峰号	批号									
	Y901	Y902	Y903	Y904	Y905	Y906	Y907	Y908	Y909	Y1411470
1	0.136	0.095	0.167	0.136	0.136	0.104	0.112	0.180	0.071	0.081
2	0.304	0.260	0.227	0.210	0.401	0.174	0.180	0.276	0.101	0.242
3	0.214	0.181	0.165	0.164	0.205	0.137	0.157	0.133	0.116	0.136
4	0.062	0.062	0.061	0.052	0.083	0.067	0.070	0.100	0.078	0.075
5	0.244	0.222	0.277	0.256	0.359	0.200	0.337	0.292	0.143	0.245
6	0.480	0.343	0.427	0.354	0.629	0.357	0.767	0.452	0.311	0.422
7（S）	1.000	1.000	1.000	1.000	1.000	1.000	1.000	1.000	1.000	1.000
8	0.207	0.159	0.213	0.152	0.266	0.206	0.243	0.262	0.180	0.222
9	0.061	0.056	0.084	0.046	0.150	0.082	0.097	0.107	0.076	0.089
10	0.018	0.021	0.026	0.016	0.034	0.026	0.044	0.038	0.030	0.036
11	0.020	0.018	0.015	0.013	0.030	0.025	0.022	0.042	0.032	0.024

10. 相似度评价

利用 2004A 版《中药色谱指纹图谱相似度评价系统》，对上述 10 批样品与对照指纹图谱进行匹配，进行相似度评价，结果见表 8-142。各批细辛药材与对照指纹图谱间的相似度为 0.974～0.999，表明各批次药材之间具有一定的一致性。

表 8-142　10 批细辛药材相似度评价结果

批号	对照图谱	批号	对照图谱
Y901	0.995	Y906	0.984
Y902	0.997	Y907	0.974
Y903	0.994	Y908	0.995
Y904	0.999	Y909	0.983
Y905	0.994	Y910	0.997

11. 色谱峰指认

采用 GC-MS 法对细辛指纹图谱中的 20 个主要特征峰进行了全部指认。

（1）GC-MS 试验条件

GC 条件质谱仪器参数如下：EI 电离源；电子能量 70eV；四极杆温度 150℃；离子源温度 230℃；倍增器电压 1412V；溶剂延迟 2.30min；SCAN 扫描范围 10～700amu。

（2）供试品溶液的制备

取细辛药材粗粉制备供试品溶液。

（3）试验结果

1）细辛药材指纹图谱 GC-MS 谱图（图 8-128）

2）细辛药材指纹图谱色谱峰指认结果：细辛指纹图谱所生成的对照指纹图谱中，共得到 20 个共有峰，分别见表 8-143 和图 8-129。

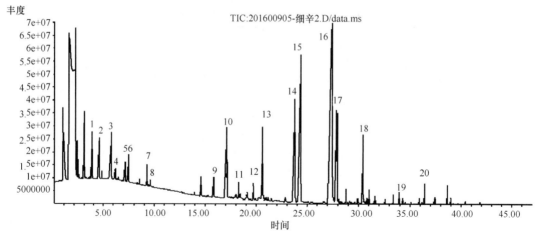

图 8-128　细辛药材指纹图谱 GC-MS 谱图

表 8-143　细辛指纹图谱色谱峰指认信息表

Peak No.	RT（min）	Identification	Molecular Weight	Formula
1	4.551	α-蒎烯	136	$C_{10}H_{16}$
2	5.767	3-蒈烯	136	$C_{10}H_{16}$
3	17.034	2，4-cycloheptadien-1-one，2，6，6-trimethyl-	154	$C_{10}H_{18}O$
4	20.606	A-松油醇	154	$C_{10}H_{18}O$
5	23.752	3，5-dimethoxytoluene	154	$C_{10}H_{18}O$
6	24.302	5-（2-propenyl）-1，3-benzodioxole	162	$C_{10}H_{10}O$
7	27.37	甲基丁香酚	178	$C_{11}H_{14}O_2$
8	27.851	3，4，5-三甲氧基甲苯	182	$C_{10}H_{14}O_3$
9	30.423	肉豆蔻醚	192	$C_{11}H_{12}O_3$
10	33.926	δ-杜松烯	204	$C_{15}H_{24}$
11	34.259	二十四烷	338	$C_{24}H_{50}$

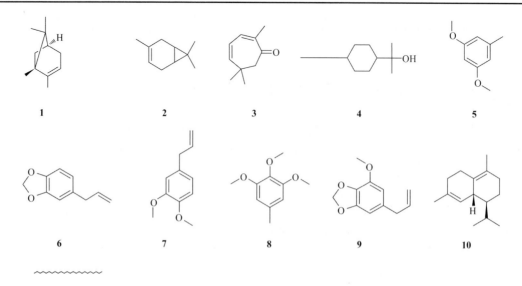

图 8-129　11 个共有峰结构式

三、含量测定研究

参照《中国药典》2015 年版一部第 230 页细辛药材含量测定项下方法。

（一）仪器与材料

1. 仪器

Agilent 1100 高效液相色谱仪	美国 Agilent 公司
Diamonsil C$_{18}$（250mm×4.6mm，5μm）色谱柱	美国 Dikma 公司
AB204-N 电子天平（十万分之一）	德国 METELER 公司
BT25S 电子天平（万分之一）	德国 Sartorius 公司
超声波清洗仪	宁波新芝生物科技公司
乙腈（色谱纯）	天津市康科德科技有限公司
纯净水	杭州娃哈哈集团有限公司

2. 试剂与试药

细辛脂素（批号 MUST-15101003，纯度 99.86%），购自成都曼斯特生物科技有限公司。

细辛药材（批号 Y901～Y910），由天津隆顺榕发展制药有限公司提供。经天津药物研究院中药现代研究部张铁军研究员鉴定为马兜铃科植物华细辛 Asarum sieboldii Miq.的干燥根和根茎。符合《中国药典》2015 年版一部细辛项下的有关规定。

（二）试验方法

1. 对照品溶液的制备

取细辛脂素对照品适量，精密称定，加甲醇溶液制成每 1 ml 含 105μg 的溶液，摇匀，即得。

2. 供试品溶液的制备

取本品粉末（过三号筛）约 0.5g，精密称定，置具塞锥形瓶中，精密加入甲醇溶液 15ml，密塞，称定重量，超声处理（功率 500W，频率 40kHz）45min，放至室温，再称定重量，用甲醇溶液补足减失的重量，摇匀，滤过，取续滤液，即得。

3. 色谱条件与系统适用性试验

（1）色谱条件

Diamonsil C$_{18}$色谱柱（4.6mm ×250mm，5 μm）；以乙腈为流动相 A，以水为流动相 B，按表 8-144 中的规定进行梯度洗脱；柱温 40℃，检测波长为 287nm。

表 8-144　细辛 HPLC 流动相洗脱梯度

t（min）	流动相 A（%）	流动相 B（%）
0～20	50	50
20～26	50→100	50→0

（2）系统适用性试验

分别取细辛脂素对照品溶液、细辛供试品溶液，按上述条件进样测定，考察系统适用性。

记录 HPLC 色谱图，如图 8-130 所示。结果细辛脂素色谱峰与相邻峰的分离度均大于 1.5，且理论板数按细辛脂素峰计算应不低于 10 000。

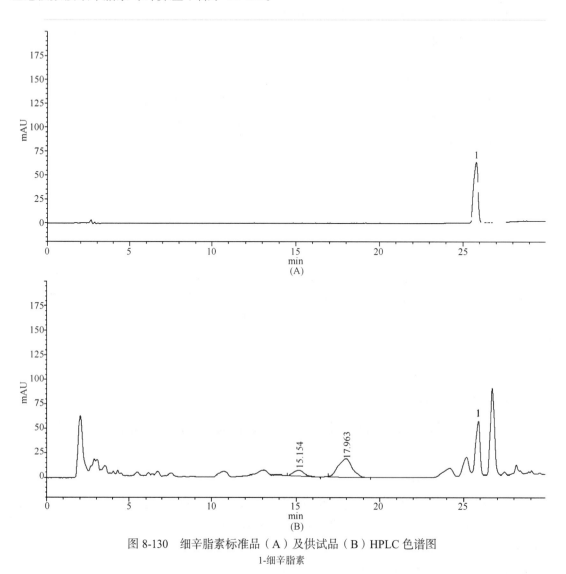

图 8-130　细辛脂素标准品（A）及供试品（B）HPLC 色谱图
1-细辛脂素

4. 测定法

测定法分别精密吸取对照品溶液与供试品溶液各 10μl，注入液相色谱仪，测定，即得。

5. 样品的含量测定

取各批次细辛药材粉末 0.5g，精密称定，依照供试品制备项下方法制备供试品溶液，按法测定，计算各批次细辛药材样品中细辛脂素的含量，结果见表 8-145。

表 8-145　Y901～Y910 批细辛药材中细辛脂素含量测定结果（ $n=2$ ）

批号	含量（%）	批号	含量（%）
Y901	0.292	Y906	0.320
Y902	0.263	Y907	0.266

续表

批号	含量（%）	批号	含量（%）
Y903	0.392	Y908	0.325
Y904	0.342	Y909	0.398
Y905	0.268	Y910	0.323

结果显示：Y901~Y910 批细辛药材中细辛脂素的含量符合《中国药典》2015 年版一部细辛项下的有关规定，本品按干燥品计算，含细辛脂素（$C_{20}H_{18}O_6$）均大于 0.050%。

第七节　女贞子质量标准研究

一、化学成分研究

（一）实验材料

1. 仪器与试剂

Agilent 1260 高效液相色谱仪	美国 Agilent 公司
Q-TOF 质谱仪	美国 Bruker 公司
AB204-N 电子天平（十万分之一）	德国 METELER 公司
BT25S 电子天平（万分之一）	德国 Sartorius 公司
超声波清洗仪	宁波新芝生物科技公司
乙腈（色谱纯）	美国 Merck 公司
甲酸（分析纯）	美国 Fisher 公司
纯净水	广州屈臣氏有限公司

2. 试药

女贞子药材（Y1506238）由天津中新药业集团股份有限公司隆顺榕制药厂提供，经天津药物研究院中药现代研究部张铁军研究院鉴定为木犀科植物女贞 *Ligustrum lucidum* Ait.的干燥成熟果实，符合《中国药典》2015 年版一部的有关规定。

（二）实验方法

1. 供试品溶液制备

取女贞子粉末约（过三号筛）0.9g，精密称定，置具塞锥形瓶中，精密加入 60%的甲醇溶液 10ml，称定重量，超声处理 30 min，放至室温，再称量补重，摇匀，滤过，取续滤液，即得女贞子药材供试品溶液。

2. 色谱-质谱条件

（1）色谱条件

流动相：乙腈（A）- 0.1%甲酸水溶液（B）；柱温 30℃；进样量 10μl；波长 250nm；流速 1ml/min。流动相梯度见表梯度如表 8-146 所示。

表 8-146　流动相梯度洗脱条件

t（min）	A（%）	B（%）
0	2	98
15	11	89
30	11	89
45	14	86
80	35	65
100	100	0

（2）质谱条件

本实验使用 Bruker 质谱仪，正、负两种模式扫描测定，仪器参数如下：采用电喷雾离子源；V 模式；毛细管电压正模式 3.0 kV，负模式 2.5 kV；锥孔电压 30 V；离子源温度 110 ℃；脱溶剂气温度 350 ℃；脱溶剂氮气流量 600 L/h；锥孔气流量 50 L/h；检测器电压正模式 1900 V，负模式 2000 V；采样频率 0.1 s，间隔 0.02 s；质量数检测范围 50 ～ 1500 Da；柱后分流，分流比为 1∶5；内参校准液采用甲酸钠溶液。

（三）结果与讨论

1. HPLC-Q/TOF MS 实验结果

在上述条件下对女贞子药材进行了 HPLC-Q/TOF MS 分析，得到样品一级质谱图，见图 8-131。

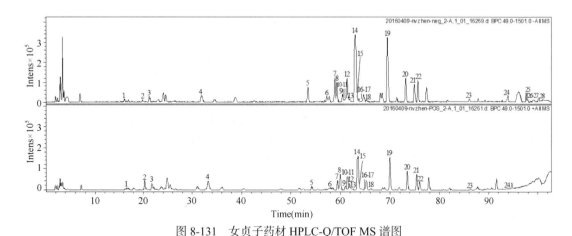

图 8-131　女贞子药材 HPLC-Q/TOF MS 谱图

2. HPLC-Q/TOF MS/MS 实验结果

在对女贞子药材中的化学物质进行一级质谱测定后，可以得到物质准分子离子峰（$[M+H]^+$ 或 $[M-H]^-$）的相关信息。在此基础上，以准分子离子为母离子在相应的模式下进行二级碎片的测定，根据二级质谱结构信息以及结合相关文献的报道，对女贞子中化学物质组进行了鉴定分析，鉴定出 28 个化合物，其中主要为主要为醚萜类和苯乙醇苷类成分。具体鉴定结果参见表 8-147 和图 8-132。

表 8-147 女贞子化学物质组鉴定信息表

Peak No.	T（min）	[M-H]⁻	[M+H]⁺	MS/MS（+/-）	Identification	Formula
1	16.2	315.1211		260，248，135/291，237，196，163，135，117	北升麻宁	$C_{14}H_{20}O_8$
2	19.81	299.1255		299，208，188/323，200，163	红景天苷	$C_{14}H_{20}O_7$
3	21.15	433.1176		401，389，271，221，179，115/435，295，255，223，175	10-hydroxyloeosid edimethylester	$C_{17}H_{22}O_{13}$
4	31.85	403.1437		807，403，371，223/405，225，151	oleoside11-methyl ester	$C_{17}H_{23}O_{11}$
5	56.42	785.2948		623，461，392，248，161，/439，325277，163	松果菊苷	$C_{35}H_{46}O_{20}$
6	57.76	555.1999		418,296,181,246,137/417，385，281，203	ligustaloside A	$C_{25}H_{31}O_{14}$
7	58.83	701.2673		612，469，423，315，252，135/563，531，461，339，277，165	新女贞苷	$C_{31}H_{42}O_{18}$
8	59.25	569.1821	571.1343	525，389，209/431，377，355，273	橄榄苦苷酸	$C_{25}H_{30}O_{15}$
9	60.74	609.1763	611.1417	609，555/579，303，237，137	芦丁	$C_{27}H_{30}O_{16}$
10	60.41	555.1999		418，296，246，137/417，377，281，203	10-羟基橄榄苦苷	$C_{25}H_{31}O_{14}$
11	61.11	685.2672		951，685，443/975，701，369，225，	女贞子苷	$C_{31}H_{42}O_{17}$
12	61.33	623.2301		461，352，311，271，161，133/325，163	毛蕊花苷	$C_{29}H_{36}O_{15}$
13	62.45	447.1139		447，285，175，151/449，287，237	木犀草素-7-O-β-D-葡萄糖苷	$C_{21}H_{20}O_{11}$
14	62.94	685.2728		534，461，354，305，247，223，179，153，139，113/	特女贞苷	$C_{31}H_{42}O_{17}$
15	63.09	723.2437		534，461，354，305，247，179，153/	女贞苷	$C_{31}H_{42}O_{18}$
16	64.34	685.2658		411，295，223/547，515，323，275	异女贞子苷	$C_{31}H_{42}O_{17}$
17	64.59	553.1828	555.1539	509，347，315，245/433，415，383，295，263	ligstrosidic acid	$C_{25}H_{30}O_{14}$
18	65.81	539.201	541.149	489，367，291，237，	ligustaloside B	$C_{25}H_{32}O_{13}$
19	69.42	539.1829		525，389，209/431，377，355，273	橄榄苦苷	$C_{25}H_{32}O_{13}$
20	73.1	1071.4065		1117，685，523，223/771，547，339，165	女贞苷 G13	$C_{48}H_{64}O_{27}$
21	74.86	523.2073		361，291，241，193/389，363，293	ligustroside	$C_{25}H_{32}O_{12}$
22	75.56	1071.4074	1095.3185	1107，1135，/893，875，713，593，369，225，165	oleonuezhenide	$C_{48}H_{64}O_{27}$
23	85.93	269.0582		269，258，132/	芹菜素	$C_{15}H_{10}O_5$
24	93.8	487.3665		511，468，425，407	委陵菜酸	$C_{30}H_{48}O_5$
25	97.84	633.4101	635.3751	471，295，248，112	3-O-顺式-香豆酰-委陵菜酸	$C_{39}H_{54}O_7$
26	98.52	471.3693		471，325，293，248，180	2α-羟基熊果酸或 2α-羟基齐墩果酸	$C_{30}H_{48}O_4$
27	99.36	513.3815	515	513，495，469，449，293	19α-羟基-3-乙酰乌索酸	$C_{32}H_{50}O_5$
28	100.41	455.2958	457.3402	455，407，377，201	熊果酸/齐墩果酸	$C_{30}H_{48}O_3$

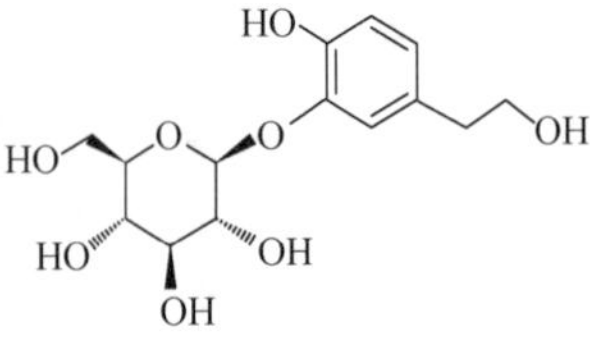

1

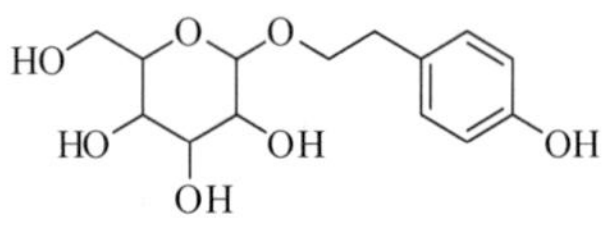

2

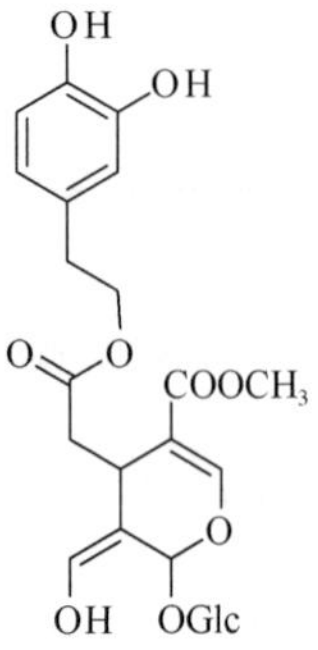

3

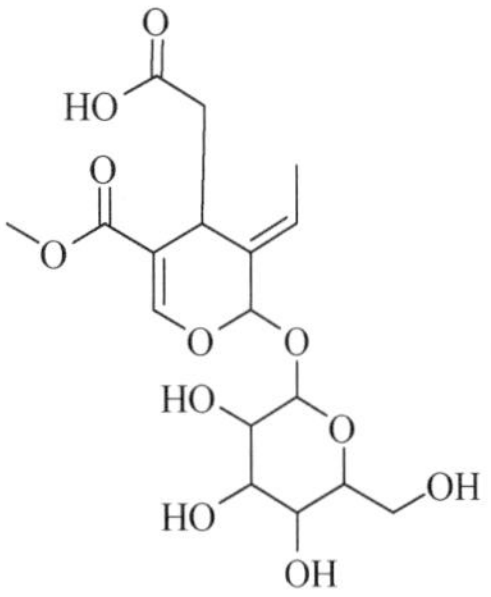

4

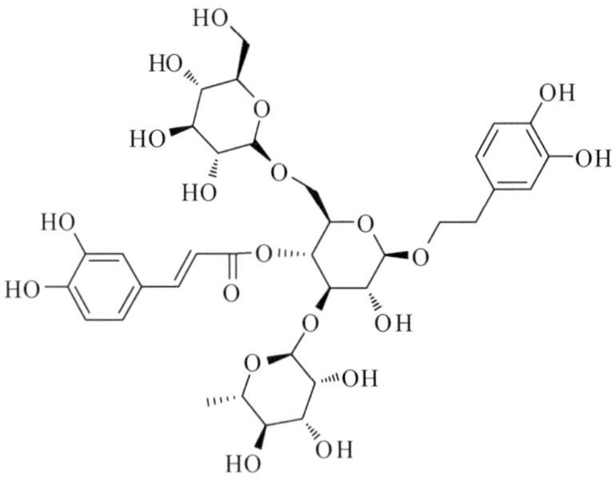

5

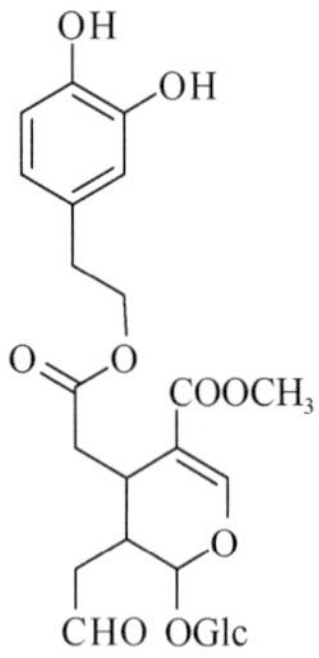

6

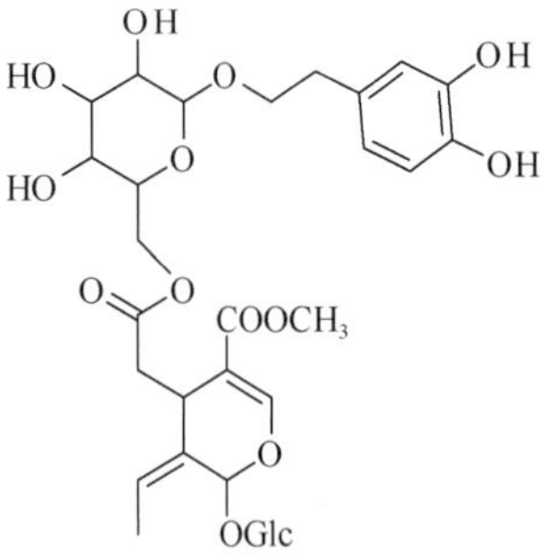

7

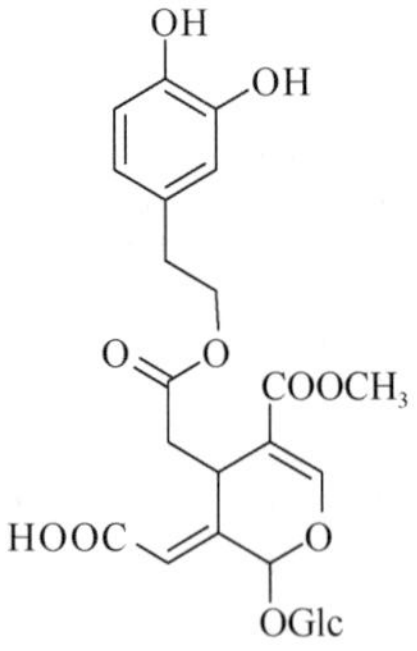

8

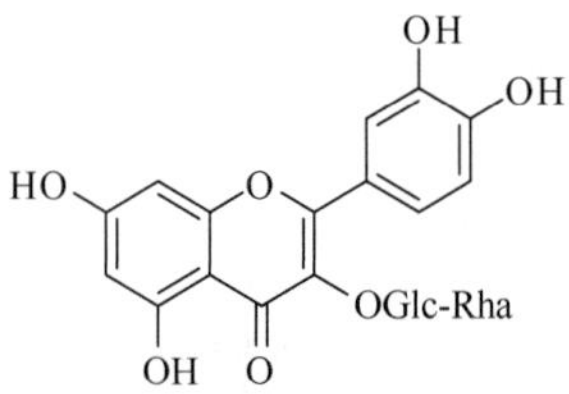

9

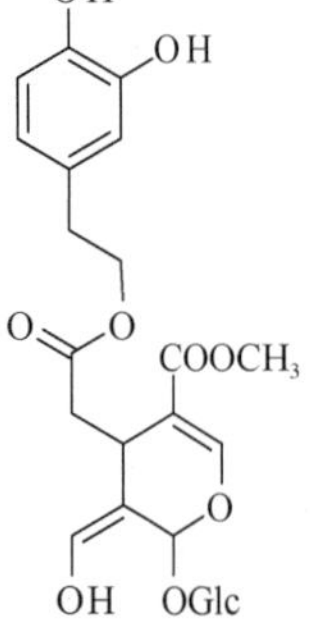

10

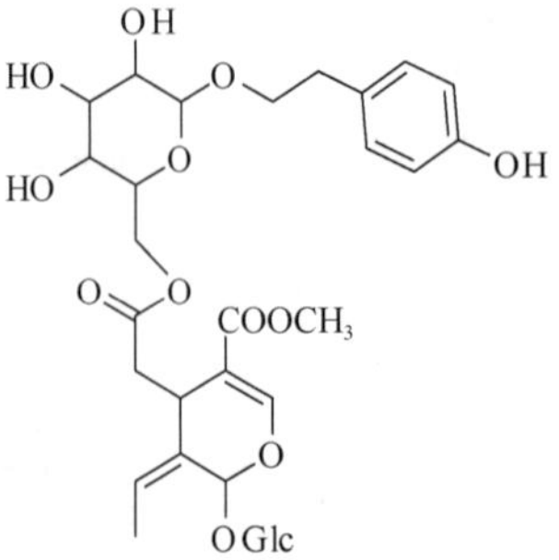

11

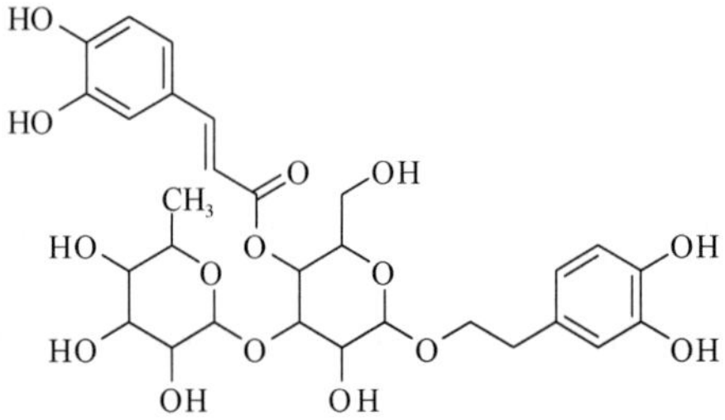

12

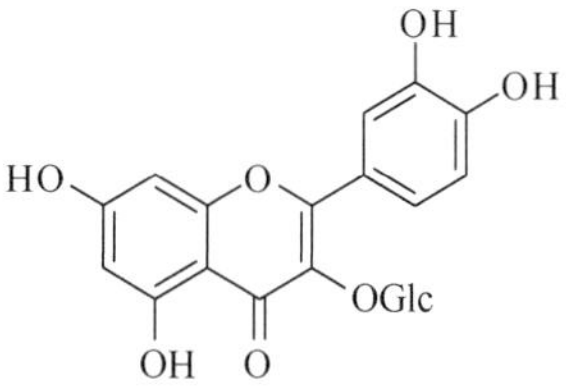

13

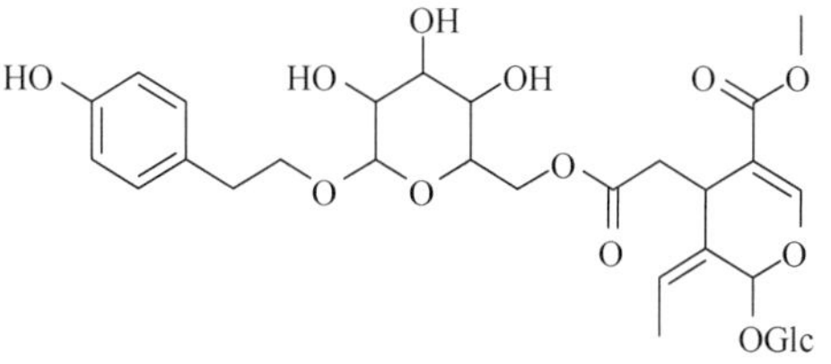

14

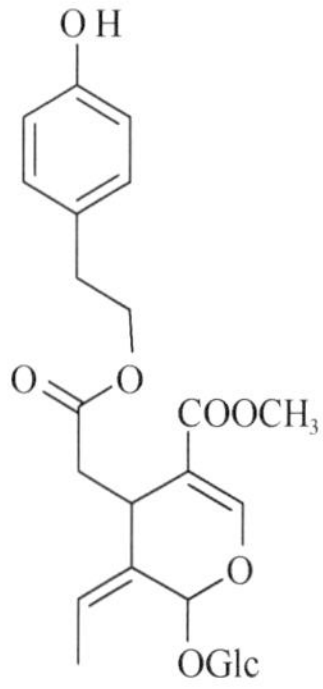

15

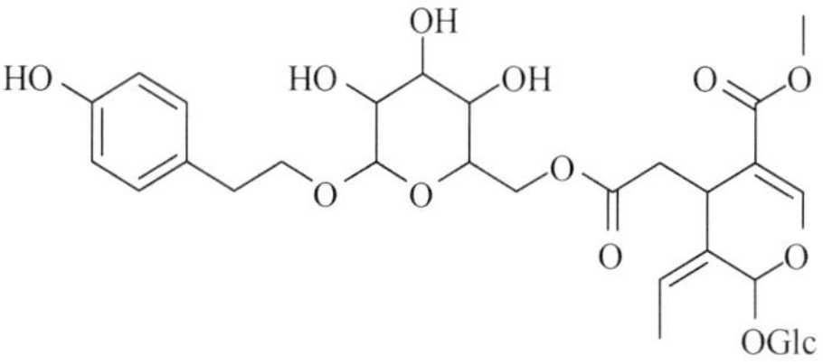

16

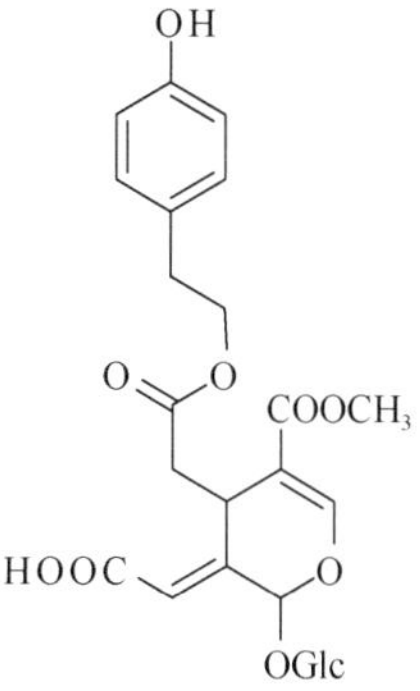

17

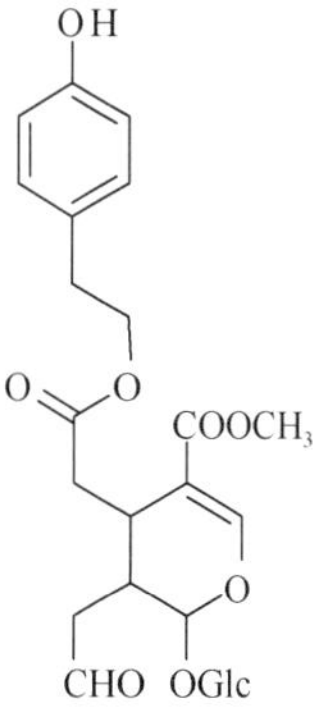

18

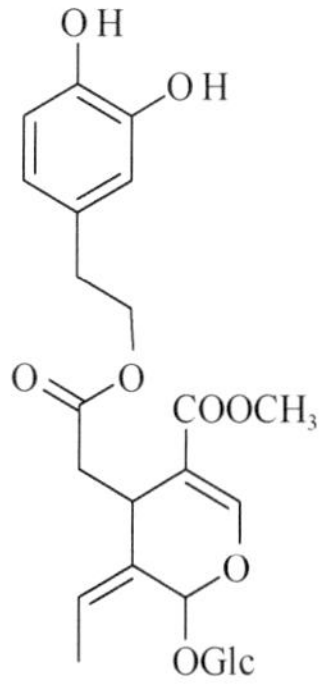

19

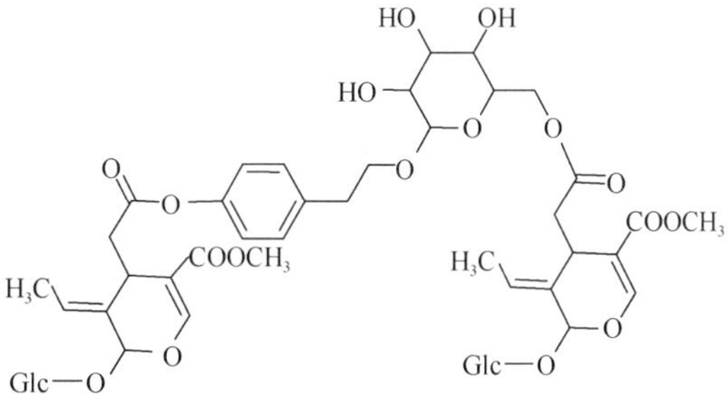

20

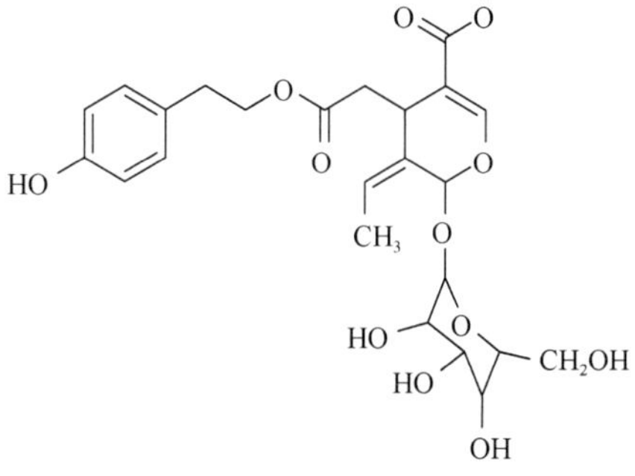

21

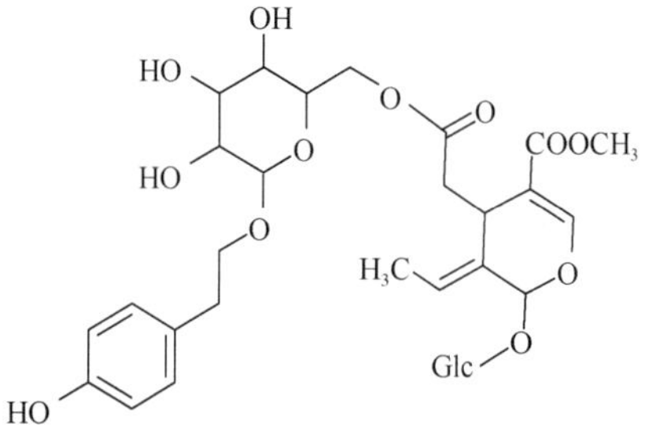

22

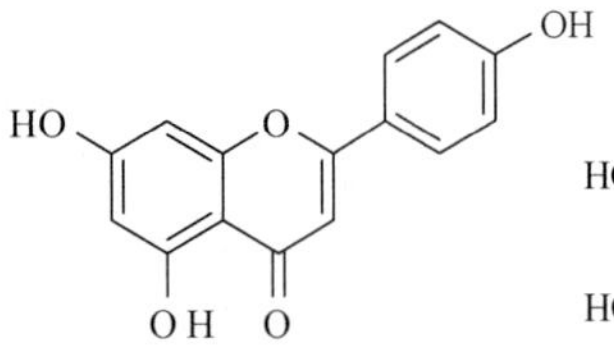

23

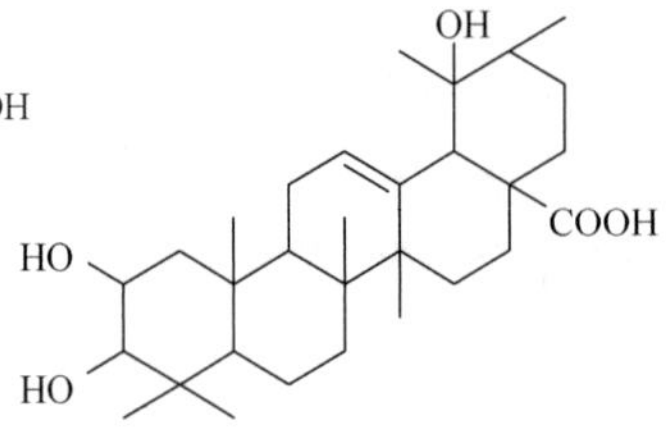

24

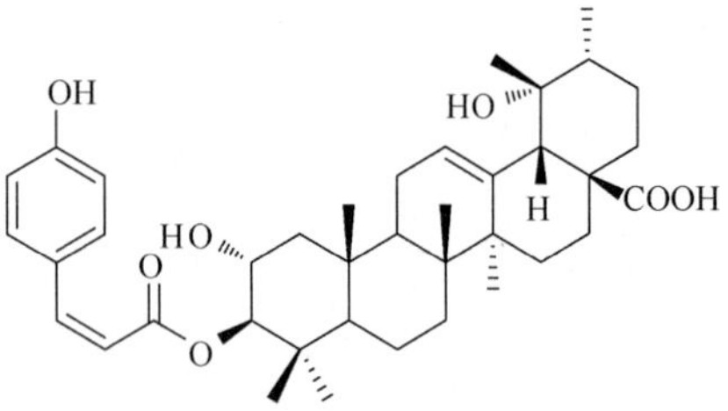

25

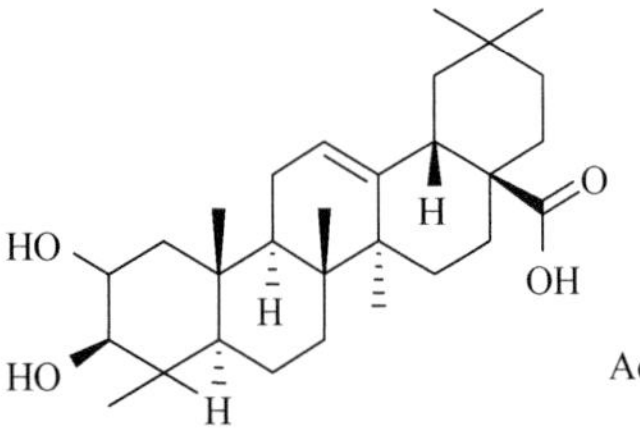

26

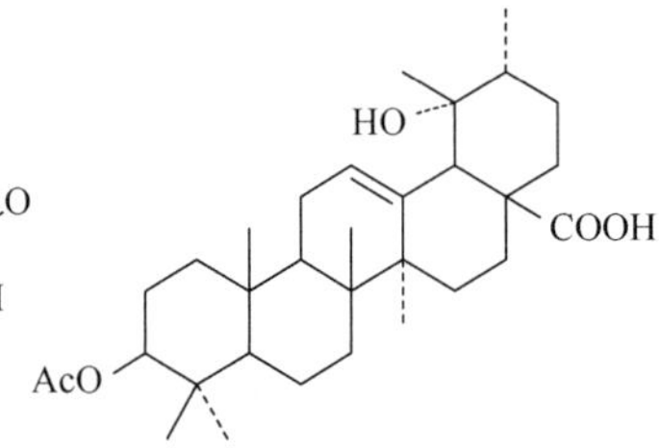

27

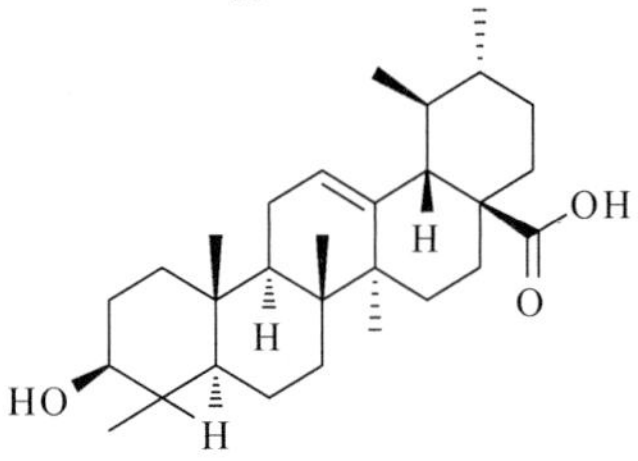

28

图 8-132 女贞子化学物质结构式

二、指纹图谱研究

（一）实验材料

1. 仪器与试剂

Agilent 1260 高效液相色谱仪	美国 Agilent 公司
AB204-N 电子天平（十万分之一）	德国 METELER 公司
BT25S 电子天平（万分之一）	德国 Sartorius 公司
超声波清洗仪	宁波新芝生物科技公司
乙腈（色谱纯）	天津市康科德科技有限公司
磷酸（分析纯）	天津光复精密化工研究所
甲醇（分析纯）	天津市康科德科技有限公司
纯净水	杭州娃哈哈集团有限公司

2. 试药

红景天苷（批号 MUST-15042412）、松果菊苷（批号 MUST-16032701）、橄榄苦苷（批号 MUST-16052512）均购自成都曼思特生物科技有限公司；特女贞苷（批号 111926-201404）购自中国食品药品检定研究院；女贞子药材信息见表 8-146。

女贞子药材（批号 Y901～Y910）均由天津中新药业集团股份有限公司隆顺榕制药厂提供，由天津药物研究院现代中药研究部张铁军研究员鉴定，女贞子为木犀科植物女贞 *Ligustrum lucidum* Ait.的干燥成熟果实，符合《中国药典》2015 年版一部的有关规定。将各药材粉碎，过 50 目筛。

（二）方法与结果

1. 参照峰的选择

选择女贞子药材中所含主要药效成分特女贞苷作为参照物。在药材 HPLC 色谱图中，特女贞苷峰面积所占百分比最大，保留时间适中，且和其他成分有很好的分离。因此，选择特女贞苷作女贞子药材 HPLC 指纹图谱的参照物。

对照品溶液的制备：取特女贞苷对照品适量，精密称定，加甲醇溶液制成每 1ml 含特女贞苷 0.253mg 的溶液，摇匀，即得。

2. 供试品溶液制备方法考察

以样品色谱图中主要色谱峰的峰面积及全方色谱峰个数为考察指标确定供试品溶液制备方法。

（1）提取方式考察

取女贞子药材粗粉（过 50 目筛）2 份，每份 1.0g，精密称定，分别加入 70%甲醇溶液 30ml，分别采用超声、回流提取，滤过，得到供试品溶液，以确定的色谱条件进行试验。等生药量下各主要色谱峰面积见表 8-148。

表 8-148　提取方式考察结果

提取方式	色谱峰	
	红景天苷	特女贞苷
超声提取	793.8	9245.6
回流提取	855.4	9817.1

比较超声提取和回流提取结果表明，两种提取方法色谱峰个数相同，主要色谱峰峰面积基本相当，超声操作更加简便，因此选择超声提取方法。

（2）提取溶剂考察

称取 3 份女贞子药材粉末（过 50 目筛）各 1.0g，精密称定，置于 50ml 量瓶中，分别加入 30ml 甲醇溶液、70%甲醇溶液、30%甲醇溶液，超声提取 30min，冷却至室温，再称定重量，用甲醇溶液、70%甲醇溶液、30%甲醇溶液补足减失的重量，滤过，得到供试品溶液，按确定的条件进样测定。等生药量下各主要色谱峰面积见表 8-149。

表 8-149　提取溶剂考察结果

提取溶剂	色谱峰	
	红景天苷	特女贞苷
甲醇溶液	687.8	9342.3
70%甲醇溶液	774.5	9284.3
30%甲醇溶液	802.2	8674.2

实验结果表明，综合考虑红景天苷与特女贞苷的峰面积，用 70%甲醇溶液作为提取溶剂时提取效率最高，而且得到色谱峰的峰个数最多。因此选择 70%甲醇溶液作为提取溶剂。

（3）提取时间考察

平行称取两份女贞子药材粉末（过 50 目筛）各 1.0g，精密称定，置于 50ml 量瓶中，加入 30ml 70%甲醇溶液，分别超声提取 30min、60min，冷却至室温，再称定重量，70%甲醇溶液补足减失的重量，滤过，得到供试品溶液，按确定的条件进样测定。等生药量下各主要色谱峰面积见表8-150。

表 8-150　提取时间考察结果

提取溶剂	色谱峰	
	红景天苷	特女贞苷
30min	752.5	9084.3
60min	843.3	9850.6

实验结果表明，相比于30min，超声60min红景天苷和特女贞苷的峰面积增加不大，因此选择提取时间为30min。

（4）供试品溶液制备方法的确定

取女贞子粉末约（过三号筛）1.0g，精密称定，置具塞锥形瓶中，精密加入70%的甲醇溶液30ml，称定重量，超声处理30 min，放至室温，再称量补重，摇匀，滤过，取续滤液，即得。

3. 色谱条件考察

（1）流动相条件考察

条件1　①流动相A相：水；B相：乙腈；②流动相A相：0.1%甲酸水；B相：乙腈；③流动相A相：0.02%磷酸水；B相：乙腈；④流动相A相：0.1%磷酸水；B相：乙腈。柱温30℃，进样量10μl，波长224nm；流速：1ml/min。流动相梯度见表8-151，梯度洗脱结果见图8-133。

表 8-151　条件 1 流动相梯度

t（min）	A（%）	B（%）
0	90	10
30	80	20
60	67	33
65	0	100

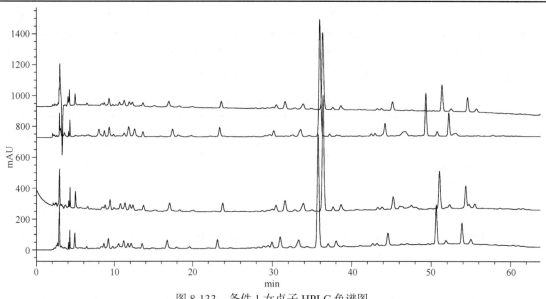

图 8-133　条件 1 女贞子 HPLC 色谱图

由上至下依次为：乙腈-0.1%甲酸水、乙腈-水、乙腈-0.02%磷酸水、乙腈-0.1%磷酸水

条件 2 流动相 A 相:0.1%磷酸水溶液;B 相:乙腈。柱温 30℃,进样量 10μl,波长 224nm;流速:1ml/min。流动相梯度见表 8-152,梯度洗脱结果见图 8-134。

表 8-152 梯度洗脱程序

t (min)	A (%)	B (%)
0	90	10
25	80	20
60	60	40

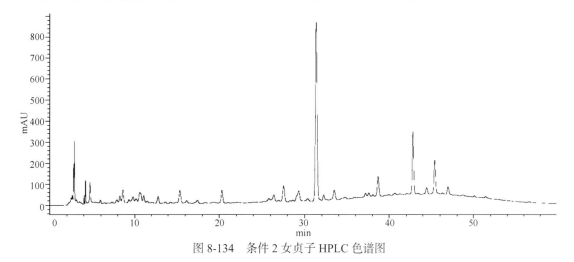

图 8-134 条件 2 女贞子 HPLC 色谱图

条件 3 流动相 A 相:0.1%磷酸水溶液;B 相:乙腈。柱温 30℃,进样量 10μl,波长 224nm;流速:1ml/min。流动相梯度见表 8-153,梯度洗脱结果见图 8-135。

表 8-153 条件 3 流动相梯度

t (min)	A (%)	B (%)
0	90	10
30	80	20
60	65	35

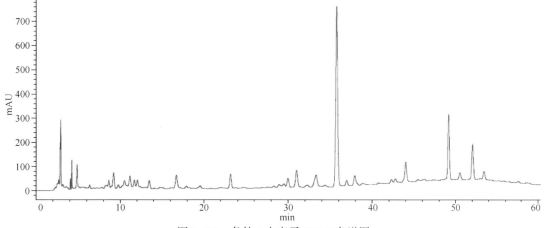

图 8-135 条件 3 女贞子 HPLC 色谱图

条件4　流动相 A 相:0.1%磷酸水溶液;B 相:乙腈。柱温 30℃,进样量 10µl,波长 224nm;流速：1ml/min。流动相梯度见表 8-154,梯度洗脱结果见图 8-136。

表 8-154　条件 4 流动相梯度

t（min）	A（%）	B（%）
0	90	10
30	80	20
60	67	33
65	15	85
80	0	100

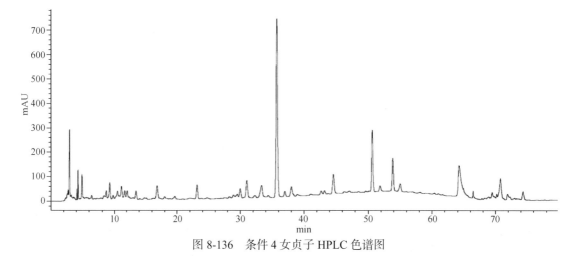

图 8-136　条件 4 女贞子 HPLC 色谱图

条件5　流动相 A 相:0.1%磷酸水溶液;B 相:乙腈。柱温 30℃,进样量 10µl,波长 224nm;流速：1ml/min。流动相梯度见表 8-155,梯度洗脱结果见图 8-137。

表 8-155　条件 5 流动相梯度

t（min）	A（%）	B（%）
0	90	10
8	90	10
20	80	20
50	67	33
55	15	85
60	0	100
65	0	100

条件6　流动相 A 相:0.1%磷酸水溶液;B 相:乙腈。柱温 30℃,进样量 10µl,波长 224nm;流速：1ml/min。流动相梯度见表 8-156,梯度洗脱结果见图 8-138。

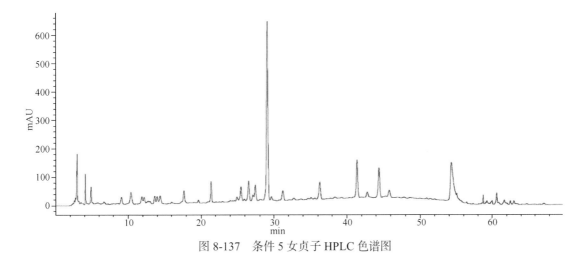

图 8-137 条件 5 女贞子 HPLC 色谱图

表 8-156 条件 6 流动相梯度

t（min）	A（%）	B（%）
0	90	10
5	90	10
20	80	20
50	67	33
55	15	85
70	0	100

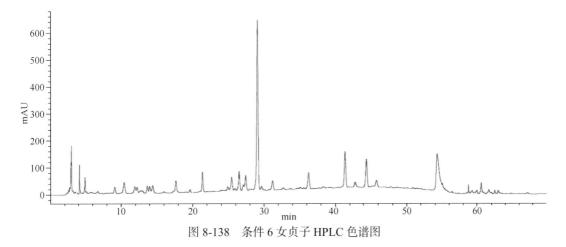

图 8-138 条件 6 女贞子 HPLC 色谱图

由各条件下 HPLC 色谱图可看出，条件 6 下得到的谱图中基线比较稳定，峰个数较多，各色谱峰分离度较好，故选择条件 6 中流动相梯度条件为最优条件。

（2）检测波长的选择

取女贞子供试品溶液，使用 DAD 检测器进行 200～400nm 全波长扫描，结果显示女贞子环烯醚萜类成分在 224nm 处有较大吸收（图 8-139），综合考虑总峰个数及其峰的响应大小，色谱图在 224nm 各峰分离良好，特征峰明显且峰形较好，故选择 224nm 作为女贞子指纹图谱测定波长。

（3）色谱条件的确定

色谱柱：Diamonsil C_{18}（250 mm×4.6 μm，5 μm）；流动相：A-0.1%磷酸水溶液　B-乙腈；

检测波长：224nm；进样量：10μl；流速：1ml/min；柱温：30℃；洗脱梯度见表 8-157。

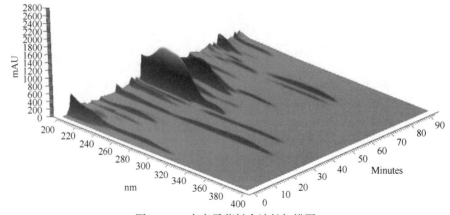

图 8-139　女贞子药材全波长扫描图

表 8-157　流动相梯度洗脱程序

t（min）	A（%）	B（%）
0	90	10
5	90	10
20	80	20
50	67	33
55	15	85
70	0	100

4. 方法学考察

（1）精密度试验

在上述优化后的条件下，制备供试品溶液，连续进样 6 次，记录指纹图谱（图 8-140），

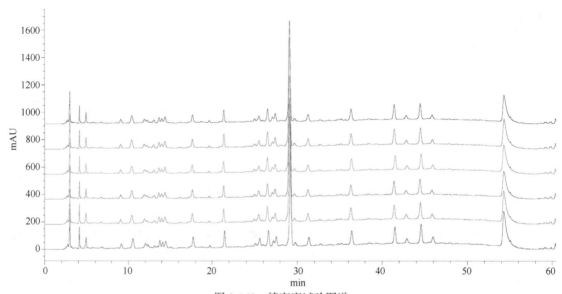

图 8-140　精密度试验图谱

以特女贞苷峰（8 号峰）的保留时间和色谱峰面积为参照，计算出各共有峰的相对保留时间和相对峰面积。精密度试验结果见表 8-158 和表 8-159。各色谱峰的相对保留时间 RSD 不大于 1.34%及相对峰面积的 RSD 不大于 2.39%，符合指纹图谱的要求。

表 8-158　精密度试验结果（示相对保留时间）

| 峰号 | 相对相对保留时间 | | | | | | RSD（%） |
	1	2	3	4	5	6	
1	0.170	0.169	0.169	0.170	0.168	0.169	0.43
2	0.343	0.342	0.342	0.344	0.337	0.332	1.34
3	0.604	0.603	0.602	0.606	0.603	0.607	0.31
4	0.728	0.728	0.728	0.732	0.724	0.734	0.47
5	0.875	0.875	0.876	0.880	0.878	0.880	0.26
6	0.913	0.912	0.913	0.917	0.913	0.919	0.28
7	0.944	0.944	0.944	0.947	0.943	0.949	0.24
8（S）	1.000	1.000	1.000	1.000	1.000	1.000	1.000
9	1.078	1.077	1.077	1.070	1.076	1.074	0.27
10	1.257	1.258	1.258	1.259	1.249	1.248	0.40
11	1.427	1.429	1.430	1.430	1.412	1.430	0.50
12	1.487	1.488	1.488	1.476	1.476	1.492	0.36
13	1.538	1.540	1.541	1.533	1.524	1.541	0.43
14	1.593	1.595	1.595	1.596	1.595	1.606	0.29

表 8-159　精密度试验结果（示相对保留峰面积）

| 峰号 | 相对峰面积 | | | | | | RSD（%） |
	1	2	3	4	5	6	
1	0.056	0.056	0.058	0.058	0.055	0.057	2.10
2	0.061	0.061	0.061	0.060	0.062	0.061	0.90
3	0.091	0.092	0.091	0.092	0.092	0.092	0.66
4	0.084	0.086	0.088	0.085	0.083	0.086	2.08
5	0.109	0.108	0.105	0.109	0.106	0.107	1.45
6	0.105	0.107	0.107	0.108	0.105	0.104	1.62
7	0.079	0.082	0.082	0.085	0.081	0.080	2.36
8（S）	1.000	1.000	1.000	1.000	1.000	1.000	1.000
9	0.068	0.067	0.065	0.069	0.066	0.067	2.39
10	0.110	0.110	0.109	0.114	0.109	0.111	1.66
11	0.330	0.332	0.327	0.332	0.330	0.331	0.54
12	0.051	0.050	0.048	0.048	0.050	0.049	2.16
13	0.196	0.195	0.194	0.195	0.193	0.193	0.60
14	0.059	0.059	0.061	0.058	0.059	0.060	1.77

（2）重复性试验

取同一批次女贞子样品，平行制备供试品溶液 6 份，按法进样测定，记录指纹图谱（图 8-141），以特女贞苷峰（8 号峰）的保留时间和色谱峰面积为参照，计算出各共有峰的相对保留时间和相对峰面积。重复性试验结果见表 8-160 和表 8-161。各色谱峰的相对保留时间 RSD

值不大于 1.74% 及峰面积的 RSD 值不大于 2.49%，符合指纹图谱的要求。

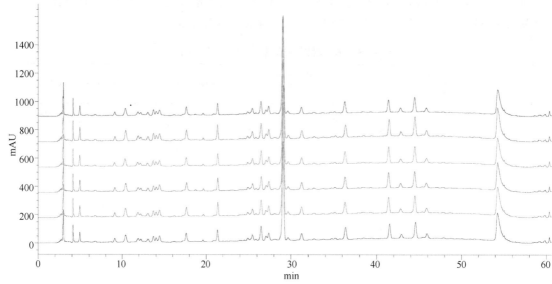

图 8-141　重复性试验图谱

表 8-160　重复性试验结果（示相对保留时间）

峰号	相对保留时间						RSD（%）
	1	2	3	4	5	6	
1	0.168	0.168	0.168	0.162	0.167	0.167	1.55
2	0.332	0.329	0.335	0.320	0.325	0.334	1.72
3	0.601	0.597	0.597	0.583	0.601	0.598	1.12
4	0.725	0.723	0.723	0.692	0.717	0.721	1.74
5	0.879	0.862	0.871	0.839	0.865	0.869	1.58
6	0.916	0.911	0.908	0.911	0.910	0.909	0.29
7	0.943	0.941	0.941	0.911	0.932	0.941	1.31
8（S）	1.000	1.000	1.000	1.000	1.000	1.000	0.00
9	1.072	1.073	1.069	1.035	1.065	1.067	1.36
10	1.255	1.252	1.252	1.205	1.247	1.250	1.54
11	1.426	1.425	1.425	1.372	1.423	1.421	1.49
12	1.481	1.488	1.483	1.426	1.480	1.482	1.60
13	1.540	1.533	1.535	1.479	1.536	1.534	1.52
14	1.594	1.593	1.588	1.531	1.588	1.590	1.55

表 8-161　重复性试验结果（示相对峰面积）

峰号	相对峰面积						RSD（%）
	1	2	3	4	5	6	
1	0.056	0.057	0.055	0.054	0.057	0.055	1.93
2	0.061	0.062	0.060	0.059	0.060	0.061	1.81
3	0.091	0.090	0.092	0.089	0.091	0.089	1.42
4	0.085	0.085	0.084	0.087	0.088	0.087	1.69
5	0.104	0.102	0.104	0.105	0.104	0.102	1.03

续表

峰号	相对峰面积						RSD（%）
	1	2	3	4	5	6	
6	0.104	0.105	0.101	0.104	0.104	0.104	1.25
7	0.077	0.078	0.076	0.078	0.079	0.079	1.43
8（S）	1.000	1.000	1.000	1.000	1.000	1.000	0.00
9	0.069	0.066	0.067	0.065	0.069	0.065	2.49
10	0.110	0.109	0.110	0.110	0.109	0.109	0.84
11	0.322	0.322	0.322	0.325	0.322	0.314	1.10
12	0.049	0.050	0.049	0.048	0.048	0.050	1.59
13	0.190	0.190	0.181	0.185	0.189	0.183	2.16
14	0.059	0.058	0.057	0.055	0.056	0.057	2.36

（3）稳定性试验

取同一供试品溶液，分别在 0h、2h、4h、8h、12h、24h 进样测定，记录指纹图谱（图 8-142），以特女贞苷峰（8 号峰）的保留时间和色谱峰面积为参照，计算出各共有峰的相对保留时间和相对峰面积。稳定性试验结果见表 8-162～表 8-163。各色谱峰的相对保留时间 RSD 值不大于 1.18% 及峰面积的 RSD 值不大于 2.08%，符合指纹图谱的要求。

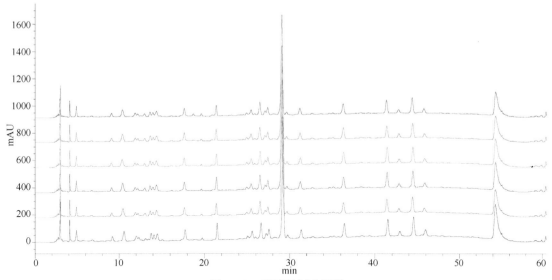

图 8-142　稳定性试验图谱

表 8-162　稳定性试验结果（示相对保留时间）

峰号	相对保留时间						RSD（%）
	0h	2h	4h	8h	12h	24h	
1	0.170	0.169	0.168	0.169	0.167	0.169	0.55
2	0.343	0.342	0.346	0.340	0.339	0.346	0.88
3	0.604	0.602	0.606	0.607	0.605	0.608	0.35
4	0.728	0.728	0.734	0.727	0.729	0.734	0.46
5	0.875	0.876	0.882	0.879	0.878	0.879	0.27
6	0.913	0.913	0.917	0.916	0.913	0.916	0.22

续表

峰号	相对峰面积						RSD（%）
	1	2	3	4	5	6	
7	0.944	0.944	0.947	0.945	0.939	0.945	0.28
8（S）	1.000	1.000	1.000	1.000	1.000	1.000	0.00
9	1.078	1.077	1.076	1.076	1.070	1.075	0.26
10	1.257	1.258	1.249	1.253	1.271	1.253	0.60
11	1.427	1.430	1.430	1.424	1.430	1.423	0.23
12	1.487	1.488	1.484	1.442	1.483	1.482	1.18
13	1.538	1.541	1.542	1.534	1.537	1.534	0.22
14	1.593	1.595	1.602	1.594	1.595	1.602	0.27

表 8-163　稳定性试验结果（示相对峰面积）

峰号	相对峰面积						RSD（%）
	0h	2h	4h	8h	12h	24h	
1	0.056	0.058	0.059	0.057	0.056	0.057	2.08
2	0.061	0.061	0.063	0.061	0.061	0.062	1.57
3	0.091	0.091	0.090	0.090	0.089	0.092	1.05
4	0.085	0.086	0.084	0.085	0.084	0.087	1.54
5	0.103	0.105	0.103	0.101	0.103	0.104	1.22
6	0.105	0.107	0.105	0.103	0.102	0.103	1.77
7	0.079	0.082	0.081	0.081	0.079	0.079	1.57
8（S）	1.000	1.000	1.000	1.000	1.000	1.000	0.00
9	0.068	0.069	0.070	0.070	0.067	0.069	1.58
10	0.110	0.110	0.109	0.111	0.110	0.111	0.76
11	0.326	0.327	0.317	0.323	0.315	0.327	1.63
12	0.050	0.051	0.049	0.050	0.049	0.051	1.62
13	0.193	0.188	0.193	0.189	0.191	0.191	1.17
14	0.059	0.058	0.058	0.058	0.059	0.058	1.10

5. 药材指纹图谱的测定

取 11 批女贞子药材制备供试品溶液测定。将得到的指纹图谱的 AIA 数据文件导入《中药色谱指纹图谱相似度评价系统》2004A 版相似度软件，得到 11 批女贞子指纹图谱，见图 8-143。

6. 聚类分析

在上述条件下，以第 1 批女贞子药材色谱图作为参照图谱自动匹配，得到的匹配数据，运用 SPSS 统计分析软件对其进行系统聚类分析。先将 11×61 阶原始数据矩阵经标准化处理，利用平方欧式距离作为样品的测度，采用组间联接法进行聚类，将 11 批女贞子药材分为 2 类，其中 S11 聚为一类，其余十批聚为一类，见图 8-144。

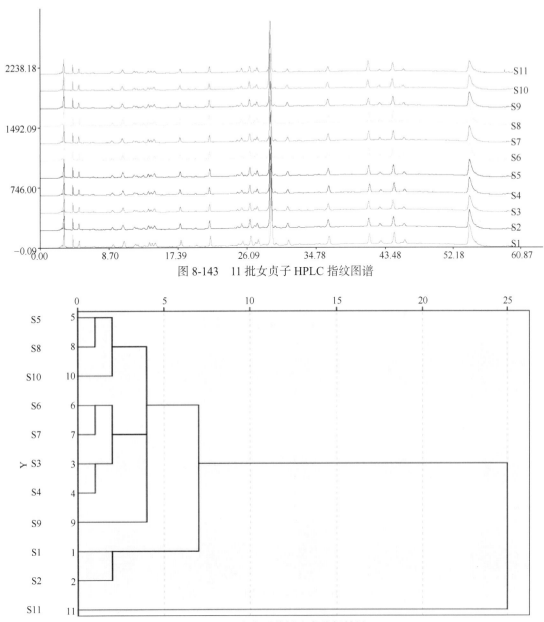

图 8-143　11 批女贞子 HPLC 指纹图谱

图 8-144　女贞子药材聚类分析结果

7. 主成分分析

为了评价所有成分的样品分辨能力，将自标准化后的相对峰面积数据作为输入数据，进行主成分分析。运用 SIMCA-P 11.5 分析软件对其进行主成分分析，结果见图 8-145。由 PCA 图可以看出，通过主成分分析将 11 批药材分为两大类，其中第 11 批女贞子药材单独聚为一类，其余 10 批聚为一类，与聚类分析结果一致。

8. 对照指纹图谱建立

根据对 11 批女贞子药材的分析结果，从中选取归属于一类的 10 批药材数据导入中药指纹图谱相似度分析软件，生成指纹图谱，以 S1 为参照图谱，时间窗宽度为 0.5，自动匹配后共得到 14

个共有峰。通过对照品指认，共指认出 4 个色谱峰，见图 8-146 和图 8-147。以特女贞苷峰（8 号）为参照峰，计算 10 批样品共有峰相对保留时间及相对峰面积，结果见表 8-164 和表 8-165。

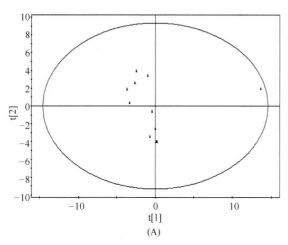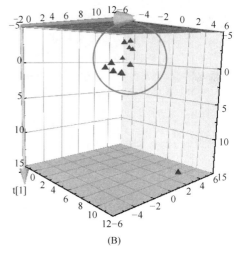

图 8-145　女贞子药材 PCA 分析结果

A：PCA 图；B：PCA 3D 图

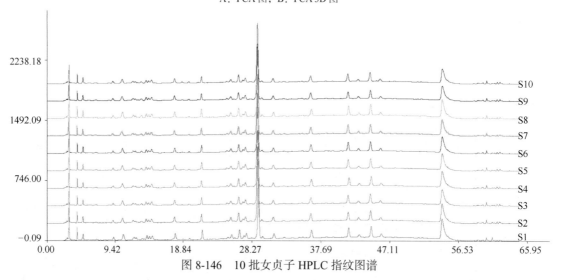

图 8-146　10 批女贞子 HPLC 指纹图谱

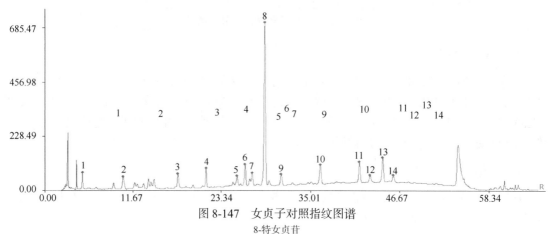

图 8-147　女贞子对照指纹图谱

8-特女贞苷

表 8-164 10 批女贞子药材共有峰（示相对保留时间）

峰号	批号									
	1	2	3	4	5	6	7	8	9	10
1	0.168	0.168	0.169	0.169	0.169	0.169	0.168	0.169	0.169	0.169
2	0.362	0.359	0.359	0.359	0.358	0.359	0.356	0.359	0.358	0.358
3	0.608	0.607	0.607	0.606	0.607	0.608	0.606	0.607	0.607	0.607
4	0.736	0.735	0.736	0.735	0.736	0.736	0.735	0.735	0.736	0.736
5	0.876	0.875	0.875	0.875	0.876	0.876	0.875	0.875	0.875	0.876
6	0.912	0.911	0.911	0.911	0.911	0.911	0.911	0.911	0.911	0.912
7	0.944	0.943	0.943	0.943	0.943	0.943	0.943	0.942	0.943	0.943
8（S）	1.000	1.000	1.000	1.000	1.000	1.000	1.000	1.000	1.000	1.000
9	1.074	1.074	1.074	1.074	1.074	1.074	1.074	1.075	1.074	1.074
10	1.247	1.248	1.249	1.251	1.249	1.249	1.249	1.251	1.249	1.249
11	1.421	1.424	1.424	1.428	1.424	1.424	1.424	1.426	1.425	1.423
12	1.470	1.472	1.472	1.476	1.473	1.472	1.472	1.473	1.473	1.472
13	1.538	1.529	1.528	1.532	1.530	1.528	1.529	1.529	1.530	1.528
14	1.574	1.577	1.576	1.580	1.578	1.576	1.577	1.577	1.578	1.576

表 8-165 10 批女贞子样品共有峰（示相对保留峰面积）

峰号	批号									
	1	2	3	4	5	6	7	8	9	10
1	0.058	0.061	0.052	0.053	0.054	0.060	0.057	0.059	0.056	0.058
2	0.099	0.099	0.101	0.095	0.094	0.099	0.093	0.106	0.096	0.090
3	0.112	0.100	0.104	0.106	0.099	0.095	0.102	0.104	0.109	0.091
4	0.110	0.115	0.096	0.092	0.094	0.096	0.088	0.101	0.094	0.083
5	0.071	0.073	0.064	0.064	0.057	0.063	0.064	0.064	0.067	0.058
6	0.125	0.135	0.126	0.136	0.124	0.121	0.127	0.117	0.126	0.125
7	0.076	0.075	0.076	0.073	0.079	0.079	0.072	0.072	0.079	0.073
8（S）	1.000	1.000	1.000	1.000	1.000	1.000	1.000	1.000	1.000	1.000
9	0.084	0.087	0.084	0.084	0.082	0.082	0.077	0.077	0.083	0.080
10	0.138	0.148	0.129	0.147	0.128	0.138	0.140	0.120	0.145	0.128
11	0.155	0.146	0.150	0.155	0.150	0.161	0.163	0.141	0.140	0.139
12	0.065	0.063	0.061	0.052	0.050	0.058	0.051	0.045	0.061	0.046
13	0.065	0.186	0.186	0.189	0.171	0.186	0.182	0.178	0.178	0.175
14	0.070	0.062	0.061	0.067	0.053	0.061	0.062	0.060	0.060	0.059

9. 相似度评价

利用 2004A 版《中药色谱指纹图谱相似度评价系统》计算软件，将上述 10 批样品与对照指纹图谱匹配，进行相似度评价，结果见表 8-166。

表 8-166　10 批女贞子药材相似度评价结果

批号	对照图谱	批号	对照图谱
Y901	0.998	Y906	1.000
Y902	0.998	Y907	0.999
Y903	1.000	Y908	0.999
Y904	0.999	Y909	0.999
Y905	1.000	Y910	0.994

各批女贞子药材与对照指纹图谱间的相似度为 0.994～1.000，表明各批次药材之间具有较好的一致性，本方法可用于综合评价女贞子药材的整体质量。

10. 色谱峰指认

采用对照品法对女贞子指纹图谱中的主要特征峰进行了指认。指纹图谱（图 8-148）中 14 个共有峰的 4 个为：红景天苷、松果菊苷、特女贞苷、橄榄苦苷。

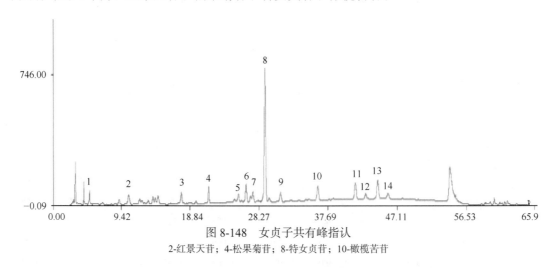

图 8-148　女贞子共有峰指认

2-红景天苷；4-松果菊苷；8-特女贞苷；10-橄榄苦苷

三、含量测定研究

本部分建立了 HPLC 法同时测定女贞子药材中红景天苷、松果菊苷、特女贞苷、橄榄苦苷 4 种有效成分含量的方法，建立的含测方法专属性强，结合上述指纹图谱方法，建立了女贞子药材系统全面的质量控制体系。

（一）实验材料

1. 仪器与试剂

Agilent 1260 高效液相色谱仪	美国 Agilent 公司
Diamonsil C_{18}（250 mm×4.6 μm，5 μm）色谱柱	美国 Welch 公司
AB204-N 电子天平（十万分之一）	德国 METELER 公司
BT25S 电子天平（万分之一）	德国 Sartorius 公司
超声波清洗仪	宁波新芝生物科技公司
乙腈（色谱纯）	天津市康科德科技有限公司

磷酸（分析纯）　　　　　　　　　　天津光复精密化工研究所

纯净水　　　　　　　　　　　　　　杭州娃哈哈集团有限公司

2. 试药

特女贞苷（批号 111926-201404）购自中国食品药品检定研究院；红景天苷（批号 MUST-15042412）、松果菊苷（批号 MUST-16032701）、橄榄苦苷（批号 MUST-16052512）均购自成都曼思特生物科技有限公司；女贞子药材（批号 Y901～Y910）均由天津中新药业集团股份有限公司隆顺榕制药厂提供。

（二）方法与结果

1. 混合对照品溶液制备

取红景天苷、松果菊苷、特女贞苷、橄榄苦苷对照品适量，精密称定，加甲醇溶液制成每1ml 含红景天苷 58.45μg、松果菊苷 65.79μg、特女贞苷 680.53μg、橄榄苦苷 65.40μg 的混合溶液，摇匀，即得。

2. 供试品溶液制备

取女贞子粉末约（过三号筛）1.0g，精密称定，置具塞锥形瓶中，精密加入 70%的甲醇溶液 30ml，称定重量，超声处理 30 min，放至室温，再称量补重，摇匀，滤过，取续滤液，即得。

3. 色谱条件的确定

采用女贞子纹图谱研究中的色谱条件，结果如下：

色谱柱：Diamonsil C$_{18}$（4.6 mm×250 mm，5 μm）；流动相：A 相：0.1%磷酸水溶液，B 相：乙腈；柱温：30℃；体积流量：1ml/min，检测波长：250nm，进样量 10ul。梯度洗脱程序表 8-167。

表 8-167　流动相洗脱梯度

t（min）	A（%）	B（%）
0	90	10
5	90	10
20	80	20
50	67	33
55	0	100
60	0	100

4. 系统适用性试验

分别取混合对照品、供试品溶液，按上述条件进样测定，考察系统适用性。记录 HPLC 色谱图，如图 8-149 所示。结果各成分色谱峰与相邻峰的分离度均大于 1.5，理论塔板数按特女贞苷计算不低于 4000。

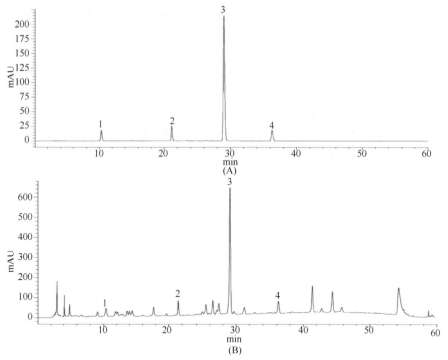

图 8-149　混合对照品（A）及样品（B）的 HPLC 图
1-红景天苷；2-松果菊苷；3-特女贞苷；4-橄榄苦苷

5. 方法学考察

（1）线性关系考察

　　精密吸取混合对照品储备液，分别制成 6 个不同质量浓度的溶液，按法测定。记录相应的峰面积，以峰面积积分值为纵坐标（Y），对照品质量为横坐标（X），绘制标准曲线并进行回归计算（图 8-150）。4 个成分的线性回归方程见表 8-168。

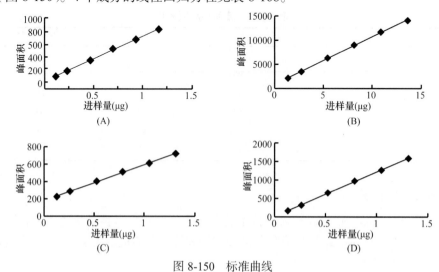

图 8-150　标准曲线
A：红景天苷标准曲线；B：特女贞苷标准曲线；C：松果菊苷标准曲线；D：橄榄苦苷标准曲线

表 8-168　4 种成分线性关系

成分	线性方程	R^2	线性范围（$\mu g \cdot mL^{-1}$）
红景天苷	$y = 633.83x + 106.14$	0.9992	0.117～1.17
松果菊苷	$y = 416.15x + 177.33$	0.9990	0.131～1.315
特女贞苷	$y = 984.39x + 872.03$	0.9993	1.361～13.61
橄榄苦苷	$y = 1205.5x + 12.076$	0.9996	0.131～1.318

结果表明，红景天苷、松果菊苷、特女贞苷、橄榄苦苷 4 个化合物的浓度在线性范围内，与峰面积具有良好的线性关系。

（2）精密度试验

取批号为 Y911 的女贞子药材粉末 1g，精密称定，按供试品制备项下方法制备供试品溶液，按法进行测定，连续进样 6 次。记录红景天苷、松果菊苷、特女贞苷、橄榄苦苷的色谱峰面积，计算峰面积 RSD（%），结果见表 8-169。

表 8-169　精密度试验结果（$n=6$）

成分	峰面积值						RSD（%）
	1	2	3	4	5	6	
红景天苷	499.36	496.19	498.21	488.51	505.47	501.82	1.15
松果菊苷	684.36	700.55	719.72	693.76	677.67	699.47	2.10
特女贞苷	8161.33	8106.61	8218.38	8124.02	8201.67	8179.93	0.53
橄榄苦苷	899.09	892.14	896.79	924.70	892.43	910.32	1.41

结果表明，供试品溶液连续进样 6 针，供试品色谱图中红景天苷、松果菊苷、特女贞苷、橄榄苦苷 4 个化合物的色谱峰面积 RSD 均小于 3%，仪器精密度良好。

（3）稳定性试验

取精密度下的供试品溶液，密闭，放置于室温，分别在 0h、3h、6h、9h、12h、24h 时间间隔下检测，记录红景天苷、松果菊苷、特女贞苷、橄榄苦苷 4 个化合物的色谱峰面积，计算峰面积 RSD（%），结果见表 8-170。

表 8-170　稳定性试验结果（$n=6$）

成分	各个时间点峰面积值						RSD（%）
	0h	3h	6h	9h	12h	24h	
红景天苷	499.36	498.21	516.47	504.88	501.82	512.75	1.47
松果菊苷	694.36	709.72	687.67	698.16	699.47	718.18	1.57
特女贞苷	8161.33	8218.38	8281.67	8254.83	8179.93	8122.13	0.73
橄榄苦苷	899.09	906.79	892.43	915.91	910.32	913.82	1.00

结果表明，供试品溶液放置 24h 后，供试品色谱图中红景天苷、松果菊苷、特女贞苷、橄榄苦苷 4 个化合物的色谱峰面积 RSD 均小于 3%，供试品溶液室温放置 24h 内稳定。

（4）重复性试验

取批号为 Y911 的女贞子药材粉末 6 份，每份 1g，精密称定，取按确定的供试品溶液制备方法供试品溶液，在确定的色谱条件下测定。记录红景天苷、松果菊苷、特女贞苷、橄榄苦苷 4 个化合物的色谱峰面积，按法计算 6 个化合物的含量，并计算各化合物含量 RSD（%），结果见表 8-171。

表 8-171　重复性试验结果（*n*=6）

成分	含量（mg/g）						RSD（%）
	1	2	3	4	5	6	
红景天苷	0.017	0.017	0.017	0.016	0.017	0.017	2.43
松果菊苷	0.024	0.025	0.025	0.025	0.026	0.025	2.53
特女贞苷	0.212	0.217	0.215	0.214	0.214	0.213	0.80
橄榄苦苷	0.022	0.022	0.022	0.021	0.022	0.022	0.33

结果表明，供试品色谱图中红景天苷、松果菊苷、特女贞苷、橄榄苦苷 4 个化合物的含量 RSD 均小于 3%，本方法重现性良好。

（5）加样回收率

取女贞子药材粉末 6 份，每份 0.5g，精密称定，按样品中红景天苷、松果菊苷、特女贞苷、橄榄苦苷 4 个化合物已知的含量 100%加入相应的对照品，按供试品溶液制备方法制备供试品溶液，进样测定。记录红景天苷、松果菊苷、特女贞苷、橄榄苦苷 4 个化合物的色谱峰面积，按法计算 4 个化合物的含量，并计算各化合物的加样回收率及 RSD（%），计算回收率的公式如下，结果见表 8-172。

$$加样回收率（\%）= \frac{（测得的量-样品中的量）}{加入的量} \times 100\%$$

表 8-172　加样回收率试验结果

编号	各成分回收率（%）			
	红景天苷	松果菊苷	特女贞苷	橄榄苦苷
1	97.9	98.81	97.36	100.56
2	100.72	101.67	95.79	101.9
3	96.68	96.75	96.32	102.45
4	97.85	103.03	100.9	101.97
5	96.1	95.8	95.64	101.4
6	95.12	97.88	96.17	95.02
均值	97.40	98.99	97.03	100.55
RSD（%）	2.00	2.86	2.05	2.77

结果表明，供试品中红景天苷、松果菊苷、特女贞苷、橄榄苦苷 4 个化合物的回收率均在 95%～105%之间，RSD 小于 3%，本品加样回收率良好。

6. 样品的含量测定

取女贞子药材粉末 1g，精密称定，依照供试品制备项下方法制备供试品溶液，按法测定，计算样品中红景天苷、松果菊苷、特女贞苷、橄榄苦苷 4 个成分的含量，结果见表 8-173，各指标成分含量累积加和图见图 8-151。

表 8-173 11 批女贞子含量测定结果

批号	含量（mg/g）			
	红景天苷	松果菊苷	特女贞苷	橄榄苦苷
Y901	0.040	0.046	0.308	0.040
Y902	0.034	0.042	0.268	0.037
Y903	0.033	0.033	0.252	0.030
Y904	0.030	0.031	0.247	0.034
Y905	0.034	0.036	0.280	0.034
Y906	0.033	0.033	0.256	0.033
Y907	0.031	0.031	0.259	0.034
Y908	0.042	0.042	0.307	0.035
Y909	0.030	0.031	0.240	0.033
Y910	0.030	0.029	0.254	0.031
Y911	0.025	0.028	0.224	0.024

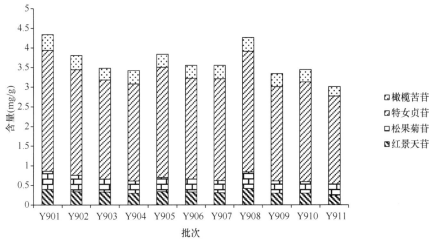

图 8-151 11 批女贞子药材指标成分含量累积加和图

第八节 荆芥穗油质量标准研究

荆芥穗油为六经头痛片主要原料之一，其工艺（药厂提供）为：荆芥穗，唇形科植物荆芥 *Schizonepetatenuisfolia* Briq.的干燥花穗，夏、秋二季花开到顶、穗绿时采摘，除去杂质，晒干，经水蒸气蒸馏再精制而得的淡黄色澄清液体。具有解表散风，透疹的功效，用于治疗感冒，头痛，麻疹，风疹，疮疡初起等症。

目前《中国药典》2015 年版未收载荆芥穗油，本课题采用 GC-MS 鉴别六经头痛片处方中荆芥穗油化学物质组，为进一步阐明六经头痛片药效物质基础提供实验依据。采用 GC 法建立了荆芥穗油中薄荷酮、胡薄荷酮的含量测定方法学，同时运用 GC 指纹图谱技术，建立了荆芥穗油指纹图谱方法学，提升了荆芥穗油的质量标准。

一、化学成分研究

（一）仪器与材料

1. 仪器

Agilent 7890B 型气相色谱仪	美国 Agilent 公司
Agilent 7890A-5975C 连用仪 GC-MS	美国 Agilent 公司
FID 检测器 7890B（G3440B）	美国 Agilent 公司
色谱专用空气发生器 Air-Model -5L	天津市色谱科学技术公司
色谱专用氢气发生器 HG-Model 300A	天津市色谱科学技术公司
HP-5 气相色谱柱（30M×320μm×0.25μm）	美国 Agilent 公司
AB204-N 电子天平（十万分之一）	德国 METELER 公司
BT25S 电子天平（万分之一）	德国 Sartorius 公司
超声波清洗仪	宁波新芝生物科技公司

2. 试剂与试药

荆芥穗油（批号 20151228）由天津隆顺榕发展制药有限公司提供。所有试剂均为分析纯。

（二）实验方法

1. GC-MS 实验条件

柱升温程序：起始温度 30℃（保持 1min），以 20℃/min 升至 70℃（保持 5min），以 2℃/min 升至 80℃（保持 2min），以 0.8℃/min 升至 90℃（0min），以 4℃/min 升至 115℃（保持 10min），以 0.8℃/min 升至 125℃（保持 5min），以 3℃/min 升至 135℃（保持 2min），以 3℃/min 升至 150℃（保持 3min），以 15℃/min 升至 230℃（保持 5min）。柱流量 1.0ml/min，气化室和检测器温度 270℃，分流 5∶1。

质谱 Agilent 7890A-5975C 连用仪，仪器参数如下：EI 电离源；电子能量 70eV；四极杆温度 150℃；离子源温度 230℃；倍增器电压 1412V；溶剂延迟 2.30min；SCAN 扫描范围 10～700amu。

2. 供试品溶液的制备

精密移取 0.5ml 荆芥穗油置 25ml 棕色容量瓶中，加入乙醚溶液稀释至刻度，混匀。取适量无水硫酸钠加入量瓶中脱水，过 0.45μm 滤膜，即得。

（三）实验结果

1. 荆芥穗油 GC-MS 谱图（图 8-152）

2. 荆芥穗油辨识实验结果

在对荆芥穗油化学物质进行质谱测定后，可以得到物质 TIC 图及相关信息。在此基础上，以 NIST08 谱库检索及保留时间、相关文献结合，对荆芥穗油中化学物质组进行了鉴定分析，共分析得到 62 个化合物，鉴定出 59 个化合物，其中主要为萜酮类成分。具体鉴定结果参见表 8-174。

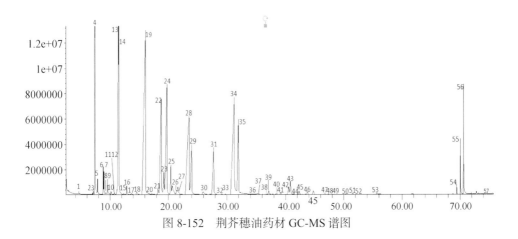

图 8-152 荆芥穗油药材 GC-MS 谱图

以归一化法计算，荆芥穗油主要成分为 1R-α-蒎烯（9.646%）、β-蒎烯（0.55%），单环单萜类如薄荷酮（8.52%），胡薄荷酮（3.20%）、异薄荷酮（1.19%）、柠檬烯（7.69%）、桉叶油素（2.11%）、α-松油醇（10.02%），链状萜烯醇类如芳樟醇（18.388%），酯类如邻苯二甲酸二丁酯（2.09%），双环倍半萜如 δ-杜松烯（2.053%）等成分。

表 8-174 荆芥穗油化学物质组鉴定信息表

编号	保留时间	化合物	分子量	分子式	CAS	结构
1	4.603	cyclotrisiloxane，hexamethyl-	222	$C_6H_{18}O_3Si_3$	541-05-9	
2	6.958	tricyclo[2.2.1.0（2，6）]heptane，1，7，7-trimethyl-	136	$C_{10}H_{16}$	508-32-7	
3	7.119	bicyclo[3.1.0]hexane，4-methyl-1-（1-methylethyl）-，didehydro deriv.	136	$C_{10}H_{16}$	58037-87-9	
4	7.419	1R-α-蒎烯	136	$C_{10}H_{16}$	7785-70-8	
5	7.873	莰烯	136	$C_{10}H_{16}$	769-92-5	
6	8.828	β-水芹烯	136	$C_{10}H_{16}$	555-10-2	
7	8.958	β-蒎烯	136	$C_{10}H_{16}$	127-91-3	
8	9.259	1-辛烯-3-醇	128	$C_8H_{16}O$	3391-86-4	

续表

编号	保留时间	化合物	分子量	分子式	CAS	结构
9	9.566	β-月桂烯	136	$C_{10}H_{16}$	127-91-3	
10	10.182	α-水芹烯	136	$C_{10}H_{16}$	99-83-2	
11	10.751	（+）-4-蒈烯	136	$C_{10}H_{16}$	5208-49-1	
12	11.205	邻-异丙基苯	134	$C_{10}H_{14}$	527-84-4	
13	11.482	柠檬烯	136	$C_{10}H_{16}$	138-86-3	
14	11.552	桉叶油素	154	$C_{10}H_{18}O$	470-82-6	
15	12.391	罗勒烯	136	$C_{10}H_{16}$	13877-91-3	
16	12.914	Γ-松油烯	136	$C_{10}H_{16}$	586-81-2	
17	13.737	cis-linaloloxide	170	$C_{10}H_{18}O_2$	1000121-97-4	
18	14.622	萜品油烯	136	$C_{10}H_{16}$	586-62-9	
19	16.161	芳樟醇	154	$C_{10}H_{18}O$	78-70-6	
20	16.684	fenchol, exo-	154	$C_{10}H_{18}O$	22627-95-8	
21	18.292	3-cyclohexen-1-ol 1-methyl-4-（1-methylethyl）-	154	$C_{10}H_{18}O$	586-82-3	
22	18.818	左旋樟脑	152	$C_{10}H_{16}O$	76-22-2	
23	19.324	B-松油醇	154	$C_{10}H_{18}O$	138-87-4	
24	19.824	薄荷酮	154	$C_{10}H_{18}O$	89-80-5	
25	20.462	松香芹酮	154	$C_{10}H_{14}O$	16812-40-1	

续表

编号	保留时间	化合物	分子量	分子式	CAS	结构
26	21.501	反式-5-甲基-2-（1-异丙烯基）-环己酮	152	$C_{10}H_{16}O$	29606-79-9	
27	21.694	3-cyclohexen-1-ol，4-methyl-1-（1-methylethyl）-，（R）-	154	$C_{10}H_{18}O$	20126-76-5	
28	23.594	α-萜品醇	154	$C_{10}H_{18}O$	10482-56-1	
29	24.025	cyclohexanol，1-methyl-4-（1-methylethylidene）-	154	$C_{10}H_{18}O$	586-81-2	
30	26.018	2-propenal，3-phenyl	132	C_9H_8O	104-55-2	
31	27.765	胡薄荷酮	152	$C_{10}H_{16}O$	89-82-7	
32	29.096	3-cyclohexen-1-one，2-isopropyl-5-methyl-	152	$C_{10}H_{16}O$	1000155-47-0	
33	29.727	2，6-octadien-1-ol，3，7-dimethyl-	154	$C_{10}H_{18}O$	624-15-7	
34	31.32	cinnamaldehyde，（E）	132	C_9H_8O	14371-10-9	
35	32.028	1，3-benzodioxole，5-（2-propenyl）	162	$C_{10}H_{10}O_2$	94-59-7	
36	35.129	3-甲基-6-（1-亚异丙基）-2-环己烯-1-酮	150	$C_{10}H_{14}O$	491-09-8	
37	35.406	α-荜澄茄烯	204	$C_{15}H_{24}$	17699-14-8	
38	36.853	丁子香酚	164	$C_{10}H_{12}O_2$	579-60-2	

续表

编号	保留时间	化合物	分子量	分子式	CAS	结构
39	37.176	古巴烯	204	$C_{15}H_{24}$	3856-25-5	
40	38.507	β-榄香烯	204	$C_{15}H_{24}$	515-13-9	
41	39.169	长叶烯	204	$C_{15}H_{24}$	475-20-7	
42	40.831	（Z）石竹烯	204	$C_{15}H_{24}$	87-44-5	
43	42.055	gamma.-elemene	204	$C_{15}H_{24}$	339154-91-5	
44	42.332	bicyclo[3.1.1]hept-2-ene，2,6-dimethyl-6-（4-methyl-3-pentenyl）-	204	$C_{15}H_{24}$	17699-05-7	
45	43.424	bicyclo[2.2.1]heptane，2-methyl-3-methylene-2-（4-methyl-3-pentenyl）-,（1S-exo）-	204	$C_{15}H_{24}$	25532-78-9	
46	43.786	α-石竹烯	204	$C_{15}H_{24}$	6753-98-6	
47	46.764	germacrene D	204	$C_{15}H_{24}$	23986-74-5	
48	47.357	（E）-beta-farnesene	204	$C_{15}H_{24}$	28973-97-9	
49	48.257	γ-selinene	204	$C_{15}H_{24}$	515-17-3	
50	50.327	B-甜没药烯	204	$C_{15}H_{24}$	495-61-4	

续表

编号	保留时间	化合物	分子量	分子式	CAS	结构
51	50.558	β-瑟林烯	204	$C_{15}H_{24}$	17066-67-0	
52	51.951	δ-杜松烯	204	$C_{15}H_{24}$	483-76-1	
53	55.66	橙花叔醇	222	$C_{15}H_{26}O$	7212-44-4	
54	69.457	邻苯二甲酸二异丁酯	278	$C_{16}H_{22}O_4$	84-69-5	
55	70.065	邻苯二甲酸丁基酯 2-乙基己酯	278	$C_{17}H_{34}O_2$	17851-53-5	
56	70.149	邻苯二甲酸-1-丁酯-2-异丁酯	278	$C_{17}H_{34}O_2$	84-69-5	
57	70.765	邻苯二甲酸二丁酯	278	$C_{16}H_{22}O_4$	84-74-2	
58	73.474	二十烷	282	$C_{20}H_{42}$	112-95-8	
59	75.859	二十五烷	352	$C_{25}H_{52}$	629-99-2	

二、指纹图谱研究

（一）仪器与材料

1. 仪器

Agilent 7890B 型气相色谱仪　　　　　　　　　美国 Agilent 公司
质谱 Agilent 7890A-5975C 连用仪　　　　　　　美国 Agilent 公司
FID 检测器 7890B（G3440B）　　　　　　　　美国 Agilent 公司
色谱专用空气发生器 Air-Model -5L　　　　　　天津市色谱科学技术公司
色谱专用氢气发生器 HG-Model 300A　　　　　　天津市色谱科学技术公司
DB-WAX 气相色谱柱（20m×0.18mm×180μm）　　美国 Agilent 公司
Diamonsil C_{18} 色谱柱（250mm×4.6mm，5μm）　　美国 Dikma 公司

高纯氮气（99.99%）	天津东方气体有限公司
AB204-N 电子天平（十万分之一）	德国 METELER 公司
Sartorius 天平（BT25S，万分之一）	德国 Sartorius 公司
超声波清洗仪	宁波新芝生物科技公司

2. 试剂与试药

薄荷酮（批号 111705-201105，供含量测定用）、胡薄荷酮（批号 111706-201205，供含量测定用）、柠檬烯（批号 100470-201302，供含量测定用）、桉油精（批号 110788-201506，供含量测定用）购自中国食品药品检定研究院。荆芥穗油（批号 20151228）由天津隆顺榕发展制药有限公司提供。所有试剂均为分析纯。

（二）实验方法

1. 参照峰的选择和对照品溶液的制备

选择荆芥穗油中所含主要药效成分薄荷酮作为参照物。薄荷酮峰面积所占百分比较大，相对稳定，保留时间适中，且和其他成分有很好的分离。因此，选择薄荷酮作为荆芥穗油 GC 指纹图谱的参照物。

对照品溶液的制备：取薄荷酮对照品适量，精密称定，加甲醇溶液制成每 1ml 含薄荷酮 17.630mg 的溶液，摇匀，即得。

2. 供试品溶液制备方法考察

由于供试品是提取后样品，不用考察提取方式及提取时间等因素。供试品溶解溶剂的不同，会造成 GC 色谱峰的峰形及峰面积的较大差异性，故对供试品溶剂进行考察。以样品色谱图中主要色谱峰的峰面积及全方色谱峰个数为考察指标。

精密量取荆芥穗油 4 份，每份 0.5ml，转移至 25ml 棕色量瓶中，分别加入乙醚、乙酸乙酯、正己烷、二甲基甲酰胺（DMF）溶解并稀释至刻度，摇匀，加适量无水 Na$_2$SO$_4$ 脱水，滤过，即得到供试品溶液。等生药量下各主要色谱峰个数基本相同，选取峰面积最大的 6 个峰比较，见表 8-175。

表 8-175　荆芥穗油样品溶剂考察结果

色谱峰编号	乙醚	乙酸乙酯	正己烷	DMF
1	6976.7	8171.4	7984.0	4765.7
2	12654.7	15626.2	13998.7	11064.9
3	5232.2	6413.0	5767.3	4509.4
4	5658.4	6919.5	6220.2	4855.4
5	6428.0	7871.0	6974.7	5665.8
6	9300.8	11354.6	9911.1	8261.4

结果表明，用乙酸乙酯作为溶剂时，主要色谱峰的峰面积最大，且空白溶剂色谱峰峰型较好，对样品影响较小，挥发性相对较低。因此选择乙酸乙酯作为样品溶剂。

供试品溶液的制备：精密量取荆芥穗油 0.5ml，转移至 25ml 棕色量瓶中，加入乙酸乙酯溶液溶解并稀释至刻度，摇匀，加适量无水 Na$_2$SO$_4$ 脱水，滤过，即得。

3. 色谱条件考察

（1）色谱柱考察

根据前期化学成分研究，采用 HP-5 色谱柱，荆芥穗油中有两个峰面积较大成分——柠檬烯与桉油精（桉叶油素），由于沸点接近，经过多个条件的优化，仍无法实现色谱峰分离（分离度约 1.1），通过分析化合物性质及参考文献，决定使用 DB-WAX 色谱柱分析。

采用 HP-5 色谱柱摸索的优化条件，图 8-153 是供试品在等生药量条件下，应用 HP-5 和 DB-WAX 两个色谱柱的分离效果比较。

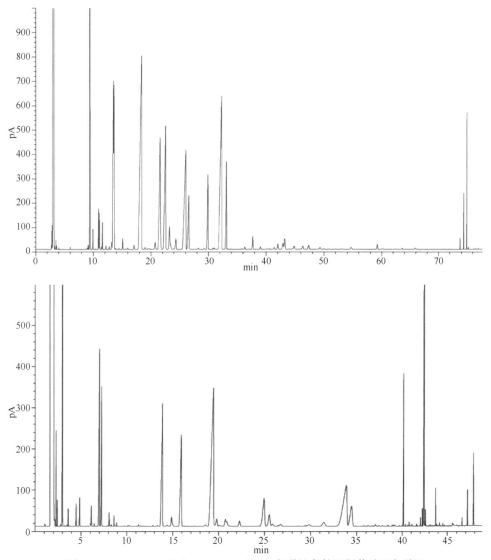

图 8-153 HP-5（上）和 DB-WAX（下）色谱柱条件下荆芥穗油色谱图

优化条件（HP-5）：进样口温度 270℃，检测器温度 270℃，进样量 1μl，分流比 5∶1；柱流速：1ml/min。程序升温条件如下：初温 50℃（保持 3min），以 20℃/min 的速度上升至 75℃（保持 1min），以 0.5℃/min 的速度上升至 78℃（保持 5min），以 0.8℃/min 的速度上升至 90℃，以 4℃/min 的速度上升至 180℃，以 30℃/min 的速度上升至 250℃（保持 3min）。

　　结果显示，等生药量、相同色谱条件下，DB-WAX 色谱柱色谱峰响应较强，峰型良好，难分离成分柠檬烯和桉油精分离效果由于 HP-5 色谱柱，因此，本实验选择 DB-WAX 色谱柱作为荆芥穗油指纹图谱色谱柱。

　　（2）初始温度的考察

　　在优化条件（HP-5）的基础上应用 DB-WAX 色谱柱对初始温度进行考察。进样口温度 270℃，检测器温度 270℃，进样量 1μl，分流比 5∶1；柱流速：1ml/min。程序升温条件：

　　1）初温 40℃（保持 3min），以 20℃/min 的速度上升至 75℃（保持 1min），以 0.5℃/min 的速度上升至 78℃（保持 5min），以 0.8℃/min 的速度上升至 90℃，以 4℃/min 的速度上升至 180℃，以 30℃/min 的速度上升至 250℃（保持 3min）。

　　2）初温 50℃（保持 3min），其余同 1）。

　　3）初温 60℃（保持 3min），其余同 1）。

　　4）初温 70℃（保持 3min），其余同 1）。

　　5）初温 80℃（保持 3min），其余同 1）。

　　以 GC 色谱峰个数及色谱峰面积（除溶剂峰）作为考察指标，如图 8-154。

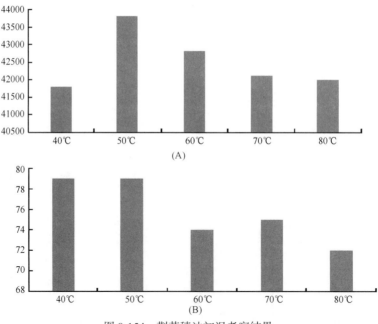

图 8-154　荆芥穗油初温考察结果

A：初温与峰面积；B：初温与峰个数

　　结果表明，初温为 50℃时，各色谱峰分离度较好，总峰面积（除去溶剂峰）最大，因此，将初温 50℃作为荆芥穗油指纹图谱的初始温度。

　　（3）GC 条件的优化考察

　　试验采用柱程序升温模式，经过多次试验考察，确定 GC 优化条件。其中条件 1 为优化过程之一，条件 2 为 GC 确定条件。

　　条件 1　进样口温度 230℃，检测器温度 210℃，进样量 0.2μl，分流 30∶1，柱流量 1ml/min，程序升温条件如下：初始温度 50℃（5min），以 7℃/min 升至 90℃（20min），以 8℃/min 升至 230℃（5min）。

条件 2（确定）　进样口 230℃，检测器温度 210℃，进样量 0.5μl，分流 50∶1，柱流量 1ml/min。程序升温条件如下：初始温度 50℃（5min），以 8℃/min 升至 87℃（25min），以 7℃/min 升至 230℃（5min）。

4. GC 适应性试验

精密量取薄荷酮对照品溶液 5μl 和供试品溶液 1μl，按照条件 2（确定）依法测定，记录 2h 色谱图。见图 8-155～图 8-158。

结果表明，荆芥穗油供试品溶液（1h）后无色谱峰，表明谱图 1h 色谱峰完全，此外，阴性无干扰。

5. GC 方法学考察

（1）精密度试验

取同一供试品溶液连续进样 6 次，考察色谱峰相对保留时间和相对峰面积的一致性。以薄

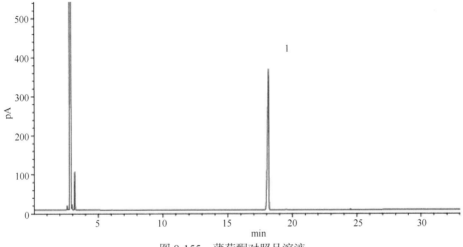

图 8-155　薄荷酮对照品溶液

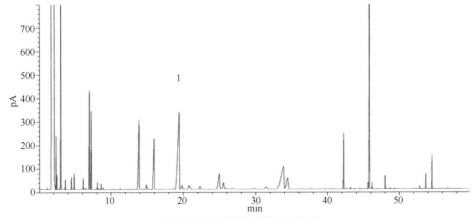

图 8-156　荆芥穗油供试品溶液

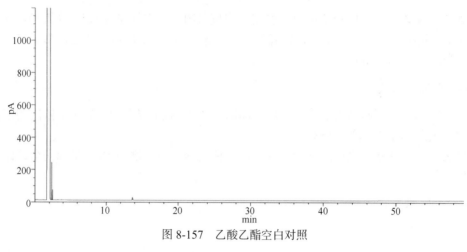

图 8-157　乙酸乙酯空白对照

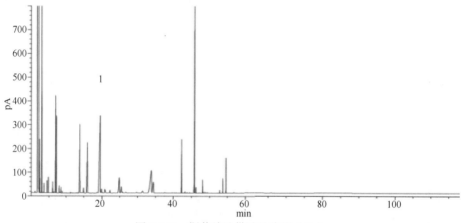

图 8-158　荆芥穗油供试品溶液（2h）

1-薄荷酮

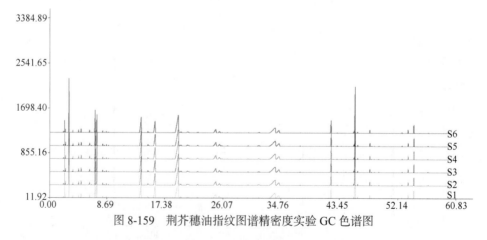

图 8-159　荆芥穗油指纹图谱精密度实验 GC 色谱图

荷酮峰（6 号峰）为参照峰，计算其中 17 个色谱峰相对保留时间的 RSD 值均小于 0.02%，相对峰面积的 RSD 值均小于 0.52%，符合指纹图谱的要求。见图 8-159、表 8-176 和表 8-177。

表 8-176　精密度试验结果（示相对保留时间）

峰号	相对保留时间						RSD（%）
	1	2	3	4	5	6	
1	0.216	0.216	0.216	0.216	0.216	0.216	0.000
2	0.322	0.322	0.322	0.323	0.322	0.322	0.127
3	0.350	0.350	0.350	0.350	0.350	0.350	0.000
4	0.503	0.503	0.503	0.503	0.503	0.503	0.000
5	0.521	0.521	0.521	0.521	0.521	0.521	0.000
6（S）	1.000	1.000	1.000	1.000	1.000	1.000	0.000
7	1.149	1.149	1.149	1.149	1.149	1.149	0.000
8	1.401	1.401	1.401	1.401	1.401	1.401	0.000
9	1.797	1.797	1.797	1.797	1.797	1.797	0.000
10	1.838	1.838	1.838	1.838	1.837	1.838	0.022
11	2.439	2.439	2.439	2.439	2.439	2.439	0.000
12	2.480	2.480	2.480	2.480	2.480	2.480	0.000
13	3.041	3.041	3.041	3.041	3.041	3.041	0.000
14	3.299	3.299	3.298	3.298	3.299	3.299	0.016
15	3.455	3.456	3.455	3.456	3.456	3.456	0.015
16	3.866	3.866	3.866	3.866	3.866	3.866	0.000
17	3.929	3.929	3.929	3.929	3.929	3.929	0.000

表 8-177　精密度试验结果（示相对峰面积）

峰号	相对峰面积						RSD（%）
	1	2	3	4	5	6	
1	1.151	1.148	1.148	1.149	1.150	1.147	0.128
2	0.067	0.067	0.067	0.067	0.067	0.067	0.000
3	0.092	0.092	0.092	0.092	0.092	0.092	0.000
4	0.731	0.727	0.728	0.728	0.728	0.726	0.230
5	0.507	0.505	0.505	0.505	0.505	0.504	0.195
6（S）	1.000	1.000	1.000	1.000	1.000	1.000	0.000
7	0.767	0.764	0.764	0.764	0.764	0.763	0.179
8	2.206	2.197	2.197	2.197	2.197	2.195	0.178
9	0.387	0.380	0.385	0.385	0.385	0.385	0.610
10	0.132	0.131	0.131	0.131	0.131	0.131	0.311
11	1.158	1.153	1.153	1.153	1.153	1.153	0.177
12	0.343	0.341	0.341	0.341	0.341	0.342	0.245
13	0.413	0.412	0.412	0.412	0.412	0.412	0.099
14	1.632	1.626	1.627	1.628	1.627	1.628	0.129
15	0.065	0.064	0.064	0.065	0.065	0.065	0.799
16	0.075	0.075	0.075	0.076	0.075	0.075	0.543
17	0.181	0.180	0.180	0.181	0.180	0.180	0.286

（2）重现性试验

取同一批荆芥穗油 6 份制备供试品溶液测定。以薄荷酮峰（6 号峰）为参照峰，计算其中 17 个色谱峰相对保留时间的 RSD 值均小于 0.15%，相对峰面积的 RSD 值均小于 0.65%，符合指纹图谱的要求。见图 8-160、表 8-178 和表 8-179。

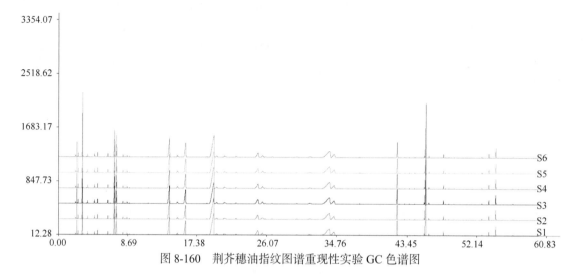

图 8-160　荆芥穗油指纹图谱重现性实验 GC 色谱图

表 8-178　重现性试验结果（示相对保留时间）

峰号	相对保留时间						RSD（%）
	样 1	样 2	样 3	样 4	样 5	样 6	
1	0.216	0.216	0.216	0.215	0.216	0.216	0.189
2	0.323	0.322	0.322	0.322	0.322	0.322	0.127
3	0.350	0.350	0.350	0.350	0.350	0.350	0.000
4	0.503	0.503	0.503	0.503	0.503	0.503	0.000
5	0.521	0.521	0.521	0.521	0.521	0.521	0.000
6（S）	1.000	1.000	1.000	1.000	1.000	1.000	0.000
7	1.149	1.149	1.149	1.149	1.149	1.149	0.000
8	1.400	1.401	1.400	1.401	1.400	1.401	0.039
9	1.797	1.797	1.797	1.797	1.797	1.797	0.000
10	1.838	1.838	1.838	1.838	1.838	1.838	0.000
11	2.438	2.438	2.439	2.439	2.439	2.439	0.021
12	2.479	2.480	2.480	2.480	2.481	2.480	0.026
13	3.043	3.043	3.043	3.043	3.043	3.042	0.013
14	3.301	3.300	3.300	3.300	3.300	3.300	0.012
15	3.458	3.457	3.457	3.457	3.458	3.457	0.015
16	3.869	3.868	3.868	3.868	3.868	3.868	0.011
17	3.932	3.931	3.931	3.931	3.932	3.931	0.013

表 8-179 重现性试验结果（示相对峰面积）

峰号	相对峰面积						RSD（%）
	样 1	样 2	样 3	样 4	样 5	样 6	
1	1.155	1.161	1.172	1.158	1.143	1.187	1.304
2	0.067	0.067	0.068	0.067	0.066	0.068	1.121
3	0.091	0.092	0.093	0.092	0.091	0.093	0.972
4	0.724	0.732	0.738	0.732	0.718	0.738	1.087
5	0.501	0.507	0.511	0.507	0.498	0.511	1.049
6（S）	1.000	1.000	1.000	1.000	1.000	1.000	0.000
7	0.756	0.767	0.772	0.766	0.752	0.772	1.093
8	2.173	2.206	2.221	2.205	2.162	2.221	1.131
9	0.381	0.387	0.389	0.387	0.379	0.390	1.157
10	0.130	0.132	0.133	0.132	0.129	0.133	1.250
11	1.141	1.158	1.165	1.157	1.135	1.165	1.093
12	0.338	0.343	0.345	0.343	0.336	0.345	1.105
13	0.407	0.412	0.416	0.413	0.405	0.416	1.116
14	1.606	1.632	1.643	1.629	1.600	1.642	1.122
15	0.064	0.065	0.065	0.065	0.063	0.065	1.297
16	0.074	0.075	0.076	0.075	0.074	0.076	1.193
17	0.178	0.181	0.182	0.181	0.177	0.182	1.186

（3）稳定性试验

取同一供试品溶液，放置于室温，分别在 0h、2h、4h、8h、12h、24h 时间间隔下测定。以薄荷酮峰（6 号峰）为参照峰，计算其中 17 个色谱峰相对保留时间的 RSD 值均小于 0.02%，相对峰面积的 RSD 值均小于 1.92%，符合指纹图谱的要求。表明供试品溶液 24h 内基本稳定。见图 8-161、表 8-180 和表 8-181。

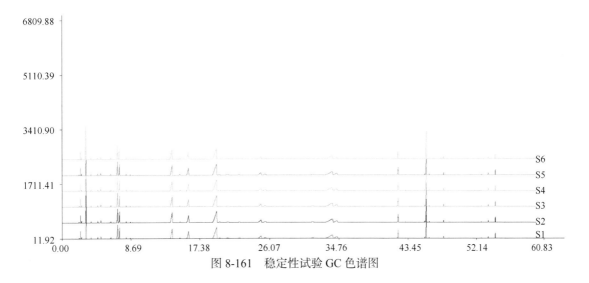

图 8-161 稳定性试验 GC 色谱图

表 8-180 稳定性试验结果（示相对保留时间）

峰号	相对峰面积						RSD（%）
	0h	2h	4h	6h	10h	24h	
1	0.216	0.216	0.216	0.216	0.216	0.216	0.000
2	0.322	0.322	0.322	0.322	0.322	0.322	0.000
3	0.349	0.350	0.350	0.350	0.349	0.349	0.157
4	0.503	0.503	0.503	0.503	0.503	0.503	0.000
5	0.521	0.521	0.521	0.521	0.521	0.521	0.000
6（S）	1.000	1.000	1.000	1.000	1.000	1.000	0.000
7	1.149	1.149	1.149	1.149	1.148	1.148	0.045
8	1.401	1.401	1.401	1.400	1.401	1.401	0.029
9	1.797	1.797	1.797	1.797	1.797	1.797	0.000
10	1.838	1.838	1.838	1.838	1.838	1.837	0.022
11	2.439	2.439	2.439	2.439	2.440	2.439	0.017
12	2.480	2.480	2.480	2.480	2.480	2.480	0.000
13	3.042	3.041	3.040	3.040	3.042	3.043	0.040
14	3.300	3.298	3.297	3.297	3.299	3.300	0.042
15	3.457	3.454	3.454	3.454	3.456	3.457	0.044
16	3.867	3.865	3.865	3.864	3.867	3.868	0.040
17	3.931	3.928	3.928	3.928	3.930	3.931	0.038

表 8-181 稳定性试验结果（示相对峰面积）

峰号	相对峰面积						RSD（%）
	0h	2h	4h	6h	10h	24h	
1	1.134	1.123	1.127	1.141	1.152	1.147	0.999
2	0.066	0.066	0.066	0.066	0.068	0.067	1.258
3	0.091	0.090	0.090	0.091	0.093	0.092	1.282
4	0.721	0.715	0.718	0.722	0.737	0.735	1.261
5	0.501	0.497	0.499	0.502	0.513	0.516	1.559
6（S）	1.000	1.000	1.000	1.000	1.000	1.000	0.000
7	0.758	0.752	0.755	0.761	0.778	0.786	1.796
8	2.181	2.164	2.172	2.139	2.138	2.258	2.027
9	0.383	0.379	0.381	0.383	0.393	0.397	1.875
10	0.131	0.129	0.130	0.131	0.134	0.136	2.002
11	1.145	1.136	1.139	1.148	1.175	1.188	1.838
12	0.339	0.336	0.337	0.340	0.348	0.352	1.895
13	0.409	0.405	0.407	0.410	0.419	0.424	1.813
14	1.615	1.601	1.607	1.619	1.657	1.679	1.910
15	0.064	0.064	0.064	0.064	0.066	0.067	2.050
16	0.074	0.074	0.074	0.075	0.076	0.078	2.131
17	0.179	0.177	0.178	0.179	0.184	0.187	2.177

三、多指标成分含量测定研究

本部分建立了 GC 法同时测定胡薄荷酮（Pulegone）和薄荷酮（Menthone）的含量的方法。

（一）仪器与材料

1. 仪器

Agilent 7890B 型气相色谱仪	美国 Agilent 公司
FID 检测器 7890B（G3440B）	美国 Agilent 公司
色谱专用空气发生器 Air-Model-5L	天津市色谱科学技术公司
色谱专用氢气发生器 HG-Model 300A	天津市色谱科学技术公司
HP-5 气相色谱柱（30M×320μm×0.25μm）	美国 Agilent 公司
AB204-N 电子天平（十万分之一）	德国 METELER 公司
BT25S 电子天平（万分之一）	德国 Sartorius 公司

2. 试剂与试药

胡薄荷酮（批号 111706-201205）、薄荷酮（批号 111705-201105）均购自中国食品药品检定研究院；荆芥穗油（批号 20151228）由天津隆顺榕制药有限公司提供。所有试剂均为分析纯。

（二）试验方法

1. GC 色谱与 HPLC 色谱预实验

《中国药典》2015 年版规定荆芥穗药材的含量测定方法及指标为采用 HPLC 法测定胡薄荷酮。荆芥穗挥发油中主要专属性成分包括胡薄荷酮、薄荷酮等，这与本实验室之前所做的荆芥穗油 GC-MS 试验结果一致。药理活性成分文献表明，这两个成分均具有抗炎镇痛作用，其中，胡薄荷酮是荆芥挥发油抗炎作用的物质基础，薄荷酮则具有较强的镇痛作用，研究证实薄荷酮对小鼠的镇痛作用强度与氨基比林相当，另有文献研究得薄荷酮与胡薄荷酮比例接近 7：1 时抗炎作用良好。本实验室将胡薄荷酮、薄荷酮列入含量测定指标选择项进行考察。

对薄荷酮采用全波长扫描，在 220nm 处有最大吸收，属于末端吸收。胡薄荷酮最大吸收波长为 252nm（《中国药典》2015 年版规定），参考文献，采用 GC 法测定胡薄荷酮及薄荷酮。

2. 混合对照品溶液的制备

取薄荷酮、胡薄荷酮对照品适量，精密称定，加甲醇溶液制成每 1ml 含胡薄荷酮 0.9273mg、薄荷酮 1.7630mg 的混合对照品溶液，摇匀，即得。

3. 供试品溶液制备

精密移取 0.5ml 荆芥穗油置 25ml 棕色容量瓶中，加入乙酸乙酯溶液稀释至刻度，混匀。取适量无水硫酸钠加入量瓶中脱水，过 0.45μm 滤膜，即得。

4. 色谱条件的摸索

在荆芥穗油物质组群辨识 GC 条件基础上，进行了初温、进样量、进样口温度和分流比等优化考察，确定 GC 色谱条件。条件 1、2 为条件摸索过程之一，条件 3 为确定的色谱条件。

条件 1　进样口温度 300℃,检测器温度 270℃,进样 1μl,分流比 10∶1,柱流速:1ml/min。程序升温条件如下:初始温度 30℃（保持 1min）,以 20℃/min 升至 85℃（保持 5min）,以 0.5℃/min 升至 95℃（保持 5min）,以 30℃/min 升至 250℃（保持 3min）。

条件 2　进样口温度 300℃,检测器温度 270℃,进样 1μl,分流比 5∶1,柱流速:1ml/min。程序升温条件如下:初始温度 70℃（40min）,以 30℃/min 升至 250℃（5min）。

条件 3（确定）　进样口 250℃,检测器 270℃,进样 1μl,分流比 10∶1,柱流速:1ml/min。程序升温条件如下:初温 80℃（保持 16min）,以 6℃/min 升至 95℃（保持 2min）,以 30℃/min 升至 250℃（保持 6min）。

分别取混合对照品溶液、荆芥穗油供试品溶液,按确定的条件 3 进样测定,考察系统适用性。记录 GC 色谱图,如图 8-162 所示。结果薄荷酮、胡薄荷酮色谱峰与相邻峰的分离度均大于 1.5。

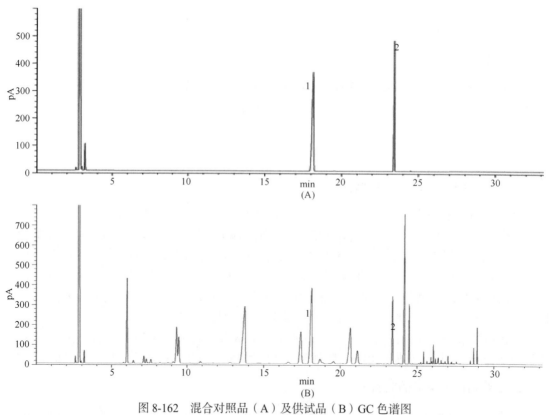

图 8-162　混合对照品（A）及供试品（B）GC 色谱图
1-薄荷酮；2-胡薄荷酮

5. 测定法

测定法分别精密吸取对照品溶液与供试品溶液各 1μl,注入液相色谱仪,测定,即得。

6. 方法学考察

（1）线性关系考察

精密量取混合对照品溶液,分别制成 6 个不同质量浓度的混合对照品溶液,按法进行测定。记录相应的峰面积,以进样量 X（μg）为横坐标,峰面积 Y 为纵坐标,绘制标准曲线并进行回归计算。见图 8-163。结果胡薄荷酮线性回归方程为 $y = 1436.1x + 102.43$，$R = 0.9999$，薄荷酮线性回归方程为 $y = 1390x + 196.45$，$R = 0.9998$，表明胡薄荷酮在线性范围 0.093～1.855mg、薄荷酮在线性范围 0.176～3.526mg 之间与峰面积呈良好的线性关系。

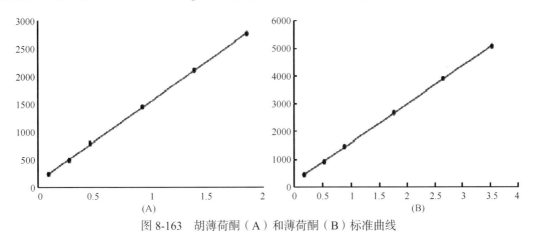

图 8-163　胡薄荷酮（A）和薄荷酮（B）标准曲线

（2）精密度试验

精密量取 0.5ml 荆芥穗油制备供试品溶液，按法进行测定，连续进样 6 次。记录样品中胡薄荷酮和薄荷酮的色谱峰面积，计算峰面积 RSD%，见表 8-182。

表 8-182　精密度试验结果（ $n=6$ ）

成分	峰面积值						RSD（%）
	1	2	3	4	5	6	
薄荷酮	2599.12	2616.65	2629.89	2640.21	2648.63	2669.80	0.94
胡薄荷酮	1027.45	1035.03	1040.13	1044.05	1047.74	1056.06	0.96

结果显示样品中薄荷酮的色谱峰面积 RSD 值为 0.94%，胡薄荷酮的色谱峰面积 RSD 值为 0.96%，精密度良好。

（3）稳定性试验

精密量取 0.5ml 荆芥穗油制备供试品溶液，放置于室温，分别在 0h、2h、4h、6h、8h、12h、24h 时间间隔下依法进行测定，对照品溶液随行，记录胡薄荷酮和薄荷酮对照品和供试品色谱峰面积，计算供试品含量 RSD%，见表 8-183。

表 8-183　稳定性试验结果

成分	含量（mg/ml）							RSD（%）
	0h	2h	4h	6h	8h	12h	24h	
薄荷酮	86.603	84.972	85.712	85.924	85.839	88.656	92.095	2.85
胡薄荷酮	33.296	32.779	33.046	33.118	33.116	34.202	35.515	2.87

结果供试品薄荷酮含量 RSD 值为 2.85%，胡薄荷酮含量 RSD 值为 2.87%，表明供试品溶液室温放置 24h 内稳定。

（4）重现性试验

精密量取荆芥穗油 6 份，每份 0.5ml，制备供试品溶液，按法进行测定。记录胡薄荷酮和薄荷酮对照品和供试品色谱峰面积，计算供试品含量及 RSD%，见表 8-184。结果供试品中薄荷酮含量为 83.586mg/ml，RSD 值为 1.13%，胡薄荷酮含量为 33.440mg/ml，RSD 值为 1.79%，表明本方法重现性良好。

表 8-184　重现性试验结果

| 成分 | 含量（mg/ml） | | | | | | 平均值 | RSD（%） |
	1	2	3	4	5	6		
薄荷酮	84.315	84.401	84.020	83.337	81.856	83.586	83.586	1.13
胡薄荷酮	34.467	33.449	33.466	33.194	32.613	33.449	33.440	1.79

（5）加样回收率

精密量取荆芥穗油 6 份，每份 0.25ml，精密加入 1ml 薄荷酮对照品溶液（浓度为 20.896mg/ml）和 0.5ml 胡薄荷酮对照品溶液（浓度为 16.720mg/ml），按供试品溶液制备方法制备 6 份供试品溶液，依法测定。记录胡薄荷酮和薄荷酮的色谱峰面积，按法计算含量，并计算胡薄荷酮和薄荷酮加样回收率及 RSD%。结果表明，供试品中薄荷酮平均回收率为 103.15%，RSD 为 3.02%，胡薄荷酮平均回收率为 102.05%，RSD 为 2.25%，回收率符合要求（表 8-185 和表 8-186）。

表 8-185　薄荷酮加样回收率试验结果

编号	取样量（ml）	样品含量（mg）	加入对照品量（mg）	实际测定量（mg）	回收率（%）	平均回收率（%）	RSD（%）
1	0.25	20.90	20.896	42.45	103.15		
2	0.25	20.90	20.896	41.15	96.93		
3	0.25	20.90	20.896	42.76	104.63		
4	0.25	20.90	20.896	42.8	104.82	103.15	3.02
5	0.25	20.90	20.896	42.81	104.87		
6	0.25	20.90	20.896	42.74	104.53		

表 8-186　胡薄荷酮加样回收率试验结果

编号	取样量（ml）	样品含量（mg）	加入对照品量（mg）	实际测定量（mg）	回收率（%）	平均回收率（%）	RSD（%）
1	0.25	8.36	8.36	16.66	99.28		
2	0.25	8.36	8.36	17.15	105.14		
3	0.25	8.36	8.36	16.76	100.48		
4	0.25	8.36	8.36	17.03	103.71	102.05	2.25
5	0.25	8.36	8.36	16.76	100.48		
6	0.25	8.36	8.36	16.99	103.23		

第九章

六经头痛片质量标准研究

本部分在前期原料药材和六经头痛片化学物质组研究、血中移行成分和药效作用机制研究基础上，选择与药效相关的主要成分进行多指标成分含量测定，将指纹图谱技术与多成分含量测定相结合，建立系统的多指标成分质量控制体系。

六经头痛片是由9味药组成的中药复方，成分复杂，即含有挥发性成分又含有非挥发性成分，非挥发性成分中化合物极性分布也比较宽，即含有黄酮苷、环烯醚萜苷、苯乙醇苷类等水溶性的大极性化合物，又含有黄酮苷元、香豆素等脂溶性的低极性化学成分。因此，本部分实验对非挥发性成分建立了HPLC指纹图谱控制方法，对挥发性成分建立了GC指纹图谱控制方法。对于非挥发性成分，采用HPLC法，同时根据化学成分极性不同，分别建立了2张指纹谱来全面反应全方质量信息。

第一节　HPLC指纹图谱研究

一、实验材料

（一）仪器与试剂

Agilent 1260 高效液相色谱仪	美国 Agilent 公司
AB204-N 电子天平（十万分之一）	德国 METELER 公司
BT25S 电子天平（万分之一）	德国 Sartorius 公司
超声波清洗仪	宁波新芝生物科技公司
乙腈（色谱纯）	天津市康科德科技有限公司
磷酸（分析纯）	天津市康科德科技有限公司
纯净水	杭州娃哈哈集团有限公司

（二）试药

葛根素（批号 110752-200511）、大豆苷（批号 11138-201302）、特女贞苷（批号 111926-201404）、欧前胡素（批号 110726-201414）、异欧前胡素（批号 110853-201404）购自中国食品药品检定研究院；3′-羟基葛根素（批号 20160203）购自天津万象科技有限公司；3′-甲氧基葛根素（批号 JL20160804001）购自江莱生物；白当归素（批号 MUST-13010311）、佛手柑内酯（批号 MUST-13020604）、红景天苷（批号 MUST-15042412）、松果菊苷（批号 MUST-16032701）、橄榄苦苷（批号 MUST-16052512）均购自成都曼思特生物科技有限公司。六经头痛片均由天津中新药业集团股份有限公司隆顺榕制药厂提供，信息见表9-1。

表 9-1　六经头痛片信息

编号	批号	编号	批号
成品-1	DL12445	成品-7	EI12459
成品-2	EA12448	成品-8	EC12452
成品-3	EA12447	成品-9	EC12451
成品-4	ED12463	成品-10	EI12458
成品-5	EA12450	成品-11	DK12444
成品-6	DE12431		

二、方法与结果

六经头痛片是由 9 味药组成的中药复方，成分复杂，即含有黄酮苷、环烯醚萜苷、苯乙醇苷类等水溶性的大极性化合物，又含有黄酮苷元、香豆素等脂溶性的低极性化学成分。因此，本部分实验采用极性分段法通过 2 张指纹谱来全面反应全方质量信息。

（一）低极性部分指纹图谱研究

1. 参照峰的选择

在低极性部分选择六经头痛片中所含主要药效成分大豆苷元作为参照物。在低极性部分 HPLC 色谱图中，大豆苷元峰面积所占百分比最大，保留时间适中，且和其他成分有很好的分离。因此，选择大豆苷元作为葛根药材 HPLC 指纹图谱的参照物。

参照物溶液的制备：取大豆苷元对照品适量，精密称定，加甲醇溶液制成每 1ml 含大豆苷元 0.51mg 的溶液，摇匀，即得。

2. 供试品溶液制备方法考察

以六经头痛片供试品色谱图中主要色谱峰的峰面积及全方色谱峰个数为考察指标确定供试品溶液制备方法。

（1）提取方式考察

取六经头痛片粉末 3 份，每份 3g，精密称定，分别加入乙酸乙酯溶液 50ml，分别采用超声、回流、索氏提取，提取 30min，滤过，精密量取上清液 25ml，蒸干，残渣加甲醇溶液适量使溶解至 2ml 量瓶中，加甲醇溶液至刻度，摇匀，滤过，取续滤液，即得供试品溶液。

另取六经头痛片粉末 3g，精密称定，分别加入乙酸乙酯溶液 50ml，超声处理 30min，滤过，精密量取上清液 25ml，蒸干，残渣加水 20ml 使溶解，用乙酸乙酯溶液振摇提取 2 次，每次 20ml，合并乙酸乙酯溶液蒸干，残渣加甲醇溶液适量使溶解，转移至 2ml 量瓶中，加甲醇溶液至刻度，摇匀，滤过，取续滤液，即得乙酸乙酯溶液部分，水液部分浓缩，转移至 5ml 量瓶中，摇匀，滤过，取续滤液，即得水部分供试品溶液，以确定的色谱条件进行试验，结果见图 9-1。

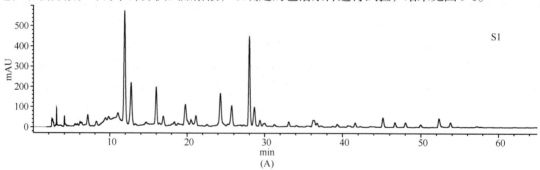

(A)

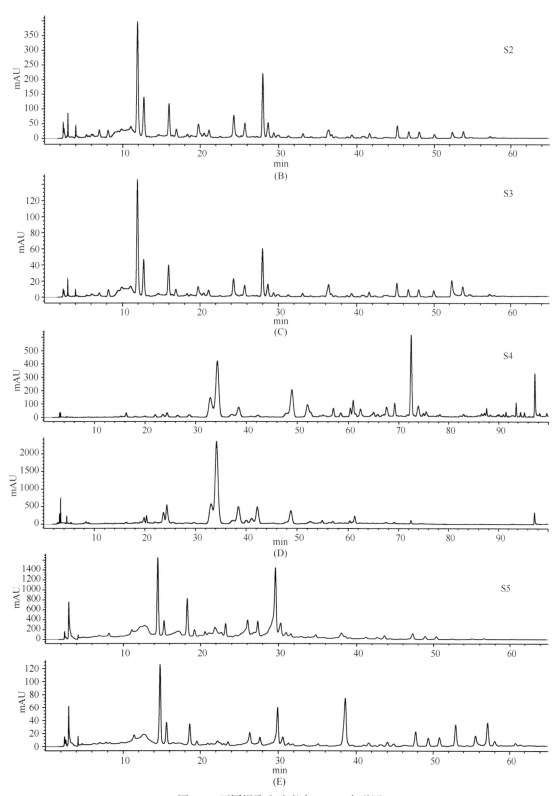

图 9-1 不同提取方法考察 HPLC 色谱图

A：索氏；B：回流；C：超声；D：萃取（上：乙酸乙酯层，下：水层）；E：低极性部分（上：萃取，下：超声）

比较超声提取、回流提取和索氏提取结果表明，索氏和回流虽然整体的提取效果最好，但图谱中色谱峰的前段对后半段的干扰也更加严重，从极性分段和操作难易角度考虑超声提取效果更好，因此选择超声提取方法。

萃取也能达到预期的极性分段目的，但是同超声提取方式相比，萃取方法两相重叠部分较多（30～80min），80min后提取效果不如乙酸乙酯直接超声，说明超声提取对于小极性成分的提取效率更高，而且萃取过程操作较麻烦，重复性差。

（2）过滤方式考察

取六经头痛片粉末两份，每份2g，精密称定，分别置50ml离心管和锥形瓶中，精密加入乙酸乙酯溶液各35ml，称定重量，超声提取30min，放至室温，再称定重量，用乙酸乙酯溶液补足减失的重量，摇匀，一份5000r/min离心10min，另一份滤纸滤过，精密量取上清液和滤液25ml，蒸干，残渣用甲醇溶液溶解，转移至2ml量瓶中，并稀释至刻度，摇匀，滤过，取续滤液，即得供试品溶液，以确定的色谱条件进行试验。结果见图9-2。

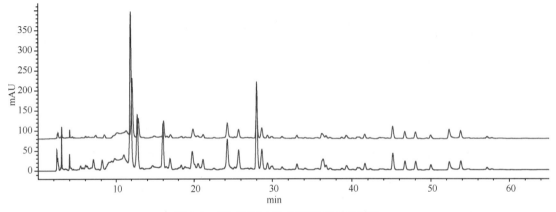

图9-2　不同滤过方法考察HPLC色谱图

S1是滤过方式；S2是离心方式

（3）提取溶剂种类考察

平行称取3份六经头痛片药材粉末各2g，精密称定，置于50ml离心管中，分别加入乙酸乙酯溶液、三氯甲烷溶液、甲醇溶液35ml，称定重量，超声提取30min，冷却至室温，再称定重量，加各溶剂补重，摇匀，5000r/min离心10min，离心2次，合并2次上清液，各精密量取25ml，分别蒸干，残渣用甲醇溶液溶解，转移至2ml量瓶中，并稀释至刻度，摇匀，滤过，取续滤液，得到乙酸乙酯、三氯甲烷、甲醇超声供试品溶液。按确定的条件进样测定。等生药量下结果见图9-3。

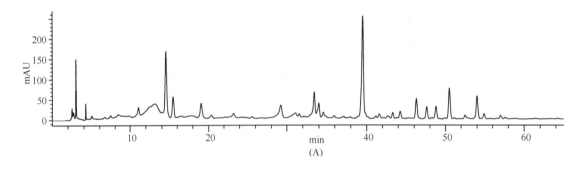

(A)

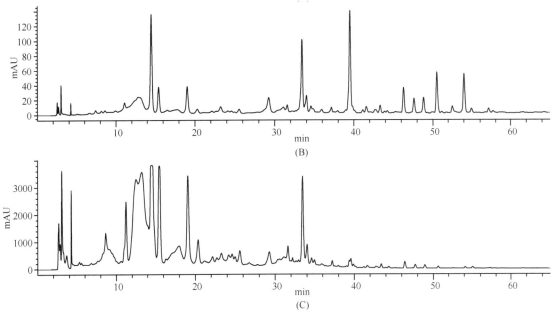

图 9-3 不同溶剂考察 HPLC 色谱图
A：三氯甲烷；B：乙酸乙酯；C：甲醇

实验结果表明，甲醇溶液提取时前半段对后半段掩盖和干扰现象很严重；乙酸乙酯溶液和三氯甲烷溶液图谱效果相对较好，二者比对，乙酸乙酯溶液各峰响应差异较小，整体峰形更好，且乙酸乙酯溶液对于 34min 处峰的提取效果较三氯甲烷溶液好，另外，三氯甲烷供试品溶液制备困难，漏斗滤过挥发损失严重，超声提取液离心效果不好，多次离心仍有残渣悬浮于上清液中，而且三氯甲烷属于易制毒试剂，从环保和安全角度考虑，优选乙酸乙酯作为低极性部分提取溶剂。

（4）提取溶剂用量考察

取六经头痛片 20 片，研细，平行称取三份粉末各 3.0g，精密称定，置于锥形瓶中，分别加入乙酸乙酯溶液 25ml、50ml、75ml，称定重量，超声处理 30 min，放至室温，分别称定，用乙酸乙酯溶液补足重量，摇匀，5000r/min 离心 10min，各吸取初始溶剂量的一半，分别蒸干，残渣用甲醇溶液溶解，转移至 2ml 量瓶中，并稀释至刻度，摇匀，滤过，取续滤液，即得。等生药量下结果见图 9-4。

结果表明，提取溶剂为 25ml 时，30min 后色谱峰提取率不如 50ml、75ml 和 50ml 色谱峰提取率差异不大，故选择溶剂提取用量为 50ml，因离心筒规格所限，后期采用 50ml 离心筒，折算后的提取倍量为 2g 药粉加 35ml 提取溶剂。

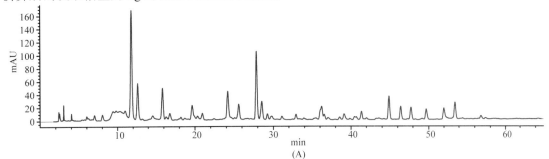

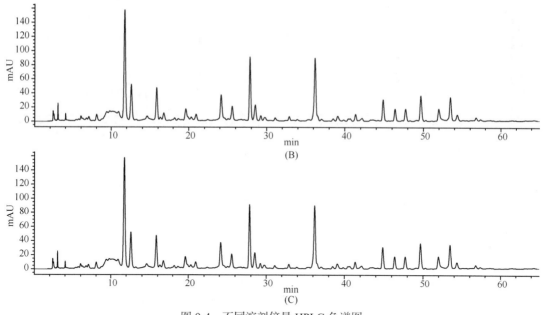

图 9-4　不同溶剂倍量 HPLC 色谱图
A：25ml；B：50ml；C：75ml

（5）提取时间考察

平行称取 3 份六经头痛片药材粉末各 2g，精密称定，置于 50ml 离心管中，加入 35ml 乙酸乙酯溶液，称定重量，分别超声处理 15min、30min、45min，放至室温，分别称定，用乙酸乙酯溶液补足重量，摇匀，5000r/min 离心 10min，分别精密吸取 25ml，分别蒸干，残渣用甲醇溶液溶解，转移至 2ml 量瓶中，并稀释至刻度，摇匀，滤过，取续滤液，即得供试品溶液。按确定的条件进样测定。等生药量下结果见图 9-5。

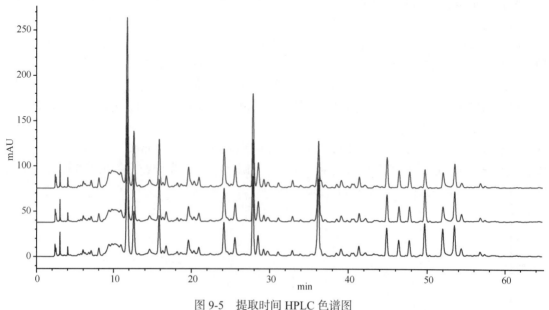

图 9-5　提取时间 HPLC 色谱图
由上至下依次为：15min，30min，45min

实验结果表明，30min 提取效率最好，15min 提取不完全，提取时间为 45min 时对前段的提取效果稍好,但对后段的提取效果不如提取 30min,因前段色谱峰与高极性部分有部分重合,故低极性部分考察重点在后半段,将超声时间定为 30min。

（6）提取终点考察

称取六经头痛片药材粉末 2g,精密称定,置于 50ml 量瓶中,加入乙酸乙酯溶液至刻度,超声提取 30min,冷却至室温,补溶剂至刻度,滤过,滤渣用乙酸乙酯溶液洗涤 2 次,同样方法超声提取第二次和第三次,三次所得滤液分别精密量取 25ml,分别蒸干,残渣用甲醇溶液溶解,转移至 2ml 量瓶中,并稀释至刻度,摇匀,滤过,取续滤液,即得。按确定的条件进样测定。色谱图见 9-6。

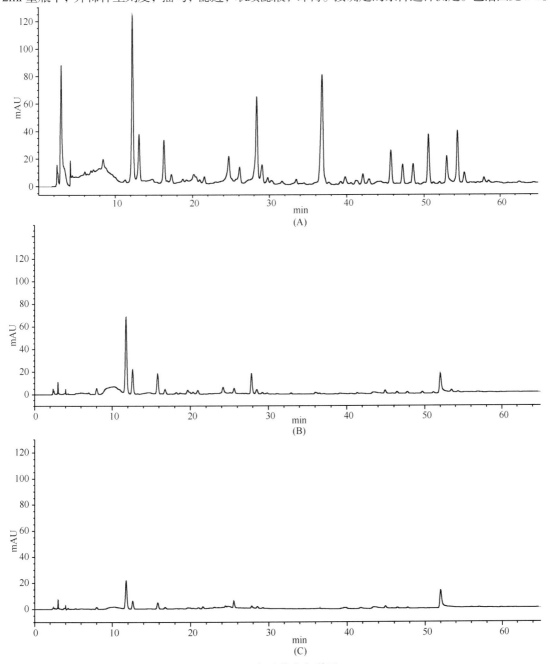

图 9-6　提取终点色谱图

A：第一次提取；B：第二次提取；C：第三次提取

结果可知，虽然第二次提取依然有部分色谱峰，但主要显示在前半段，因为 30min 前的色谱峰与高极性部分图谱色谱峰有重合，对结果影响不大，而对于低极性成分提取一次的提取率可达 90%以上，故选择提取一次即可。

（7）供试品溶液制备方法的确定

取六经头痛片适量，研细，取粉末约 2g，精密称定，置 50ml 离心管中，精密加入乙酸乙酯溶液 35ml，称定重量，超声提取 30min，放至室温，再称定重量，用乙酸乙酯溶液补足减失的重量，摇匀，5000r/min 离心 10min，精密量取上清液 25ml，蒸干，残渣用甲醇溶液溶解，转移至 2ml 量瓶中，并稀释至刻度，摇匀，滤过，取续滤液，即得。

3. 色谱条件考察

（1）流动相条件考察

条件 1　流动相 A 相：0.1%磷酸水；B 相：乙腈。柱温 30℃，进样量 10μl，波长 260nm；流速：1ml/min。流动相梯度见表 9-2，梯度洗脱结果见图 9-7。

表 9-2　条件 1 流动相梯度

t（min）	A（%）	B（%）
0	87	13
5	87	13
25	65	35
40	50	50
65	20	80
70	0	100

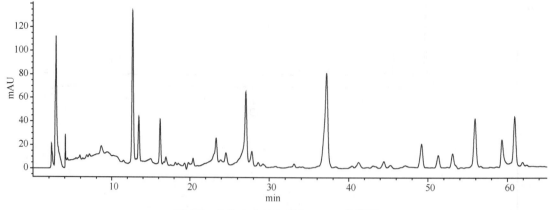

图 9-7　条件 1 六经头痛片 HPLC 色谱图

条件 2　流动相 A 相：0.1%磷酸水；B 相：乙腈。柱温 30℃，进样量 10μl，波长 260nm；流速：1ml/min。流动相梯度见表 9-3，梯度洗脱结果见图 9-8。

表 9-3　梯度洗脱程序

t（min）	A（%）	B（%）
0	87	13
10	86	14

续表

t（min）	A（%）	B（%）
30	72	28
40	50	50
70	10	90
75	0	100

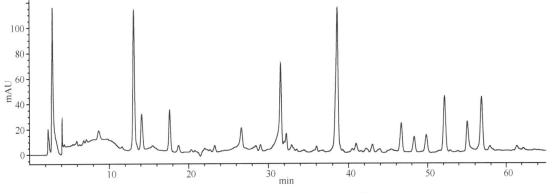

图 9-8　条件 2 六经头痛片 HPLC 色谱图

条件 3　流动相 A 相：0.1%磷酸水；B 相：乙腈。柱温 30℃，进样量 10μl，波长 260nm；流速：1ml/min。流动相梯度见表 9-4，梯度洗脱结果见图 9-9。

表 9-4　条件 3 流动相梯度

t（min）	A（%）	B（%）
0	87	13
5	87	13
25	73	27
35	50	50
60	15	85
65	0	100

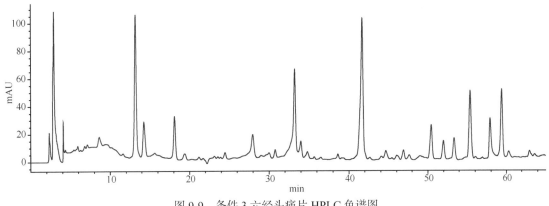

图 9-9　条件 3 六经头痛片 HPLC 色谱图

条件 4　流动相 A 相：0.1%磷酸水；B 相：乙腈。柱温 30℃，进样量 10μl，波长 260nm；流速：1ml/min。流动相梯度见表 9-5，梯度洗脱结果见图 9-10。

表 9-5　条件 4 流动相梯度

t（min）	A（%）	B（%）
0	88	12
5	87	13
25	70	30
35	50	50
65	0	100

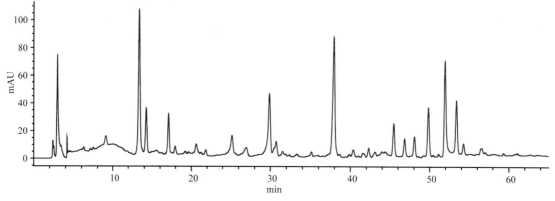

图 9-10　条件 4 六经头痛片 HPLC 色谱图

条件 5　流动相 A 相：0.1%磷酸水；B 相：乙腈。柱温 30℃，进样量 10μl，波长 260nm；流速：1ml/min。流动相梯度见表 9-6，梯度洗脱结果见图 9-11。

表 9-6　条件 5 流动相梯度

t（min）	A（%）	B（%）
0	88	12
5	87	13
18	75	25
35	50	50
65	10	90
65	0	100

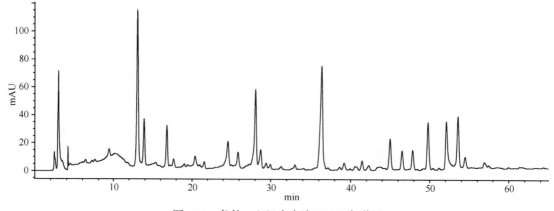

图 9-11　条件 5 六经头痛片 HPLC 色谱图

条件 6　流动相 A 相：0.1%磷酸水；B 相：乙腈。柱温 30℃，进样量 10μl，波长 260nm；

流速：1ml/min。流动相梯度见表9-7，梯度洗脱结果见图9-12。

表 9-7　条件 6 流动相梯度

t（min）	A（%）	B（%）
0	87	13
5	86	14
18	75	25
35	50	50
60	10	90
65	0	100

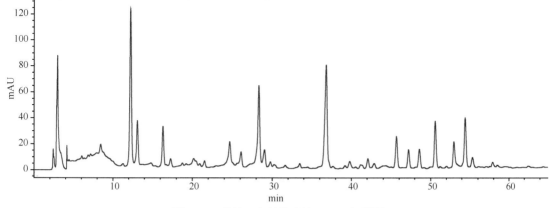

图 9-12　条件 6 六经头痛片 HPLC 色谱图

由各条件下 HPLC 色谱图可看出，条件 6 下得到的谱图中基线比较稳定，峰个数较多，各色谱峰分离度较好，故选择条件 6 中流动相梯度条件为最优条件。

（2）柱温条件考察（图 9-13）

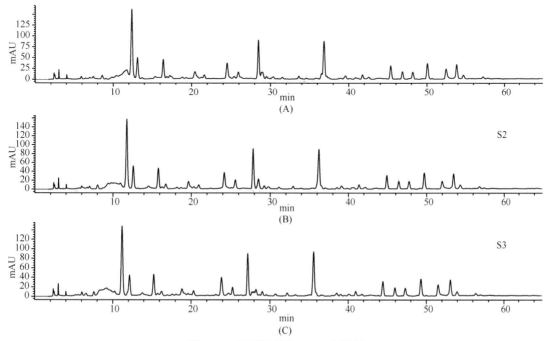

图 9-13　不同温度下 HPLC 色谱图

A：25℃；B：30℃；C：35℃

结果可知，随着温度增加，色谱峰出峰时间提前，在 30℃下图谱中各色谱峰的分离度最佳。

（3）检测波长的选择

取六经头痛片供试品溶液，使用 DAD 检测器进行 200~400nm 全波长扫描，结果见图 9-14，综合考虑总峰个数及其峰的响应大小，色谱图在 260nm 各峰分离良好，特征峰明显且峰形较好，故选择 260nm 作为六经头痛片指纹图谱测定波长。

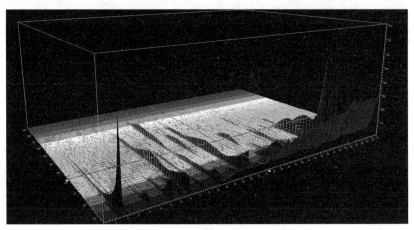

图 9-14　六经头痛片全波长扫描图

（4）色谱条件的确定

Angilent 1260 高效液相色谱仪，色谱柱：Diamonsil C_{18}（250 mm×4.6 μm，5 μm），流动相 A 相：0.1%磷酸水溶液，B 相：乙腈，柱温：30℃，体积流量：1ml/min，检测波长：260nm，进样量 10μl，梯度洗脱程序见表 9-8。

表 9-8　梯度洗脱程序

t（min）	A（%）	B（%）
0	87	13
5	86	14
18	75	25
35	50	50
60	10	90
65	0	100

4. 方法学考察

（1）精密度试验

在上述优化后的条件下，制备供试品溶液，连续进样 6 次，记录指纹图谱（图 9-15），以大豆苷元峰（7 号峰）的保留时间和色谱峰面积为参照，计算出各共有峰的相对保留时间和相对峰面积。精密度试验结果见表 9-9 和表 9-10。各色谱峰的相对保留时间的 RSD 不大于 0.226% 及相对峰面积的 RSD 值均不大于 2.84%，符合指纹图谱的要求。

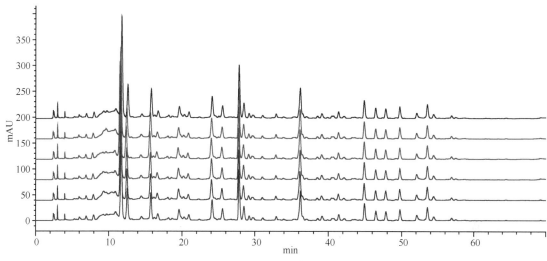

图 9-15　精密度实验 HPLC 色谱图

表 9-9　精密度相对保留时间

峰号	相对保留时间						RSD（%）
	1	2	3	4	5	6	
1	0.421	0.420	0.419	0.420	0.419	0.419	0.226
2	0.451	0.451	0.450	0.450	0.449	0.449	0.190
3	0.567	0.566	0.566	0.567	0.566	0.566	0.125
4	0.705	0.704	0.704	0.703	0.703	0.703	0.087
5	0.867	0.866	0.866	0.866	0.866	0.866	0.054
6	0.918	0.917	0.917	0.918	0.918	0.918	0.039
7（S）	1.000	1.000	1.000	1.000	1.000	1.000	0.000
8	1.024	1.024	1.024	1.024	1.024	1.024	0.017
9	1.302	1.303	1.303	1.303	1.303	1.304	0.048
10	1.489	1.490	1.490	1.491	1.490	1.491	0.063
11	1.615	1.617	1.618	1.618	1.618	1.619	0.072
12	1.670	1.672	1.673	1.673	1.673	1.674	0.077
13	1.718	1.720	1.721	1.722	1.721	1.722	0.079
14	1.788	1.790	1.791	1.792	1.791	1.792	0.081
15	1.872	1.875	1.876	1.876	1.876	1.876	0.080
16	1.924	1.927	1.928	1.928	1.928	1.929	0.086

表 9-10　精密度相对保留峰面积

峰号	相对峰面积						RSD（%）
	1	2	3	4	5	6	
1	1.963	1.969	1.879	1.964	1.887	1.957	2.158
2	0.657	0.666	0.639	0.665	0.642	0.662	1.789
3	0.555	0.549	0.522	0.533	0.528	0.549	2.503
4	0.299	0.300	0.297	0.299	0.297	0.299	0.478
5	0.569	0.571	0.571	0.571	0.571	0.569	0.159

续表

峰号	相对峰面积						RSD（%）
	1	2	3	4	5	6	
6	0.274	0.276	0.276	0.277	0.276	0.276	0.313
7（S）	1.000	1.000	1.000	1.000	1.000	1.000	0.000
8	0.328	0.329	0.328	0.328	0.328	0.328	0.065
9	0.846	0.829	0.818	0.849	0.868	0.846	2.022
10	0.135	0.126	0.134	0.135	0.131	0.135	2.843
11	0.360	0.360	0.360	0.360	0.359	0.360	0.134
12	0.217	0.217	0.217	0.217	0.217	0.217	0.152
13	0.229	0.230	0.230	0.229	0.228	0.229	0.229
14	0.290	0.289	0.289	0.290	0.289	0.288	0.187
15	0.152	0.150	0.152	0.150	0.150	0.149	0.847
16	0.309	0.308	0.308	0.308	0.306	0.307	0.267

（2）重复性试验

取同一批次六经头痛片样品，平行制备供试品溶液 6 份，按法进样测定，记录指纹图谱（图 9-16），以大豆苷元峰（7 号峰）的保留时间和色谱峰面积为参照，计算出各共有峰的相对保留时间和相对峰面积。重复性试验结果见表 9-11 和表 9-12。各色谱峰的相对保留时间的 RSD 值不大于 0.531%及峰面积的 RSD 值不大于 3.837%，符合指纹图谱的要求。

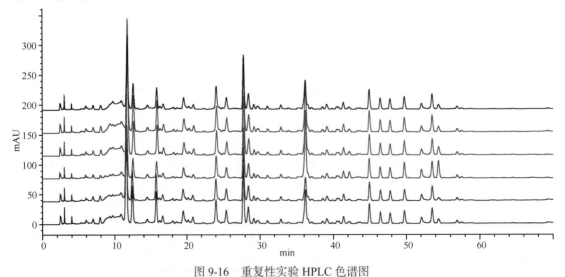

图 9-16　重复性实验 HPLC 色谱图

表 9-11　重复性相对保留时间

峰号	相对保留时间						RSD（%）
	1	2	3	4	5	6	
1	0.423	0.418	0.421	0.424	0.424	0.423	0.531
2	0.454	0.448	0.452	0.454	0.454	0.453	0.498
3	0.569	0.565	0.568	0.570	0.569	0.568	0.313
4	0.706	0.702	0.704	0.706	0.706	0.705	0.209
5	0.867	0.866	0.867	0.868	0.868	0.867	0.089

峰号	相对保留时间						RSD（%）
	1	2	3	4	5	6	
6	0.918	0.918	0.918	0.919	0.919	0.918	0.047
7（S）	1.000	1.000	1.000	1.000	1.000	1.000	0.000
8	1.024	1.024	1.024	1.025	1.025	1.024	0.018
9	1.301	1.304	1.302	1.301	1.302	1.302	0.067
10	1.488	1.491	1.489	1.488	1.488	1.488	0.087
11	1.614	1.618	1.616	1.615	1.615	1.615	0.091
12	1.669	1.673	1.671	1.669	1.670	1.670	0.091
13	1.718	1.722	1.719	1.718	1.718	1.719	0.090
14	1.787	1.792	1.789	1.788	1.788	1.789	0.090
15	1.872	1.876	1.873	1.872	1.872	1.873	0.082
16	1.924	1.928	1.926	1.924	1.924	1.925	0.080

表 9-12　重复性相对峰面积

峰号	相对峰面积						RSD（%）
	1	2	3	4	5	6	
1	1.823	1.676	1.772	1.823	1.696	1.813	3.723
2	0.603	0.587	0.603	0.620	0.578	0.604	2.455
3	0.507	0.511	0.507	0.520	0.503	0.511	1.170
4	0.291	0.280	0.291	0.295	0.268	0.274	3.837
5	0.568	0.545	0.569	0.578	0.534	0.548	3.094
6	0.275	0.262	0.276	0.275	0.275	0.271	1.922
7（S）	1.000	1.000	1.000	1.000	1.000	1.000	0.000
8	0.326	0.307	0.328	0.331	0.330	0.318	2.878
9	0.823	0.811	0.828	0.893	0.817	0.852	3.656
10	0.135	0.136	0.136	0.141	0.128	0.134	3.091
11	0.357	0.331	0.360	0.353	0.343	0.366	3.572
12	0.215	0.205	0.217	0.224	0.219	0.217	2.853
13	0.227	0.222	0.229	0.235	0.214	0.229	3.210
14	0.287	0.277	0.289	0.309	0.283	0.288	3.742
15	0.156	0.150	0.158	0.151	0.157	0.152	2.197
16	0.304	0.292	0.308	0.322	0.300	0.310	3.314

（3）稳定性试验

取同一供试品溶液，分别在 0h、2h、4h、8h、12h、24h 进样测定，记录指纹图谱（图 9-17），以大豆苷元峰（7 号峰）的保留时间和色谱峰面积为参照，计算出各共有峰的相对保留时间和相对峰面积。稳定性试验结果见表 9-13 和表 9-14。各色谱峰的相对保留时间的 RSD 值不大于 0.625%及相对峰面积的 RSD 值不大于 2.966%，符合指纹图谱的要求。

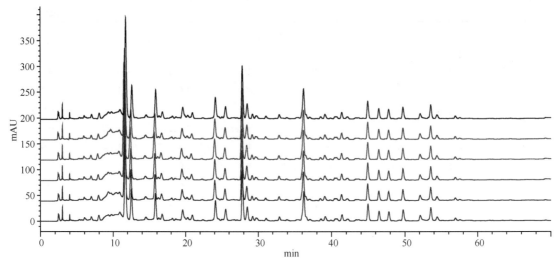

图 9-17　稳定性实验 HPLC 色谱图

表 9-13　稳定性相对保留时间

峰号	相对保留时间						RSD（%）
	1	2	3	4	5	6	
1	0.421	0.419	0.419	0.416	0.419	0.423	0.625
2	0.451	0.450	0.449	0.446	0.449	0.454	0.552
3	0.567	0.566	0.566	0.563	0.566	0.569	0.353
4	0.705	0.704	0.703	0.702	0.703	0.706	0.198
5	0.867	0.866	0.866	0.865	0.866	0.867	0.083
6	0.918	0.917	0.918	0.918	0.918	0.918	0.041
7（S）	1.000	1.000	1.000	1.000	1.000	1.000	0.000
8	1.024	1.024	1.024	1.024	1.024	1.024	0.016
9	1.302	1.303	1.303	1.304	1.303	1.301	0.065
10	1.489	1.490	1.490	1.491	1.490	1.488	0.091
11	1.615	1.618	1.618	1.619	1.617	1.614	0.104
12	1.670	1.673	1.673	1.674	1.672	1.669	0.109
13	1.718	1.721	1.721	1.722	1.720	1.718	0.110
14	1.788	1.791	1.791	1.792	1.790	1.787	0.110
15	1.872	1.876	1.876	1.877	1.875	1.872	0.109
16	1.924	1.928	1.928	1.930	1.927	1.924	0.114

表 9-14　稳定性对峰面积

峰号	相对峰面积						RSD（%）
	1	2	3	4	5	6	
1	1.963	1.879	1.887	1.962	1.888	1.906	2.007
2	0.657	0.639	0.642	0.663	0.656	0.658	1.490
3	0.555	0.522	0.528	0.546	0.534	0.532	2.295
4	0.299	0.297	0.297	0.299	0.291	0.297	0.936
5	0.569	0.571	0.571	0.570	0.569	0.575	0.345
6	0.274	0.276	0.276	0.274	0.276	0.277	0.494
7（S）	1.000	1.000	1.000	1.000	1.000	1.000	0.000

续表

峰号	相对峰面积						RSD（%）
	1	2	3	4	5	6	
8	0.328	0.328	0.328	0.327	0.328	0.328	0.158
9	0.846	0.861	0.868	0.865	0.828	0.815	2.554
10	0.135	0.134	0.132	0.129	0.136	0.131	2.015
11	0.360	0.360	0.359	0.358	0.360	0.360	0.284
12	0.217	0.217	0.217	0.221	0.217	0.215	0.989
13	0.229	0.230	0.228	0.227	0.229	0.228	0.400
14	0.290	0.289	0.289	0.286	0.289	0.289	0.471
15	0.152	0.152	0.150	0.147	0.158	0.145	2.966
16	0.309	0.308	0.306	0.308	0.308	0.308	0.231

5. 指纹图谱的测定

取 11 批六经头痛片制备供试品溶液测定。将得到的指纹图谱的 AIA 数据文件导入《中药色谱指纹图谱相似度评价系统》2004A 版相似度软件，得到 11 批六经头痛片指纹图谱，见图 9-18 和 9-19。确定了 16 个共有峰，以 7 号峰（大豆苷元）作为参照峰计算各共有峰相对保留时间及相对峰面积，结果见表 9-15 和表 9-16。

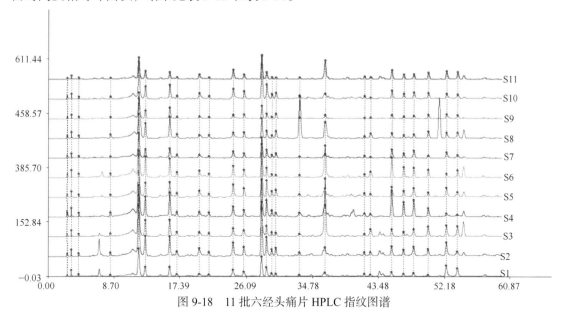

图 9-18　11 批六经头痛片 HPLC 指纹图谱

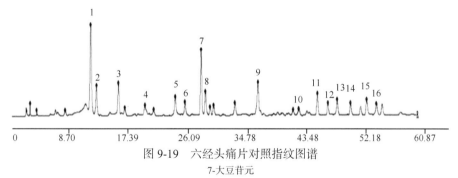

图 9-19　六经头痛片对照指纹图谱

7-大豆苷元

表 9-15　10 批六经头痛片共有峰相对保留时间

峰号	批号										
	1	2	3	4	5	6	7	8	9	10	11
1	0.43	0.43	0.43	0.42	0.43	0.43	0.43	0.42	0.43	0.43	0.43
2	0.46	0.46	0.46	0.45	0.46	0.46	0.46	0.46	0.46	0.46	0.46
3	0.57	0.57	0.57	0.57	0.57	0.57	0.60	0.57	0.57	0.57	0.60
4	0.71	0.71	0.71	0.71	0.71	0.71	0.71	0.71	0.71	0.71	0.71
5	0.87	0.87	0.87	0.87	0.87	0.87	0.87	0.87	0.87	0.87	0.87
6	0.92	0.92	0.92	0.92	0.92	0.92	0.92	0.92	0.92	0.92	0.92
7（S）	1.00	1.00	1.00	1.00	1.00	1.00	1.00	1.00	1.00	1.00	1.00
8	1.02	1.02	1.02	1.02	1.02	1.02	1.02	1.02	1.02	1.02	1.02
9	1.30	1.30	1.30	1.30	1.30	1.30	1.30	1.29	1.30	1.30	1.30
10	1.51	1.51	1.51	1.51	1.51	1.51	1.48	1.51	1.51	1.51	1.51
11	1.61	1.61	1.61	1.61	1.61	1.61	1.61	1.61	1.61	1.61	1.61
12	1.66	1.66	1.66	1.67	1.66	1.66	1.66	1.66	1.67	1.66	1.66
13	1.71	1.71	1.71	1.71	1.71	1.71	1.71	1.71	1.71	1.71	1.71
14	1.78	1.78	1.78	1.78	1.78	1.78	1.78	1.78	1.78	1.78	1.78
15	1.86	1.86	1.87	1.87	1.87	1.87	1.87	1.87	1.87	1.87	1.87
16	1.91	1.91	1.92	1.92	1.92	1.92	1.92	1.92	1.92	1.92	1.92

表 9-16　10 批六经头痛片样品共有峰相对保留峰面积

峰号	批号										
	1	2	3	4	5	6	7	8	9	10	11
1	1.55	1.32	1.86	1.04	1.19	2.10	1.37	1.02	1.21	2.13	1.87
2	0.49	0.41	0.54	0.39	0.38	0.63	0.45	0.42	0.31	0.63	0.53
3	0.54	0.40	0.76	0.35	0.36	0.62	0.18	0.43	0.34	0.95	0.16
4	0.18	0.21	0.21	0.30	0.22	0.27	0.24	0.17	0.20	0.26	0.19
5	0.39	0.31	0.32	0.52	0.42	0.44	0.38	0.51	0.35	0.48	0.42
6	0.28	0.19	0.30	0.26	0.24	0.26	0.26	0.34	0.19	0.29	0.21
7（S）	1.00	1.00	1.00	1.00	1.00	1.00	1.00	1.00	1.00	1.00	1.00
8	0.47	0.36	0.36	0.34	0.41	0.33	0.43	0.40	0.35	0.42	0.47
9	0.30	0.17	2.51	1.16	0.29	1.38	0.28	1.57	0.13	0.36	0.51
10	0.12	0.08	0.34	0.14	0.08	0.11	0.11	0.32	0.03	0.09	0.11
11	0.20	0.19	0.25	0.42	0.25	0.25	0.44	0.27	0.19	0.28	0.75
12	0.13	0.13	0.16	0.24	0.16	0.63	0.26	0.17	0.13	0.19	0.45
13	0.22	0.24	0.33	0.30	0.28	0.33	0.47	0.21	0.17	0.10	0.56
14	0.06	0.14	0.40	0.39	0.11	0.33	0.12	0.38	0.16	0.10	0.30
15	0.72	0.28	0.46	0.47	0.23	0.17	0.35	0.34	0.14	0.11	0.15
16	0.48	0.11	0.41	0.41	0.16	0.25	0.19	0.37	0.12	0.11	0.07

6. 相似度评价

利用 2004A 版《中药色谱指纹图谱相似度评价系统》计算软件，将上述 11 批样品与对照指纹图谱匹配，进行相似度评价，结果见表 9-17。各批葛根药材与对照指纹图谱间的相似度为 0.797～0.966，表明各批次样品之间具有较好的一致性，本方法可用于综合评价六经头痛片的整体质量。

表 9-17 11 批六经头痛片相似度评价结果

编号	批号	对照图谱	编号	批号	对照图谱
1	DL12445	0.934	7	EI12459	0.965
2	EA12448	0.954	8	EC12452	0.797
3	EA12447	0.883	9	EC12451	0.953
4	12463	0.951	10	EI12458	0.942
5	EA12450	0.964	11	DK12444	0.932
6	DE12431	0.966			

7. 低极性部分指纹图谱色谱峰指认

（1）色谱条件

Angilent 1260 高效液相色谱仪，色谱柱：Diamonsil C_{18}（250 mm×4.6 μm，5 μm），流动相 A 相：0.1%磷酸水溶液，B 相：乙腈，柱温：30℃，体积流量：1ml/min，检测波长：260nm，进样量 10ul，梯度洗脱程序见 9-18。

表 9-18 梯度洗脱程序

t（min）	A（%）	B（%）
0	87	13
5	86	14
18	75	25
35	50	50
60	10	90
65	0	100

（2）供试品溶液的制备

六经头痛片溶液的制备：取六经头痛片适量，研细，取粉末约 2g，精密称定，置 50ml 离心管中，精密加入乙酸乙酯溶液 35ml，称定重量，超声提取 30min，放至室温，再称定重量，用乙酸乙酯溶液补足减失的重量，摇匀，5000r/min 离心 10min，精密量取上清液 25ml，蒸干，残渣用甲醇溶液溶解，转移至 2ml 量瓶中，并稀释至刻度，摇匀，滤过，取续滤液，即得。

药材溶液的制备：分别精密称定白芷 0.9g、葛根 1.8g、女贞子 1.8g、川芎 0.6g、藁本 1.8g、辛夷 0.9g、茺蔚子 1.8g（等生药量），分别置 7 个 50ml 离心管中，精密加入乙酸乙酯溶液 35ml，称定重量，超声提取 30min，放至室温，再称定重量，用乙酸乙酯溶液补足减失的重量，摇匀，5000r/min 离心 10min，精密量取上清液 25ml，蒸干，残渣用甲醇溶液溶解，转移至 2ml 量瓶中，并稀释至刻度，摇匀，滤过，取续滤液，即得各药材溶液。

（3）试验结果

六经头痛片低极性成分指纹图谱中 16 个共有色谱峰，通过对照品法对指纹图谱中的主要共有峰进行了指认，指认出6个化合物：1-葛根素；2-大豆苷；4-阿魏酸；7-大豆苷元；11-欧前胡素；13-异欧前胡素，结果见图9-20。

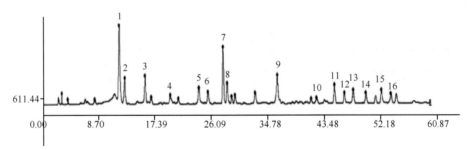

图9-20 六经头痛片低极性部分指纹图谱共有峰指认

1-葛根素；2-大豆苷；4-特女贞苷；7-大豆苷元；11-欧前胡素；13-异欧前胡素

（二）高极性部分指纹图谱研究

1. 参照峰选择

在高极性部分选择六经头痛片中所含主要药效成分葛根素作为参照物，在高极性部分HPLC色谱图中葛根素峰面积所占百分比最大，保留时间适中，且和其他成分有很好的分离。因此，选择葛根素作为六经头痛片高极性部分HPLC指纹图谱的参照物。

参照物溶液的制备：取葛根素对照品适量，精密称定，加甲醇溶剂制成每1ml含葛根素0.488mg的溶液，摇匀，即得。

2. 供试品溶液制备方法考察

以六经头痛片供试品色谱图中主要色谱峰的峰面积及全方色谱峰个数为考察指标确定供试品溶液制备方法。

（1）提取方式考察

在低极性部分（2.0g）提取后的残渣中精密加入60%甲醇溶液35ml，称定重量，超声处理30min，放冷，再称定重量，用60%甲醇溶液补足减失的重量，摇匀，滤过，取续滤液，即得S1。

取六经头痛片粉末2.0g，精密称定，精密加入60%甲醇溶液35ml，称定重量，超声处理30min，放冷，再称定重量，用60%甲醇溶液补足减失的重量，摇匀，滤过，取续滤液，即得S2。

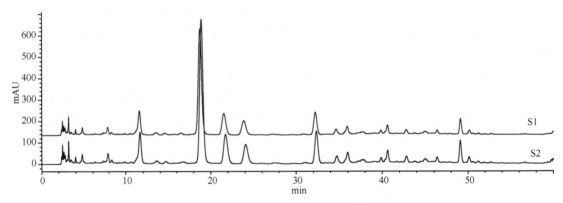

图9-21 不同提取方式HPLC色谱图

结果可知，两种方式图谱峰形一致（图 9-21），只是 S1 药粉直接 60% 甲醇溶液超声提取各峰的响应强度更高，但出于成品指纹谱极性分段考虑，一份药粉制备供试品更合理，故选择 S2 作为供试品制备方法。

（2）高极性供试品溶液制备方法的确定

在低极性部分提取后的残渣中精密加入 60% 甲醇溶液 35ml，称定重量，超声处理 30min，放至室温，再称定重量，用 60% 甲醇溶液补足减失的重量，摇匀，滤过，取续滤液，即得。

3. 色谱条件考察

（1）流动相条件考察

条件 1　流动相 A 相：0.1% 磷酸水；B 相：乙腈。柱温 30℃，进样量 10μl，波长 260nm；流速：1ml/min。流动相梯度见表 9-19，梯度洗脱结果见图 9-22。

表 9-19　条件 1 流动相梯度

t（min）	A（%）	B（%）
0	95	5
10	89	11
20	89	11
25	88	12
35	86	14
55	75	25
60	75	25
62	0	100
70	0	100

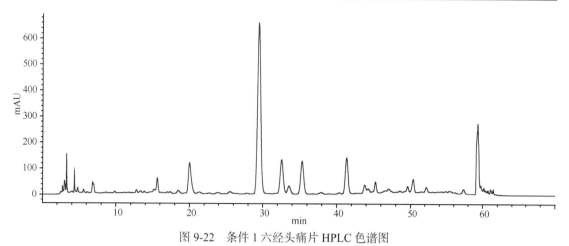

图 9-22　条件 1 六经头痛片 HPLC 色谱图

条件 2　流动相 A 相：0.1% 磷酸水；B 相：乙腈。柱温 30℃，进样量 10μl，波长 260nm；流速：1ml/min。流动相梯度见表 9-20，梯度洗脱结果见图 9-23。

表 9-20　梯度洗脱程序

t（min）	A（%）	B（%）
0	90	10
5	89	11
20	89	11

续表

t（min）	A（%）	B（%）
25	88	12
35	86	14
50	75	25
55	75	25

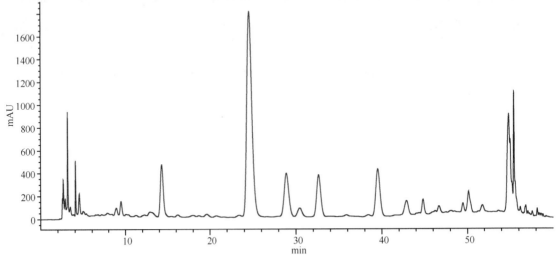

图 9-23　条件 2 六经头痛片 HPLC 色谱图

由各条件下 HPLC 色谱图可看出，条件 2 下得到的谱图中基线比较稳定，峰个数较多，各色谱峰分离度较好，故选择条件 2 中流动相梯度条件为最优条件。

（2）柱温考察

结果可知，随着温度增加，色谱峰出峰时间提前，在 30℃下图谱中各色谱峰的分离度最佳（图 9-24）。

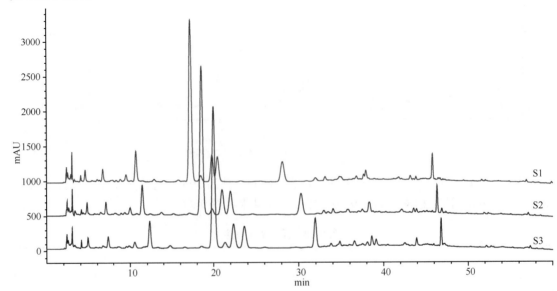

图 9-24　不同温度下 HPLC 色谱图

S1 为 35℃，S2 为 30℃，S3 为 25℃

（3）检测波长的选择

取六经头痛片供试品溶液，使用 DAD 检测器进行 200～400nm 全波长扫描，结果见图 9-25，综合考虑总峰个数及其峰的响应大小，色谱图在 260nm 各峰分离良好，特征峰明显且峰形较好，故选择 260nm 作为六经头痛片指纹图谱测定波长。

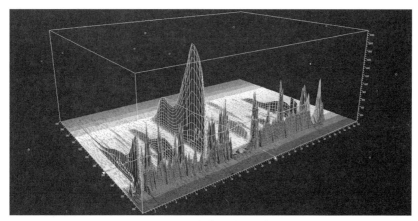

图 9-25　六经头痛片全波长扫描图

（4）色谱条件的确定

Angilent 1260 高效液相色谱仪，色谱柱：Diamonsil C_{18}（250 mm×4.6 μm，5 μm），流动相 A 相：0.1%磷酸水溶液，B 相：乙腈，柱温：30℃，体积流量：1ml/min，检测波长：260nm，进样量 10ul，梯度洗脱程序见表 9-21。

表 9-21　梯度洗脱程序

t（min）	A（%）	B（%）
0	90	10
5	89	11
20	89	11
25	88	12
35	86	14
50	75	25
55	75	25

4. 方法学考察

（1）精密度试验

在上述优化后的条件下，制备供试品溶液，连续进样 6 次，记录指纹图谱（图 9-26），以葛根素峰（4 号峰）的保留时间和色谱峰面积为参照，计算出各共有峰的相对保留时间和相对峰面积。精密度试验结果见表 9-22 和表 9-23。各色谱峰的相对保留时间的 RSD 不大于 1.443% 及相对峰面积的 RSD 值均不大于 2.445%，符合指纹图谱的要求。

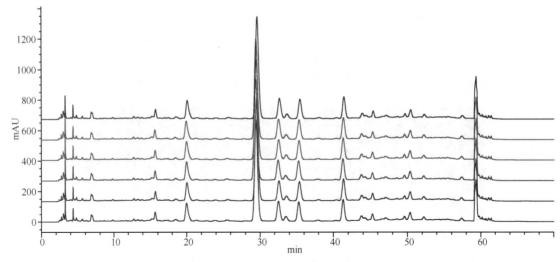

图 9-26　精密度实验 HPLC 色谱图

表 9-22　精密度相对保留时间

峰号	相对保留时间						RSD（%）
	1	2	3	4	5	6	
1	0.182	0.187	0.187	0.188	0.184	0.189	1.443
2	0.381	0.384	0.383	0.384	0.381	0.386	0.556
3	0.568	0.576	0.575	0.577	0.574	0.577	0.631
4（S）	1.000	1.000	1.000	1.000	1.000	1.000	0.000
5	1.172	1.165	1.161	1.161	1.160	1.164	0.373
6	1.235	1.228	1.223	1.223	1.223	1.226	0.393
7	1.328	1.317	1.308	1.310	1.309	1.314	0.575
8	1.609	1.587	1.569	1.576	1.571	1.584	0.911
9	1.742	1.718	1.696	1.703	1.696	1.713	1.022
10	1.817	1.789	1.765	1.772	1.764	1.784	1.119
11	2.001	1.969	1.943	1.949	1.940	1.963	1.172
12	2.029	1.996	1.969	1.976	1.966	1.989	1.177

表 9-23　精密度相对保留峰面积

峰号	相对峰面积						RSD（%）
	1	2	3	4	5	6	
1	0.026	0.025	0.026	0.026	0.026	0.026	1.414
2	0.037	0.037	0.037	0.035	0.035	0.036	2.445
3	0.130	0.137	0.137	0.133	0.133	0.136	1.978
4（S）	1.000	1.000	1.000	1.000	1.000	1.000	0.000
5	0.187	0.187	0.186	0.187	0.187	0.187	0.190
6	0.043	0.043	0.043	0.043	0.043	0.043	0.506
7	0.175	0.175	0.175	0.175	0.174	0.175	0.201
8	0.144	0.151	0.151	0.152	0.152	0.152	1.996
9	0.053	0.051	0.051	0.052	0.052	0.052	1.080
10	0.021	0.021	0.021	0.021	0.021	0.021	0.700
11	0.017	0.016	0.017	0.017	0.017	0.017	1.252
12	0.048	0.047	0.047	0.047	0.047	0.047	0.878

（2）重复性试验

取同一批次六经头痛片样品，平行制备供试品溶液 6 份，按法进样测定，记录指纹图谱（图 9-27），以葛根素峰（4 号峰）的保留时间和色谱峰面积为参照，计算出各共有峰的相对保留时间和相对峰面积。重复性试验结果见表 9-24 和表 9-25。各色谱峰的相对保留时间的 RSD 值不大于 1.635% 及峰面积的 RSD 值不大于 3.577%，符合指纹图谱的要求。

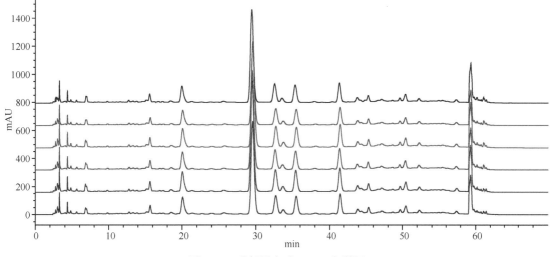

图 9-27　重复性实验 HPLC 色谱图

表 9-24　重复性相对保留时间

峰号	相对保留时间						RSD（%）
	1	2	3	4	5	6	
1	0.194	0.189	0.191	0.189	0.196	0.188	1.635
2	0.381	0.385	0.383	0.383	0.386	0.382	0.527
3	0.574	0.573	0.578	0.573	0.577	0.576	0.380
4（S）	1.000	1.000	1.000	1.000	1.000	1.000	0.000
5	1.160	1.162	1.163	1.163	1.164	1.162	0.101
6	1.223	1.224	1.226	1.225	1.226	1.224	0.091
7	1.309	1.310	1.312	1.312	1.314	1.311	0.146
8	1.571	1.576	1.579	1.576	1.584	1.577	0.259
9	1.696	1.704	1.706	1.702	1.713	1.704	0.327
10	1.764	1.773	1.777	1.771	1.784	1.773	0.365
11	1.940	1.951	1.955	1.948	1.963	1.951	0.389
12	1.966	1.977	1.981	1.974	1.989	1.978	0.391

表 9-25　重复性相对峰面积

峰号	相对峰面积						RSD（%）
	1	2	3	4	5	6	
1	0.013	0.013	0.013	0.013	0.013	0.012	3.282
2	0.038	0.037	0.041	0.039	0.038	0.037	3.215
3	0.129	0.129	0.137	0.125	0.133	0.128	3.122

续表

峰号	相对峰面积						RSD（%）
	1	2	3	4	5	6	
4	1.000	1.000	1.000	1.000	1.000	1.000	0.000
5	0.194	0.192	0.204	0.191	0.194	0.187	2.910
6	0.044	0.043	0.046	0.042	0.044	0.044	2.408
7（S）	0.161	0.165	0.175	0.161	0.161	0.163	3.340
8	0.151	0.151	0.154	0.147	0.151	0.151	1.544
9	0.051	0.051	0.052	0.050	0.051	0.051	1.627
10	0.021	0.023	0.023	0.022	0.022	0.021	3.577
11	0.016	0.016	0.016	0.015	0.016	0.015	3.296
12	0.043	0.044	0.045	0.043	0.043	0.044	1.937

（3）稳定性试验

取同一供试品溶液，分别在 0h、2h、4h、8h、12h、24h 进样测定，记录指纹图谱（图 9-28），以葛根素峰（4 号峰）的保留时间和色谱峰面积为参照，计算出各共有峰的相对保留时间和相对峰面积。稳定性试验结果见表 9-26 和表 9-27。各色谱峰的相对保留时间的 RSD 值不大于 2.011%及相对峰面积的 RSD 值不大于 2.349%，符合指纹图谱的要求。

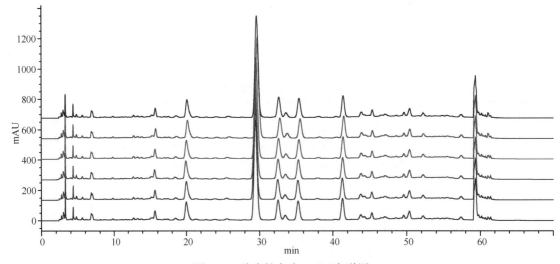

图 9-28　稳定性实验 HPLC 色谱图

表 9-26　稳定性相对保留时间

峰号	相对保留时间						RSD（%）
	1h	2h	4h	8h	12h	24h	
1	0.198	0.194	0.194	0.196	0.195	0.196	0.753
2	0.401	0.383	0.381	0.386	0.380	0.385	2.011
3	0.568	0.575	0.574	0.577	0.573	0.577	0.628
4（S）	1.000	1.000	1.000	1.000	1.000	1.000	0.000
5	1.172	1.161	1.160	1.164	1.164	1.162	0.363
6	1.235	1.223	1.223	1.226	1.227	1.223	0.386
7	1.328	1.308	1.309	1.314	1.314	1.309	0.567
8	1.609	1.569	1.571	1.584	1.578	1.576	0.908
9	1.742	1.696	1.696	1.713	1.704	1.703	1.014

续表

峰号	相对保留时间						RSD（%）
	1h	2h	4h	8h	12h	24h	
10	1.817	1.765	1.764	1.784	1.774	1.775	1.100
11	2.001	1.943	1.940	1.963	1.953	1.955	1.142
12	2.029	1.969	1.966	1.989	1.980	1.982	1.144

表 9-27　稳定性对峰面积

峰号	相对峰面积						RSD（%）
	1	2	3	4	5	6	
1	0.027	0.026	0.026	0.026	0.026	0.027	1.141
2	0.037	0.037	0.035	0.036	0.035	0.036	2.334
3	0.137	0.137	0.133	0.136	0.136	0.135	0.974
4（S）	1.000	1.000	1.000	1.000	1.000	1.000	0.000
5	0.187	0.186	0.187	0.187	0.187	0.185	0.435
6	0.043	0.043	0.043	0.043	0.043	0.043	0.508
7	0.175	0.175	0.174	0.175	0.174	0.174	0.233
8	0.151	0.151	0.152	0.152	0.151	0.150	0.393
9	0.053	0.051	0.052	0.052	0.051	0.052	1.046
10	0.021	0.021	0.021	0.021	0.020	0.020	2.349
11	0.017	0.017	0.017	0.017	0.017	0.017	1.013
12	0.048	0.047	0.047	0.047	0.047	0.047	0.814

5. 指纹图谱的测定

取 11 批六经头痛片制备供试品溶液并进行色谱条件测定。将得到的指纹图谱的 AIA 数据文件导入《中药色谱指纹图谱相似度评价系统》2004A 版相似度软件，得到 11 批六经头痛片指纹图谱，见图 9-29 和图 9-30。确定了 12 个共有峰，以 4 号峰（葛根素）作为参照峰计算各共有峰相对保留时间及相对峰面积，结果见表 9-28 和表 9-29。

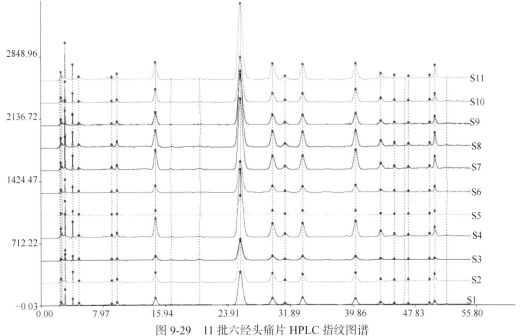

图 9-29　11 批六经头痛片 HPLC 指纹图谱

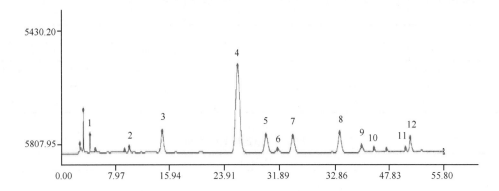

图 9-30 六经头痛片对照指纹图谱

4-葛根素

表 9-28 10 批六经头痛片共有峰相对保留时间

峰号	批号										
	1	2	3	4	5	6	7	8	9	10	11
1	0.16	0.16	0.16	0.16	0.16	0.16	0.16	0.16	0.16	0.16	0.16
2	0.38	0.39	0.38	0.39	0.38	0.38	0.38	0.38	0.39	0.38	0.38
3	0.57	0.58	0.57	0.58	0.57	0.58	0.57	0.57	0.58	0.58	0.57
4（S）	1.00	1.00	1.00	1.00	1.00	1.00	1.00	1.00	1.00	1.00	1.00
5	1.16	1.16	1.16	1.16	1.16	1.16	1.16	1.17	1.16	1.16	1.16
6	1.23	1.23	1.22	1.23	1.22	1.22	1.23	1.23	1.22	1.22	1.23
7	1.31	1.32	1.31	1.32	1.31	1.31	1.31	1.31	1.31	1.31	1.31
8	1.58	1.58	1.57	1.58	1.57	1.57	1.57	1.58	1.58	1.57	1.58
9	1.70	1.71	1.69	1.71	1.69	1.70	1.70	1.71	1.70	1.69	1.70
10	1.77	1.79	1.76	1.78	1.76	1.77	1.76	3.35	1.77	1.76	1.77
11	1.95	1.96	1.94	1.96	1.93	1.94	1.94	1.97	1.95	1.94	1.95
12	1.97	1.99	1.97	1.99	1.96	1.97	1.97	1.99	1.98	1.97	1.98

表 9-29 10 批六经头痛片样品共有峰相对保留峰面积

峰号	批号										
	1	2	3	4	5	6	7	8	9	10	11
1	0.03	0.02	0.02	0.02	0.95	0.03	0.02	0.02	0.02	0.02	0.02
2	0.03	0.03	0.03	0.02	0.96	0.03	0.03	0.03	0.03	0.02	0.03
3	0.14	0.15	0.14	0.17	1.04	0.14	0.17	0.15	0.16	0.18	0.14
4（S）	1.00	1.00	1.00	1.00	1.00	1.00	1.00	1.00	1.00	1.00	1.00
5	0.19	0.19	0.19	0.18	1.00	0.19	0.18	0.19	0.18	0.18	0.19
6	0.04	0.04	0.03	0.04	0.79	0.03	0.04	0.04	0.04	0.04	0.04
7	0.15	0.16	0.16	0.16	0.92	0.16	0.16	0.16	0.16	0.15	0.17
8	0.17	0.17	0.17	0.19	1.12	0.16	0.22	0.17	0.18	0.21	0.15
9	0.04	0.05	0.05	0.06	1.01	0.05	0.06	0.05	0.06	0.06	0.05
10	0.02	0.02	0.02	0.02	1.16	0.02	0.02	0.02	0.02	0.02	0.02
11	0.02	0.01	0.01	0.01	0.89	0.02	0.01	0.01	0.01	0.01	0.02
12	0.08	0.08	0.08	0.06	1.64	0.04	0.08	0.08	0.07	0.08	0.05

6. 相似度评价

利用 2004A 版《中药色谱指纹图谱相似度评价系统》计算软件，将上述 11 批样品与对照指纹图谱匹配，进行相似度评价，结果见表 9-30。各批次样品与对照指纹图谱间的相似度均在 0.9 以上，表明各批次样品之间具有较好的一致性，本方法可用于综合评价六经头痛片的整体质量。

表 9-30 11 批六经头痛片药材相似度评价结果

编号	批号	对照图谱	编号	批号	对照图谱
1	DL12445	0.934	7	EI12459	0.965
2	EA12448	0.954	8	EC12452	0.907
3	EA12447	0.913	9	EC12451	0.953
4	12463	0.951	10	EI12458	0.942
5	EA12450	0.964	11	DK12444	0.932
6	DE12431	0.966			

7. 高极性部分指纹图谱色谱峰指认

（1）色谱条件

Angilent 1260 高效液相色谱仪，色谱柱：Diamonsil C_{18}（250 mm×4.6 μm，5 μm），流动相 A 相：0.1%磷酸水溶液，B 相：乙腈，柱温：30℃，体积流量：1ml/min，检测波长：260nm，进样量 10ul，梯度洗脱程序见表 9-31。

表 9-31 梯度洗脱程序

t（min）	A（%）	B（%）
0	90	10
5	89	11
20	89	11
25	88	12
35	86	14
50	75	25
55	75	25

（2）供试品溶液的制备

六经头痛片溶液的制备：取乙酸乙酯超声提取后残渣，精密加入 60%甲醇溶液 35ml，称定重量，超声处理 30min，放至室温，再称定重量，用 60%甲醇溶液补足减失的重量，摇匀，滤过，取续滤液，即得。

药材溶液的制备：分别精密称取白芷 0.9g、葛根 1.8g、女贞子 1.8g、川芎 0.6g、藁本 1.8g、辛夷 0.9g、茺蔚子 1.8g（等生药量），分别置于 7 个 50ml 离心管中，精密加入 60%甲醇溶液 35ml，称定重量，超声处理 30min，放至室温，再称定重量，用 60%甲醇溶液补足减失的重量，摇匀，滤过，取续滤液，即得各药材溶液。

（3）试验结果

六经头痛片高极性成分指纹图谱中 12 个共有色谱峰，通过对照品法对指纹图谱中的主要共有峰进行了指认，指认出 5 个化合物：3'-羟基葛根素、葛根素、3'-甲氧基葛根素、大豆苷和特女贞苷，结果见图 9-31。

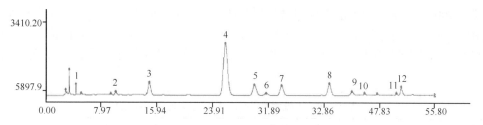

图 9-31　六经头痛片高极性部分指纹图谱共有峰指认
3-3'-羟基葛根素；4-葛根素；6-3'-甲氧基葛根素；8-大豆苷；12-特女贞苷

第二节　GC 指纹图谱研究

一、仪器与材料

1. 仪器

Agilent 7890B 型气相色谱仪	美国 Agilent 公司
质谱 Agilent 7890A-5975C 连用仪	美国 Agilent 公司
FID 检测器 7890B（G3440B）	美国 Agilent 公司
色谱专用空气发生器 Air-Model -5L	天津市色谱科学技术公司
色谱专用氢气发生器 HG-Model 300A	天津市色谱科学技术公司
DB-WAX 气相色谱柱（20m×0.18mm×180μm）	美国 Agilent 公司
Diamonsil C18 色谱柱（250mm×4.6mm，5μm）	美国 Dikma 公司
高纯氮气（99.99%）	天津东方气体有限公司
AB204-N 电子天平（十万分之一）	德国 METELER 公司
Sartorius 天平（BT25S，万分之一）	德国 Sartorius 公司
超声波清洗仪	宁波新芝生物科技公司

2. 试剂与试药

胡薄荷酮（批号 111706-201205，供含量测定用）购自中国食品药品检定研究院。

六经头痛片（批号：EC12451、EA12450、DL12445、EI12458、ED12463、EA12448、EI12459、DE12431、DK12444、EA12447 和 EC12452）由天津隆顺榕发展制药有限公司提供。所有试剂均为分析纯。

二、实 验 方 法

1. 参照峰的选择和参照物溶液的制备

选择六经头痛片挥发性成分中所含主要药效成分胡薄荷酮作为参照物。在六经头痛片 GC 色谱图中，胡薄荷酮是特有成分之一，有市售标准品，保留时间尚可，且和其他成分有很好的分离。因此，选择胡薄荷酮作为六经头痛片 GC 指纹图谱的参照物。

参照物溶液的制备：取胡薄荷酮对照品适量，精密称定，加乙酸乙酯溶液制成每 1ml 含胡薄荷酮 7.4192mg 的溶液，摇匀，即得。

2. 供试品溶液制备方法考察

以样品色谱图中主要色谱峰的峰面积及全方色谱峰个数为考察指标确定供试品溶液制备方法。

（1）提取方式考察

平行称取六经头痛片细粉 4 份，每份约 1g，精密称定，置具塞锥形瓶中，精密加入 10ml 乙酸乙酯溶液，分别进行超声 30min、回流 30min、冷浸 24h，另称取六经头痛片细粉 10g，精密加入 400ml 水，按照《中国药典》2015 年版挥发油检查项下方法加热回流提取挥发油，挥发油提取器液面上方加入 1.5ml 乙酸乙酯溶液，提取 3h，取乙酸乙酯层转移至 2ml 量瓶中，用乙酸乙酯溶液稀释至刻度，混匀。取适量无水硫酸钠加入量瓶中脱水，过 0.45μm 滤膜，即得。稀释成等浓度下各主要色谱峰峰数和面积见表 9-32。

表 9-32　六经头痛片指纹图谱提取方式考察结果

提取方式	峰面积	峰个数
超声	6300	66
回流	11780	96
冷浸	3143	86
水蒸气蒸馏	12126	102

结果表明，稀释成等浓度下，水蒸气蒸馏法所得挥发油色谱峰个数最多，峰面积最大，因此选择水蒸气蒸馏法进行提取。

（2）提取溶剂倍量考察

前期物质组群辨识试验考察了乙酸乙酯、正己烷、环己烷、乙醚等 GC 溶剂，选定了峰形最佳的乙醚溶液作为物质组群的辨识溶剂。但由于乙醚的易挥发性导致重现性差，不适宜作为指纹图谱测定用溶剂，因此选择了乙酸乙酯、正己烷、环己烷进行六经头痛片溶剂考察。

平行称取六经头痛片细粉 4 份，每份约 10g，精密称定，置圆底烧瓶中，加入 100ml 水，按照《中国药典》2015 年版挥发油检查项下方法加热回流提取挥发油，在挥发油提取器中分别加入 1.5ml 乙酸乙酯溶液、1.5ml 正己烷溶液、1.5ml 环己烷溶液，提取 3h，取上层挥发油分别转移至 2ml 量瓶中，用相应溶剂稀释至刻度，混匀。取适量无水硫酸钠加入量瓶中脱水，过 0.45μm 滤膜，即得。等生药量下各主要色谱峰峰数和面积见表 9-33。

表 9-33　六经头痛片指纹图谱提取溶剂考察结果

指标	乙酸乙酯	正己烷	环己烷
色谱峰面积	121260	493860	441780
色谱峰个数	102	89	85
色谱峰个数（面积> 50）	80	86	85

结果表明，等生药量相同提取方法下，乙酸乙酯色谱峰个数最多，但色谱峰面积较小，杂质峰很多；正己烷提取液主要色谱峰峰面积较大，且色谱峰个数（面积>50）最多；因此选择正己烷作为指纹图谱的提取溶剂。

（3）提取倍量考察

平行称取六经头痛片细粉 5 份，每份约 10g，精密称定，置圆底烧瓶中，分别加入 10、15、20、30、40、50 倍（v/w）水，按照《中国药典》2015 年版挥发油检查项下方法加热回流提取挥发油，在挥发油提取器中加入 1.5ml 正己烷溶液，提取 3h，取上层挥发油分别转移至 2ml

量瓶中，用相应溶剂稀释至刻度，混匀。取适量无水硫酸钠加入量瓶中脱水，过 0.45μm 滤膜，即得。等生药量下各主要色谱峰峰数和面积见表 9-34。

表 9-34　六经头痛片指纹图谱提取提取倍量考察结果

提取倍量（v/w）	色谱峰面积	色谱峰个数
10	61230	79
15	82350	99
20	58040	91
30	82040	85
40	60060	90
50	82090	93

实验结果表明，等生药量下，提取倍量（v/w）为 15 倍时色谱峰面积最大，色谱峰个数最多，提取效率最高，因此选择提取倍量为 15 倍。

（4）提取时间考察

平行称取六经头痛片细粉 5 份，每份约 10g，精密称定，置圆底烧瓶中，加入 15 倍(150mL，v/w）水，按照《中国药典》2015 年版挥发油检查项下方法加热回流提取挥发油，在挥发油提取器中加入 1.5ml 正己烷，分别提取 1h、2h、3h、4h、5h，取上层挥发油分别转移至 2ml 量瓶中，用相应溶剂稀释至刻度，混匀。取适量无水硫酸钠加入量瓶中脱水，过 0.45μm 滤膜，即得。等生药量下各主要色谱峰峰数和面积见表 9-35。

表 9-35　六经头痛片指纹图谱提取时间考察结果

提取时间	色谱峰面积	色谱峰个数
1	71040	102
2	84080	107
3	120720	120
4	111490	117
5	97240	109

实验结果表明，等生药量下，提取时间为 3h 时提取液中各主要成分含量较高，峰面积最大，峰个数最多，提取效率最高，因此选择提取时间为 3h。

（5）药材提取质量考察

称取六经头痛片细粉 3 份，分别为 10g、20g、30g，精密称定，置圆底烧瓶中，加入 15 倍（v/w）水，按照《中国药典》2015 年版挥发油检查项下方法加热回流提取挥发油，在挥发油提取器中加入 1.5ml 正己烷，提取 3h，取上层挥发油分别转移至 2ml 量瓶中，用相应溶剂稀释至刻度，混匀。取适量无水硫酸钠加入量瓶中脱水，过 0.45μm 滤膜，即得。稀释成等浓度下各主要色谱峰峰数和面积见表 9-36。

表 9-36　六经头痛片指纹图谱药材提取质量考察结果

取样量	色谱峰个数	色谱峰面积
10g	100	78690
20g	82	75350
30g	54	35450

实验结果表明，等浓度下，提取质量为 10g 时提取液中各主要成分含量较高，色谱峰个数最多，峰面积最大，提取效率最高，因此选择药材提取质量为 10g。

（6）供试品溶液制备方法的确定

称取六经头痛片细粉约 10g，精密称定，置圆底烧瓶中，加入 15 倍（150ml，v/w）水，按照《中国药典》2015 年版挥发油检查项下方法加热回流提取挥发油，在挥发油提取器中加入 1.5ml 正己烷溶液，提取 3h，取上层挥发油分别转移至 2ml 量瓶中，用相应溶剂稀释至刻度，混匀。取适量无水硫酸钠加入量瓶中脱水，过 0.45μm 滤膜，即得。

3. GC 色谱条件优化考察

（1）GC 初温考察

参照六经头痛片 GC"化学成分研究"色谱条件的基础上进行优化。

进样口温度 230℃，检测器温度 290℃，柱流量 1ml/min，进样量 5μl，分流比 20∶1。程序升温条件：

1）初始温度 60℃，以 5℃/min 升至 230℃，保持 6min。

2）初始温度 70℃，以 5℃/min 升至 230℃，保持 6min。

3）初始温度 80℃，以 5℃/min 升至 230℃，保持 6min。

4）初始温度 90℃，以 5℃/min 升至 230℃，保持 6min。

5）初始温度 100℃，以 5℃/min 升至 230℃，保持 6min。

以 GC 色谱峰个数及色谱峰面积（除溶剂峰）作为考察指标，以初温为横坐标、色谱峰个数/面积作为纵坐标，统计成为柱状图，如图 9-32。

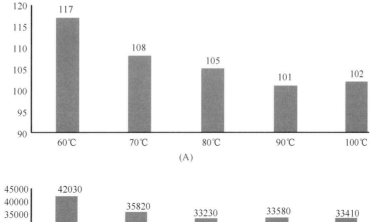

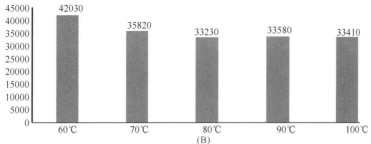

图 9-32 六经头痛片指纹图谱 GC 初温考察结果
A：初温与峰个数；B：初温与峰面积

结果表明，色谱峰个数及色谱峰面积随着初始温度的升高有下降趋势，初温为 60℃时，色谱峰个数最多，峰面积最大，因此选择 60℃作为六经头痛片指纹图谱的初始温度。

（2）GC 条件的优化考察

试验采用柱程序升温模式，经过多次试验考察，确定 GC 优化条件。其中条件 1、2 为优化过程之一，条件 3 为 GC 确定条件。

条件 1　进样口温度 230℃，检测器温度 290℃，进样量 5μl，分流比 50∶1；柱流速∶1ml/min。程序升温条件如下：初温 60℃（保持 5min），以 6℃/min 的速度上升至 146℃（保持 6min），以 4℃/min 的速度上升至 175℃（保持 6min），以 7℃/min 的速度上升至 230℃（保持 6min）。

条件 2　进样口温度 230℃，检测器温度 290℃，进样量 5μl，分流比 30∶1；柱流速∶1ml/min。程序升温条件如下：初温 60℃（保持 3min），以 7℃/min 的速度上升至 100℃（保持 10min），以 6℃/min 的速度上升至 135℃（保持 10min），以 5℃/min 的速度上升至 230℃（保持 6min）。

条件 3（确定）　进样口温度 230℃，检测器温度 290℃，进样量 5μl，分流比 30∶1；柱流速∶0.8ml/min。程序升温条件如下∶初温 60℃（保持 3min），以 7℃/min 的速度上升至 100℃（保持 10min），以 7℃/min 的速度上升至 140℃（保持 6min），以 3℃/min 的速度上升至 230℃（保持 6min）。

4. GC 适应性试验

精密量取胡薄荷酮对照品溶液 5μl 和供试品溶液 5μl，注入 GC 色谱仪，记录 2h 色谱图。见图 9-33～图 9-36。

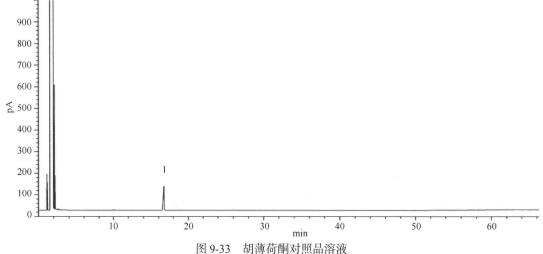

图 9-33　胡薄荷酮对照品溶液

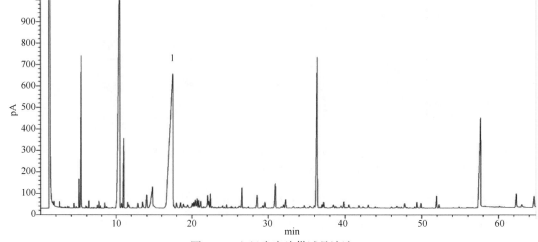

图 9-34　六经头痛片供试品溶液

1-胡薄荷酮

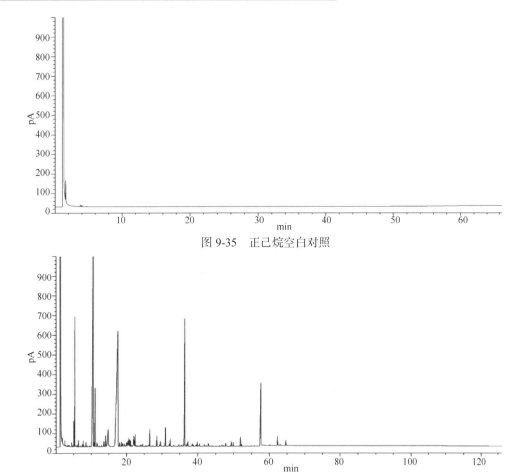

图 9-35　正己烷空白对照

图 9-36　六经头痛片供试品溶液（2h）

5. GC 方法学考察

（1）精密度试验

取同一供试品溶液连续进样 6 次，考察色谱峰相对保留时间和相对峰面积的一致性。以胡薄荷酮峰（7 号峰）为参照峰，计算其中 14 个色谱峰相对保留时间的 RSD 值均小于 0.06%，相对峰面积的 RSD 值均小于 2.45%，符合指纹图谱的要求。见图 9-37、表 9-37 和表 9-38。

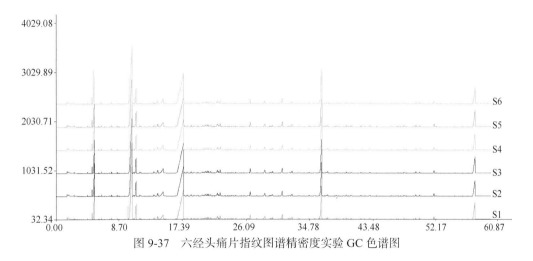

图 9-37　六经头痛片指纹图谱精密度实验 GC 色谱图

表 9-37 六经头痛片指纹图谱精密度试验结果（示相对保留时间）

峰号	相对保留时间						RSD（%）
	1	2	3	4	5	6	
1	0.285	0.284	0.284	0.284	0.284	0.284	0.144
2	0.302	0.302	0.302	0.302	0.301	0.302	0.135
3	0.601	0.601	0.601	0.601	0.601	0.601	0.000
4	0.631	0.631	0.631	0.631	0.630	0.631	0.065
5	0.800	0.799	0.799	0.799	0.799	0.799	0.051
6	0.841	0.841	0.841	0.841	0.841	0.842	0.049
7（S）	1.000	1.000	1.000	1.000	1.000	1.000	0.000
8	1.261	1.261	1.260	1.260	1.260	1.260	0.041
9	1.283	1.282	1.282	1.282	1.281	1.281	0.059
10	1.517	1.517	1.517	1.516	1.515	1.515	0.065
11	1.630	1.630	1.629	1.629	1.628	1.628	0.055
12	1.766	1.766	1.766	1.765	1.764	1.764	0.056
13	2.075	2.074	2.074	2.073	2.072	2.072	0.058
14	2.963	2.963	2.961	2.961	2.959	2.959	0.060

表 9-38 六经头痛片指纹图谱精密度试验结果（示相对峰面积）

峰号	相对峰面积						RSD（%）
	1	2	3	4	5	6	
1	0.025	0.025	0.024	0.025	0.024	0.024	2.236
2	0.148	0.148	0.148	0.149	0.147	0.147	0.509
3	0.865	0.863	0.862	0.865	0.861	0.860	0.239
4	0.085	0.085	0.085	0.085	0.085	0.085	0.000
5	0.023	0.023	0.023	0.023	0.023	0.023	0.000
6	0.069	0.069	0.069	0.068	0.068	0.068	0.800
7（S）	1.000	1.000	1.000	1.000	1.000	1.000	0.000
8	0.024	0.024	0.024	0.024	0.024	0.024	0.000
9	0.017	0.017	0.017	0.017	0.017	0.017	0.000
10	0.028	0.028	0.028	0.028	0.028	0.027	1.467
11	0.025	0.025	0.025	0.025	0.025	0.025	0.000
12	0.042	0.042	0.042	0.044	0.044	0.042	2.421
13	0.309	0.310	0.312	0.311	0.313	0.313	0.525
14	0.018	0.018	0.018	0.018	0.018	0.018	0.000

（2）重现性试验

取同一批六经头痛片（批号 ED12463）细粉 6 份，制备供试品溶液测定。以胡薄荷酮峰（7 号峰）为参照峰，计算其中 14 个色谱峰相对保留时间的 RSD 值均小于 0.36%，相对峰面积的 RSD 值均小于 4.78%，符合指纹图谱的要求。见图 9-38、表 9-39 和表 9-40。

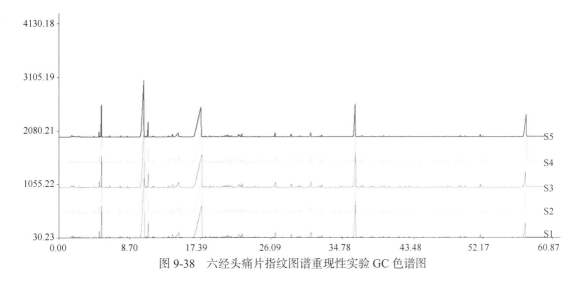

图 9-38　六经头痛片指纹图谱重现性实验 GC 色谱图

表 9-39　六经头痛片指纹图谱重现性试验结果（示相对保留时间）

峰号	相对保留时间						RSD（%）
	1	2	3	4	5	6	
1	0.284	0.283	0.284	0.285	0.282	0.284	0.364
2	0.301	0.301	0.301	0.302	0.300	0.302	0.250
3	0.601	0.601	0.601	0.602	0.600	0.601	0.105
4	0.631	0.630	0.630	0.632	0.628	0.631	0.217
5	0.799	0.797	0.798	0.801	0.793	0.799	0.340
6	0.841	0.841	0.841	0.841	0.842	0.841	0.049
7（S）	1.000	1.000	1.000	1.000	1.000	1.000	0.000
8	1.261	1.258	1.259	1.265	1.252	1.261	0.343
9	1.282	1.279	1.280	1.287	1.273	1.283	0.365
10	1.517	1.513	1.514	1.522	1.505	1.518	0.381
11	1.629	1.625	1.627	1.635	1.617	1.630	0.370
12	1.765	1.760	1.762	1.772	1.752	1.767	0.386
13	2.074	2.069	2.071	2.082	2.059	2.076	0.373
14	2.963	2.955	2.958	2.975	2.939	2.965	0.407

表 9-40　六经头痛片指纹图谱重现性试验结果（示相对峰面积）

峰号	相对峰面积						RSD（%）
	1	2	3	4	5	6	
1	0.021	0.022	0.022	0.022	0.023	0.023	3.396
2	0.141	0.142	0.141	0.144	0.156	0.148	4.028
3	0.859	0.864	0.863	0.859	0.876	0.860	0.750
4	0.085	0.087	0.086	0.087	0.086	0.085	1.040
5	0.023	0.023	0.023	0.023	0.023	0.023	0.000
6	0.067	0.066	0.066	0.069	0.070	0.068	2.413
7（S）	1.000	1.000	1.000	1.000	1.000	1.000	0.000

续表

峰号	相对峰面积						RSD（%）
	1	2	3	4	5	6	
8	0.023	0.023	0.024	0.023	0.023	0.024	2.213
9	0.017	0.017	0.017	0.017	0.017	0.017	0.000
10	0.027	0.025	0.026	0.027	0.026	0.027	3.101
11	0.026	0.026	0.025	0.025	0.025	0.025	2.038
12	0.041	0.038	0.040	0.038	0.039	0.043	4.872
13	0.301	0.286	0.304	0.312	0.302	0.311	3.097
14	0.018	0.018	0.018	0.017	0.017	0.017	3.130

（3）稳定性试验

取同一供试品溶液，放置于室温，分别在 0h、2h、4h、8h、12h、24h 时间间隔下测定。以胡薄荷酮峰（7 号峰）为参照峰，计算其中 14 个色谱峰相对保留时间的 RSD 值均小于 0.26%，相对峰面积的 RSD 值均小于 4.19%，符合指纹图谱的要求。见图 9-40、表 9-41 和表 9-42。

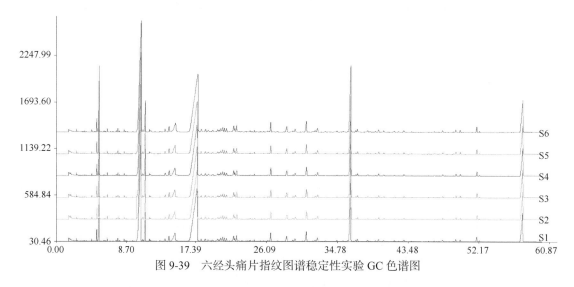

图 9-39 六经头痛片指纹图谱稳定性实验 GC 色谱图

表 9-41 六经头痛片指纹图谱稳定性试验结果（示相对保留时间）

峰号	相对保留时间						RSD（%）
	0h	2h	4h	8h	12h	24h	
1	0.285	0.284	0.284	0.283	0.283	0.283	0.288
2	0.302	0.302	0.301	0.301	0.301	0.301	0.171
3	0.601	0.601	0.601	0.601	0.601	0.600	0.068
4	0.631	0.631	0.630	0.630	0.630	0.629	0.119
5	0.800	0.799	0.799	0.798	0.797	0.795	0.224
6	0.841	0.841	0.841	0.842	0.841	0.843	0.099
7（S）	1.000	1.000	1.000	1.000	1.000	1.000	0.000
8	1.261	1.260	1.260	1.259	1.259	1.254	0.197
9	1.283	1.282	1.281	1.281	1.280	1.275	0.219
10	1.517	1.517	1.515	1.515	1.514	1.509	0.195

续表

峰号	相对保留时间						RSD（%）
	0h	2h	4h	8h	12h	24h	
11	1.630	1.629	1.628	1.628	1.627	1.621	0.196
12	1.766	1.766	1.764	1.764	1.763	1.756	0.210
13	2.075	2.074	2.072	2.073	2.071	2.064	0.190
14	2.963	2.961	2.959	2.959	2.958	2.946	0.202

表 9-42　六经头痛片指纹图谱稳定性试验结果（示相对峰面积）

峰号	相对峰面积						RSD（%）
	0h	2h	4h	8h	12h	24h	
1	0.025	0.024	0.024	0.024	0.024	0.024	1.689
2	0.148	0.148	0.147	0.146	0.145	0.146	0.826
3	0.865	0.862	0.861	0.859	0.858	0.860	0.288
4	0.085	0.085	0.085	0.085	0.085	0.085	0.000
5	0.023	0.023	0.023	0.023	0.023	0.023	0.000
6	0.069	0.069	0.068	0.071	0.072	0.072	2.455
7（S）	1.000	1.000	1.000	1.000	1.000	1.000	0.000
8	0.024	0.024	0.024	0.024	0.024	0.024	0.000
9	0.017	0.017	0.017	0.017	0.017	0.017	0.000
10	0.028	0.028	0.028	0.028	0.027	0.027	1.866
11	0.025	0.025	0.025	0.025	0.025	0.026	1.622
12	0.042	0.042	0.044	0.042	0.042	0.042	1.929
13	0.309	0.312	0.313	0.314	0.314	0.315	0.683
14	0.018	0.018	0.018	0.018	0.018	0.018	0.000

6. 指纹图谱的采集

取 11 批六经头痛片供试品，分别按供试品制备项下所述方法制备供试品溶液，按法测定。将得到的指纹图谱的 AIA 数据文件导入《中药色谱指纹图谱相似度评价系统》2004A 版相似度软件，得到 11 批细辛指纹图谱，见图 9-40。

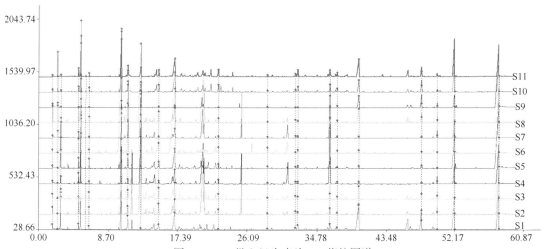

图 9-40　11 批六经头痛片 GC 指纹图谱

7. 对照指纹图谱的建立

对 11 批六经头痛片色谱图生成对照指纹图谱，见图 9-41。11 批样品共有峰相对保留时间及相对峰面积见表 9-43 和表 9-44。

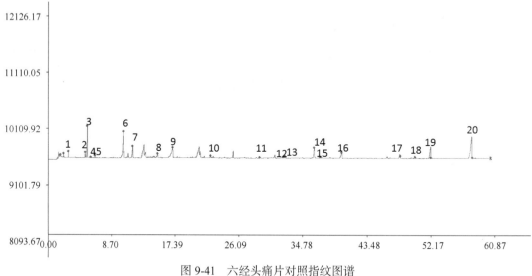

图 9-41　六经头痛片对照指纹图谱

7-胡薄荷酮

表 9-43　11 批六经头痛片共有峰（示相对保留时间）

编号	批号										
	1	2	3	4	5	6	7	8	9	10	11
1	0.197	0.197	0.197	0.197	0.198	0.197	0.197	0.193	0.197	0.191	0.191
2	0.209	0.210	0.208	0.210	0.210	0.207	0.211	0.208	0.206	0.205	0.205
3	0.406	0.407	0.406	0.409	0.418	0.404	0.407	0.408	0.403	0.418	0.418
4	0.459	0.460	0.459	0.458	0.438	0.457	0.432	0.433	0.456	0.445	0.444
5	0.593	0.594	0.592	0.593	0.585	0.591	0.594	0.586	0.591	0.584	0.584
6	0.692	0.694	0.674	0.695	0.695	0.704	0.694	0.694	0.661	0.696	0.696
7（S）	1.000	1.000	1.000	1.000	1.000	1.000	1.000	1.000	1.000	1.000	1.000
8	1.266	1.266	1.266	1.269	1.269	1.267	1.266	1.269	1.268	1.220	1.246
9	1.276	1.276	1.276	1.280	1.280	1.277	1.276	1.280	1.278	1.291	1.291
10	1.432	1.432	1.437	1.436	1.442	1.438	1.432	1.436	1.435	1.446	1.446
11	1.580	1.581	1.575	1.580	1.580	1.562	1.556	1.593	1.585	1.606	1.603
12	1.893	1.892	1.890	1.897	1.895	1.896	1.894	1.902	1.899	1.861	1.861
13	1.977	1.976	1.976	1.980	1.980	1.979	1.976	1.959	1.981	1.912	1.913
14	2.058	2.057	2.058	2.068	2.060	2.060	2.058	2.068	2.062	2.080	2.081

表 9-44　11 批六经头痛片共有峰（示相对峰面积）

编号	批号										
	1	2	3	4	5	6	7	8	9	10	11
1	0.428	0.347	0.208	0.758	0.903	0.168	0.389	0.048	0.192	0.078	0.133
2	3.047	2.386	1.142	7.511	5.714	0.741	3.485	10.125	1.236	1.056	1.036
3	1.856	1.871	1.771	9.892	2.976	1.291	1.866	17.924	1.444	1.595	1.272

续表

编号	批号										
	1	2	3	4	5	6	7	8	9	10	11
4	1.524	1.516	1.369	1.544	3.252	0.968	0.354	4.429	1.136	2.279	2.781
5	0.504	0.483	0.127	1.514	2.611	0.114	0.545	0.570	0.434	0.963	1.335
6	0.211	0.199	0.086	0.743	0.627	0.133	0.236	1.688	1.049	8.994	1.825
7（S）	1.000	1.000	1.000	1.000	1.000	1.000	1.000	1.000	1.000	1.000	1.000
8	0.175	0.167	0.156	0.346	0.177	0.257	0.181	1.055	0.210	0.189	0.550
9	0.144	0.126	0.137	0.558	0.586	0.205	0.124	2.751	0.253	1.460	0.924
10	0.308	0.258	3.167	1.202	11.973	3.823	0.270	3.213	0.605	0.870	0.434
11	0.598	0.760	0.092	0.472	0.420	0.067	0.022	23.767	6.325	8.905	5.326
12	0.347	0.392	0.075	0.885	0.337	0.225	0.536	10.495	5.381	0.543	0.725
13	0.290	0.319	0.339	0.251	0.291	0.619	0.299	1.100	1.725	2.755	4.371
14	0.727	0.777	0.831	8.142	0.706	1.543	0.757	0.114	4.963	1.032	1.759

8. 相似度评价

利用 2004A 版《中药色谱指纹图谱相似度评价系统》计算软件，对上述 10 批样品与对照指纹图谱进行匹配，进行相似度评价，结果见表 9-45。

表 9-45　11 批六经头痛片相似度评价结果

批号	对照图谱	批号	对照图谱
EC12451	0.752	EI12459	0.824
EA12450	0.836	DE12431	0.814
DL12445	0.872	EC12452	0.633
EI12458	0.848	DK12444	0.834
ED12463	0.799	EA12447	0.788
EA12448	0.683		

结果表明：各批次相似度较低，各批次间差异较大，在粉碎及样品处理时亦发现各批次气味差异较大，其中批号为 ED12463 的样品气味最浓烈，其次是批号为 EA12450、DL12445、EI12458、DE12431、DK12444 的样品，剩余样品气味较淡，推测可能与样品生产时间及储存方式等有关。

9. 色谱峰指认

采用 GC-MS 法对六经头痛片指纹图谱中的 14 个主要特征峰进行了全部指认。

（1）GC-MS 试验条件

GC 条件质谱仪器参数如下：EI 电离源；电子能量 70eV；四极杆温度 150℃；离子源温度 230℃；倍增器电压 1412V；溶剂延迟 2.30min；SCAN 扫描范围 10～700amu。

（2）供试品溶液的制备

取六经头痛片细粉制备供试品溶液。

（3）试验结果

1）六经头痛片指纹图谱 GC-MS 辨识谱图

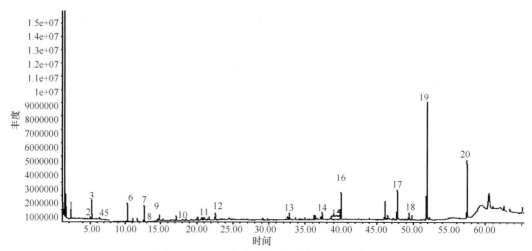

图 9-42　六经头痛片指纹图谱 GC-MS 谱图

2）六经头痛片指纹图谱色谱峰指认结果：六经头痛片指纹图谱所生成的对照指纹图谱中，共得到 14 个共有峰，按照图 9-42 六经头痛片对照指纹图谱的色谱峰编号，分别见表 9-46。

表 9-46　六经头痛片指纹图谱色谱峰指认信息表

峰号	保留时间	化学成分	分子量	分子式
1	2.319	1R-α-蒎烯	136	$C_{10}H_{16}$
2	4.969	柠檬烯	136	$C_{10}H_{16}$
3	5.194	桉油精	136	$C_{10}H_{16}$
4	5.891	萜品烯	136	$C_{10}H_{16}$
5	6.364	邻-异丙基苯	134	$C_{10}H_{14}$
6	10.323	薄荷酮	154	$C_{10}H_{18}O$
7	12.632	松香芹酮	150	$C_{10}H_{14}O$
8	14.538	α-荜澄茄烯	204	$C_{15}H_{24}$
9	14.841	（Z）-石竹烯	204	$C_{15}H_{24}$
10	17.150	胡薄荷酮	152	$C_{10}H_{16}O$
11	18.490	α-石竹烯	204	$C_{15}H_{24}$
12	22.574	δ-杜松烯	204	$C_{15}H_{24}$
13	32.794	1-methyl-7，11-dithiaspiro [5，5] undecane	202	$C_{10}H_{18}S_2$
14	37.374	4-乙烯基愈创木酚	150	$C_9H_{10}O_2$
15	38.629	A-荜澄茄醇	222	$C_{15}H_{26}O$
16	40.047	棕榈酸乙酯	284	$C_{18}H_{36}O_2$
17	47.741	硬脂酸乙酯	312	$C_{20}H_{40}O_2$
18	49.345	beta.-vatirenene	204	$C_{15}H_{24}$
19	51.871	邻苯二甲酸丁基酯 2-乙基己酯	278	$C_{17}H_{34}O_2$
20	57.404	棕榈酸	256	$C_{16}H_{32}O_2$

第三节　多指标成分含量测定研究

一、实　验　材　料

1. 仪器与试剂

Agilent 1260 高效液相色谱仪	美国 Agilent 公司
AB204-N 电子天平（十万分之一）	德国 METELER 公司
BT25S 电子天平（万分之一）	德国 Sartorius 公司
DTD 系列超声波清洗机	鼎泰生化科技设备制造有限公司
Agilent C$_{18}$ 色谱柱	美国 Agilent 公司
六两装高速中药粉碎机	瑞安市永历制药机械有限公司
循环水式多用真空泵	巩义市予华仪器有限责任公司
甲醇（色谱纯）	天津市康科德科技有限公司
乙腈（色谱纯）	天津市康科德科技有限公司
乙酸（分析纯）	天津市康科德科技有限公司
纯净水	杭州娃哈哈集团有限公司

2. 试药

葛根素（批号 110752-200511）、大豆苷（批号 11138-201302）和特女贞苷（批号 111926-201404）均购自中国食品药品检定研究院；3′-羟基葛根素（批号 20160203）购自天津万象科技有限公司；大豆苷元（批号 MUST-16022713）购自成都曼思特生物科技有限公司。

六经头痛片（批号：DL12445、EA12448、EA12447、DK12444、EA12450、DE12431、EI12459、EC12452、EC12451、EI12458）由天津隆顺榕发展制药有限公司提供。

二、方法与结果

1. 混合对照品溶液的制备

精密称取 3′-羟基葛根素、葛根素、大豆苷、特女贞苷和大豆苷元对照品适量，加甲醇制成每 1ml 含 3′-羟基葛根素 35.80μg、葛根素 203.89μg、大豆苷 45.36μg、特女贞苷 47.33μg、大豆苷元 11.06μg 的混合对照品溶液，摇匀，即得。

2. 供试品溶液及阴性样品溶液制备

供试品溶液的制备：取六经头痛片粉末约 0.5g，精密称定，置于 50ml 量瓶中，加入适量 60%甲醇溶液，超声 30min，取出，放至室温，用 60%甲醇溶液稀释至刻度，摇匀，静置，取上清液，过 0.45μm 微孔滤膜，即得。

阴性样品溶液的制备：分别取除女贞子和除葛根药材外的其他 8 味药材各 1 份，按照六经头痛片的处方比例及制备工艺过程，制备缺女贞子和缺葛根阴性六经头痛片样品，再按照上述供试品溶液制备方法制得缺女贞子和缺葛根阴性对照溶液。

3. 色谱条件

色谱柱：Agilent C$_{18}$（250 mm×4.6 mm，5 μm）；流动相：A-0.1%乙酸水溶液，B-乙腈；

检测波长：0～40min，250nm；40～48min，224nm；48～65min，250nm；进样量：10μl；流速：1.0ml/min；柱温：25℃。流动相梯度见表9-47。

表9-47　流动相梯度洗脱程序

时间	A%（0.1%乙酸水）	B%（乙腈）
0	90	10
30	87	13
55	67	33
60	0	100
65	0	100

4. 系统适应性试验

分别取混合对照品、供试品溶液、女贞子阴性样品、葛根阴性样品溶液，按上述条件进样测定，考察系统适用性。记录 HPLC 色谱图，如图 9-43 所示。各成分色谱峰与相邻峰的分离度均大于 1.5，且阴性无干扰，理论塔板数按葛根素色谱峰计算不低于 4000。

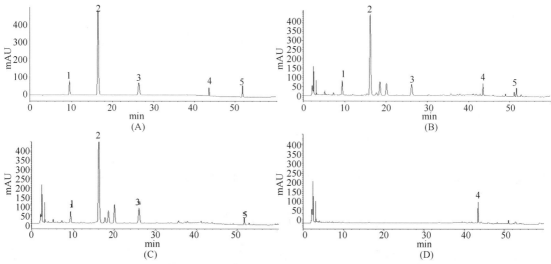

图9-43　混合对照品（A）、供试品（B）、女贞子阴性（C）、葛根阴性（D）
1- 3′-羟基葛根素；2-葛根素；3-大豆苷；4-特女贞苷；5-大豆苷元

5. 方法学考察

（1）线性关系考察

精密吸取混合对照品溶液，分别制成 6 个不同质量浓度的溶液，按法进行测定。记录相应的色谱峰峰面积，以峰面积 Y 为纵坐标，对照品浓度 X（μg/ml）为横坐标，绘制标准曲线并进行回归计算。5 个成分的线性回归方程见表 9-48 和图 9-44 所示。

表9-48　5种成分的线性关系考察

成分	回归方程	R^2	线性范围（μg/ml）
3′-羟基葛根素	$Y=23.58x+128.31$	0.9991	7.16～71.60
葛根素	$Y=40.645x+254.51$	0.9994	40.78～407.78
大豆苷	$Y=36.372x-3.2929$	0.9999	9.07～90.72
特女贞苷	$Y=1066x+30.51$	0.9991	9.58～95.80
大豆苷元	$Y=6231x-1.6973$	0.9999	2.20～21.98

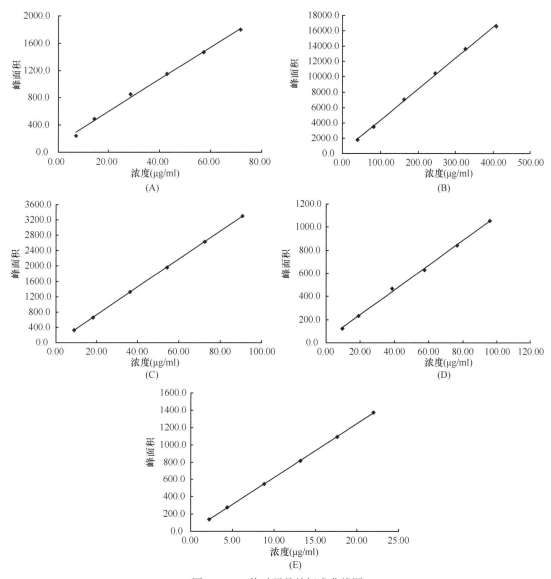

图 9-44 5 种对照品的标准曲线图

A：3′-羟基葛根素；B：葛根素；C：大豆苷；D：特女贞苷；E：大豆苷元

（2）精密度试验

取批号为 EC12452 的六经头痛片粉末约 0.5g，精密称定，按法制备供试品溶液，进样测定，连续进样 6 次，记录 3′-羟基葛根素、葛根素、大豆苷、特女贞苷和大豆苷元 5 个化合物的色谱峰面积，计算峰面积 RSD（%），结果见表 9-49。

表 9-49 精密度试验结果（n=6）

成分	峰面积值						RSD（%）
	1	2	3	4	5	6	
3′-羟基葛根素	1144.82	1155.29	1156.92	1083.56	1172.04	1148.40	2.70
葛根素	8024.77	8041.60	8039.06	8106.46	8127.47	8091.74	0.52
大豆苷	1411.34	1412.80	1409.71	1424.77	1424.41	1415.35	0.47

续表

成分	峰面积值						RSD（%）
	1	2	3	4	5	6	
特女贞苷	602.96	615.25	591.49	622.12	604.97	591.70	2.04
大豆苷元	506.60	508.70	507.25	512.59	509.95	508.93	0.42

结果表明，供试品溶液连续进样6次，供试品色谱图中3′-羟基葛根素、葛根素、大豆苷、特女贞苷和大豆苷元5个化合物的色谱峰面积RSD均小于2.70%，表明仪器精密度良好。

（3）稳定性试验

取批号为EC12452的六经头痛片粉末约0.5g，精密称定，按法制备供试品溶液，密闭，在室温放置0h、2h、4h、8h、12h、24h后分别进样1次，依法测定，记录3′-羟基葛根素、葛根素、大豆苷、特女贞苷和大豆苷元5个化合物的色谱峰面积，计算峰面积RSD（%），结果见表9-50。

表 9-50　稳定性试验结果（$n=6$）

成分	峰面积值						RSD（%）
	0h	2h	4h	8h	12h	24h	
3′-羟基葛根素	1163.38	1163.57	1157.90	1156.92	1149.00	1153.63	0.49
葛根素	8030.98	8058.66	8002.37	8039.06	8081.10	8234.40	1.02
大豆苷	1412.53	1420.85	1412.12	1409.71	1417.38	1437.46	0.72
特女贞苷	604.45	603.27	618.87	591.49	615.04	627.98	2.13
大豆苷元	511.05	511.50	511.43	507.25	508.97	517.04	0.65

结果表明，供试品溶液在放置0h、2h、4h、8h、12h、24h后，供试品色谱图中3′-羟基葛根素、葛根素、大豆苷、特女贞苷和大豆苷元5个化合物的色谱峰面积RSD均小于2.13%，表明本供试品溶液室温放置24h内稳定。

（4）重复性试验

取批号为EC12452的六经头痛片粉末6份，每份约0.5g，精密称定，按法制备供试品溶液，进样测定，记录3′-羟基葛根素、葛根素、大豆苷、特女贞苷和大豆苷元5个化合物的色谱峰面积，按外标法计算上述5个化合物的含量，并计算各化合物含量的RSD（%），结果见表9-51。

表 9-51　重复性试验结果（$n=6$）

成分	含量（mg/g）						RSD（%）
	1	2	3	4	5	6	
3′-羟基葛根素	3.700	3.719	3.635	3.638	3.685	3.627	1.06
葛根素	18.932	18.827	18.744	18.588	18.692	18.685	0.64
大豆苷	3.920	3.892	3.877	3.893	3.902	3.912	0.40
特女贞苷	5.386	5.343	5.327	5.469	5.374	5.274	1.22
大豆苷元	0.828	0.824	0.819	0.816	0.813	0.820	0.66

结果表明，6份供试品溶液中的3′-羟基葛根素、葛根素、大豆苷、特女贞苷和大豆苷元5个化合物的含量RSD均小于1.22%，表明本法重复性良好。

（5）加样回收率试验

取已知含量的六经头痛片粉末（含 3′-羟基葛根素 0.3667%，葛根素 1.8745%，大豆苷 0.3899%，特女贞苷 0.5362%，大豆苷元 0.082%）6 份，每份约 0.25g，精密称定，每份依次按样品中 3′-羟基葛根素、葛根素、大豆苷、特女贞苷和大豆苷元 5 个化合物含量的 100%加入相应的对照品，按供试品制备方法制得供试品溶液。各取 10μl 进样，记录 3′-羟基葛根素、葛根素、大豆苷、特女贞苷和大豆苷元色谱峰面积，按下式计算回收率，结果见表 9-52。

表 9-52　加样回收率试验结果

	药材称重（g）	药材含量（mg）	加入对照品的量（mg）	实际测定量（mg）	回收率（%）	平均回收率（%）	RSD（%）
3′-羟基葛根素	0.2502	0.9175	0.8950	1.8349	102.5		
	0.2503	0.9179	0.8950	1.8126	100.0		
	0.2504	0.9182	0.8950	1.8148	100.2	101.1	1.38
	0.2501	0.9171	0.8950	1.8074	99.5		
	0.2505	0.9186	0.8950	1.8378	102.7		
	0.2502	0.9175	0.8950	1.8295	101.9		
葛根素	0.2502	4.6900	4.7052	9.2985	97.9		
	0.2503	4.6919	4.7052	9.2922	97.8		
	0.2504	4.6937	4.7052	9.2996	97.9	97.8	0.72
	0.2501	4.6881	4.7052	9.2323	96.6		
	0.2505	4.6956	4.7052	9.3444	98.8		
	0.2502	4.6900	4.7052	9.2837	97.6		
大豆苷	0.2502	0.9755	0.9744	1.9412	99.1		
	0.2503	0.9759	0.9744	1.9440	99.3		
	0.2504	0.9763	0.9744	1.9423	99.1	99.1	0.75
	0.2501	0.9751	0.9744	1.9290	97.9		
	0.2505	0.9767	0.9744	1.9526	100.2		
	0.2502	0.9755	0.9744	1.9391	98.9		
特女贞苷	0.2502	1.3416	1.6072	2.8876	96.2		
	0.2503	1.3421	1.6072	2.9367	99.2		
	0.2504	1.3426	1.6072	2.9226	98.3	97.8	2.75
	0.2501	1.3410	1.6072	2.9836	102.2		
	0.2505	1.3432	1.6072	2.8726	95.2		
	0.2502	1.3416	1.6072	2.8758	95.5		
大豆苷元	0.2502	0.2052	0.1998	0.4017	98.4		
	0.2503	0.2052	0.1998	0.4026	98.8		
	0.2504	0.2053	0.1998	0.4031	99.0	98.7	0.70
	0.2501	0.2051	0.1998	0.4003	97.7		
	0.2505	0.2054	0.1998	0.4049	99.8		
	0.2502	0.2052	0.1998	0.4026	98.8		

结果表明，3′-羟基葛根素、葛根素、大豆苷、特女贞苷和大豆苷元的平均加样回收率分别为 101.1%、97.8%、99.1%、97.8%和98.7%，RSD（n=6）分别为 1.38%、0.72%、0.75%、

2.75%和0.70%。表明本法具有良好的回收率。

6. 样品含量测定

取10批不同批次的六经头痛片粉末约0.5g，精密称定，依照供试品溶液制备项下方法制备供试品溶液，按法测定，计算样品中 3′-羟基葛根素、葛根素、大豆苷、特女贞苷和大豆苷元5个成分的含量，结果见表9-53，各指标成分含量累积加和图见图9-45。

表9-53　10批六经头痛片含量测定结果

批号	含量（mg/g）				
	3′-羟基葛根素	葛根素	大豆苷	特女贞苷	大豆苷元
DL12445	3.46	17.87	3.76	5.02	0.86
EA12448	3.21	17.71	3.61	5.31	0.78
EA12447	3.36	18.26	3.67	5.69	0.79
DK12444	3.84	21.24	3.75	1.87	0.82
EA12450	3.45	18.57	3.82	5.11	0.79
DE12431	3.11	18.06	3.51	1.40	0.66
EI12459	3.64	18.10	4.71	5.08	0.71
EC12452	3.08	17.80	3.77	5.07	0.78
EC12451	3.42	17.95	3.75	4.28	0.80
EI12458	3.34	17.87	4.70	5.44	0.71

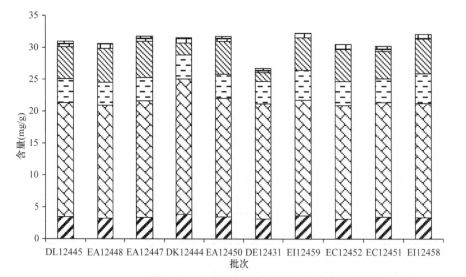

图9-45　10批六经头痛片指标成分含量累积加和图

结　　语

六经头痛片是天津中新药业集团股份有限公司隆顺榕制药厂研制的国家二级中药保护品种，由白芷、辛夷、蒿本、川芎、葛根、细辛、女贞子、芫蔚子、荆芥穗油组成，具有疏风活络、止痛利窍的功效。主治全头痛、偏头痛及局部头痛。

然而六经头痛片尚存在许多问题，例如药效物质基础不清楚，作用机理不明确；作用特点和比较优势尚未进行科学阐释；质量标准简单，不能体现中药多组分整体功效的特点，不能进行安全性有效控制，未能建立技术壁垒。

针对六经头痛片存在的问题，本课题组开展了六经头痛片药效物质基础及作用机理研究；组方特点及比较优势研究；质量标准提升研究。通过系统的二次开发研究，基本上阐明了六经头痛片的药效物质基础及作用机理，通过与临床市售同类产品的比较研究，提炼和发现了其作用特点和比较优势，并进一步提升了其质量控制水平。

一、药效物质基础及作用机理

1. 化学物质组研究

六经头痛片中化学物质基础尚不清楚，通过对六经头痛片原料药材组成及制备工艺分析表明，本品含有挥发油等挥发性成分和葛根异黄酮、香豆素等非挥发性成分。针对挥发性成分本部分采用 GC-MS 方法进行辨识研究，并采用 HPLC Q-TOF/MS 对六经头痛片中非挥发性成分进行辨识研究，采用上述方法从六经头痛片中共鉴定出 198 个化学成分。

1）采用 HPLC-MS/MS 方法，对六经头痛片中非挥发性化学成分进行表征和辨识，从六经头痛片中共鉴定出 96 个化学成分，包括 31 个异黄酮类成分、3 个黄酮类成分、3 个葛根苷类成分、16 个香豆素类成分、13 个苯酞类成分、13 个环烯醚萜类成分、6 个木质素类成分、4 个苯乙醇类成分、2 个有机酚酸类成分、2 个三萜类成分、2 个生物碱类成分和 1 个甾醇类成分。

2）采用 GC-MS 方法，对六经头痛片中挥发性化学成分进行表征和辨识，从六经头痛片中共鉴定出 102 个挥发性化学成分，包括 39 个单萜类成分、41 个倍半萜类成分、12 个酯类成分、2 个苯丙素类成分和 8 个简单化合物。

通过上述研究基本阐明了六经头痛片的主要化学物质组。

2. 主要化学成分分离制备研究

本部分在六经头痛片化学物质组辨识的基础上，进一步采用植化分离方法，对六经头痛片主要化学成分进行分离制备，分离得到 27 个化学成分。运用 UV、ESI-MS、^{1}H-NMR、^{13}C-NMR 等现代波谱技术，对获得的各单体成分进行结构鉴定，鉴别确定了 20 个化学成分，确定为 8-甲氧基异欧前胡素（cnidilin，1）、花椒毒酚（xanthotoxol，2）、伞形花内酯（umbelliferone，3）、异欧前胡素（isoimperatorin，4）、欧前胡素（imperatorin，5）、东莨菪素（scopoletin，6）、白当归素（byakangelicin，7）、白当归脑（byakangelicol，8）、佛手柑内酯（bergapten，9）、异补骨脂素（isopsoralen，10）、氧化前胡素（oxypeucedanin，11）、花椒毒素（xanthotoxin，12）、葛根素（pouerarin，13）、大豆苷（14，daidzin）、葛根素-8-*C*-芹菜糖基葡萄糖苷（puerarin 8-*C*-apiosy-glucoside，15）、染料木苷（16，genistin）、3′-甲氧基葛根素（3′-methoxy puerarin，17）、葛根素-4′-*O*-葡萄糖苷（puerarin 4′-*O*-glucoside，18）、大豆苷元-7，4′-*O*-二葡萄糖苷（daidzein 7，4′-*O*-diglucoside，19）、3′-羟基葛根素（3′-hydroxy puerarin，20）。

通过细胞活性筛选试验结果表明,以欧前胡素为代表的香豆素类成分和葛根素为代表的异黄酮类成分为六经头痛片治疗头痛的主要活性成分。

3. 血中移行成分研究

中药复方制剂口服给药后,其有效物质以血液为介质输送到靶点产生治疗作用,因而给药后的血清是真正起作用的"制剂",血清中含有的药物成分才是其体内直接作用物质。本部分采用血清药物化学的方法,运用 HPLC-Q/TOF-MS 技术,对六经头痛片的入血成分及其代谢产物进行辨识,从口服给予六经头痛片后大鼠血浆中鉴定出 46 个与六经头痛片相关的外源性化学成分,包括 24 个原型成分和 22 个代谢产物;进行脑组织样品分析,探讨吸收入脑的关键作用成分,但可能由于复方口服后血浆中各药物成分的含量本身较低,加之血脑屏障的存在,未能在大鼠脑组织中检测到六经头痛片相关的药物成分。血浆中检测到的吸收原型成分和代谢产物,可能是六经头痛片的真正活性成分并与其药理活性直接相关,为六经头痛片的药理学和分子水平作用机制的深入研究提供基础。

4. 网络药理学研究

网络药理学是基于系统生物学、基因组学、蛋白组学等学科理论,运用组学、网络可视化技术等,揭示药物–基因–疾病–靶点之间复杂的生物网络关系,在此基础上预测药物的药理学机制。本部分以六经头痛片入血成分为研究对象。基于六经头痛片血清药物化学研究结果,并结合相关文献报道,选定六经头痛片中的 18 个入血以及活性成分,采用 PharmMapper 数据库、UNIPRO 数据库、MAS 3.0 数据库、KEGG 数据库和 Cytoscape 2.6 软件,利用反向对接技术对六经头痛片 18 个入血以及活性成分的作用靶点、通路进行虚拟预测。结果表明,此 18 个化合物都能作用于与偏头痛相关的靶点 32 个及通路 22 条,其主要是通过激素调节、中枢神经调节、血管内稳态、抗炎和免疫相关通路来起到相应的治疗效果,体现了六经头痛片治疗偏头痛的多成分多靶点作用机制。

5. 镇痛作用及作用机理研究

根据六经头痛片具有疏风活络、止痛利窍的功效,常用于全头痛、偏头痛及局部头痛。本部分试验分别从止痛、解痉等方面研究六经头痛片治疗头痛的作用机制。通过整体动物–细胞因子–离体器官–受体水平实验,点线面相结合,循序渐进、逐级深入的方法探寻阐释六经头痛片治疗头痛的作用机理。

（1）对硝酸甘油致大鼠偏头痛模型的影响及作用机制研究

采用皮下注射硝酸甘油致大鼠偏头痛模型,研究六经头痛片对偏头痛模型大鼠的镇痛作用及机制。结果显示，模型组大鼠在皮下注射硝酸甘油注射液后 1～3min 即出现搔头，搔头次数频繁，说明大鼠形成了实验性偏头痛模型；与模型组比较，六经头痛片 1.4、0.7g/kg 剂量能够明显延长搔头反应的潜伏期，延长率可达 201.9%；六经头痛片 1.4、0.7g/kg 剂量组均能够显著减少偏头痛模型大鼠的搔头次数，并呈剂量相关性，搔头次数抑制率最高可达 75.7%。与模型组比较，六经头痛片高、低剂量组可显著升高 β 内啡肽（β-EP）、内皮素（ET）、多巴胺（DA）含量，显著降低降钙素基因相关肽（CGRP）、一氧化氮（NO）、一氧化氮合酶（NOS）含量；高剂量组还可显著降低一氧化氮（NO）含量。结果表明，六经头痛片在 1.4、0.7g /kg 剂量下对偏头痛模型大鼠具有显著地镇痛作用。其镇痛作用机制为通过下调硝酸甘油诱导的 NO、NOS 和 CGRP 含量的异常升高，上调由硝酸甘油诱导的 β-EP、内皮素异常减少的水平，使之始终趋于生理状态下的平衡水平。从而遏制偏头痛发病过程中一系列级联反应的恶性循环，使致痛有害物质生成减少，使机体趋于生理状态下的平衡水平，从而发挥止痛效果。

（2）对离体大鼠胸主动脉血管平滑肌收缩模型的影响及作用机制研究

采用离体大鼠胸主动脉血管平滑肌收缩模型，通过加入不同的激动剂来观察六经头痛片对大鼠胸主动脉收缩活动的影响，从器官水平进一步探寻其作用机制。结果显示，终浓度 40mmol/L 的 KCl 及终浓度 10^{-6}mol/L 的 NE 均可引起胸主动脉环的收缩，由低到高依次加入终浓度不同的正天丸及六经头痛片后，主动脉环的收缩程度显著降低，且随着药物浓度的增加，抑制率随之增大，通过不同药物浓度及相应的抑制率，分别计算出正天丸及六经头痛片对 KCl、NE 引起主动脉环收缩拮抗的半数抑制浓度，正天丸对 KCl 收缩的 IC_{50} 为 1.65mg/ml，对 NE 收缩的 IC_{50} 为 0.63mg/ml；六经头痛片对 KCl 收缩的 IC_{50} 为 0.97mg/ml，对 NE 收缩的 IC_{50} 为 0.55mg/ml。

试验结果表明，六经头痛片对 KCl 及 NE 引起的大鼠胸主动脉收缩均有显著的拮抗作用，即对血管收缩有解痉作用，并呈现剂量-效应正相关。推测六经头痛片既能作用于血管平滑肌细胞膜上的 α1 受体，抑制 Ca^{2+} 内流和（或）细胞内储存 Ca^{2+} 释放，同时又作用于 L 型电压依赖性钙通道，抑制 Ca^{2+} 内流，降低了细胞内 Ca^{2+} 浓度，从而松弛血管平滑肌，起到缓解头痛的作用。

（3）对三叉神经节原代细胞模型的影响及作用机制研究

采用三叉神经节原代细胞模型，从细胞分子水平深入研究六经头痛片对血管性头痛的镇痛作用机制，阐明其作用的靶点。免疫组化染色显示，与对照组比较，六经疼痛片各浓度对离体培养 12h 后 CGRP 阳性细胞数量未见明显影响，而 1.4mg/ml、0.14mg/ml 浓度下离体培养 24h、48h 后 CGRP 阳性细胞数量明显减少（P＜0.05）。对图像进一步分析统计，结果显示 CGRP 阳性反应细胞数的百分比和累积光密度值（IOD）都显著低于对照组。试验结果表明，六经疼痛片能够抑制三叉神经节细胞因营养物质缺乏等刺激所导致的 CGRP 表达上调。

（4）对镇痛相关 G 蛋白偶联受体的影响及作用机制研究

选择与疼痛相关的 4 个 GPCR 受体（5-羟色胺受体 HTR7、多巴胺受体 D2、α1 肾上腺素受体 ADRA1A、腺苷受体 ADORA1）为研究对象，通过钙流和荧光素酶检测技术检测全方及各药材代表性单体成分给药后对 ADORA1 受体的激动作用以及对 HTR7、D2 和 ADRA1A 受体的抑制作用，从细胞分子水平进一步研究六经头痛片的镇痛作用机制，阐明其作用的靶点。结果表明，与空白组比较，六经头痛片高浓度（500 μg/ml）和中浓度（50 μg/ml）给药组对 ADORA1 受体有显著的激动作用，对 HTR7 受体也可能有一定的激动作用，而对 ADRA1A 和 D2 受体没有明显的拮抗效果，故推测六经头痛片可能是通过激动 ADORA1 和 HTR7 受体而发挥治疗作用。

以上研究结果表明，六经头痛片可以通过下调扩张血管因子 CGRP、NO、NOS 异常升高的含量，上调血清中血管收缩因子 β-EP、ET 的含量，抑制三叉神经节细胞因刺激所导致的 CGRP 表达上调，通过拮抗头痛引起的血管痉挛，而达到治疗头痛、偏头痛、神经性头痛的作用。

二、作用特点和比较优势研究

1. 作用特点方面

①六经头痛片具有中枢镇痛和外周镇痛作用，具有起效时间早，药效持续时间长的特点。②六经头痛片对硝酸甘油诱导的大鼠偏头痛模型有明显的镇痛作用，具有起效时间早，药效持续时间长的特点。③六经头痛片可以上调由硝酸甘油诱导的 β-EP、ET、DA 异常减少的水平，下调由硝酸甘油诱导的 CGRP、NO、NOS 异常升高的水平，这种作用的综合结果可以遏制偏头痛发病过程中一系列级联反应的恶性循环，抑制伤害性痛觉信息的传递，使机体趋于生理状态下的平衡水平，从而发挥抗偏头痛的作用。④六经头痛片能够通过回升气滞血瘀模型大鼠的脑血流速度，降低全血黏度和血浆黏度，达到"通络止痛"的作用。⑤六经头痛片能够对 KCl 及 NE 引起血管收缩有解痉作用，推测六经头痛片既作用于血管平滑肌细胞膜上的 α 受体，又作用于 L 型电压依赖性钙通道，抑制 Ca^{2+} 内流，从而松弛血管平滑肌，且拮抗 NE 的缩血管作用所需的药物浓度较拮抗 KCl 的缩血管作用所需的药物浓度更低。

2. 比较优势方面

①与市场上同类药物正天丸比较，六经头痛片具有起效快、镇痛作用相当的特点；六经头痛片可显著升高 β-EP 含量，显著降低 5-HT 含量，具有治疗偏头痛作用靶点更全面的特点；②在活血化瘀方面：六经头痛片改善血流速度方面与正天丸相当，但降低血液黏度和全血黏度方面稍好于正天丸；③解痉作用方面：从 IC_{50} 可看出，六经头痛片 IC_{50} 值均较正天丸小，说明解痉作用相当时其所需的药物浓度更低，故解痉作用方面要优于正天丸。

三、质量标准提升研究

1. 六经头痛片主要组成药材质量研究

为了全面提升六经头痛片的质量控制水平，本课题基于原料药材到成品的质量传递、溯源及全程质量控制理念，从化学物质组的辨识与指认、成品质量信息的各原料药材的来源与归属、多指标成分的含量测定、指纹图谱共有模式的建立以及多批样品测定等方面进行系统研究，建立六经头痛片的药材与成品的质量控制体系，对原有的质量标准进行了全面的提升。

（1）化学成分研究

白芷、辛夷、藁本、川芎、葛根、细辛、女贞子和荆芥穗油 9 味主要原料药材的化学物质组进行辨识研究，采用 HPLC Q-TOF MS/MS 方法共鉴定出 162 个化学成分，采用 GC-MS 方法，共鉴定出 175 个挥发性化学成分，总计从原料药材中鉴定了 337 个化学成分。

其中，采用 HPLC-MS/MS 方法，从白芷中共分析鉴定出 23 个化合物，均为香豆素类化合物；从辛夷中共分析鉴定出 28 个化合物，主要为木质素类化合物；从藁本中共分析鉴定出 20 个化合物，主要为苯酞类及其二聚体；从川芎化学物质组中共分析鉴定出 22 个化合物，主要为苯酞类和酚酸类成分；从葛根化学物质组中共分析鉴定出 41 个化合物，主要为异黄酮类成分；从女贞子化学物质组中共分析鉴定出 28 个化合物，其中主要为主要为醚萜类和苯乙醇苷类成分。

采用 GC-MS 方法，从辛夷挥发油中共分析鉴定出 67 个化合物，其中主要为萜烯类、萜醇类成分；从细辛挥发油中共分析鉴定出鉴定出 49 个化合物，其中主要为萜烯类成分；从荆芥穗油中共分析鉴定出 59 个化合物，其中主要为萜酮类成分。

（2）指纹图谱研究

1）建立了白芷、辛夷、藁本、川芎、葛根、细辛、女贞子和荆芥穗油 8 味主要原料药材的指纹图谱质量控制方法，并通过系统聚类分析、主成分分析和相似度评价系统建立各个药材对照指纹图谱共有模式；分别对白芷等 8 味主要原料药材的 11 个批次药材样品采用指纹图谱的方法进行质量评价。

2）采用化学对照品法及 HPLC-MS 或 GC-MS 方法分别对白芷、辛夷、藁本、川芎、葛根、细辛、女贞子和荆芥穗油 8 味主要原料药材指纹图谱主要特征峰进行了指认。

（3）多指标成分含量测定研究

建立了 HPLC 法同时测定白芷药材中白当归素、佛手柑内酯、欧前胡素、异欧前胡素 4 个成分的含量测定方法；HPLC 法同时测定葛根药材中 3′-羟基葛根素、葛根素、3′-甲氧基葛根素、大豆苷 4 个成分的含量测定方法；HPLC 法同时测定女贞子药材中红景天苷、松果菊苷、特女贞苷、橄榄苦苷 4 个成分的含量测定方法；GC 法同时测定荆芥穗油中胡薄荷酮、薄荷酮 2 个成分的含量测定方法；并进行了系统的方法学研究，包括色谱条件优化、供试品溶液制备方法考察、专属性研究、线性、精密度、稳定性、重现性和加样回收率实验，结果均符合要求。所建立的方法简便、准确，重复性好，能够有效控制白芷、葛根、女贞子和荆芥穗油 4 味原料药材的质量。新建立 4 味药材总计 14 个指标成分的含量测定方法。采用建立的方法对上述 4 味原料药材 44 批次药材进行了含量测定。依据《中国药典》2015 年版一部辛夷、藁本、川芎、细辛的含量测定方法，测定了 4 味药材共 44 批次的含量。

2. 六经头痛片质量标准提升研究

六经头痛片原质量标准较为粗泛，只有性状和片剂检查项的控制，没有鉴别和含量测定项的质量控制内容，本课题对其质量标准进行系统提升研究。

（1）指纹图谱研究

六经头痛片是由 9 味药组成的中药复方，成分复杂，即含有挥发性成分又含有非挥发性成分，非挥发性成分中化合物极性分布也比较宽，即含有黄酮苷、环烯醚萜苷、苯乙醇苷类等水溶性的大极性化合物，又含有黄酮苷元、香豆素等脂溶性的低极性化学成分。因此，本部分实验对非挥发性成分建立了 HPLC 指纹图谱控制方法，对挥发性成分建立了 GC 指纹图谱控制方法。

对于非挥发性成分，采用 HPLC 法，同时根据化学成分极性不同，分别建立了 2 张指纹图谱来全面反映全方质量信息。在低极性部分选择六经头痛片中所含主要药效成分大豆苷元作为参照物，供试品溶液制备方法采用乙酸乙酯溶液超声提取。在高极性部分选择六经头痛片中所含主要药效成分葛根素作为参照物，供试品溶液制备方法采用乙酸乙酯溶液提取残渣加 60%甲醇溶液超声提取。针对低极性和高极性部分样品，分别考察建立了指纹图谱色谱条件，并进行了方法学考察，包括精密度、稳定性和重现性试验，结果均符合要求。

对于挥发性成分，采用 GC 方法，选择六经头痛片挥发性成分中所含主要药效成分胡薄荷酮作为参照物，采用水蒸气蒸馏法提取挥发油，建立了六经头痛片 GC 指纹图谱。进行了 GC 色谱条件考察、供试品制备方法、专属性试验、精密度、稳定性、重复性试验，结果均符合要求。

采用所建立的六经头痛片指纹图谱质量控制分析方法，对 10 批六经头痛片样品进行了指纹图谱测定，对指纹图谱进行了相似度评价，各批制剂 HPLC 指纹图谱与对照指纹图谱相似度均大于 0.9 以上，GC 指纹图谱与对照指纹图谱间的相似度在 0.6～0.9 之间，表明测定的 10 批六经头痛片中挥发性成分变化较大。

六经头痛片高极性部分 HPLC 指纹图谱中 12 个共有色谱峰，通过对照品法对指纹图谱中的主要共有峰进行了指认，指认出 5 个化合物分别为 3′-羟基葛根素、葛根素、3′-甲氧基葛根素、大豆苷和特女贞苷。低极性部分 HPLC 指纹图谱中确定 16 个共有色谱峰，指认出 6 个化合物分别为葛根素、大豆苷、阿魏酸、大豆苷元、欧前胡素、异欧前胡素。挥发性 GC 指纹图谱中确定 14 个共有峰。

（2）多成分含量测定研究

建立了六经头痛片 HPLC 多指标成分含量测定的方法，同时测定 3′-羟基葛根素、葛根素、大豆苷、特女贞苷和大豆苷元 5 个有效成分的方法，该方法简便、快捷、重复性好、可同时测定 5 种成分。建立了基于"有效性"的本品定量控制标准，以保证本品的有效性及其稳定均一性。为本品质量控制提供了保障。对 10 批六经头痛片中的 5 种成分进行了含量测定。

综上所述，本课题从质量控制全过程的角度，通过化学成分研究及质控指标的确定、多指标成分含量测定、指纹图谱技术等质控手段和方法，建立了从原料药材到成品的全过程的质量控制体系，对六经头痛片质量研究进行了全面的提升。

四、结　　论

1）中药大品种的二次开发研究是中药现代化的重要内容，以确有疗效的中药大品种为载体进行系统研究，是继承和发展中医药理论，突破制约中医药理论和中药产业发展瓶颈的重要路径。通过现代化学生物学模型方法，阐释中医药针对疾病的治法原理、配伍理论和方剂的配伍规律，发展和完善中医药理论；通过二次开发研究，以现代科学方法、客观指标和实验证据阐明中药复杂体系的药效物质基础和作用机理，发现和提炼中药大品种的作用特点和比较优势，挖掘其临床核心价值，指导临床实践，提高临床疗效；并建立科学、有效的质量控制方法，保证药品的质量均一、稳定、可控。

2）本课题对六经头痛片进行了系统的二次开发研究，通过药材、成品以及口服入血成分的辨识和表征，阐释了六经头痛片的化学物质组，进一步通过 G-蛋白偶联受体结合实验以及网络药理学分析，筛选和明确了主要药效物质基础；通过与头痛相关的整体及动物模型、离体器官、细胞、相关功能受体以及网络药理学研究，阐释了六经头痛片的作用机理；通过拆方研究并与同类中药以及化药比较，阐释了该药的组方特点和配伍规律，提炼和发现了其作用特点、比较优势和临床核心价值；通过从化学物质组的辨识与指认、成品质量信息的各原料药材的来源与归属、多指标成分的含量测定、指纹图谱共有模式的建立以及多批样品测定等方面进行系统研究，建立六经头痛片的药材与成品的质量控制体系，对原有的质量标准进行了全面的提升，保证了产品的质量均一、稳定、可控。本课题研究为该品种的临床推广应用和指导临床实践提供了重要的理论和实验依据，并为其他中药大品种的二次开发研究提供了可参考的思路与模式。